FUNDAMENTAL PHYSICAL CONSTANTS

CONSTANT	SYMBOL	VALUE
speed of light in vacuum	c	$2.998 \times 10^8 \simeq 3 \times 10^8$ m/s
gravitational constant	G	6.67×10^{-11} N·m^2/kg^2
Boltzmann's constant	K	1.38×10^{-23} J/K
elementary charge	e	1.60×10^{-19} C
permittivity of free space	ε_0	$8.85 \times 10^{-12} \simeq \frac{1}{36\pi} \times 10^{-9}$ F/m
permeability of free space	μ_0	$4\pi \times 10^{-7}$ H/m
electron mass	m_e	9.11×10^{-31} kg
proton mass	m_p	1.67×10^{-27} kg
Planck's constant	h	6.63×10^{-34} J·s
intrinsic impedance of free space	η_0	$376.7 \simeq 120\pi\,\Omega$

FUNDAMENTAL SI UNITS

DIMENSION	UNIT	SYMBOL
Length	meter	m
Mass	kilogram	kg
Time	second	s
Electric current	ampere	A
Temperature	kelvin	K
Amount of substance	mole	mol

MULTIPLE & SUBMULTIPLE PREFIXES

PREFIX	SYMBOL	MAGNITUDE	PREFIX	SYMBOL	MAGNITUDE
exa	E	10^{18}	milli	m	10^{-3}
peta	P	10^{15}	micro	μ	10^{-6}
tera	T	10^{12}	nano	n	10^{-9}
giga	G	10^{9}	pico	p	10^{-12}
mega	M	10^{6}	femto	f	10^{-15}
kilo	k	10^{3}	atto	a	10^{-18}

SOME USEFUL VECTOR IDENTITIES

$\mathbf{A} \cdot \mathbf{B} = AB \cos\theta_{AB}$ Scalar (or dot) product

$\mathbf{A} \times \mathbf{B} = \hat{\mathbf{n}} AB \sin\theta_{AB}$ Vector (or cross) product, $\hat{\mathbf{n}}$ normal to plane containing **A** and **B**

$$\mathbf{A} \cdot (\mathbf{B} \times \mathbf{C}) = \mathbf{B} \cdot (\mathbf{C} \times \mathbf{A}) = \mathbf{C} \cdot (\mathbf{A} \times \mathbf{B})$$

$$\mathbf{A} \times (\mathbf{B} \times \mathbf{C}) = \mathbf{B}(\mathbf{A} \cdot \mathbf{C}) - \mathbf{C}(\mathbf{A} \times \mathbf{B})$$

$$\nabla(U + V) = \nabla U + \nabla V$$

$$\nabla(UV) = U\nabla V + V\nabla U$$

$$\nabla \cdot (\mathbf{A} + \mathbf{B}) = \nabla \cdot \mathbf{A} + \nabla \cdot \mathbf{B}$$

$$\nabla \cdot (U\mathbf{A}) = U\nabla \cdot \mathbf{A} + \mathbf{A} \cdot \nabla U$$

$$\nabla \times (U\mathbf{A}) = U\nabla \times \mathbf{A} + \nabla U \times \mathbf{A}$$

$$\nabla \times (\mathbf{A} + \mathbf{B}) = \nabla \times \mathbf{A} + \nabla \times \mathbf{B}$$

$$\nabla \cdot (\mathbf{A} \times \mathbf{B}) = \mathbf{B} \cdot (\nabla \times \mathbf{A}) - \mathbf{A} \cdot (\nabla \times \mathbf{B})$$

$$\nabla \cdot (\nabla \times \mathbf{A}) = 0$$

$$\nabla \times \nabla V = 0$$

$$\nabla \cdot \nabla V = \nabla^2 V$$

$$\nabla \times \nabla \times \mathbf{A} = \nabla(\nabla \cdot \mathbf{A}) - \nabla^2 \mathbf{A}$$

$\int_{\mathcal{V}} (\nabla \cdot \mathbf{A}) \, d\mathcal{V} = \oint_S \mathbf{A} \cdot d\mathbf{s}$ Divergence theorem (S encloses $\mathcal{V}$)

$\int_S (\nabla \times \mathbf{A}) \cdot d\mathbf{s} = \oint_C \mathbf{A} \cdot d\mathbf{l}$ Stokes's theorem (S bounded by C)

GRADIENT, DIVERGENCE, CURL, & LAPLACIAN OPERATORS

CARTESIAN (RECTANGULAR) COORDINATES (x, y, z)

$$\nabla V = \hat{\mathbf{x}}\frac{\partial V}{\partial x} + \hat{\mathbf{y}}\frac{\partial V}{\partial y} + \hat{\mathbf{z}}\frac{\partial V}{\partial z}$$

$$\nabla \cdot \mathbf{A} = \frac{\partial A_x}{\partial x} + \frac{\partial A_y}{\partial y} + \frac{\partial A_z}{\partial z}$$

$$\nabla \times \mathbf{A} = \begin{vmatrix} \hat{\mathbf{x}} & \hat{\mathbf{y}} & \hat{\mathbf{z}} \\ \dfrac{\partial}{\partial x} & \dfrac{\partial}{\partial y} & \dfrac{\partial}{\partial z} \\ A_x & A_y & A_z \end{vmatrix} = \hat{\mathbf{x}}\left(\frac{\partial A_z}{\partial y} - \frac{\partial A_y}{\partial z}\right) + \hat{\mathbf{y}}\left(\frac{\partial A_x}{\partial z} - \frac{\partial A_z}{\partial x}\right) + \hat{\mathbf{z}}\left(\frac{\partial A_y}{\partial x} - \frac{\partial A_x}{\partial y}\right)$$

$$\nabla^2 V = \frac{\partial^2 V}{\partial x^2} + \frac{\partial^2 V}{\partial y^2} + \frac{\partial^2 V}{\partial z^2}$$

CYLINDRICAL COORDINATES (r, ϕ, z)

$$\nabla V = \hat{\mathbf{r}}\frac{\partial V}{\partial r} + \hat{\boldsymbol{\phi}}\frac{1}{r}\frac{\partial V}{\partial \phi} + \hat{\mathbf{z}}\frac{\partial V}{\partial z}$$

$$\nabla \cdot \mathbf{A} = \frac{1}{r}\frac{\partial}{\partial r}(rA_r) + \frac{1}{r}\frac{\partial A_\phi}{\partial \phi} + \frac{\partial A_z}{\partial z}$$

$$\nabla \times \mathbf{A} = \frac{1}{r}\begin{vmatrix} \hat{\mathbf{r}} & \hat{\boldsymbol{\phi}}r & \hat{\mathbf{z}} \\ \dfrac{\partial}{\partial r} & \dfrac{\partial}{\partial \phi} & \dfrac{\partial}{\partial z} \\ A_r & rA_\phi & A_z \end{vmatrix} = \hat{\mathbf{r}}\left(\frac{1}{r}\frac{\partial A_z}{\partial \phi} - \frac{\partial A_\phi}{\partial z}\right) + \hat{\boldsymbol{\phi}}\left(\frac{\partial A_r}{\partial z} - \frac{\partial A_z}{\partial r}\right) + \hat{\mathbf{z}}\frac{1}{r}\left[\frac{\partial}{\partial r}(rA_\phi) - \frac{\partial A_r}{\partial \phi}\right]$$

$$\nabla^2 V = \frac{1}{r}\frac{\partial}{\partial r}\left(r\frac{\partial V}{\partial r}\right) + \frac{1}{r^2}\frac{\partial^2 V}{\partial \phi^2} + \frac{\partial^2 V}{\partial z^2}$$

SPHERICAL COORDINATES (R, θ, ϕ)

$$\nabla V = \hat{\mathbf{R}}\frac{\partial V}{\partial R} + \hat{\boldsymbol{\theta}}\frac{1}{R}\frac{\partial V}{\partial \theta} + \hat{\boldsymbol{\phi}}\frac{1}{R\sin\theta}\frac{\partial V}{\partial \phi}$$

$$\nabla \cdot \mathbf{A} = \frac{1}{R^2}\frac{\partial}{\partial R}(R^2 A_R) + \frac{1}{R\sin\theta}\frac{\partial}{\partial \theta}(A_\theta \sin\theta) + \frac{1}{R\sin\theta}\frac{\partial A_\phi}{\partial \phi}$$

$$\nabla \times \mathbf{A} = \frac{1}{R^2\sin\theta}\begin{vmatrix} \hat{\mathbf{R}} & \hat{\boldsymbol{\theta}}R & \hat{\boldsymbol{\phi}}R\sin\theta \\ \dfrac{\partial}{\partial R} & \dfrac{\partial}{\partial \theta} & \dfrac{\partial}{\partial \phi} \\ A_R & RA_\theta & (R\sin\theta)A_\phi \end{vmatrix}$$

$$= \hat{\mathbf{R}}\frac{1}{R\sin\theta}\left[\frac{\partial}{\partial \theta}(A_\phi \sin\theta) - \frac{\partial A_\theta}{\partial \phi}\right] + \hat{\boldsymbol{\theta}}\frac{1}{R}\left[\frac{1}{\sin\theta}\frac{\partial A_R}{\partial \phi} - \frac{\partial}{\partial R}(RA_\phi)\right] + \hat{\boldsymbol{\phi}}\frac{1}{R}\left[\frac{\partial}{\partial R}(RA_\theta) - \frac{\partial A_R}{\partial \theta}\right]$$

$$\nabla^2 V = \frac{1}{R^2}\frac{\partial}{\partial R}\left(R^2\frac{\partial V}{\partial R}\right) + \frac{1}{R^2\sin\theta}\frac{\partial}{\partial \theta}\left(\sin\theta\frac{\partial V}{\partial \theta}\right) + \frac{1}{R^2\sin^2\theta}\frac{\partial^2 V}{\partial \phi^2}$$

응용전자기학

Electromagnetics for Engineers

Fawwaz T. Ulaby

조영기 김채영 최현철 김강욱 김현덕 공역

PEARSON Prentice Hall

JINSAEM

Electromagnetics for Engineers

89-957070-3-8 93560
978-89-957070-3-6 93560

역자 서문

Ulaby 선생은 미국의 Michigan 대학 전기컴퓨터과에 재직하고 계신 교수로서, 1997년에 "Fundamentals of Applied Electromagnetics"라는 제목으로 학부용 전자기학 교재의 첫판을 출간한 후 현재까지 4번의 개정판을 내게 되었고, 현재 미국과 세계 많은 대학에서 교재로 쓰이고 있다. 그 교재에서는 대부분의 전자기학 교과서의 구성과 다르게 전송선 이론으로부터 본문의 내용을 시작하여, 정전장, 정자장, 시변전자장 순으로 교재의 내용을 서술하였다. 그러나 2005년에 "Electromagnetics for Engineers"라는 교재명으로 새로이 출판된 본 교재에서는 정전장과 정자장으로부터 시작되는 형식을 택하여, 각 장 간의 개념적인 연결이 자연스럽고, 학생들이 이해하기 쉽도록 재구성된 교재로 다시 태어난 모습이다.

본 교과서는 전자기학을 다룬 책들 중에서 간결한 구성과 평이한 문제로 일관하고 있기 때문에 두 학기 강좌(총 6학점)의 교과서로 사용되거나, 한 학기 강좌(3학점)로서 사용될 수 있다. 또한 문제풀이나 개념적인 설명의 보완을 위하여 CD-ROM을 첨가하여 학생들의 이해를 돕도록 배려하고 있다. 따라서 독자들이나 학생들의 CD-ROM의 적극적인 활용 또한 권장할 만하다고 생각된다.

전기(전자)공학과 학부 2학년 과정에서 주로 개설되는 전자기학 과목은 학생들에게 난해한 과목으로 받아들여지고 있음은 널리 알려진 사실이다. 우리나라에서 널리 쓰여 온 학부용 교재로는 Hayt의 Engineering Electromagnetics, Durney의 Introduction to Modern Electromagnetics, 그리고 Cheng의 Fundamentals of Engineering Electromagnetics를 들 수 있겠는데, 이번에 출간된 Ulaby 선생의 전자기학 교재는 기존의 교과서에 비하여 평이한 내용으로 기술되었지만, 기본이 되는 전자기학의 개념은 빠짐없이 다루고 있고, 많은 그림이나 도표를 삽입하여, 전자기학의 추상적인 개념의 이해를 돕고 있다. 따라서 본 교재는 전자기학을 처음 접하는 학생들이나, 이 분야에 관심을 갖고 공부를 시작하려는 분들에게 매우 유용하게 사용될 수 있을 것이다.

마지막으로 이 번역서의 출간을 맡아준 진샘미디어 사장님과 관계자 여러분께도 감사의 인사를 전한다.

2007년 역자

저자 서문

"응용전자기학의 기초(원서명; Fundamentals of Applied Electromagnetics)"의 초판은 1997년에 출판되었습니다. 그 책은 전자기학을 가르치는 분들에게 많은 호응을 얻었고, 빠른 시간 내에 많은 대학에서 교재로 사용되었습니다. 2004년에 제 4판이 나왔을 즈음에는 70개가 넘는 미국의 대학에서 교재로 활용되었고, 세계적으로도 비슷한 수의 대학에서 교재로 채택하였습니다.

그 책은 대학의 두 학기 동안 84시간의 강의 분량을 포함하여 6학점을 이수할 수 있도록 구성되어 있습니다. 그 책에서는 전송선이론이 회로이론과 전자기학의 "다리(bridge)"역할을 하도록 하였습니다. Michigan 대학의 동료들과 그 교재를 사용하여 전자기학을 가르치신 여러 분들로부터 받은 반응에 의하면, 학생들이 그 책에서 개념을 설명한 스타일을 좋아하고 그 책에 동봉되어 있는 CD에 풀이가 담겨져 있는 많은 예제가 있다는 것을 좋아한다는 것을 알았습니다.

현재 미국의 적지 않은 대학의 전기, 전자 및 컴퓨터 학과에서는 학사를 이수하기 위해 전자기학을 한 학기에 이수할 것을 요구하고 있습니다. 정전장, 정자장, 시변 전자장을 한 학기에 모두 가르칠 수 있는 좋은 교재가 매우 드물기 때문에, 많은 교수님들은 전자기학의 피상적인 개념을 가르치는 책을 택하든지, 두 학기용 교재 중에서 일부의 토픽들을 생략함으로써 한 학기의 시간 한계에 맞추고 있었습니다. 위에서 언급한 두 가지 방법 모두 만족스럽지 못하다고 판단되었기 때문에, "응용전자기학(Electromagnetics for Engineers)"이라는 새로운 책을 출판하기로 하였습니다.

이 책은 이전에 출판된 저자의 책으로부터 많은 부분을 사용하였지만, 한 학기 4학점의 교과과정에 맞도록 완전히 재편하였습니다. 또한 예시된 강의계획표(syllabus)에는 3학점의 교과과정에도 쉽게 맞출 수 있도록 하였습니다. 이 책에서도 역시 많은 예제와 예제 풀이를 이 책의 본문과 함께 동봉된 CD-ROM에 수록하였습니다.

또 하나 다른 점으로는 이전의 저서에서는 전송선이론으로부터 본문의 내용이 시작되었는데, "응용전자기학"은 (벡터분석법에 대한 짧은 단원에 이어) 정전장과 정자장으로부터 본문이 시작된다는 점입니다. 이러한 방법은 전자기학을 가르치는 데 있어서 전통적인 방법과 일치하고 있고, 전자기학을 가르치는 많은 교수님들이 선호하는 방법입니다. 이 방법은 본인이 개인적으로 선호하는 방법은 아니지만, 마찬가지로 좋은 접근방법이라고 생각합니다.

쌍방향의 CD-ROM

전자기학을 배우는 학생들은 때때로 전자기학 (EM) 교과과정에서 배우는 내용이 너무 수학적으로 어렵고 추상적이라고 말합니다. 전자장이 본질적으로 벡터이기 때문에, 일반적으로 기초물리학 교과과정에서 배울 수 있는 질적인 이해를 넘어서, 전자장의 현상과 그 응용된 현상을 양적으로 이해하기 위해서는 벡터의 미적분이 필수적인 도구입니다. 그러나 벡터의 연산자(operator)를 사용한 기울기(gradient), 발산(divergence) 등은 3차원 공간에서 시각화시켜서 이해하기가 힘든 것이 사실입니다. 학생들에 의해 전자기학이 "추상적"으로 인식되는 이유는 전장과 자장인 **E**와 **H**가 각각 크기(세기)와 방향을 가지고 있고, 이 두 벡터가 일반적으로 x, y, z, t의 함수이므로, 공간과 시간적으로 동시에 최대 16가지의 변화를 주는 것이기 때문입니다. 다행히도, **E**와 **H**는 서로 연결이 되어 있어서, 실제적인 경우 대부분에 있어서, 이 두 벡터의 공간적인 분포

제안된 교과과정

	한 학기 교과과정 4학점 (강의시간: 56시간)		한 학기 교과과정 3학점 (강의시간: 42시간)	
장	단원	시간	단원	시간
1. 서론	모든 단원	1	모든 단원	1
2. 벡터의 미적분	모든 단원	7	모든 단원	7
3. 정전장	모든 단원	8	3-1에서 3-10	7
4. 정자장	모든 단원	7	4-1~5, 4-7~8	5
5. 맥스웰 방정식	모든 단원	5	5-1~3, 5-7	3
6. 평면파 전파	모든 단원	7	6-1~4	4
7. 전송선 이론	모든 단원	8	7-1~8	6
8. 전자파의 반사 및 투과	모든 단원	5	8-1~3	3
9. 전자파 복사 및 안테나	모든 단원	4	9-1~3	2
시험		3		3
총계 추가 강의		55 1		42 0

는 연속적이고, 자주 대칭적인 형상을 가지게 됩니다. 그럼에도 불구하고, 해당 교수님들이 전자기학을 가르치는 일에 있어서, 그림과 도해 같은 정적인 도구로서 전자기학의 동적인 현상을 어떻게 학생들에게 효과적으로 전달할 것인가가 항상 도전이 되어 왔습니다.

이 책에 첨부된 CD-ROM은 본 교재의 본문 내용과 더불어 독자 스스로 자습할 수 있게 하여 주는 쌍방향의 방법으로 제작되었습니다. 그 CD-ROM에는 아래와 같이 네 가지 형태의 자료들이 포함되었습니다.

1. 본문에서는 연습문제를 제공하고, 이어서 간단한 해답을 제시하였습니다. 학생들이 어떤 연습문제에 대해 자신의 풀이가 맞는지를 확인하려면 CD-ROM의 메뉴에서 연습문제(Exercise, E) 항목을 찾으면 됩니다.
2. 쌍방향 모듈(M)은 학생들로 하여금 여러 단계의 해답을 차례대로 해결할 수 있게 도와주기 위해 설계된 것입니다. 포함된 어떤 모듈에서는 비디오 애니메이션을 사용하여 해답에서의 동적인 부분을 보여주었습니다.
3. CD-ROM에서는 데모(demonstration, D) 연습문제가 포함되었는데, 이들은 전장이나 자장의 공간적 혹은 시간적인 형상을 보여줌으로써 전자장과 이들의 핵심 매개변수의 동적인 본질을 보여주고자 하였습니다. 본문에서는 이러한 데모문제는 D6.1 같이 문자 D로서 표시하였습니다.
4. 문제풀이(Solved Problems, P)로서 표시된 단원에서는 선택된 문제에 대하여 완전한 해답을 수록하였습니다. 이들 문제 중 절반가량은 본 교재의 각 단원 끝에 위치하여 있는 문제로부터 선택된 것인데, 이는 문제 옆에 (*)의 기호가 표시되어 있습니다. 나머지 문제들은 부가적인 예제 문제들인데, 완전한 해답을 CD-ROM에 수록하였습니다.

본 교재를 사용하는 학생들에게 드리는 글

이 책에 동봉된 CD-ROM은 여러분 같은 학생들을 염두에 두고 개발된 것입니다. 시간을 가지고 본 교재의 내용과 함께 CD-ROM을 사용하여 보십시오. 프로그램에서 다중창을 사용함으로써 쌍방향의 모듈에서 "도움(help)" 버튼을 누르게 되면 문제의 풀이를 안내하게 됩니다. 비디오 애니메이션은 여러분에게 장(fields)과 파(waves)가 시간과 공간상으로 어떻게 전파되고, 자장이 변함에 따라 회로상에서 어떻게 전류가 유기되는지를 보여줄 수 있습니다. 따라서 이 CD ROM은 자습을 하는데 매우 유용한 자료라고 생각되므로, 많이 사용하시기 바랍니다.

Fawwaz T. Ulaby

차례

1 공학도를 위한 전자기학

2 백터해석

4 정자계

5 시변계에 대한 맥스웰 방정식

6 평면파 전파

7 전송선로

8 파의 반사와 투과

9 복사와 안테나

부록

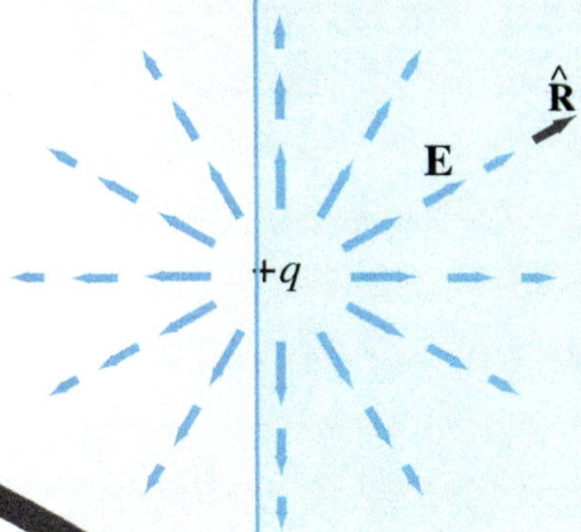

CHAPTER 1

공학도를 위한 전자기학

EM 탱고!

말쑥한 남자와 매력적인 여자가 탱고 춤을 추고 있는 것을 생각해 보라. 만나지 않고 각자가 떨어져 있을 때, 그들은 파트너의 외형만을 알 수 있다. 그러나 그들이 만나서 탱고 춤을 추기 시작하면, 마치 마술같이 그들의 움직임은 시간과 공간에서 동시에 일어나게 된다. 전자기(EM)도 이와 마찬가지이다. 정적 상황에서 전기장과 자기장은 독립적이고 분리된 채로 남아 있다. 그러나 동적이 되면, 전기장과 자기장은 탱고 춤을 추는 파트너들처럼 서로 얽혀진 커플이 된다. 사실, **시간적으로 변하는 전기장은 시간적으로 변하는 자기장을 유도한다.** 그리고 이것의 역도 성립한다. 전하는 모든 물질에 포함되어 있고, 지속적으로 움직이기 때문에, 전자기학의 분야는 원자에서부터 천문학에 이르기까지 많은 범위에서 적용된다.

그림 1-1 탱고 춤

1-1 연대기

전자기의 역사는 두 개의 겹쳐지는 시대로 나누어질 수 있다. **고전적 시대**, 즉 전기와 자기의 기초적인 법칙이 발견되고 공식화된 시기이다. 그리고 이러한 기초적인 공식을 발판으로 한 지난 100년간의 **현대적 시대**는 광범위한 공학적 응용의 도입으로 특징지어지며, 이 책의 주제인 응용 전자기학 분야의 발생을 유도했다.

1-1.1 고전적 시대의 EM

연대표 1-1은 고전적 시대의 연대기를 보여준다. 이것은 전자기학에 있어서 매우 중요한 수단으로서 역사적인 발전에 영향을 끼친 발명과 발견을 강조하고 있다. 하지만 여기에 포함된 것은 현재의 전자기학 지식의 많은 과학적 탐구들 중에서 작은 조각들에 불과하다.

이 책을 공부하면서 연대표 1-1에서 쿨롱이나 패러데이같이 강조된 몇몇은 나중에 그들의 이름을 딴 법칙과 공식에 대해 논의하면서 다시 볼 수 있을 것이다. 자기의 끌어당기는 힘은 2800년 전 그리스에서 밝혀졌다. 그리스 사람인 **밀레토스의 탈레스**(Thales of Miletus)는 우리가 지금 정전기라고 부르는 것에 대해서 처음으로 기록했다. 그는 어떻게 문지른 호박이 깃털과 같이 가벼운 물체를 집어 올릴 수 있는 힘을 발생시키는지에 대해서 설명했다. 전기(electric)라는 용어는 1600년도에 엘리자베스 여왕 I (Queen Elizabeth I)세 때의 물리학자

윌리엄 길버트(William Gilbert)의 마찰로 인해 발생하는 힘에 대한 논문에서 문서상으로는 처음 나타났다.

몇 세기 후인 1733년에 **찰스 프랑코이스 듀 페이**(Charles-Francois du Fay)는 전기는 두 개의 유동체로 구성되어 있다는 개념을 소개했다. 하나는 양극이며 다른 하나는 음극인데 같은 유동체는 서로를 밀어내고 다른 유동체는 서로를 잡아당긴다. 그가 언급한 유동체란 오늘날 우리가 말하는 전하이다. 1745년 레이덴 병이라고 불리는 커패시터의 발명은 상당한 양의 전하를 하나의 장치에 저장할 수 있도록 했다. 몇 년 후, 1752년 **벤자민 프랭클린**(Benjamin Franklin)은 번개가 전기의 유형이라는 것을 입증했다. 그는 천둥번개가 치는 날에 실크연을 날림으로써 구름에서 레이덴 병으로 전하를 옮겼다. 전기에 관한 집약적인 18세기의 지식은 1785년 두 개의 전하 사이에서 극성과 힘 그리고 거리의 관점에서 전기적 힘으로 특징지어지는 수학적 공식을 만든 **찰스 오거스틴 디 쿨롱**(Charles-Augustin de Coulomb)에 의해서 축적되었다.

1800년대에는 **알렉산드로 볼타**(Alessandro Volta)가 개발한 최초의 전기 배터리가 주목을 받았다. 그리고 1820년대는 전류에 의해서 어떻게 자계가 유도되는지에 관한 발견이 두드러졌으며, 이러한 지식을 이용하여 전자석과 전동기 모터를 최초로 고안하였다. **조셉 헨리**(Joseph Henry)는 얼마 지나지 않아 **마이클 패러데이**(Michael Faraday)는 최초로 전기 발전기(전기 모터의 반대)를 만들었고, 패러데이는 본질적으로 자기장의 변화가 전기장을 유도한다는 것을 입증했다. 1873년에 **제임스 클라크 맥스웰**(James Clerk Maxwell)은 역의 관계로 전기장의 변화가 자기장을 유도한다는 것을 4가지 방정식을 소개함으로써 제안하였다. 맥스웰 방정식(Maxwell's equations)은 고전적인 전자기학의 기초를 나타낸다.

전자기파의 수많은 특성을 암시한 맥스웰의 이론은 1880년대 **하인리히 헤르츠**(Heinrich Hertz)가 라디오파로써 실험적으로 증명하기까지는 당시의 과학 위원회에 의해서 완전하게 받아들여지지 않았다. EM의 또 다른 집합에 속하는 X-ray는 1895년에 **윌리엄 뢴트겐**(Wilhelm Roentgen)에 의해서 발견되었다. 반면에, **니콜라 테슬라**(Nikola Tesla)는 첫 ac 모터를 개발했고 이것은 이전의 dc 모터에 비해서 상당히 중요한 진보로 여겨졌었다.

19세기의 전기와 자기의 지식에 대한 발전과 그것을 어떻게 실용적으로 사용하는지에 대해 습득에도 불구하고 1897년이 되어서야 전하와 전자의 기본적인 입자가 증명되었고, **J. J. 톰슨**(J. J. Thomson)에 의해서 그것의 특성을 측정할 수 있었다. 빛나는 전자기 에너지(빛과 같은 것)에 의해서 물질에서 전자를 뽑아내는 능력은 **광전 효과**(photoelectric effect)라고 알려져 있다. 이러한 효과를 설명하기 위해서 **알버트 아인슈타인**(Albert Einstein)은 에너지의 양자의 개념을 채택했다. 이러한 개념은 이보다 몇 년 전에 **막스 플랑크**(Max Planck)의 양자 이론의 공식에 의해서 발전되었었다. 이럼으로써 아인슈타인은 전자기의 고전과 현대를 이어주는 다리로서 상징화되었다.

1-1.2 현대 시대의 EM

공학적 응용의 관점에서 보면 전자기는 다이오드, 트랜지스터, 집적 회로, 레이저, 디스플레이 스크린, 바코드 리더, 휴대 전화 그리고 전자레인지를 포함하는, 모든 전자 장치의 디자인과 작동을 위한 역할을 한다. 이러한 응용에서 주어진 폭과 다양성 때문에 현대 시대의 연대기를 완성하는 것은 고전 시대의 연대기보다 훨씬 더 어려운 일이다.

연대표 1-1 : 고전시대 전자기학의 연대기

고전시대 전자기학

ca. 900 BC 매크너스(Magnus)라는 양치기가 그리스의 북쪽 지방을 가로지르는 동안 그의 샌들에 있는 철못이 검은 돌에 의해서 당겨지는 것을 경험한 전설이 있다. 나중에 이 지역은 **마그네시아**(Magnesia)라고 불렸고, 그 돌은 **마그네타이트**(magnetite)[영구적인 자성이 있는 물질]로 알려지게 되었다.

ca. 600 BC 그리스의 철학자 탈레스(Thales)는 고양이 털에 호박을 문지른 후에 어떻게 깃털을 끌어 올릴 수 있는지를 설명했다(static electricity)[정전기].

ca. 1000 자석 나침반은 항해 도구로 사용되었다.

1600 윌리엄 길버트(William Gilbert)(영국)는 호박(elektron)에 대한 그리스 단어 이후에 전기(electric)라는 용어를 만들었다. 그리고 지구가 막대 자석으로 작용해서 나침반 바늘이 북쪽과 남쪽을 가리키는 것을 관찰했다.

1671 아이작 뉴턴(Issac Newton)(영국)은 **백색광**(white light)이 모든 색을 합한 것이라는 것을 증명했다.

1733 찰스-프랑크 드 페이(Charles-Francois du Fay) (프랑스)는 **전하**(electric charge)가 두 개의 형태이고, 같은 전하는 밀어내고 다른 전하는 끌어당긴다는 것을 발견했다.

1745 피터 반 뮤센프로크(Piter van Musschenbroek) (독일)는 첫 번째 전기 **콘덴서**(capacitor)인 레이덴 병을 발명했다.

1752 벤자민 프랭클린(Benjamin Franklin)(미국)은 피뢰침(lightning rod)을 발명했고, 번개가 전기라는 것을 입증했다.

1785 찰스-오거스틴 디 쿨롱(Charles-Augustin de Coulomb)(프랑스)은 전하 사이의 전기적 힘은 전하 사이의 거리의 제곱의 역에 비례한다는 것을 입증했다.

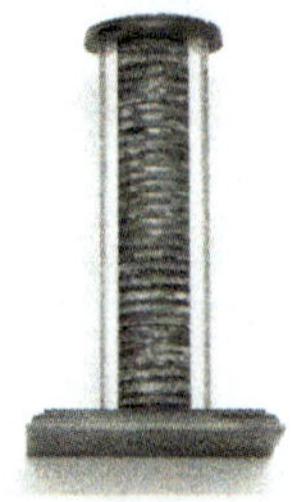

1800 알렉산드로 볼타(Alessandro Volta)(이탈리아)는 첫 번째 전기 배터리를 발명했다.

1820 한스 크리스찬 외르스테드(Hans Christian Oersted)(덴마크)는 전선에서 전류가 나침반 바늘을 전선에 수직하게 동쪽으로 스스로 움직이도록 하는 것을 발견함으로써 전기와 자기 사이에 상호 관련이 있다는 것을 입증했다.

1820 앙드레-마리 암페어(Andre-Marie Ampere)(프랑스) 전선에서 평행한 전류는 서로를 끌어당기고, 반대 방향의 전류는 서로 밀어낸다고 언급했다.

1820 진-밥티스테 비오(Jean-Baptiste Biote)(프랑스)와 **페릭스 사바르**(Felix Savart)(프랑스)는 자기장은 전류가 흐르는 전선의 작은 부분에 의해서 유도되는 것과 관련된 비오-사바르 법칙을 개발했다.

연대표 1-1 : 고전시대 전자기학의 연대기

고전시대 전자기학

1827 조지 시몬 옴(Georg Simon Ohm)(독일)은 전류와 저항의 전기 포텐셜과 관련된 옴의 법칙을 공식화했다.

1827 조셉 헨리(Joseph Henry)(미국)는 **인덕턴스**(inductance)의 개념을 제안했다. 그리고 최초의 전기 모터를 만들었다. 또한 **무선전신**(telegraph)의 개발에 있어서 사무엘 모르스(Samual Morse)를 도왔다.

1831 마이클 패러데이(Michael Faraday)(영국)는 자속의 변화가 **기전력**(electromotive force)을 유도한다는 것을 발견했다.

1835 칼 프리드리히 가우스(Carl Friedrich Gauss)(독일)는 내부의 전하에서 닫힌 표면을 통과하는 전속과 관련된 **가우스의 법칙**(Gauss' s law)을 공식화했다.

Gauss' Law for Electricity

$$\Phi_E = \oint \vec{E} \cdot d\vec{A} = \frac{q_{inside}}{\varepsilon_0}$$

1873 제임스 클락 맥스웰(James Clerk Maxwell)(스코트랜드)은 쿨롱, 외르스테드, 암페어, 패러데이와 다른 법칙들을 **맥스웰 방정식**(Maxwell' s Equations)이라고 알려진 4개의 훌륭한 수학적 방정식으로 통합한 전기와 자기에 대한 논문을 발표했다.

1887 하인리히 헤르츠(Heinrich Hertz)(독일)는 **전자기파**(electromagnetic wave)(무선 주파수에서)를 생성하고 검파할 수 있는 시스템을 만들었다.

1888 니콜라 테슬라(Nikola Tesla)(크로아티아, 미국)는 **교류**(ac) (alternating current)모터를 발명했다.

1895 빌헬름 뢴트겐(Wilhelm Roentgen)(독일)은 X-선(X-ray)을 발견했다. 그의 첫 X-ray 사진 가운데 하나는 그의 부인의 손의 뼈였다[1901 노벨 물리학상].

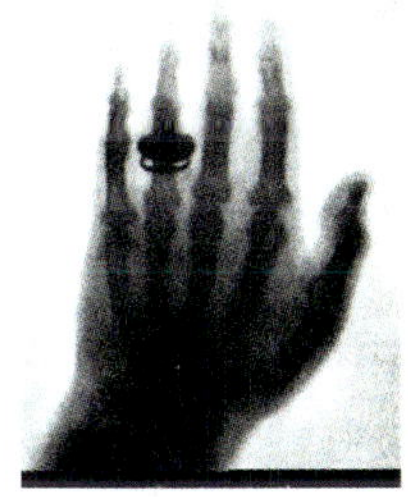

1897 조셉 존 톰슨(Joseph John Thomson)(영국)은 **전자**(electron)와 그것의 전하에 대한 질량의 비를 측정했다[1906 노벨 물리학상].

1905 알버트 아인슈타인(Albert Einstein)(독일, 미국)은 1887년 헤르츠에 의해 더 일찍 발견된 **광전 효과**(photoelectric effect)를 설명했다 [1921 노벨 물리학상].

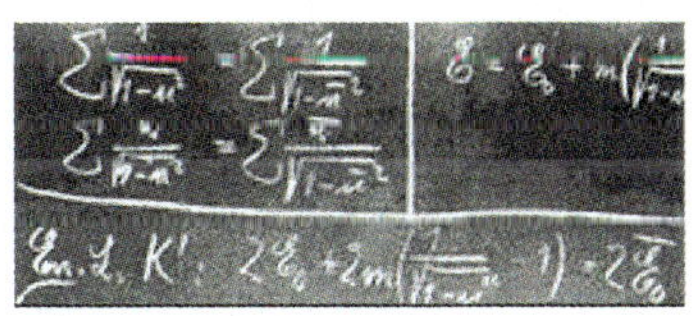

연대표 1-2 : 통신의 연대기

통신

1825 윌리엄 스털전(William Sturgeon)(영국)은 multiturn **전자석**을 개발했다.

1837 사무엘 모르스(Samuel Morse)(미국)는 문자와 숫자를 나타내기 위한 도트와 대시의 코드를 사용한 **전자석 무선전신**(electromagnetic telegraph)에 대해서 특허를 냈다.

1872 토마스 에디슨(Thomas Edison)(미국)은 **전기 타자기**(electric typerwriter)에 대해서 특허를 냈다.

1876 알렉산더 벨(Alexander Bell)(스코트랜드 미국)은 전화기를 발명했다. 회전식의 다이얼은 1890년도에 이용할 수 있게 되었고, 전화 시스템은 많은 사람들에게 설치되었다.

1887 하인리히 헤르츠(Heinrich Hertz)(독일)는 **전파**(radio waves)를 생성시켰고, 전파가 빛과 같은 특성을 공유한다는 것을 입증했다.

1887 에밀 베르너(Emil Berliner)(미국)는 평평한 축음기 디스크 또는 **레코드**(record)를 발명했다.

1893 발드마 파울센(Valdemar Poulsen)(덴마크)은 기록 매체로서 철사줄을 사용한 첫 번째 **자기 음성 기록기**(magnetic sound recorder)를 발명했다.

1896 구릴모 마르코니(Guglielmo Marconi)(이탈리아)는 많은 특허 중에서 첫 번째로 라디오 파에 의한 **무선 통신**(wireless transmission)에 대해서 특허 신청을 했다. 1901년 그는 대서양을 가로지르는 **라디오 무선 전신**(radio telegraphy)을 입증했다.[1909 칼 브라운(Karl Braun)과 함께 노벨 물리학상]

1897 칼 브라운(Karl Braun)(독일)은 **음극선관**(cathode ray tube)(CRT)을 발명했다.[1909 마르코니(Marconi)와 함께 노벨 물리학상]

1902 레지놀드 페센덴(Reginald Fessenden)(미국)은 전화 전송을 위한 **진폭 변조기**(amplitude modulation)를 발명했다. 그는 1906년 크리스마스 이브에 음성과 음악이 나오는 **AM 라디오 방송**(AM radio broadcasting)을 소개했다.

1912 리 데 포레스트 (Lee De Forest)(미국)는 무선 전신을 위한 **3극관**(triode tube) 증폭기를 개발했다. 1912년에 타이타닉호에서 발사된 무선 조난 신호는 58마일 떨어진 Ocean liner Carpathia호에서 수신이 되어 3.5시간 후에 705명의 타이타닉 승객들을 구조했다.

1919 에드윈 암스트롱(EdwinArmstong)(미국)은 **수퍼헤테로다인 라디오 수신기**(superheterodyne radio receiver)를 발명했다.

1920 상업적 전파 방송(commercial radio broadcasting)의 탄생; Westinghouse Corporation은 펜실베이니아주의 피츠버그에 무선 방송국 KDKA를 설립했다.

연대표 1-2 : 통신의 연대기

통신

1923 블라드미르 츠워리킨(Vladimir Zworykin)(러시아 미국)은 1926년에 **텔레비전**을 발명했다. 존 베이어드(John Baird)(스코트랜드)는 런던에서 글래스고까지 TV이미지를 전화선을 통해서 전송했다. 일반적인 TV **방송**은 독일(1935), 영국(1936), 미국(1939)에서 시작했다.

1926 **대서양 횡단 전화**는 런던과 뉴욕 사이에서 서비스 되었다.

1932 마르코니(Marconi)에 의해서 바티칸 시티와 교황의 여름 별장 사이에 첫 **마이크로파 전화 연결**이 설치되었다.

1933 에드윈 암스트롱(Edwin Armstrong)(미국)은 라디오 전송에서 **주파수 변조**(frequency modulation)(FM)를 발명했다.

1935 로버트 왓슨 와트(Robert Watson Watt)(스코트랜드)는 **레이더**를 발명했다.

1938 H. A. 리브스(H. A. Reeves)(미국)는 **펄스 코드 변조**(pulse code modulation)(PCM)를 발명했다.

1947 윌리엄 쇼그레이(William Schockley)(미국), **월티 브라튼**(Walter Brattain)(미국), 그리고 존 바딘(John Bardeen)은 벨 연구소에서 **접합형 트랜지스터**를 발명했다.[1956 노벨 물리학상]

1955 페이저(pager)는 병원과 공장에서 무선 통신 장치로서 소개되었다.

1955 나벤더 카페니(Navender)(인도 미국)는 빛의 전송 매개물로써 저손실의 **광섬유**를 설명했다.

1958 잭 킬비(Jack Kilby)(미국)는 게르마늄 위에 첫 **집적 회로**(intergrated circuit)(IC)를 만들었다. 그리고 이와 관계없이 로버트 노이세(Robert Noyce)(미국)는 실리콘 위에 첫 집적 회로를 만들었다.

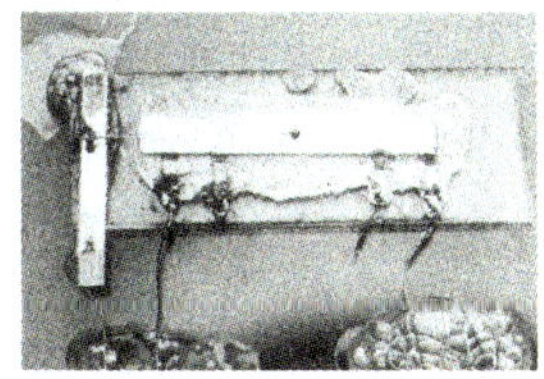

1960 첫 수동 통신 위성인 **에코**(Echo)가 발사되었다. 그리고 무선 신호를 성공적으로 다시 지구로 반사시켰다. 1963년 첫 **통신 위성**(communication satellite)은 지구의 정지 궤도에 위치했다.

1969 ARPANET는 미국 국방성에 의해서 설립되었고 후에 인터넷으로 발전되었다.

1979 일본은 첫 휴대 전화 네트워크를 만들었다.
- 1983 미국에서 휴대 전화 네트워크가 시작되었다.
- 1990 **전자 페이저**가 상용화되었다.
- 1995 **휴대 전화**는 더욱 상용화되었다.
- 2002 휴대 전화는 **비디오와 인터넷**을 지원한다.

1984 전세계적인 **인터넷**이 가동되었다.

1988 미국과 유럽 사이의 **대서양을 횡단하는 첫 광섬유**를 해저로 연결했다.

1997 **화성 탐사선**은 지구로 영상을 보냈다.

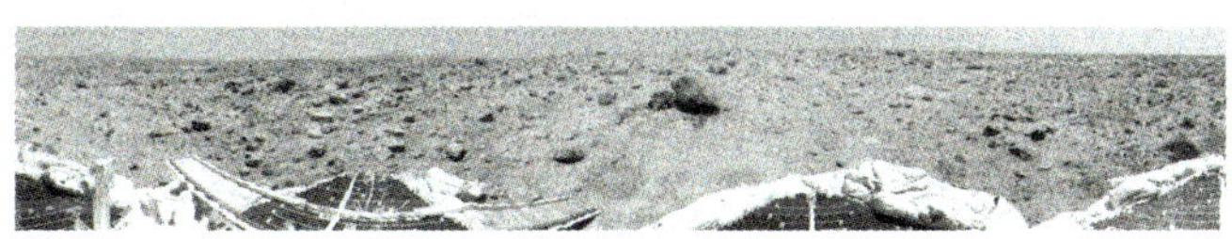

2004 **무선 통신**은 많은 공항과 대학 그리고 다른 기관의 지원을 받았다.

연대표 1-3 : 컴퓨터 기술의 연대기

컴퓨터 기술

ca 1100 BC **주판**(Abacus)은 최초로 알려진 계산 도구이다.

1614 존 네피어(John Napier)(스코트랜드)는 **대수**(logarithm) 체계를 개발했다.

1642 블라이세 파스칼(Blaise Pascal)(프랑스)은 여러 개의 다이얼을 사용해서 처음으로 **덧셈 기계**(adding machine)를 만들었다.

1671 고트프라이드 본 라이프니츠(Gottfried von Leibniz)(독일)는 덧셈과 곱셈 모두를 할 수 있는 계산기를 만들었다.

1820 찰스 디 콜마르(Charles de Colmar)(프랑스)는 처음으로 대용량 처리 계산기인 Arithometer를 만들었다.

1885 도르 펠트(Dorr Felt)(미국)는 키로 작동되는 **덧셈 계산기**를 발명하고 판매했다.(1889년에는 프린터기를 추가했다.)

1930 반네바 부시(Vannevar Bush)(미국)은 미분 방정식을 풀기 위한 **아날로그 컴퓨터**(analog computer)인 미분 해석기를 개발했다.

1941 콘라드 주제(Konrad Zuze)(독일)는 2진법과 전기적 교대를 사용해서 처음으로 **프로그램이 가능한 디지털 컴퓨터**(programmablr digital computer)를 개발했다.

1945 존 마우크리(John Mauchly)와 J. 프레스퍼 엑컬트(J. Presper Eckert)는 처음으로 완전히 **전기적인 컴퓨터**(all-electronic computer)인 에니악(ENIAC)을 개발했다.

1950 요시로 나카마(Yoshiro Nakama)(일본)는 데이터를 저장하기 위한 자성 물질과 같은 **플로피 디스크**(floppy disk)에 대한 특허를 냈다.

1956 존 바쿠스(John Backus)(미국)는 처음으로 중요한 프로그래밍 언어인 **포트란**(FORTRAN)을 개발했다.

```
C     FORTRAN PROGRAM FOR
      PRINTING A TABLE OF CUBES
      DO 5 I = 1, 64
      ICUBE = I * I * I
      PRINT 2, I, ICUBE
    2 FORMAT (1H , I3,I7)
    5 CONTINUE
      STOP
```

1958 **벨 연구소**(Bell Labs)는 모뎀을 개발했다.

1960 **디지털 장비 회사**(Digital Equipment Corporation)는 PDP-1에서 PDP-8까지 나온 **미니 컴퓨터**(minicomputer)를 1965년에 소개했다.

1964 **IBM의 360 대형 컴퓨터**(IBM's 360 mainframe)는 중요한 사업에서 컴퓨터의 표준이 되었다.

1965 존 케메니(John Kemeny)(미국)와 토마스 쿠르츠(Thomas Kurtz)(미국)는 **베이직**(BASIC) 컴퓨터 언어를 개발했다.

```
PRINT
FOR Counter = 1 TO Items
  PRINT USING "##."; Counter;
   LOCATE , ItemColumn
   PRINT Item$(Counter);
   LOCATE , PriceColumn
 PRINT Price$(Counter)
NEXT Counter
```

연대표 1-3 : 컴퓨터 기술의 연대기

컴퓨터 기술

1968 더글라스 엥겔바르트(Douglas Engelbart)(미국)는 가리키는 장치인 마우스와 **윈도우**(windows)를 사용하는 **워드프로세서**(word-processor) 시스템을 보여주었다.

Tom Howe

1971 텍사스 인스투르먼트(Texas Instruments)는 **포켓 계산기**(pocket calculator)를 소개했다.

Texas Instruments

IBM

1971 테드 호프(Ted Hoff)(미국)는 첫 컴퓨터 **마이크로프로세서**(microprocessor)인 인텔 4004를 발명했다.

1976 IBM은 **레이저 프린터**(laser printer)를 소개했다.

1976 **애플 컴퓨터**(Apple Computer)는 장비 세트로 된 애플 I (Apple I)을 판매했다. 그 후에 1977년에 완전히 조립된 애플 II와 1984년에 **매킨토시**(Macintosh)를 판매했다

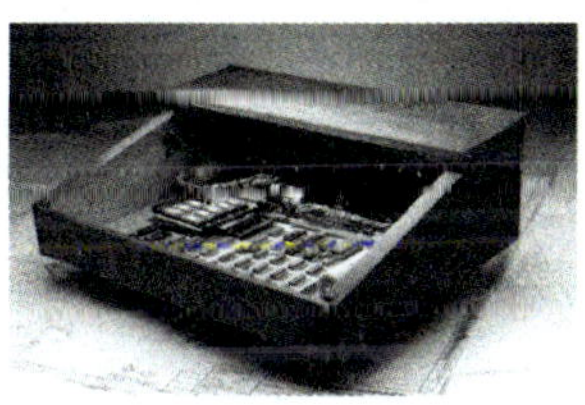

Apple

1980 **마이크로소프트**(Microsoft)는 MS-DOS 컴퓨터 디스크 운영 시스템을 소개했다. 마이크로소프트 윈도우는 1985년에 판매되었다.

IBM

1981 IBM은 **개인용 컴퓨터**(PC)를 소개했다.

1989 팀 베르너스 리(Tim Berners Lee)(영국)는 네트워크화된 하이퍼텍스트 시스템을 도입한 World Wide Web을 발명했다.

1991 **인터넷**(Internet)은 100개국 이상과 60만 이상의 사람들에게 연결되었다.

1995 Sun Microsystems는 **자바**(Java) 프로그래밍 언어를 소개했다.

San Jose Mercury News

Why Sun thinks Hot Java will give you a lift

What those guys are doing is undeniably, absolutely new. It's great stuff. . . . These guys are really pushing the envelope.

Knnight-Ridder

1996 사비어 바티아(Sabeer Bhatia)(인도 미국)와 잭 스미스(Jack Smith)(미국)는 첫 웹 메일 서비스인 Hotmail을 시작했다.

1997 IBM의 Deep Blue 컴퓨터는 세계 체스 챔피언인 게리 카스파로브(Garry Kasparov)를 물리쳤다.

IBM

1997 Palm Pilot은 매우 널리 사용 가능하게 되었다.

palmOne Inc.

그러나 전자기에 있어서 중요한 혁명과 연관되는 특정한 기술과 교육적 방법으로써 사용되었던 기술과 연관짓는다면 연대기를 작성하는 것은 가능할 것이다. 연대표 1-2와 1-3은 통신과 컴퓨터에 대한 연대기를 나타낸다. 개별적으로 나타내어지는 기술은 오늘날 사회 기본 시설의 구성 요소가 되었다. 표에 있는 목록의 일부는 텔레그래프, 트랜지스터, 레이저와 같은 특별한 발명을 언급하였다. 이러한 기술의 작동 원리와 특성은 책에서 부분적으로 표기된 **기술의 정리**(Technology Briefs)라는 특별한 삽입문에서 강조되어 있다.

1-2 차원, 단위, 표기법

프랑스어 Système Internationale에서 명명된 **국제 단위 체계**(International System of Units), 약어로 SI가 오늘날 물리량의 단위를 표현하는 기본적인 체계이다. 길이는 **차원**(Dimension)에 속하고, 미터(m)는 표준값을 기준으로 한 **단위**(Unit)에 속한다. SI체계는 표 1-1에 나타나 있는 6개의 **기본차원**(fundamental dimensions)에 대한 단위를 기초로 한다. 그 밖의 모든 차원에 대한 단위는 6개의 기본단위에 의해서 표현되거나 이를 기본으로 하기 때문에 부수적인 것으로 간주된다. 부록 A에 이 책에서 다루는 기호와 단위에 대한 목록이 있다. 또한 이 책에서 사용되는 양뿐만 아니라 그것의 표기와 단위의 목록도 있다. 10^{-18}에서 10^{18}까지의 범위를 10^3단위로 나누고, 일련의 접두사를 단위에 대한 배수와 약수를 표시하기 위해서 일반적으로 사용한다. 이들 접두사는 그리스어, 라틴어, 스페인어, 덴마크어 등에서 유래되었고, 이를 표 1-2에 나타내었다. 예를 들어, 길이 5×10^{-9}m는 5mm로 쓸 수 있다. 전자기학에서는 스칼라량과 벡터량이 사용된다. 이 책에서 저항 R처럼 스칼라량은 이탤릭체를 사용한다. 반면 전장벡터 $\mathbf{E}$와 같이 벡터를 표시하기 위한 기호는 굵은 로마체를 사용한다. 벡터는 크기(스칼라)와 방향을 갖는데, 이 방향은 일반적으로 단위벡터에 의해서 표시된다. 예를 들면,

$$\mathbf{E}=\hat{\mathbf{x}}E, \tag{1.1}$$

이며, 여기서 E는 $\mathbf{E}$의 크기이고 $\hat{\mathbf{x}}$는 방향이다. 단위 벡터는 문자 위의 굵은 액센트(ˆ:circumflex)로 표시한다. 이 책에서는 시간에 따라 정현적으로 변하는 전자기적

표 1-1 기본적인 SI 단위

차원	단위	기호
길이	meter	m
질량	kilogram	kg
시간	second	s
전류	ampere	A
온도	kelvin	K
물질의 양	mole	mol

표 1-2 배수, 약수 접두사

접두사	기호	크기
exa	E	10^{18}
peta	P	10^{15}
tera	T	10^{12}
giga	G	10^{9}
mega	M	10^{6}
kilo	k	10^{3}
milli	m	10^{-3}
micro	μ	10^{-6}
nano	n	10^{-9}
pico	p	10^{-12}
femto	f	10^{-15}
atto	a	10^{-18}

양을 포함하는 문제를 풀기 위해 **페이저 표기법**(phasor representation)이 광범위하게 사용될 것이다. 페이저량을 나타낼 때에는 문자 위에 틸드(~)를 덧붙인다. 그러므로 $\tilde{\mathbf{E}}$는 순시전장벡터 $\mathbf{E}(t)$에 해당하는 페이저 전장벡터이다. 이 표기법은 7-1절에서 좀 더 자세히 논의된다.

1-3 전자파의 성질

물리적인 세계는 자연의 4가지 기본적인 힘으로 이루어진다.

- 핵력은 4개의 힘 중 가장 강하다. 하지만 **초미세계**로 제한된다(핵).
- 핵력 크기의 10^{-2}의 차수를 갖는 **전자기력**은 원자와 분자처럼 **미시계**에서 두드러지는 힘이다.
- 핵력의 10^{-14}만큼의 크기를 가진 **미소 상호작용력**은 방사능 입자와 관련된 상호작용에 중요한 역할을 한다.
- 중력은 4개의 힘 중에 가장 약한 힘이다. 하지만 태양계처럼 **거시계**에서 두드러지는 힘이다.

이 책에서는 전자기력과 그 영향에 주안점을 두고, 이 단원의 목적은 전자기학의 기본적인 골격(framework)을 설날하는 것이다.

그러나, 선구자들처럼 우리는 중력과 같은 지식을 그것의 어떤 특성을 설명함으로써 이용할 것이다. 왜냐하면 그것은 전자기력 성질과 같은 유용한 유사전을 제공해 주기 때문이다.

1-3.1 중력: 전자기력과의 유사성

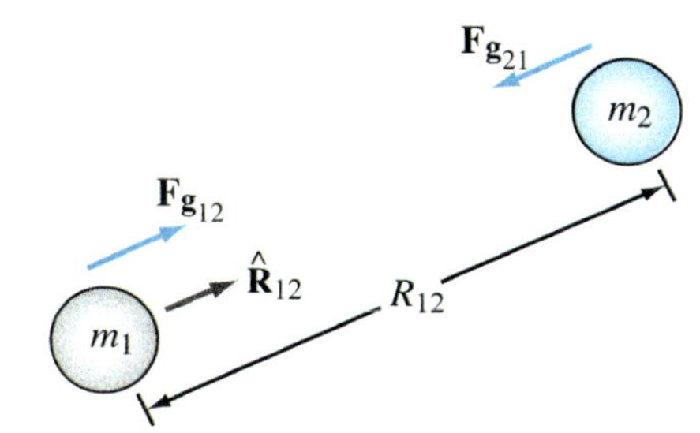

그림 1-2 두 질량 사이의 인력

그림 1-2에서, 뉴턴의 중력법칙에 따르면 m_2로부터 거리 R_{12}에 있는 질량 m_1이 질량 m_2에 미치는 중력 $\mathbf{F}_{g_{21}}$는 다음과 같이 주어진다.

$$\mathbf{F}_{g_{21}} = -\hat{\mathbf{R}}_{12}\frac{Gm_1m_2}{R_{12}^2} \quad \text{(N)}, \tag{1.2}$$

G는 만유인력상수이고, $\hat{\mathbf{R}}_{12}$는 m_1에서 m_2로 향하는 단위벡터이다. 힘의 단위는 뉴턴(N)이다. 식 (1.2)의 음의 부호는 중력은 인력이라는 사실을 말해 준다. 역으로, 질량 m_2에 의해 질량 m_1이 받는 중력을 $\mathbf{F}_{g_{12}}$라 하고, $\mathbf{F}_{g_{12}} = -\mathbf{F}_{g_{21}}$이다. $\mathbf{F}_{g_{12}}$의 첫 번째 첨자는 힘을 받는 질량이고, 두 번째 첨자는 힘을 가하는 질량을 나타낸다.

중력은 두 물체가 떨어져 있을 때 작용한다. 즉, 두 물체가 상대 물체에 의한 인력을 받기 위해서 서로 식섭직으로 접촉할 필요는 없다. 두 물체가 떨어져 있을 때 직접 작용하는 중력 현상으로부터 **장**(field) 개념이 파생된다.

질량 m_1인 물체는 실제로 물체로부터 발산하지 않는 중력장 $\boldsymbol{\Psi}_1$(그림 1-3)을 야기한다. 그러나 질량이 m_2인 또 다른 물체가 물체 m_1으로부터 R_{12} 거리에 있다면 물체 m_2는 식 (1.2)의 힘을 받는 것과 같이, 중력장 $\boldsymbol{\Psi}_1$의 모든 공간에 미친다. m_1으로부터 거리 R에서 중력장 $\boldsymbol{\Psi}_1$은 다음과 같이 벡터로 정의된다.

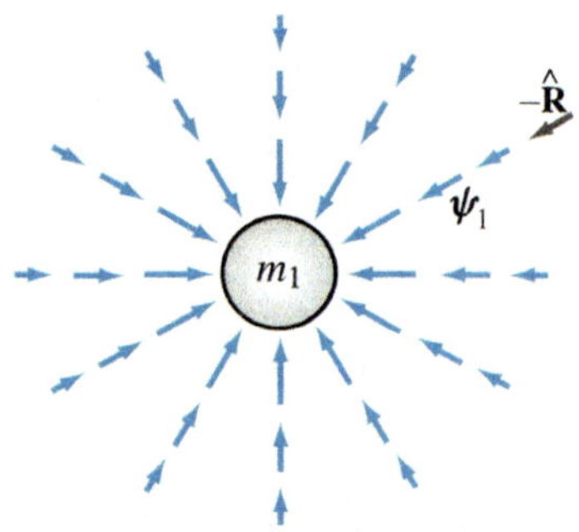

그림 1-3 질량 m_1에 의해 유도된 중력장 $\boldsymbol{\Psi}_1$

$$\boldsymbol{\psi}_1 = -\hat{\mathbf{R}}\frac{Gm_1}{R^2} \qquad \text{(N/kg)}, \qquad (1.3)$$

$\hat{\mathbf{R}}$는 물체 m_1으로부터 방사방향을 가리키는 단위벡터이므로 $-\hat{\mathbf{R}}$는 m_1을 향하는 방향을 가리킨다. $\hat{\mathbf{R}} = \hat{\mathbf{R}}_{12}$ 방향을 따라 $R=R_{12}$ 거리에서 $\boldsymbol{\Psi}_1$ 때문에 질량 m_2에 작용하는 힘은

$$\mathbf{F}_{\mathrm{g}_{21}} = \boldsymbol{\psi}_1 m_2 = -\hat{\mathbf{R}}_{12}\frac{Gm_1m_2}{R_{12}^2}. \qquad (1.4)$$

이다. 시험 질량 m을 공간의 한 점에 놓았을 때 질량 m에 작용하는 힘 $\mathbf{F}_\mathrm{g}$와 $\boldsymbol{\Psi}$가

$$\boldsymbol{\psi} = \frac{\mathbf{F}_\mathrm{g}}{m}. \qquad (1.5)$$

의 관계가 되도록 중력장 $\boldsymbol{\Psi}$를 정의하여 중력장 개념을 일반화할 수 있다. 힘 $\mathbf{F}_\mathrm{g}$는 하나의 질량에 의한 힘일 수도 있고, 여러 개의 질량에 의한 힘일 수도 있다.

1-3.2 전계(혹은 전기장)

전자기력은 전기력 $\mathbf{F}_\mathrm{e}$와 자기력 $\mathbf{F}_\mathrm{m}$으로 되어 있다. 전기력 $\mathbf{F}_\mathrm{e}$는 중력과 비슷하지만 여러 가지 차이점도 있다. 중력장의 원천은 질량이지만, 전기장은 전하이다. 한편 두 장의 크기는 원천으로부터 거리에 반비례하지만, 전하는 양전하와 음전하로 극성을 띠고 있으나 질량은 이런 성질이 없다.

원자 물리를 통해서 모든 물질은 중성자, 양전하를 가진 양자, 그리고 음전하를 가진 전자로 되어 있다는 것을 알고 있다. 그리고 보통 e라고 표기하는 하나의 전자에 대전된 전하의 기본적인 양을 가지고 있다.

전하를 측정하는 단위는 18세기의 프랑스 과학자 샤를르 오귀스탱 드 쿨롱(Charles Augustin de Coulomb: 1736~1806)에게 경의를 표하는 의미에서 명명된 쿨롱(C)이다. e의 크기는 다음과 같다.

$$e = 1.6 \times 10^{-19} \qquad \text{(C)}. \qquad (1.6)$$

전자 하나의 전하량은 $q_\mathrm{e} = -e$이고, 양자의 전하량과 같고 극성이 반대이다: $q_\mathrm{p} = e$. 쿨롱의 실험은 다음을 증명하였다.

(1) 두 개의 같은 전하는 서로 반발하고, 두 개의 다른 전하는 서로 끌어당긴다.
(2) 그 힘은 전하들의 참여하는 선을 따라서 작용한다.
(3) 세기는 두 전하의 크기의 곱에 비례하고 이들 사이의 거리의 제곱에 반비례한다.

이런 성질은 수학적으로 다음과 같은 방정식으로 표현되는 **쿨롱의 법칙**이라 불린다.

$$\mathbf{F}_{\mathrm{e}_{21}} = \hat{\mathbf{R}}_{12}\frac{q_1q_2}{4\pi\varepsilon_0 R_{12}^2} \qquad \text{(N)} \qquad \text{(자유공간)}, \qquad (1.7)$$

$\mathbf{F}_{\mathrm{e}_{21}}$는 전하 q_1에 의해 전하 q_2에 작용하는 전기력이다. R_{12}는 두 전하 사이의 거리이고, $\hat{\mathbf{R}}_{12}$는 q_1에서 q_2로 향하

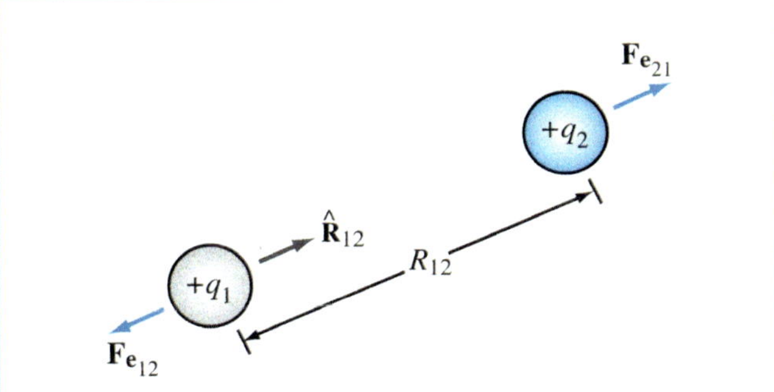

그림 1-4 자유공간에서 두 양전하 사이의 전기력

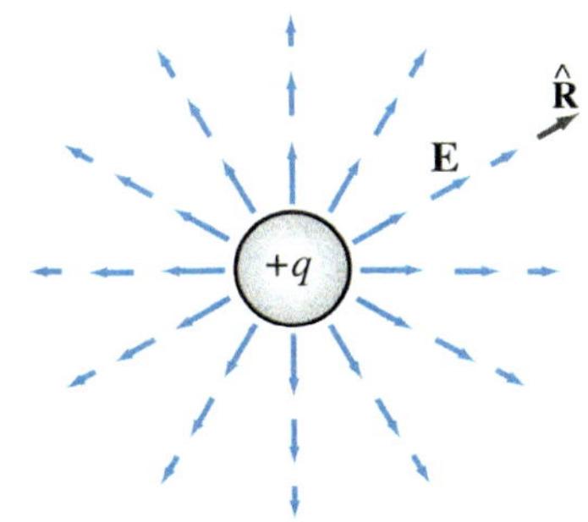

그림 1-5 전하 q로 인한 전기장 $\mathbf{E}$

는 단위벡터이다(그림 1-4). 그리고 ε_0는 **자유공간의 유전율**이라 불리는 상수이다. [$\varepsilon_0 = 8.854 \times 10^{-12}$ farad per meter(F/m)].

두 전하는 **자유공간(진공)**에 있고 다른 모든 전하들과 떨어져 있다고 가정하였다. 전하 q_2 때문에 q_1에 작용하는 힘 $\mathbf{F}_{e_{12}}$는 힘 $\mathbf{F}_{e_{21}}$과 크기는 같고 방향이 반대이다. (즉, $\mathbf{F}_{e_{12}} = -\mathbf{F}_{e_{21}}$.)

전자기력에 대한 식 (1.7)의 표현은 중력에 대한 식 (1.2)와 유사하고, 다음과 같이 전하 q에 의한 **전계의 세기**(electric field intensity) $\mathbf{E}$를 정의하면 더욱 비슷함을 알 수 있다.

$$\mathbf{E} = \hat{\mathbf{R}} \frac{q}{4\pi\varepsilon_0 R^2} \quad \text{(V/m)} \quad \text{(자유공간)}, \tag{1.8}$$

여기서 R은 관찰점과 전하 사이의 거리이고, $\hat{\mathbf{R}}$은 전하에서부터 외부로 향하는 단위벡터이다. 그림 1-5는 양전하로 인한 전기력선들을 그려 놓았다. 이후의 단원에서 명백히 나타날 것이지만, $\mathbf{E}$의 단위는 미터당 볼트(V/m)이다.

전하는 두 가지 중요한 성질을 지니고 있다. 그 첫 번째는 **전하량은 생성되거나 소멸될 수 없다**는 전하량 보존의 법칙이다. 만약 체적 안에 n_p개의 양자와 n_e개의 전자들이 있다면, 총 전하량은 다음과 같다.

$$q = n_p e - n_e e = (n_p - n_e)e \quad \text{(C)}. \tag{1.9}$$

양자가 같은 수의 전자와 결합하여 중성자나 다른 원소로 되더라도, 순(net) 전하량 q는 대전되지 않은 채로 남아 있다.

두 번째 전하의 중요한 성질은 **어느 한 점에서 여러 개의 점전하에 의한 총 벡터전계는 그 점에서 각각의 전하에 의한 전계의 벡터 합과 동일하다**는 선형 중첩의 원리이다.

이와 같이 간단한 개념은 다른 모든 전하에 의해서 발생된 전계가 개개의 전하에 영향을 미친다는 사실과는 관계없이 복잡한 전하분포에 의한 전장의 계산을 가능하게 한다.(이후의 장에서 보게 될 것이다.)

식 (1.8)은 자유공간에서 전하에 의한 전기장을 나타낸 것이다. 원자로 이루어진 물질에 양전하가 놓여져 있을 때 무슨 일이 일어날 것인지 생각해 보자.

점전하가 없는 곳에서 물질은 전기적으로 중성이다. 즉, 양으로 대전된 핵은 반대의 극성을 가진 같은 양의 전자 구름으로 둘러싸여 있는 원자들로 구성되어 있다. 그리하여, 물질의 어느 한 점에서 원자의 전기장은 0이다.

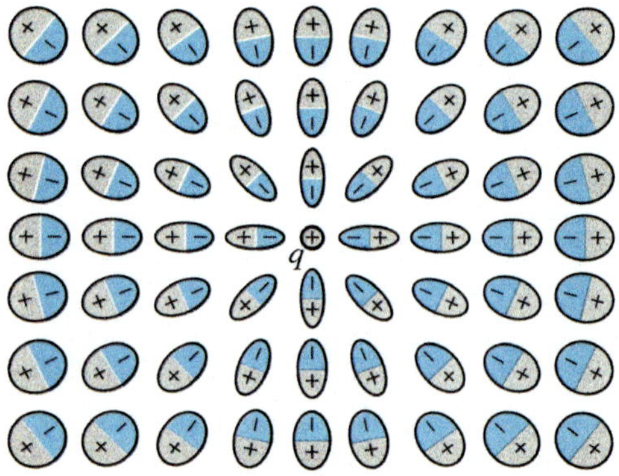

그림 1-6 양전하에 의해 유전물질에서 원자의 분극

그림 1-6에서 물질(매질) 내부에 점전하 q가 위치하게 되면, 이 중성인 상태를 파괴하려고 하는 힘의 영향을 받게 된다.

원자의 한 극이(한쪽이) 점차로 +로 대전될수록 다른 극은(다른 쪽은) 점점 −로 대전되어 핵을 중심으로 한 전자운의 대칭중심이 변형된다. 이와 같이 분극이 이루어진 원자를 **전기 다이폴**이라 하고, 핵을 중심으로 한 전자운의 대칭중심의 변형과정을 **분극**이라 한다.

분극도는 원자와 고립된 원자 사이의 거리에 따라 다르고, 그림 1-6에서 개략적으로 설명한 것처럼 두 극을 연결하는 다이폴 축이 점전하 q를 향하는 방향이다. 이 분극과정의 결과, 원자(또는 분자)의 전기 다이폴은 점전하에 의한 장을 방해하는 경향이 있다.

결론적으로, 물질의 임의의 지점에서 전계는 물질이 없을 때 점전하에 의해서 유기된 전계와는 다르다는 것이다.

식 (1.8)을 임의의 매질에 적용하기 위해서, 자유공간의 유전율 ε_0를 ε으로 대치한다. 여기서 ε은 전계가 측정된 물질의 유전율로서 측정 물질의 특성을 나타내므로

$$\mathbf{E} = \hat{\mathbf{R}}\frac{q}{4\pi\varepsilon R^2} \qquad \text{(V/m)}. \qquad (1.10)$$

이고, ε은 다음과 같은 형태로 표현된다.

$$\varepsilon = \varepsilon_r\varepsilon_0 \qquad \text{(F/m)}, \qquad (1.11)$$

ε_r은 **비유전율**(relative permittivity) 혹은 **유전율**(dielectric constant)이라 하고, 차원이 없는 양이다. 진공에서는 $\varepsilon_r = 1$이고, 지구표면 가까이 있는 표면에 대해서는 $\varepsilon_r = 1.0006$이며, 앞으로 이 책에서 사용하게 될 물질의 ε_r에 해당하는 값이 부록 B에 있다.

전계의 세기(electric field density) **E**와 더불어 **전속밀도 D**라고 하는 전기장과 관련이 있는 양을 사용하는 것이 편리할 수도 있다.

D는 다음과 같이 주어진다.

$$\mathbf{D} = \varepsilon\mathbf{E} \qquad \text{(C/m}^2\text{)}, \qquad (1.12)$$

이것의 단위는 미터제곱당 쿨롱(C/m^2)이다. 이 두 개의 전기적인 양, **E**와 **D**는 전자계의 기본적인 두 쌍 중의 하나이다. 두 번째 쌍은 이제 살펴볼 자계이다.

1-3.3 자계(혹은 자기장)(Magnetic Fields)

기원전 800년 이전에, 그리스인들은 철 조각을 끌어당기는 힘이 있는 돌이 있다는 것을 발견하였다. 이러한 돌을 **자철광**(magnetite, Fe_3O_4)이라고 불렀고, 이러한 현상을 **자기**(magnetism)라고 했다.

13세기에 들어와, 프랑스 과학자들은 바늘을 둥근 천연 자석 표면에 두었을 때 자석 위의 여러 지점에서 나침은 여러 방향을 가리킨다는 것을 알았다. 바늘이 향하는 방향으로 그림을 그렸더니, 자기력은 구를 둘러싸는, 구의 직경 양끝의 두 점을 통과하는 것으로 보이는 자기

력선을 형성하였다. 자기의 북극과 남극이라 부르는 이러한 점은 어떠한 형태이든지 모든 자기에 대해 존재한다. 막대자석의 자계 형태(pattern)는 그림 1-7에 나타냈다. 다른 자석의 같은 극성끼리는 서로 멀어지고 다른 극성끼리는 서로 끌어당긴다. 이러한 밀고 당기는 속성은 중요한 차이점 하나를 제외하면 전하들 사이의 전기력과 비슷하다: **전하들은 독립적으로 존재할 수 있지만, 자기극성은 항상 쌍을 이루어야 한다.** 만약 영구자석이 작은 조각으로 절단된다면, 아무리 작게 절단되더라도 항상 남극과 북극이 나타날 것이다.

자석을 둘러싸는 자력선을 **자기력선**(magnetic line)이라 하고, 이것은 **자속밀도**(magnetic flux density) **B**라는 자계의 존재를 나타낸다. 자계는 영구자석 주위에 존재할 뿐 아니라 전류에 의해서도 만들어질 수 있다. 1820년 덴마크 과학자 한스 오스테드(Hans Oersted, 1777-1851)가 전기와 자기 간의 연관성을 발견했다. 그는 도선에 흐르는 전류가 그 부근에 놓인 나침반 바늘을 편향시켜, 항상 바늘의 방향이 도선에 수직이고 도선과 도선 주위의 나침반을 연결하는 방사선에 직각인 사실을 발견하였다. 이러한 관찰로부터 그림 1-8에서 설명하는 것처럼, 전류가 흐르는 도선 주위로 닫힌 환형 루프의 형태로 자기력선이 유도된다는 것을 추론하였다. 오스테드의 발견 이후 얼마 안 되어, 프랑스의 과학자 장 밥티스트 비오(Jean Baptiste Biot)와 펠릭스 사바르(Felix Savart)는 전류 I가 흐르는 도체와 공간의 한 점에서 자계 **B**의 관계식을 도출했다. 오늘날 **비오-사바르 법칙**으로 알려진 매우 긴 도선에 대해 그림 1-8에 묘사된 상황에 공식을 적용하면 z-방향으로 일정하게 흐르는 전류 I에 의해 유도된 **자기 선속밀도 B**에 대한 결론은 다음과 같다.

$$\mathbf{B} = \hat{\boldsymbol{\phi}} \frac{\mu_0 I}{2\pi r} \quad \text{(T)}, \tag{1.13}$$

여기서 r은 전류에서의 반경 거리이고 $\hat{\boldsymbol{\phi}}$는 그림 1-8에서 보여주듯이 자기장 방향이 전류를 둘러싸는 원에 접선이라는 사실을 표시하는 방위단위벡터이다.

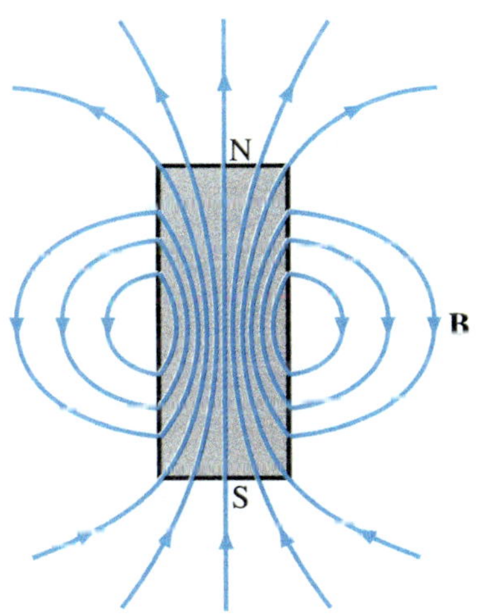

그림 1-7 막대자석 주위의 자기장선의 형태

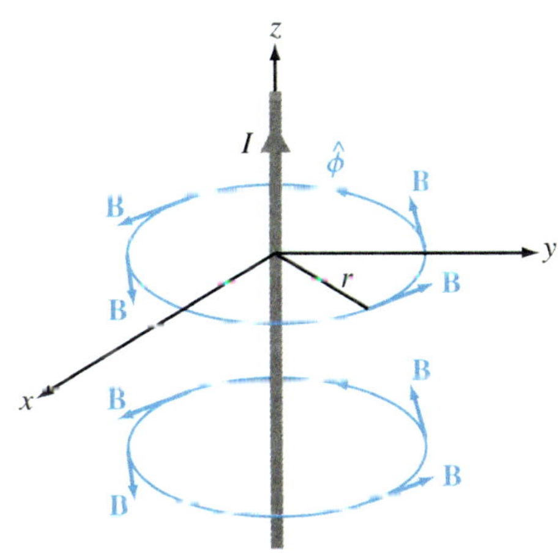

그림 1-8 z-방향으로 흐르는 정상 전류에 의해 유도되는 자기장

단위는 자계를 많은 손실 없이 긴 도선을 따라 전기를 수송하는 것이 가능하도록 변환기를 만드는 데 심혈을 기울인 크로아티아-미국인 전기공학자인 니콜라 테슬라(Nikola Tesla, 1856-1943)를 경의하여 명명된 테슬라(T)이다. μ_0은 자유공간에서의 투자율이라 한다. [$\mu_0 = 4\pi \times 10^7$ henry per meter(H/m)]이고, 이것은 전기적 유전율 ε_0와 비슷하다. 사실, 7장에서 다룰 것이지만, ε_0와 μ_0의 곱은 다음과 같이 **자유공간에서의 빛의 속도**인 c로 표현한다.

$$c = \frac{1}{\sqrt{\mu_0 \varepsilon_0}} = 3 \times 10^8 \quad \text{(m/s)}. \quad (1.14)$$

대부분의 자연 물질은 비자성체이다. 즉 자기적 투자율이 $\mu = \mu_0$라는 것이다. 철, 니켈과 같은 강자성체에서 μ는 μ_0보다 훨씬 클 수 있다. 자기적 투자율 μ는 물질의 **자화성질**(magnetization)을 나타낸다. 식 (1.11)과 유사하게 각 물질의 μ는 식 (1.15)처럼 정의할 수 있다.

$$\mu = \mu_r \mu_0 \qquad \text{(H/m)}, \qquad (1.15)$$

여기서, μ_r는 차원이 없는 양으로 **비투자율**이라 한다. 공통적으로 강자성체에 사용되는 μ_r의 값은 부록 B에 주어져 있다.

이전에 살펴본 **E**와 **D**는 전자기장의 크기의 두 쌍 중의 하나이고, 또 하나의 쌍은 서로 μ를 매개로 하는 **B**와 **H**로서 다음의 관계를 갖는다.

$$\mathbf{B} = \mu \mathbf{H}. \qquad (1.16)$$

1-3.4 시불변 전자계와 시변 전자계

전계 **E**는 전하 q에 좌우되고 자계 **H**는 $I = dq/dt$에 의해 결정되는데, q와 dq/dt는 독립 변수이기 때문에 유기된 전계와 자계는 I가 일정하게 존재하는 동안 서로 독립이다. 이것을 설명하기 위해, 일정한 속도로 움직이는 하전입자의 빔을 생각해 보자. 움직이는 전하는 d-c전류를 생성한다. 흐름(beam)의 일부분으로 인한 전기장은 그 부분에서 포함된 총 전하 q에 의해서 결정된다.

자기장은 q에 독립이다. 하지만, 절단면을 통해 흐르는 전하의 비율에는 그렇지 않다. 매우 빠르게 움직이는 극소량의 전하는 느리게 움직이는 많은 전하와 같은 전류를 형성할 수 있다. 이런 두 경우에서 유도된 자기장은 같을 것이다. 왜냐하면 전류 I가 같기 때문이다. 하지만, 유도된 전기장은 매우 다르다. 왜냐하면 전하의 수가 다르기 때문이다.

정지한 전하와 일정한 전류에 각각 대응하는 **정전기**(electrostatics)와 **정자기**(magnetostatics)는 전자기학에서 특별한 경우이다. 이들은 매우 특징적이고, 독립된 두 부문을 나타낸다. 왜냐하면, 유도된 전기장과 자기장은 서로 관련이 없기 때문이다. 보다 일반적인 세 번째 전자기학 분야인 시변 전자기학(dynamics)은 시간에 따라 변하는 전하나 전류밀도에 의해서 유기되는 시변 전자계에 관한 분야이다. 만약 이동하는 하전입자 빔으로 인한 전류가 시간에 따라 변한다면, 그 단면에서의 전하의 양은 시간에 따라 변한다. 그리고 그 역 또한 같다. 6장에서 볼 것이지만, 전기장과 자기장은 이러한 경우에 결합이 된다. 사실, **시변 전기장은 시변 자기장을 생성하고, 그 역으로도 성립한다.** 표 1-3에 전자기학의 세 부문을 요약하였다.

물질에서의 전자기적 성질은 각각 ε와 μ로 특징을 나눌 수 있다. 단위 길이당 지멘스(S/m)로 측정되는 기본적인 세 번째 매개변수(parameter)인 도전율(conductivity) σ가 필요하다. 도전율은 물질에서 전하(전자)가 자유롭게 움직일 수 있는 특성을 나타낸다. 만약 σ가 0이라면, 전하는 원자 거리 이상 움직이지 않는다. 이러한

표 1-3 전자기학의 세 부문

부문	조건	크기(단위)
정전기	고정된 전하 $(\partial q/\partial t = 0)$	전기장세기 **E**(V/m) 전기장밀도 **D**(C/m^2) $\mathbf{D} = \varepsilon \mathbf{E}$
정자기	안정 전류 $(\partial I/\partial t = 0)$	자기선속밀도 **B**(T) 자기장세기 **H**(A/m) $\mathbf{B} = \mu \mathbf{H}$
동적인 장 (시변장)	시변전류 $(\partial I/\partial t \neq 0)$	**E**, **D**, **B**와 **H** (**E**, **D**)와 (**B**, **H**)의 연결

표 1-4 물질의 구조변수

변수	단위	자유공간 값
유전율 ε	F/m	$\varepsilon_0 = 8.854 \times 10^{-12}$ (F/m) $\simeq \frac{1}{36\pi} \times 10^{-9}$ (F/m)
투자율 μ	H/m	$\mu_0 = 4\pi \times 10^{-7}$ (H/m)
전도율 σ	S/m	0

물질을 **완전 유전체**(perfect dielectric; 부도체)라 한다. 만약 σ가 ∞라면, 그 전하는 물질에서 자유롭게 움직일 수 있고, 이것을 **완전 도체**라 한다. 그 물질 매개변수 ε, μ와 σ는 물질의 구조변수로 나타낸다(표 1-4). 만약에 구조변수가 매질 전체에 일정하다면, 그 매질은 **균질**(homogeneous)이라고 한다.

1-4 전자파 스펙트럼

가시광선은 **전자기 스펙트럼**이라 불리는 파에 속한다(그림 1-9). 전자기 스펙트럼에 속하는 파에는 감마선, X선, 적외선, 라디오파 등이 있다.

일반적으로 다음과 같은 성질을 공유하기 때문에 이들 모두를 전자파(EM파)라 한다.

- EM파는 동일 주파수 f로 발진하는 전계와 자계의

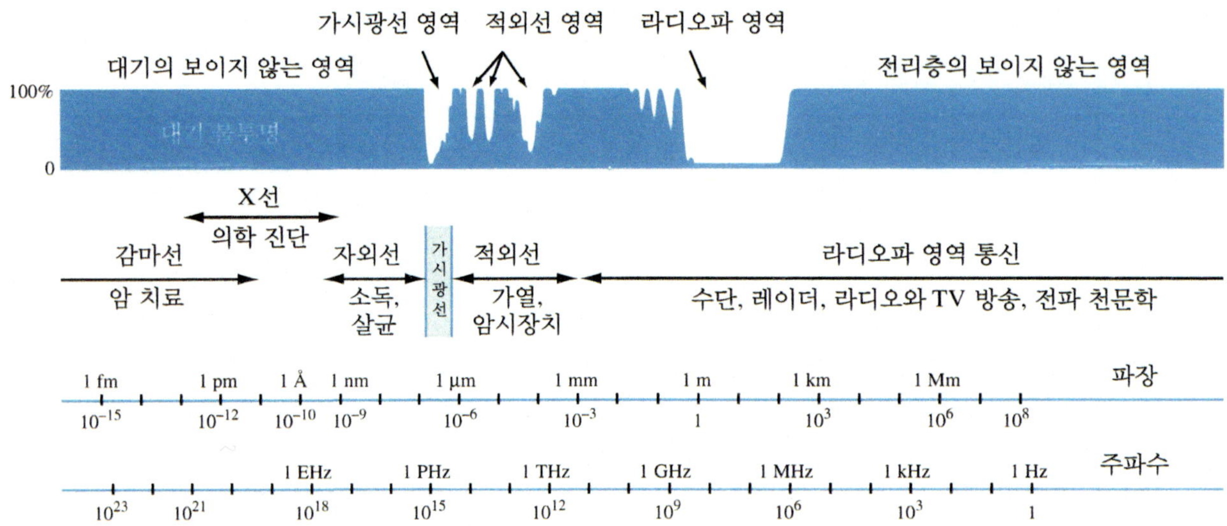

그림 1-9 전자기 스펙트럼

세기로 이루어진다.

- 진공 속을 진행하는 EM파의 위상속도는 식 (1.14)에서 정의된 광속 c이다.
- 진공에서, 전자기파의 파장 λ는 진동주파수 f와 관련이 있다.

$$\lambda = \frac{c}{f}. \qquad (1.17)$$

모든 EM파가 이러한 성질을 가지므로, 이들 각각은 파장 λ와 발진 주파수 f에 의해 구별된다. 그림 1-9에서 EM 스펙트럼의 가시영역은 $\lambda = 0.4\mu$m(보라색)과 $\lambda = 0.7\mu$m(빨간색)에 걸친 매우 좁은 파장 영역을 차지한다. 짧은 파장 쪽으로 가면 자외선, X선, 감마선 등을 만나게 된다. 이러한 이름은 파의 발견과 관련된 역사적 일화 때문에 붙여졌다. 가시 영역의 다른 쪽에는 적외선 대역과 그 다음을 잇는 라디오 영역이 자리를 차지하고 있다. 식 (1.17)에 주어진 λ와 μ의 관계로부터 이들 개개의 스펙트럼 영역을 파장 영역이나 주파수 영역으로 나타낼 수 있다. 각각의 스펙트럼 영역은 파장범위의 표현 혹은 주파수 범위의 표현으로 기술된다. 그러나 실제로는 $\lambda < 1$mm이면(라디오 영역을 제외한 EM 스펙트럼의 모든 부분의 경우) 파를 파장으로 나타내고, $\lambda > 1$mm이면(예를 들어 라디오 영역) 파를 주파수로 나타낸다. 자유공간에서 1mm 파장에 해당하는 주파수는 3×10^{11}Hz$=300$GHz이다.

라디오 스펙트럼은 그림 1-10의 도표에서와 같이 다시 여러 개의 대역으로 나눠진다. 각 대역은 라디오 스펙트럼에서 10의 제곱만큼의 영역을 차지하고 ITU(국제 전기통신 연합)가 규정한 명명법에 기초한 문자로 표시된다. 주파수가 다르면 주파수 발생방법이 다르고, 물질 내에서 EM파의 전달 특성도 대역마다 크게 다르기 때문에 주파수에 따라 용도가 다르다.

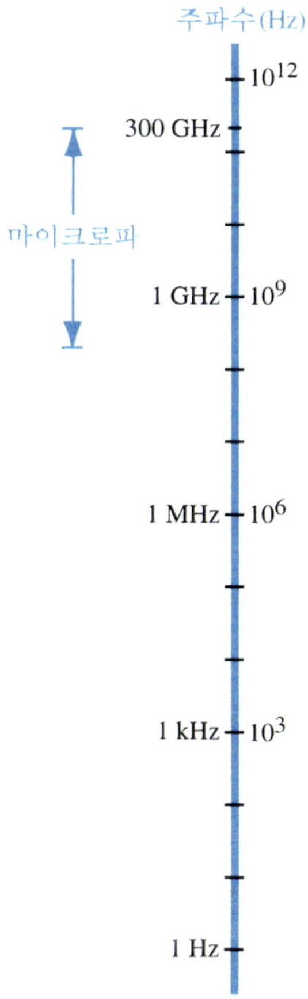

대역	활용
밀리미터파[EHF(30-300GHz)] :	레이더, 첨단 통신시스템, 원격탐사, 전파 천문학
초극초단파[SHF(3-30GHz)] :	레이더, 위성 통신시스템, 항공 통신, 원격탐사, 전파 천문학
극초단파[UHF(300MHz-3GHz)] :	TV방송, 레이더, 전파 천문학, 전자레인지, 휴대통신
초단파[VHF(30-300MHz)] :	TV와 FM방송, 이동통신, 항공 통제
단파[HF(3-30MHz)] :	단파방송
중파[MF(300kHz-3MHz)] :	AM방송
장파[LF(30-300kHz)] :	무선 표지소, 항공통신을 위한 기상 방송
초장파[VLF(3-30kHz)] :	향해와 위치추적
극초장파[ULF(300Hz-3kHz)] :	전화기의 오디오 신호
초극초장파[SLF(30-300Hz)] :	전리층 감지, 전기력 분산, 수중 통신
극저주파[ELF(3-30Hz)] :	탕에 묻힌 금속 탐지
(f < 3Hz)	지구 구조의 지축을 향하는 성질 감지

그림 1-10 라디오 스펙트럼의 각각의 대역과 주된 활용

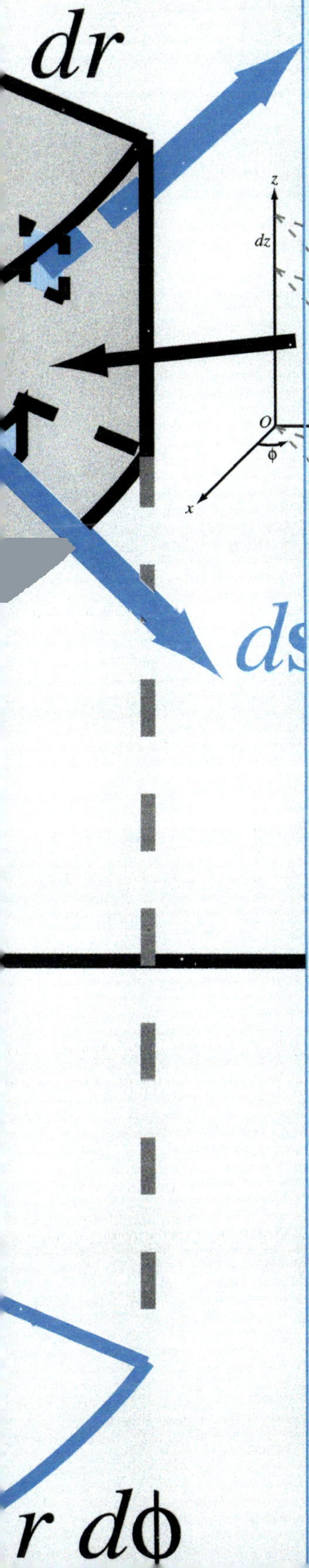

CHAPTER 2

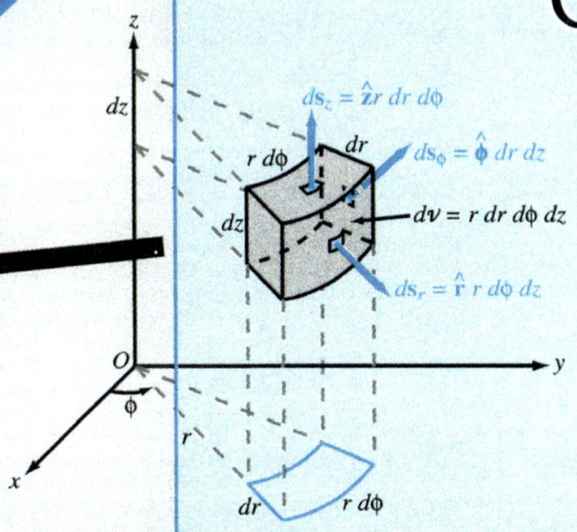

벡터해석

개요

온도, 부피, 그리고 전류는 **스칼라**(scalar)량으로, 그 값이 양의 실수이면 크기로, 음의 실수이면 크기와 음의 부호로 완전히 표현된다. 설명된 바에 의하면, 부피는 오직 양의 수로만 정의되지만, 온도는 양 또는 음의 수로도 표현된다. 절대온도를 사용할 때, 0도는 열역학 시스템에서 가장 낮은 에너지 상태로 정의되므로 절대 음의 수를 가지지 않는다. 반면 섭씨 온도를 사용할 때, 물질은 0°C(기준 공기압에서 증류수의 어는 온도로 정의됨) 이상 또는 이하의 온도를 가질 수 있다.

벡터(vector)는 어떤 양의 크기와 방향으로 표현된다. 물체의 속력은 스칼라이지만 그 속도는 벡터이다. 다음 장부터 주로 다루고자 하는 전자계량은 전계 **E**와 자계 **H**이다. 이것들과 기타 많은 양들은 벡터이다. 벡터 해석은 벡터량을 효율적이며 편리한 방법으로 계산하고 표현하는 데 필요한 수학적인 방법이다. 3차원 각각의 성분들을 나타내는 것이 필요하다. 벡터량을 공부할 때 흔히 사용되는 좌표계는 직각좌표계, 원통좌표계, 구좌표계 등이다. 좌표계는 고려 중인 문제의 기하구조에 가장 적합하도록 선택하는 것이 보통이다.

벡터 대수(vector algevra)는 어떤 주어진 좌표계에서 성립하는 벡터의 덧셈, 뺄셈, 곱셈 법칙을 총괄하는 영역이다. 앞에서 언급한 각각의 직교좌표계(자표계 상호간의 변환 포함)에서 벡터 대수와 벡터 표현 규칙은 이 장에서 다루는 세 가지 주요 주제 중 두 가지이다. 세 번째 주제는 **벡터 수학**(vector calculus)으로, 벡터의 미분과 적분 법칙, 특수한 연산자의 사용법(gradient, divergence, curl), 그리고 특히 유용한 정리인 발산정리와 스토크스 정리(Stokes' s theorem)의 응용이다.

2-1 벡터 대수의 기본 법칙

벡터 **A**는 다음과 같이 **크기**(magnitude) $A = |\mathbf{A}|$와 단위벡터 $\hat{\mathbf{a}}$가 가리키는 방향을 가진다.

$$\mathbf{A} = \hat{\mathbf{a}}|\mathbf{A}| = \hat{\mathbf{a}}A. \tag{2.1}$$

단위벡터(unit vector) $\hat{\mathbf{a}}$는 크기($|\hat{\mathbf{a}}| = 1$)와 방향을 가진다. 즉,

$$\hat{\mathbf{a}} = \frac{\mathbf{A}}{|\mathbf{A}|} = \frac{\mathbf{A}}{A}. \tag{2.2}$$

그림 2-1은 벡터 **A**를 $\hat{\mathbf{a}}$방향을 갖는 직선길이 A로 표현한 것이다. 그림 2-2(b)에서 벡터 **A**는 다음과 같이 표현된다.

$$\mathbf{A} = \hat{\mathbf{x}}A_x + \hat{\mathbf{y}}A_y + \hat{\mathbf{z}}A_z, \tag{2.3}$$

여기에서 A_x, A_y, A_z는 각각 **A**의 x-, y-, z-방향 성분이다. 성분 A_z는 z축 상으로의 A의 수직 투영과 같으며, 이는 A_x와 A_y에도 유사하게 적용된다. 빗변 A_r을 A_x와 A_y의 항으로 표현하기 위하여 x-y평면의 직각삼각형에 피타고라스 정리를 적용한 다음, 변 A_r와 A_z 그리고 빗변 A로 이루어진 직각삼각형에도 적용하면 **A**의 크기는 다음 식으로 표현된다.

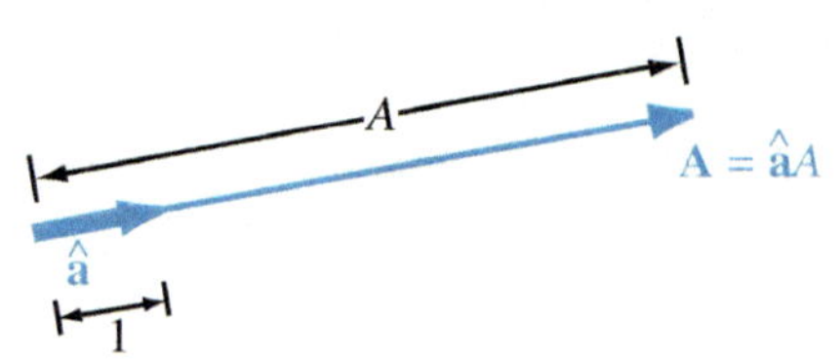

그림 2-1 벡터 $\mathbf{A} = \hat{\mathbf{a}}A$는 크기 $A = |\mathbf{A}|$와 단위벡터 $\hat{\mathbf{a}} = \mathbf{A}/A$를 갖는다.

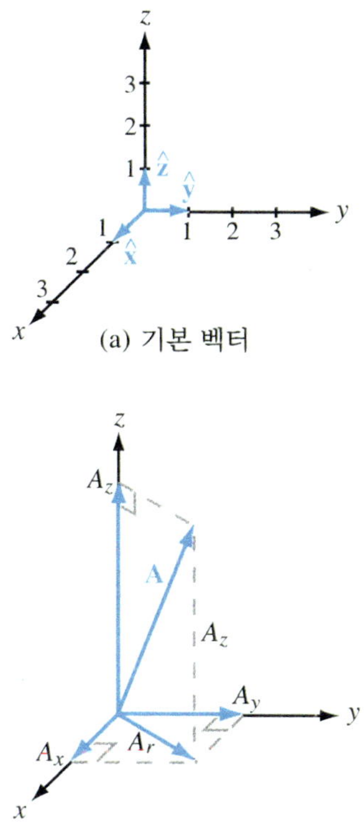

그림 2-2 직각좌표계: (a) 기본벡터 $\hat{\mathbf{x}}, \hat{\mathbf{y}}, \hat{\mathbf{z}}$ (b) 벡터 **A**의 성분

$$A = |\mathbf{A}| = \sqrt[+]{A_x^2 + A_y^2 + A_z^2}. \tag{2.4}$$

A는 음이 아닌 스칼라이므로, 단지 양(+)의 근만이 적용된다. 식 (2.2)로부터 단위벡터 $\hat{\mathbf{a}}$는 다음과 같다.

$$\hat{\mathbf{a}} = \frac{\mathbf{A}}{A} = \frac{\hat{\mathbf{x}}A_x + \hat{\mathbf{y}}A_y + \hat{\mathbf{z}}A_z}{\sqrt[+]{A_x^2 + A_y^2 + A_z^2}}. \tag{2.5}$$

경우에 따라서 직각 좌표계에서 성분 A_x, A_y, A_z를 갖는 벡터를 나타내기 위한 약식 표기법으로 $\mathbf{A} = (A_x, A_y, A_z)$를 사용한다.

2-1.1 두 벡터의 상등

두 벡터 **A**와 **B**는 크기가 같고 단위벡터가 같을 때 서로 같다. 그러므로, 만일

$$\mathbf{A} = \hat{\mathbf{a}}A = \hat{\mathbf{x}}A_x + \hat{\mathbf{y}}A_y + \hat{\mathbf{z}}A_z, \tag{2.6a}$$

$$\mathbf{B} = \hat{\mathbf{b}}B = \hat{\mathbf{x}}B_x + \hat{\mathbf{y}}B_y + \hat{\mathbf{z}}B_z, \tag{2.6b}$$

일 때, $A = B$이고 $\hat{\mathbf{a}} = \hat{\mathbf{b}}$일 때만 $\mathbf{A} = \mathbf{B}$이다. 이것은 $A_x = B_x$, $A_y = B_y$, $A_z = B_z$를 요구한다. 두 벡터가 같다는 것이 그것들이 동일함을 뜻하는 것은 아니다. 즉 좌표계에서 위치는 다르지만 크기가 같고 동일한 방향을 가리키는 두 개의 벡터는 '같다(equal)' 라고 하고, 그것들의 위치까지 같은 경우는 '동일하다(identical)' 라고 한다.

2-1.2 벡터 덧셈과 뺄셈

두 벡터 **A**와 **B**의 합은 다음 식과 같이 벡터 **C**이다.

$$\mathbf{C} = \mathbf{A} + \mathbf{B} = \mathbf{B} + \mathbf{A}. \tag{2.7}$$

벡터 덧셈은 평행사변형법이나 시·종점연결법(head-to-tail rule)에 의해서 그림 2-3과 같이 한다. 동일한 점에서 시작하는 **A**와 **B**가 그 크기와 방향의 변화가 없을 때, 벡터 합 **C**는 **A**와 **B**로 구성된 평행사변형의 대각선이다. 시·종점연결법을 사용해서 **A**에 **B**를 더하거나 **B**에 **A**를 더할 수가 있다. **A**를 **B**에 더할 때 그 후미는 **B**의 끝에서 시작하고, 그 길이와 방향은 변화시키지 않는다. 합 벡터 **C**는 **B**의 후미에서 시작하여 **A**의 끝에서 끝난다.

A와 **B**가 직각좌표계에서 식 (2.6a)와 식 (2.6b)로 주어질 때 벡터 합은 다음과 같다.

$$\begin{aligned}\mathbf{C} &= \mathbf{A} + \mathbf{B} \\ &= (\hat{\mathbf{x}}A_x + \hat{\mathbf{y}}A_y + \hat{\mathbf{z}}A_z) + (\hat{\mathbf{x}}B_x + \hat{\mathbf{y}}B_y + \hat{\mathbf{z}}B_z) \\ &= \hat{\mathbf{x}}(A_x + B_x) + \hat{\mathbf{y}}(A_y + B_y) + \hat{\mathbf{z}}(A_z + B_z).\end{aligned} \tag{2.8}$$

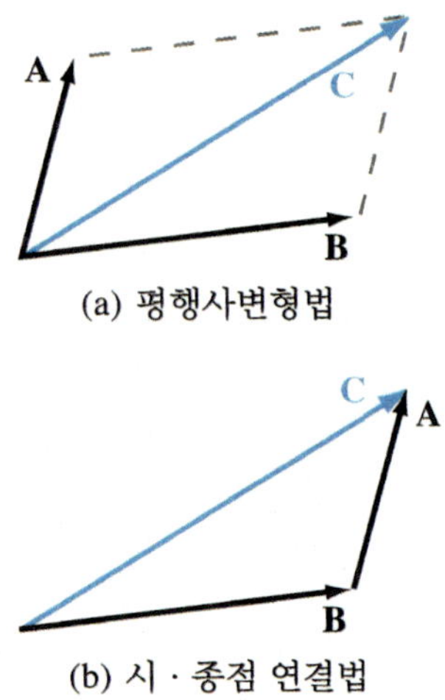

그림 2-3 벡터 덧셈 (a) 평행사변형법 (b) 시 · 종점 연결법에 의한 벡터 합

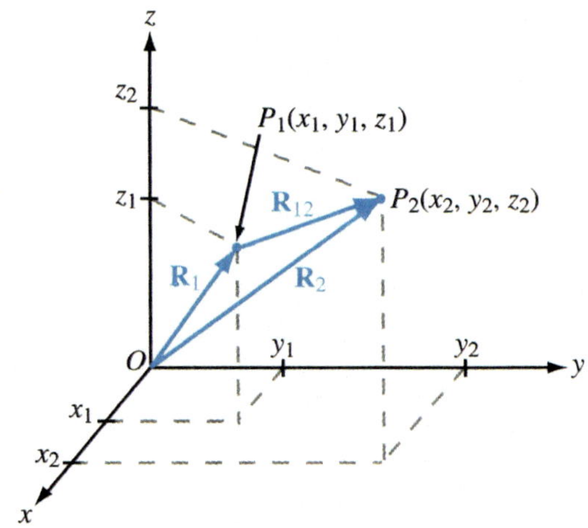

그림 2-4 위치벡터 $\mathbf{R}_{12} = \overrightarrow{P_1P_2} = \mathbf{R}_2 - \mathbf{R}_1$

벡터 **A**에서 벡터 **B**를 빼는 것은 **A**와 $(-\mathbf{B})$를 더하는 것과 같다. 그러므로

$$\begin{aligned}\mathbf{D} &= \mathbf{A} - \mathbf{B} \\ &= \mathbf{A} + (-\mathbf{B}) \\ &= \hat{\mathbf{x}}(A_x - B_x) + \hat{\mathbf{y}}(A_y - B_y) + \hat{\mathbf{z}}(A_z - B_z).\end{aligned} \tag{2.9}$$

이다. 그림상으로 벡터 덧셈에 사용된 평행사변형법과 시 · 종점연결법은 $-\mathbf{B}$의 화살표 방향을 **B**와 반대로 하여 벡터 뺄셈에도 똑같이 적용된다.

2-1.3 위치벡터와 거리벡터

주어진 좌표계에서 공간의 한 점 P의 **위치벡터**(position vector)는 원점에서 P점까지의 벡터이다. 그림 2-4에서 점 P_1과 P_2는 각각 (x_1, y_1, z_1)과 (x_2, y_2, z_2)에 위치한다. 그 위치벡터는 다음과 같다.

$$\mathbf{R}_1 = \overrightarrow{OP_1} = \hat{\mathbf{x}}x_1 + \hat{\mathbf{y}}y_1 + \hat{\mathbf{z}}z_1, \tag{2.10a}$$

$$\mathbf{R}_2 = \overrightarrow{OP_2} = \hat{\mathbf{x}}x_2 + \hat{\mathbf{y}}y_2 + \hat{\mathbf{z}}z_2, \tag{2.10b}$$

여기에서 점 O는 원점이다. P_1에서 P_2까지의 **거리벡터**(distance vector)는 다음과 같이 정의된다.

$$\begin{aligned}\mathbf{R}_{12} &= \overrightarrow{P_1P_2} \\ &= \mathbf{R}_2 - \mathbf{R}_1 \\ &= \hat{\mathbf{x}}(x_2 - x_1) + \hat{\mathbf{y}}(y_2 - y_1) + \hat{\mathbf{z}}(z_2 - z_1),\end{aligned} \tag{2.11}$$

그리고 P_1과 P_2 사이의 거리 d는 다음과 같이 $\mathbf{R}_{12}$의 크기와 같다.

$$\begin{aligned}d &= |\mathbf{R}_{12}| \\ &= [(x_2 - x_1)^2 + (y_2 - y_1)^2 + (z_2 - z_1)^2]^{1/2}.\end{aligned} \tag{2.12}$$

$\mathbf{R}_{12}$의 첫 번째 첨자는 벡터 $\mathbf{R}_{12}$의 선미위치를 나타내며, 두 번째 첨자는 벡터의 선두위치를 나타낸다는 사실을 주목하라.

2-1.4 벡터적

벡터 연산에는 세 종류의 곱셈, 즉 단순적, 스칼라적(또는 dot product), 벡터적(또는 cross product)이 있다.

단순적(Simple Product)

벡터와 스칼라의 적(곱)을 **단순적**(simple product)이라 한다. 벡터 $\mathbf{A} = \hat{\mathbf{a}}A$와 스칼라 k의 적은 그 크기가 kA이고 방향은 $\mathbf{A}$와 같은 벡터 $\mathbf{B}$가 된다. 즉,

$$\mathbf{B} = k\mathbf{A} = \hat{\mathbf{a}}kA = \hat{\mathbf{x}}(kA_x) + \hat{\mathbf{y}}(kA_y) + \hat{\mathbf{z}}(kA_z). \quad (2.13)$$

스칼라적(Scalar or Dot product)

두 벡터 $\mathbf{A}$와 $\mathbf{B}$의 **스칼라적**은 $\mathbf{A} \cdot \mathbf{B}$로 나타내고 "$A$ 도트 B"라고 읽으며, 기하학적으로는 두 벡터 중 한 벡터의 크기에 다른 벡터의 첫 번째 벡터로의 투영을 곱한 것 또는 그 역으로 정의한다. 그러므로

$$\mathbf{A} \cdot \mathbf{B} = AB\cos\theta_{AB}, \quad (2.14)$$

이며, 여기에서 θ_{AB}는 그림 2-5와 같이 $\mathbf{A}$와 $\mathbf{B}$ 사이의 각이다. 두 벡터의 스칼라적은 스칼라이며, 그 크기는 두 벡터 크기의 곱보다 작거나 같고($\theta_{AB} = 0$일 때 같다), 부호는 $0 < \theta_{AB} < 90°$ 일 때 (+), $90° < \theta_{AB} < 180°$ 일 때 (−)이다. $\theta_{AB} = 90°$ 일 때 두 벡터는 직교한다. 직교하는 두 벡터의 스칼라적은 0이다. $A\cos\theta_{AB}$는 $\mathbf{B}$방향의 $\mathbf{A}$성분으로, 벡터 $\mathbf{B}$방향으로 벡터 $\mathbf{A}$를 **투영**(projection)한 것과 같고, $B\cos\theta_{AB}$는 $\mathbf{A}$방향으로 벡터 $\mathbf{B}$의 투영 성분이다.

$\mathbf{A} = (A_x, A_y, A_z)$이고 $\mathbf{B} = (B_x, B_y, B_z)$일 때 $\mathbf{A} \cdot \mathbf{B}$는 다음과 같다.

$$\mathbf{A} \cdot \mathbf{B} = (\hat{\mathbf{x}}A_x + \hat{\mathbf{y}}A_y + \hat{\mathbf{z}}A_z) \cdot (\hat{\mathbf{x}}B_x + \hat{\mathbf{y}}B_y + \hat{\mathbf{z}}B_z). \quad (2.15)$$

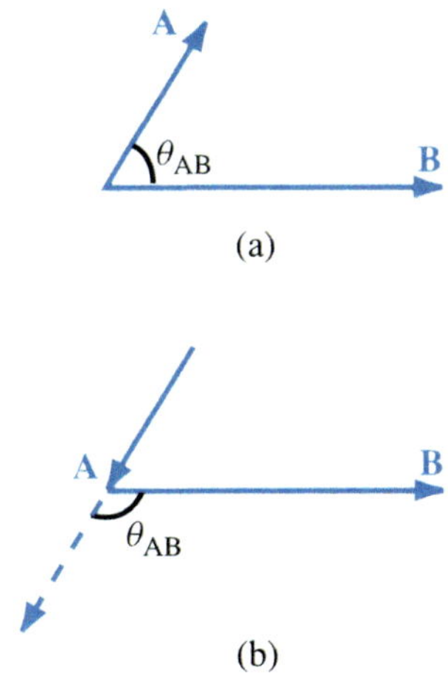

그림 2-5 각 θ_{AB}는 $\mathbf{A}$와 $\mathbf{B}$ 사이의 각이고, $\mathbf{A}$에서 $\mathbf{B}$까지 벡터 꼬리 사이에서 측정된다. 도트적은 $0 < \theta_{AB} < 90°$ 이면 그림 (a)처럼 양이고, $90° < \theta_{AB} < 180°$ 이면 그림 (b)처럼 음이다.

단위벡터 $\hat{\mathbf{x}}, \hat{\mathbf{y}}, \hat{\mathbf{z}}$는 나머지 두 단위벡터와 각각 직교하므로 다음과 같이 된다.

$$\hat{\mathbf{x}} \cdot \hat{\mathbf{x}} = \hat{\mathbf{y}} \cdot \hat{\mathbf{y}} = \hat{\mathbf{z}} \cdot \hat{\mathbf{z}} = 1, \quad (2.16a)$$

$$\hat{\mathbf{x}} \cdot \hat{\mathbf{y}} = \hat{\mathbf{y}} \cdot \hat{\mathbf{z}} = \hat{\mathbf{z}} \cdot \hat{\mathbf{x}} = 0. \quad (2.16b)$$

따라서 식 (2.15)에 식 (2.16a)와 (2.16b)를 적용하면

$$\mathbf{A} \cdot \mathbf{B} = A_xB_x + A_yB_y + A_zB_z. \quad (2.17)$$

이다. 스칼라적에서는 곱셈의 교환법칙과 배분법칙이 성립한다. 즉,

$$\mathbf{A} \cdot \mathbf{B} = \mathbf{B} \cdot \mathbf{A} \quad \text{(교환법칙)} \quad (2.18a)$$

$$\mathbf{A} \cdot (\mathbf{B} + \mathbf{C}) = \mathbf{A} \cdot \mathbf{B} + \mathbf{A} \cdot \mathbf{C} \quad \text{(분배법칙)} \quad (2.18b)$$

이고, 벡터 자신과의 스칼라적은

$$\mathbf{A}\cdot\mathbf{A} = |\mathbf{A}|^2 = A^2. \tag{2.19}$$

이 된다. 벡터 **A**가 주어진 좌표계에서 정의될 때, 그 크기 A는

$$A = |\mathbf{A}| = \sqrt[+]{\mathbf{A}\cdot\mathbf{A}}. \tag{2.20}$$

이다. 또한, 두 벡터 **A**와 **B**의 사잇각(사잇각 중 작은 것) θ_{AB}는

$$\theta_{AB} = \cos^{-1}\left[\frac{\mathbf{A}\cdot\mathbf{B}}{\sqrt[+]{\mathbf{A}\cdot\mathbf{A}}\ \sqrt[+]{\mathbf{B}\cdot\mathbf{B}}}\right]. \tag{2.21}$$

이다.

벡터적(Vector 또는 Cross product)

두 벡터 **A**와 **B**의 **벡터적**(곱)(Vector or Cross product)은 **A**×**B**로 나타내고, "**A** cross **B**"로 읽으며, 다음과 같이 정의한다.

$$\mathbf{A}\times\mathbf{B} = \hat{\mathbf{n}}\, AB\sin\theta_{AB}, \tag{2.22}$$

여기서 θ_{AB}는 **A**와 **B** 사이의 각이고, $\hat{n}$는 **A**와 **B**로 이루어진 평면에 수직인 단위벡터이다. 벡터적의 크기는 그림 2-6(a)에 나타난 바와 같이 두 벡터에 의해서 이루어진 평행사변형의 면적과 같으며, 그 방향은 다음 **오른손 법칙**(right-hand rule)[그림 2-6(b)]에 따라 $\hat{n}$으로 나타낸다. 즉, 오른손의 네 손가락이 **A**에서 **B**로 회전할 때 $\hat{n}$ 방향은 엄지손가락이 가리키는 방향이다. $\hat{n}$는 **A**와 **B**로 이루어진 평면에 직각이며 **A**와 **B**에 각각 직각이다. 벡터적은 반 교환법칙이 성립하며, 그 의미는

$$\mathbf{A}\times\mathbf{B} = -\mathbf{B}\times\mathbf{A} \qquad (\text{반교환법칙}) \tag{2.23}$$

이다. 이 성질은 **B**에서 **A**로 오른손 네 손가락을 회전시킴으로써 증명된다. 벡터적의 또 다른 성질은 다음 식과 같다.

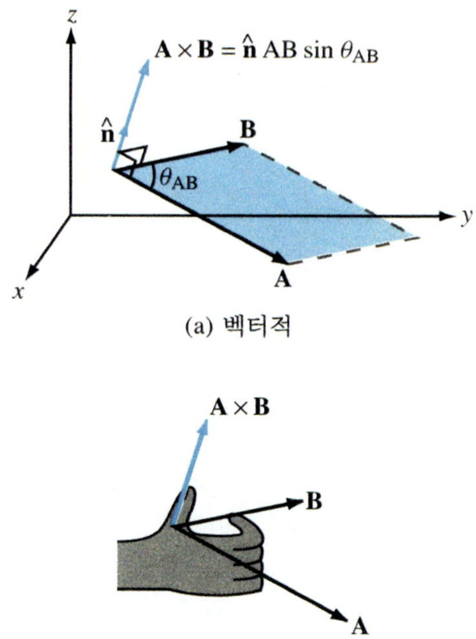

(a) 벡터적

(b) 오른손 법칙

그림 2-6 크로스적 **A**×**B**는 **A**와 **B**를 포함하는 평면에 수직된 방향 $\hat{n}$을 가리키고, 오른손 법칙에 의해서 정의된다.

$$\mathbf{A}\times(\mathbf{B}+\mathbf{C}) = \mathbf{A}\times\mathbf{B} + \mathbf{A}\times\mathbf{C} \qquad (\text{배분법칙}) \tag{2.24a}$$

$$\mathbf{A}\times\mathbf{A} = 0. \tag{2.24b}$$

식 (2.22)에 의해서 정의된 벡터적으로부터 직각좌표계의 단위벡터 $\hat{x}, \hat{y}, \hat{z}$는 다음과 같은 관계를 이루고 있음이 쉽게 증명된다.

$$\hat{\mathbf{x}}\times\hat{\mathbf{y}} = \hat{\mathbf{z}}, \qquad \hat{\mathbf{y}}\times\hat{\mathbf{z}} = \hat{\mathbf{x}}, \qquad \hat{\mathbf{z}}\times\hat{\mathbf{x}} = \hat{\mathbf{y}}. \tag{2.25}$$

순환 순서($xyzxyz\ldots$)를 주목하라. 또한,

$$\hat{\mathbf{x}} \times \hat{\mathbf{x}} = \hat{\mathbf{y}} \times \hat{\mathbf{y}} = \hat{\mathbf{z}} \times \hat{\mathbf{z}} = 0. \quad (2.26)$$

이다. 만일 $\mathbf{A} = (A_x, A_y, A_z)$이고 $\mathbf{B} = (B_x, B_y, B_z)$일 때, 식 (2.25)와 (2.26)을 사용하면

$$\begin{aligned} \mathbf{A} \times \mathbf{B} &= (\hat{\mathbf{x}}A_x + \hat{\mathbf{y}}A_y + \hat{\mathbf{z}}A_z) \times (\hat{\mathbf{x}}B_x + \hat{\mathbf{y}}B_y + \hat{\mathbf{z}}B_z) \\ &= \hat{\mathbf{x}}(A_yB_z - A_zB_y) + \hat{\mathbf{y}}(A_zB_x - A_xB_z) \\ &\quad + \hat{\mathbf{z}}(A_xB_y - A_yB_x). \end{aligned} \quad (2.27)$$

이 된다. 식 (2.27)에 의해서 주어진 순환형식의 결과식으로부터 다음과 같이 벡터곱을 행렬식의 형태로 표현할 수 있다.

$$\mathbf{A} \times \mathbf{B} = \begin{vmatrix} \hat{\mathbf{x}} & \hat{\mathbf{y}} & \hat{\mathbf{z}} \\ A_x & A_y & A_z \\ B_x & B_y & B_z \end{vmatrix}. \quad (2.28)$$

예제 2-1 벡터와 각

직각좌표계에서 벡터 **A**는 원점에서 점 $P_1(2, 3, 3)$으로 향하고, 벡터 **B**는 P_1에서 $P_2(1, -2, 2)$로 향한다. 다음을 구하라.

(a) 벡터 **A**, 그 크기 A, 단위벡터 $\hat{\mathbf{a}}$

(b) **A**가 y축과 이루는 각

(c) 벡터 **B**

(d) **A**와 **B** 사이의 각

(e) 원점에서 벡터 **B**까지의 수식거리

풀이

(a) 벡터 **A**는 그림 2-7과 같이 $O(0, 0, 0)$에서 $P_2(2, 3, 3)$까지의 거리벡터이다. 그러므로

$$\mathbf{A} = \hat{\mathbf{x}}2 + \hat{\mathbf{y}}3 + \hat{\mathbf{z}}3,$$

$$A = |\mathbf{A}| = \sqrt{2^2 + 3^2 + 3^2} = \sqrt{22},$$

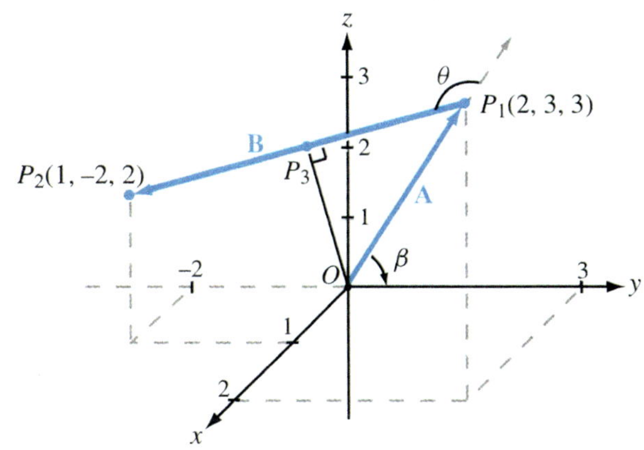

그림 2-7 예제 2-1에 대한 기하학적 도시

$$\hat{\mathbf{a}} = \frac{\mathbf{A}}{A} = (\hat{\mathbf{x}}2 + \hat{\mathbf{y}}3 + \hat{\mathbf{z}}3)/\sqrt{22}.$$

(b) **A**와 y축 간의 각 β는 $\mathbf{A} \cdot \hat{\mathbf{y}} = |\mathbf{A}|\cos\beta$로부터 얻을 수 있다.

$$\beta = \cos^{-1}\left(\frac{\mathbf{A} \cdot \hat{\mathbf{y}}}{A}\right) = \cos^{-1}\left(\frac{3}{\sqrt{22}}\right) = 50.2°.$$

(c)

$$\mathbf{B} = \hat{\mathbf{x}}(1 - 2) + \hat{\mathbf{y}}(-2 - 3) + \hat{\mathbf{z}}(2 - 3) = -\hat{\mathbf{x}} - \hat{\mathbf{y}}5 - \hat{\mathbf{z}}.$$

(d)

$$\theta = \cos^{-1}\left[\frac{\mathbf{A} \cdot \mathbf{B}}{|\mathbf{A}||\mathbf{B}|}\right] = \cos^{-1}\left[\frac{(-2 - 15 - 3)}{\sqrt{22}\sqrt{27}}\right] = 145.1°.$$

(e) 원점과 벡터 **B** 사이의 수직거리는 그림 2-7과 같이 $|\overrightarrow{OP_3}|$이다. 직각삼각형 OP_1P_3로부터

$$\begin{aligned} |\overrightarrow{OP_3}| &= |\mathbf{A}|\sin(180° - \theta) \\ &= \sqrt{22}\sin(180° - 145.1°) = 2.68. \end{aligned}$$ ♣

M2.1-2.4

연습문제 2.1 직각좌표계에서 $P_1(1, 2, 3)$과 $P_2(-1, -3, 3)$과 사이의 거리벡터를 구하라.

[답] $\overrightarrow{P_1P_2} = -\hat{\mathbf{x}}2 - \hat{\mathbf{y}}5.$ ()

연습문제 2.2 벡터적을 사용하여 예제 2-1의 **A**와 **B** 사이의 각 θ를 구하라.

[답] $\theta = 145.1°.$ ()

연습문제 2.3 예제 2-1의 벡터 **B**가 z축과 이루는 각을 구하라.

[답] $101.1°.$ ()

2-1.5 스칼라 삼중적과 벡터 삼중적

3개의 벡터를 곱할 때 스칼라적과 벡터적의 모든 조합이 의미 있는 것은 아니다. 예를 들면, 곱 $\mathbf{A} \times (\mathbf{B} \cdot \mathbf{C})$는 의미가 없다. 왜냐하면 $\mathbf{B} \cdot \mathbf{C}$는 스칼라이고, 벡터 **A**와 스칼라의 벡터적은 벡터 대수규칙에서는 정의되지 않기 때문이다. $\mathbf{A}(\mathbf{B} \cdot \mathbf{C})$ 이외에 삼중벡터의 곱으로 의미가 있는 것은 스칼라 삼중적과 벡터 삼중적 두 가지이다.

스칼라 삼중적(Scalar Triple Product)

두 벡터의 벡터적과 한 벡터를 스칼라적한 것을 스칼라 삼중적이라 하며, 이렇게 명명한 이유는 결과가 스칼라이기 때문이다. 스칼라 삼중적에서는 다음 순환 순서가 성립한다.

$$\mathbf{A} \cdot (\mathbf{B} \times \mathbf{C}) = \mathbf{B} \cdot (\mathbf{C} \times \mathbf{A}) = \mathbf{C} \cdot (\mathbf{A} \times \mathbf{B}). \quad (2.29)$$

등식은 순환 순서($ABCABC$...)가 유지되는 한 성립한다. 벡터 $\mathbf{A} = (A_x, A_y, A_z)$, $\mathbf{B} = (B_x, B_y, B_z)$, $\mathbf{C} = (C_x, C_y, C_z)$의 스칼라 삼중적은 다음과 같이 3×3 행렬식으로 쓸 수 있다.

$$\mathbf{A} \cdot (\mathbf{B} \times \mathbf{C}) = \begin{vmatrix} A_x & A_y & A_z \\ B_x & B_y & B_z \\ C_x & C_y & C_z \end{vmatrix}. \quad (2.30)$$

A, **B**, **C**를 성분별로 전개하여 곱셈을 수행함으로써 식 (2.29)와 (2.30)은 그 타당성이 입증될 수 있다.

벡터 삼중적(Vector Triple Product)

벡터 삼중적은 한 벡터와, 다른 두 벡터의 벡터적을 벡터적한 것으로 다음과 같이 쓸 수 있다.

$$\mathbf{A} \times (\mathbf{B} \times \mathbf{C}). \quad (2.31)$$

벡터적은 결과가 벡터이므로 벡터 삼중적의 결과도 벡터이다. 벡터 삼중적에서는 일반적으로 결합법칙이 성립하지 않는다. 즉,

$$\mathbf{A} \times (\mathbf{B} \times \mathbf{C}) \neq (\mathbf{A} \times \mathbf{B}) \times \mathbf{C}, \quad (2.32)$$

이것은 벡터적의 순서가 중요함을 의미한다.

벡터 **A**, **B**, **C**를 성분별로 전개하면 다음 식이 성립함을 입증할 수 있다.

$$\mathbf{A} \times (\mathbf{B} \times \mathbf{C}) = \mathbf{B}(\mathbf{A} \cdot \mathbf{C}) - \mathbf{C}(\mathbf{A} \cdot \mathbf{B}), \quad (2.33)$$

이 식을 종종 “bac-cab” 법칙이라 한다.

예제 2-2 **벡터 삼중적**

$\mathbf{A} = \hat{\mathbf{x}} - \hat{\mathbf{y}} + \hat{\mathbf{z}}2$, $\mathbf{B} = \hat{\mathbf{y}} + \hat{\mathbf{z}}$, $\mathbf{C} = -\hat{\mathbf{x}}2 + \hat{\mathbf{z}}3$일 때 $(\mathbf{A} \times \mathbf{B}) \times \mathbf{C}$를 구하고 그 결과를 $\mathbf{A} \times (\mathbf{B} \times \mathbf{C})$의 결과와 비교하라.

풀이

$$\mathbf{A}\times\mathbf{B} = \begin{vmatrix} \hat{\mathbf{x}} & \hat{\mathbf{y}} & \hat{\mathbf{z}} \\ 1 & -1 & 2 \\ 0 & 1 & 1 \end{vmatrix} = -\hat{\mathbf{x}}3 - \hat{\mathbf{y}} + \hat{\mathbf{z}}$$

$$(\mathbf{A}\times\mathbf{B})\times\mathbf{C} = \begin{vmatrix} \hat{\mathbf{x}} & \hat{\mathbf{y}} & \hat{\mathbf{z}} \\ -3 & -1 & 1 \\ -2 & 0 & 3 \end{vmatrix} = -\hat{\mathbf{x}}3 + \hat{\mathbf{y}}7 - \hat{\mathbf{z}}2.$$

같은 방법으로 계산하면 $\mathbf{A}\times(\mathbf{B}\times\mathbf{C}) = \hat{\mathbf{x}}2 + \hat{\mathbf{y}}4 + \hat{\mathbf{z}}$가 된다. 두 개의 벡터 삼중적의 결과가 다르다는 사실에 의해 식 (2.32)에서 지적했던 부등식이 증명된다. ♣

2-2 직교 좌표계

전자기학에서 다루고자 하는 물리량은 일반적으로 공간과 시간의 함수이다. 3차원 좌표계는 한 점의 공간 위치나 벡터량의 방향을 나타낼 수 있다. 좌표계에는 직교좌표계와 비직교좌표계가 있다. 비직교좌표계에서는 세 가지 좌표축 모두가 서로 수직이 아닌 반면, **직교좌표계**(orthogonal coordinate system)에서는 세 가지 좌표축이 서로 수직이다. 비직교좌표계는 아주 전문적이며 실제 문제를 푸는 데 거의 사용되지 않는다.

여러 가지 직교좌표계들이 고안되었지만, 가장 표준적이고 흔히 사용되는 좌표계는 다음과 같다.

- 직각(카테시안)좌표계
- 원통좌표계
- 구좌표계

한 가지 이상의 좌표계가 왜 필요한가? 점의 위치와 대상 물체의 모양은 어느 좌표계에서나 표현이 가능하지만, 문제에 주어진 대상물체의 모양에 따라 그에 가장 적합한 좌표계가 존재하기 때문이다.

따라서 다음 절에서는 앞에서 언급한 직교좌표계의 특성을 살펴보고, 2-3절에서는 점이나 벡터의 표현을 한 좌표계에서 다른 좌표계로 변환하는 방법을 기술한다.

2-2.1 직각좌표계

2-1절에서는 벡터 대수 법칙을 설명하는 데 직각좌표계를 사용하였다. 직각좌표계에 대한 여러 가지 법칙을 반복하여 쉽게 적용할 수 있도록 표 2-1에 요약하였다. 미분학에서는 미소량을 종종 다루게 되는데, 직각좌표계에서 미소길이(선소)는 다음과 같이 정의되는 벡터이다.

$$d\mathbf{l} = \hat{\mathbf{x}}\,dl_x + \hat{\mathbf{y}}\,dl_y + \hat{\mathbf{z}}\,dl_z = \hat{\mathbf{x}}\,dx + \hat{\mathbf{y}}\,dy + \hat{\mathbf{z}}\,dz, \qquad (2.34)$$

여기에서 $dl_x = dx$는 $\hat{\mathbf{x}}$방향의 선소, $dl_y = dy$는 $\hat{\mathbf{y}}$방향의 선소, $dl_z = dz$는 $\hat{\mathbf{z}}$방향의 선소이다.

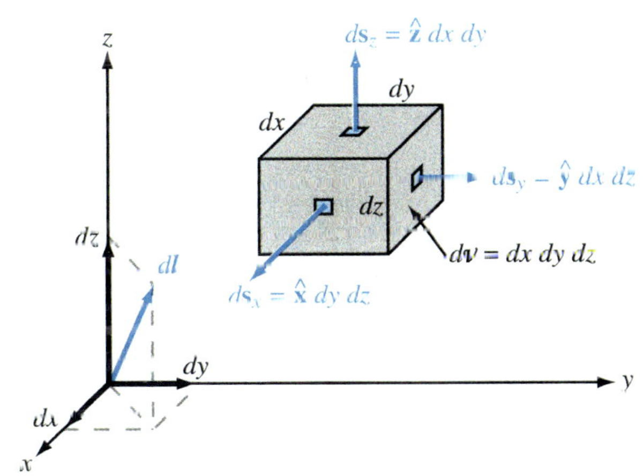

그림 2-8 직각좌표계에서 미소길이, 미소면적, 미소체적

표 2-1 벡터 관계식 요약

	직각좌표계	원통좌표계	구좌표계
좌표 변수	x, y, z	r, ϕ, z	R, θ, ϕ
벡터 표현 $\mathbf{A} =$	$\hat{\mathbf{x}}A_x + \hat{\mathbf{y}}A_y + \hat{\mathbf{z}}A_z$	$\hat{\mathbf{r}}A_r + \hat{\boldsymbol{\phi}}A_\phi + \hat{\mathbf{z}}A_z$	$\hat{\mathbf{R}}A_R + \hat{\boldsymbol{\theta}}A_\theta + \hat{\boldsymbol{\phi}}A_\phi$
A의 크기 $\|A\| =$	$\sqrt[+]{A_x^2 + A_y^2 + A_z^2}$	$\sqrt[+]{A_r^2 + A_\phi^2 + A_z^2}$	$\sqrt[+]{A_R^2 + A_\theta^2 + A_\phi^2}$
위치 벡터 $\overrightarrow{OP_1} =$	$\hat{\mathbf{x}}x_1 + \hat{\mathbf{y}}y_1 + \hat{\mathbf{z}}z_1$, for $P(x_1, y_1, z_1)$	$\hat{\mathbf{r}}r_1 + \hat{\mathbf{z}}z_1$, for $P(r_1, \phi_1, z_1)$	$\hat{\mathbf{R}}R_1$, for $P(R_1, \theta_1, \phi_1)$
기본 벡터 특성	$\hat{\mathbf{x}}\cdot\hat{\mathbf{x}} = \hat{\mathbf{y}}\cdot\hat{\mathbf{y}} = \hat{\mathbf{z}}\cdot\hat{\mathbf{z}} = 1$ $\hat{\mathbf{x}}\cdot\hat{\mathbf{y}} = \hat{\mathbf{y}}\cdot\hat{\mathbf{z}} = \hat{\mathbf{z}}\cdot\hat{\mathbf{x}} = 0$ $\hat{\mathbf{x}}\times\hat{\mathbf{y}} = \hat{\mathbf{z}}$ $\hat{\mathbf{y}}\times\hat{\mathbf{z}} = \hat{\mathbf{x}}$ $\hat{\mathbf{z}}\times\hat{\mathbf{x}} = \hat{\mathbf{y}}$	$\hat{\mathbf{r}}\cdot\hat{\mathbf{r}} = \hat{\boldsymbol{\phi}}\cdot\hat{\boldsymbol{\phi}} = \hat{\mathbf{z}}\cdot\hat{\mathbf{z}} = 1$ $\hat{\mathbf{r}}\cdot\hat{\boldsymbol{\phi}} = \hat{\boldsymbol{\phi}}\cdot\hat{\mathbf{z}} = \hat{\mathbf{z}}\cdot\hat{\mathbf{r}} = 0$ $\hat{\mathbf{r}}\times\hat{\boldsymbol{\phi}} = \hat{\mathbf{z}}$ $\hat{\boldsymbol{\phi}}\times\hat{\mathbf{z}} = \hat{\mathbf{r}}$ $\hat{\mathbf{z}}\times\hat{\mathbf{r}} = \hat{\boldsymbol{\phi}}$	$\hat{\mathbf{R}}\cdot\hat{\mathbf{R}} = \hat{\boldsymbol{\theta}}\cdot\hat{\boldsymbol{\theta}} = \hat{\boldsymbol{\phi}}\cdot\hat{\boldsymbol{\phi}} = 1$ $\hat{\mathbf{R}}\cdot\hat{\boldsymbol{\theta}} = \hat{\boldsymbol{\theta}}\cdot\hat{\boldsymbol{\phi}} = \hat{\boldsymbol{\phi}}\cdot\hat{\mathbf{R}} = 0$ $\hat{\mathbf{R}}\times\hat{\boldsymbol{\theta}} = \hat{\boldsymbol{\phi}}$ $\hat{\boldsymbol{\theta}}\times\hat{\boldsymbol{\phi}} = \hat{\mathbf{R}}$ $\hat{\boldsymbol{\phi}}\times\hat{\mathbf{R}} = \hat{\boldsymbol{\theta}}$
스칼라적 $\mathbf{A}\cdot\mathbf{B} =$	$A_xB_x + A_yB_y + A_zB_z$	$A_rB_r + A_\phi B_\phi + A_zB_z$	$A_RB_R + A_\theta B_\theta + A_\phi B_\phi$
벡터적 $\mathbf{A}\times\mathbf{B} =$	$\begin{vmatrix} \hat{\mathbf{x}} & \hat{\mathbf{y}} & \hat{\mathbf{z}} \\ A_x & A_y & A_z \\ B_x & B_y & B_z \end{vmatrix}$	$\begin{vmatrix} \hat{\mathbf{r}} & \hat{\boldsymbol{\phi}} & \hat{\mathbf{z}} \\ A_r & A_\phi & A_z \\ B_r & B_\phi & B_z \end{vmatrix}$	$\begin{vmatrix} \hat{\mathbf{R}} & \hat{\boldsymbol{\theta}} & \hat{\boldsymbol{\phi}} \\ A_R & A_\theta & A_\phi \\ B_R & B_\theta & B_\phi \end{vmatrix}$
미소길이 $d\mathbf{l} =$	$\hat{\mathbf{x}}\,dx + \hat{\mathbf{y}}\,dy + \hat{\mathbf{z}}\,dz$	$\hat{\mathbf{r}}\,dr + \hat{\boldsymbol{\phi}}r\,d\phi + \hat{\mathbf{z}}\,dz$	$\hat{\mathbf{R}}\,dR + \hat{\boldsymbol{\theta}}R\,d\theta + \hat{\boldsymbol{\phi}}R\sin\theta\,d\phi$
미소표면적	$d\mathbf{s}_x = \hat{\mathbf{x}}\,dy\,dz$ $d\mathbf{s}_y = \hat{\mathbf{y}}\,dx\,dz$ $d\mathbf{s}_z = \hat{\mathbf{z}}\,dx\,dy$	$d\mathbf{s}_r = \hat{\mathbf{r}}r\,d\phi\,dz$ $d\mathbf{s}_\phi = \hat{\boldsymbol{\phi}}\,dr\,dz$ $d\mathbf{s}_z = \hat{\mathbf{z}}r\,dr\,d\phi$	$d\mathbf{s}_R = \hat{\mathbf{R}}R^2\sin\theta\,d\theta\,d\phi$ $d\mathbf{s}_\theta = \hat{\boldsymbol{\theta}}R\sin\theta\,dR\,d\phi$ $d\mathbf{s}_\phi = \hat{\boldsymbol{\phi}}R\,dR\,d\theta$
미소부피 $dv =$	$dx\,dy\,dz$	$r\,dr\,d\phi\,dz$	$R^2\sin\theta\,dR\,d\theta\,d\phi$

미소면적(면적소) $d\mathbf{s}$의 크기는 두 선소(dl_y와 dl_z)의 곱과 같고, 그 방향은 $\hat{\mathbf{y}}\times\hat{\mathbf{z}} = \hat{\mathbf{x}}$방향이다. 그래서 y-z평면에서 면적소는

$$d\mathbf{s}_x = \hat{\mathbf{x}}\,dl_y\,dl_z = \hat{\mathbf{x}}\,dy\,dz \qquad (y\text{-}z \text{ 평면}) \tag{2.35a}$$

이며, $d\mathbf{s}$의 첨자는 그 방향을 나타낸다. 마찬가지로

$$d\mathbf{s}_y = \hat{\mathbf{y}}\,dx\,dz \qquad (x\text{-}z \text{ 평면}) \tag{2.35b}$$

$$d\mathbf{s}_z = \hat{\mathbf{z}}\,dx\,dy \qquad (x\text{-}y \text{ 평면}) \tag{2.35c}$$

이다. 미소체적(체적소)은 세 개의 미소길이의 곱과 같다.

$$dv = dx\,dy\,dz. \tag{2.36}$$

2-2.2 원통좌표계

원통좌표계는 동축 전송선로의 단위길이당 커패시턴스를 계산하는 경우와 같이 원통 대칭인 문제를 푸는 데 유용하다. 공간에서 한 점의 위치는 그림 2-9와 같이 단지 세 변수 r, ϕ, z에 의해서 정해진다. r는 x-y평면에서의 **방사거리**(radial distance)이고, ϕ는 축으로부터 정해

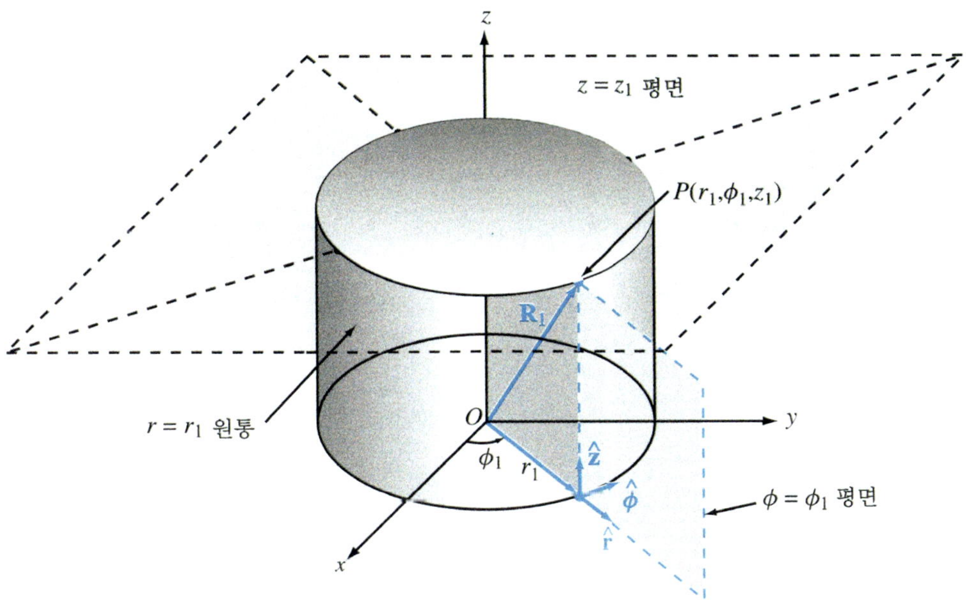

그림 2-9 원통좌표계에서 점 $P(r_1, \phi_1, z_1)$; r_1은 x-y평면에서 원점으로부터 방사거리이고, ϕ_1은 x축으로부터 y축으로 향하는 방향으로 측정된 x-y평면에서 각이며, z_1은 x-y평면으로부터 수직 거리이다.

지는 **방위각**(azimuth angle), z는 직각좌표계의 경우와 같다. 좌표계의 범위는 $0 \le r < \infty$, $0 \le \phi < 2\pi$, 그리고 $-\infty < z < \infty$이다. 그림 2-9에서 점 $P(r_1, \phi_1, z_1)$는 세 면의 교점에 위치한다. 이 세 면은 $r = r_1$인 원통 측면, $\phi = \phi_1$인 원통 수직단면, $z = z_1$인 원통 수평단면이다. 원통좌표계의 기본 벡터(base vectors)는 $\hat{\mathbf{r}}, \hat{\boldsymbol{\phi}}, \hat{\mathbf{z}}$이다. $\hat{\mathbf{r}}$은 원점으로부터 방사방향의 단위벡터, $\hat{\boldsymbol{\phi}}$는 원통 측면으로의 접선방향 단위벡터, $\hat{\mathbf{z}}$는 원통축 방향의 단위벡터이다. 기본벡터 $\hat{\mathbf{r}}, \hat{\boldsymbol{\phi}}, \hat{\mathbf{z}}$가 점 P의 위치와 무관한 직각좌표계와 달리 원통좌표계에서는 $\hat{\mathbf{r}}$과 $\hat{\boldsymbol{\phi}}$가 모두 ϕ에 따라 변한다.

기본단위벡터(base unit vectors)는 다음과 같은 우회전 관계를 따른다.

$$\hat{\mathbf{r}} \times \hat{\boldsymbol{\phi}} = \hat{\mathbf{z}}, \qquad \hat{\boldsymbol{\phi}} \times \hat{\mathbf{z}} = \hat{\mathbf{r}}, \qquad \hat{\mathbf{z}} \times \hat{\mathbf{r}} = \hat{\boldsymbol{\phi}}, \tag{2.37}$$

그리고 모든 단위벡터와 같이 $\hat{\mathbf{r}} \cdot \hat{\mathbf{r}} = \hat{\boldsymbol{\phi}} \cdot \hat{\boldsymbol{\phi}} = \hat{\mathbf{z}} \cdot \hat{\mathbf{z}} = 1$이며, $\hat{\mathbf{r}} \times \hat{\mathbf{r}} = \hat{\boldsymbol{\phi}} \times \hat{\boldsymbol{\phi}} = \hat{\mathbf{z}} \times \hat{\mathbf{z}} = 0$이다. 원통좌표계에서 벡터는 다음과 같이 표현된다.

$$\mathbf{A} = \hat{\mathbf{a}}|\mathbf{A}| = \hat{\mathbf{r}}A_r + \hat{\boldsymbol{\phi}}A_\phi + \hat{\mathbf{z}}A_z, \tag{2.38}$$

여기에서 A_r, A_ϕ, A_z는 $\mathbf{A}$의 $\hat{\mathbf{r}}, \hat{\boldsymbol{\phi}}, \hat{\mathbf{z}}$ 방향의 성분이다. $\mathbf{A}$의 크기는 식 (2.20)을 적용하면

$$|\mathbf{A}| = \sqrt[+]{\mathbf{A} \cdot \mathbf{A}} = \sqrt[+]{A_r^2 + A_\phi^2 + A_z^2}. \tag{2.39}$$

이 된다. 그림 2-9에서의 위치벡터 $\overrightarrow{OP}$는 r과 z성분만을 갖는다. 그러므로

$$\mathbf{R}_1 = \overrightarrow{OP} = \hat{\mathbf{r}}r_1 + \hat{\mathbf{z}}z_1. \tag{2.40}$$

이다. $\mathbf{R}_1$이 ϕ_1에 의존하는 것은 $\hat{\mathbf{r}}$가 ϕ_1에 의존함을 의

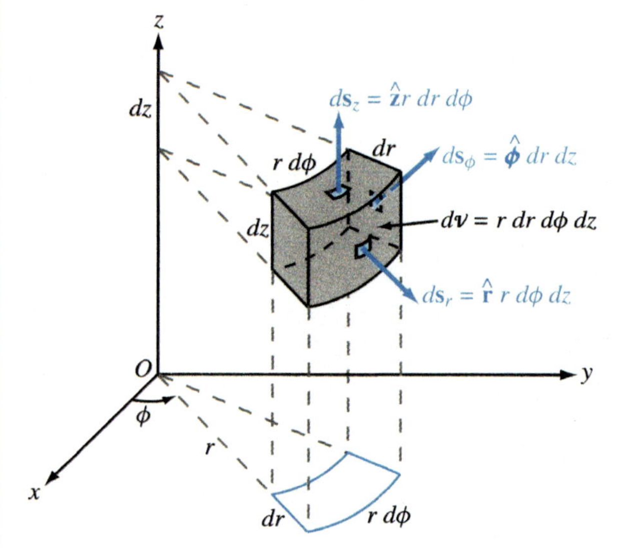

그림 2-10 원통좌표계에서 미소면적과 미소체적

미한다. 그래서 식 (2.40)을 사용하여 점 $P(r_1, \phi_1, z_1)$의 위치벡터를 나타낼 때, $\hat{\mathbf{r}}$은 ϕ_1에 있음을 표시할 필요가 있다.

그림 2-10은 원통좌표계에서의 미소체적소를 보여주고 있다. $\hat{\mathbf{r}}, \hat{\boldsymbol{\phi}}, \hat{\mathbf{z}}$ 방향의 선소는

$$dl_r = dr, \qquad dl_\phi = r\, d\phi, \qquad dl_z = dz. \tag{2.41}$$

이다. $\hat{\boldsymbol{\phi}}$방향의 선소는 $d\phi$가 아니라 $rd\phi$임을 주목하라. 원통좌표계에서 임의 방향의 선소 $d\mathbf{l}$은

$$d\mathbf{l} = \hat{\mathbf{r}}\, dl_r + \hat{\boldsymbol{\phi}}\, dl_\phi + \hat{\mathbf{z}}\, dl_z = \hat{\mathbf{r}}\, dr + \hat{\boldsymbol{\phi}} r\, d\phi + \hat{\mathbf{z}}\, dz. \tag{2.42}$$

이다. 직각좌표계에서 설명한 바와 같이 원통좌표계에서 면적소는 두 기본벡터 방향 선소의 벡터적으로 다음과 같이 구해진다.

$$d\mathbf{s}_r = \hat{\mathbf{r}}\, dl_\phi\, dl_z = \hat{\mathbf{r}} r\, d\phi\, dz \quad (\phi\text{-}z\text{면: 원통측면}) \tag{2.43a}$$

$$d\mathbf{s}_\phi = \hat{\boldsymbol{\phi}}\, dl_r\, dl_z = \hat{\boldsymbol{\phi}}\, dr\, dz \quad (r\text{-}z\text{면: 수직단면}) \tag{2.43b}$$

$$d\mathbf{s}_z = \hat{\mathbf{z}}\, dl_r\, dl_\phi = \hat{\mathbf{z}} r\, dr\, d\phi \quad (r\text{-}\phi\text{면: 수평단면}) \tag{2.43c}$$

이다. 체적소는 세 개의 선소의 곱이다. 즉,

$$dv = dl_r\, dl_\phi\, dl_z = r\, dr\, d\phi\, dz. \tag{2.44}$$

지금까지의 원통좌표계의 특성은 표 2-1에 요약하였다.

예제 2-3 **원통좌표계에서의 거리벡터**

원통좌표계에서 그림 2-11의 벡터 $\mathbf{A}$의 단위벡터에 대한 식을 구하라.

풀이

$$\overrightarrow{OP_2} = \overrightarrow{OP_1} + \mathbf{A}.$$

이다. 그래서

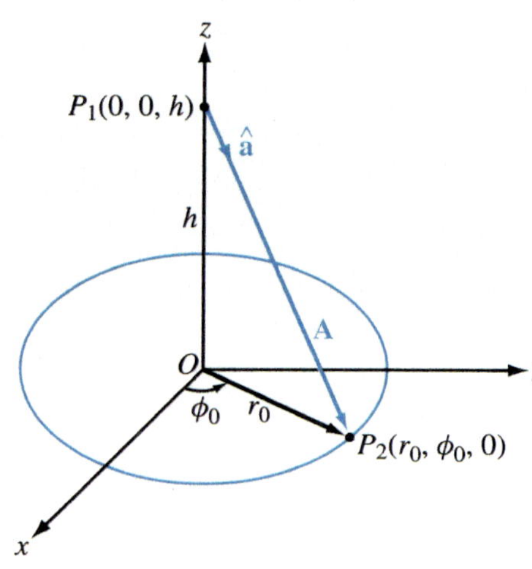

그림 2-11 예제 2-3의 기하학적 도시

$$\mathbf{A} = \overrightarrow{OP_2} - \overrightarrow{OP_1} = \hat{\mathbf{r}}r_0 - \hat{\mathbf{z}}h,$$

이고

$$\hat{\mathbf{a}} = \frac{\mathbf{A}}{|\mathbf{A}|} = \frac{\hat{\mathbf{r}}r_0 - \hat{\mathbf{z}}h}{\sqrt{r_0^2 + h^2}}.$$

이다. 여기서, $\mathbf{A}$에 대한 표현식은 ϕ_0에 무관한 것으로 되어 있지만, $\mathbf{A}$는 ϕ값에 따라 크기는 일정하지만 방향이 다름을 주목하라. ♣

예제 2-4 **원통면적**

$r=5$, $30° \le \phi \le 60°$, $0 \le z \le 3$인 원통 표면의 면적을 구하라(그림 2-12).

풀이 문제의 표면은 그림 2-12에 나타나 있다. r이 일정한 면의 면적소에 관한 식 (2.43a)를 사용하여 표면적 S를 구하면 다음과 같다.

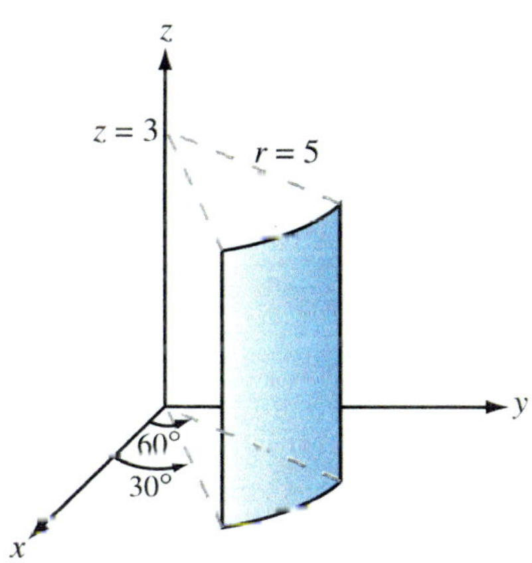

그림 2-12 예제 2-4의 기하학적 도시

$$S = r\int_{\phi=30°}^{60°} d\phi \int_{z=0}^{3} dz = 5\phi\Big|_{\pi/6}^{\pi/3} z\Big|_0^3 = \frac{5\pi}{2}.$$

여기서 적분 구간을 계산하기 전에 ϕ를 라디안(radian)으로 변환해야 한다. ♣

연습문제 2.4 반경 $r=6$cm인 원통실린더는 z축이 중심축이며, 길이는 $z=-3$cm와 $z=3$cm 사이에 걸쳐 있다. 식 (2.44)를 사용하여 실린더 체적을 구하라.

[답] 678.6cm³ (●)

2-2.3 구좌표계

구좌표계에서 공간의 한 점의 위치는 그림 2-13에서와

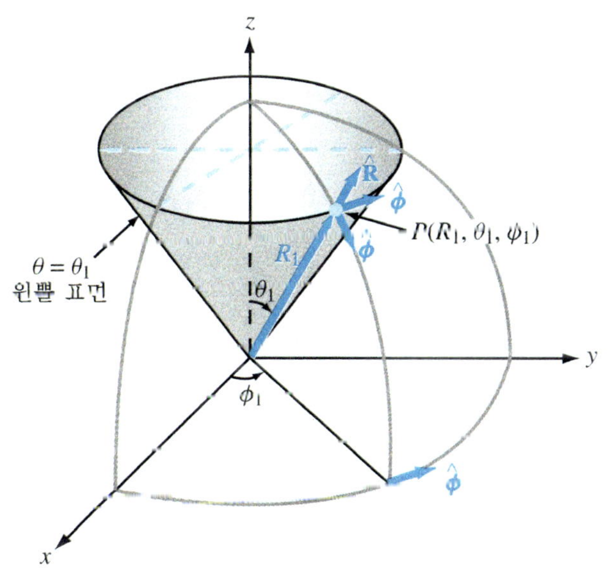

그림 2-13 구좌표에서 $P(R_1, \theta_1, \phi_1)$

같이 R, θ, ϕ에 의해 정해진다. 좌표 R은 **거리**(range)좌표라고 하며, 원점을 중심으로 한 반경 R인 구를 말한다. **천정각**(zenith) θ는 $+z$축으로부터 정해지며 원점에 정점을 갖는 원뿔 표면을 나타낸다. 그리고, 방위각 ϕ는 원통좌표계에서와 같다. R, θ, ϕ의 범위는 $0 \le R < \infty$, $0 \le \phi \le \pi$, $0 \le \phi \le 2\pi$이다. 기본단위벡터 $\hat{\mathbf{R}}, \hat{\boldsymbol{\theta}}, \hat{\boldsymbol{\phi}}$ 사이에서는 다음과 같이 우회전 관계식이 성립한다.

$$\hat{\mathbf{R}} \times \hat{\boldsymbol{\theta}} = \hat{\boldsymbol{\phi}}, \quad \hat{\boldsymbol{\theta}} \times \hat{\boldsymbol{\phi}} = \hat{\mathbf{R}}, \quad \hat{\boldsymbol{\phi}} \times \hat{\mathbf{R}} = \hat{\boldsymbol{\theta}}. \tag{2.45}$$

성분 A_R, A_θ, A_ϕ를 갖는 벡터 $\mathbf{A}$는 다음과 같이 쓸 수 있다.

$$\mathbf{A} = \hat{\mathbf{a}}|\mathbf{A}| = \hat{\mathbf{R}}A_R + \hat{\boldsymbol{\theta}}A_\theta + \hat{\boldsymbol{\phi}}A_\phi, \tag{2.46}$$

그리고 그 크기는

$$|\mathbf{A}| = \sqrt[+]{\mathbf{A} \cdot \mathbf{A}} = \sqrt[+]{A_R^2 + A_\theta^2 + A_\phi^2}. \tag{2.47}$$

이다. 점 $P(R_1, \theta_1, \phi_1)$의 위치벡터는 간단히 쓰면

$$\mathbf{R}_1 = \overrightarrow{OP} = \hat{\mathbf{R}}R_1, \tag{2.48}$$

이며, $\hat{\mathbf{R}}$은 θ_1과 ϕ_1에 따라 변한다.

그림 2-14에서와 같이 $\hat{\mathbf{R}}, \hat{\boldsymbol{\theta}}, \hat{\boldsymbol{\phi}}$ 방향의 선소는

$$dl_R = dR, \quad dl_\theta = R\,d\theta, \quad dl_\phi = R\sin\theta\,d\phi. \tag{2.49}$$

이다. 그래서 벡터 선소 $d\mathbf{l}$, 벡터 면적소 $d\mathbf{s}$, 체적소 $d\nu$에 대한 표현식은

$$\begin{aligned} d\mathbf{l} &= \hat{\mathbf{R}}\,dl_R + \hat{\boldsymbol{\theta}}\,dl_\theta + \hat{\boldsymbol{\phi}}\,dl_\phi \\ &= \hat{\mathbf{R}}\,dR + \hat{\boldsymbol{\theta}}R\,d\theta + \hat{\boldsymbol{\phi}}R\sin\theta\,d\phi, \end{aligned} \tag{2.50a}$$

$$d\mathbf{s}_R = \hat{\mathbf{R}}\,dl_\theta\,dl_\phi = \hat{\mathbf{R}}R^2\sin\theta\,d\theta\,d\phi \quad (\theta\text{-}\phi \text{ 구 표면}) \tag{2.50b}$$

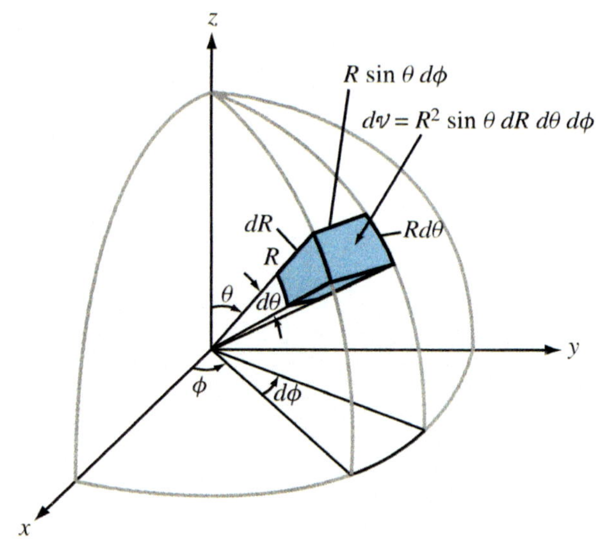

그림 2-14 구좌표에서 미소체적

$$d\mathbf{s}_\theta = \hat{\boldsymbol{\theta}}\,dl_R\,dl_\phi = \hat{\boldsymbol{\theta}}R\sin\theta\,dR\,d\phi \quad (R\text{-}\phi \text{ 원뿔 표면}) \tag{2.50c}$$

$$d\mathbf{s}_\phi = \hat{\boldsymbol{\phi}}\,dl_R\,dl_\theta = \hat{\boldsymbol{\phi}}R\,dR\,d\theta \quad (R\text{-}\theta \text{ 평면}) \tag{2.50d}$$

$$d\nu = dl_R\,dl_\theta\,dl_\phi = R^2\sin\theta\,dR\,d\theta\,d\phi. \tag{2.50d}$$

이다. 이 관계식은 표 2-1에도 수록되어 있다.

예제 2-5 구좌표계에서의 표면적

그림 2-15에서 구 표면 상의 스트립은 반경 3cm인 구 표면의 일부이다. 스트립 면적을 구하라.

풀이 일정한 반경 R인 구 표면의 면적소에 관한 식 (2.50b)를 적용하면

$$S = R^2 \int_{\theta=30^\circ}^{60^\circ} \sin\theta\,d\theta \int_{\phi=0}^{2\pi} d\phi$$

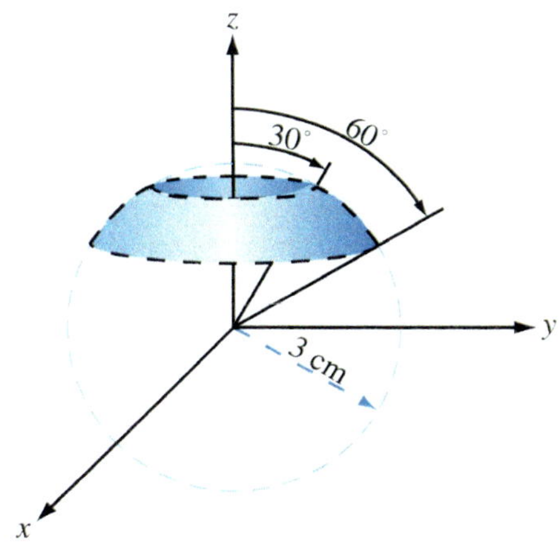

그림 2-15 예제 2-5에서의 구 조각

$$= 9(-\cos\theta)\Big|_{30^\circ}^{60^\circ} \phi\Big|_0^{2\pi} \qquad (\text{cm}^2)$$
$$= 18\pi(\cos 30^\circ - \cos 60^\circ)$$
$$= 20.7 \text{ cm}^2.$$

이 된다. ♣

예제 2-6 구 내의 전하

반경 2cm인 구의 체적전하밀도 ρ_v는

$$\rho_v = 2\cos^2\theta \qquad (\text{C/m}^3).$$

이다. 구에 포함된 총전하 Q를 구하라.

풀이

$$Q = \int_v \rho_v \, dv$$
$$= \int_{\phi=0}^{2\pi}\int_{\theta=0}^{\pi}\int_{R=0}^{2\times10^{-2}} (2\cos^2\theta)R^2 \sin\theta \, dR \, d\theta \, d\phi$$
$$= 2\int_0^{2\pi}\int_0^{\pi}\left(\frac{R^3}{3}\right)\Big|_0^{2\times10^{-2}} \sin\theta\cos^2\theta \, d\theta \, d\phi$$
$$= \frac{16}{3}\times10^{-6}\int_0^{2\pi}\left(-\frac{\cos^3\theta}{3}\right)\Big|_0^{\pi} d\phi$$
$$= \frac{32}{9}\times10^{-6}\int_0^{2\pi} d\phi$$
$$= \frac{64\pi}{9}\times10^{-6} = 22.34 \qquad (\mu\text{C}).$$

R에 대한 적분을 계산하기 전에 그 적분범위를 미터(meter)로 변환하였음을 주목하라. ♣

2-3 좌표계 간 변환

공간에서 한 점의 위치는 좌표계에 관계없이 같다. 이 말은 벡터에서도 마찬가지이다.

이 절에서는 직각좌표계(x, y, z)와 원통좌표계(r, ϕ, z), 그리고, 구좌표계(R, θ, ϕ) 사이의 관계를 설명하고자 한다. 이 관계는 세 좌표계 중 임의의 한 좌표계의 벡터를 다른 두 좌표계의 벡터로 변환하는 데 사용된다.

2-3.1 직각좌표계-원통좌표계 변환

그림 2-16에서 점 P는 직각좌표 (x, y, z)와 원통좌표 (r, ϕ, z)로 표시되어 있다. 두 좌표계는 z좌표를 공통으로 가지고 있으며, 나머지 두 쌍의 좌표계 사이의 관계는 그림 2-16으로부터 구할 수 있다. 그 관계식은

$$r = \sqrt[+]{x^2 + y^2}, \qquad \phi = \tan^{-1}\left(\frac{y}{x}\right), \qquad (2.51)$$

와 같으며, 이것의 역관계식은

$$x = r\cos\phi, \qquad y = r\sin\phi. \qquad (2.52)$$

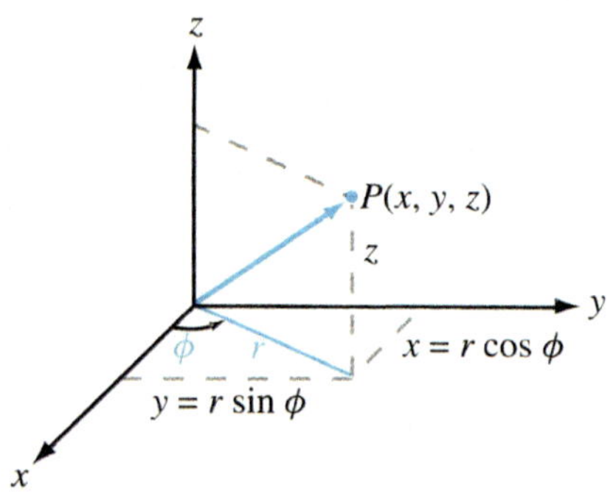

그림 2-16 직각좌표계 (x, y, z)와 원통좌표계 (r, ϕ, z) 간의 상호관계

이다. 그 다음 x-y평면에서 단위벡터 $\hat{x}, \hat{y}, \hat{r}, \hat{\phi}$의 방향을 나타내는 그림 2-17을 이용하여 다음 관계식을 얻을 수 있다.

$$\hat{\mathbf{r}} \cdot \hat{\mathbf{x}} = \cos\phi, \qquad \hat{\mathbf{r}} \cdot \hat{\mathbf{y}} = \sin\phi, \tag{2.53a}$$

$$\hat{\boldsymbol{\phi}} \cdot \hat{\mathbf{x}} = -\sin\phi, \qquad \hat{\boldsymbol{\phi}} \cdot \hat{\mathbf{y}} = \cos\phi, \tag{2.53a}$$

$\hat{r}$을 $\hat{x}$와 $\hat{y}$의 항으로 표현하기 위하여 $\hat{\mathbf{r}}$은

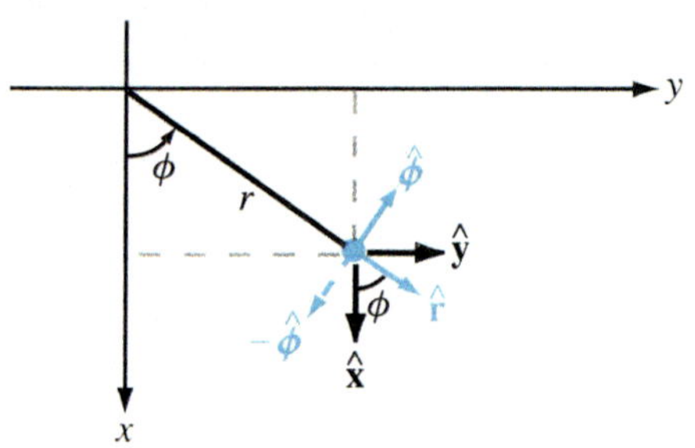

그림 2-17 기본벡터 $(\hat{\mathbf{x}}, \hat{\mathbf{y}})$와 $(\hat{\mathbf{r}}, \hat{\boldsymbol{\phi}})$ 간의 상호관계

$$\hat{\mathbf{r}} = \hat{\mathbf{x}}a + \hat{\mathbf{y}}b, \tag{2.54}$$

라고 하자. 여기서 a와 b는 미지변환계수이다. 스칼라적 $\hat{r} \cdot \hat{x}$는 아래와 같다.

$$\hat{\mathbf{r}} \cdot \hat{\mathbf{x}} = \hat{\mathbf{x}} \cdot \hat{\mathbf{x}}a + \hat{\mathbf{y}} \cdot \hat{\mathbf{x}}b = a. \tag{2.55}$$

식 (2.55)와 (2.53a)를 비교하면 $a = \cos\phi$라는 결론을 얻을 수 있다. 마찬가지로, 스칼라적 $\hat{r} \cdot \hat{y}$를 식 (2.54)에 적용하면 $b = \sin\phi$가 된다. 그래서

$$\hat{\mathbf{r}} = \hat{\mathbf{x}}\cos\phi + \hat{\mathbf{y}}\sin\phi. \tag{2.56a}$$

이다. $\hat{\boldsymbol{\phi}}$에 대해서도 같은 방법으로 구하면

$$\hat{\boldsymbol{\phi}} = -\hat{\mathbf{x}}\sin\phi + \hat{\mathbf{y}}\cos\phi. \tag{2.56b}$$

가 된다. 세 번째 기본단위벡터 $\hat{\mathbf{z}}$은 두 좌표계에서 같다. $\hat{\mathbf{x}}$와 $\hat{\mathbf{y}}$에 관한 두 식 (2.56a)와 (2.56b)를 연립하여 풀면 다음과 같은 역관계식을 얻을 수 있다.

$$\hat{\mathbf{x}} = \hat{\mathbf{r}}\cos\phi - \hat{\boldsymbol{\phi}}\sin\phi, \tag{2.57a}$$

$$\hat{\mathbf{y}} = \hat{\mathbf{r}}\sin\phi + \hat{\boldsymbol{\phi}}\cos\phi. \tag{2.57b}$$

식 (2.56a)에서 (2.57b)까지의 식은 단위벡터 $(\hat{\mathbf{x}}, \hat{\mathbf{y}})$에서 $(\hat{\mathbf{r}}, \hat{\boldsymbol{\phi}})$로의 변환과 그 역변환에 유용할 뿐만 아니라 특정 좌표계에서 표현된 벡터의 성분을 다른 좌표계의 벡터 성분으로 변환하는 데에도 사용된다.

예를 들면, 식 (2.56a)와 (2.56b)를 이용하여 직교좌표계에서의 벡터 $\mathbf{A} = \hat{\mathbf{x}}A_x + \hat{\mathbf{y}}A_y + \hat{\mathbf{z}}A_z$는 원통좌표계의 벡터 $\mathbf{A} = \hat{\mathbf{r}}A_r + \hat{\boldsymbol{\phi}}A_\phi + \hat{\mathbf{z}}A_z$로 변환시킬 수 있다. 즉,

$$A_r = A_x\cos\phi + A_y\sin\phi, \tag{2.58a}$$

$$A_\phi = -A_x\sin\phi + A_y\cos\phi, \tag{2.58b}$$

이고, 역으로

$$A_x = A_r \cos\phi - A_\phi \sin\phi, \quad (2.59a)$$

$$A_y = A_r \sin\phi + A_\phi \cos\phi. \quad (2.59b)$$

이다. 이 절과 다음 두 절의 변환 관계식들은 표 2-2에 수록되어 있다.

예제 2-7 직각좌표계-원통좌표계 변환

직각좌표계에서 점 P_1의 좌표는 $P_1(3, -4, 3)$이고 벡터 $\mathbf{A} = \hat{\mathbf{x}}4 - \hat{\mathbf{y}}3 + \hat{\mathbf{z}}4$일 때, P_1과 $\mathbf{A}$를 원통좌표계로 표시하고 P_1에서의 $\mathbf{A}$를 계산하라.

풀이 점 P_1에 대하여 $x=3, y=-4, z=3$이다. 식 (2.51)을 사용하면

$$r = \sqrt[+]{x^2 + y^2} = 5, \qquad \phi = \tan^{-1}\frac{y}{x} = -53.1^\circ = 306.9^\circ,$$

이고, z값은 그대로이다. 그래서 원통좌표에서 $P_1 = P_1(5, 306.9^\circ, 3)$이다.

원통좌표계에서 벡터 $\mathbf{A} = \hat{\mathbf{r}}A_r + \hat{\boldsymbol{\phi}}A_\phi + \hat{\mathbf{z}}A_z$의 각 성분

표 2-2 좌표 변환 관계식

변환	좌표 변수	단위 벡터	벡터 성분
직각좌표계 → 원통좌표계	$r = \sqrt[+]{x^2 + y^2}$ $\phi = \tan^{-1}(y/x)$ $z = z$	$\hat{\mathbf{r}} = \hat{\mathbf{x}}\cos\phi + \hat{\mathbf{y}}\sin\phi$ $\hat{\boldsymbol{\phi}} = -\hat{\mathbf{x}}\sin\phi + \hat{\mathbf{y}}\cos\phi$ $\hat{\mathbf{z}} = \hat{\mathbf{z}}$	$A_r = A_x\cos\phi + A_y\sin\phi$ $A_\phi = -A_x\sin\phi + A_y\cos\phi$ $A_z = A_z$
원통좌표계 → 직각좌표계	$x = r\cos\phi$ $y = r\sin\phi$ $z = z$	$\hat{\mathbf{x}} = \hat{\mathbf{r}}\cos\phi - \hat{\boldsymbol{\phi}}\sin\phi$ $\hat{\mathbf{y}} = \hat{\mathbf{r}}\sin\phi + \hat{\boldsymbol{\phi}}\cos\phi$ $\hat{\mathbf{z}} = \hat{\mathbf{z}}$	$A_x = A_r\cos\phi - A_\phi\sin\phi$ $A_y = A_r\sin\phi + A_\phi\cos\phi$ $A_z = A_z$
직각좌표계 → 구좌표계	$R = \sqrt[+]{x^2 + y^2 + z^2}$ $\theta = \tan^{-1}[\sqrt[+]{x^2 + y^2}/z]$ $\phi = \tan^{-1}(y/x)$	$\hat{\mathbf{R}} = \hat{\mathbf{x}}\sin\theta\cos\phi + \hat{\mathbf{y}}\sin\theta\sin\phi + \hat{\mathbf{z}}\cos\theta$ $\hat{\boldsymbol{\theta}} = \hat{\mathbf{x}}\cos\theta\cos\phi + \hat{\mathbf{y}}\cos\theta\sin\phi - \hat{\mathbf{z}}\sin\theta$ $\hat{\boldsymbol{\phi}} = -\hat{\mathbf{x}}\sin\phi + \hat{\mathbf{y}}\cos\phi$	$A_R = A_x\sin\theta\cos\phi + A_y\sin\theta\sin\phi + A_z\cos\theta$ $A_\theta = A_x\cos\theta\cos\phi + A_y\cos\theta\sin\phi - A_z\sin\theta$ $A_\phi = -A_x\sin\phi + A_y\cos\phi$
구좌표계 → 직각좌표계	$x = R\sin\theta\cos\phi$ $y = R\sin\theta\sin\phi$ $z = R\cos\theta$	$\hat{\mathbf{x}} = \hat{\mathbf{R}}\sin\theta\cos\phi + \hat{\boldsymbol{\theta}}\cos\theta\cos\phi - \hat{\boldsymbol{\phi}}\sin\phi$ $\hat{\mathbf{y}} = \hat{\mathbf{R}}\sin\theta\sin\phi + \hat{\boldsymbol{\theta}}\cos\theta\sin\phi + \hat{\boldsymbol{\phi}}\cos\phi$ $\hat{\mathbf{z}} = \hat{\mathbf{R}}\cos\theta - \hat{\boldsymbol{\theta}}\sin\theta$	$A_x = A_R\sin\theta\cos\phi + A_\theta\cos\theta\cos\phi - A_\phi\sin\phi$ $A_y = A_R\sin\theta\sin\phi + A_\theta\cos\theta\sin\phi + A_\phi\cos\phi$ $A_z = A_R\cos\theta - A_\theta\sin\theta$
원통좌표계 → 구좌표계	$R = \sqrt[+]{r^2 + z^2}$ $\theta = \tan^{-1}(r/z)$ $\phi = \phi$	$\hat{\mathbf{R}} = \hat{\mathbf{r}}\sin\theta + \hat{\mathbf{z}}\cos\theta$ $\hat{\boldsymbol{\theta}} = \hat{\mathbf{r}}\cos\theta - \hat{\mathbf{z}}\sin\theta$ $\hat{\boldsymbol{\phi}} = \hat{\boldsymbol{\phi}}$	$A_R = A_r\sin\theta + A_z\cos\theta$ $A_\theta = A_r\cos\theta - A_z\sin\theta$ $A_\phi = A_\phi$
구좌표계 → 원통좌표계	$r = R\sin\theta$ $\phi = \phi$ $z = R\cos\theta$	$\hat{\mathbf{r}} = \hat{\mathbf{R}}\sin\theta + \hat{\boldsymbol{\theta}}\cos\theta$ $\hat{\boldsymbol{\phi}} = \hat{\boldsymbol{\phi}}$ $\hat{\mathbf{z}} = \hat{\mathbf{R}}\cos\theta - \hat{\boldsymbol{\theta}}\sin\theta$	$A_r = A_R\sin\theta + A_\theta\cos\theta$ $A_\phi = A_\phi$ $A_z = A_R\cos\theta - A_\theta\sin\theta$

을 식 (2.58a)와 (2.58b)를 이용하여 구하면

$$A_r = A_x \cos\phi + A_y \sin\phi = 4\cos\phi - 3\sin\phi,$$
$$A_\phi = -A_x \sin\phi + A_y \cos\phi = -4\sin\phi - 3\cos\phi,$$
$$A_z = 4.$$

이 된다. 따라서,

$$\mathbf{A} = \hat{\mathbf{r}}(4\cos\phi - 3\sin\phi) - \hat{\boldsymbol{\phi}}(4\sin\phi + 3\cos\phi) + \hat{\mathbf{z}}4.$$

이다. 점 P에서 $\phi = 306.9°$ 이므로

$$\mathbf{A} = \hat{\mathbf{r}}4.8 + \hat{\boldsymbol{\phi}}1.4 + \hat{\mathbf{z}}4.$$

이다. ♣

2-3.2 직각좌표계-구좌표계 변환

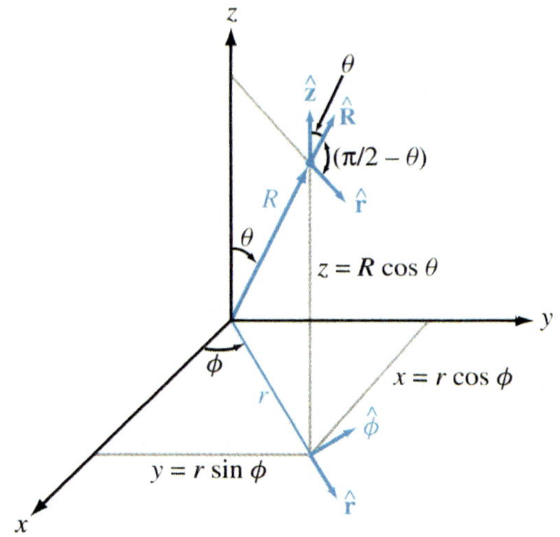

그림 2-18 (x, y, z)와 (R, θ, ϕ) 간의 관계

그림 2-18로부터 직각좌표계 (x, y, z)와 구좌표계 (R, θ, ϕ) 사이의 관계식을 다음과 같이 구할 수 있다.

$$R = \sqrt[+]{x^2 + y^2 + z^2}, \tag{2.60a}$$

$$\theta = \tan^{-1}\left[\frac{\sqrt[+]{x^2 + y^2}}{z}\right], \tag{2.60b}$$

$$\phi = \tan^{-1}\left(\frac{y}{x}\right), \tag{2.60c}$$

그리고, 이들의 역관계식은

$$x = R\sin\theta\cos\phi, \tag{2.61a}$$
$$y = R\sin\theta\sin\phi, \tag{2.61b}$$
$$z = R\cos\theta. \tag{2.61c}$$

이다. 단위벡터 $\hat{\mathbf{R}}$은 $\hat{\mathbf{r}}$-$\hat{\mathbf{z}}$ 평면에 있으므로 $\hat{\mathbf{r}}$과 $\hat{\mathbf{z}}$의 선형 조합으로 다음과 같이 표현된다.

$$\hat{\mathbf{R}} = \hat{\mathbf{r}}a + \hat{\mathbf{z}}b, \tag{2.62}$$

여기서 a와 b는 변환계수이다. $\hat{\mathbf{r}}$과 $\hat{\mathbf{z}}$은 서로 직교하므로

$$\hat{\mathbf{R}} \cdot \hat{\mathbf{r}} = a, \tag{2.63a}$$
$$\hat{\mathbf{R}} \cdot \hat{\mathbf{z}} = b. \tag{2.63b}$$

이 된다. 그림 2-18에서 $\hat{\mathbf{R}}$와 $\hat{\mathbf{r}}$ 사이의 각은 θ의 여각이고 $\hat{\mathbf{R}}$와 $\hat{\mathbf{r}}$ 사이의 각은 θ이다. 그러므로, $a = \hat{\mathbf{R}} \cdot \hat{\mathbf{r}} = \sin\theta$이고 $b = \hat{\mathbf{R}} \cdot \hat{\mathbf{z}} = \cos\theta$이다. a와 b에 관한 이들 식을 식 (2.62)에 대입하고 $\hat{\mathbf{r}}$을 식 (2.56a)로 대치하면

$$\hat{\mathbf{R}} = \hat{\mathbf{x}}\sin\theta\cos\phi + \hat{\mathbf{y}}\sin\theta\sin\phi + \hat{\mathbf{z}}\cos\theta. \tag{2.64a}$$

가 된다. 마찬가지 방법으로 $\hat{\boldsymbol{\theta}}$에 관한 식을 유도하면 다음과 같다.

$$\hat{\boldsymbol{\theta}} = \hat{\mathbf{x}}\cos\theta\cos\phi + \hat{\mathbf{y}}\cos\theta\sin\phi - \hat{\mathbf{z}}\sin\theta, \tag{2.64b}$$

그리고, $\hat{\boldsymbol{\phi}}$에 대한 표현식은 식 (2.56b)와 같이

$$\hat{\boldsymbol{\phi}} = -\hat{\mathbf{x}}\sin\phi + \hat{\mathbf{y}}\cos\phi. \tag{2.64c}$$

로 쓸 수 있다.

식 (2.64a)에서 (2.64c)까지의 식들을 연립하여 풀면 $(\hat{\mathbf{x}}, \hat{\mathbf{y}}, \hat{\mathbf{z}})$에 관한 표현식을 다음과 같이 $(\hat{\mathbf{R}}, \hat{\boldsymbol{\theta}}, \hat{\boldsymbol{\phi}})$의 항으로 나타낼 수 있다.

$$\hat{\mathbf{x}} = \hat{\mathbf{R}} \sin\theta \cos\phi + \hat{\boldsymbol{\theta}} \cos\theta \cos\phi - \hat{\boldsymbol{\phi}} \sin\phi, \quad (2.65a)$$
$$\hat{\mathbf{y}} = \hat{\mathbf{R}} \sin\theta \sin\phi + \hat{\boldsymbol{\theta}} \cos\theta \sin\phi + \hat{\boldsymbol{\phi}} \cos\phi, \quad (2.65b)$$
$$\hat{\mathbf{z}} = \hat{\mathbf{R}} \cos\theta - \hat{\boldsymbol{\theta}} \sin\theta. \quad (2.65c)$$

식 (2.64a)에서부터 (2.65c)까지는 $(\hat{\mathbf{x}}, \hat{\mathbf{y}}, \hat{\mathbf{z}}, \hat{\mathbf{R}}, \hat{\boldsymbol{\theta}}, \hat{\boldsymbol{\phi}})$를 $(A_x, A_y, A_z, A_R, A_\theta, A_\phi)$으로 각각 대체함으로써 벡터 $\mathbf{A}$의 (A_x, A_y, A_z)를 구좌표성분 (A_R, A_θ, A_ϕ)으로, 그리고 그 역으로 변환하는 데에도 사용될 수 있다.

예제 2-8 직각좌표계-구좌표계 변환

벡터 $\mathbf{A} = \hat{\mathbf{x}}(x+y) + \hat{\mathbf{y}}(y-x) + \hat{\mathbf{z}}z$를 구좌표계로 나타내어라.

풀이 표 2-2에 주어진 A_R에 대한 변환 관계식을 사용하면

$$\begin{aligned} A_R &= A_x \sin\theta \cos\phi + A_y \sin\theta \sin\phi + A_z \cos\theta \\ &= (x+y)\sin\theta\cos\phi + (y-x)\sin\theta\sin\phi + z\cos\theta. \end{aligned}$$

이다. 식 (2.61)의 x, y, z에 대한 표현식을 사용하면

$$\begin{aligned} A_R &= (R\sin\theta\cos\phi + R\sin\theta\sin\phi)\sin\theta\cos\phi \\ &\quad + (R\sin\theta\sin\phi - R\sin\theta\cos\phi)\sin\theta\sin\phi + R\cos^2\theta \\ &= R\sin^2\theta(\cos^2\phi + \sin^2\phi) + R\cos^2\theta \\ &= R\sin^2\theta + R\cos^2\theta = R. \end{aligned}$$

이다. A_θ과 A_ϕ에 대해서도 다음 식을 얻을 수 있다.

$$A_\theta = (x+y)\cos\theta\cos\phi + (y-x)\cos\theta\sin\phi - z\sin\theta,$$
$$A_\phi = -(x+y)\sin\phi + (y-x)\cos\phi,$$

그리고, A_R에 사용된 절차를 따르면

$$A_\theta = 0,$$
$$A_\phi = -R\sin\theta.$$

이 된다. 그러므로

$$\mathbf{A} = \hat{\mathbf{R}}A_R + \hat{\boldsymbol{\theta}}A_\theta + \hat{\boldsymbol{\phi}}A_\phi = \hat{\mathbf{R}}R - \hat{\boldsymbol{\phi}}R\sin\theta.$$ ♣

2-3.3 원통좌표계-구좌표계 변환

원통좌표와 구좌표 사이의 변환은 앞 절에서 기술한 변환 관계식을 조합하여 변환시킬 수 있다. 그 결과식들은 표 2-2에 수록되어 있다.

2-3.4 두 점 간의 거리

직각좌표계에서 두 점 $P_1(x_1, y_1, z_1)$과 $P_2(x_2, y_2, z_2)$ 사이의 거리 d는 식 (2.12)를 다시 써서 다음과 같이 나타낼 수 있다.

$$\begin{aligned} d &= |\mathbf{R}_{12}| \\ &= [(x_2 - x_1)^2 + (y_2 - y_1)^2 + (z_2 - z_1)^2]^{1/2}. \quad (2.66) \end{aligned}$$

를 사용하여 P_1과 P_2의 직각좌표를 등가의 원통좌표로 변환하면

$$\begin{aligned} d &= \big[(r_2\cos\phi_2 - r_1\cos\phi_1)^2 \\ &\quad + (r_2\sin\phi_2 - r_1\sin\phi_1)^2 + (z_2 - z_1)^2\big]^{1/2} \\ &= \big[r_2^2 + r_1^2 - 2r_1r_2\cos(\phi_2 - \phi_1) + (z_2 - z_1)^2\big]^{1/2} \\ &\qquad \text{(원통좌표계)}. \quad (2.67) \end{aligned}$$

이 된다. 식 (2.16a-c)를 사용하여 유사한 변환을 하면

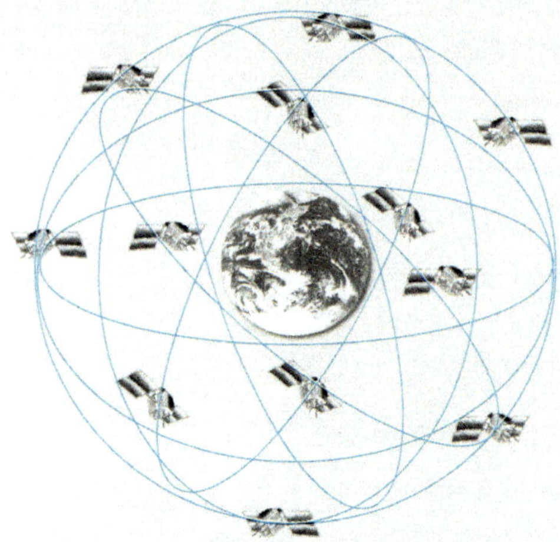

A. GPS 위성의 배열
각 평면에 4개의 위성이 배치
20,200km의 고도, 55° 의 기울기

위성항법방치 (Global Positioning System)

1980년에 미국의 국방부에 의하여 군용 항법 도구로 최초로 개발된 위성항법장치(GPS)는 자동차 추적, 항공기 운항, 자동차 내의 지도 표시 그리고 지형도 작성 등의 수많은 민간 응용분야를 가지는 시스템으로 발전되었다. 전체 GPS는 세 영역으로 이루어져 있다. 첫 번째로, 우주 영역은 24개의 위성으로 구성되어 있으며, 각 위성들은 12,00마일의 고도에서 연속적인 코드화된 시간 정보를 수신하며 12간의 주기로 지구를 선회한다. 두 번째로, 사용자 영역은 핸드헬드(hand-held) 또는 자동차부착식의 수신기로 구성되어 있고 여러 위성으로부터 수신된 신호를 분석하여 위치를 파악한다. 세 번째 영역은 세계 각지에 분포된 지상국들의 네트워크이며, 위성을 모니터하고 그들의 정확한 궤도 정보를 업데이트한다. GPS는 약 30m(수평과 상하)의 위치 부정확성을 가지고 있으나, 이것은 보정 위성항법 시스템(differential GPS)을 이용하여 1m 이내로 개선할 수 있다.

동작원리(Principle of Operation)

삼각측량 기술을 이용하면, 공간에서의 독립된 위치 (x_1, y_1, z_1), (x_2, y_2, z_2), (x_3, y_3, z_3)로부터 어떤 물체까지의 거리 d_1, d_2, d_3를 알면 어떤 물체의 삼차원 공간에서의 정확한 위치 (x_0, y_0, z_0)를 얻을 수 있다. GPS에서 거리는 위성에서 전송된 신호가 GPS 수신기까지 도달하는

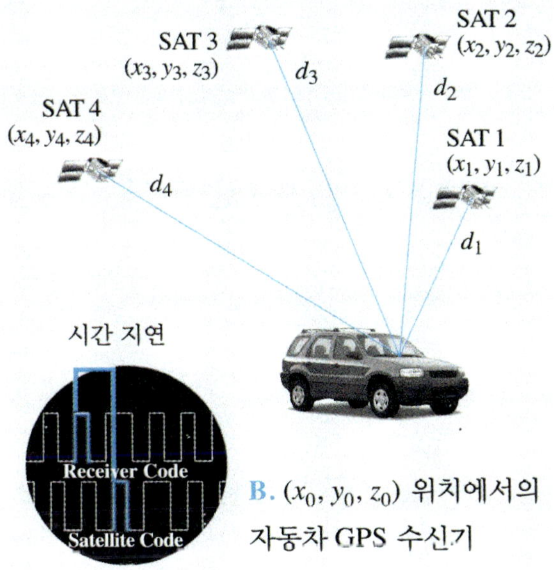

B. (x_0, y_0, z_0) 위치에서의 자동차 GPS 수신기

시간을 측정하여 광속($c = 3 \times 10^8$m/s)을 곱함으로써 얻을 수 있다. 시간 동기는 원자클럭(atomic clock)을 이용하여 얻을 수 있다. 위성은 아주 정확한 클럭(3×10^{-9}s의 정확도)을 사용하지만, 수신기는 정확도가 떨어지나 가격이 저렴한 석영 클럭(quartz clocks)을 사용한다. GPS 수신기의 시산 오차를 보정하기 위하여 네 번째의 위성이 필요하다.

그림 B에 있는 GPS 수신기는 네 개의 위성들로부터 d_1에서 d_4의 거리에 위치한다. 각각의 위성은 각자의 위성궤도좌표(예를 들면, 위성 1은 (x_1, y_1, z_1))와 모든 위성이 공통으로 하는 이진코드행렬(binary-coded sequence)을 송신한다. GPS 수신기는 같은 이진행렬(binary sequence)을 발생시키고 이것을 위성 1로부터 수신된 코드와 비교하여 거리을 계산하기 위한 시간 t_1을 산출한다. 같은 과정을 위성 2에서 위성 4까지 적용시면 아래와 같은 수식을 도출할 수 있다.

$$
\begin{aligned}
d_1^2 &= (x_1 - x_0)^2 + (y_1 - y_0)^2 + (z_1 - z_0)^2 = c\,[(t_1 + t_0)]^2 \\
d_2^2 &= (x_2 - x_0)^2 + (y_2 - y_0)^2 + (z_2 - z_0)^2 = c\,[(t_2 + t_0)]^2 \\
d_3^2 &= (x_3 - x_0)^2 + (y_3 - y_0)^2 + (z_3 - z_0)^2 = c\,[(t_3 + t_0)]^2 \\
d_4^2 &= (x_4 - x_0)^2 + (y_4 - y_0)^2 + (z_4 - z_0)^2 = c\,[(t_4 + t_0)]^2 .
\end{aligned}
$$

네 개의 위성은 자신의 좌표 (x_1, y_1, z_1)에서 (x_4, y_4, z_4)를 GPS 수신기에 보고를 하고 시간의 딜레이 t_1에서 t_4는 수신기에서 즉각 계산된다. 미지수는 GPS 수신기의 좌표 (x_0, y_0, z_0)와 수신기의 클럭 t_0의 시간 오프셋이다. 위의 네 개의 방정식들의 공통 해는 원하는 위치정보를 제공한다.

보정 위성항법 시스템(differential GPS)

30m의 GPS 위치 부정확성은 빌딩 등에 의한 신호의 반사를 유발하는 지구상에서 수신기의 위치와, 위성 위치의 잘못된 전송에 기인한 시간지연 오차(광속과 대기권에서 실제 신호의 속도)를 포함하여 몇 가지 사항에 기인한다. 보정 위성항법 시스템(differential GPS), 또는 DGPS는 위치좌표를 알고 있는 고정된 레퍼런스 수신기를 사용한다. 기준 GPS의 실제 위치와 측정된 위치의 차이를 계산하여, 기준 수신기는 좌표 보정 인자를 산출하고, 이것을 모든 DGPS수신기에 전송한다. 이러한 보정 정보의 적용으로 위치 부정확은 1m 이하로 낮아진다.

거리 d는 P_1과 P_2의 구좌표 항으로 표현된다. 즉,

$$d = \{R_2^2 + R_1^2 - 2R_1R_2[\cos\theta_2\cos\theta_1 + \sin\theta_1\sin\theta_2\cos(\phi_2 - \phi_1)]\}^{1/2} \quad \text{(구좌표계)}. \tag{2.68}$$

이다.

연습문제 2.5 점 $P(2\sqrt{3}, \pi/3, -2)$가 원통좌표계에 주어져 있다. 구좌표계에서의 P를 구하라.

[답] $P(4, 2\pi/3, \pi/3)$. (◉)

연습문제 2.6 벡터 $\mathbf{A} = \hat{\mathbf{x}}(x+y) + \hat{\mathbf{y}}(y-x) + \hat{\mathbf{z}}z$ 를 직각좌표계에서 원통좌표계로 변환하라.

[답] $\mathbf{A} = \hat{\mathbf{r}}r - \hat{\boldsymbol{\phi}}r + \hat{\mathbf{z}}z$. (◉)

2-4 스칼라계의 그래디언트

그 크기가 단일 변수에 의존하는 스칼라 물리량을 다룰 때, 예를 들면 온도 T가 높이 z의 함수일 때, 높이에 따른 T의 변화율은 미분 dT/dz로 표현된다. 그러나 T가 직각좌표계의 x, y, z의 함수일 때, 그 공간 변화율은 세 변수에 관계될 뿐만 아니라 통일된 좌표계에서의 공간 변화율을 구해야 하기 때문에 설명하기가 더욱 어렵다. **그래디언트**(gradient) 연산자는 다음과 같은 의미를 가지고 있다.

$T_1(x, y, z)$가 어떤 공간 영역의 점 $P_1(x, y, z)$에서의 온도이고, $T_2(x+dx, y+dy, z+dz)$는 인접한 점 P_2에서의 온도라고 가정하자(그림 2-19). 미소거리 dx, dy, dz는 선소벡터 $d\mathbf{l}$의 각성분이다. 즉,

$$d\mathbf{l} = \hat{\mathbf{x}}\,dx + \hat{\mathbf{y}}\,dy + \hat{\mathbf{z}}\,dz. \tag{2.69}$$

이다. 미소 온도차 $dT = T_2 - T_1$을 미분하면,

$$dT = \frac{\partial T}{\partial x}dx + \frac{\partial T}{\partial y}dy + \frac{\partial T}{\partial z}dz, \tag{2.70}$$

이 되고, $dx = \hat{\mathbf{x}}\cdot d\mathbf{l}$, $dy = \hat{\mathbf{y}}\cdot d\mathbf{l}$, $dz = \hat{\mathbf{z}}\cdot d\mathbf{l}$이므로 식 (2.70)은

$$\begin{aligned} dT &= \hat{\mathbf{x}}\frac{\partial T}{\partial x}\cdot d\mathbf{l} + \hat{\mathbf{y}}\frac{\partial T}{\partial y}\cdot d\mathbf{l} + \hat{\mathbf{z}}\frac{\partial T}{\partial z}\cdot d\mathbf{l} \\ &= \left[\hat{\mathbf{x}}\frac{\partial T}{\partial x} + \hat{\mathbf{y}}\frac{\partial T}{\partial y} + \hat{\mathbf{z}}\frac{\partial T}{\partial z}\right]\cdot d\mathbf{l}. \end{aligned} \tag{2.71}$$

로 다시 쓸 수 있다. 식 (2.71)에서 [ ] 내의 벡터는 선소벡터 $d\mathbf{l}$에 대응하는 온도변화 dT를 의미한다. T의 **그래디언트** 또는 간단히 **grad T**라 부르며, 보통 기호로 ∇T라고 쓴다. 즉

$$\nabla T = \text{grad}\,T \triangleq \hat{\mathbf{x}}\frac{\partial T}{\partial x} + \hat{\mathbf{y}}\frac{\partial T}{\partial y} + \hat{\mathbf{z}}\frac{\partial T}{\partial z}, \tag{2.72}$$

이고 식 (2.71)은

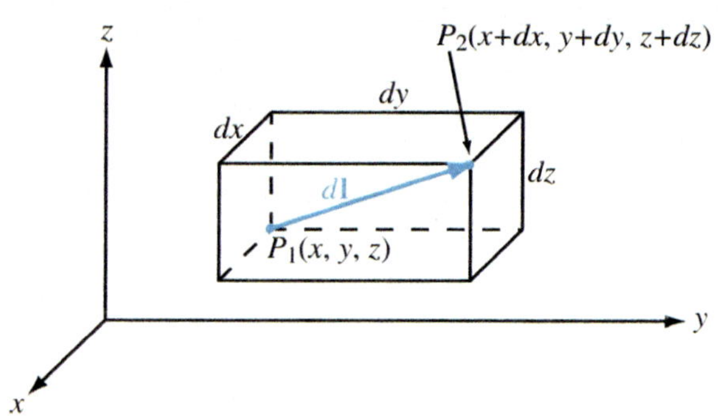

그림 2-19 점 P_1과 P_2 간의 미소 거리벡터 $d\mathbf{l}$

$$dT = \nabla T \cdot d\mathbf{l}. \qquad (2.73)$$

로 쓸 수 있다. 기호 ∇을 **델(del)** 또는 **그래디언트 연산자**(gradient operator)라 부르며 다음과 같이 정의한다.

$$\nabla \triangleq \hat{\mathbf{x}}\frac{\partial}{\partial x} + \hat{\mathbf{y}}\frac{\partial}{\partial y} + \hat{\mathbf{z}}\frac{\partial}{\partial z} \quad \text{(직각좌표계)}. \qquad (2.74)$$

그래디언트 연산자(gradient operator)는 그 자체로 물리적인 의미는 없는 반면, 스칼라 물리량에 적용하면 물리적인 의미를 갖게 되며, 그 연산 결과는 벡터이다. 그 크기는 단위거리당 물리량의 최대 변화율과 같고, 그 방향은 기울기가 최대로 되는 방향이다. $d\mathbf{l} = \hat{\mathbf{a}}_l dl$($\hat{\mathbf{a}}_l$는 $d\mathbf{l}$의 단위벡터)일 때 $\hat{\mathbf{a}}_l$방향에 대한 T의 **방향 도함수**(directional derivative)는

$$\frac{dT}{dl} = \nabla T \cdot \hat{\mathbf{a}}_l. \qquad (2.75)$$

이 된다. ∇T가 어떤 좌표계의 좌표변수의 함수이며 그 함수 ∇T를 알 수 있다면 온도차($T_2 - T_1$)는 식 (2.73)의 양변을 적분하여 구할 수 있다. 여기서 T_1과 T_2는 각각 점 P_1과 P_2에서의 값이다. 그러므로

$$T_2 - T_1 = \int_{P_1}^{P_2} \nabla T \cdot d\mathbf{l}. \qquad (2.76)$$

이다.

예제 2-9 방향 도함수

$\hat{\mathbf{x}}2 + \hat{\mathbf{y}}3 - \hat{\mathbf{z}}2$방향으로 $T = x^2 + y^2 z$의 방향 도함수를 구하고, (1, −1, 3)에서 방향 도함수를 계산하라.

풀이 방향 도함수 dT/dl는 식 (2.75)에 주어져 있다. 우선 T의 그래디언트를 구하면

$$\nabla T = \left(\hat{\mathbf{x}}\frac{\partial}{\partial x} + \hat{\mathbf{y}}\frac{\partial}{\partial y} + \hat{\mathbf{z}}\frac{\partial}{\partial z}\right)(x^2 + y^2 z)$$
$$= \hat{\mathbf{x}}2x + \hat{\mathbf{y}}2yz + \hat{\mathbf{z}}y^2.$$

이다. $\mathbf{l}$은 문제에 주어진 방향으로서

$$\mathbf{l} = \hat{\mathbf{x}}2 + \hat{\mathbf{y}}3 - \hat{\mathbf{z}}2.$$

이며, 그 단위벡터는

$$\hat{\mathbf{a}}_l = \frac{\mathbf{l}}{|\mathbf{l}|} = \frac{\hat{\mathbf{x}}2 + \hat{\mathbf{y}}3 - \hat{\mathbf{z}}2}{\sqrt{2^2 + 3^2 + 2^2}} = \frac{\hat{\mathbf{x}}2 + \hat{\mathbf{y}}3 - \hat{\mathbf{z}}2}{\sqrt{17}}.$$

이다. 식 (2.75)를 적용하면

$$\frac{dT}{dl} = \nabla T \cdot \hat{\mathbf{a}}_l = (\hat{\mathbf{x}}2x + \hat{\mathbf{y}}2yz + \hat{\mathbf{z}}y^2) \cdot \left(\frac{\hat{\mathbf{x}}2 + \hat{\mathbf{y}}3 - \hat{\mathbf{z}}2}{\sqrt{17}}\right)$$
$$= \frac{4x + 6yz - 2y^2}{\sqrt{17}}.$$

이다. (1, −1, 3)에서는

$$\left.\frac{dT}{dl}\right|_{(1,-1,3)} = \frac{4 - 18 - 2}{\sqrt{17}} = \frac{-16}{\sqrt{17}}.$$

이다. ♣

2-4.1 원통좌표계와 구좌표계에서의 그래디언트 연산자

비록 식 (2.73)은 직각좌표계를 사용하여 유도되었지만, 다른 직교좌표계에서도 똑같이 성립된다. 그래디언트 연산자를 원통좌표계나 구좌표계의 스칼라량에 적용하기 위해서는 이들 좌표계에서 사용될 ∇에 관한 식이 필요하다. 식 (2.72)를 원통좌표계로 변환하기 위해 좌표

관계식을 다시 쓰면 다음과 같다.

$$r = \sqrt{x^2 + y^2}\,, \qquad \tan\phi = \frac{y}{x}\,. \tag{2.77}$$

식 (2.72)를 미분하면,

$$\frac{\partial T}{\partial x} = \frac{\partial T}{\partial r}\frac{\partial r}{\partial x} + \frac{\partial T}{\partial \phi}\frac{\partial \phi}{\partial x} + \frac{\partial T}{\partial z}\frac{\partial z}{\partial x}\,. \tag{2.78}$$

이다. 여기서 우변 마지막 항은 z가 x와 직교하기 때문에 $\partial z/\partial x = 0$이 되므로 0이 된다. 식 (2.77)의 좌표관계식을 사용하면 다음 식을 쉽게 증명할 수 있다.

$$\frac{\partial r}{\partial x} = \frac{x}{\sqrt{x^2 + y^2}} = \cos\phi, \tag{2.79a}$$

$$\frac{\partial \phi}{\partial x} = -\frac{1}{r}\sin\phi. \tag{2.79b}$$

그러므로 다음과 같이 정리할 수 있다.

$$\frac{\partial T}{\partial x} = \cos\phi\frac{\partial T}{\partial r} - \frac{\sin\phi}{r}\frac{\partial T}{\partial \phi}\,. \tag{2.80}$$

이 식은 식 (2.72)의 $\hat{\mathbf{x}}$의 계수를 대신할 수 있으며, 마찬가지로 $\partial T/\partial y$도 r과 ϕ의 함수로 나타낼 수 있다. 또한 $\hat{\mathbf{x}} = \hat{\mathbf{r}}\cos\phi - \hat{\boldsymbol{\phi}}\sin\phi$와 $\hat{\mathbf{y}} = \hat{\mathbf{r}}\sin\phi + \hat{\boldsymbol{\phi}}\cos\phi$의 두 관계식[식 (2.57a)와 (2.57b)]을 사용하면 식 (2.72)는

$$\nabla T = \hat{\mathbf{r}}\frac{\partial T}{\partial r} + \hat{\boldsymbol{\phi}}\frac{1}{r}\frac{\partial T}{\partial \phi} + \hat{\mathbf{z}}\frac{\partial T}{\partial z}\,, \tag{2.81}$$

식 (2.81)이 되므로, 원통좌표계에서 그래디언트 연산자는

$$\nabla = \hat{\mathbf{r}}\frac{\partial}{\partial r} + \hat{\boldsymbol{\phi}}\frac{1}{r}\frac{\partial}{\partial \phi} + \hat{\mathbf{z}}\frac{\partial}{\partial z} \qquad \text{(원통좌표계).} \tag{2.82}$$

으로 정의된다. 같은 방법으로 구좌표계에서의 그래디언트 연산자에 대해 다음과 같은 표현식을 구할 수 있다.

$$\nabla = \hat{\mathbf{R}}\frac{\partial}{\partial R} + \hat{\boldsymbol{\theta}}\frac{1}{R}\frac{\partial}{\partial \theta} + \hat{\boldsymbol{\phi}}\frac{1}{R\sin\theta}\frac{\partial}{\partial \phi} \qquad \text{(구좌표계).} \tag{2.83}$$

2-4.2 그래디언트 연산자의 성질

임의의 두 스칼라 함수 U, V에 대하여 다음 관계식이 성립한다.

(1) $\nabla(U + V) = \nabla U + \nabla V,$ (2.84a)

(2) $\nabla(UV) = U\,\nabla V + V\,\nabla U,$ (2.84b)

(3) $\nabla V^n = nV^{n-1}\,\nabla V,$ 임의의 n에 대해. (2.84c)

벡터의 그래디언트는 벡터 수학에서는 의미가 없다.

예제 2-10 그래디언트 계산

다음 스칼라 함수의 그래디언트를 구하고 주어진 점에서 그것을 계산하라.

(a) 직각좌표계의 점 (3, 2, 1)에서 $V_1 = 12V_0\cos(\pi y/3)\sin(2\pi z/3)$

(b) 원통좌표계의 점 (1, $\pi/2$, 3)에서의 $V_2 = V_0 e^{-2r}\sin 3\phi$

(c) 구좌표계의 점 ($2a$, 0, π)에서의 $V_3 = V_0(a/R)\cos 2\theta$

풀이

(a) 직각좌표계에서

$$\begin{aligned}\nabla V_1 &= \hat{\mathbf{x}}\frac{\partial V_1}{\partial x} + \hat{\mathbf{y}}\frac{\partial V_1}{\partial y} + \hat{\mathbf{z}}\frac{\partial V_1}{\partial z}\\ &= -\hat{\mathbf{y}}4\pi V_0\sin\frac{\pi y}{3}\sin\frac{2\pi z}{3} + \hat{\mathbf{z}}8\pi V_0\cos\frac{\pi y}{3}\cos\frac{2\pi z}{3}\\ &= 4\pi V_0\left[-\hat{\mathbf{y}}\sin\frac{\pi y}{3}\sin\frac{2\pi z}{3} + \hat{\mathbf{z}}2\cos\frac{\pi y}{3}\cos\frac{2\pi z}{3}\right].\end{aligned}$$

(3, 2, 1)에서,

$$\nabla V_1 = 4\pi V_0 \left[-\hat{\mathbf{y}} \sin^2 \frac{2\pi}{3} + \hat{\mathbf{z}} 2 \cos^2 \frac{2\pi}{3} \right]$$
$$= \pi V_0 \left[-\hat{\mathbf{y}} 3 + \hat{\mathbf{z}} 2 \right].$$

(b) 함수 V_2는 원통좌표계로 표현되어 있다. 그러므로 ∇에 대하여 식 (2.82)를 사용하면

$$\nabla V_2 = \left(\hat{\mathbf{r}} \frac{\partial}{\partial r} + \hat{\boldsymbol{\phi}} \frac{1}{r} \frac{\partial}{\partial \phi} + \hat{\mathbf{z}} \frac{\partial}{\partial z} \right) V_0 e^{-2r} \sin 3\phi$$
$$= -\hat{\mathbf{r}} 2 V_0 e^{-2r} \sin 3\phi + \hat{\boldsymbol{\phi}} (3 V_0 e^{-2r} \cos 3\phi)/r$$
$$= \left[-\hat{\mathbf{r}} 2 \sin 3\phi + \hat{\boldsymbol{\phi}} \frac{3 \cos 3\phi}{r} \right] V_0 e^{-2r}.$$

점 $(1, \pi/2, 3)$에서 $r = 1$, $\phi = \pi/2$이므로

$$\nabla V_2 = \left[-\hat{\mathbf{r}} 2 \sin \frac{3\pi}{2} + \hat{\boldsymbol{\phi}} 3 \cos \frac{3\pi}{2} \right] V_0 e^{-2}$$
$$= \hat{\mathbf{r}} 2 V_0 e^{-2} = \hat{\mathbf{r}} 0.27 V_0.$$

(c) V_3는 구좌표계로 표현되어 있으므로 V_2에 식 (2.83)을 적용하면

$$\nabla V_3 = \left(\hat{\mathbf{R}} \frac{\partial}{\partial R} + \hat{\boldsymbol{\theta}} \frac{1}{R} \frac{\partial}{\partial \theta} + \hat{\boldsymbol{\phi}} \frac{1}{R \sin\theta} \frac{\partial}{\partial \phi} \right) V_0 \left(\frac{a}{R} \right) \cos 2\theta$$
$$= -\hat{\mathbf{R}} \frac{V_0 a}{R^2} \cos 2\theta - \hat{\boldsymbol{\theta}} \frac{2 V_0 a}{R^2} \sin 2\theta$$
$$= -[\hat{\mathbf{R}} \cos 2\theta + \hat{\boldsymbol{\theta}} 2 \sin 2\theta] \frac{V_0 a}{R^2}.$$

점 $(2a, 0, \pi)$에서 $R = 2a$, $\theta = 0$이므로

$$\nabla V_3 = -\hat{\mathbf{R}} \frac{V_0}{4a}. \clubsuit$$

M2.5-2.6

연습문제 2.7 $V = x^2 y + x y^2 + x z^2$일 때, (a) V의 그래디언트를 구하고, (b) 점 $(1, -1, 3)$에서의 그래디언트를 계산하라.

[답] (a) $\nabla V = \hat{\mathbf{x}}(2xy + y^2 + z^2) + \hat{\mathbf{y}}(x^2 + 2xy) + \hat{\mathbf{z}} 2xz$,
(b) $\nabla V|_{(1,-1,2)} = \hat{\mathbf{x}} 8 - \hat{\mathbf{y}} + \hat{\mathbf{z}} 6$.

연습문제 2.8 $\mathbf{A} = \hat{\mathbf{r}} 2 - \hat{\mathbf{z}}$방향의 $V = r z^2 \cos 2\phi$의 방향 도함수를 구하고 점 $(1, \pi/2, 2)$에서의 방향 도함수를 계산하라.

[답] $(dV/dl)|_{(1,\pi/2,2)} = -4/\sqrt{5}$.

D2.1-2.9

2-5 벡터계의 발산

1장의 쿨롱의 법칙(Coulmb's law)에 대한 간단한 소개에서 양의 점전하 $+q$는 그 전하에서 나가는 방향의 전계 $\mathbf{E}$를 발생시킨다는 사실을 알 수 있었다. 또한, $\mathbf{E}$의 크기는 q에 비례하고 전하로부터의 거리 R에 대해 $1/R^2$로 감소한다. 그림으로 표현하면 벡터계는 그림 2-20과 같이 **전기력선**(field lines)으로 표현된다. 화살표는 전기력선이 그려지는 점에서 전계의 방향을 나타내며, 선의 길이는 전계의 크기를 정량적으로 나타낸다.

비록 전계벡터가 실제로 이동하지 않더라도 그 존재를 공간을 통하여 흐르는 전속으로 간주하여 그 전기력선을 **전속선**(flux lines)이라 한다.

경계면에서 **전속밀도**(flux density)는 단면적 ds를 관통하여 나가는 전속의 양으로 정의한다. 즉

$$\mathbf{E}\text{의 전속밀도} = \frac{\mathbf{E} \cdot d\mathbf{s}}{|d\mathbf{s}|} = \frac{\mathbf{E} \cdot \hat{\mathbf{n}}\, ds}{ds}, \tag{2.85}$$

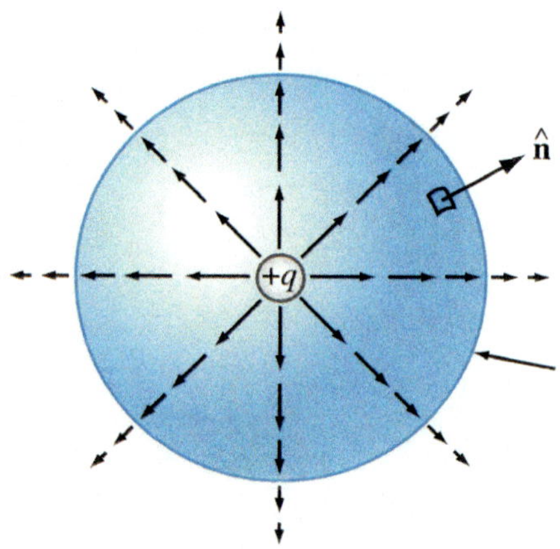

그림 2-20 양전하 q에 의한 전계 $\mathbf{E}$의 전속선

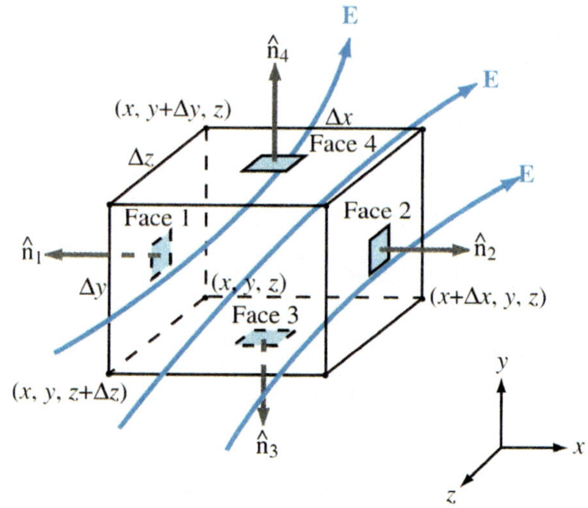

그림 2-21 체적 $\Delta v = \Delta x \Delta y \Delta z$의 미소 직각 평행파이프를 통과하는 벡터계 $\mathbf{E}$의 전속선

이고, 여기에서 $\hat{\mathbf{n}}$는 경계면 $d\mathbf{s}$의 외향 법선벡터이다. 그림 2-20에 도시한 가상 구의 폐곡면 S를 관통하는 **총 전속**(total flux)은 다음과 같다.

$$\text{총 전속} = \oint_S \mathbf{E} \cdot d\mathbf{s}. \tag{2.86}$$

그림 2-21과 같이 직각좌표계 축과 평행인 세 변을 가지는 직육면체 체적소를 생각해 보자. 세 변의 길이는 각각 Δx, Δy, Δz이다. 육면체 내부에는 전계벡터 $\mathbf{E}(x, y, z)$가 존재하며, 육면체 전체 표면적 S를 관통하여 나오는 총 전속을 구하고자 한다. S에는 6개의 면이 포함되므로 6개 면이 지나는 모든 전속을 더해야 한다. 정의에 따르면, 어떤 면을 관통하는 전속은 그 면을 지나 체적 Δv에서 나가는 전속이다. $\mathbf{E}$를 다음과 같이 정의하자.

$$\mathbf{E} = \hat{\mathbf{x}} E_x + \hat{\mathbf{y}} E_y + \hat{\mathbf{z}} E_z. \tag{2.87}$$

그림 2-21에서 면 1의 면적은 $\Delta y \Delta z$이고, 그 단위벡터는 $\hat{\mathbf{n}}_1 = -\hat{\mathbf{x}}$이다. 그래서 면 1을 통과하여 나가는 전속 F_1은

$$\begin{aligned} F_1 &= \int_{\text{Face 1}} \mathbf{E} \cdot \hat{\mathbf{n}}_1 \, ds \\ &= \int_{\text{Face 1}} (\hat{\mathbf{x}} E_x + \hat{\mathbf{y}} E_y + \hat{\mathbf{z}} E_z) \cdot (-\hat{\mathbf{x}}) \, dy \, dz \\ &= -E_x(1) \, \Delta y \, \Delta z, \end{aligned} \tag{2.88}$$

이다. 여기서 $E_x(1)$은 면 1의 중앙에서의 E_x값이다. 체적소가 아주 작다고 가정한다면 면 1의 E_x는 면 1의 중심의 값 $E_x(1)$으로 근사화할 수 있다.

마찬가지로 면 2(외향 법선벡터 $\hat{\mathbf{n}}_2 = \hat{\mathbf{x}}$)를 관통하여 나가는 전속은 아래와 같다.

$$F_2 = E_x(2) \, \Delta y \, \Delta z, \tag{2.89}$$

여기서 $E_x(2)$는 면 2의 중심에서의 E_x의 값이다. 미소 거리 Δx에 대하여 $E_x(2)$는 $E_x(1)$과 다음의 관계에 있다.

$$E_x(2) = E_x(1) + \frac{\partial E_x}{\partial x}\Delta x, \tag{2.90}$$

여기서 $(\Delta x)^2$항을 포함하는 테일러 급수의 고차항은 무시했다. 왜냐하면 Δx가 매우 작다면 그 값은 무시할 수 있을 정도로 작기 때문이다. 식 (2.90)을 식 (2.89)에 대입하면

$$F_2 = \left[E_x(1) + \frac{\partial E_x}{\partial x}\Delta x\right]\Delta y\,\Delta z. \tag{2.91}$$

이 된다. 면 1과 2로부터 나가는 전속의 합은 식 (2.88)과 (2.91)을 더하여 아래와 같이 구할 수 있다.

$$F_1 + F_2 = \frac{\partial E_x}{\partial x}\Delta x\,\Delta y\,\Delta z. \tag{2.92a}$$

다른 두 쌍의 면들에 대해서도 같은 방법을 적용하면 다음과 같다.

$$F_3 + F_4 = \frac{\partial E_y}{\partial y}\Delta x\,\Delta y\,\Delta z, \tag{2.92b}$$

$$F_3 + F_4 = \frac{\partial E_y}{\partial y}\Delta x\,\Delta y\,\Delta z, \tag{2.92c}$$

전속 F_1에서 F_6까지의 합은 직육면체의 전체 표면적 S를 관통하여 나가는 총 전속이 된다. 즉,

$$\begin{aligned}\oint_S \mathbf{E}\cdot d\mathbf{s} &= \left(\frac{\partial E_x}{\partial x} + \frac{\partial E_y}{\partial y} + \frac{\partial E_z}{\partial z}\right)\Delta x\,\Delta y\,\Delta z \\ &= (\text{div}\,\mathbf{E})\,\Delta v,\end{aligned} \tag{2.93}$$

이며, 여기서 $\Delta v = \Delta x \Delta y \Delta z$이고, div **E**는 **E**의 **발산**(divergence)이라고 부르는 미분함수로 직각좌표계에서 다음과 같이 정의된다.

$$\text{div}\,\mathbf{E} = \frac{\partial E_x}{\partial x} + \frac{\partial E_y}{\partial y} + \frac{\partial E_z}{\partial z}. \tag{2.94}$$

Δv를 0으로 접근시키면, 한 점에서의 **E**의 발산(divergence)은 단위체적을 둘러싼 전체 표면적으로부터 흘러 나가는 단위체적당 총 전속(net outward flux)으로 정의된다. 그러므로 식 (2.93)에서 div **E**는

$$\text{div}\,\mathbf{E} \triangleq \lim_{\Delta v \to 0} \frac{\oint_S \mathbf{E}\cdot d\mathbf{s}}{\Delta v}, \tag{2.95}$$

이다. 여기서 S는 체적소 Δv의 전체 표면적이다. **E**의 발산(divergence)을 div **E** 대신에 $\nabla \cdot \mathbf{E}$로 나타낸다. 즉, 직각좌표계에서 벡터 **E**에 대하여

$$\nabla \cdot \mathbf{E} \triangleq \text{div}\,\mathbf{E} = \frac{\partial E_x}{\partial x} + \frac{\partial E_y}{\partial y} + \frac{\partial E_z}{\partial z} \tag{2.96}$$

이다.

식 (2.95)의 **E**의 발산 정의로부터 전 표면으로부터 흘러나오는 총 전속(net flux)이 (+)이면 계 **E**의 발산은 (+)이다. 이것은 체적 Δv가 전속의 **원천**(source)을 포함하고 있는 것이 된다. 발산이 (−)이면 총 전속은 체적 내로 흘러 들어가므로 Δv가 전속을 받아 모으는 싱크(sink)역할을 한다. 균일한 계 **E**에 대하여 Δv로부터 나간 전속량과 Δv로 들어간 전속량은 같다. 그러므로 균일한 계의 발산은 0이며 그 계를 **무발산**(divergenceless)이라고 한다. 발산은 미분 연산자이고, 벡터에 대해서만 작용할 수 있으며, 그 연산 결과는 스칼라이다. 이런 면에서 그래디언트 연산자와는 대조적이다. 원통좌표계와 구좌표계의 발산에 대한 표현식은 이 책 뒷부분에 기술되어 있다. 발산 연산자의 연산에서는 배분법칙이 성립된다. 즉, 두 벡터 $\mathbf{E}_1$과 $\mathbf{E}_2$에 대하여

$$\nabla \cdot (\mathbf{E}_1 + \mathbf{E}_2) = \nabla \cdot \mathbf{E}_1 + \nabla \cdot \mathbf{E}_2. \tag{2.97}$$

이다. $\nabla \cdot \mathbf{E} = 0$일 때 벡터계 **E**는 **회전계**(solenoidal)라고 한다.

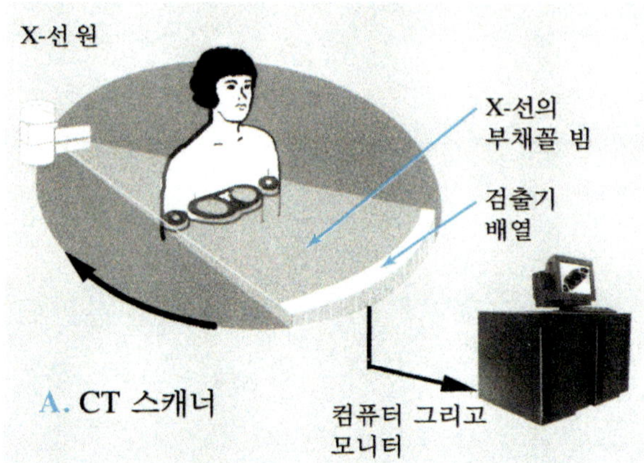

A. CT 스캐너

X-선 컴퓨터 단층촬영 (X-Ray Computed Tomography)

단층촬영(tomography)은 단면 혹은 얇은 조각을 의미하는 그리스 단어 'tome'과 기록하다를 의미하는 'graphia'라는 단어로부터 유래되었다. CT 스캔 혹은 X-선 체축 단층촬영 장치로 알려진 컴퓨터 단층촬영(computed tomography)은 사물(object)의 X-선 감쇠(혹은 흡수) 특성들을 3차원 영상으로 생성하는 기술을 말한다. 이것은 사물의 2차원 단면도만을 보여주는 전통적인 X-선 기술과는 차이가 있다. CT는 1972년 영국의 전자공학자 Godfrey Hounsfeld와 남아프리카 태생의 미국인 과학자 Allan Cormack에 의해 각각 개발되었다. 두 발명가는 1979년 생리학(physiology), 의학(medicine) 분야의 노벨상을 수상하였다. 진단 영상 기술에 있어서 CT는 유조직(soft tissue)에서부터 혈관, 그리고 뼈에 이르기까지 광범위한 밀도(densities) 영역의 인체를 세밀하게 영상화하는 결정적인 장점이 있다.

동작원리(Principle of Operation)

CT 스캐너는 인체를 포함할 만큼 충분히 넓고 수mm 정도 두께의 부채꼴-빔(fan-beam)을 발생시키기 위해 좁은 슬릿(slit)을 가지는 X-선 원(X-ray source)을 사용한다(그림 A). 인체에 의해 감쇠되는 X-선 빔을 필름에 기록하는 대신, 약 700개의 검출기(detector) 배열을 사용하여 얻어낸다. X-선 원과 검출기 배열은 원형 틀(circular frame)에 설치되어 있으며, 이는 환자 주위 360°를 세분된 각도의 단계로 회전한다. 각각의 단계마다 다른 각도의 투시로부터 얻어진 X-선 감쇠 단면도를 기록한다. 일반적으로 인체내부(anatomy)를 얇게 가로지른 각각의 슬라이스(slice)에 대하여 약 1,000개의 단면도가 기록된다. 최근 기술에서 이 과정은 1초도 걸리지 않는다. 흉부 혹은 두부와 같은 인체의 전체 영역을 영상화하기 위해 이 과정이 다수의 슬라이스(layers)에 걸쳐 반복되며, 일반적으로 약 10초 정도의 시간이 걸린다.

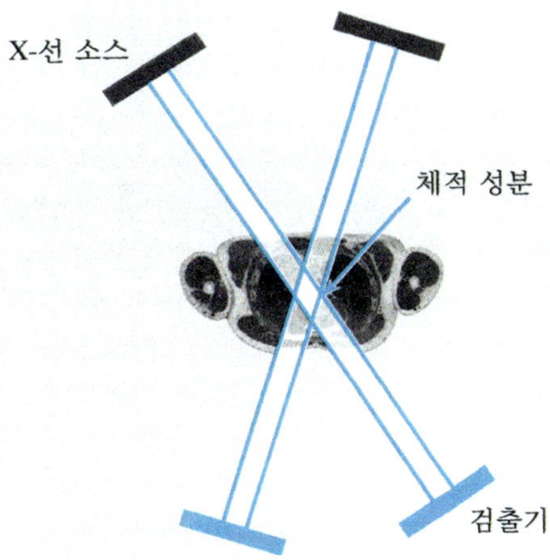

B. 검출기는 통합된 경로 감쇠를 측정한다.

영상 재구성(Image Reconstruction)

각각의 인체내부(anatomical) 슬라이스에 대하여 CT 스캐너는 7×10^5의 측정을 수행한다(1000회의 각도측정 ×700 검출기 채널). 각각의 측정은 X-선 원과 검출기 사이의 얇은 빔에 대하여 통합된 경로 감쇠를 나타내게 된다(그림 B). 그리고 각 체적성분(voxel)은 1000회의 측정 빔에 의해 얻어진다. 상업적인 CT 장비는 인체내부 슬라이스에서 각 체적성분(voxel)의 감쇠비율 영상을 전체 인체장기에 대하여 '재구성(reconstruct)'하기 위해 filtered back-projection이라 불리는 기술을 사용한다. 이는 복잡한 행렬의 변환과정을 통해 이루어진다. 뇌의 CT 영상 견본을 그림 C에 보였다.

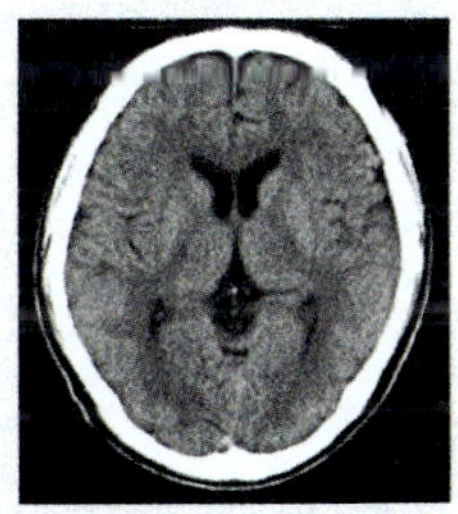

C. 뇌의 CT 영상

2-5.1 발산정리

미소체적에 대한 식 (2.93)의 결과로부터 임의의 체적 Δv에 대한 $\nabla \cdot \mathbf{E}$의 체적적분은 v의 전체 표면적 S를 관통하는 $\mathbf{E}$의 전속과 같다고 할 수 있다. 즉,

$$\int_{v} \nabla \cdot \mathbf{E}\, dv = \oint_{S} \mathbf{E} \cdot d\mathbf{s} \qquad \text{(발산정리)}. \qquad (2.98)$$

이다. 이 관계식을 **발산정리**(divergence theorem)라 하며, 이는 전자기학에서 광범위하게 사용된다.

D2.10-2.15

예제 2-11 발산의 계산

다음 각 벡터계의 발산을 구하고 지정된 점에서 그것을 계산하라.

(a) $\mathbf{E} = \hat{\mathbf{x}}3x^2 + \hat{\mathbf{y}}2z + \hat{\mathbf{z}}x^2 z$ at $(3, -2, 0)$;

(b) $(a/2, 0, \pi)$에서

$$\mathbf{E} = \hat{\mathbf{R}}(a^3 \cos\theta / R^2) - \hat{\boldsymbol{\theta}}(a^3 \sin\theta / R^2).$$

풀이

(a)
$$\begin{aligned}\nabla \cdot \mathbf{E} &= \frac{\partial E_x}{\partial x} + \frac{\partial E_y}{\partial y} + \frac{\partial E_z}{\partial z} \\ &= \frac{\partial}{\partial x}(3x^2) + \frac{\partial}{\partial y}(2z) + \frac{\partial}{\partial z}(x^2 z) \\ &= 6x + 0 + x^2 = x^2 + 6x.\end{aligned}$$

$(3, -2, 0)$에서, $\nabla \cdot \mathbf{E}\Big|_{(3,-2,0)} = 27.$

(b) 구좌표에서 이 책의 뒷표지 앞쪽에 있는 벡터의 발산에 대한 표현식을 사용하면

$$\begin{aligned}\nabla \cdot \mathbf{E} &= \frac{1}{R^2}\frac{\partial}{\partial R}(R^2 E_R) + \frac{1}{R\sin\theta}\frac{\partial}{\partial \theta}(E_\theta \sin\theta) \\ &\quad + \frac{1}{R\sin\theta}\frac{\partial E_\phi}{\partial \phi} \\ &= \frac{1}{R^2}\frac{\partial}{\partial R}(a^3\cos\theta) + \frac{1}{R\sin\theta}\frac{\partial}{\partial\theta}\left(-\frac{a^3\sin^2\theta}{R^2}\right) \\ &= 0 - \frac{2a^3\cos\theta}{R^3} = -\frac{2a^3\cos\theta}{R^3}.\end{aligned}$$

$R = a/2$, $\theta = 0$에서, $\nabla \cdot \mathbf{E}\Big|_{(a/2,0,\pi)} = -16$.이다. ♣

M2.7-2.11

연습문제 2.9 $\mathbf{A} = e^{-2y}(\hat{\mathbf{x}}\sin 2x + \hat{\mathbf{y}}\cos 2x)$일 때, $\nabla \cdot \mathbf{A}$를 구하라.

[답] $\nabla \cdot \mathbf{A} = 0.$ ()

연습문제 2.10 $\mathbf{A} = \hat{\mathbf{r}}r\cos\phi + \hat{\boldsymbol{\phi}}r\sin\phi + \hat{\mathbf{z}}3z)$일 때, $(2, 0, 3)$에서 $\nabla \cdot \mathbf{A}$를 구하라.

[답] $\nabla \cdot \mathbf{A} = 6.$ ()

연습문제 2.11 구좌표계에서 $\mathbf{E} = \hat{\mathbf{R}}2R$일 때, 원점에 중심을 가진 반경 a인 구면을 통과하는 $\mathbf{E}$의 전속을 구하라.

[답] $\oint_S \mathbf{E} \cdot d\mathbf{s} = 8\pi a^3.$ ()

연습문제 2.12 반경 a인 구면으로 둘러싸인 체적에 대하여 연습문제 2.11의 $\mathbf{E}$의 발산을 체적적분하여 발산정리를 증명하라.

2-6 벡터계의 컬

지금까지 벡터 해석에 사용되는 3가지 기본 연산자 중 두 가지인 스칼라의 그래디언트와 벡터의 발산을 정의하고 설명했다. 이제 **컬**(curl) 연산자를 소개하고자 한다. 벡터 **B**의 컬은 **B**의 회전특성 또는 **주회적분**(circulation)을 의미한다. 폐곡선 C에 대하여 **B**의 주회적분(또는 회전)은 C를 따라 **B**를 선적분한 것으로 정의한다. 즉,

$$\text{주회적분} = \oint_C \mathbf{B} \cdot d\mathbf{l}. \tag{2.99}$$

이다. 이 정의에 대한 물리적인 이해를 구하기 위하여 두 가지 예를 살펴보고자 한다. 첫 번째는 균등계 $\mathbf{B} = \hat{\mathbf{x}}B_0$에 대한 것으로 그 전기력선이 그림 2-22(a)에 나타나 있다. 그림에서, 직사각형 폐곡선 $abcd$에 대하여

$$\begin{aligned}\text{주회적분} &= \int_a^b \hat{\mathbf{x}}B_0 \cdot \hat{\mathbf{x}}\,dx + \int_b^c \hat{\mathbf{x}}B_0 \cdot \hat{\mathbf{y}}\,dy \\ &\quad + \int_c^d \hat{\mathbf{x}}B_0 \cdot \hat{\mathbf{x}}\,dx + \int_d^a \hat{\mathbf{x}}B_0 \cdot \hat{\mathbf{y}}\,dy \\ &= B_0\,\Delta x - B_0\,\Delta x = 0, \end{aligned} \tag{2.100}$$

여기서 $\Delta x = b - a = c - d$이며 $\hat{\mathbf{x}} \cdot \hat{\mathbf{y}} = 0$이므로 두 번째와 네 번째 항의 적분은 0이다. 식 (2.100)에 의하면 균일계의 주회적분은 0이다.

다음은 d-c 전류 I가 흐르는 무한장 도선에 의해 유도된 자계 **B**를 생각해 보자. 전류가 자유공간에 있고 z방향을 향할 때, 자계 **B**는 식 (1.13)으로부터 다음과 같이 된다.

$$\mathbf{B} = \hat{\boldsymbol{\phi}}\frac{\mu_0 I}{2\pi r}, \tag{2.101}$$

여기서 μ_0는 자유공간의 투자율이고 r은 x-y평면에서 전류로부터의 방사거리이다. **B**의 방향은 방위각 방향 $\hat{\boldsymbol{\phi}}$이다. **B**의 자기력선은 그림 2-22(b)와 같이 직선전류 주위의 동심원들이다. 반경 r인 원 둘레 상에서 선소벡터는 $d\mathbf{l} = \hat{\boldsymbol{\phi}}r\,d\phi$이며, C 주위의 **B**를 주회적분(circulation)한 결과는

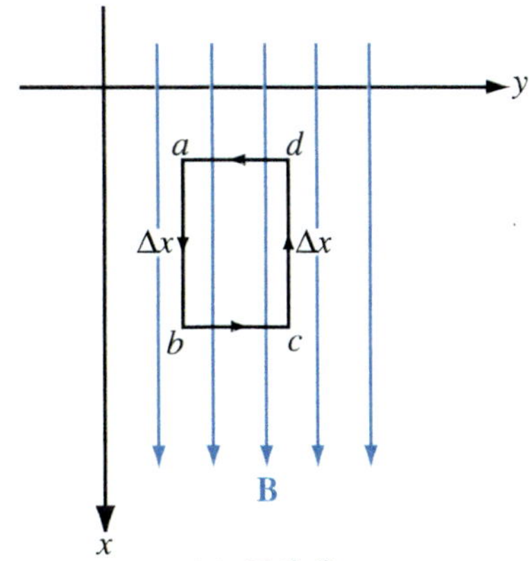

(a) 균일계

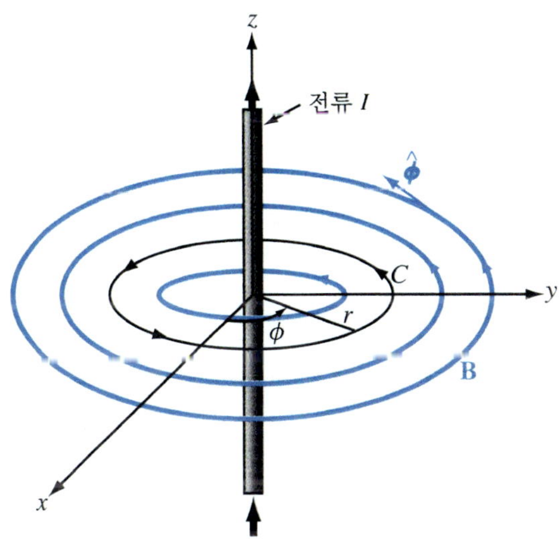

(b) 수평방향계

그림 2-22 (a)에서 균일계의 주회적분은 0이지만, (b)에서 수평방향계에 대한 주회적분은 0이 아니다.

$$\begin{aligned}\text{주회적분} &= \oint_C \mathbf{B}\cdot d\mathbf{l}\\ &= \int_0^{2\pi} \hat{\boldsymbol{\phi}}\frac{\mu_0 I}{2\pi r}\cdot\hat{\boldsymbol{\phi}} r\,d\phi = \mu_0 I. \end{aligned} \quad (2.102)$$

이다. 이 경우에 주회적분은 0이 아니다. 그러나 만약 적분로 C가 x-y면에 수직인 임의의 면에 존재하면, 적분로상의 선소 $d\mathbf{l}$에는 $\hat{\boldsymbol{\phi}}$성분이 없고 그 주회적분은 0이 된다. 다시 말하면 $\mathbf{B}$의 주회적분의 크기는 적분로(contour)의 선택에 달려 있다. 또한 적분로의 방향은 회전이 (+)인지, (−)인지를 결정한다. 예를 들어 회오리바람의 주회적분을 설명하고자 할 때, 바람계의 적분이 최대가 되는 주회적분로(contour)를 선택하는 것이 바람직하며, 크기와 방향(회오리바람의 소용돌이로 향하는)을 지닌 주회적분이 되어야 한다. **컬 연산자**(curl operator)는 이러한 성질을 수용하도록 정의된다. 벡터계 $\mathbf{B}$의 컬은 curl $\mathbf{B}$ 또는 $\nabla\times\mathbf{B}$로 표기하며 다음과 같이 정의된다.

$$\nabla\times\mathbf{B} = \text{curl}\,\mathbf{B} \triangleq \lim_{\Delta s\to 0}\frac{1}{\Delta s}\left[\hat{\mathbf{n}}\oint_C \mathbf{B}\cdot d\mathbf{l}\right]_{\max}. \quad (2.103)$$

따라서, curl $\mathbf{B}$는 둘레 C에 해당하는 면적 Δs의 방향이 주회적분값이 최대로 되는 방향일 때의 단위면적당 $\mathbf{B}$의 주회적분(circulation)값이다. curl $\mathbf{B}$의 방향은 오른손 법칙에 따라 Δs의 법선벡터 $\hat{\mathbf{n}}$방향과 같다. 즉, 오른손의 네 손가락은 적분로 방향 $d\mathbf{l}$을 가리키며 엄지손가락은 n 방향을 가리킨다. 한 벡터의 컬(회전)은 한 점에서 다음과 같이 정의된다; 이것은 주회적분이 면적 Δs에 수직이며 Δs는 0으로 근접하는 식 (2.103)의 정의로부터 얻어진다.

직각좌표계에서 벡터 $\mathbf{B}$가

$$\mathbf{B} = \hat{\mathbf{x}}B_x + \hat{\mathbf{y}}B_y + \hat{\mathbf{z}}B_z, \quad (2.104)$$

으로 주어졌을 때, 다소 긴 유도과정이 필요하지만 식 (2.103)의 정의는 다음과 같이 나타낼 수 있다.

$$\begin{aligned}\nabla\times\mathbf{B} &= \hat{\mathbf{x}}\left(\frac{\partial B_z}{\partial y}-\frac{\partial B_y}{\partial z}\right)+\hat{\mathbf{y}}\left(\frac{\partial B_x}{\partial z}-\frac{\partial B_z}{\partial x}\right)\\ &\quad+\hat{\mathbf{z}}\left(\frac{\partial B_y}{\partial x}-\frac{\partial B_x}{\partial y}\right)\\ &= \begin{vmatrix}\hat{\mathbf{x}} & \hat{\mathbf{y}} & \hat{\mathbf{z}}\\ \frac{\partial}{\partial x} & \frac{\partial}{\partial y} & \frac{\partial}{\partial z}\\ B_x & B_y & B_z\end{vmatrix}. \end{aligned} \quad (2.105)$$

이 장에서 고려한 세 가지 직교좌표계에 대한 $\nabla\times\mathbf{B}$의 표현식은 이 책의 뒷부분에 수록되어 있다.

2-6.1 컬을 포함하는 벡터 항등식

임의의 두 벡터 $\mathbf{A}$와 $\mathbf{B}$에 대하여

(1) $\nabla\times(\mathbf{A}+\mathbf{B}) = \nabla\times\mathbf{A}+\nabla\times\mathbf{B},$ (2.106a)

(2) $\nabla\cdot(\nabla\times\mathbf{A}) = 0$ 임의의 벡터 $\mathbf{A}$에 대하여 (2.106b)

(3) $\nabla\times(\nabla V) = 0$ 임의의 스칼라함수 V에 대하여 (2.106c)

이 성립한다. 항등식 (2)와 (3)은 이후의 단원들에서 계속 사용되는 중요한 성질이다.

2-6.2 스토크스 정리

스토크스 정리(Stokes' s theorem)는 개구면 S상의 벡터의 컬(회전)에 대한 면적분을 개구면(또는 면적) S의 둘레 C를 따라 벡터의 선적분(주회적분)으로 변환한다. 이것이 그림 2-23에 나타나 있다. 스토크스 정리는 수학적으로 다음과 같이 표현된다.

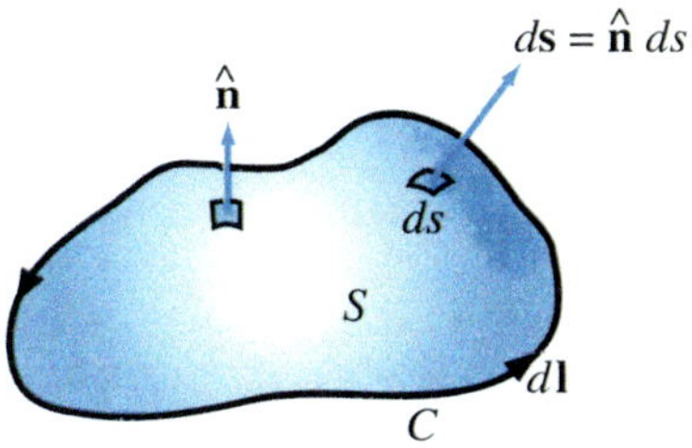

그림 2-23 오른손의 엄지손가락을 제외한 4개의 손가락으로 $d\mathbf{l}$을 둘러쌌을 때 단위벡터 $\hat{\mathbf{n}}$의 방향은 엄지손가락 방향이다.

$$\int_S (\nabla \times \mathbf{B}) \cdot d\mathbf{s} = \oint_C \mathbf{B} \cdot d\mathbf{l} \qquad \text{(스토크스 정리)}, \tag{2.107}$$

이는 식 (2.103)의 $\nabla\times\mathbf{B}$의 정의로부터 유도된 것으로 식 (2.107)에 나타난 변환과정은 전자기적 문제를 푸는 데 널리 사용된다. $\nabla\times\mathbf{B}=0$일 때, $\mathbf{B}$를 **보존적**(conservative) 또는 **비회전**(irrotational)이라 한다. 그 이유는 식 (2.107)의 우변에 나타난 $\mathbf{B}$의 회전이 0이기 때문이다.

예제 2-12 **스토크스 정리의 증명**

벡터계가 $\mathbf{B}=\hat{\mathbf{z}}\cos\phi/r$로 주어졌다고 하자. 그림 2-24에 나타난 바와 같이 $r=2$, $\pi/3\le\phi\le\pi/2$, $0\le z\le3$으로 정의된 원통 표면에 대하여 스토크스 정리를 증명하여라.

풀이 스토크스 정리의 표현식은 다음과 같다.

$$\int_S (\nabla \times \mathbf{B}) \cdot d\mathbf{s} = \oint_C \mathbf{B} \cdot d\mathbf{l}.$$

좌변: $\mathbf{B}$는 $B_z=\cos\phi/r$ 성분만 가지므로 부록에 수록된 원통좌표계에서의 $\nabla\times\mathbf{B}$ 표현식을 사용하면

$$\begin{aligned}
\nabla \times \mathbf{B} &= \hat{\mathbf{r}}\left(\frac{1}{r}\frac{\partial B_z}{\partial \phi} - \frac{\partial B_\phi}{\partial z}\right) + \hat{\boldsymbol{\phi}}\left(\frac{\partial B_r}{\partial z} - \frac{\partial B_z}{\partial r}\right) \\
&\quad + \hat{\mathbf{z}}\frac{1}{r}\left(\frac{\partial}{\partial r}(rB_\phi) - \frac{\partial B_r}{\partial \phi}\right) \\
&= \hat{\mathbf{r}}\frac{1}{r}\frac{\partial}{\partial \phi}\left(\frac{\cos\phi}{r}\right) - \hat{\boldsymbol{\phi}}\frac{\partial}{\partial r}\left(\frac{\cos\phi}{r}\right) \\
&= -\hat{\mathbf{r}}\frac{\sin\phi}{r^2} + \hat{\boldsymbol{\phi}}\frac{\cos\phi}{r^2}.
\end{aligned}$$

이 된다. 특정 면적 $\nabla\times\mathbf{B}$에 대한 S의 적분은

$$\begin{aligned}
&\int_S (\nabla \times \mathbf{B}) \cdot d\mathbf{s} \\
&= \int_{z=0}^{3}\int_{\phi=\pi/3}^{\pi/2}\left(-\hat{\mathbf{r}}\frac{\sin\phi}{r^2} + \hat{\boldsymbol{\phi}}\frac{\cos\phi}{r^2}\right)\cdot\hat{\mathbf{r}}r\,d\phi\,dz \\
&= \int_0^3\int_{\pi/3}^{\pi/2} -\frac{\sin\phi}{r}\,d\phi\,dz \\
&= -\frac{3}{2r} = -\frac{3}{4},
\end{aligned}$$

이다. 여기에서 $r=2$로 하였다.

우변: 그림 2-24에서 면적 S는 둘레 $C=abcd$로 둘러싸여 있다. C의 방향은 오른손 법칙에 의해 면의 법선벡터 $\hat{\mathbf{r}}$이 되도록 한다. 그러므로,

$$\begin{aligned}
\oint_C \mathbf{B}\cdot d\mathbf{l} &= \int_a^b \mathbf{B}_{ab}\cdot d\mathbf{l} + \int_b^c \mathbf{B}_{bc}\cdot d\mathbf{l} \\
&\quad + \int_c^d \mathbf{B}_{cd}\cdot d\mathbf{l} + \int_d^a \mathbf{B}_{da}\cdot d\mathbf{l},
\end{aligned}$$

이다. 여기에서 $\mathbf{B}_{ab}$, $\mathbf{B}_{bc}$, $\mathbf{B}_{cd}$, $\mathbf{B}_{da}$는 각각 선분 ab, bc, cd, da 상의 $\mathbf{B}$이다. 선분 ab 상에서 $\mathbf{B}_{ab}=\hat{\mathbf{z}}(\cos\phi)/2$와 $d\mathbf{l}=\hat{\boldsymbol{\phi}}r\,d\phi$의 스칼라적은 0이며 이는 선분 cd에 대해서도 마찬가지이다. 그리고 선분 bc 상에서 $\phi=\pi/2$이므로 $\mathbf{B}_{bc}=\hat{\mathbf{z}}(\cos\pi/2)/2=0$이다. 마지막 선분 da 상에서 $\mathbf{B}_{da}=\hat{\mathbf{z}}(\cos\pi/3)/2=\hat{\mathbf{z}}/4$이고 $d\mathbf{l}=\hat{\mathbf{z}}\,dz$이다. 따라서,

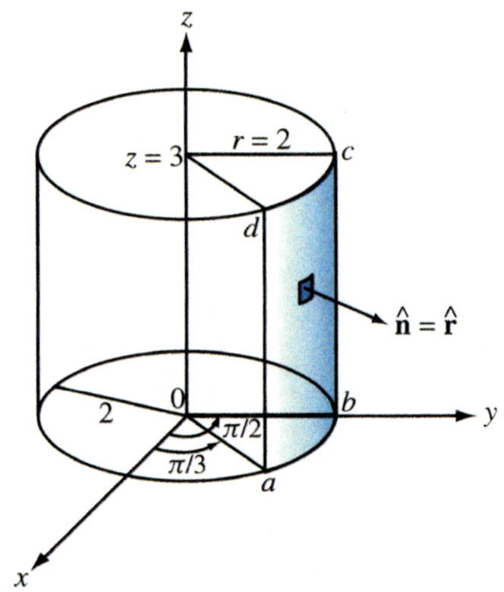

그림 2-24 예제 2-12에 대한 기하학적 도시

$$\oint_C \mathbf{B}\cdot d\mathbf{l} = \int_d^a \left(\hat{\mathbf{z}}\frac{1}{4}\right)\cdot\hat{\mathbf{z}}\,dz = \int_3^0 \frac{1}{4}\,dz = -\frac{3}{4},$$

이 값은 스토크스 정리의 좌변을 계산한 결과와 일치한다. ♣

연습문제 2.13 벡터계

$$\mathbf{A} = \hat{\mathbf{r}}10e^{-2r}\cos\phi + \hat{\mathbf{z}}10\sin\phi.$$

일 때, 원통좌표계의 점 (2, 0, 3)에서의 $\nabla\times\mathbf{A}$를 구하라.

[답] (◉)

$$\nabla\times\mathbf{A} = \left(\hat{\mathbf{r}}\frac{10\cos\phi}{r} + \frac{\hat{\mathbf{z}}\,10e^{-2r}}{r}\sin\phi\right)\Bigg|_{(2,0,3)} = \hat{\mathbf{r}}5.$$

연습문제 2.14 벡터계 $\mathbf{A}$가 $\mathbf{A} = \hat{\boldsymbol{\theta}}12\sin\theta$일 때, 구좌표계의 점 $(3, \pi/6, 0)$에서의 $\nabla\times\mathbf{A}$를 구하라.

[답] (◉)

$$\nabla\times\mathbf{A} = \hat{\boldsymbol{\phi}}\,\frac{12\sin\theta}{R}\Bigg|_{(3,\pi/6,0)} = \hat{\boldsymbol{\phi}}2.$$

2-7 라플라시안 연산자

이 후의 장에서는 스칼라와 벡터에 대한 다중 연산이 수반되는 문제들을 종종 다루게 된다. 그 중 흔히 접하는 다중 연산은 스칼라의 그래디언트에 대한 발산이다. 직각좌표계에서 정의된 스칼라 함수 V에 대한 그래디언트는 다음과 같다.

$$\nabla V = \hat{\mathbf{x}}\frac{\partial V}{\partial x} + \hat{\mathbf{y}}\frac{\partial V}{\partial y} + \hat{\mathbf{z}}\frac{\partial V}{\partial z} \tag{2.108}$$

여기서 벡터 $\mathbf{A}$는 성분 $A_x = \partial V/\partial x$, $A_y = \partial V/\partial y$, $A_z = \partial V/\partial z$의 세 성분을 가진다. ∇V의 발산은

$$\begin{aligned}\nabla\cdot(\nabla V) = \nabla\cdot\mathbf{A} &= \frac{\partial A_x}{\partial x} + \frac{\partial A_y}{\partial y} + \frac{\partial A_z}{\partial z}\\ &= \frac{\partial^2 V}{\partial x^2} + \frac{\partial^2 V}{\partial y^2} + \frac{\partial^2 V}{\partial z^2}.\end{aligned} \tag{2.109}$$

이다. 편의상 $\nabla\cdot(\nabla V)$를 V의 **라플라시안**(Laplacian)이라 부르며 $\nabla^2 V$(기호 ∇^2은 "del square"라고 읽는다)로 표기한다. 즉,

$$\nabla^2 V \triangleq \nabla\cdot(\nabla V) = \frac{\partial^2 V}{\partial x^2} + \frac{\partial^2 V}{\partial y^2} + \frac{\partial^2 V}{\partial z^2}. \tag{2.110}$$

이다. 식 (2.110)에서 알 수 있는 것처럼 스칼라 함수의 라플라시안은 스칼라이다. 원통좌표계와 구좌표계에서의 $\nabla^2 V$에 대한 표현식은 부록에 수록되어 있다.

스칼라의 라플라시안은 벡터의 라플라시안을 정의하는 데 사용할 수 있다. 벡터 **E**가 직각좌표계에서

$$\mathbf{E} = \hat{\mathbf{x}}E_x + \hat{\mathbf{y}}E_y + \hat{\mathbf{z}}E_z, \quad (2.111)$$

으로 주어졌을 때, **E**의 라플라시안은

$$\nabla^2\mathbf{E} = \left(\frac{\partial^2}{\partial x^2} + \frac{\partial^2}{\partial y^2} + \frac{\partial^2}{\partial z^2}\right)\mathbf{E} = \hat{\mathbf{x}}\,\nabla^2E_x + \hat{\mathbf{y}}\,\nabla^2E_y + \hat{\mathbf{z}}\,\nabla^2E_z. \quad (2.112)$$

으로 정의된다. 그러므로 직각좌표계에서 벡터의 라플라시안은 벡터이며, 그 벡터의 성분들은 벡터의 각 성분들의 라플라시안과 같다. 직접 대입함으로써 다음 수식을 입증할 수 있다.

$$\nabla^2\mathbf{E} = \nabla(\nabla\cdot\mathbf{E}) - \nabla\times(\nabla\times\mathbf{E}). \quad (2.113)$$

이 항등식은 이후의 장에서 유용하게 쓰일 것이다.

문제

2-1절: 벡터 대수

2.1* 벡터 **A**는 점 (1, −1, −2)에서 출발하여 점 (2, −1, 0)에서 끝난다. **A**의 단위벡터를 구하라.

2.2 $\mathbf{A} = \hat{\mathbf{x}}2 - \hat{\mathbf{y}}3 + \hat{\mathbf{z}}$, $\mathbf{B} = \hat{\mathbf{x}}2 - \hat{\mathbf{y}} + \hat{\mathbf{z}}3$, $\mathbf{C} = \hat{\mathbf{x}}4 + \hat{\mathbf{y}}2 - \hat{\mathbf{z}}2$로 주어져 있다. **C**는 **A**와 **B**에 수직임을 증명하라.

2.3* $\mathbf{A} = \hat{\mathbf{x}}2 - \hat{\mathbf{y}}3 + \hat{\mathbf{z}}1$과 $\mathbf{B} = \hat{\mathbf{x}}B_x + \hat{\mathbf{y}}2 + \hat{\mathbf{z}}B_z$로 주어졌을 때,

(a) **A**와 **B**가 평행일 때, B_x와 B_z를 구하라.

(b) **A**가 **B**에 대해 직각일 때, B_x와 B_z의 관계를 구하라.

2.4* $\mathbf{A} = \hat{\mathbf{x}} + \hat{\mathbf{y}}2 - \hat{\mathbf{z}}3$과 $\mathbf{B} = \hat{\mathbf{x}}3 - \hat{\mathbf{y}}4$, $\mathbf{C} = \hat{\mathbf{y}}3 - \hat{\mathbf{z}}4$로 주어졌을 때, 다음을 구하라.

(a) A와 $\hat{\mathbf{a}}$

(b) **C**를 따르는 **B**의 성분

(c) θ_{AC}

(d) $\mathbf{A}\times\mathbf{C}$

(e) $\mathbf{A}\cdot(\mathbf{B}\times\mathbf{C})$

(f) $\mathbf{A}\times(\mathbf{B}\times\mathbf{C})$

(g) $\hat{\mathbf{x}}\times\mathbf{B}$

(h) $(\mathbf{A}\times\hat{\mathbf{y}})\cdot\hat{\mathbf{z}}$

2.5 $\mathbf{A} = \hat{\mathbf{x}}2 - \hat{\mathbf{y}} + \hat{\mathbf{z}}3$과 $\mathbf{B} = \hat{\mathbf{x}}3 - \hat{\mathbf{z}}2$로 주어졌을 때, 크기가 6이고 방향은 **A**와 **B**에 모두 직각인 벡터 **C**를 구하라.

2.6* $\mathbf{A} = \hat{\mathbf{x}}(2x+3y) - \hat{\mathbf{y}}(2y+3z) + \hat{\mathbf{z}}(3x-y)$가 주어졌을 때, 점 $P(1, -1, 2)$에서 **A**에 평행인 단위벡터를 구하라.

2.7* $x=1$과 $z=2$인 선 상에 임의의 점으로부터 원점으로 향하는 단위벡터를 구하라.

2.8 $z=2$인 평면에 임의의 점 $Q(x, y, 2)$로부터 x-y평면 상 높이 h에서 z축 상에 위치한 점 P를 향하는 단위벡터를 구하라.

2.9* $2x-z=4$인 직선에 평행한 단위벡터를 구하라.

*해답은 부록 D에 있음.

표시는 'Solution available in CD-ROM'을 나타냄.

2.10 x-y평면에 있는 두 직선은 다음과 같다.

직선 1 $\quad x+2y=-6$

직선 2 $\quad 3x+4y=8$

직선 간 교차점에서 더 작은 각을 구하기 위하여 벡터대수를 이용하라.

2.11 두 벡터 **A**와 **B**가 있을 때 다음 식과 같이 됨을 증명하라.

(a) **B**성분의 벡터 중 **A**방향으로의 벡터로 정의된 벡터는

$$\mathbf{C} = \hat{\mathbf{a}}(\mathbf{B}\cdot\hat{\mathbf{a}}) = \frac{\mathbf{A}(\mathbf{B}\cdot\mathbf{A})}{|\mathbf{A}|^2},$$

가 되며 여기서, $\hat{\mathbf{a}}$는 **A**의 단위벡터이다.

(b) **A**에 수직한 **B**성분의 벡터로 정의된 벡터 **D**는

$$\mathbf{D} = \mathbf{B} - \frac{\mathbf{A}(\mathbf{B}\cdot\mathbf{A})}{|\mathbf{A}|^2}$$

이다.

2.12* 어떤 평면이 다음과 같이 주어져 있다.

$$2x + 3y + 4z = 16$$

원점으로부터 멀어지는 방향에 있는 표면에 수직한 단위벡터를 구하라.

2.13 벡터계의 공간적인 변화를 나타낼 때 그림 2-25에서와 같이 화살표를 사용한다. 화살표의 길이는 계의 세기에 비례하며 화살표의 방향은 계의 방향을 나타낸다. 그림 2-25는 벡터계 $\mathbf{E}=\hat{\mathbf{r}}r$를 나타낸 것으로, 원점에서 방사상으로 향하는 화살표와 원점에서 직선적으로 증가하는 길이로 구성되어 있다. 이와 같은 방법으로 다음과 같은 벡터계를 도시하라.

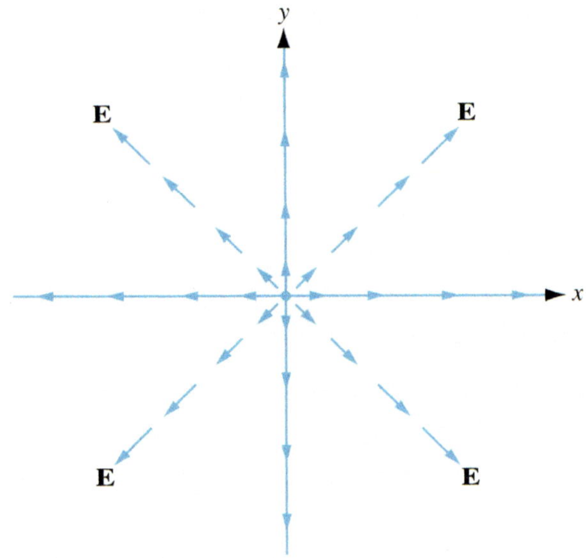

그림 2-25 벡터계 $\mathbf{E}=\hat{\mathbf{r}}r$에 대한 화살표 표시(문제 2.13)

(a) $\mathbf{E}_1 = -\hat{\mathbf{x}}y$

(b) $\mathbf{E}_2 = \hat{\mathbf{y}}x$

(c) $\mathbf{E}_3 = \hat{\mathbf{x}}x + \hat{\mathbf{y}}y$

(d) $\mathbf{E}_4 = \hat{\mathbf{x}}x + \hat{\mathbf{y}}2y$

(e) $\mathbf{E}_5 = \hat{\boldsymbol{\phi}}r$

(f) $\mathbf{E}_6 = \hat{\mathbf{r}}\sin\phi$

2.14 다음과 같은 벡터계를 화살표를 사용하여 도시하라.

(a) $\mathbf{E}_1 = \hat{\mathbf{x}}x - \hat{\mathbf{y}}y$

(b) $\mathbf{E}_2 = -\hat{\boldsymbol{\phi}}$

(c) $\mathbf{E}_3 = \hat{\mathbf{y}}\,(1/x)$

(d) $\mathbf{E}_4 = \hat{\mathbf{r}}\cos\phi$

2-2와 2-3절: 좌표계

2.15* 아래 점들의 좌표를 직각좌표에서 원통좌표와 구좌표로 변환하라.

(a) $P_1(1, 2, 0)$

(b) $P_2(0, 0, 3)$

(c) $P_3(1, 1, 2)$

(d) $P_4(-3, 3, -3)$

2.16* 다음과 같은 구좌표를 원통좌표로 변환하라.

(a) $P_1(5, 0, 0)$

(b) $P_2(5, 0, \pi)$

(c) $P_3(3, \pi/2, \pi)$

2.17 면적소 ds에 관한 식을 이용하여 다음의 면적을 구하라.

(a) $r = 3;\ 0 \le \phi \le \pi/3;\ -2 \le z \le 2$

(b) $2 \le r \le 5;\ \pi/2 \le \phi \le \pi;\ z = 0$

(c) $2 \le r \le 5;\ \phi = \pi/4;\ -2 \le z \le 2$

(d) $R = 2;\ 0 \le \theta \le \pi/3;\ 0 \le \phi \le \pi$

(e) $0 \le R \le 5;\ \theta = \pi/3;\ 0 \le \phi \le 2\pi$

그리고 각 면적의 모양을 그려라.

2.18* 다음의 체적을 구하라.

(a) $2 \le r \le 5;\ \pi/2 \le \phi \le \pi;\ 0 \le z \le 2$

(b) $0 \le R \le 5;\ 0 \le \theta \le \pi/3;\ 0 \le \phi \le 2\pi$

그리고 각 체적의 모양을 그려라.

2.19 구의 일부가 $0 \le R \le 2$, $0 \le \theta \le 90^\circ$로 주어져 있을 때 다음을 구하라.

(a) 구 표면적

(b) 체적

그리고 그 모양을 그려라.

2.20* 벡터계가 원통좌표계에서 다음과 같이 주어져 있다.

$$\mathbf{E} = \hat{\mathbf{r}} r \cos\phi + \hat{\boldsymbol{\phi}} r \sin\phi + \hat{\mathbf{z}} z^2$$

점 $P(4, \pi, 2)$에서 다음을 구하라.

(a) 원통에 수직한 **E**의 벡터성분

(b) 원통에 평행한 **E**의 벡터성분

2.21 벡터 **A**와 **B**가 구좌표계에서 아래와 같이 주어져 있다.

$$\mathbf{A} = \hat{\mathbf{R}}4 + \hat{\boldsymbol{\theta}}2 - \hat{\boldsymbol{\phi}}$$
$$\mathbf{B} = -\hat{\mathbf{R}}2 + \hat{\boldsymbol{\phi}}3$$

다음을 구하라.

(a) **A**방향으로의 **B**의 스칼라성분

(b) **A**방향으로의 **B**의 벡터성분

(c) **A**에 직각인 **B**의 벡터성분

2.22* 벡터가 아래와 같이 주어져 있다.

$$\mathbf{A} = \hat{\mathbf{r}}(\cos\phi + 3z) - \hat{\boldsymbol{\phi}}(2r + 4\sin\phi) + \hat{\mathbf{z}}(r - 2z)$$
$$\mathbf{B} = -\hat{\mathbf{r}}\sin\phi + \hat{\mathbf{z}}\cos\phi$$

다음을 구하라.

(a) $(2, \pi/2, 0)$에서 θ_{AB}

(b) $(2, \pi/3, 1)$에서 **A**와 **B**에 모두 직각인 단위벡터

2.23 다음의 두 점들 사이의 거리를 구하라.

(a) 직각좌표계 $P_1(1, 2, 3)$과 $P_2(-2, -3, 2)$

(b) 원통좌표계 $P_3(1, \pi/4, 2)$와 $P_4(3, \pi/4, 4)$

(c) 구좌표계 $P_5(2, \pi/2, 0)$와 $P_6(3, \pi, 0)$

2.24 다음 벡터들을 원통좌표로 변환하고 지시된 점에서의 값을 구하라.

(a) $P_1(1, 2, 3)$에서 $\mathbf{A} = \hat{\mathbf{x}}(x + y)$

(b) $P_2(1, 0, 2)$에서 $\mathbf{B} = \hat{\mathbf{x}}(y - x) + \hat{\mathbf{y}}(x - y)$

(c) $P_3(1, -1, 2)$에서

$$\mathbf{C} = \hat{\mathbf{x}}y^2/(x^2 + y^2) - \hat{\mathbf{y}}x^2/(x^2 + y^2) + \hat{\mathbf{z}}4$$

(d) $P_4(2, \pi/2, \pi/4)$에서 $\mathbf{D} = \hat{\mathbf{R}}\sin\theta + \hat{\boldsymbol{\theta}}\cos\theta + \hat{\boldsymbol{\phi}}\cos^2\phi$

(e) $P_5(3, \pi/2, \pi)$에서 $\mathbf{E} = \hat{\mathbf{R}}\cos\phi + \hat{\boldsymbol{\theta}}\sin\phi + \hat{\boldsymbol{\phi}}\sin^2\theta$

2.25* 다음 벡터들을 구좌표로 변환하고 지시된 점에서의 값을 구하라.

(a) $P_1(1, -1, 2)$에서 $\mathbf{A} = \hat{\mathbf{x}}y^2 + \hat{\mathbf{y}}xz + \hat{\mathbf{z}}4$

(b) $P_2(-1, 0, 2)$에서 $\mathbf{B} = \hat{\mathbf{y}}(x^2 + y^2 + z^2) - \hat{\mathbf{z}}(x^2 + y^2)$

(c) $P_3(2, \pi/4, 2)$에서

$$\mathbf{C} = \hat{\mathbf{r}}\cos\phi - \hat{\boldsymbol{\phi}}\sin\phi + \hat{\mathbf{z}}\cos\phi\sin\phi$$

(d) $P_4(1,-1,2)$에서 $\mathbf{D} = \hat{\mathbf{x}}y^2/(x^2+y^2) - \hat{\mathbf{y}}x^2/(x^2+y^2) + \hat{\mathbf{z}}4$

2-4~2-7절: 그래디언트, 발산과 컬, 연산자

2.26 다음 스칼라 함수의 그래디언트를 구하라.

(a) $T = 2/(x^2 + z^2)$

(b) $V = xy^2z^3$

(c) $U = z\cos\phi/(1 + r^2)$

(d) $W = e^{-R}\sin\theta$

(e) $S = x^2e^{-z} + y^2$

(f) $N = r^2\cos\phi$

(g) $M = R\cos\theta\sin\phi$

2.27* 스칼라 함수 T의 그래디언트는

$$\nabla T = \hat{\mathbf{z}}e^{-2z}$$

이다. $z=0$에서 $T=10$일 때, $T(z)$를 구하라.

2.28 스칼라 함수 $V=xy-z^2$에 대해 벡터 $\mathbf{A}=(\hat{\mathbf{x}}-\hat{\mathbf{y}}z)$ 방향의 방향 도함수를 구하고 점 $P(1, -1, 2)$에서의 방향 도함수 값을 구하라.

2.29 스칼라 함수 $T=e^{-r/5}$에 대해 $\hat{\mathbf{r}}$방향의 방향 도함수를 구하고 $P(2, \pi/4, 3)$에서 방향 도함수의 값을 구하라.

2.30* 스칼라 함수 $U=(1/R)\sin^2\theta$에 대해 $\hat{\mathbf{R}}$방향의 방향 도함수를 구하고, $P(4, \pi/4, \pi/2)$에서의 방향 도함수 값을 구하라.

2.31 벡터계 $\mathbf{E}$는 다음과 같은 특성을 갖는다: (a) $\mathbf{E}$는 $\hat{\mathbf{R}}$을 향한다; (b) $\mathbf{E}$의 크기는 원점에서의 거리만의 함수이다; (c) $\mathbf{E}$는 원점에서 0이다; (d) 모든 곳에서 $\nabla \cdot \mathbf{E} = 6$이다. 이들 특성을 만족하는 $\mathbf{E}$를 구하라.

2.32* 벡터계 $\mathbf{E}=\hat{\mathbf{x}}xy-\hat{\mathbf{y}}yz^2-\hat{\mathbf{z}}xy$에 대해 다음을 계산하여 발산정리를 증명하라.

(a) 원점에 중심을 두고, 세 변이 직각좌표계 축에 평행이고 크기는 2인 정육면체의 전체 표면을 통해 흘러나오는 총 전속

(b) 정육면체 체적에 대해 $\nabla \cdot \mathbf{E}$의 적분

2.33* 벡터계 $\mathbf{D}=\hat{\mathbf{r}}r^3$에 대해 $r=1$과 $r=2$, 그리고 $z=0$과 $z=5$로 구성된 두 동심원통 사이의 영역에서 다음을 계산하여 발산정리를 증명하라.

(a) $\oint_S \mathbf{D} \cdot d\mathbf{s}$

(b) $\int_\mathcal{V} \nabla \cdot \mathbf{D}\, d\mathcal{V}$

2.34 벡터 $\mathbf{D}=\hat{\mathbf{R}}3R^2$에 대해 $R=1$과 $R=2$로 구성된 구각(spherical shell)으로 둘러싸인 영역에서 발산정리의 양변을 계산하라.

2.35* 벡터 $\mathbf{E}=\hat{\mathbf{x}}xy-\hat{\mathbf{y}}(x^2+2y^2)$에 대해 다음을 계산하라.

(a) $\oint_C \mathbf{E}\cdot d\mathbf{l}$, 여기서 C는 그림 2-26(a)에서와 같이 삼각형의 둘레이다.

(b) $\int_S (\nabla\times\mathbf{E})\cdot d\mathbf{s}$, 여기서 s는 삼각형의 면적이다.

2.36 그림 2-26(b)에 대해 문제 2.35를 되풀이하라.

2.37* 벡터계 $\mathbf{B}=(\hat{\mathbf{r}}r\cos\phi+\hat{\boldsymbol{\phi}}\sin\phi)$에 대해 다음을 계산하여 스토크스 정리를 증명하라.

$$\mathbf{B}=(\hat{\mathbf{r}}r\cos\phi+\hat{\boldsymbol{\phi}}\sin\phi)$$

(a) $\oint_C \mathbf{B}\cdot d\mathbf{l}$, 여기서 C는 그림 2-27(a)에서의 반원의 둘레이다.

(b) $\int_S (\nabla\times\mathbf{B})\cdot d\mathbf{s}$, 여기서 s는 반원의 면적이다.

2.38 그림 2-27(b)에 대해 문제 2.37을 되풀이하라.

2.39* 아래에 있는 각각의 벡터 영역에 대해 보존적인지 비보존적인지를 결정하라.

(a) $\mathbf{A}=\hat{\mathbf{x}}2xy-\hat{\mathbf{y}}y^2$

(b) $\mathbf{B}=\hat{\mathbf{x}}x^2-\hat{\mathbf{y}}y^2+\hat{\mathbf{z}}2z$

(c) $\mathbf{C}=\hat{\mathbf{r}}(\sin\phi)/r^2+\hat{\boldsymbol{\phi}}(\cos\phi)/r^2$

(d) $\mathbf{D}=\hat{\mathbf{R}}/R$

(e) $\mathbf{E}=\hat{\mathbf{r}}\left(3-\frac{r}{1+r}\right)+\hat{\mathbf{z}}z$

(f) $\mathbf{F}=(\hat{\mathbf{x}}y+\hat{\mathbf{y}}x)/(x^2+y^2)$

(g) $\mathbf{G}=\hat{\mathbf{x}}(x^2+z^2)+\hat{\mathbf{y}}(y^2+x^2)+\hat{\mathbf{z}}(y^2+z^2)$

(h) $\mathbf{H}=\hat{\mathbf{R}}(Re^{-R})$

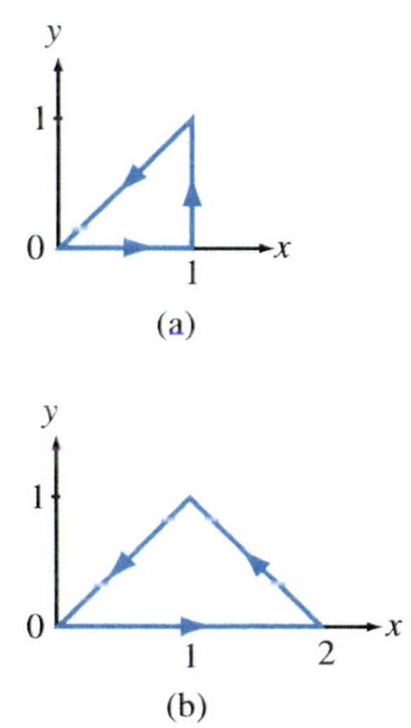

그림 2-26 (a) 문제 2.35, (b) 문제 2.36에 대한 경로

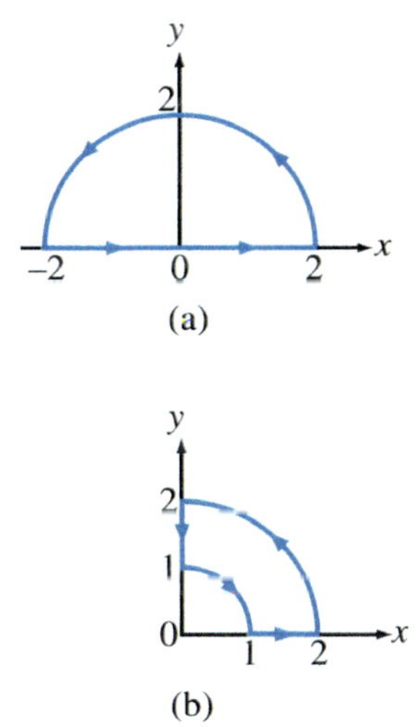

그림 2-27 (a) 문제 2.37, (b) 문제 2.38에 대한 경로

2.40 다음 스칼라 함수의 라플라시안을 구하라.

(a) $V = xy^2z^3$

(b) $V = xy + yz + zx$

(c) $V = 1/(x^2 + y^2)$

(d) $V = 5e^{-r} \cos \phi$

(e) $V = 10e^{-R} \sin \theta$

2.41-2.47 추가적인 문제들—CD-ROM에 풀이되어 있음.

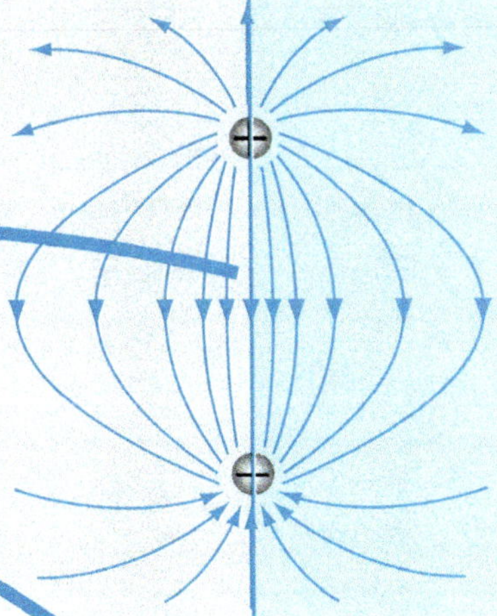

CHAPTER 3

정전계

3-1 맥스웰 방정식

현대 전자기학은 **맥스웰 방정식**(Maxwell' s equations)으로 알려진 다음과 같은 4개의 관계식을 기반으로 한다. 즉,

$$\nabla \cdot \mathbf{D} = \rho_v, \quad (3.1a)$$

$$\nabla \times \mathbf{E} = -\frac{\partial \mathbf{B}}{\partial t}, \quad (3.1b)$$

$$\nabla \cdot \mathbf{B} = 0, \quad (3.1c)$$

$$\nabla \times \mathbf{H} = \mathbf{J} + \frac{\partial \mathbf{D}}{\partial t}, \quad (3.1d)$$

이다. 여기서 **E**와 **D**는 전계의 양으로서 $\mathbf{D}=\varepsilon\mathbf{E}$의 관계에 있으며, ε은 물질의 유전율이다. **B**와 **H**는 자계의 양이며 $\mathbf{B}=\mu\mathbf{H}$이고, μ는 투자율이다. ρ_v는 단위체적당 전하밀도이며, **J**는 단위면적당 전류밀도이다. 전자계량 **E**, **D**, **B**와 **H**는 1-3절에서 다루었고, ρ_v와 **J**는 3-2절에서 다룰 것이다. 맥스웰 방정식은 공간적인 위치 (x, y, z)와 시간 t의 함수로 표시된다.

J. C. 맥스웰은 1873년 논문에 이 방정식들을 발표함으로써 최초로 전기와 자기의 통합된 이론을 확립하였다. 그는 가우스, 암페어, 패러데이 등에 의해서 보고된 실험적인 관찰로부터 이 방정식들을 유도했다. 또한 전계와 전하 및 자계와 전류와의 관계를 요약했을 뿐만 아니라 전계와 자계의 상호관계를 정립했다.

정적(static) 상태의 계에서 맥스웰 방정식의 값은 시간의 함수가 아니다(즉, $\partial/\partial t=0$이다). 정전계는 다음의 두 가지 형태를 갖는다. 즉 전하의 이동이 없을 경우 ($\mathbf{J}=0$) 및 ρ_v와 **J**가 일정한 비율이 될 때 (직류)이다. 이러한 상태하에서, 식 (3.1b)와 (3.1d)에서 **B**와 **D**의 시간에 대한 도함수는 영이다. 그러므로 맥스웰 방정식은

정전계(Electrostatics)

$$\nabla \cdot \mathbf{D} = \rho_v, \quad (3.2a)$$

$$\nabla \times \mathbf{E} = 0. \quad (3.2b)$$

정자계(Magnetostatics)

$$\nabla \cdot \mathbf{B} = 0, \quad (3.3a)$$

$$\nabla \times \mathbf{H} = \mathbf{J}. \quad (3.3b)$$

으로 된다. 4개의 맥스웰 방정식은 두 개의 짝으로 분리되는데, 첫 번째 짝은 전계량 **E**와 **D**만으로 되어 있고 두 번째 짝은 자계량 **B**와 **H**만으로 되어 있다. 정적 상태에서 전계와 자계는 상호관계가 없다. 전하의 공간적인 분포와 전류흐름이 시간에 대해 일정할 경우, 전기와 자기는 서로 별개로 분리된 현상으로 취급할 수 있다. 정적 상태하에서 전기와 자기에 대한 현상을 각각 **정전계**(electrostatics), **정자계**(magnetostatics)라고 한다.

이 장의 주제는 정전계이고 4장에서는 정자계에 대해 배운다. 정전계와 정자계에 대한 비교적 간단한 문제를 다루어 보는 것은 뒤이어 나오는 시간적으로 변화하는 전하밀도와 전류를 취급하는 데 매우 유용하다는 것을 알게 될 것이다.

많은 전자장비와 시스템은 정전계의 원리를 이용한다. 예를 들면 X-선 장비, 오실로스코프, 잉크젯 프린터, 액정표시기, 복사기, 반도체 제어장치 및 심전도, 뇌파도와 같은 의료진단 센서의 설계 등 많은 산업적인 응용에 쓰인다.

3-2 전하와 전류분포

정전계에서 전하는 체적, 면적, 선을 따라 분포되어 있

으며, 전하가 이동할 경우 전류분포를 형성한다.

3-2.1 전하밀도

전하밀도는 미시적인 관점과 거시적인 관점에서 설명할 수 있다. 미시적인 관점은 원자의 크기에서 전하밀도를 나타낸 것으로, 전하는 전자와 원자핵이 있는 곳에서만 존재하고 그 외에서는 존재하지 않으므로 이산적이다. 그러나 정전계에서는 보다 거시적인 단위계에서 현상을 연구하곤 한다. 거시적인 관점에서는 분자 이상의 크기에서 전하밀도를 나타내는데, 이 경우에는 전하분포의 불연속성을 무시할 수 있다. 그렇다면, 우리는 물질 내에 전하가 균일하게 분포되어 있는 것으로 생각할 수 있으므로 **체적전하밀도**(volume charge density) ρ_v는

$$\rho_v = \lim_{\Delta v \to 0} \frac{\Delta q}{\Delta v} = \frac{dq}{dv} \qquad (\text{C/m}^3), \qquad (3.4)$$

으로 정의된다. 여기서 Δq는 미소체적 Δv 내에 들어 있는 전하이다. 일반적으로, ρ_v는 직각좌표계에서 (x, y, z)으로 표시되어 공간에 주어진 점과 시간 t로 정의되므로 $\rho_v = \rho_v(x, y, z, t)$이다. ρ_v는 (x, y, z)에 대한 중심을 둔 미소체적 Δv에 대한 단위체적당 평균전하를 말하며, 이때의 Δv는 많은 수의 원자가 들어갈 수 있는 충분한 체적이지만 거시적인 관점에서는 점으로 간주할 만큼 매우 작은 체적이다. 공간적인 위치를 갖는 ρ_v의 변위를 **공간적인 분포**(spatial distribution) 또는 **분포**(distribution)라 한다. 주어진 체적 내 총 전하는

$$Q = \int_v \rho_v \, dv \qquad (\text{C}). \qquad (3.5)$$

이다. 특히, 도체에서는 전하가 표면에만 분포하게 되므로, 이 경우를 **표면전하밀도**(surface charge density) ρ_s라 하고, 다음과 같이 정의한다.

$$\rho_s = \lim_{\Delta s \to 0} \frac{\Delta q}{\Delta s} = \frac{dq}{ds} \qquad (\text{C/m}^2), \qquad (3.6)$$

여기에서 Δq는 미소표면적 Δs에 분포되어 있는 전하이다. 전하가 선을 따라 분포한 경우, 이를 **선 전하밀도**(line charge density) ρ_l라 하며

$$\rho_l = \lim_{\Delta l \to 0} \frac{\Delta q}{\Delta l} = \frac{dq}{dl} \qquad (\text{C/m}). \qquad (3.7)$$

으로 정의한다.

예제 3-1 선 전하분포

그림 3-1(a)에 도시한 바와 같이 축을 따라 분포된 길이가 10cm인 원통의 총 전하 Q를 계산하라. 선 전하밀도

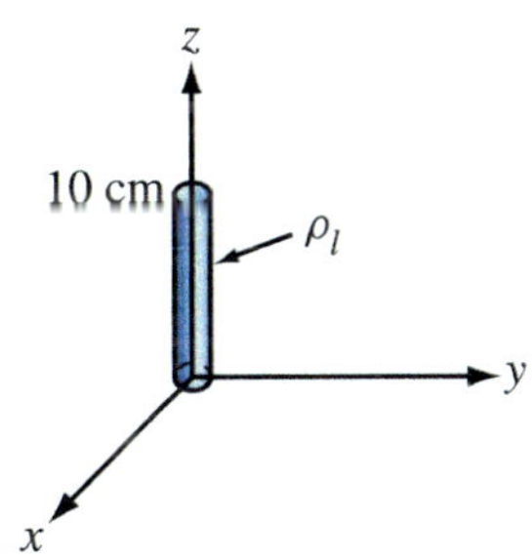

(a) 선 전하분포

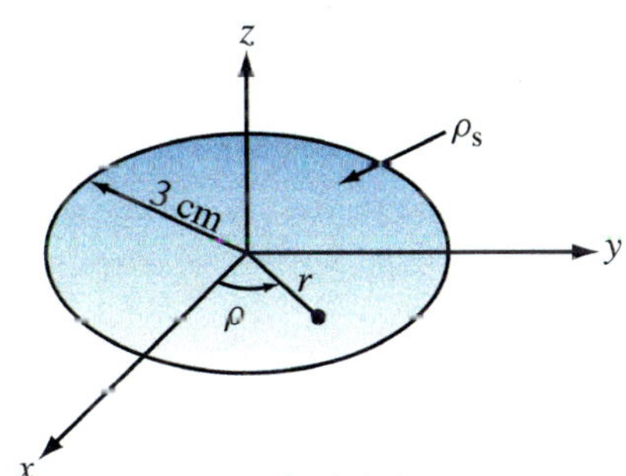

(b) 면 전하분포

그림 3-1 예제 3-1과 3-2에 대한 전하분포

$\rho_l = 2z$이고 z는 원통의 밑변에서의 거리(m)이다.

풀이 총 전하 Q는

$$Q = \int_0^{0.1} \rho_l \, dz = \int_0^{0.1} 2z \, dz = z^2 \Big|_0^{0.1} = 10^{-2} \text{ C}.$$

이다. ♣

예제 3-2 선 전하분포 면 전하밀도

그림 3-1(b)에 도시된 원판에 면 전하밀도가 방위각에 대해 대칭적으로 주어져 있다. 면 전하밀도는 중심에서 0이고 $r = 3$cm에서 9C/m^2으로 r에 의해 선형적으로 증가한다. 원판의 총 전하를 구하라.

풀이 ρ_s는 방위각 ϕ에 대해 대칭이기 때문에, r만의 함수로 표시된다.

$$\rho_s = \frac{9r}{3 \times 10^{-2}} = 3 \times 10^2 r \qquad (\text{C/m}^2),$$

여기서, r의 단위는 (m)이다. 극좌표에서, 면적소 ds는 $ds = r dr d\phi$이며, 그림 3-1(b)에 도시된 원판의 경우, 적분구간은 ϕ에 대하여 0에서 2π(rad)까지이고, r에 대해서는 0에서 3×10^{-2}(m)까지이다. 따라서,

$$\begin{aligned} Q &= \int_S \rho_s \, ds \\ &= \int_{\phi=0}^{2\pi} \int_{r=0}^{3\times10^{-2}} (3 \times 10^2 r) r \, dr \, d\phi \\ &= 2\pi \times 3 \times 10^2 \frac{r^3}{3} \Big|_0^{3\times10^{-2}} = 16.97 \quad (\text{mC}). \end{aligned}$$

가 된다. ♣

연습문제 3.1 x-y평면에 정방형 판이 $-3\text{m} \le x \le 3\text{m}$와 $-3\text{m} \le y \le 3\text{m}$의 공간에 있다. 표면전하밀도 $\rho_s = 2y^2$ ($\mu\text{C/m}^2$)일 경우, 판의 총 전하를 구하라.

[답] $Q = 0.216$ (mC). (●)

연습문제 3.2 중심이 원점에 있는 구각(spherical shell)이 $R = 2$cm와 $R = 3$cm 사이에 있다. 체적전하밀도 $\rho_v = 6R \times 10^{-4}$ (C/m^3)인 경우, 판의 총 전하를 구하라.

[답] $Q = 1.22$ (nC). (●)

3-2.2 전류밀도

그림 3-2(a)에 있는 체적전하밀도 ρ_v인 원통의 전하를 고찰해 보자. 전하는 원통의 축을 따라 평균속도 $\mathbf{u}$로 이동하고 있다. 시간 Δt 동안에 전하는 거리 $\Delta l = u\Delta t$만큼 이동한다. 시간 Δt 동안에 원통의 단면적 $\Delta s'$을 관통하는 전하량은

$$\Delta q' = \rho_v \, \Delta v = \rho_v \, \Delta l \, \Delta s' = \rho_v u \, \Delta s' \, \Delta t. \qquad (3.8)$$

이다. 그림 3-2(b)에 도시한 바와 같이, 법선벡터 $\hat{\mathbf{n}}$이 $\mathbf{u}$와 같은 방향이 아닌 단면 Δs를 통하여 흐르는 전하의 경우에 대해 고찰해 보자. 이 경우, Δs를 통하여 흐르는 전하량은

$$\Delta q = \rho_v \mathbf{u} \cdot \Delta \mathbf{s} \, \Delta t, \qquad (3.9)$$

이고, 전류는

$$\Delta I = \frac{\Delta q}{\Delta t} = \rho_v \mathbf{u} \cdot \Delta \mathbf{s} = \mathbf{J} \cdot \Delta \mathbf{s}, \qquad (3.10)$$

이다. 여기서 $\mathbf{J}$는

$$\mathbf{J} = \rho_v \mathbf{u} \qquad (\text{A/m}^2) \qquad (3.11)$$

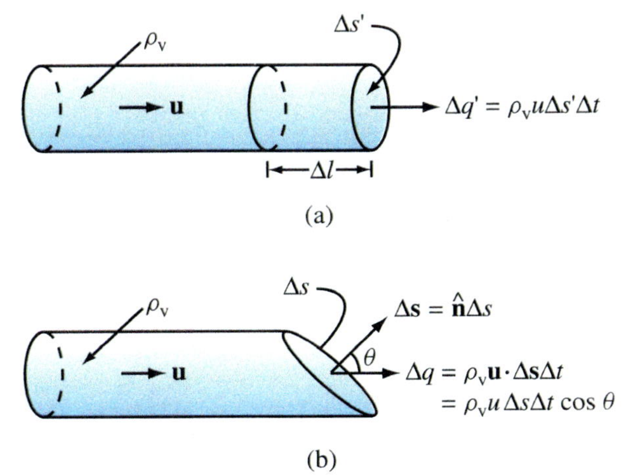

그림 3-2 속도 $\mathbf{u}$를 갖고 (a) 단면 $\Delta s'$ (b) 단면 Δs를 통해서 움직이는 전하

으로 평방미터당 암페어로 나타낸 **전류밀도**(current density)이다. 임의의 단면 S에 대한 총 전류는

$$I = \int_S \mathbf{J} \cdot d\mathbf{s} \qquad \text{(A)}. \qquad (3.12)$$

이다. 전류가 대전된 물체의 실제 이동에 의해 발생될 때, **대류전류**(convection current)라 하며 $\mathbf{J}$를 **대류전류밀도**(convection current density)라 한다. 한 예를 들자면, 대전된 구름이 바람에 의해 이동하면 대류전류가 발생한다. 어떤 경우에서는 대류전류를 구성하는 대전된 물체는 **음극선관**(cathode ray tube)에서 전자빔의 전자와 같은 하전 입자만으로 구성되기도 한다.

이것은 도체의 원자가 움직이지 않는 **전도전류**(conduction current)와 다르다. 예를 들면, 도선에서 원자핵의 양전하와 원자의 **전자각**(electron shell)에 있는 음전하의 양은 같다. 도선 양단에 전압을 인가할 경우, 모든 양전하와 대부분의 음전하는 이동할 수 없고 원자의 최외각에 있는 전자만이 한 원자에서 다른 원자로 이동할 수 있다. 이러한 전자의 이동을 전도전류라 한다.

두 전류는 서로 다른 방법으로 발생되기 때문에 전도전류에는 옴의 법칙이 적용되지만, 대류전류는 그렇지 않다. 전도전류는 3-7절에서 자세하게 다룰 것이다.

3-3 쿨롱의 법칙

이 장의 중요한 목표 중 하나는 **전계강도**(electric field intensity) $\mathbf{E}$와 **전속밀도**(electric flux density) $\mathbf{D}$를 전하분포로 나타내는 식을 유도하는 것이다. 앞으로 이 장에서 논의되는 내용은 정적 전하분포에 의해 유도되는 정전계에 국한시키기로 한다.

1-3.2절에서 논의된 대전체 간의 전기력에 대한 쿨롱의 실험결과를 이용하여 전계에 관한 식을 유도해 보자. 1장에서는 먼저 공기 중에 있는 전하에 대한 **쿨롱의 법칙**(Coulomb's law)을 소개했고, 그 다음으로 유전체에 대해 쿨롱의 법칙을 일반화하였다. 그 내용은 아래와 같다.

(1) 고립된 전하 q는 그 주위의 전계를 발생시키며 P점의 전계 $\mathbf{E}$는

$$\mathbf{E} = \hat{\mathbf{R}} \frac{q}{4\pi\varepsilon R^2} \qquad \text{(V/m)}, \qquad (3.13)$$

로 주어진다. 여기서, $\hat{\mathbf{R}}$은 그림 3-3과 같이 q에서 P로 향하는 단위벡터이고, R은 그 거리이며, ε는 매질의 유전율이다.

(2) 단일전하나 많은 전하분포에 의해 생긴 전계 $\mathbf{E}$ 내에 놓인 시험전하 q'에 작용하는 힘은

$$\mathbf{F} = q'\mathbf{E} \qquad \text{(N)}. \qquad (3.14)$$

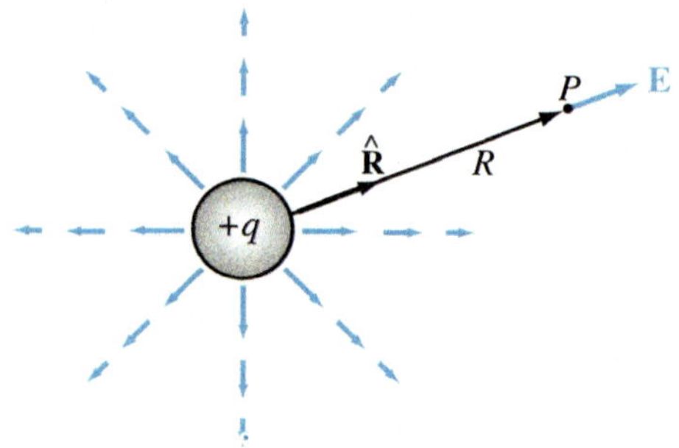

그림 3-3 전하 q에 의한 전계선

이 되며, $\mathbf{F}$의 단위는 (N)이고, q' 의 단위는 (C)이다. $\mathbf{E}$의 단위는 (N/C)로, 3-5절에서 (V/m)와 동일하다는 것을 알게 될 것이다.

유전율이 ε인 매질에서 $\mathbf{D}$와 $\mathbf{E}$의 관계는 다음과 같다.

$$\mathbf{D} = \varepsilon\mathbf{E} \qquad (3.15)$$

$$\varepsilon = \varepsilon_r\varepsilon_0, \qquad (3.16)$$

여기서,

$$\varepsilon_0 = 8.85 \times 10^{-12} \simeq (1/36\pi) \times 10^{-9} \qquad \text{(F/m)}$$

은 자유공간의 유전율이고, $\varepsilon_r = \varepsilon/\varepsilon_0$를 **비유전율**(relative permittivity)이라 한다. 대부분 물질에서는 유전율 ε은 $\mathbf{E}$의 크기와 방향에는 무관한 상수이다. ε이 $\mathbf{E}$의 크기와 무관할 경우, $\mathbf{D}$와 $\mathbf{E}$는 직선적인 관계이기 때문에 **선형**(linear)이라 하며, $\mathbf{E}$의 방향과 무관할 경우, 그 물질을 **등방성**(isotropic)이라 한다. $\mathbf{E}$의 크기가 아주 클 경우(3-8절에 논의될 유전체의 절연파괴가 일어날 정도의 크기)를 제외하고는 비선형적인 유전율 특성이 나타나지 않는다. 비등방성은 특수한 결정구조를 갖는 물질에서만 나타나는 현상이다. 그러므로 이러한 특수한 상태하에 있는 물질을 제외하고는 ε의 값을 알고 있는 상태에서, $\mathbf{D}$와 $\mathbf{E}$의 값 중 어느 하나를 알면 나머지 하나의 값을 결정할 수 있다.

3-3.1 여러 개의 점전하에 의한 전계

단일 전하에 의한 전계 $\mathbf{E}$에 대한 식 (3.13)은 여러 개의 점전하에 의한 전계를 구하는 데도 적용할 수 있다. 그림 3-4에서와 같이, 좌표계의 원점으로부터 위치벡터 $\mathbf{R}_1$과 $\mathbf{R}_2$에 두 점전하 q_1과 q_2가 있는 경우를 고찰해 보자. 오직 q_1에 의한 점 P에서 전계 $\mathbf{E}_1$은 식 (3.13)에서 R을 q_1과 P 간의 거리인 $|\mathbf{R}-\mathbf{R}_1|$로, 단위벡터 $\hat{\mathbf{R}}$을 $(\mathbf{R}-\mathbf{R}_1)/|\mathbf{R}-\mathbf{R}_1|$로 대체하면 된다. 즉,

$$\mathbf{E}_1 = \frac{q_1(\mathbf{R}-\mathbf{R}_1)}{4\pi\varepsilon|\mathbf{R}-\mathbf{R}_1|^3} \qquad \text{(V/m)}. \qquad (3.17a)$$

이고, 동일한 방법에 의해 오직 q_2에 의한 전계 $\mathbf{E}_2$는

$$\mathbf{E}_2 = \frac{q_2(\mathbf{R}-\mathbf{R}_2)}{4\pi\varepsilon|\mathbf{R}-\mathbf{R}_2|^3} \qquad \text{(V/m)}. \qquad (3.17b)$$

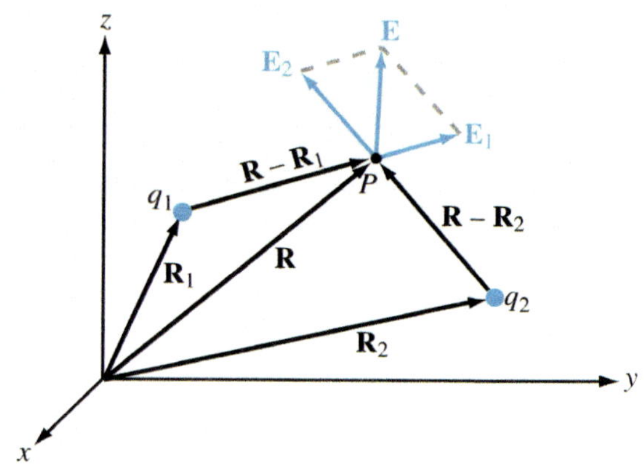

그림 3-4 점 P에서 두 전하에 의한 전계 $\mathbf{E}$는 $\mathbf{E}_1$과 $\mathbf{E}_2$의 벡터 합과 동일하다.

으로 된다. 전계는 선형중첩의 원리에 따른다. 공간의 임의의 점에서의 전체 전계 **E**는 모든 각 점전하에 의해 생기는 전계의 벡터 합과 같다. 이 경우에는

$$\begin{aligned}\mathbf{E} &= \mathbf{E}_1 + \mathbf{E}_2 \\ &= \frac{1}{4\pi\varepsilon}\left[\frac{q_1(\mathbf{R}-\mathbf{R}_1)}{|\mathbf{R}-\mathbf{R}_1|^3} + \frac{q_2(\mathbf{R}-\mathbf{R}_2)}{|\mathbf{R}-\mathbf{R}_2|^3}\right] \qquad (3.18)\end{aligned}$$

이고, $\mathbf{R}_1$, $\mathbf{R}_2$, ⋯, $\mathbf{R}_N$의 위치에 있는 점전하 q_1, q_2, ⋯, q_N에 의한 위치벡터 **R**에서 전계 **E**는

$$\mathbf{E} = \frac{1}{4\pi\varepsilon}\sum_{i=1}^{N}\frac{q_i(\mathbf{R}-\mathbf{R}_i)}{|\mathbf{R}-\mathbf{R}_i|^3} \quad \text{(V/m)}. \qquad (3.19)$$

으로 주어진다.

예제 3-3 두 점전하에 의한 전계

$q_1 = 2\times10^{-5}$C과 $q_2 = -4\times10^{-5}$C인 두 점전하가 자유공간에서 각각 (1, 3, −1)과 (−3, 1, −2)에 있다.
(a) (3, 1, −2)에서 전계 **E**, (b) 점 (3, 1, −2)에 8×10^{-5} C의 전하가 있을 때, 전하가 받는 힘을 구하라. 단, 거리의 단위는 (m)이다.

풀이

(a) 식 (3.18)에 의해, $\varepsilon = \varepsilon_0$(자유공간)에서의 전계 **E**는

$$\mathbf{E} = \frac{1}{4\pi\varepsilon_0}\left[q_1\frac{(\mathbf{R}-\mathbf{R}_1)}{|\mathbf{R}-\mathbf{R}_1|^3} + q_2\frac{(\mathbf{R}-\mathbf{R}_2)}{|\mathbf{R}-\mathbf{R}_2|^3}\right] \qquad \text{(V/m)}.$$

이고, 벡터 $\mathbf{R}_1$, $\mathbf{R}_2$, **R**은

$$\mathbf{R}_1 = \hat{\mathbf{x}} + \hat{\mathbf{y}}3 - \hat{\mathbf{z}},$$
$$\mathbf{R}_2 = -\hat{\mathbf{x}}3 + \hat{\mathbf{y}} - \hat{\mathbf{z}}2,$$
$$\mathbf{R} = \hat{\mathbf{x}}3 + \hat{\mathbf{y}} - \hat{\mathbf{z}}2.$$

이므로

$$\begin{aligned}\mathbf{E} &= \frac{1}{4\pi\varepsilon_0}\left[\frac{2(\hat{\mathbf{x}}2 - \hat{\mathbf{y}}2 - \hat{\mathbf{z}})}{27} - \frac{4(\hat{\mathbf{x}}6)}{216}\right]\times10^{-5} \\ &= \frac{\hat{\mathbf{x}} - \hat{\mathbf{y}}4 - \hat{\mathbf{z}}2}{108\pi\varepsilon_0}\times10^{-5} \qquad \text{(V/m)}.\end{aligned}$$

(b)

$$\begin{aligned}\mathbf{F} = q_3\mathbf{E} &= 8\times10^{-5}\times\frac{\hat{\mathbf{x}} - \hat{\mathbf{y}}4 - \hat{\mathbf{z}}2}{108\pi\varepsilon_0}\times10^{-5} \\ &= \frac{\hat{\mathbf{x}}2 - \hat{\mathbf{y}}8 - \hat{\mathbf{z}}4}{27\pi\varepsilon_0}\times10^{-10} \qquad \text{(N)}.\end{aligned}$$ ♣

M3.1-3.7

연습문제 3.3 자유공간에 각각 10μC인 4개의 전하가 직각좌표 (−3, 0 , 0), (3, 0, 0), (0, 3, 0)에 있다. (0, 0, 4)에서 40μC의 전하가 받는 힘을 구하라. 단, 거리의 단위는 (m)이다.

[답] $\mathbf{F} = \hat{\mathbf{z}}0.46$ (N).

연습문제 3.4 두 개의 동일한 전하가 $x=3$, $x=7$에 위치해 있다. 공간의 어떤 점에서 전계가 영이 되는가?

[답] (5, 0, 0).

연습문제 3.5 수소원자의 경우, 양자와 전자 사이의 평균 거리가 5.3×10^{-11}m로 떨어져 있다. 두 입자 사이의 전기적인 힘의 크기 Fe를 구하고, 두 입자 간의 Fe와 중력 Fg를 비교하라.

[답] $F_e = 8.2\times10^{-8}$ N, and $F_g = 3.6\times10^{-47}$ N.

M3.1-3.5

3-3.2 전하분포에 의한 전계

점전하에 의한 전계를 구한 결과를 연속적인 전하분포를 갖는 경우에 적용해 보자. 그림 3-5에 있는 체적 v'에 대해 고찰한다.

체적 v'에서의 전하분포가 체적전하밀도 ρ_v일 때, 체적소 dv'에 들어있는 미소전하량 $dq=\rho_v dv'$에 의해 생기는 점 P에서의 미소전계는

$$d\mathbf{E} = \hat{\mathbf{R}}'\frac{dq}{4\pi\varepsilon R'^2} = \hat{\mathbf{R}}'\frac{\rho_v\, dv'}{4\pi\varepsilon R'^2}, \tag{3.20}$$

이고, $\mathbf{R}'$은 체적소 dv'에서 점 P까지의 벡터이다. 주어진 영역 내의 전체 전하에 의한 전계는 선형중첩의 원리에 의해 모든 체적소의 전하에 의한 전계의 합으로 주어지므로 다음과 같은 적분식으로 표현된다.

$$\mathbf{E} = \int_{v'} d\mathbf{E} = \frac{1}{4\pi\varepsilon}\int_{v'}\hat{\mathbf{R}}'\frac{\rho_v\, dv'}{R'^2} \quad \text{(체적전하분포)} \tag{3.21a}$$

일반적으로, R'과 $\hat{\mathbf{R}}'$은 체적 v' 내의 위치에 따라 변한다.

전하가 표면전하밀도 ρ_s로 표면 S'에 분포되어 있을 경우, $dq=\rho_s ds'$이고 선 전하밀도 ρ_l로 선 l'에 분포되어 있을 경우, $dq=\rho_l dl'$이므로

$$\mathbf{E} = \frac{1}{4\pi\varepsilon}\int_{S'}\hat{\mathbf{R}}'\frac{\rho_s\, ds'}{R'^2} \quad \text{(면전하분포)} \tag{3.21b}$$

$$\mathbf{E} = \frac{1}{4\pi\varepsilon}\int_{l'}\hat{\mathbf{R}}'\frac{\rho_l\, dl'}{R'^2} \quad \text{(선전하분포)} \tag{3.21c}$$

으로 된다.

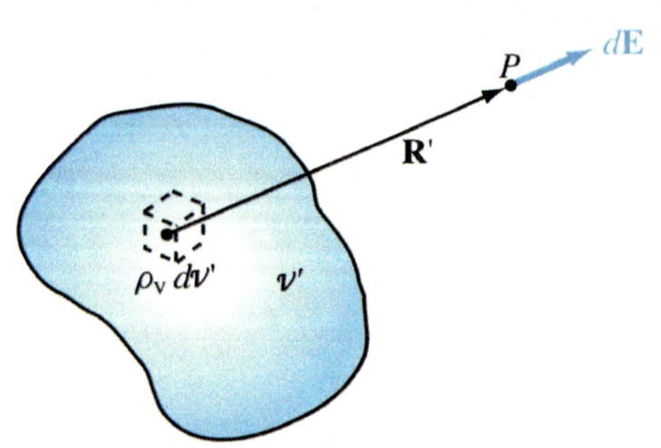

그림 3-5 체적전하분포에 의한 전계

예제 3-4 링 전하의 전계

반경 b인 링의 전하는 균일한 선 전하밀도 ρ_l로 분포되어 있다. 그림 3-6과 같이, 링은 자유공간에서 x-y평면에 있다. 링의 중심으로부터 거리 h에 있는 점 $P(0, 0, h)$에서의 전계의 세기 $\mathbf{E}$를 구하라.

풀이 그림 3-6(a)에서, $(b, \phi, 0)$에 있는 선분 1과 같은 선소에 의해 생기는 전계를 먼저 생각한다. 선소의 길이는 $dl=b\, d\phi$이고, 전하 $dq=\rho_l\, dl=\rho_l b\, d\phi$이다. 선분 1에서 점 $P(0, 0, h)$까지의 거리벡터 $\mathbf{R}_1'$은

$$\mathbf{R}_1' = -\hat{\mathbf{r}}b + \hat{\mathbf{z}}h,$$

이므로

$$R_1' = |\mathbf{R}_1'| = \sqrt{b^2+h^2}, \qquad \hat{\mathbf{R}}_1' = \frac{\mathbf{R}_1'}{|\mathbf{R}_1'|} = \frac{-\hat{\mathbf{r}}b + \hat{\mathbf{z}}h}{\sqrt{b^2+h^2}}.$$

이다. 선분 1의 전하에 의한 $P(0, 0, h)$에서의 전계는

$$d\mathbf{E}_1 = \frac{1}{4\pi\varepsilon_0}\hat{\mathbf{R}}_1'\frac{\rho_l\, dl}{R_1'^2} = \frac{\rho_l b}{4\pi\varepsilon_0}\frac{(-\hat{\mathbf{r}}b + \hat{\mathbf{z}}h)}{(b^2+h^2)^{3/2}}\, d\phi.$$

이다. $d\mathbf{E}_1$은 $-\hat{\mathbf{r}}$방향의 성분 dE_{1r}과 $\hat{\mathbf{z}}$방향의 성분 dE_{1z}을 갖는다. 대칭성을 고려하면, 그림 3-6(b)에서 선분 2는 선분 1과 반대 위치이므로 $d\mathbf{E}_2$와 $d\mathbf{E}_1$의 $\hat{\mathbf{r}}$성분의 방향은 서로 반대가 된다. 따라서, $\hat{\mathbf{r}}$성분은 서로 상쇄되고, $\hat{\mathbf{z}}$성분의 전계만을 합하면 되므로

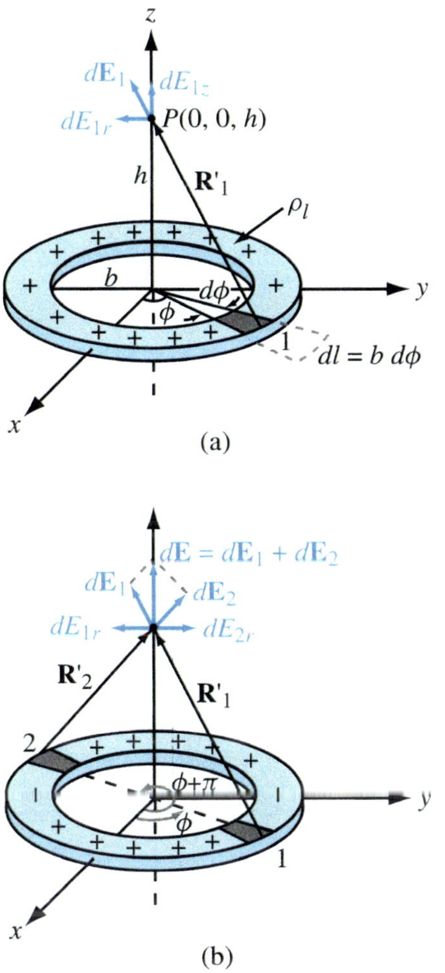

그림 3-6 선 전하밀도가 ρ_l인 링 전하. (a) 선소 1에 의한 미소전계 $d\mathbf{E}_1$과 (b) 직경방향으로 반대 위치에 있는 선소들에 의한 미소전계 $d\mathbf{E}_1$와 $d\mathbf{E}_2$(예제 3-4).

$$d\mathbf{E} = d\mathbf{E}_1 + d\mathbf{E}_2 = \hat{\mathbf{z}}\,\frac{\rho_l bh}{2\pi\varepsilon_0}\,\frac{d\phi}{(b^2+h^2)^{3/2}}\,. \qquad (3.22)$$

이 된다. 링은 x축에 대해 대칭이므로, 원형 링의 오른쪽 반($0 \le \phi \le \pi$)에 있는 모든 선소는 왼쪽 반($\phi+\pi$)에 대칭의 선소를 갖기 때문에, 식 (3.22)를 반원에 대해 적분함으로써 링의 전체 전계를 구할 수 있다.

$$\begin{aligned}\mathbf{E} &= \hat{\mathbf{z}}\,\frac{\rho_l bh}{2\pi\varepsilon_0(b^2+h^2)^{3/2}}\int_0^{\pi} d\phi \\ &= \hat{\mathbf{z}}\,\frac{\rho_l bh}{2\varepsilon_0(b^2+h^2)^{3/2}} \\ &= \hat{\mathbf{z}}\,\frac{h}{4\pi\varepsilon_0(b^2+h^2)^{3/2}}\,Q,\end{aligned} \qquad (3.23)$$

여기서, $Q = 2\pi b\rho_l$는 링의 전체 전하이다. ♣

예제 3-5 원판 전하에 의한 전계

그림 3-7에서와 같이, 자유공간에서 균등 전하밀도 ρ_s가 분포한 x-y평면에 있는 원판 전하에 의해 z축 상의 높이 h에 있는 점 $P(0, 0, h)$에서의 전계를 구하고, a가 ∞인 무한장 판의 경우에 대한 **E**를 계산하라.

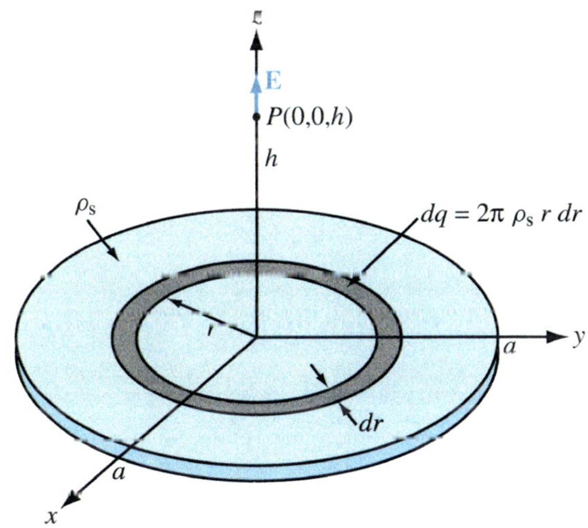

그림 3-7 표면전하밀도 ρ_s를 가진 원판 전하. $P(0, 0, h)$에서 전계는 방향을 향한다(예제 3-5).

D3.6-3.10

풀이 원형 링의 전하에 의한 축 상 전계에 대한 예제 3-4에서 구한 식을 변형하여, 원판을 동심링으로 취급함으로써 원판에 대한 전계를 구할 수 있다. 반경이 r이고, 폭이 dr인 링의 면적은 $ds = 2\pi r\, dr$이고, 그에 포함된 전하는 $dq = \rho_s ds = 2\pi\rho_s r\, dr$이다. 식 (3.23)에 이들 관계를 이용하고, b 대신에 r을 넣으면 링에 의한 전계에 대한 식을 구할 수 있다.

$$d\mathbf{E} = \hat{\mathbf{z}}\frac{h}{4\pi\varepsilon_0(r^2+h^2)^{3/2}}(2\pi\rho_s r\, dr).$$

점 P에서의 총 전계는 $r=0$에서 $r=a$까지의 범위를 적분하면 된다.

$$\begin{aligned}\mathbf{E} &= \hat{\mathbf{z}}\frac{\rho_s h}{2\varepsilon_0}\int_0^a \frac{r\, dr}{(r^2+h^2)^{3/2}}\\ &= \pm\hat{\mathbf{z}}\frac{\rho_s}{2\varepsilon_0}\left[1-\frac{|h|}{\sqrt{a^2+h^2}}\right],\end{aligned} \qquad (3.24)$$

여기서 +부호는 $h>0$일 때이고, −부호는 $h<0$(원판 아래)일 때에 해당한다.

$a=\infty$인 무한장 판전하에 의한 전계는

$$\mathbf{E} = \hat{\mathbf{z}}\frac{\rho_s}{2\varepsilon_0} \qquad \text{(무한장 판전하).} \qquad (3.25)$$

이 된다. 이 경우 전계 $\mathbf{E}$는 x-y평면 위의 모든 점에서 동일한 값이 된다. x-y평면 아래에 있는 점에서 식 (3.25)의 단위벡터 $\hat{\mathbf{z}}$ 대신에 $-\hat{\mathbf{z}}$를 대입하면 된다. ♣

연습문제 3.6

자유공간에서 균일한 면전하밀도 ρ_s를 갖는 무한장 판이 $z=0$(x-y평면)에 있고, 밀도가 $-\rho_s$인 또 하나의 무한장 판이 $z=2$m에 있을 때, 모든 영역에서의 $\mathbf{E}$를 구하라.

[답] $z<0$인 경우, $\mathbf{E}=0$이고, $0<z<2$m인 경우, $\mathbf{E}=$ ẑrs/e0이며, $z>2$m인 경우, $\mathbf{E}=0$이다.

3-4 가우스 법칙

식 (3.1a)를 다시 쓰면

$$\nabla\cdot\mathbf{D} = \rho_v \qquad \text{(가우스 법칙),} \qquad (3.26)$$

이다. 이것을 **가우스 법칙**(Gauss' s law)의 미분형이라 부른다. '미분'이란 발산 연산이 공간적인 도함수를 포함하고 있다는 의미이다. 곧 알게 되겠지만, 식 (3.26)은 적분형태로 변환할 수 있다. 전자계 문제를 풀 때 해를 구하는 데 더 편리하고 적용하기 쉽게 하기 위하여 미분과 적분을 서로 변환할 수 있다. 식 (3.26)을 적분형으로 변환하기 위해서 양변에 dv를 곱하고 임의의 체적에 대해 체적적분을 취하면

$$\int_v \nabla\cdot\mathbf{D}\, dv = \int_v \rho_v\, dv = Q, \qquad (3.27)$$

이 된다. 여기서, Q는 v 내에 있는 총 전하이다. 식 (3.28)의 발산정리는 체적 v에서 어떤 벡터의 발산의 체적적분이 체적 v를 둘러싸고 있는 폐곡면 S를 통하여 나가는 총 전속과 같다는 의미이다. 그러므로 벡터 $\mathbf{D}$에 대해서는

$$\int_v \nabla\cdot\mathbf{D}\, dv = \oint_S \mathbf{D}\cdot d\mathbf{s}. \qquad (3.28)$$

이 된다. 식 (3.27)과 식 (3.28)을 비교하면

$$\oint_S \mathbf{D}\cdot d\mathbf{s} = Q \qquad \text{(가우스 법칙).} \qquad (3.29)$$

이 된다. 가우스 법칙의 적분형을 그림 3-8에 도시했다.

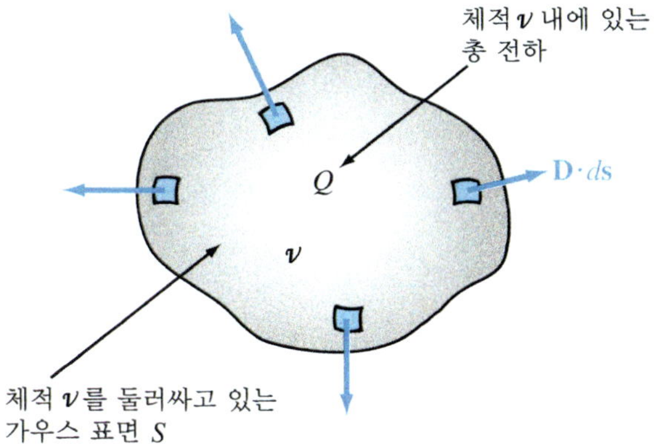

그림 3-8 가우스 법칙에 의하면 표면을 통해 외부로 향하는 **D**는 폐곡면으로 둘러싸인 전하 Q에 비례한다.

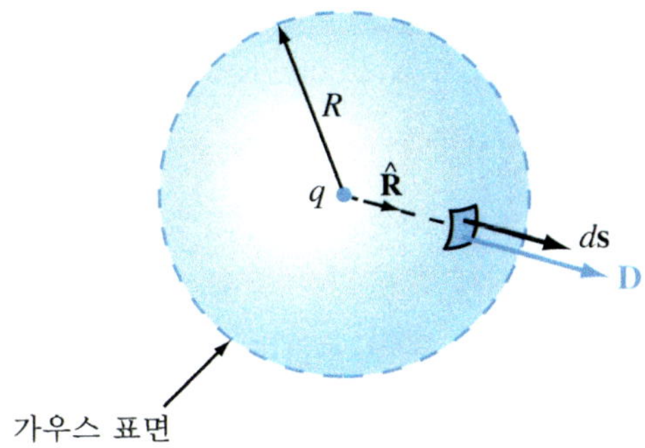

그림 3-9 점전하 q에 의한 전계 **D**

각 면적소 $d\mathbf{s}$를 통해 밖으로 나가는 전속은 $\mathbf{D}\cdot d\mathbf{s}$이며, 폐곡면 S를 통하여 나가는 총 전속은 폐곡면 내에 있는 전하 Q와 같다. 이 때 폐곡면 S를 **가우스 표면**(Gaussian surface)이라 부른다.

공간 상에 잇는 전하가 미소체적 Δv에 집중되어 있을 때, 체적 Δv의 크기가 Δv로부터 전속밀도 **D**를 계산해야 할 점까지의 거리보다 훨씬 더 작으면 q를 **점전하**(point charge)로 생각할 수 있다. 그림 3-9에서와 같이 **가우스 표면** S를 q가 구의 중심에 있는 반경 R의 구 표면으로 생각하면, 단일 전하 q에 의한 **D**를 계산하는 데 가우스 법칙의 적분형을 적용할 수 있다. 대칭성을 고려하고, q가 양일 경우, **D**의 방향은 단위벡터 $\hat{\mathbf{R}}$의 방향으로 나간다. **D**의 크기 D_R은 가우스 표면 S의 모든 점에서 동일하다. 그러므로 표면의 모든 점에서

$$\mathbf{D}(\mathbf{R}) = \hat{\mathbf{R}} D_R, \tag{3.30}$$

이고, $d\mathbf{s} = \hat{\mathbf{R}}\, ds$이다. 가우스 법칙을 적용하면

$$\oint_S \mathbf{D}\cdot d\mathbf{s} = \oint_S \hat{\mathbf{R}} D_R \cdot \hat{\mathbf{R}}\, ds = \oint_S D_R\, ds = D_R(4\pi R^2) = q. \tag{3.31}$$

이 된다. D_R을 구하여 식 (3.30)에 대입하면 유전율 ε인 매질에서 점전하에 의한 전계 **E**는

$$\mathbf{E}(\mathbf{R}) = \frac{\mathbf{D}(\mathbf{R})}{\varepsilon} = \hat{\mathbf{R}}\frac{q}{4\pi\varepsilon R^2} \quad \text{(V/m)}. \tag{3.32}$$

이 된다. 이것은 쿨롱의 법칙으로 구한 식 (3.13)과 동일하다. 점전하와 같이 단순한 경우, 쿨롱의 법칙이나 가우스 법칙 중 어느 것을 이용해도 간단히 전계 **E**를 구할 수 있지만, 여러 개의 점전하나 연속적인 전하분포에 의한 전계를 구할 때는 두 방법에 상당한 차이가 있다. 전하분포가 주어졌을 때 전계 **E**를 구하려면 쿨롱의 법칙을 이용할 수도 있지만, 가우스 법칙을 적용하는 것이 더 쉽다. 그러나, 가우스 법칙은 전하분포가 대칭적일 때만 이용할 수 있다.

식 (3.29)의 가우스 법칙은 전하분포가 대칭적으로 분포되어 있을 때 전속밀도 **D**의 크기와 방향이 공간적 대칭성을 가질 때만 편리하다. 가우스 표면의 모든 점에서

ds방향은 표면에 법선방향이므로 **D**의 법선성분만 식 (3.29)의 적분에 기여한다. 가우스 법칙을 적용하기 위해서는 가우스 표면 S의 대칭성을 고려하여, **D**의 크기가 S 상에서 일정하고 **D**의 방향이 S 상의 모든 점에서 수직이거나 접선이 되도록 S를 선정해야 한다. 이에 대해서는 예제 3-6에서 다시 다루겠다.

예제 3-6 무한장 선전하에 의한 전계

가우스 법칙을 이용하여, z축을 따라 균일한 전하밀도 ρ_l인 무한장 선전하에 의한 자유공간에서의 **E**를 구하라.

풀이 선전하의 길이가 무한장이고 z축에 분포되어 있으므로, 대칭성을 고려하면 **D**의 방향은 방사방향인 $\hat{\mathbf{r}}$ 방향이고 ϕ나 z에는 무관해야 하므로 $\mathbf{D}=\hat{\mathbf{r}}\,Dr$이다. 그림 3-10에서와 같이, 선전하를 중심으로 한 반경 r인 원통표면을 가우스 표면으로 정하면 원통면 내에 있는 총 전하는 $Q=\rho_l h$이다. 여기서 h는 원통의 높이이다. **D**의 방향이 $\hat{\mathbf{r}}$ 방향이므로 원통의 윗면과 밑면은 식 (3.29) 좌변의 면적분과 무관하며, 측면만이 적분에 관계된다. 따라서,

$$\int_{z=0}^{h}\int_{\phi=0}^{2\pi} \hat{\mathbf{r}}D_r \cdot \hat{\mathbf{r}}r\, d\phi\, dz = \rho_l h$$

또는

$$2\pi h D_r r = \rho_l h,$$

가 된다. 따라서, 전계 **E**는

$$\mathbf{E} = \frac{\mathbf{D}}{\varepsilon_0} = \hat{\mathbf{r}}\frac{D_r}{\varepsilon_0} = \hat{\mathbf{r}}\frac{\rho_l}{2\pi\varepsilon_0 r} \quad \text{(무한장 선전하)}. \tag{3.33}$$

으로 주어진다.

식 (3.33)은 $\hat{\mathbf{r}}$이 선전하로부터 전계를 구하려는 관측점까지의 방사방향의 거리벡터일 경우(선전하에 대해 수직일 경우), 위치와 방향에 관계없이 무한장 선전하에 대해 적용할 수 있다. ♣

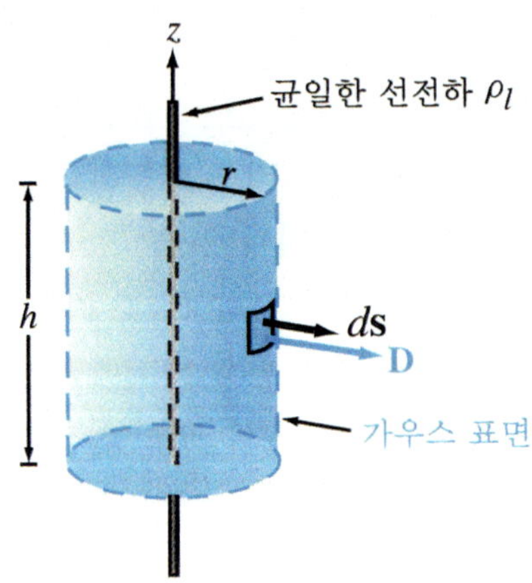

그림 3-10 무한장 선전하를 둘러싼 가우스 표면 (예제 3-6)

연습문제 3.7 전하밀도가 각각 ρ_l인 두 무한장 선전하가 z축에 평행하고 $x=1$과 $x=-1$에 있다. 자유공간에서 y축 상에 있는 임의의 점에서의 전계 **E**를 구하라.

[답] $\mathbf{E} = \hat{\mathbf{y}}\rho_l y/\left[\pi\varepsilon_0(y^2+1)\right]$.

연습문제 3.8 반경 a인 구각(spherical shell)이 균일한 표면전하밀도가 ρ_s일 경우, 가우스 법칙을 이용하여 **E**를 구하라.

[답] $\mathbf{E} = 0$ for $R < a$;
$\mathbf{E} = \hat{\mathbf{R}}\rho_s a^2/(\varepsilon R^2)$ for $R > a$.

연습문제 3.9 반경 a인 구의 체적전하밀도가 ρ_v이다.

가우스 법칙을 이용하여 다음과 같은 경우에 **D**를 구하라.

(a) $R \le a$, (b) $R \ge a$

[답] (a) $\mathbf{D} = \hat{\mathbf{R}}\rho_{\mathrm{v}} R/3$,
(b) $\mathbf{D} = \hat{\mathbf{R}}\rho_{\mathrm{v}} a^3/(3R^2)$. (◉)

3-5 전위

전기회로에서는 전압과 전류를 사용한다. 회로에서 두 점 사이의 전압 V는 단위전하를 움직이는 데 필요한 일의 양 또는 위치 에너지(potential energy)를 나타낸다. 회로문제를 다룰 때 보통 전계는 고려하지 않지만, 실제로는 두 점 간에 전계가 존재함으로 인해 저항이나 커패시터의 양단에 전위차가 발생되는 것이다. 전계 **E**와 전위 V와의 관계를 이 절에서 다룬다.

3-5.1 전계함수로서의 전위

그림 3-11에서와 같이 $-y$축에 평행하고 $\mathbf{E} = -\hat{\mathbf{y}}E$인 균등전계 내에 양의 전하가 있는 경우를 고찰해 보자. **E** 내의 전하는 $-y$방향으로 $\mathbf{F}_{\mathrm{e}} = q\mathbf{E}$인 힘을 받는다. $\mathbf{F}_{\mathrm{e}}$에 대항하여 +y방향으로 전하를 이동시키기 위해서는 외부에서 힘 $\mathbf{F}_{\mathrm{ext}}$을 가해 주어야 한다. 일정한 속도로 q를 이동시키기 위하여 전하에 작용하는 전체의 힘은 영이 되어야 하므로 $\mathbf{F}_{\mathrm{ext}} + \mathbf{F}_{\mathrm{e}} = 0$이다. 즉,

$$\mathbf{F}_{\mathrm{ext}} = -\mathbf{F}_{\mathrm{e}} = -q\mathbf{E}. \qquad (3.34)$$

이다. 어떤 물체를 미소 거리벡터 $d\mathbf{l}$만큼 이동시키는데 소비되는 에너지는

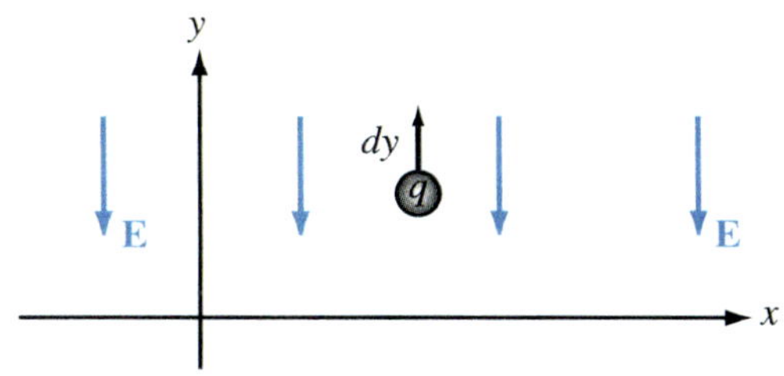

그림 3-11 전계 **E**에 대하여 전하를 거리 dy만큼 이동하는 데 든 일은 $dW = qE\ dy$이다.

$$dW = \mathbf{F}_{\mathrm{ext}} \cdot d\mathbf{l} = -q\mathbf{E} \cdot d\mathbf{l} \qquad \text{(J)}. \qquad (3.35)$$

이고, 일의 단위는 joule(J)이다. 전하를 $\hat{\mathbf{y}}$ 방향으로 거리 dy만큼 이동시킬 경우

$$dW = -q(-\hat{\mathbf{y}}E) \cdot \hat{\mathbf{y}}\, dy = qE\, dy. \qquad (3.36)$$

이 된다.

단위 전하당 미소 전기 에너지 dW를 **미소전위**(differential electric potential 또는 differential voltage) dV라 한다. 즉,

$$dV = \frac{dW}{q} = -\mathbf{E} \cdot d\mathbf{l} \qquad \text{(J/C 또는 V)}. \qquad (3.37)$$

이다. V의 단위는 볼트(V)이고, 1 V ≙ 1 J/C 이다. V의 단위가 볼트이기 때문에 전계는 (V/m)로 나타낸다.

그림 3-12에서와 같이 두 점 P_2와 P_1 간의 전위차는 임의의 경로에 대하여 식 (3.37)을 적분함으로써 구할 수 있다. 즉,

$$\int_{P_1}^{P_2} dV = -\int_{P_1}^{P_2} \mathbf{E} \cdot d\mathbf{l}, \qquad (3.38)$$

또는

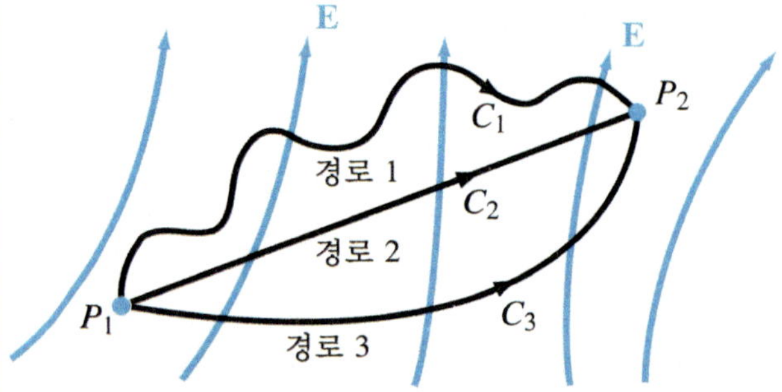

그림 3-12 정전기학에서 P_1과 P_2의 전위차는 선적분을 위해서 사용된 경로에 관계없이 동일하다.

$$V_{21} = V_2 - V_1 = -\int_{P_1}^{P_2} \mathbf{E} \cdot d\mathbf{l}, \qquad (3.39)$$

이다. 여기서 V_1과 V_2는 각각 점 P_1과 P_2에서의 전위이다. 에너지 보존법칙에 의하여, 식 (3.39)의 우변에 대한 선적분은 점 P_1과 P_2 사이의 적분 경로와 무관하다. 예를 들어, 지구의 중력장에 있는 입자를 생각해 보자. 입자가 지표면 상의 h_1에서 보다 높은 h_2의 높이까지 올라간 경우, 입자는 이동경로에 관계없이 $(h_2 - h_1)$에 비례하는 위치 에너지를 얻는다. 만약 h_1에서 h_2보다 더 높은 h_3까지 올라간 경우라면 $(h_3 - h_1)$에 비례하는 위치 에너지를 얻는다. 그리고, 다시 h_2로 떨어지면 $(h_3 - h_2)$에 비례하는 에너지를 잃게 되므로, 다시 $(h_2 - h_1)$에 비례하는 위치 에너지가 된다. 이와 같은 원리를 전기 위치 에너지 W와 전위차$(V_2 - V_1)$에 적용한다. 전기회로의 두 절점(node) 사이의 전위차는 절점 간의 경로에 관계없이 동일한 값을 갖는다. 더욱이, **키르히호프의 전압법칙**(Kirchhoff' s voltage law)에 의하면, 폐회로의 총 전압강하는 영이다. 그림 3-12에서 경로 1을 따라 P_1에서 P_2로 간 다음, 경로 2를 따라 P_2에서 P_1으로 되돌아오는 경우, 식 (3.39)의 우변은 폐곡선이 되고 좌변은 0이 된다. 실제로, 폐곡선을 따라 전계 $\mathbf{E}$를 선적분하면 0이다.

$$\oint_C \mathbf{E} \cdot d\mathbf{l} = 0 \qquad (\text{정전계}). \qquad (3.40)$$

임의의 폐경로를 따라 선적분한 결과가 영이 되는 벡터계를 **보존계**(conservative field) 또는 **비회전계**(irrotational field)라 한다. 그러므로 정전계 $\mathbf{E}$는 보존적이다. 5장에서 언급하겠지만, $\mathbf{E}$가 시간적으로 변화할 경우, 전계는 보존적이 아니며 폐경로를 따라 선적분한 값도 반드시 0이 되지는 않는다.

정전계의 보존성은 맥스웰의 제2방정식으로 유도할 수 있다. 식 (3.1b)에서 $\partial/\partial t = 0$이면

$$\nabla \times \mathbf{E} = 0. \qquad (3.41)$$

이다. 표면 S에 대해 $\nabla \times \mathbf{E}$의 면적분을 취하고, 식 (2.107)에 있는 스토크스 정리를 적용하여 면적분을 선적분으로 변환하면

$$\int_S (\nabla \times \mathbf{E}) \cdot d\mathbf{s} = \oint_C \mathbf{E} \cdot d\mathbf{l} = 0, \qquad (3.42)$$

이 된다. 여기서, C는 면 S의 둘레이다. 따라서, 식 (3.41)은 적분형인 식 (3.40)의 미분형이다.

이제 공간의 한 점에서 전위 V가 무엇을 의미하는지를 정의해 보자. 그러나, 그것을 논하기 전에, 전기회로와의 유사성을 다시 생각해 보자. 회로 내의 한 점에서의 절대전위는 의미가 없고, 공간의 한 점에서 절대적 전위 또한 그렇다. 회로 내의 한 점에서의 전압 V는 그 회로 내의 기준전위가 되는 점을 편의상 정하여 기준점의 전위를 0로 정했을 때 기준점과의 전위차를 말한다. 회로 내의 전위의 기준점을 접지(ground 또는 common)라 한다. 동일한 원리를 전위 V에도 적용할 수 있다. 기준 전위점으로는 무한원점을 택하는 것이 일반적이다.

즉, 식 (3.39)에서 P_1이 무한원점에 있을때 $V_1=0$이 되므로 어떤 점 P의 전위 V는

$$V = -\int_{\infty}^{P} \mathbf{E} \cdot d\mathbf{l} \quad \text{(V)}. \qquad (3.43)$$

으로 주어진다.

3-5.2 점전하에 의한 전위

구좌표계의 원점에 점전하 q가 있을 경우, 거리 R에서의 전계는 식 (3.32)에 의해

$$\mathbf{E} = \hat{\mathbf{R}} \frac{q}{4\pi\varepsilon R^2} \quad \text{(V/m)}. \qquad (3.44)$$

으로 주어진다. 앞에서도 언급했지만, 식 (3.43)에서 두 점 간의 적분경로는 임의로 선택할 수 있기 때문에 적분경로가 방사상 방향 $\hat{\mathbf{R}}$이 되도록 선택하면 $d\mathbf{l} = \hat{\mathbf{R}}\, d\, R$이 되므로

$$V = -\int_{\infty}^{R} \left(\hat{\mathbf{R}} \frac{q}{4\pi\varepsilon R^2} \right) \cdot \hat{\mathbf{R}}\, dR = \frac{q}{4\pi\varepsilon R} \quad \text{(V)}. \qquad (3.45)$$

이 된다. 만약 전하 q가 원점이 아닌 위치벡터가 $\mathbf{R}_1$인 점에 있을 경우, q에 의한 관측점 벡터 $\mathbf{R}$인 점의 전위는

$$V(\mathbf{R}) = \frac{q}{4\pi\varepsilon |\mathbf{R} - \mathbf{R}_1|} \quad \text{(V)}, \qquad (3.46)$$

이 되고, 여기서 $|\mathbf{R} - \mathbf{R}_1|$는 전위를 구하고자 하는 점과 전하 q가 있는 점 사이의 거리이다. 전계 $\mathbf{E}$에 적용했던 중첩의 원리를 전위 V에 적용하면, 위치벡터 $\mathbf{R}_1$, $\mathbf{R}_2$, $\cdots$, $\mathbf{R}_N$에 있는 N개의 점전하 $q_1, q_2, \cdots, q_N$에 의한 관측점 $\mathbf{R}$에서의 전위는

$$V(\mathbf{R}) = \frac{1}{4\pi\varepsilon} \sum_{i=1}^{N} \frac{q_i}{|\mathbf{R} - \mathbf{R}_i|} \quad \text{(V)}. \qquad (3.47)$$

이다.

3-5.3 연속전하분포에 의한 전위

체적 v', 표면 S', 또는 선 l'에 대해 연속전하분포가 주어져 있는 경우, (1) 식 (3.47)의 q_i를 각각 $\rho_v dv'$, $\rho_s ds'$ 와 $\rho_l dl'$로 대치하고, (2) Σ적분으로 변환하고, (3) $|\mathbf{R} - \mathbf{R}_i| = R'$로 표시하면 다음과 같은 표현식을 얻을 수 있다.

$$V(\mathbf{R}) = \frac{1}{4\pi\varepsilon} \int_{v'} \frac{\rho_v}{R'}\, dv' \quad \text{(체적전하분포)}, \qquad (3.48a)$$

$$V(\mathbf{R}) = \frac{1}{4\pi\varepsilon} \int_{S'} \frac{\rho_s}{R'}\, ds' \quad \text{(면전하분포)}, \qquad (3.48b)$$

$$V(\mathbf{R}) = \frac{1}{4\pi\varepsilon} \int_{l'} \frac{\rho_l}{R'}\, dl' \quad \text{(선전하분포)}. \qquad (3.48c)$$

3-5.4 전위함수로서의 전계

3-5.1절에서는 V를 $\mathbf{E}$의 선적분으로 나타내었다. 식 (3.37)의 V의 미분형을 살펴보면 $\mathbf{E}$와 V의 미분관계를 알게 된다.

$$dV = -\mathbf{E} \cdot d\mathbf{l}. \qquad (3.49)$$

스칼라 함수 V에 대해, 식 (2.73)은

$$dV = \nabla V \cdot d\mathbf{l}, \qquad (3.50)$$

이 되며, ∇V는 V의 그래디언트(gradient)이다. 식 (3.49)와 (3.50)을 비교하면

$$\mathbf{E} = -\nabla V. \quad (3.51)$$

이 된다. 식 (3.51)의 V와 $\mathbf{E}$ 사이의 미분관계를 이용하여 어떤 전하분포에 대한 전계 $\mathbf{E}$를 구할 수 있다. 먼저, 3-5.1절에서 3-5.3절에 있는 식들을 이용하여 전하분포로부터 전위를 계산한 다음, 전위의 음의 그래디언트(gradient)를 취하여 $\mathbf{E}$를 구할 수 있다. 식 (3.47)과 (3.48c)의 V에 대한 식은 스칼라합과 스칼라 적분이므로, 이것은 쿨롱의 법칙에 의해 유도된 $\mathbf{E}$에 관한 식 (3.19)와 (3.21)에서의 벡터합과 벡터 적분보다는 계산하기가 훨씬 편리하다. 그러므로, 전위에 의해 전계 $\mathbf{E}$를 구하려면 두 단계 과정이 필요하지만 쿨롱의 법칙에 의해 직접 계산하는 방법보다는 훨씬 더 간단하다.

예제 3-7 전기 쌍극자의 전계

그림 3-13(a)에서 보는 바와 같이 크기가 같고 부호가 반대인 두 점전하가 미소거리 d만큼 떨어져 있을 경우, **전기 쌍극자**(electric dipole)라 한다. 자유공간의 점 P에서 V와 $\mathbf{E}$를 구하라. 전계 및 전위를 구하고자 하는 점까지의 거리에 비해서 전기 쌍극자 전하 간 거리 d는 극히 작기 때문에 $R \gg d$이다.

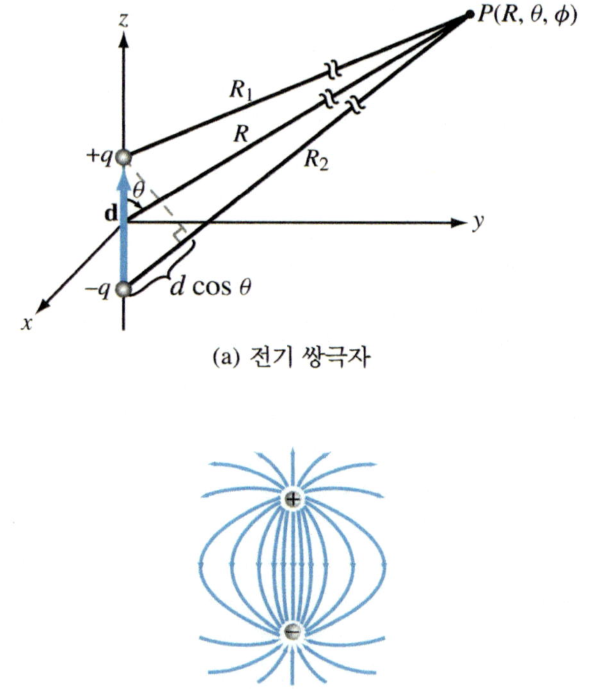

(a) 전기 쌍극자

(b) 전계 패턴

그림 3-13 쌍극자 모멘트 $\mathbf{p} = q\mathbf{d}$를 가진 전기 쌍극자(예제 3-7)

풀이 단일 점전하에 의한 전위는 식 (3.45)에 주어져 있다. 그림 3-13(a)에 있는 두 점전하에 대해서 식 (3.47)을 적용하면

$$V = \frac{1}{4\pi\varepsilon_0}\left(\frac{q}{R_1} + \frac{-q}{R_2}\right) = \frac{q}{4\pi\varepsilon_0}\left(\frac{R_2 - R_1}{R_1 R_2}\right).$$

이 된다. $R \gg d$이기 때문에, 그림 3-13(a)에서 보는 바와 같이 R_1과 R_2를 거의 평행으로 볼 수 있으므로

$$R_2 - R_1 \simeq d\cos\theta, \qquad R_1 R_2 \simeq R^2.$$

이 되어 V는

$$V = \frac{qd\cos\theta}{4\pi\varepsilon_0 R^2}. \quad (3.52)$$

이다. 식 (3.52)의 분자는 $q\mathbf{d}$와 $\hat{\mathbf{R}}$의 스칼라적

$$qd\cos\theta = q\mathbf{d}\cdot\hat{\mathbf{R}} = \mathbf{p}\cdot\hat{\mathbf{R}}, \quad (3.53)$$

으로 쓸 수 있다. 여기서 $\mathbf{d}$는 $-q$에서 $+q$까지의 거리벡터, $\hat{\mathbf{R}}$은 전기 쌍극자 중심에서 관측점을 향하는 단위벡터, $\mathbf{P} = q\mathbf{d}$는 전기 **쌍극자 모멘트**(dipole moment)이다. 식 (3.52)에 식 (3.53)을 대입하면

$$V = \frac{\mathbf{p}\cdot\hat{\mathbf{R}}}{4\pi\varepsilon_0 R^2} \quad \text{(전기 쌍극자)}. \tag{3.54}$$

이 된다. 구좌표에서 식 (3.51)은

$$\begin{aligned}\mathbf{E} &= -\nabla V \\ &= -\left(\hat{\mathbf{R}}\frac{\partial V}{\partial R} + \hat{\boldsymbol{\theta}}\frac{1}{R}\frac{\partial V}{\partial \theta} + \hat{\boldsymbol{\phi}}\frac{1}{R\sin\theta}\frac{\partial V}{\partial \phi}\right),\end{aligned} \tag{3.55}$$

이다. ∇v에 대한 식은 책의 뒷표지 안쪽에 수록되어 있다. 식 (3.52)의 V를 R과 θ에 대해 편미분하여 식 (3.55)에 대입하면

$$\mathbf{E} = \frac{qd}{4\pi\varepsilon_0 R^3}\left(\hat{\mathbf{R}}\, 2\cos\theta + \hat{\boldsymbol{\theta}}\sin\theta\right) \quad \text{(V/m)}. \tag{3.56}$$

이 된다. 식 (3.54)와 식 (3.56)의 V와 $\mathbf{E}$에 관한 식은 $R \gg d$일 때만 적용할 수 있다. 쌍극자를 이루는 두 전하 부근의 점에서 V와 $\mathbf{E}$를 계산하기 위해서는, 식 (3.52)의 유도에 사용된 먼거리 근사법은 사용하지 않고 계산해야 한다. $\mathbf{E}$를 정확히 계산하여 패턴을 그리면 그림 3-13(b)와 같은 패턴이 된다. ♣

3-5.5 푸아송 방정식

$\mathbf{D} = \varepsilon\mathbf{E}$이므로, 식 (3.26)의 가우스 법칙의 미분형은

$$\nabla\cdot\mathbf{E} = \frac{\rho_v}{\varepsilon}. \tag{3.57}$$

으로 쓸 수 있고, 식 (3.57)에 (3.51)의 관계를 대입하면

$$\nabla\cdot(\nabla V) = -\frac{\rho_v}{\varepsilon}. \tag{3.58}$$

이 된다. 식 (2.110)의 스칼라함수 V의 라플라시안에 대한 정의에 의하여

$$\nabla^2 V = \nabla\cdot(\nabla V) = \frac{\partial^2 V}{\partial x^2} + \frac{\partial^2 V}{\partial y^2} + \frac{\partial^2 V}{\partial z^2}, \tag{3.59}$$

이고, 식 (3.58)을

$$\nabla^2 V = -\frac{\rho_v}{\varepsilon} \quad \text{(푸아송 방정식)}. \tag{3.60}$$

형태로 쓸 수 있다. 이것을 **푸아송 방정식**(Poisson's equation)이라 한다. 체적전하밀도가 ρ_v인 체적 v'에 의 한 전위 V는 식 (3.48a)로부터

$$V = \frac{1}{4\pi\varepsilon}\int_{v'}\frac{\rho_v}{R'}\,dv' \tag{3.61}$$

이며, 이것은 식 (3.60)의 해이다. 자유전하가 없는 매질에서 식 (3.60)은

$$\nabla^2 V = 0 \quad \text{(라플라스 방정식)}$$

으로 되며, 이것을 **라플라스 방정식**(Laplace's equation)이라 한다. 푸아송 방정식과 라플라스 방정식은 어떤 영역의 경계면의 전위가 주어졌을 때 그 영역 내의 전위분포를 구하는 데 사용된다. 예를 들면 평행판 커패시터에서 두 판 간의 전위차가 주어졌을 때, 두 판 사이의 영역의 전위분포는 라플라스 방정식을 이용하여 구할 수 있다. 또 반도체 다이오드의 PN 접합영역에서도 푸아송 방정식을 이용하여 전위분포, 전계분포, 접합전위차, 접합정전용량 등의 계산이 가능하다.

연습문제 3.10 x-y평면 위에 있는 정방향의 네 정점에 각각 20μC의 점전하가 있으며, 그 중심은 원점이고 각 변은 2m이다. 네 점전하에 의한 자유공간의 원점에서의 전위를 구하라.

[답] $V=\sqrt{2}\times 10^{-5}/(\pi\varepsilon_0)$ (V). (◉)

연습문제 3.11 반경 R인 구각(spherical shell)이 균일한 표면전하밀도 ρ_s를 가질 때 구의 중심에서의 전위를 구하라.

[답] $V=\rho_s R/\varepsilon$ (V). (◉)

3-6 매질의 전기적인 특성

전자기 **물질 파라미터**(constitutive parameter)는 유전율 ε, 투자율 μ, 도전율 σ이다. 물질 파라미터가 위치에 따라 변하지 않는 매질을 **균질**(homogeneous) 매질이라고 하고 물질 파라미터가 방향에 무관할 경우 **등방성**(isotropic) 매질이라 한다. 매질의 대부분은 등방성 특성이지만 그렇지 않은 결정체도 있다. 이 책에서는 모든 매질을 균질이고 등방성인 것으로 가정한다. 이 장에서는 ε과 σ에 대해서만 다루고 μ는 4장에서 언급한다.

도전율은 외부에서 전계를 인가할 경우, 전자가 매질을 통해 어느 정도 잘 진행할 수 있는가를 결정한다. 물질은 도전율의 크기에 따라 **도체**(conductor; 금속) 또는 **유전체**(dielectric; 절연체)로 분류한다. 도체 원자의 최외각에 있는 수많은 전자(자유전자)들은 자유롭게 한 원자에서 다른 원자로 쉽게 이동할 수 있다.

외부전계가 없을 경우, 이 자유전자들은 불규칙한 방향으로 이동하며 속도도 일정하지 않다. 불규칙한 운동에 의해 도체를 통하여 흐르는 평균전류는 0이다. 외부에서 전계를 인가하면, 외부전계의 반대방향으로 전자가 이동한다. 결정체 내에서는 결정격자와의 충돌에 의해 일정한 평균속도를 가지게 되는데, 이 속도를 드리프트 속도(drift velocity) $\mathbf{u}_e$라 하며, 자유전자가 외부전계의 힘을 받으면 도체 내에서 드리프트되어 **전도전류**(conduction current)를 발생시킨다.

유전체는 외부로부터 전계를 인가하더라도 전자가 단단하게 구속되어 있기 때문에 원자로부터 벗어나기가 대단히 어려워 전류가 흐르지 않는다. **완전유전체**(perfect dielectric)의 경우, $\sigma=0$이고, **완전도체**(perfect conductor)에서는 $\sigma=\infty$이다.

대부분의 금속의 도전율 σ는 10^6에서 10^7S/m 사이의 값을 지니며, 절연체는 10^{-10}에서 10^{-17}S/m의 값을 갖는다(표 3-1참조). 도체와 절연체 사이의 도전율을 갖는 물질을 **반도체**(semiconductor)라 한다. 예를 들면, 순수한 게르마늄(Ge)의 도전율은 2.2S/m이다. 상온(20°C)에서 상용물질에 대한 σ의 값은 부록 B에 수록되어 있으며, 그 일부는 표 3-1에 주어져 있다.

물질의 도전율은 온도와 불순물을 비롯한 여러 인자에 의해 달라진다. 일반적으로, 온도가 감소하면 금속의

표 3-1 20°C에서 몇 가지 물질의 도전율

물질	도전율 σ(S/m)
도체	
은	6.2×10^7
구리	5.8×10^7
금	4.1×10^7
알루미늄	3.5×10^7
철	10^7
수은	10^6
탄소	3×10^4
반도체	
순수게르마늄	2.2
순수 실리콘	4.4×10^{-4}
절연체	
유리	10^{-12}
파라핀	10^{-15}
운모	10^{-15}
용융 석영	10^{-17}

σ는 증가하지만, 어떤 도체는 아주 낮은 온도(절대온도 0° 부근)에서 도전율이 무한대로 된다. 이러한 도체를 **초전도체**(superconductor)라 한다.

3-7 도체

도체 내에서 전자의 드리프트 속도 $\mathbf{u}_e$는 외부에서 인가한 전계 $\mathbf{E}$와

$$\mathbf{u}_e = -\mu_e \mathbf{E} \qquad \text{(m/s)}, \tag{3.62a}$$

의 관계가 있다. 여기서 μ_e는 **전자 이동도**(electron mobility)이며, 단위는 ($\mathrm{m^2/V \cdot s}$)이다. 반도체에서 전류는 전자와 정공의 이동에 의한 것으로, 정공은 양의 전하 반송자(carrier)이기 때문에 **정공 드리프트 속도**(hole drift velocity) $\mathbf{u}_h$는 $\mathbf{E}$와 같은 방향이다.

$$\mathbf{u}_h = \mu_h \mathbf{E} \qquad \text{(m/s)}, \tag{3.62b}$$

여기서, μ_h는 **정공 이동도**(hole mobility)이다. 이동도는 하전입자의 실효질량과 평균주행거리에 관계된다. 평균주행거리란 다음과 같이 설명할 수 있다. 외부에서 가해진 전계로 인해 하전입자가 가속을 받으면서 이동하다가 원자와 충돌하면 속도가 0이 되고 충돌한 원자로부터 튀어나와[이것을 산란(scattering)이라 함] 다시 가속되어 이동하다가 또 다른 원자와 충돌한 후 계속 이어지는 원자와의 충돌과정에서 충돌거리와 충돌시간은 불규칙한 결정구조 때문에 변화하게 된다.

이 때 충돌거리와 충돌시간의 평균을 각각 평균 주행거리, 평균 주행시간이라 하며 드리프트 속도 또한 평균 드리프트 속도를 말한다. 식 (3.11)로부터, 체적전하밀도 ρ_v가 속도 $\mathbf{u}$로 움직이는 매질에서의 전류밀도는 $\mathbf{J} = \rho_v \mathbf{u}$이다. 이 경우, 전류밀도는 전자에 의한 성분 $\mathbf{J}_e$와 정공에 의한 성분 $\mathbf{J}_h$로 구성되므로, 총 **전도전류밀도**(conduction current density)는

$$\mathbf{J} = \mathbf{J}_e + \mathbf{J}_h = \rho_{ve}\mathbf{u}_e + \rho_{vh}\mathbf{u}_h \qquad \text{(A/m}^2\text{)}. \tag{3.63}$$

이다. 식 (3.62a)와 (3.62b)에 의해

$$\mathbf{J} = (-\rho_{ve}\mu_e + \rho_{vh}\mu_h)\mathbf{E}, \tag{3.64}$$

으로 되며, $\rho_{ve} = -N_e e$이고 $\rho_{vh} = N_h e$이다. 여기서 N_e와 N_h는 각각 단위체적당 자유전자의 수와 정공의 수이며, $e = 1.6 \times 10^{-19}$C는 단일전자 또는 전공의 전하량이다. 식 (3.64)에 괄호 안의 값은 매질의 **도전율**(conductivity) σ로 정의된다. 그러므로

$$\begin{aligned}\sigma &= -\rho_{ve}\mu_e + \rho_{vh}\mu_h \\ &= (N_e\mu_e + N_h\mu_h)e \qquad \text{(S/m)} \quad \text{(반도체)},\end{aligned} \tag{3.65}$$

이며, 단위는 (S/m)이다. 양도체의 경우 $N_h\mu_h \ll N_e\mu_e$이므로, 식 (3.65)는

$$\sigma = -\rho_{ve}\mu_e = N_e\mu_e e \qquad \text{(S/m)} \quad \text{(도체)}. \tag{3.66}$$

으로 된다. 어느 경우이든지 간에 식 (3.64)는

$$\mathbf{J} = \sigma\mathbf{E} \qquad \text{(A/m}^2\text{)} \quad \text{(옴의 법칙)}, \tag{3.67}$$

이 된다. 이것을 **옴의 법칙의 미분형**(Point form of Ohm's law)이라 한다. $\sigma = 0$인 완전유전체에서는 $\mathbf{E}$와 관계없이 $\mathbf{J} = 0$이고, $\sigma = \infty$인 완전도체에서는 $\mathbf{J}$와 관계없이 $\mathbf{E} = \mathbf{J}/\sigma = 0$이다. 즉,

완전 유전체:	$\mathbf{J} = 0$
완전 도체:	$\mathbf{E} = 0$

은, 구리, 금, 알류미늄과 같은 대부분의 금속의 도전율 σ는 10^6S/m 정도이기 때문에(표 3-1 참조) 금속도체 내

에서는 $\mathbf{E}=0$로 놓는 것이 상례이다.

완전도체는 **등전위**(equipotential) 매질이다. 즉, 도체의 모든 점에서 전위가 동일하다는 의미이다. 이러한 특성은 식 (3.39)에 나타난 바와 같이, 도체의 두 점 간의 전위차 V_{21}가 $\mathbf{E}$를 선적분한 것과 같다는 사실로부터 알 수 있다. 완전도체에서는 어느 곳에서나 $\mathbf{E}=0$이기 때문에 전위차 $V_{21}=0$이다. 도체가 등전위 매질이라 하더라도, 어떤 도체와 다른 도체 사이의 전위차가 반드시 0이라는 의미는 아니다. 각 도체가 등전위 매질이더라도 표면전하분포가 다를 경우 전위차가 발생할 수 있다.

예제 3-8 동선에서의 전도전류

직경 3mm 동선의 도전율이 5.8×10^7(S/m)이고, 전자이동도가 0.0032(m^2/V · s)이고 전계가 20(mV/m)이다. (a) 자유전자의 체적전하밀도 (b) 전류밀도 (c) 동선에 흐르는 전류 (d) 전하의 드리프트 속도 (e) 자유전자의 체적밀도를 구하라.

풀이

(a)

$$\rho_{\text{ve}} = -\frac{\sigma}{\mu_{\text{e}}} = -\frac{5.8\times10^7}{0.0032} = -1.81\times10^{10}\ (\text{C/m}^3).$$

(b)

$$J = \sigma E = 5.8\times10^7\times20\times10^{-3} = 1.16\times10^6\ (\text{A/m}^2).$$

(c)

$$\begin{aligned} I &= JA \\ &= J\left(\frac{\pi d^2}{4}\right) = 1.16\times10^6\left(\frac{\pi\times9\times10^{-6}}{4}\right) = 8.20\ \text{A}. \end{aligned}$$

(d)

$$u_{\text{e}} = -\mu_{\text{e}}E = -0.0032\times20\times10^{-3} = -6.4\times10^{-5}\ \text{m/s}.$$

(−)부호는 $\mathbf{u}_e$가 $\mathbf{E}$와 반대방향임을 나타낸다.

(e)

$$N_{\text{e}} = -\frac{\rho_{\text{ve}}}{e} = \frac{1.81\times10^{10}}{1.6\times10^{-19}} = 1.13\times10^{29}\ \text{electrons/m}^3.$$

♣

연습문제 3.12 도전율 3.5×10^7(S/m)이고, 전자이동도가 0.0015(m^2/V · s)인 알루미늄의 자유전자의 밀도를 구하라.

[답] $N_{\text{e}} = 1.46\times10^{29}$ electrons/m^3.

연습문제 3.13 일정한 단면적을 갖는 길이 300m의 도선에 흐르는 전류밀도가 3×10^5(A/m^2)이다. 도선의 도전율이 2×10^7(S/m)일 경우, 도선 양단의 전압강하를 구하라.

[답] $V = 4.5$ (V).

3-7.1 저항

그림 3-14에서와 같이 길이가 l, 일정한 단면적 A를 갖는 도체의 저항(resistance) R에 대한 식을 유도하는 데 옴의 법칙의 관계식을 이용한다. 도체축은 x축 방향이고 점 x_1과 x_2 사이의 거리 l은 x_2-x_1이다. 도체 양단에 전압 V를 인가하면 도체 내에 전계 $\mathbf{E}=\hat{\mathbf{x}}E_x$가 생긴다.

$\mathbf{E}$의 방향은 점 1에서 점 2의 방향, 즉 고전위에서 저전위를 향하는 방향이다. V와 E_x의 관계는 식 (3.39)를 적용하여 구하면

$$\begin{aligned} V &= V_1 - V_2 \\ &= -\int_{x_2}^{x_1} \mathbf{E}\cdot d\mathbf{l} \\ &= -\int_{x_2}^{x_1} \hat{\mathbf{x}}E_x\cdot\hat{\mathbf{x}}\,dl = E_x l \qquad (\text{V}). \end{aligned} \tag{3.68}$$

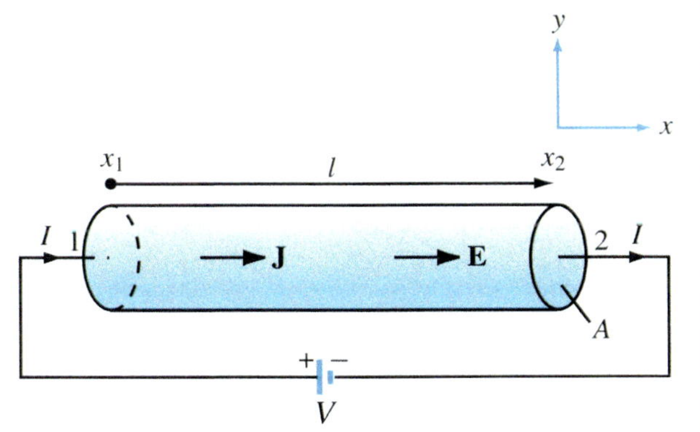

그림 3-14 d-c 전압원 V에 연결된 단면이 A이고 길이가 l인 선저항

이 된다.

식 (3.67)을 이용하면, 점 x_2에서 단면적 A에 흐르는 전류는

$$I = \int_A \mathbf{J} \cdot d\mathbf{s} = \int_A \sigma \mathbf{E} \cdot d\mathbf{s} = \sigma E_x A \qquad (\text{A}) \qquad (3.69)$$

이다. $R = V/I$이므로, 식 (3.69)에 대한 식 (3.68)의 비는

$$R = \frac{l}{\sigma A} \qquad (\Omega). \qquad (3.70)$$

이 된다.

임의의 모양을 지닌 도체의 저항 R에 대한 일반식을 구해 보자. 저항체(resistor) 양단전압 V는 두 점 간의 적분경로 l에 대해 $\mathbf{E}$를 선적분한 값과 같고, 전류 I는 저항체의 단면 S를 통하여 흐르는 $\mathbf{J}$를 면적분한 값과 같으므로

$$R = \frac{V}{I} = \frac{-\int_l \mathbf{E} \cdot d\mathbf{l}}{\int_S \mathbf{J} \cdot d\mathbf{s}} = \frac{-\int_l \mathbf{E} \cdot d\mathbf{l}}{\int_S \sigma \mathbf{E} \cdot d\mathbf{s}}. \qquad (3.71)$$

으로 표시된다. R의 역수를 **컨덕턴스**(conductance) G라 하며, 그 단위는 mho(Ω^{-1}) 또는 지멘스(S)이다.

$$G = \frac{1}{R} = \frac{\sigma A}{l} \qquad (\text{S}). \qquad (3.72)$$

예제 3-9 동축 케이블의 컨덕턴스

길이가 l이고 내부도체와 외부도체의 반경이 각각 a와 b인 동축 케이블이 있다(그림 3-15). 절연체의 도전율은 σ이다. 절연층의 단위길이당 컨덕턴스 G'에 대한 식을 유도하라.

풀이 절연체를 통하여 내부도체에서 외부도체로 흐르는 총 전류를 I라 하자. 내부도체의 중심축으로부터 방사상 거리 r에서 전류가 흐르는 면적은 $A = 2\pi r l$이므로

$$\mathbf{J} = \hat{\mathbf{r}} \frac{I}{A} = \hat{\mathbf{r}} \frac{I}{2\pi r l}, \qquad (3.73)$$

$$\mathbf{E} = \hat{\mathbf{r}} \frac{I}{2\pi \sigma r l}. \qquad (3.74)$$

으로 된다. 전류는 높은 전위에서 낮은 전위로 흐르므로 $\mathbf{J}$가 $\hat{\mathbf{r}}$방향일 경우, 내부도체가 외부도체보다 더 전위가 높다. 그러므로 도체 간 전위차는

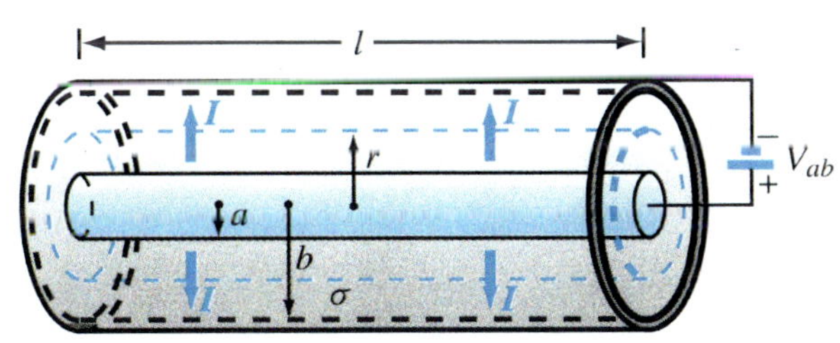

그림 3-15 예제 3-9의 동축 케이블

$$V_{ab} = -\int_b^a \mathbf{E}\cdot d\mathbf{l} = -\int_b^a \frac{I}{2\pi\sigma l}\frac{\hat{\mathbf{r}}\cdot\hat{\mathbf{r}}\,dr}{r} = \frac{I}{2\pi\sigma l}\ln\left(\frac{b}{a}\right). \quad (3.75)$$

이고, 단위길이당 컨덕턴스는

$$G' = \frac{G}{l} = \frac{1}{Rl} = \frac{I}{V_{ab}l} = \frac{2\pi\sigma}{\ln(b/a)} \quad \text{(S/m)}. \quad (3.76)$$

이다. ♣

3-7.2 줄의 법칙

정전계 **E** 내에 있는 도전물질에서 소비되는 전력을 고찰해 보자. 매질 내의 자유전자와 정공의 체적전하밀도가 각각 ρ_{ve}와 ρ_{vh}일 경우, 미소체적 Δv에 들어 있는 전자와 정공의 전하는 각각 $q_e = \rho v \Delta v$와 $q_h = \rho_{vh}\Delta v$이다. q_e와 q_h에 작용하는 전기력은 $\mathbf{F}_e = q_e\mathbf{E} = \rho_{ve}\mathbf{E}\Delta v$이고 $\mathbf{F}_h = q_h\mathbf{E} = \rho_{vh}\mathbf{E}\Delta v$이다. q_e를 미소거리 Δl_e만큼, 그리고 q_h를 $\Delta\mathbf{l}_h$만큼 이동시키는 데 전계가 소비하는 일(에너지)은

$$\Delta W = \mathbf{F}_e \cdot \Delta\mathbf{l}_e + \mathbf{F}_h \cdot \Delta\mathbf{l}_h. \quad (3.77)$$

이다. 전력 P는 시간에 대한 에너지의 변화율로 단위는 (W)이다.

$$\begin{aligned}\Delta P = \frac{\Delta W}{\Delta t} &= \mathbf{F}_e\cdot\frac{\Delta\mathbf{l}_e}{\Delta t} + \mathbf{F}_h\cdot\frac{\Delta\mathbf{l}_h}{\Delta t} \\ &= \mathbf{F}_e\cdot\mathbf{u}_e + \mathbf{F}_h\cdot\mathbf{u}_h \\ &= (\rho_{ve}\mathbf{E}\cdot\mathbf{u}_e + \rho_{vh}\mathbf{E}\cdot\mathbf{u}_h)\,\Delta v \\ &= \mathbf{E}\cdot\mathbf{J}\,\Delta v, \end{aligned} \quad (3.78)$$

여기서 $\mathbf{u}_e = \Delta\mathbf{l}_e/\Delta t$는 전자의 드리프트 속도이고, $\mathbf{u}_h = \Delta\mathbf{l}_h/\Delta t$는 정공의 드리프트 속도이다. 식 (3.78)의 유도에는 식 (3.63)이 이용되었다. 체적 v에서 소비되는 총 전력은

$$P = \int_v \mathbf{E}\cdot\mathbf{J}\,dv \quad \text{(W)} \quad \text{(줄의 법칙)}, \quad (3.79)$$

이고, 식 (3.67)의 관계를 이용하면

$$P = \int_v \sigma|\mathbf{E}|^2\,dv \quad \text{(W)}. \quad (3.80)$$

이 된다. 식 (3.79)는 **줄의 법칙**(Joule's law)의 수학적 표현식이다.

앞서 다루었던 저항체에 대한 예제에서는 $|\mathbf{E}| = E_x$이고, 체적은 $v = lA$이다. 식 (3.80)의 체적적분을 면적분 A와 선적분 l의 곱으로 분리하여 표시하면

$$\begin{aligned}P &= \int_v \sigma|\mathbf{E}|^2\,dv \\ &= \int_A \sigma E_x\,ds \int_l E_x\,dl \\ &= (\sigma E_x A)(E_x l) = IV \quad \text{(W)}, \end{aligned} \quad (3.81)$$

이 된다. 여기서 전압 V는 식 (3.68)을, 전류 I는 식 (3.69)를 이용했다. $V = IR$이므로

$$P = I^2R \quad \text{(W)}. \quad (3.82)$$

와 같은 식을 얻을 수 있다.

연습문제 3.14 길이 25m인 동선의 반경 r은 2cm이다. 도전율이 5.8×10^7(S/m)일 경우

(a) 저항 R, (b) 양단전압이 1.5(mV)일 경우, 소비전력을 구하라.

[답] (a) $R = 3.4\times10^{-4}\ \Omega$, (b) $P = 6.6$ (mW). (❀)

연습문제 3.15 식 (3.80)을 적용하여 연습문제 3.14의 (b)를 다시 계산하라. (❀)

3-8 유전체

앞에서 언급한 바와 같이, 도체와 유전체 사이의 근본적인 차이는 도체는 전자가 느슨하게 구속되어 있기 때문에 물질의 결정구조를 통하여 자유롭게 이동할 수 있는 반면, 유전체의 최외각 전자는 원자에 단단하게 구속되어 있다는 점이다. 전계가 없는 경우, 그림 3-16(a)에서 보는 바와 같이, 전자들은 원자핵 주위에 대칭적인 전자운(cloud)을 형성하고 있으며, 전자운의 중심은 원자핵의 중심과 동일한 위치이다. 양전하로 대전된 원자핵에 의한 전계는 원자핵 주위의 전자를 구속하고, 인접하는 원자들로 이루어진 전자운 간의 상호반발로 인하여 물질의 모양을 형성하게 된다. 도체에 외부전계를 인가했을 때, 느슨하게 구속되어 있던 대부분의 전자들은 한 원자에서 다른 원자로 쉽게 이동하므로 전류를 생성한다. 반면 유전체에서는 외부에서 전계 $\mathbf{E}_{ext}$를 인가하더라도 자유롭게 전자가 이동할 수 없기 때문에 전하의 대량 이동에 큰 영향을 주지 못하나, 전자운의 중심이나 원자핵의 위치를 이동시켜 원자나 분자를 **분극화**(polarize) 한다. 분극과정은 그림 3-16(b)에 도시했다.

그림 3-16(c)에서와 같이, 분극화된 원자나 분자는 원자핵 중심의 $+q$전하와 전자운 중심의 $-q$전하로 구성된 전기 쌍극자로 나타난다. 각 쌍극자는 미소전계를 형성하며, 이 전계방향은 (+)로 대전된 핵으로부터 전자운(크기는 같지만 (−)전하를 가짐)의 중심으로 향한다. 이러한 **유도전계**(induced fild)를 **분극전계**(polarization field)라 하며, 이것은 $\mathbf{E}_{ext}$보다 훨씬 약하고 방향이 반대이다. 결과적으로, 유전체에 나타나는 총(net) 전계는 $\mathbf{E}_{ext}$보다 더 작다. 미시적으로 볼 때, 각 쌍극자는 예제 3-7에 설명한 것과 동일한 쌍극자 모멘트를 나타낸다. 외부전계 $\mathbf{E}_{ext}$를 가했을 때 유전체 내의 전기 쌍극자는 그림 3-17에서 나타낸 것과 같이 선형배열로 정렬한다. 쌍극자 배열에 의해 유전체 내부에는 많은 전기 쌍극자가 생기지만, 서로 인접한 음과 양의 전하는 상쇄되고 윗면에는 양의 전하가, 아랫면에는 음의 전하가 남는다.

그림 3-16과 3-17에 비교적 간단히 나타낸 그림은 분자가 영구적인 쌍극자 모멘트를 갖지 않는 **무분극 물질**(nonpolar material)에 해당한다. 무분극 분자는 외부에

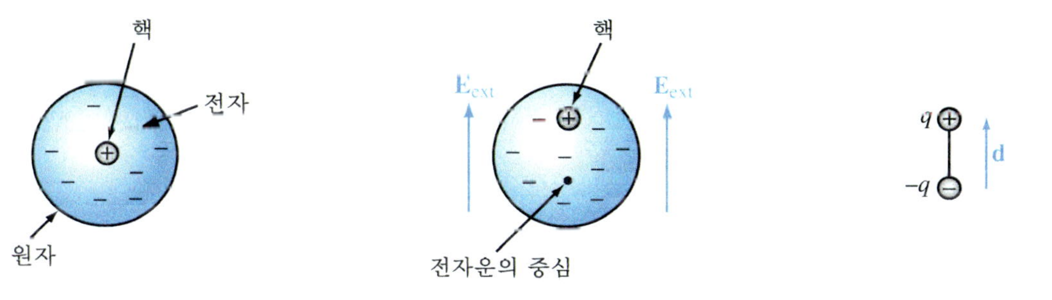

(a) $\mathbf{E}_{ext} = 0$ (b) $\mathbf{E}_{ext} \neq 0$ (c) 전기 쌍극자

그림 3-16 외부전계 $\mathbf{E}_{ext}$가 없을 때, 전자운은 핵과 중심을 공유하고 있다. 그러나 외부에서 전계가 가해지면, 두 중심은 거리 d만큼 떨어진다.

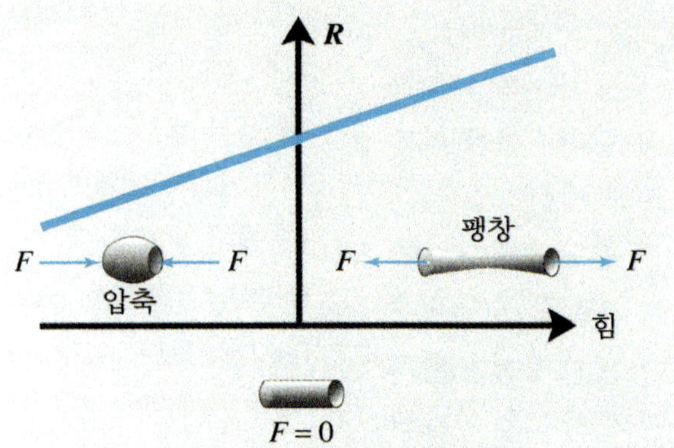

A. 피에조 저항은 가해진 힘에 따라서 변한다.

저항 센서

전기적 센서는 가해진 자극에 대해 전기적 신호를 생성할 수 있는 장치이다. 이 때 전기적 신호는 가해진 자극의 강도와 관련된 전압, 전류 혹은 다른 양을 가리킨다. 자극의 종류는 물리적, 화학적, 생물적인 양들로서 매우 다양하며, 온도, 압력, 위치, 거리, 움직임, 속도, 가속도, 밀도(기체나 액체), 피의 흐름 등이 있다. 감지하는 과정은 저항, 커패시턴스, 인덕턴스, 기전력(emf), 발진 주파수, 시간 지연 등을 측정하는 것이다. 이 '기술 요약'에서는 저항 센서를 다룬다. 용량성, 유도성, emf 센서들은 이 장과 다음 장에서 각각 다룬다.

피에조 저항(Piezoresisitivity)

식 (4.70)에 의해 원통모양의 저항체나 도선 도전체의 저항은 $R = l/\sigma A$로 주어지고, 이 때 l은 원통의 길이, A는 전류가 흐르는 단면적, σ는 저항체를 이루는 물질의 도전율이다. 외부 힘을 가해 도선이 늘어나게 되면 l은 증가하고 A는 감소한다. 그 결과 R은 증가한다(그림 A). 반대로 도선을 압축하면 R은 감소한다. 그리스어인 'piezein' 의 뜻은 '누르다'인데 여기서 피에조 저항이란 단어가 유래되었다. 이를 emf 효과인 피에조 전기와 혼동해서는 안된다(EMF 센서를 참고할 것). 신축적 저항 센서는 그림 B에서처럼 표면의 변형(z만큼의)을 측정하기에 적합하고, 그 신축은 표면에 가해진 압력과 연결

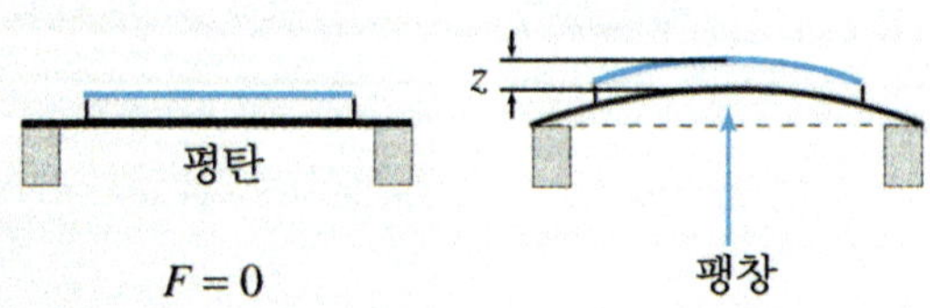

B. 피에조 저항 필름

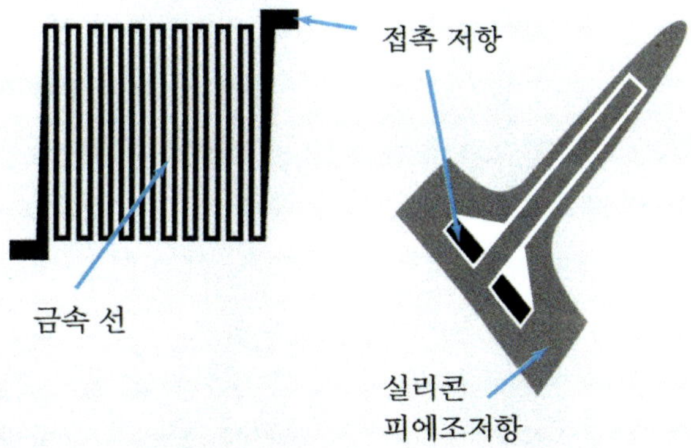

C. 금속과 실리콘 피에조 저항

될 수 있다; 그리고 z가 시간에 대한 함수로 기록될 경우, 표면의 움직임(변형)에 대한 속도나 가속도를 유도할 수 있다. 축방향 성분의 피에조 저항의 높은 감도(가해신 힘에 의한, 규격화된 저항 변화 $\Delta R/R$와 규격화된 길이 변화$\Delta l/l$ 간의 비)를 얻기 위해서 선로를 종종 뱀(serpentine)모양으로 만들어 유동성을 가진 플라스틱 기판에 고정한 뒤 변형을 관측하고자 하는 판자 표면 위에 접착한다. 일반적으로 센서 선을 만들기 위해서 구리와 니켈 합금이 사용되지만, 때로는 매우 큰 피에조 저항 감도를 보이는 실리콘을 사용하기도 한다. 그림 D와 같이 피에조 저항을 휘스톤브릿지 회로에 연결함으로써 출력전압은 규격화된 저항변화$\Delta R/R$에 1차적으로 비례하게 된다. 이 때 외부 힘이 작용하지 않을 경우, 피에조 저항 R_p의 값은 나머지 3개 저항 R과 동일한 값을 갖는다.

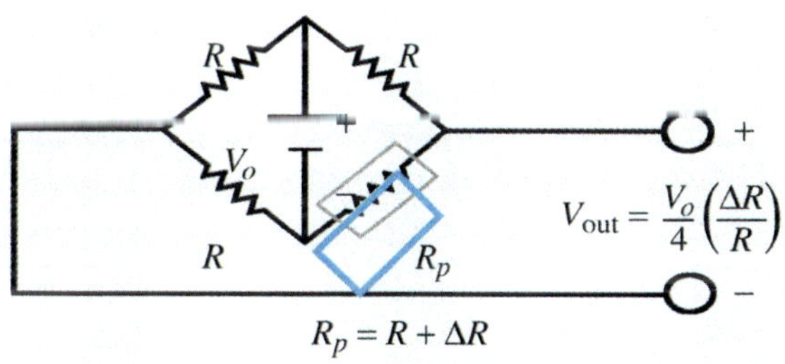

D. 피에조 저항을 사용한 휘스톤브릿지 회로

서 전계를 인가했을 때만 분극현상이 발생하고 전계를 인가하지 않았을 때는 원래의 상태로 돌아간다. 물고 같은 분자구조는 외부전계가 없을지라도 영구적인 쌍극자 모멘트를 갖고 있다. 영구적인 쌍극자로 되어 있는 물질을 **분극물질**(polar material)이라 한다. 외부전계가 없을 때 분극 물질 내의 각각의 쌍극자들은 임의의 방향으로 향하기 때문에 거시적으로 볼 때 총 쌍극자 모멘트(net dipole moment)는 발생되지 않는다(거시적 규모에서 물질 내의 한 점은 수천 개의 분자를 포함하는 소형체적을 나타낸다). 외부전계를 인가했을 때 영구적인 쌍극자는 무분극 물질에 대해 그림 3-17에 도시된 것과 같이 전계방향으로 정렬한다.

D와 **E**가 자유공간에서 ε_0와 $\mathbf{D}=\varepsilon_0\mathbf{E}$의 관계가 있는 반면, 유전체 내에서는 이들 미시적 쌍극자로 인해 **D**와 **E**의 관계가 다음과 같이 바뀐다.

$$\mathbf{D} = \varepsilon_0\mathbf{E} + \mathbf{P}, \tag{3.83}$$

여기서, **P**를 전기 분극계 또는 **분극의 세기**(electric polarization field)라고 하며, 물질의 분극특성의 정도를 나타낸다. 전기 분극계는 전계 **E**에 의해 발생하고 물질의 특성에 의존한다.

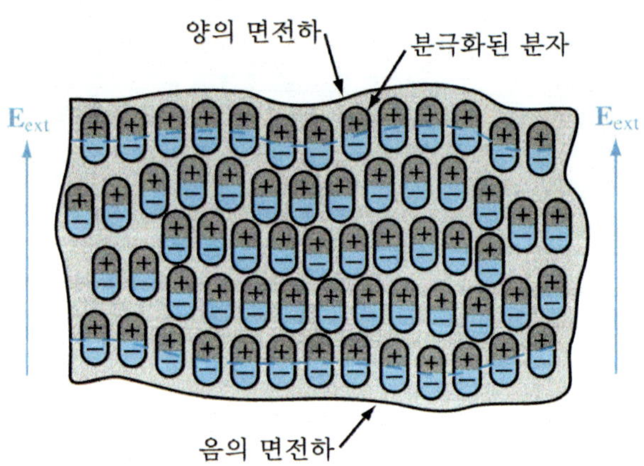

그림 3-17 외부전계 $\mathbf{E}_{ext}$에 의해서 분극된 유전체 매질

분극의 세기 **P**가 **E**의 크기에 정비례할 경우, 유전체는 **선형**(linear)이라 하고, 전기 분극계 **P**와 **E**가 같은 방향일 때에는 **등방성**(isotropic)이라 한다. 어떤 결정체의 경우, 특정 방향(예를 들면 결정축 방향)에서 다른 방향에 비해 더 많은 전기분극이 일어나는 주기적 결정 구조를 지니기도 한다. 이러한 **비등방성**(anisotropic) 유전체에서는 **E**와 **D**의 방향이 다르다.

매질상수(ε, μ, σ)가 매질 내에서 일정할 경우, **균질성**(homogeneous)이라 한다. 여기서는 선형, 등방성, 균질 매질에 한정하여 다룬다. 이러한 매질에서 전기 분극계 **P**는 **E**에 정비례하므로

$$\mathbf{P} = \varepsilon_0\chi_e\mathbf{E}, \tag{3.84}$$

으로 표시되며, χ_e를 **전기 분극률**(electric susceptibility)이라 한다. 식 (3.83)에 식 (3.84)를 대입하면

$$\begin{aligned}\mathbf{D} &= \varepsilon_0\mathbf{E} + \varepsilon_0\chi_e\mathbf{E}\\ &= \varepsilon_0(1+\chi_e)\mathbf{E} = \varepsilon\mathbf{E},\end{aligned} \tag{3.85}$$

이 된다. 여기서, 유전율 ε은

$$\varepsilon = \varepsilon_0(1+\chi_e). \tag{3.86}$$

이 된다.

앞에서 언급한 바와 같이, 물질의 유전율을 자유공간의 유전율 ε_0로 표시하면 편리하다. 이를 비유전율 ε_r이라 하며 $\varepsilon_r=\varepsilon/\varepsilon_0$이다. 일부의 상용물질에 대한 ε_r값이 표 3-2에 있고, 비유전율에 관한 보다 더 많은 자료는 부록 B에 수록되어 있다. 비유전율은 자유공간에서는 $\varepsilon_r=1$이고, 대부분의 도체에서는 $\varepsilon_r\simeq1$이다. 공기의 유전율은 해수면에서 약 1.0006이며 고도가 증가할수록 작아진다. 대기층에서 전자파의 굴절률을 계산할 때와

표 3-2 비유전율(유전체 상수)과 일반 물질의 유전체 강도

물질	비유전율 ε_r	절연내력 E_{ds} (MV/m)
공기(해수면에서)	1.0006	3
석유	2.1	12
폴리스티렌	2.6	20
유리	4.5–10	25–40
석영	3.8–5	30
베이클라이트	5	20
운모	5.4–6	200

$\varepsilon = \varepsilon_r\varepsilon_0,\ \ \varepsilon_0 = 8.854 \times 10^{-12}$ F/m.

같이 특수한 경우를 제외하고는 공기는 자유공간으로 취급한다.

지금까지 설명한 유전체 분극 모델은 가해진 외부전계 **E**의 크기에 상한을 두지 않았다. **E**가 **절연내력**(絕緣耐力: dielectric strength)인 임계치를 초과하면 분자로부터 전자들이 완전히 자유롭게 되어 유전체 내의 전도전류를 급격히 증가시키게 된다. 이 현상이 일어나면 스파크가 일어나고 전자가 분자와 충돌하여 돌이킬 수 없는 손상을 입게 된다. 이와 같은 현상을 **절연파괴**(dielet-ric breakdown)라 한다. 유전체가 파괴되지 않고 견딜 수 있는 최대 전계강도를 절연내력(dielectric strength) E_{ds}라 한다. 절연파괴 현상은 기체, 액체와 고체 상태의 유전체에서 발생될 수 있다. 유전체 상노는 물질의 재질뿐만 아니라 온도 및 습도와 같은 다른 요소와도 관계가 있다. 공기의 유전체 강도는 3(MV/m), 유리는 25–40(MV/m), 운모는 200(MV/m)이다(표 3-2 참조).

전위 V를 갖는 대전된 뇌운(雷雲)은 대지와 구름 사이에 있는 공기 중에 전계 $E = V/d$를 유기시킨다. 여기서, d는 지표면과 구름 간의 거리이다. 만일 E가 공기의 유전체 강도보다 더 클 경우는 이온화가 이루어지고, 방전(번개)이 뒤따라 일어난다. 평행판 커패시터의 **절연파괴전압**(또는 내압; breakdown voltage) V_{br}를 예제 3-11에서 다룬다.

3-9 전계의 경계조건

전계의 크기나 방향이 공간 위치에 따라 변화하지 않는다면 전계는 공간적으로 연속적이라고 한다. 전계가 서로 다른 매질에서 연속적일지라도 표면전하가 경계면에 존재한다면 불연속적이다. 한 매질 내에 있는 계의 접선성분과 법선성분이 다른 매질과의 경계에 있는 계의 성분들과 어떤 관계인지를 기술하는 것이 경계조건이다. 이제 서로 다른 두 매질의 경계면에 적용할 수 있는 일반적인 경계조건을 유도해 보자. 서로 다른 두 매질은 서로 다른 두 유전체, 도체와 유전체 등이 될 수 있으며 혹은 두 유전체 모두가 자유공간이 될 수도 있다. 여기서는 우선 정전계에 대한 경계조건을 유도하지만, 이것은 시변전계에 대해서도 동일하게 적용할 수 있다. 유전율 ε_1인 매질 1과 ε_2인 매질 2의 경계면을 그림 3-18에 도시했다. 일반적인 경우, 경계면에는 표면전하밀도 ρ_s가 있다.

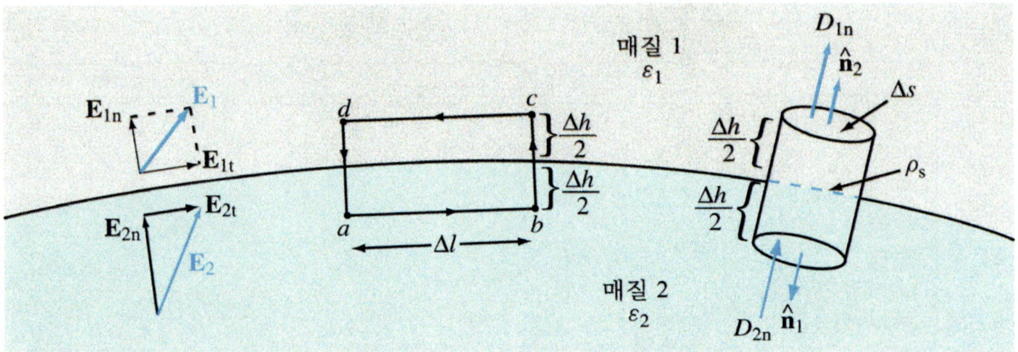

그림 3-18 두 유전체 매질 간의 경계면

E와 **D**의 접선성분에 대한 경계조건을 구하기 위하여, 그림 3-18에 도시한 직사각형의 폐회로 *abcda*를 만든 다음, 식 (3.40)의 전계의 보존성(임의의 폐경로 주위를 따라 정전계를 선적분하면 항상 영이 된다)을 적용시킨다. Δh를 0으로 근접시키면 선분 *bc*와 *da*에 대한 선적분은 무시할 수 있으므로

$$\oint_C \mathbf{E} \cdot d\mathbf{l} = \int_a^b \mathbf{E}_2 \cdot d\mathbf{l} + \int_c^d \mathbf{E}_1 \cdot d\mathbf{l} = 0, \qquad (3.87)$$

이 된다. 여기서, $\mathbf{E}_1$과 $\mathbf{E}_2$는 각각 매질 1과 2의 전계이다. 그림 3-18에서 보는 바와 같이, 전계를 접선방향과 법선방향으로 나누어 표시하면

$$\mathbf{E}_1 = \mathbf{E}_{1t} + \mathbf{E}_{1n}, \qquad (3.88a)$$

$$\mathbf{E}_2 = \mathbf{E}_{2t} + \mathbf{E}_{2n}. \qquad (3.88b)$$

이 된다. 선분 *ab*에서 $\mathbf{E}_{2t}$와 $d\mathbf{l}$가 같은 방향이고, 선분 *cd*에서는 $\mathbf{E}_{1t}$와 $d\mathbf{l}$이 반대방향이므로 식 (3.87)은

$$E_{2t}\,\Delta l - E_{1t}\,\Delta l = 0, \qquad (3.89)$$

또는

$$E_{1t} = E_{2t} \qquad \text{(V/m)}. \qquad (3.90)$$

이 된다. 따라서 전계의 접선성분은 두 매질의 경계에서 연속적이다. $D_{1t} = \varepsilon_1 E_{1t}$, $D_{2t} = \varepsilon_2 E_{2t}$이므로 전속밀도의 접선성분에 대한 경계조건은

$$\frac{D_{1t}}{\varepsilon_1} = \frac{D_{2t}}{\varepsilon_2}. \qquad (3.91)$$

이 된다.

E와 **D**의 법선성분에 대한 경계조건을 구하기 위하여, 식 (3.29)의 가우스 법칙을 적용한다. 가우스 법칙에 의하여, 그림 3-18에 도시된 미소원통의 세 면을 통하여 유출하는 **D**는 원통 내에 있는 총 전하와 같아야 한다. 원통의 높이 Δh를 0으로 근접시키면 측면을 통한 전속의 유출은 없다. 두 매질에 체적전하밀도가 있다고 하더라도, Δh를 0으로 근접시키면 측면을 통한 전속의 유출은 없다. 두 매질에 체적전하밀도가 있다고 하더라도 $\Delta h \geq 0$인 원통 안의 전하는 경계면에 분포되므로, $Q = \rho_s \Delta s$

표 3-3 전계에 대한 경계 조건

장 성분	두 매질	매질 1 유전체 ε_1 / 매질 2 유전체 ε_2	매질 1 유전체 ε_1	매질 2 도체
접선성분 **E**	$E_{1t} = E_{2t}$	$E_{1t} = E_{2t}$	$E_{1t} = E_{2t} = 0$	
접선성분 **D**	$D_{1t}/\varepsilon_1 = D_{2t}/\varepsilon_2$	$D_{1t}/\varepsilon_1 = D_{2t}/\varepsilon_2$	$D_{1t} = D_{2t} = 0$	
법선성분 **E**	$\hat{\mathbf{n}}\cdot(\varepsilon_1\mathbf{E}_1 - \varepsilon_2\mathbf{E}_2) = \rho_s$	$\varepsilon_1 E_{1n} - \varepsilon_2 E_{2n} = \rho_s$	$E_{1n} = \rho_s/\varepsilon_1$	$E_{2n} = 0$
법선성분 **D**	$\hat{\mathbf{n}}\cdot(\mathbf{D}_1 - \mathbf{D}_2) = \rho_s$	$D_{1n} - D_{2n} = \rho_s$	$D_{1n} = \rho_s$	$D_{2n} = 0$

주(註): (1) ρ_s는 경계에서의 표면전하밀도이다.
(2) $\mathbf{E}_1, \mathbf{D}_1, \mathbf{E}_2, \mathbf{D}_2$의 법선성분은 $\hat{\mathbf{n}}_2$ 방향으로, 매질 2의 표면에서 밖으로 향하는 법선 방향벡터이다.

이고

$$\oint_S \mathbf{D}\cdot d\mathbf{s} = \int_{\text{top}} \mathbf{D}_1\cdot\hat{\mathbf{n}}_2\, ds + \int_{\text{bottom}} \mathbf{D}_2\cdot\hat{\mathbf{n}}_1\, ds = \rho_s\,\Delta s, \tag{3.92}$$

이다. 여기서 $\hat{\mathbf{n}}_1$과 $\hat{\mathbf{n}}_2$는 각각 원통의 밑면과 윗면의 외향법선 벡터이다. 어떤 매질의 표면에서 법선방향 벡터는 항상 매질의 표면에서 밖으로 향하는 방향으로 된다. $\hat{\mathbf{n}}_1 = -\hat{\mathbf{n}}_2$이므로, 식 (3.92)는

$$\hat{\mathbf{n}}_2\cdot(\mathbf{D}_1 - \mathbf{D}_2) = \rho_s \qquad (\text{C/m}^2). \tag{3.93}$$

으로 된다. $\mathbf{D}_1$과 $\mathbf{D}_2$의 법선성분을 D_{1n}과 D_{2n}으로 표시하면

$$D_{1n} - D_{2n} = \rho_s \qquad (\text{C/m}^2). \tag{3.94}$$

이 된다. 따라서 경계면에 전하가 있을 경우에는 **D**의 법선성분은 경계면에서 불연속적이고, 그 두 매질 간의 전속밀도의 법선성분의 차이는 표면전하밀도와 같다. 그러므로, **E**에 대한 경계조건은

$$\varepsilon_1 E_{1n} - \varepsilon_2 E_{2n} = \rho_s. \tag{3.95}$$

이다.

요약하면, (1) **E**의 보존성

$$\nabla\times\mathbf{E} = 0 \iff \oint_C \mathbf{E}\cdot d\mathbf{l} = 0, \tag{3.96}$$

으로부터 **E**의 접선성분은 경계면에서 연속적이고, (2) 가우스 법칙

$$\nabla\cdot\mathbf{D} = \rho_v \iff \oint_S \mathbf{D}\cdot d\mathbf{s} = Q, \tag{3.97}$$

으로부터, **D**의 법선성분은 경계면에서 ρ_s만큼 불연속이다. 여러 가지 두 매질 간의 경계면에 대한 경계조건은 표 3-3에 수록되어 있다.

예제 3-10 경계조건의 적용

그림 3-19에서와 같이, x-y평면은 유전율이 각각 ε_1, ε_2인 두 유전에의 경계면이며 전하가 없다. 매질 1에서의 전계 $\mathbf{E}_1 = \hat{\mathbf{x}}E_{1x} + \hat{\mathbf{y}}E_{1y} + \hat{\mathbf{z}}E_{1z}$ 일 경우, 다음을 구하라.

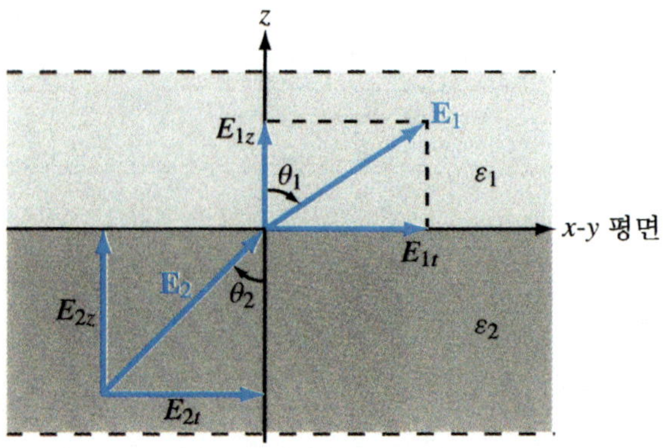

그림 3-19 두 유전체 매질 간의 경계면에서 경계조건 적용(예제 3-10)

(a) 매질 2에서의 전계 $\mathbf{E}_2$

(b) θ_1과 θ_2

풀이

(a) $\mathbf{E}_2 = \hat{\mathbf{x}}E_{2x} + \hat{\mathbf{y}}E_{2y} + \hat{\mathbf{z}}E_{2z}$이라 하고 $\mathbf{E}_1$에 의해 $\mathbf{E}_2$의 성분을 구하면 된다. 경계면의 법선은 $\hat{\mathbf{z}}$이므로 x성분과 y성분은 경계면의 접선성분이고, z성분은 법선성분이다. 전하가 없는 경계면에서, $\mathbf{E}$의 접선성분과 $\mathbf{D}$의 법선성분은 연속적이므로

$$E_{2x} = E_{1x}, \qquad E_{2y} = E_{1y},$$

이고,

$$D_{2z} = D_{1z} \qquad \text{or} \qquad \varepsilon_2 E_{2z} = \varepsilon_1 E_{1z}.$$

이다. 그러므로

$$\mathbf{E}_2 = \hat{\mathbf{x}}E_{1x} + \hat{\mathbf{y}}E_{1y} + \hat{\mathbf{z}}\frac{\varepsilon_1}{\varepsilon_2}E_{1z}. \tag{3.98}$$

이 된다.

(b) $\mathbf{E}_1$과 $\mathbf{E}_2$의 접선성분은 $E_{1t} = \sqrt{E_{1x}^2 + E_{1y}^2}$, $E_{2t} = \sqrt{E_{2x}^2 + E_{2y}^2}$ 이다. θ_1과 θ_2는

$$\tan\theta_1 = \frac{E_{1t}}{E_{1z}} = \frac{\sqrt{E_{1x}^2 + E_{1y}^2}}{E_{1z}},$$

$$\tan\theta_2 = \frac{E_{2t}}{E_{2z}} = \frac{\sqrt{E_{2x}^2 + E_{2y}^2}}{E_{2z}} = \frac{\sqrt{E_{1x}^2 + E_{1y}^2}}{(\varepsilon_1/\varepsilon_2)E_{1z}},$$

이므로, 두 각은

$$\frac{\tan\theta_2}{\tan\theta_1} = \frac{\varepsilon_2}{\varepsilon_1}. \tag{3.99}$$

의 관계를 갖는다. ♣

연습문제 3.16 그림 3-19에서 $\mathbf{E}_2 = \hat{\mathbf{x}}4 - \hat{\mathbf{y}}3 + \hat{\mathbf{z}}3$ (V/m), $\varepsilon_1 = 2\varepsilon_0$, $\varepsilon_2 = 8\varepsilon_0$ 일 경우, $\mathbf{E}_1$을 구하라. 단 경계면에는 전하가 없다고 가정한다.

[답] $\mathbf{E}_1 = \hat{\mathbf{x}}2 - \hat{\mathbf{y}}3 + \hat{\mathbf{z}}12$ (V/m).

연습문제 3.17 면전하밀도 $\rho_s = 3.54 \times 10^{-11}$ (C/m^2).를 갖는 경계면에 대하여, 연습문제 3.16을 반복하라.

[답] $\mathbf{E}_1 = \hat{\mathbf{x}}2 - \hat{\mathbf{y}}3 + \hat{\mathbf{z}}14$ (V/m).

3-9.1 유전체와 도체 간의 경계

그림 3-18에서 매질 1은 유전체이고 매질 2는 완전도체인 경우에 대해 고찰해 보자. 결과적으로 도체 내부의 총 전계는 0이다.

완전도체에서는 $\mathbf{E} = \mathbf{D} = 0$이므로 $\mathbf{E}_2 = \mathbf{D}_2 = 0$이다. 그러므로 $\mathbf{E}_2$와 $\mathbf{D}_2$의 접선성분과 법선성분은 0이 되어야

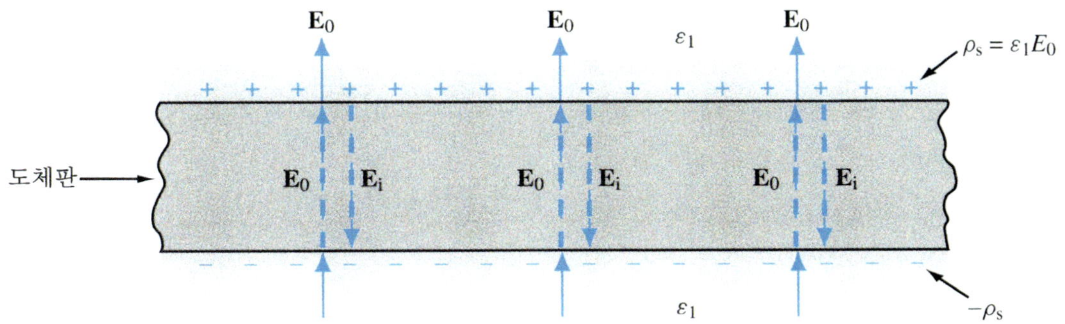

그림 3-20 도체판이 외부전계 $\mathbf{E}_0$에 놓여 있을 때, 도체 표면에 축적되는 전하는 내부전계 $\mathbf{E}_i = -\mathbf{E}_0$를 유기한다.

한다. 식 (3.90)과 (3.94)로부터, 도체와 접하는 경계면에 있는 유전체의 전계는

$$E_{1t} = D_{1t} = 0, \qquad (3.100a)$$

$$D_{1n} = \varepsilon_1 E_{1n} = \rho_s. \qquad (3.100b)$$

로 주어진다. 이들 두 경계조건을 조합하면

$$\mathbf{D}_1 = \varepsilon_1 \mathbf{E}_1 = \hat{\mathbf{n}}\rho_s \quad \text{(도체면에서)} \qquad (3.101)$$

여기서 $\hat{\mathbf{n}}$는 도체 표면의 외향법선 벡터이다. 이는 전기력선이 ρ_s가 양일 때는 도체 표면에서 법선방향으로 나가고 ρ_s가 음일 때는 도체 표면을 향해 법선방향으로 들어온다는 것을 의미한다.

그림 3-20은 균등전계 $\mathbf{E}_0$에 놓인 무한장 도체판(conductor slab)을 나타낸다. 도체판 위, 아래의 매질은 ε_1의 유전율을 가진다. 윗면으로부터 $\mathbf{E}_0$가 나가기 때문에 도체판의 윗면에는 양의 전하밀도 $\rho_s = \varepsilon_1 |\mathbf{E}_0|$가 유기되고, 아랫면에는 표면으로 $\mathbf{E}_0$가 들어오기 때문에 $-\rho_s$가 유기된다. 이들 표면전하는 전계 $\mathbf{E}_i$를 유기하여 결과적으로 전체 전계는 $\mathbf{E} = \mathbf{E}_0 + \mathbf{E}_i$가 된다. 도체 내에서 전계 E는 0이어야 한다는 조건을 만족하기 위하여, $\mathbf{E}_i$는 $-\mathbf{E}_0$가 되어야 한다.

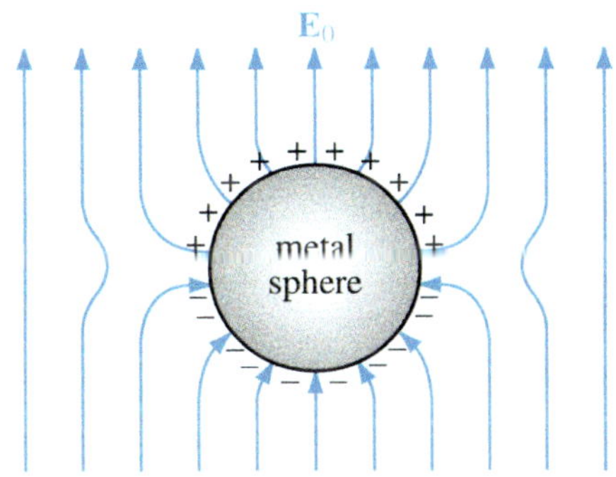

그림 3-21 외부전계 $\mathbf{E}_0$에 놓여 있는 금속구

그림 3-21에 도시한 바와 같이 정전계 내에 금속구가 있을 경우, 음전하는 하반부 구 표면에, 양의 전하는 상반부 구 표면에 분포된다. 정전계 내에 구가 있으면 식 (3.101)의 조건에 따라 전기력선은 구부러지게 된다. 즉, **E**는 도체 표면에서 항상 수직이다.

3-9.2 도체와 도체 간의 경계

완전유전체도 아니고 완전도체도 아닌 일반적인 두 매질의 경계에 대해 고찰해 보자. 그림 3-22에서와 같이 매질 1과 매질 2의 유전율과 도전율은 각각 ε_1과 σ_1, ε_1과 σ_2이며, 경계면의 표면 전하밀도는 ρ_s이다. 전계의 경계조건에 관한 식 (3.90)과 (3.95)는

$$E_{1t} = E_{2t}, \qquad \varepsilon_1 E_{1n} - \varepsilon_2 E_{2n} = \rho_s. \tag{3.102}$$

이다. 두 매질은 도전매질이기 때문에 두 매질의 전계 $\mathbf{E}_1$과 $\mathbf{E}_2$는 전류밀도 $\mathbf{J}_1$과 $\mathbf{J}_2$를 발생시키고, $\mathbf{J}_1$은 $\mathbf{E}_1$에, $\mathbf{J}_2$는 $\mathbf{E}_2$에 비례한다. 옴의 법칙 $\mathbf{J} = \sigma\mathbf{E}$로부터

$$\frac{J_{1t}}{\sigma_1} = \frac{J_{2t}}{\sigma_2}, \qquad \varepsilon_1 \frac{J_{1n}}{\sigma_1} - \varepsilon_2 \frac{J_{2n}}{\sigma_2} = \rho_s. \tag{3.103}$$

이 된다. 접선성분 J_{1t}와 J_{2t}는 경계에 평행한 방향으로 흐르는 전류이므로 양 매질 간에 전하의 이동은 없다. $J_{1n} \neq J_{2n}$일 경우, 경계면에 수직으로 들어온 전하량과 경계면에서 수직으로 떠나는 전하량이 다르므로 ρ_s는 시간에 따라 일정할 수 없으며, 이것은 모든 전하와 전계가 시간에 따라 일정해야 한다는 정전계 조건에 위배된다. 따라서, 정전계 조건하에서 전류밀도 $\mathbf{J}$의 법선성분은 서로 다른 두 매질의 경계면에서 연속이어야 한다

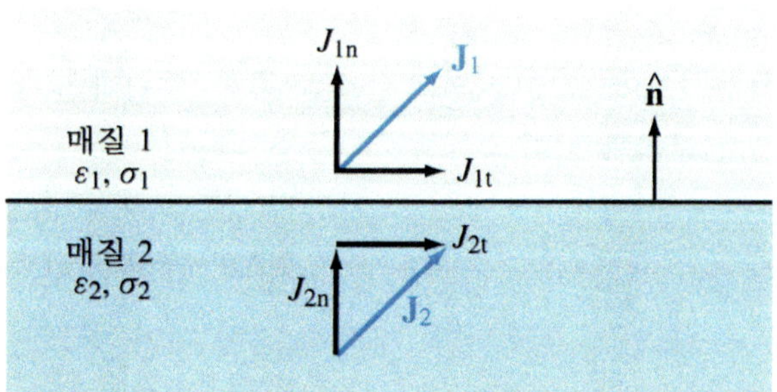

그림 3-22 두 도체 매질 간의 경계

($J_{1n} = J_{2n}$). 식 (3.103)에서 $J_{1n} = J_{2n}$으로 놓으면

$$J_{1n}\left(\frac{\varepsilon_1}{\sigma_1} - \frac{\varepsilon_2}{\sigma_2}\right) = \rho_s \qquad \text{(정전계)}. \tag{3.104}$$

이 된다.

3-10 정전용량

두 도체를 유전체로 분리했을 때 도체의 모양과 크기에 관계없이, **커패시터**(capacitor)가 구성된다. 그림 3-23에서와 같이 직류전압원을 임의의 두 도체 사이에 연결했을 때, 두 도체의 표면에는 극성이 반대이고 크기가 같은 전하량이 분포된다. 전원의 +극성에 연결된 도체면에는 +Q전하가, −극성 쪽에는 −Q전하가 분포된다. 3-7절에서 논의된 바와 같이 도체에 잉여전하(excess charge)가 있을 때, 도체 내의 모든 점에서 전계가 영이 되도록 잉여전하를 도체 표면에 분포시킨다. 이를 위해

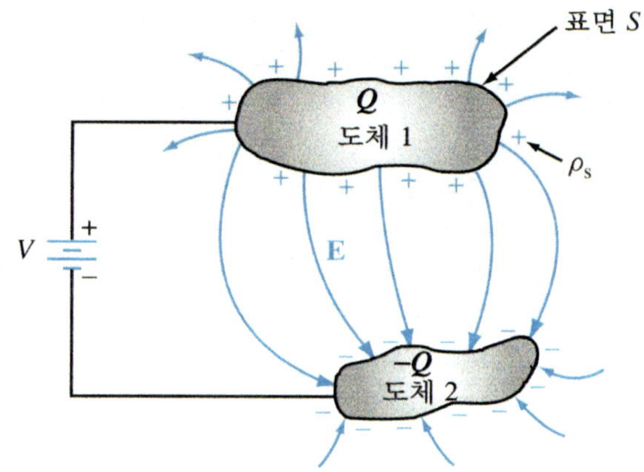

그림 3-23 두 도체로 구성된 커패시터에 연결된 d-c 전압원

도체는 등전위체가 되어야 하며 이것은 도체 내의 모든 점에서 전위가 같다는 의미이다. 두 도체로 된 커패시터의 **정전용량**(capacitance)은

$$C = \frac{Q}{V} \qquad \text{(C/V or F)}, \tag{3.105}$$

로 정의된다. 여기서 V는 두 도체 사이의 전위차이다. 커패시턴스의 측정 단위는 (F) 또는 (C/V)이다.

도체의 표면에 자유전하가 있을 경우, 그림 3-23에서와 같이 전계 $\mathbf{E}$가 발생한다. 전기력선은 양전하로부터 출발하여 음전하에서 끝나며, $\mathbf{E}$의 접선성분은 도체 표면에서 항상 0이기 때문에 수직이다. 도체 표면의 한 점에서 $\mathbf{E}$의 법선성분은

$$E_{\mathrm{n}} = \hat{\mathbf{n}} \cdot \mathbf{E} = \frac{\rho_{\mathrm{s}}}{\varepsilon} \qquad \text{(도체면에서)}, \tag{3.106}$$

이 된다. 여기서 ρ_{s}는 표면전하밀도, $\hat{\mathbf{n}}$는 외향법선 벡터이고, ε은 두 도체 사이의 유전율이다. 그림 3-23에서 Q는 면적 S에 대해 ρ_{s}를 적분한 것과 같으며,

$$Q = \int_S \rho_{\mathrm{s}}\, ds = \int_S \varepsilon \hat{\mathbf{n}} \cdot \mathbf{E}\, ds = \int_S \varepsilon \mathbf{E} \cdot d\mathbf{s}, \tag{3.107}$$

이다. 식 (3.39)에 의하여 전위 V와 $\mathbf{E}$의 관계는

$$V = V_{12} = -\int_{P_2}^{P_1} \mathbf{E} \cdot d\mathbf{l}, \tag{3.108}$$

이다. 여기서, 점 P_1과 P_2는 각각 도체 1과 도체 2 상의 임의의 점이다. 식 (3.107)과 (3.108)을 식 (3.105)에 대입하면

$$C = \frac{\displaystyle\int_S \varepsilon \mathbf{E} \cdot d\mathbf{s}}{\displaystyle -\int_l \mathbf{E} \cdot d\mathbf{l}} \qquad \text{(F)}, \tag{3.109}$$

이 된다. 여기서 l는 도체 2에서 도체 1까지의 적분 경로이다. 식 (3.109)를 이용할 때 부호의 오류를 방지하기 위하여, S는 $+Q$가 있는 표면이고 P_1은 S 상에 있는 점으로 기억하면 된다. 식 (3.109)의 분자와 분모에 $\mathbf{E}$가 있기 때문에, 모든 구조의 커패시터에 대해 구한 C의 값은 항상 $\mathbf{E}$에 무관하다. 실제로 C는 커패시터의 기하학적 구조(크기, 모양, 두 도체의 상대적인 위치)와 유전율에 의해 결정된다.

도체 사이의 매질이 완전유전체가 아닐 경우(즉, 작은 도전율 σ를 가질 경우), 도체 사이의 매질을 통하여 전류가 흐를 수 있으므로 저항 R이 존재한다. 임의의 모양을 지닌 저항체에 대한 R의 일반적인 식은 식 (3.71)에 의하여

$$R = \frac{\displaystyle -\int_l \mathbf{E} \cdot d\mathbf{l}}{\displaystyle \int_S \sigma \mathbf{E} \cdot d\mathbf{s}} \qquad (\Omega). \tag{3.110}$$

으로 주어진다. 균일한 σ와 ε을 가진 매질에서, 식 (3.109)와 (3.110)을 곱하면

$$RC = \frac{\varepsilon}{\sigma}. \tag{3.111}$$

이 된다. 그러므로 R과 C값 중 어느 하나를 알면 다른 하나의 값을 구할 수 있다.

예제 3-11 정전용량과 평행판 커패시터의 절연파괴전압

표면적이 A이고 거리 d인 평행판 커패시터의 정전용량 C에 대한 식을 구하라. 커패시터는 유전율이 ε인 유전체로 채워져 있다. 또, d=1cm이고 유전체가 석영일 경우 유전체의 절연파괴전압을 구하라.

풀이 그림 3-24에서, 아래쪽 도체판은 x-y평면에 있고,

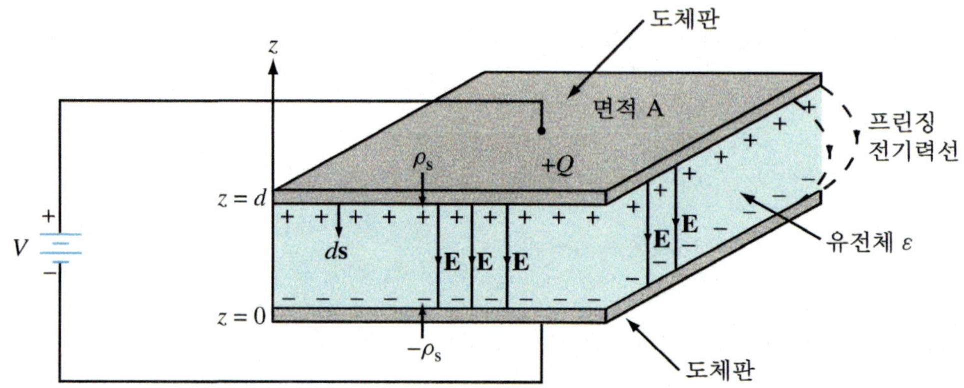

그림 3-24 평행판 커패시터에 연결된 d-c 정압원

위쪽 도체판은 그 평면에서 $z=d$인 위치에 있다. 전위차는 V이기 때문에 $+Q$전하는 위 도체판에, $-Q$는 아래 도체판에 균일하게 분포된다. 두 도체판에 분포된 전하는 유전체 내에 $-\hat{\mathbf{z}}$방향으로 평등전계를 유기한다. 그리고, 도체판 가장자리 부근에서도 약간의 **프린징 전계**(fringing field라 함)가 있지만, 이 전계의 정전용량에 대한 영향은 판의 크기가 두 판 사이의 간격 d보다 훨씬 크면 대부분의 전기력선이 두 판 사이의 유전체에 집중되므로 무시할 수 있다. 위 도체판의 전하밀도는 $\rho_s=Q/A$이므로

$$\mathbf{E} = -\hat{\mathbf{z}}E,$$

이고, 식 (3.106)에 의해 도체와 유전체 사이의 $\mathbf{E}$의 크기는 $E=\rho_s/\varepsilon=Q/\varepsilon A$이다. 식 (3.108)로부터, 전위차는

$$V = -\int_0^d \mathbf{E}\cdot d\mathbf{l} = -\int_0^d (-\hat{\mathbf{z}}E)\cdot\hat{\mathbf{z}}\,dz = Ed, \quad (3.112)$$

이고, 정전용량은

$$C = \frac{Q}{V} = \frac{Q}{Ed} = \frac{\varepsilon A}{d}, \quad (3.113)$$

이다. 여기서 $E=Q/\varepsilon A$의 관계를 이용했다.

$V=Ed$이므로 매질의 절연내력이 $E=E_{ds}$일 때 $V=V_{br}$이 된다. 표 3-2에 의해 석영의 절연내력은 $E_{ds}=30$ (MV/m)이므로 유전체의 절연파괴전압은

$$V_{br} = E_{ds}d = 30\times10^6\times10^{-2} = 3\times10^5\ \text{V}.$$

이다. ♣

예제 3-12 동축선로의 정전용량

그림 3-25에 있는 동축선로의 정전용량에 대한 식을 유도하라.

풀이 그림 3-25에서와 같이 커패시터 양단에 전압 V를 인가하면 외부도체와 내부도체의 표면에 각각 $+Q$전하와 $-Q$전하가 분포된다. 이들 전하가 도체 길이를 따라 외부도체에 선전하밀도 $\rho_l=Q/l$와 내부도체에 $-\rho_l$로 균일하게 분포된다고 가정한다. 동축선로 가장자리 부근에서의 프린징(fringing) 전계를 무시하면 $a<r<b$의 유전체 안에 원통 가우스 표면을 만들 수 있다. 내부도체 선전하의 부호가 음이라는 것을 제외하고는 예제

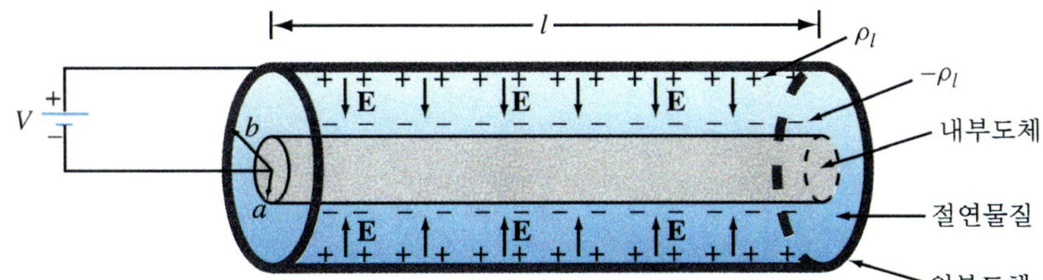

그림 3-25 유전율 ε인 절연물질로 채워진 동축 커패시터(예제 3-12)

3-6과 동일하므로 식 (3.33)의 전계 **E**에 (−)부호를 가하면

$$\mathbf{E} = -\hat{\mathbf{r}}\frac{\rho_l}{2\pi\varepsilon r} = -\hat{\mathbf{r}}\frac{Q}{2\pi\varepsilon r l} . \tag{3.114}$$

이다. 외부도체와 내부도체의 전위차 V는

$$V = -\int_a^b \mathbf{E}\cdot d\mathbf{l} = -\int_a^b \left(-\hat{\mathbf{r}}\frac{Q}{2\pi\varepsilon r l}\right)\cdot(\hat{\mathbf{r}}\,dr)$$
$$= \frac{Q}{2\pi\varepsilon l}\ln\left(\frac{b}{a}\right). \tag{3.115}$$

이므로, 정전용량 C는

$$C = \frac{Q}{V} = \frac{2\pi\varepsilon l}{\ln(b/a)} . \tag{3.116}$$

이 된다. 단위길이당 정전용량은

$$C' = \frac{C}{l} = \frac{2\pi\varepsilon}{\ln(b/a)} \quad (\text{F/m}). \tag{3.117}$$

이다. ♣

3-11 정전계 에너지

전원을 커패시터에 연결하면 커패시터를 충전하는 데 에너지를 소비하게 된다. 커패시터 판이 저항이 0인 양도체이고 두 도체를 분리하는 유전체의 도전율을 무시할 수 있는 경우, 전류는 유전체를 통하여 흐를 수 없으며 커패시터에는 저항손(Ohmic losses)이 발생하지 않는다. 에너지는 **정전계 포텐셜 에너지**(electrostatic poyential energy)의 형태로 유전체에 저장된다. 저장된 에너지 W_e는 Q, C 및 V와 관계가 있다.

두 도체 사이의 유전체에 전계가 인가되면, 전하 q가 도체판에 축적(충전)된다. 커패시터 양단전압 v와 q의 관계는

$$v = \frac{q}{C} . \tag{3.118}$$

이다. 전위 V의 정의로부터, 전하량을 dq만큼 증가시키는 데 요구되는 일 dW_e는

$$dW_e = v\,dq = \frac{q}{C}\,dq. \tag{3.119}$$

이다. 충전되지 않은 커패시터를 최종전하 Q까지 충전시키는 데 필요한 일의 총량은

용량성 센서

감지한다는 것은 자극에 응답한다는 것이다(저항 센서 항목 참고). 만약 자극이 용량의 기하구조(보통은 두 극판 간의 공간)를 변화시키거나 혹은 절연체로 사용된 물질의 절연 특성을 변화시킬 수 있다면, 그 용량은 센서로서 사용될 수 있다. 용량성 센서는 여러 분야에 사용된다. 아래에서 몇 개의 예를 알아보자.

유량 측정기

그림 A에서 막대 형태 혹은 평판 형태로 구성된 두 개의 금속 전극은 용량을 형성하며 그 용량은 전극 사이에 있는 물질의 유전율에 정비례한다. 유체부분의 높이를 H_f, 그 위의 빈 공간의 높이를 $(H-H_f)$라 둔다면 전체 용량은 병렬로 연결된 2개의 용량과 같다. 즉,

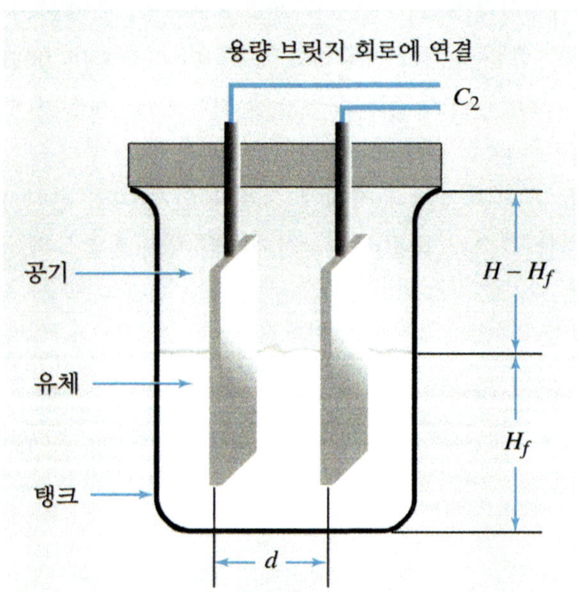

A. 유량 탱크(tank)

$$C_2 = C_f + C_a = \varepsilon_f \frac{(wH_f)}{d} + \varepsilon_a \frac{(H - H_f)}{d},$$

여기서 w는 전극판의 넓이, d는 전극간의 거리, ε_f와 ε_a는 유체의 유전율과 공기의 유전율이다. 식을 H_f에 대한 1차식으로 정리하면

$$C_2 = kH_f + C_0,$$

이 때 상수, $k = (\varepsilon_f - \varepsilon_a)w/d$ 와 C_0는 탱크가 완전히 비었을 때(유체가 없을 때)의 탱크의 용량이다. 정리한 식으로부터 C_2를 측정함으로써 유체의 높이를 알 수 있는데, 그림 B의 브릿지(bridge) 회로로 C_0를 측정한다. 출력전압 V_{out}은 C_1, C_2에 의해 분배된 전압에 비례한다. $C_1 = C_0$(고정된 값의 커패시터)로 두고 물통의 두 전극판은 브릿지 회로에 연결하여 C_2를 형성하면, V_{out}은 유체의 높이에 비례하게 된다.

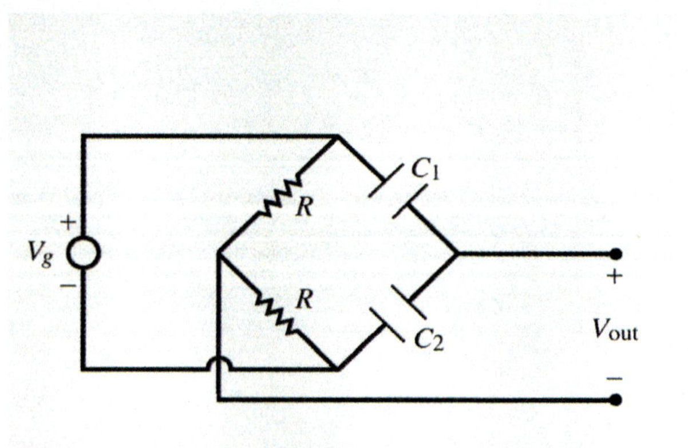

B. ac 전원의 브릿지 회로

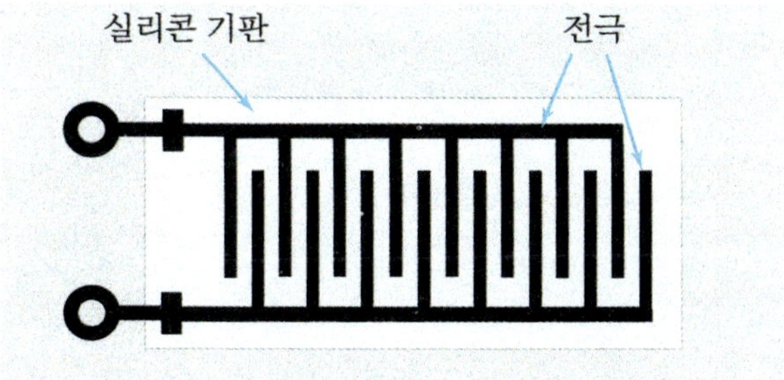

C. Interdigital 용량기

습도 센서

금속 박막 전극을 interdigitized 패턴(A/d비를 크게 하기 위해서)의 실리콘 기판에 부착시키다(그림 C). digit들 간의 간격은 보통 0.2μm 정도이다. 두 전극을 분리시키고 있는 물질의 유전율은 주변 환경의 상대습도에 따라 변한다. 따라서 용량기는 습도센서가 된다.

압력 센서

움직일 수 있는 금속 칸막이가 기준압력 P_0를 가진 오일로 채워진 공간과 센서로 측정하고자 하는 압력 P를 가진 기체나 유체로 채워진 공간을 둘로 나눈다(그림 D1). 칸막이는 사이에 끼여 있지만 두 도전 병렬면 사이에서 전기적으로 절연되어 있어 두 개의 용량이 직렬로 연결된 것처럼 만든다(그림 D2). $P > P_0$일 때 칸막이는 아래쪽으로 휘게 된다. 이 때 d_1은 증가하고 d_2는 감소하게 되며 이로 인해 C_1은 감소하고 C_2는 증가한다. $P < P_0$일 때 그 반대 현상이 일어난다. 그림 (B)와 같은 용량 브릿지 회로를 사용하면, 센서는 압력 P를 상당히 정확하게 잴 수 있다.

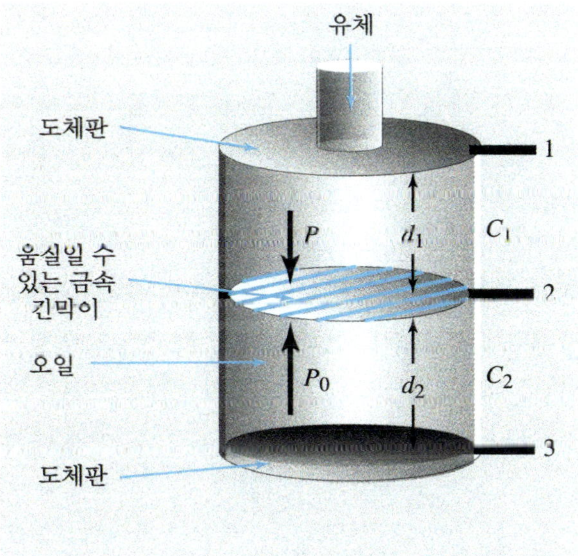

D1. 압력 센서

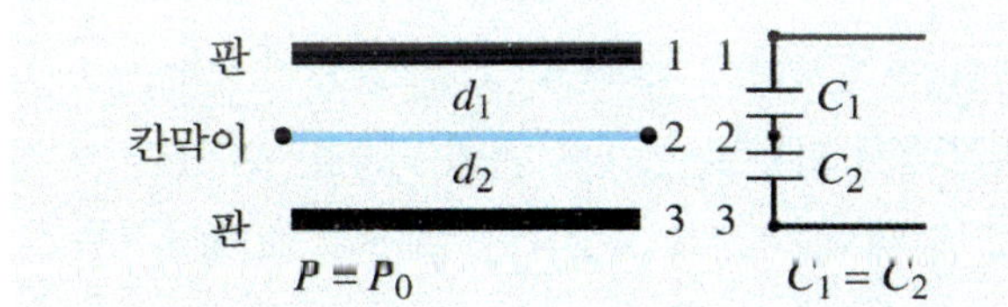

D2.

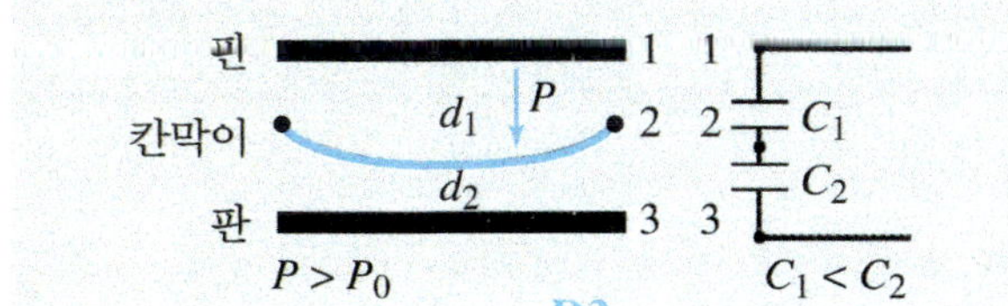

D3.

$$W_e = \int_0^Q \frac{q}{C}\,dq = \frac{1}{2}\frac{Q^2}{C} \qquad \text{(J).} \qquad (3.120)$$

이 된다. $C=Q/V$(여기서 V는 최종전압)에 의하여 W_e를

$$W_e = \tfrac{1}{2}CV^2 \qquad \text{(J).} \qquad (3.121)$$

으로 쓸 수 있다.

예제 3-11에서 논의했던 평행판 커패시터에 대한 정전용량은 $C=\varepsilon A/d$로 식 (3.113)에 주어져 있다. 여기서 A는 평행판의 표면적이고 d는 평행판 간의 거리이다. 커패시터 양단전압 V와 전계크기 E는 $V=Ed$의 관계가 있으므로 식 (3.121)은

$$W_e = \tfrac{1}{2}\frac{\varepsilon A}{d}(Ed)^2 = \tfrac{1}{2}\varepsilon E^2(Ad) = \tfrac{1}{2}\varepsilon E^2 \nu, \quad (3.122)$$

으로 된다. 여기서, $\nu=Ad$는 커패시터의 체적이다.

정전계 에너지 밀도(electrostatic energy density) w_e는 단위체적당 정전계 에너지로 정의된다.

$$w_e = \frac{W_e}{\nu} = \tfrac{1}{2}\varepsilon E^2 \qquad (\text{J/m}^3). \qquad (3.123)$$

평행판 커패시터에 대해 이 식을 유도하였지만 이식은 전계 $\mathbf{E}$에서 모든 유전체에 대해 적용할 수 있다. 유전율 ε인 임의의 체적 ν에 저장되는 총 정전계 에너지는

$$W_e = \frac{1}{2}\int_{\nu} \varepsilon E^2\,d\nu \qquad \text{(J).} \qquad (3.124)$$

연습문제 3.18 동축 케이블의 내부도체와 외부도체의 반경이 각 2cm, 5cm이고, 도체 사이에 있는 절연물의 비유전율이 4이다. 외부도체의 전하밀도 $\rho_l = 10^{-4}$(C/m)일 때, $\mathbf{E}$에 대해 예제 3-12에서 유도된 식을 이용하여 길이 40cm의 케이블에 저장되는 총 에너지를 계산하라.

[답] $W_e = 8.2$ J. (◎)

3-12 영상법

이 절에서는 그림 3-26의 좌측에 도시한 바와 같이, 무한 넓이의 도체 평면 위로 거리 d에 있는 점전하 Q에 대해 고찰한다. 도체의 표면전하분포뿐 아니라, 접지도체 위의 임의의 점에서의 V, $\mathbf{E}$, 그리고 $\mathbf{D}$를 구하고자 한다. 이 장에서는 $\mathbf{E}$를 구하기 위하여 세 가지 방법을 소개하였다. 쿨롱의 법칙을 이용하는 첫 번째 방법에서는 공간의 어떤 한 점에서 $\mathbf{E}$의 근원이 되는 전하의 크기와 위치를 알아야 한다. 이 경우에는, 도체 표면상의 전하밀도를 모르므로 쿨롱의 법칙을 이용할 수 없다. 가우스 법칙을 이용하는 두 번째 방법에서는 도체 표면상의 모든 점에서 $\mathbf{E}$가 항상 접선성분만 가지거나 법선성분만 가져야 하기 때문에 가우스 표면을 정하기가 매우 어렵다. 세 번째 방법에서는 접지된 도체 표면의 모든 점에서 $V=0$이므로 V에 대한 푸아송 방정식이나 라플라스 방정식의 해를 구한 다음 $\mathbf{E} = -\nabla V$의 관계를 이용하여 전계를 구할 수는 있으나, 방정식의 해를 구하는 과정이 수학적으로 대단히 복잡하다.

영상이론(image theory)를 이용하면 이러한 문제를 아주 쉽게 해결할 수 있다. 영상이론에 의하면, 무한넓이의 평면도체 위에 있는 전하에 의한 전계는 도체 평면을 제거했을 때 그 전하와 그 전하의 영상전하에 의한 전계의 합과 같다. 무한 도체 평면 위의 전하 Q에 대한 영상법을 그림 3-26의 우측에 도시했다. 도체면으로부터 거리 d에 있는 전하 Q에 대한 영상전하는 도체면으로부터 대칭인 위치에 크기가 같고 부호가 반대인 전하를 말한다. 예제 3-13에서와 같이 쿨롱의 법칙을 적용하여 어떤

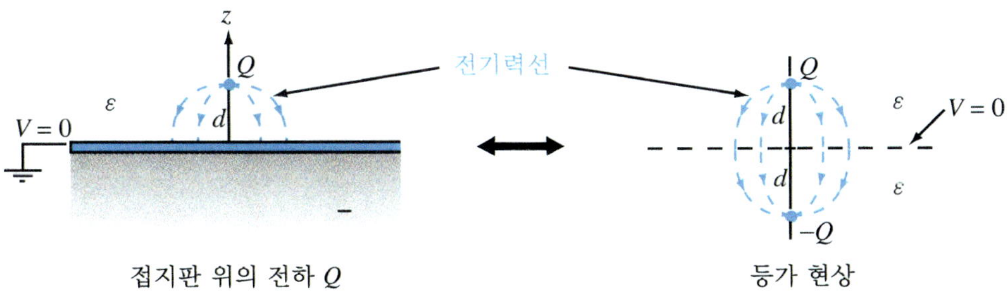

그림 3-26 영상이론에 의하면, 접지된 완전도체판 위에서 전하 Q에 의한 현상과 접지판을 제거했을 때 Q와 $-Q$ 간에 생기는 현상은 동일하다.

점 (x, y, z)에서 두 전하(실제전하 Q와 영상전하 $-Q$)에 의한 전계를 쉽게 구할 수 있다. 실제전하와 영상전하에 의한 전위의 합은 도체 표면의 모든 점에서 항상 0이 된다. 접지 평면이 한 개 이상 있을 경우의 전하는 각 접지 평면에 대해 영상전하를 구해야 한다. 한 개의 접지 평면에 대해 영상전하를 구한 후, 그 다음 접지 평면에 대한 영상전하를 구한다. 모든 접지 평면 상의 점에서 $V=0$인 조건이 만족될 때까지 이런 과정을 계속한다. 영상법은 점전하뿐만 아니라 그림 3-27에서와 같이 선전하분포, 체적전하분포와 같은 모든 전하분포에 대해 적용할 수 있다.

예제 3-13 도체 평면 위에 있는 전하에 대한 형상법

접지면으로부터 거리 d만큼 떨어진 자유공간에 있는 전하 Q에 의한 $z>0$영역의 점 $P(x, y, z)$에서 영상이론을 이용하여 V와 $\mathbf{E}$를 구하라.

풀이 그림 3-28에서 직각좌표 $(0, 0, d)$에 전하 Q가 있고, $(0, 0, -d)$에 영상전하 $-Q$가 있다. 식 (3.19)로부터, 두 전하에 의한 점 $P(x, y, z)$에서의 전계는 $z \geq 0$인 경우, 다음과 같다.

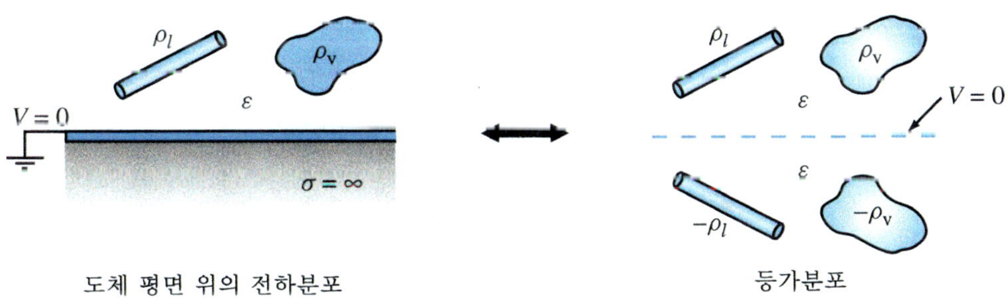

그림 3-27 도체 평면 위의 전하분포와 이것의 영상법에 의한 전하분포는 등가이다.

비접촉 센서

많은 기계 시스템에서 동작과 제어가 중요하듯이 반도체 소자 공정에서 정밀 위치조정은 매우 중요한 요소이다. 비접촉 용량성 센서는 증착, 에칭, 그리고 절단과정에서 웨이퍼와 직접적인 접촉 없이 실리콘 웨이퍼의 위치를 감지하는 데 사용된다. 또 장비제조나 하드디스크 드라이브 위치 설정, 광 복사기 롤러, 인쇄 프레스(press)들과 같은 시스템에서 쓰이는 로봇 팔을 감지하고 제어하는 데 쓰인다.

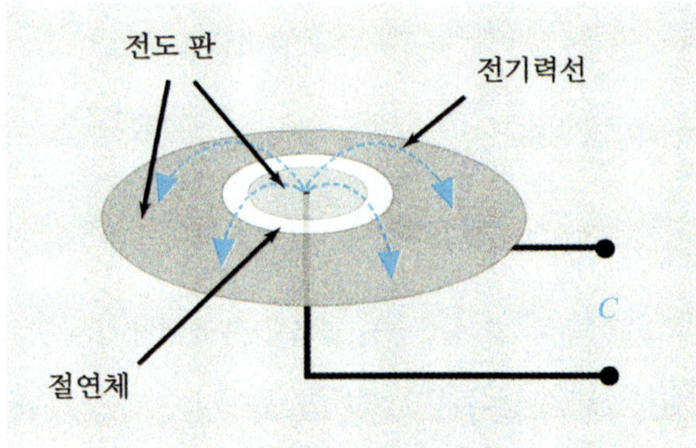

A1. 동심원판 커패시터

기본원리

동심원판 커패시터(그림 A1)는 2개의 금속 판으로 되어 있는데, 이 판들은 동일 평면을 공유하지만 절연체 물질로 인해 서로 전기적으로 절연되어 있다. 전압원을 연결하면 다른 극성의 전하가 두 판에 생기며, 이로 인해 판 간에 전기력선들이 생성된다. 인접판 커패시터(그림 A2)에도 같은 원리가 적용된다. 두 경우 모두 용량은 도전 요소(element)의 모양과 크기, 그리고 판 사이의 전기력선이 포함된 절연물질의 투자율에 의해 결정된다. 종종 용량기 면이 비전도성 물질로 된 얇은 필름에 의해 덮히기도 하는데, 이는 판의 면을 깨끗하고 먼지가 없도록 유지하기 위함이다. 외부 물체를 커패시터에 근접하여(그림 3) 삽입하면, 이 외부 물질이 전기력선들을 간섭하게 되고, 이로 인해 판의 전하분포와 용량 수치가 변하게 된다. (용량의 변화는 커패시턴스 미터나 브릿지 회로로 측정할 수 있다.) 따라서 커패시터는 인접센서가 되고 그 감도는 전도 물질로 만들어졌는가와 상관없이 피시험 물체(object)와 간섭받지 않았을 때의 매체의 투자율이 얼마나 서로 다른가에 의해 결정된다.

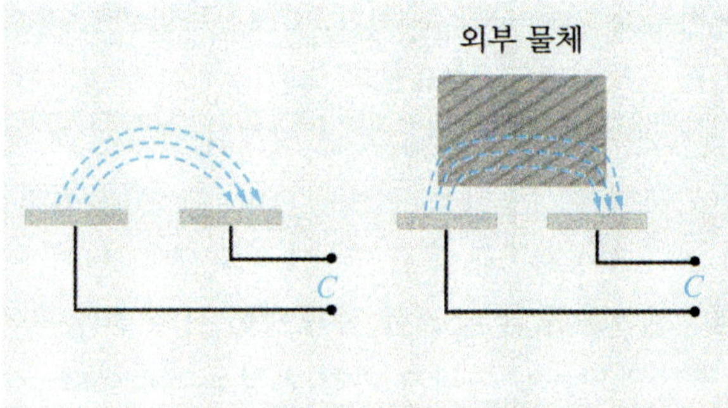

A2. 인접판 커패시터 A3. 교란된 장(field)

지문 인식기(Fingerprint Imager)

비접촉 센서의 확장된 개념으로 지문 인식기가 있다. 지문 인식기는 전기적으로 표현된 지문을 기록할 수 있도록 만든 2차원 배열의 센서 셀(cell)들로 이루어져 있다(그림 B1과 B2). 각 센서 셀들은 용량 측정 회로에 연결된 인접판 커패시터로 구성된다(그림 B3). 인식기의 모든 면은 비전도성 산화물로 된 얇은 층으로 덮여 있다.

B1. 2차원 용량성 센서 배열

B2. 개별적 센서 셀

손가락이 산화물면에 놓일 때, 개개의 센서 셀들의 전기력선을 변화시켜서 수치(degree)를 변화시킨다. 이 때 변화된 수치는 센서 셀을 기준으로 하여, 그 기준면과 손가락면의 나온 곳과 들어간 면 간의 거리에 의해 결정된다. 센서의 한 면 길이가 65μm 정도로 주어지면, 센서는 인치(inch)당 400점(dot)이나 그 이상의 해상도로 기록하는 것이 가능하다.

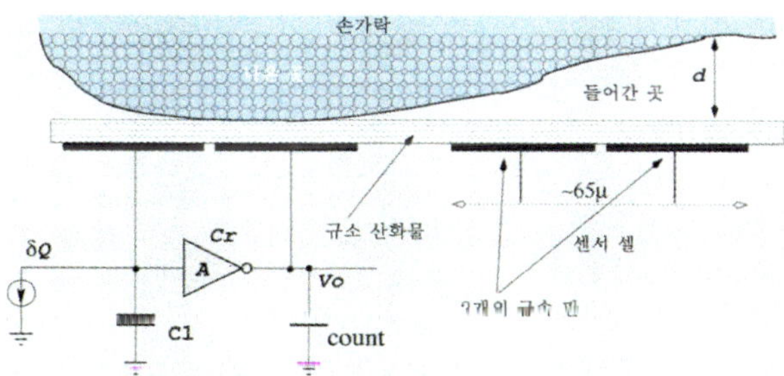

B3. 지문 표현

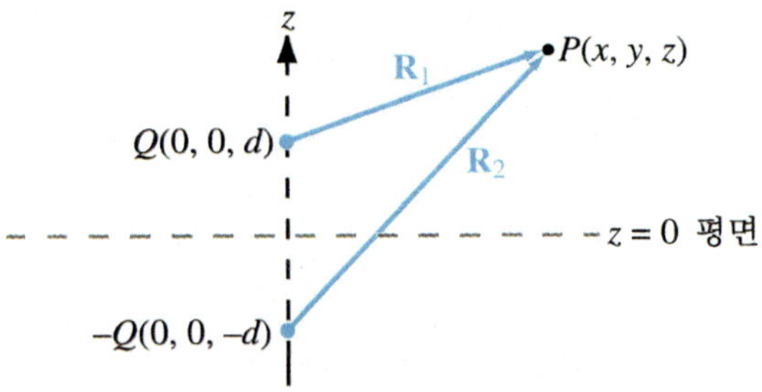

그림 3-28 점 P에서 $\mathbf{E}$를 구하기 위한 영상법의 적용(예제 3-13)

$$\mathbf{E} = \frac{1}{4\pi\varepsilon_0}\left(\frac{Q\mathbf{R}_1}{R_1^3} + \frac{-Q\mathbf{R}_2}{R_2^3}\right)$$
$$= \frac{Q}{4\pi\varepsilon_0}\left[\frac{\hat{\mathbf{x}}x + \hat{\mathbf{y}}y + \hat{\mathbf{z}}(z-d)}{[x^2+y^2+(z-d)^2]^{3/2}} - \frac{\hat{\mathbf{x}}x + \hat{\mathbf{y}}y + \hat{\mathbf{z}}(z+d)}{[x^2+y^2+(z+d)^2]^{3/2}}\right]$$ ♣

문제

3-2절: 전하와 전류분포

3.1* 직각좌표계에서 한 변이 2m인 정육면체의 점 하나가 원점에 있고, 각 정점의 좌표는 양의 값을 갖는다. 전하밀도가 $\rho_v = xy^2e^{-2z}$ (mC/m^3) 인 경우 정육면체 내에 있는 총 전하를 구하라.

3.2 $\rho_v = 10rz$(mC/m^3)일 경우, $r \le 2$m, $0 \le z \le 3$m인 원통체적의 총 전하를 구하라.

3.3* $\rho_v = 20R^2\cos^2\theta$(mC/m^3)일 때, $R \le 2$m, $0 \le \theta \le \pi/4$인 원추의 총 전하를 구하라.

3.4* $r \le a$, $z = 0$이고 ρ_s의 값이 다음과 같을 때 원판상의 총 전하를 구하라.

(a) $\rho_s = \rho_{s0}\sin\phi$ (C/m^2)

(b) $\rho_s = \rho_{s0}\sin^2\phi$ (C/m^2)

(c) $\rho_s = \rho_{s0}e^{-r}$ (C/m^2)

(d) $\rho_s = \rho_{s0}e^{-r}\sin^2\phi$ (C/m^2)

여기서 ρ_{s0}는 일정하다.

3.5 $\mathbf{J} = \hat{\mathbf{y}}2xz$(A/m^2)일 경우, 정점이 (0, 0, 0), (2, 0, 0), (2, 0, 2), (0, 0, 2)인 사각형을 통하여 흐르는 전류 I를 구하라.

3.6* $\mathbf{J} = \hat{\mathbf{R}}25/R$(A/m^2)일 경우, $R = 5$m인 표면을 통하는 전류 I를 구하라.

3.7 반경 r_0인 원통형으로 된 전자빔의 전하가 다음과 같다.

$$\rho_v = \left(\frac{-\rho_0}{1+r^2}\right) \quad (\text{C/m}^3)$$

ρ_0는 양의 상수이며 빔축은 z축일 때 다음을 구하라.

(a) 빔의 길이 L에 대한 총 전하

(b) 전자가 일정한 속도 u로 $+z$축으로 이동할 경우, z평면 상 전류의 크기와 방향

3-3절: 쿨롱의 법칙

3.8 x-y평면에 있는 삼각형의 정점에 각 $q = 3$nC의

---

*해답은 부록 D에 있음.

표시는 'Solution available in CD-ROM' 을 나타냄.

점전하가 있다. 정점의 좌표가 (0, 0, 0), (2cm, 0, 0), (0, 2cm, 0)일 때, 원점에 있는 전하에 작용하는 힘을 구하라.

3.9* 전하 $q_1=4\mu C$이 (1cm, 1cm, 0)에, q_2가 (0, 0, 4cm)에 있다. (0, 2cm, 0)에서 **E**가 y축 성분을 가지지 않기 위해서는 q_2의 값이 얼마가 되어야 하는가?

3.10 공기 중에 균일한 밀도를 갖는 선전하 $\rho_l=4$ (μC/m)이 $z=0$와 $z=5$cm 사이의 z축을 따라 분포되어 있다. (0, 10cm, 0)에서의 **E**를 구하라.

3.11* 전하가 x-y평면에 있는 $r=2$cm, $0\le\phi\le\pi/4$인 원호에 분포되어 있다. $\rho_l=5$(μC/m)일 때, (0, 0, z)에서 **E**를 구하고
(a) 원점, **(b)** $z=5$cm, **(c)** $z=-5$cm에서의 **E**를 계산하라.

3.12 z축을 따라 $z=-L/2$과 $z=L/2$ 사이에 균일한 전하밀도 ρ_l인 선전하가 있다. 쿨롱의 법칙을 적용하여 x-y 평면상 점 $P(r,\ \phi,\ 0)$에서의 전계를 구하라. 이 전계의 길이 L를 무한대로 하면, 식 (3.33)이 됨을 증명하라.

3.13* 반경 a인 원판전하에 대해 예제 3.5를 반복하라. 이 경우에는 표면전하밀도

$$\rho_s = \rho_{s0} r^2 \qquad (\text{C/m}^2)$$

으로, r에 따라 변화한다고 가정하며 ρ_{s0}은 상수이다.

3.14 다른 위치에 있는 여러 개의 전하가 전하 중의 어느 하나에 작용하는 힘이 다른 것들에 작용하는 힘과 동일할 경우, 평형상태에 있다고 말한다. 두 개의 음전하 중 하나는 원점에 전하 $-9e$가 있고 또 다른 하나는 그 전하로부터 거리 d의 $+x$축 상에 위치하며 전하량은 $-36e$이다. 또 다른 전하로 전체 시스템이 평형상태가 되도록 하려고 할 때 그 전하의 위치, 극성과 크기를 구하라.

3.15* z축에 평행한 세 개의 무한 선전하가 그림 3-29와 같은 연모양으로 된 세 개의 모서리에 있다. 두 개의 삼각형이 대칭이고 해당 변이 동일한 경우, 원점에서 전계가 0이 됨을 증명하라.

3.16 x-y평면에 있는 수평 스트립이 y방향으로 폭 d이고 x방향으로 무한길이이다. 스트립이 공기 중에 있고 균일한 전하분포 ρ_s일 경우, 쿨롱의 법칙을 이용하여 스트립 중앙선 위 거리 h에 있는 점 P에서 전계에 대한 정확한 식을 구하라. 그 결과를 d가 무한대인 특별한 경우에 적용하여 식 (3.25)와 비교하라.

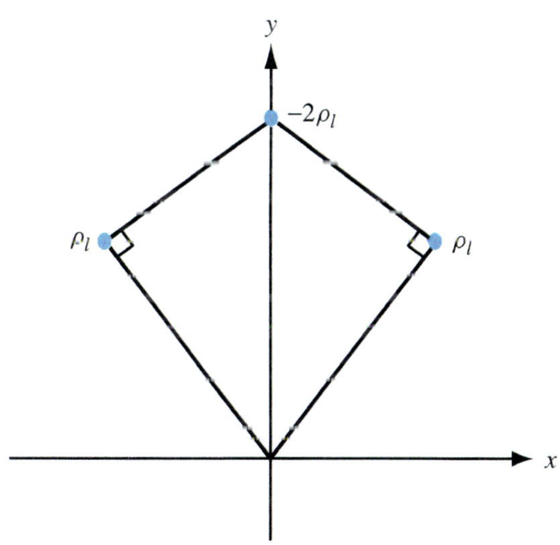

그림 3.29 문제 3.15에 대한 연모양의 선전하 배치

3-4절: 가우스 법칙

3.17 전속밀도가

$$\mathbf{D} = \hat{\mathbf{x}}2(x+y) + \hat{\mathbf{y}}(3x-2y) \qquad (\mathrm{C/m^2})$$

으로 주어진 경우, 다음을 구하라.

(a) 식 (3.26)을 이용하여 ρ_v

(b) 직각좌표계에서 한 변이 2m인 정육면체의 정점 하나가 원점에 있고, 각 정점의 좌표가 양의 값을 가질 때, 정육면체 내의 총 전하 Q

(c) 식 (3.29)를 적용하여 구한 정육면체 내의 총 전하 Q

3.18 반경 a와 반경 b인 구의 표면에 각각 전하 Q_1, Q_2가 균일하게 분포되어 있으며, $b > a$이다. 가우스 법칙을 적용하여 $R < a$, $a < R < b$와 $R > b$에서의 **E**를 구하라.

3.19* 원점에 중심을 둔 반경 a인 유전체 구 내에 전속밀도가

$$\mathbf{D} = \hat{\mathbf{R}}\rho_0 R \quad (\mathrm{C/m^2})$$

이며 ρ_0는 상수이다. 구의 총 전하를 구하라.

3.20 어떤 공간영역에서, 원통좌표로 주어진 전하밀도가

$$\rho_v = 20re^{-r} \quad (\mathrm{C/m^3})$$

일 때 가우스 정리를 이용하여 **D**를 구하라.

3.21* $r = 1\mathrm{m}$와 $r = 3\mathrm{m}$ 사이의 무한히 긴 원통 셀(shell)에 균일한 전하밀도 ρ_{v0}가 분포할 때, 가우스의 정리를 이용하여 모든 영역에서 **D**를 구하라.

3-5절: 전위

3.22 자유공간의 x-y평면에 있는 정사각형은 $(a/2, a/2)$와 $(a/2, -a/2)$에 점전하 $+Q$, 다른 두 정점에 각각 점전하 $-Q$가 있다.

(a) x축 상의 어떤 점 P에서의 전위를 구하라.

(b) $x = a/2$에서 V값을 계산하라.

3.23 그림 3-7과 같이 반경 a인 원판은 균일한 전하밀도 ρ_s를 갖는다.

(a) z축 상의 점 $P(0, 0, z)$에서의 전위를 구하라.

(b) 그 결과를 이용하여 **E**를 구한 다음 $z = h$인 경우의 값을 구하고, 쿨롱의 법칙에 의해 구한 식 (3.24)와 비교하라.

3.24* 반경 a인 원형 링이 공기 중의 x-y평면에 있고 그 중심은 원점이다. 이 링이 균등 전하밀도 ρ_l를 지닌 경우,

(a) $(0, 0, z)$에서의 전위가 $V = \rho_l a/[2\varepsilon_0(a^2+z^2)^{1/2}]$가 됨을 증명하고

(b) 전계 **E**를 구하라.

3.25 z축 상의 밀도 ρ_l인 무한장 선전하로부터 r_1과 r_2 거리에 있는 공기 중 두 점 간의 전위차가 $V_{12} = (\rho_l/2\pi\varepsilon_0)\ln(r_2/r_1)$이 됨을 증명하라.

3.26* 전하밀도가 ρ_l이고, 길이가 l인 선전하가 있다. x-y평면의 원점으로부터의 거리가 b만큼 떨어진 위치에서의 전위 V를 구하라. 단, 선전하는 z축과 일치하고, 그 범위는 $-l/2 < z < l/2$이다.

3.27 그림 3-30에 전위의 분포가 세로축은 V, 가로축은 x으로 각각 표시되어 있다. **E**의 분포를 그려라.

3.28* 균일한 전하밀도 $\rho_l = 6(\mathrm{nC/m})$를 갖는 무한장 선

전하가 $x=2\text{m}$에서 y축에 평행으로 x-y평면에 있다. 문제 3.30의 결과를 적용하여 직각좌표계로 점 $B(0, 0, 0)$에 대한 점 $A(3\text{m}, 0, 4\text{m})$의 전위 V_{AB}를 구하라.

3.29 $\rho_{s_1}=0.2(\text{nC/m}^2)$인 균일한 판전하가 x-y평면에 있다. $\rho_{s_2}=-0.2(\text{nC/m}^2)$인 두 번째 판전하가 $z=6\text{m}$에 있다. $A(0, 0, 6\text{m})$, $B(0, 0, 0)$와 $C(0, -2\text{m}, 2\text{m})$에 대한 V_{AB}, V_{BC} 및 V_{AC}를 구하라.

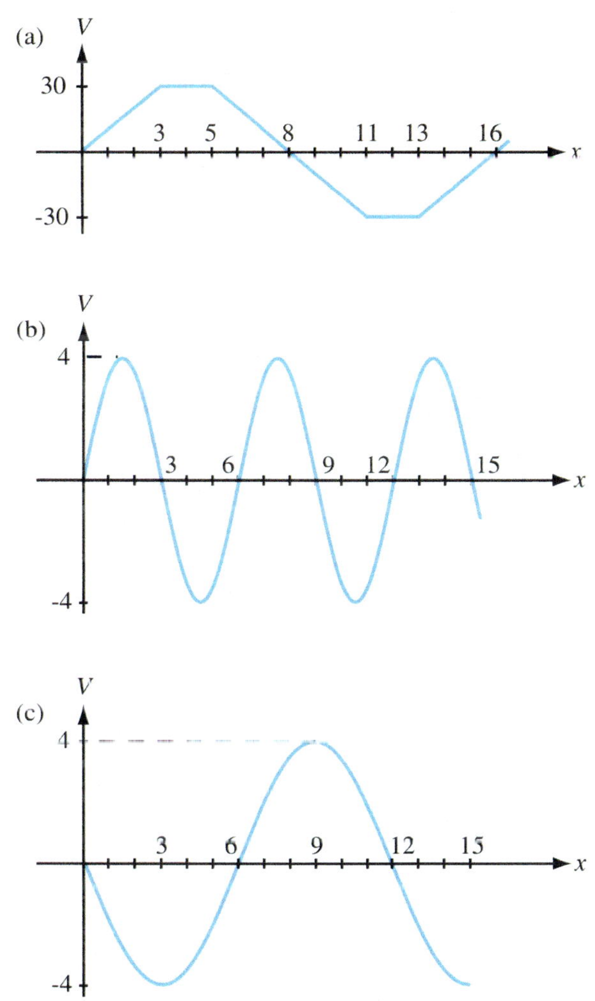

그림 3-30 문제 3.27의 전위 분포

3-7절: 도체

3.30* 반경이 2mm이고 길이가 5cm인 실리콘으로 되어 있는 원기둥이 있다. 5V의 전압을 원기둥에 인가할 경우 다음을 구하라. 단 $\mu_e=0.13(\text{m}^2/\text{V}\cdot\text{s})$, $\mu_h=0.05(\text{m}^2/\text{V}\cdot\text{s})$, $N_e=1.5\times10^{16}$(전자수/m³)이고 $N_h=N_e$이다.

(a) 도전율

(b) 전류 I

(c) 드리프트 속도 $\mathbf{u}_e$와 $\mathbf{u}_h$

(d) 저항

(e) 소비전력

3.31 $\mu_e=0.4(\text{m}^2/\text{V}\cdot\text{s})$, $\mu_h=0.2(\text{m}^2/\text{V}\cdot\text{s})$이고 $N_e=N_h=2.4\times10^{19}$(전자 수 또는 정공수/m³)인 게르마늄에 대해 문제 3.30을 반복하라.

3.32 균일한 단면적을 갖는 길이 100m인 도체의 양단 간에서 전압강하는 2V이다. 도체에 흐르는 전류가 $7\times10^5(\text{A/m}^2)$일 경우, 어떤 도체인지를 식별하라.

3.33 길이가 l인 동축 저항체는 두 개의 동심원통으로 되어 있다. 내부원통의 반경은 a이고 도전율 σ_1인 재질로 이루어졌으며, 외부원통의 반경은 $a<r<b$이며 도전율은 σ_2이다. 저항체의 양단이 도체판으로 씌어져 있을 경우, 도체 양단의 저항은 $R=l/[\pi(\sigma_1 a^2+\sigma_2(b^2-a^2))]$가 됨을 증명하라.

3.34* 문제 3.33의 결과를 이용하여, $\sigma=3\times10^4(\text{S/m})$인 탄소봉으로 만든 그림 3-31과 같이, 길이가 10cm인 속이 빈 원통의 저항을 구하라.

3.35 두께가 2×10^{-3}mm인 정사각형 알루미늄 판이 10×10cm일 때, 다음을 구하라.

(a) 정사각형 면의 가장자리 간 저항

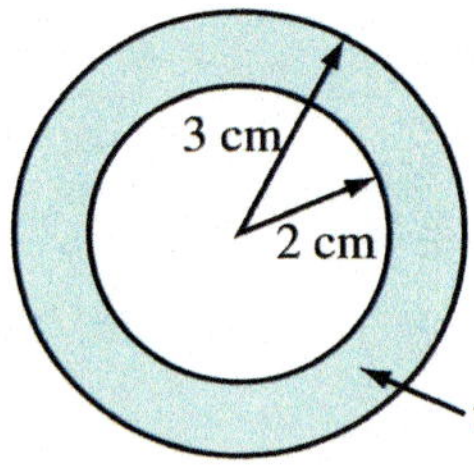

그림 3-31 문제 3.34의 속이 빈 원통의 단면

(b) 정사각형 두 면 간의 저항(물질의 전기상수에 대한 부록 B 참조)

3-9절: 경계조건

3.36* 그림 3-19에서 $\mathbf{E}_2 = \hat{\mathbf{x}}3 - \hat{\mathbf{y}}2 + \hat{\mathbf{z}}4$ (V/m), $\varepsilon_1 = 2\varepsilon_0$, $\varepsilon_2 = 18\varepsilon_0$이고 표면전하밀도 $\rho_s = 7.08 \times 10^{-11}$ (C/m^2)일 경우, $\mathbf{E}_1$을 구하고, z축과 $\mathbf{E}_2$가 이루는 각을 구하라.

3.37 $r \leq 10$cm, $\varepsilon_{1r} = 4$인 무한장 길이의 유전체 원통이 $\varepsilon_{2r} = 8$인 매질에 의해 둘러싸여 있다. 원통에서의 전계 $\mathbf{E}_1 = \hat{\mathbf{r}}r^2 \sin\phi + \hat{\boldsymbol{\phi}}3r^2 \cos\phi + \hat{\mathbf{z}}3$ (V/m)일 때 원통 외부에서의 $\mathbf{E}_2$와 $\mathbf{D}_2$를 구하라. 단, 원통의 경계면에는 자유전하가 없다.

3.38 $\varepsilon_{1r} = 3$인 직경 2cm의 유전체 구가 $\varepsilon_{2r} = 9$인 매질 속에 있다. 유전체 구의 외부전계가 $\mathbf{E}_2 = \hat{\mathbf{R}}3\cos\theta - \hat{\boldsymbol{\theta}}3\sin\theta$(V/m)일 때, 유전체 구 내의 $\mathbf{E}_1$과 $\mathbf{D}_1$을 구하라.

3.39 그림 3-32는 두께는 같지만 유전율이 각각 다른 3개의 유전체 판을 도시하고 있다. 공기 중에서 $\mathbf{E}_0$가 z축과 45° 의 각을 이룰 때, 각 유전체층에서 $\mathbf{E}$가 z축과 이루는 각을 구하라.

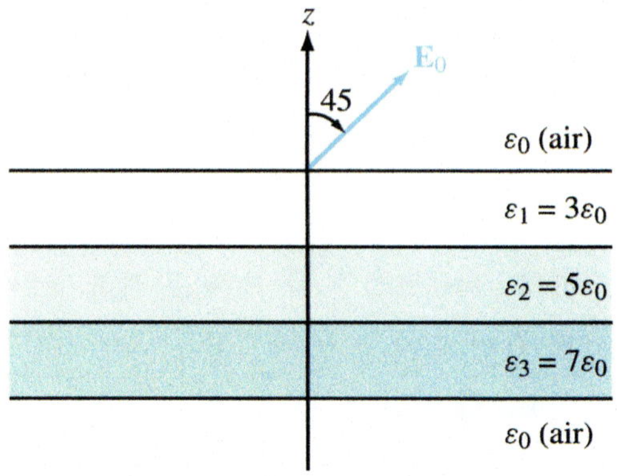

그림 3-32 문제 3.39의 복층 유전체 판

3-10과 3-11절: 정전용량과 전기 에너지

3.40* 절연파괴 현상은 전계 $\mathbf{E}$의 크기가 물질의 유전체 강도보다 클 때 발생한다. 예제 3-12의 동축 커패시터에서

(a) r이 어떠한 값일 때 $\mathbf{E}$가 최대가 되는가?

(b) $a = 1$cm, $b = 2$cm, 그리고 유전체 물질은 $\varepsilon_r = 6$인 운모일 경우, 절연파괴전압은 얼마인가?

3.41 전하 $Q_e = -1.6 \times 10^{-19}$C이고 질량 $m_e = 9.1 \times 10^{-31}$kg인 전자를 매질이 공기인 평행판 커패시터 내에 있는 음의 극판에 인접한 어떤 점에 주입한다. 그림 3-33과 같이 커패시터 사이의 거리는 1cm이고 면적은 10cm^{2}이다. 커패시터의 양단 전압이 10V일 경우

(a) 전자에 작용하는 힘

(b) 전자의 가속도

(c) 전자가 +극판에 도달하는 데 걸리는 시간을 구하라.

3.42* $\varepsilon_r = 4$인 유전체에서 전계 $-1\text{ m} \leq x \leq 1\text{ m}$, $0 \leq y \leq 2\text{ m}$, $0 \leq z \leq 3\text{ m}$일 경우 $\mathbf{E} = \hat{\mathbf{x}}(x^2 + 2z) + \hat{\mathbf{y}}x^2$

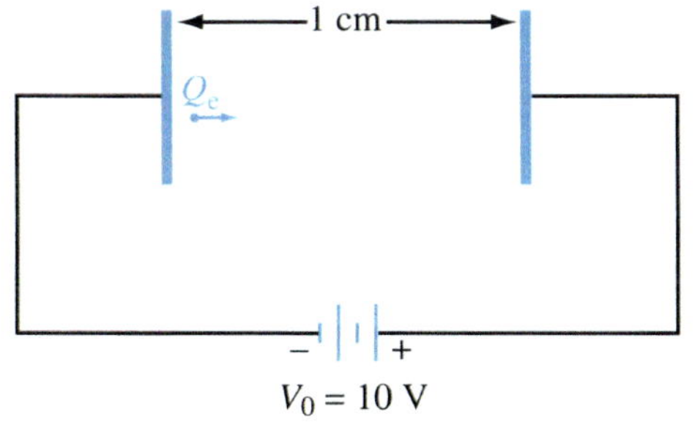

그림 3-33 문제 3.41의 대전된 금속판 간의 전자

$-\hat{\mathbf{z}}(y+z)$의 영역에 저장되는 정전계 에너지를 계산하라.

3.43 그림 3.34(a)에 도체판이 거리 d로 분리된 두 커패시터가 병렬로 되어 있는 것을 나타내었다. 도체판 사이의 공간에는 두 유전체가 있다. 하나는 유전율 ε_1, 면적 A_1이고, 다른 하나는 ε_2, A_2이다. 그림 3-34(a)에 도시한 구조의 용량 C는 그림 3-34(b)에 도시한 바와 같이 두 개의 용량이 병렬로 되어 있는 것과 등가이다. 즉

$$C = C_1 + C_2 \tag{3.125}$$

여기서

$$C_1 = \frac{\varepsilon_1 A_1}{d} \tag{3.126}$$

$$C_2 = \frac{\varepsilon_2 A_2}{d} \tag{3.127}$$

이다. 식 (3.125)가 됨을 확인하기 위하여, 다음과 같은 과정으로 진행하라.

(a) 두 유전체에 대한 전계 $\mathbf{E}_1$과 $\mathbf{E}_2$를 구하라.

(b) 각 부분에 축적된 에너지를 계산하고 그 결과를 이용하여 C_1과 C_2를 계산하라.

(c) 커패시터에 축적된 총 에너지를 이용하여 C에 대한 식을 구하고, 식 (3.125)가 유용한 결과인지를 확인하라.

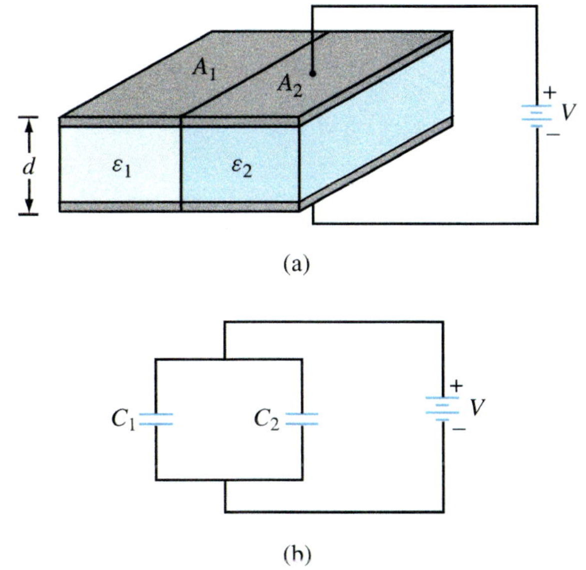

그림 3-34 (a) 병렬로 유전체가 채워진 커패시터 (b) 등가회로

3.44* 문제 3.52의 결과를 이용하여 다음과 같은 구조에 대한 용량을 계산하라.

(a) 그림 3-35(a)에서 윗면과 아랫면에 도체판이 있는 사각형 구조

(b) 그림 3-35(a)에서 앞면과 뒷면에 도체판이 있는 구조

(c) 그림 3-35(b)에서 윗면과 아랫면에 도체판이 있는 원통형의 구조

3.45 그림 3-36에 있는 커패시터는 두 개의 유전체층으로 되어 있다. 에너지 고찰을 이용하여 전체 커패시터의 등가용량 C는 각 층의 용량 C_1, C_2가 직렬로 되어 있는 것과 등가이다. 즉,

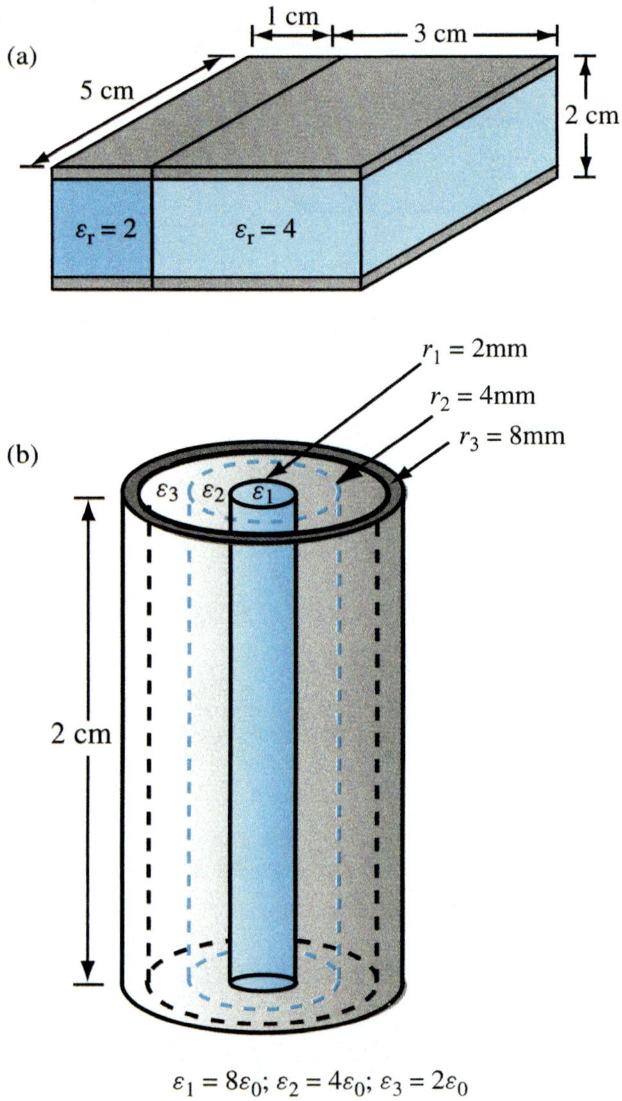

그림 3-35 문제 3.44와 3.46에 대한 유전체

$$C = \frac{C_1 C_2}{C_1 + C_2} \tag{3.128}$$

으로, $C_1 = \varepsilon_1 \dfrac{A}{d_1}$, $C_2 = \varepsilon_2 \dfrac{A}{d_2}$이며, 그 과정은 다음과 같다.

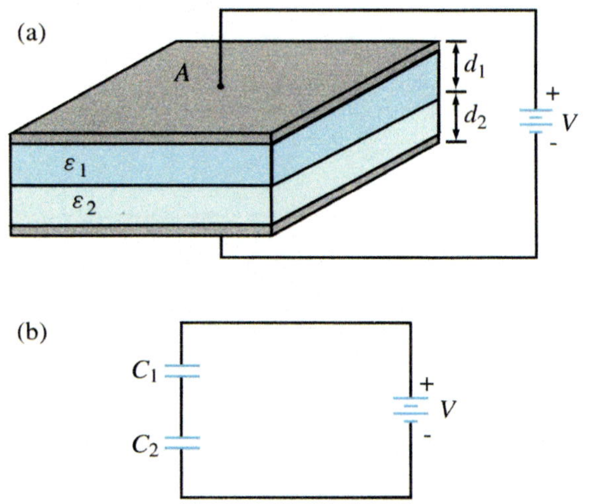

그림 3-36 (a) 유전체층을 갖는 커패시터와 (b) 등가회로(문제 3.45)

(a) V_1과 V_2를 각각 상 · 하 유전체 양단전위라 할 때, 전계 E_1과 E_2는 얼마인가? 두 유전체 간의 경계면에서 적절한 경계조건을 적용하여 ε_1, ε_2, V항으로 E_1과 E_2 표현식을 구하고 커패시터의 크기를 표시하라.

(b) 각 유전체층에 축적된 에너지를 계산한 다음, 에너지 합을 이용하여 C에 대한 식을 구하라.

(c) C가 식 (3.128)이 됨을 확인하라.

3.46 문제 3.54에 주어진 식을 이용하여 그림 3-35(a)에서 도체판이 좌우면에 있는 구조에 대한 용량을 구하라.

3-12절: 영상법

3.47 그림 3-37와 같이, x-y평면에 있는 접지 반평면 위의 거리 d와 x-z평면에 있는 또 다른 접지 반평면으로부터 거리 d에 전하 Q가 있다. 영상법을 이용하여 다음

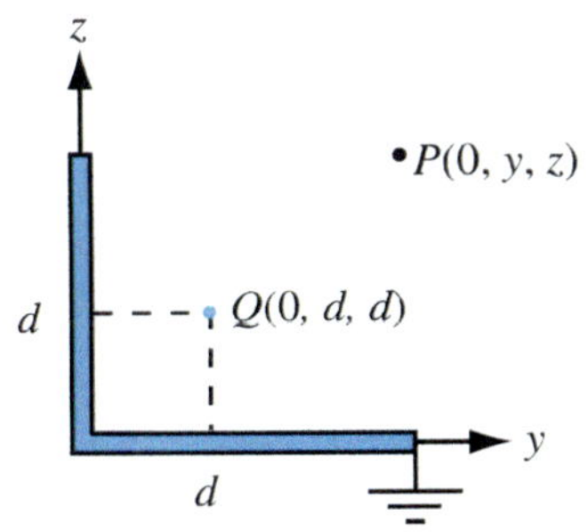

그림 3-37 두 개의 직각인 접지 반평면 근처에 놓인 전하 Q

을 구하라.

(a) 영상전하의 크기, 극성의 위치

(b) 임의의 점 $P(0, y, z)$에서의 전위와 전계

3.48 도체판 위 도선에 그림 3-38과 같은 방향으로 전류 I_1, I_2가 흐르며 전류의 방향은 양전하의 이동에 의한 것이다. I_1과 I_2에 대한 영상전류의 방향은 어떻게 되는가?

3.49 영상법을 이용하여 그림 3-39와 같이 도체판으로부터 거리 d에 위치한 반경 a인 무한장 도체원통의 단위 길이당 용량을 구하라.

그림 3-38 도체판 위 전류(문제 3.48)

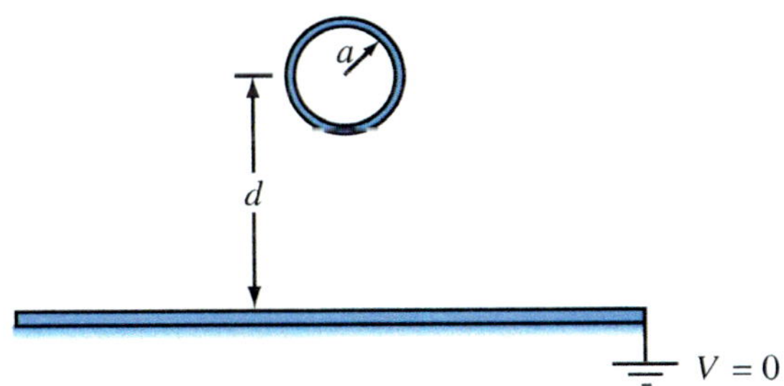

그림 3-39 도체판 위에 있는 도체 원통(문제 3.49)

3.50-3.55 추가적인 문제들—CD-ROM에 풀이되어 있음.

CHAPTER 4

정자계

개요

개요

이 장의 정자계는 3장의 정전계와 아주 비슷하다. 정지된 전하는 정전계를 일으키고, 정상전류(직류전류)는 정자계를 일으킨다. $\partial/\partial t=0$일 때, 투자율 μ인 매질에서 자계는 맥스웰 방정식(3.3a와 b)에 의해 결정되며, 다음과 같이 다시 쓴다.

$$\nabla \cdot \mathbf{B}=0, \quad (4.1a)$$

$$\nabla \times \mathbf{H}=\mathbf{J}, \quad (4.1b)$$

여기서, **J**는 전류밀도이다. 자속밀도 **B**와 자계의 세기 **H**는 다음의 관계가 있다.

$$\mathbf{B}=\mu\mathbf{H}. \quad (4.2)$$

우리는 3장에서 유전체 내의 전계를 고찰하면서, 매질이 선형이고 등방성일 때만 $\mathbf{D}=\varepsilon\mathbf{E}$의 관계가 있음을 알았다. 대부분의 유전체가 이와 같은 성질을 가지고 있으므로 유전율 ε은 전계 **E**의 크기와 방향에 관계없이 일정하다고 볼 수 있다. 이와 같은 성질은 식 (4.2)에서도 마찬가지다. **B**와 **H**가 비선형 특성을 가지는 강자성체를 제외한 대부분의 자성체에서 투자율은 일정하다. 더구나, 유전체와 강자성체를 제외한 대부분의 금속의 투자율은 $\mu=\mu_0$이다. 이 장의 목적은 다양한 매질 내에서 여러 가지 전류분포가 주어졌을 때 정상전류(직류전류)와 자계 **B**(또는 **H**)의 관계를 구하고, 자기 벡터 포텐셜 **A**, 자기 에너지 밀도 w_m, 도체 구조물의 인덕턴스 L과 같은 여러 가지 관계되는 양을 소개한다. 이들 정전계와 정자계의 여러 속성 간의 비교를 표 4-1에 요약하였다.

표 4-1 정전자기의 특성

속성	정전계	정자계
원인	정지된 전하	정상 전류
필드	**E**, **D**	**H**, **B**
구조 변수(s)	ε, σ	μ
지배 방정식		
• 미분형	$\nabla \cdot \mathbf{D}=\rho_\text{v}$ $\nabla \times \mathbf{E}=0$	$\nabla \cdot \mathbf{B}=0$ $\nabla \times \mathbf{H}=\mathbf{J}$
• 적분형	$\oint_S \mathbf{D} \cdot d\mathbf{s}=Q$ $\oint_C \mathbf{E} \cdot d\mathbf{l}=0$	$\oint_S \mathbf{B} \cdot d\mathbf{s}=0$ $\oint_C \mathbf{H} \cdot d\mathbf{l}=I$
포텐셜	스칼라 V, $\mathbf{E}=-\nabla V$	벡터 **A**, $\mathbf{B}=\nabla \times \mathbf{A}$
에너지밀도	$w_\text{e}=\frac{1}{2}\varepsilon E^2$	$w_\text{m}=\frac{1}{2}\mu H^2$
전하 q가 받는 힘	$\mathbf{F}_\text{e}=q\mathbf{E}$	$\mathbf{F}_\text{m}=q\mathbf{u} \times \mathbf{B}$
회로 소자(s)	C, R	L

4-1 자기력과 회전력

공간의 어느 한 점의 전계 **E**는 그 점에 놓은 점전하에 작용하는 단위전하당 전기력 $\mathbf{F}_e$로 정의된다. 자계 **B** 내에서 하전입자가 **u**의 속도로 운동할 때 **자속밀도**(magnetic flux density) **B**와 속도 **u**를 이용하여 **자기력**(magnetic force) $\mathbf{F}_m$을 정의할 수 있다. 자계 내에서 움직이는 하전입자의 운동을 측정하는 실험에 의하면 하전입자 q에 작용하는 자기력 $\mathbf{F}_m$은 다음과 같이 놓을 수 있다.

$$\mathbf{F}_m = q\mathbf{u} \times \mathbf{B} \qquad \text{(N)}. \qquad (4.3)$$

따라서, **B**의 단위는 newtons/(C · m/s)이며, SI단위계에서는 tesla(T)이다. 양의 하전입자의 경우, $\mathbf{F}_m$의 방향은 오른손 법칙에 의하여 결정되며 **u**와 **B**를 포함한 평면에 수직이다.

만일 q가 (−)이면, $\mathbf{F}_m$의 방향은 그림 4-1에 보인 바와 같이 반대가 된다. $\mathbf{F}_m$의 크기는

$$F_m = quB\sin\theta, \qquad (4.4)$$

이다. 여기서 $\mathbf{F}_m$는 **u**와 **B** 간의 각도이다. **u**가 **B**에 대하여 수직일 때(θ=90°) $\mathbf{F}_m$은 최대이고, **u**와 **B**가 평행일 때(θ=0° 또는 180°)는 0이 됨을 알 수 있다. 전계 **E**와 자계 **B**가 공존하는 공간에서 하전입자가 받는 총 **전자기력**(electromagnetic force)은

$$\mathbf{F} = \mathbf{F}_e + \mathbf{F}_m = q\mathbf{E} + q\mathbf{u} \times \mathbf{B} = q(\mathbf{E} + \mathbf{u} \times \mathbf{B}). \qquad (4.5)$$

이다. 식 (4.5)의 힘을 **로렌츠 힘**(Lorentz force)이라고 부른다. 전기력과 자기력은 아래와 같이 여러 가지 차이점을 보인다.

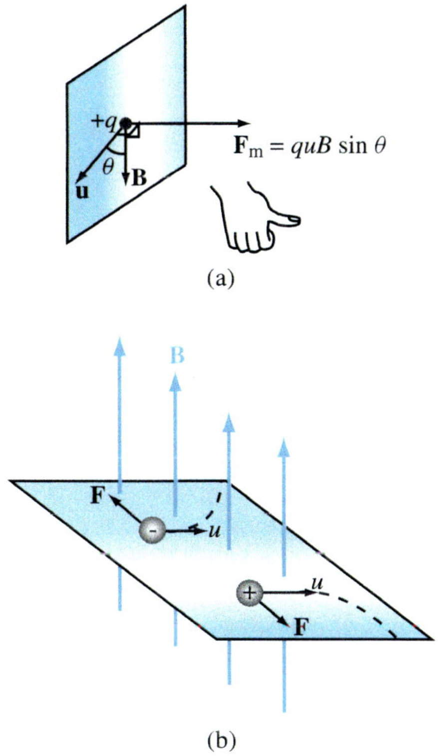

그림 4-1 자계 내에서 움직이는 하전입자에 가해진 자기력의 방향은 (a) **B**와 **u**에 수직이고 (b) 전하의 극성(양 혹은 음)에 따라 결정된다.

1. 전기력은 항상 전계의 방향과 동일하고, 자기력은 자계에 대하여 항상 직각이다.
2. 전기력은 하전입자의 움직임에 관계없이 작용하는 데 반하여, 자기력은 하전입자가 움직일 때에 한하여 작용한다.
3. 전기력은 하전입자를 이동시키는 데 에너지를 소비하지만, 자기력은 하전입자를 자기력으로 이동시켜도 일을 하지 않은 것이 된다. 즉, 에너지 소모가 없다.

마지막 항을 부연하여 설명하면, 자기력 $\mathbf{F}_m$은 **u**에 대하

여 항상 직각이므로, $\mathbf{F}_m \cdot \mathbf{u}=0$이라는 것이다. 따라서, 하전입자가 미소거리 $d\mathbf{l}=\mathbf{u}\,dt$만큼 변위되었을 때 자기력이 행한 일은 다음 식과 같다.

$$dW = \mathbf{F}_m \cdot d\mathbf{l} = (\mathbf{F}_m \cdot \mathbf{u})\,dt = 0. \tag{4.6}$$

일을 하지 않기 때문에 자계는 하전입자의 운동 에너지를 변화시킬 수 없다. 즉, 자계는 하전입자의 운동방향을 변화시킬 수 있으나 그 속도는 변화시킬 수 없다.

연습문제 4.1 자계에 직각인 $-x$방향으로 운동하는 전자는 $-z$축 방향으로 편향이 된다. 자계의 방향은?

[답] $-y$방향 (◉)

연습문제 4.2 양자(proton)가 자속밀도 2.5T인 자계 내에서 2×10^6m/s의 속도로 이동할 때 자기력의 크기가 4×10^{-13}N이면 자계와 양자 속도 사이의 각도는?

[답] $\theta=30^\circ$ 또는 150° (◉)

연습문제 4.3 하전입자가 $\mathbf{E}=\hat{\mathbf{x}}E$, $\mathbf{B}=\hat{\mathbf{y}}B$인 매질 내에서 속도 $\mathbf{u}$로 이동할 때, 하전입자가 받는 힘(로렌츠 힘)이 0이 되는 속도 $\mathbf{u}$는?

[답] $\mathbf{u} = \hat{\mathbf{z}}E/B.$ (◉)

4-1.1 전류가 흐르는 도체가 받는 자기력

도선에 흐르는 전류는 도체 내의 하전입자들로 구성된다. 결론적으로, 전류가 흐르는 도선이 자계 내에 위치하면 도체 내를 이동하는 하전입자가 자기력을 받게 되는 것이다. 예를 들어, 그림 4-2와 같이 z방향으로 놓인 도선이 $-\hat{\mathbf{x}}$방향의 자계 $\mathbf{B}$ 내에 있다고 하자. 도선에 전류가 흐르지 않으면 $\mathbf{F}_m=0$이고, 도선의 방향은 그림 4-2(a)와 같이 변하지 않지만, 도선에 $+\hat{\mathbf{z}}$방향으로, 즉 위쪽으로 전류가 흐르면 도선은 자기력을 받아 좌측($-\hat{\mathbf{y}}$방향)으로 편향된다. 또한, 전류방향이 아래($-\hat{\mathbf{z}}$방향)로 향하면 도선은 우측($+\hat{\mathbf{y}}$방향)으로 편향된다. 이들 편향 방향은 식 (4.3)의 외적에 따라 결정된다.

$\mathbf{F}_m$과 도선에 흐르는 전류 I와의 관계를 정량화하기 위하여 단면적이 A이고 길이가 $d\mathbf{l}$($d\mathbf{l}$의 방향은 전류방향)인 선소(line segment)를 생각해 보자. 일반성을 크

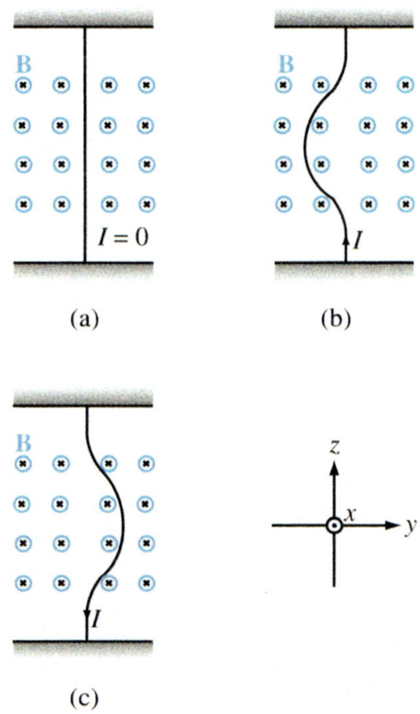

그림 4-2 약간의 유연성을 지닌 수직 도선이 지면으로 들어가는 방향(×로 표시)의 자계 내에 놓여있을 때, (a) 도선에 흐르는 전류가 0이면 도선은 구부러지지 않고, (b) 전류가 위쪽으로 흐르면 도선은 왼쪽으로 구부러지며, (c) 전류가 아래쪽으로 흐르면 도선은 오른쪽으로 구부러진다.

게 벗어나지 않는 한, 전류 I를 구성하는 전하 캐리어로는 전자(양도체에서 전하 캐리어는 전자뿐임)만 고려한다. 도선이 자유전자의 전하밀도 $\rho_{ve} = -N_e e$(N_e는 단위 체적당 이동 전자수)를 포함하고 있다면, 도선 체적소 내 이동전하의 총량은

$$dQ = \rho_{ve} A\, dl = -N_e e A\, dl, \qquad (4.7)$$

이고, 자계 $\mathbf{B}$에서 dQ에 작용하는 자기력은

$$d\mathbf{F}_m = dQ\, \mathbf{u}_e \times \mathbf{B} = -N_e e A\, dl\, \mathbf{u}_e \times \mathbf{B}, \qquad (4.8a)$$

이다. 여기서, $\mathbf{u}_e$는 전자의 드리프트 속도이다.

전류방향이 (+)전하 흐름의 방향과 같으므로 전자의 드리프트 속도 $\mathbf{u}_e$는 $d\mathbf{l}$에 평행하고, 방향은 반대이다. 따라서, $d\mathbf{l}u_e$ 대신 $-d\mathbf{l}u_e$를 식 (4.8a)에 대입하면

$$d\mathbf{F}_m = N_e e A u_e\, d\mathbf{l} \times \mathbf{B}. \qquad (4.8b)$$

가 된다. 식 (3.11) 및 (3.12)에서, 전하밀도 $\rho_{ve} = -N_e e$, 속도 $-u_e$인 전자로 인해 단면적 A에 흐르는 전류 I는 $I = \rho_{ve}(-u_e)A = (-N_e e)(-u_e)A = N_e e A u_e$이다. 그러므로 식 (4.8b)는 아래와 같이 간략히 나타낼 수 있다.

$$d\mathbf{F}_m = I\, d\mathbf{l} \times \mathbf{B} \qquad \text{(N)}. \qquad (4.9)$$

전류 I가 흐르는 폐회로 C가 받는 총 자기력은

$$\mathbf{F}_m = I \oint_C d\mathbf{l} \times \mathbf{B} \qquad \text{(N)}. \qquad (4.10)$$

이다. 식 (4.10)을 다음의 두 가지 특별한 경우에 적용해 보자.

균등자계 B 내에 있는 폐회로

그림 4-3(a)에서 보인 바와 같이 자계 $\mathbf{B}$ 내에서 전류 I가 흐르는 폐곡선을 생각하자. $\mathbf{B}$는 일정하므로 식 (4.10)에서 적분기호 밖으로 끌어 낼 수 있으므로

$$\mathbf{F}_m = I \left(\oint_C d\mathbf{l} \right) \times \mathbf{B} = 0. \qquad (4.11)$$

으로 된다. 폐회로에서 선소 $d\mathbf{l}$의 벡터 합이 0이 된다는 이러한 결과는 균등자계 내에 있는 어떤 폐회로의 전류에 작용하는 총 자기력이 0임을 의미한다.

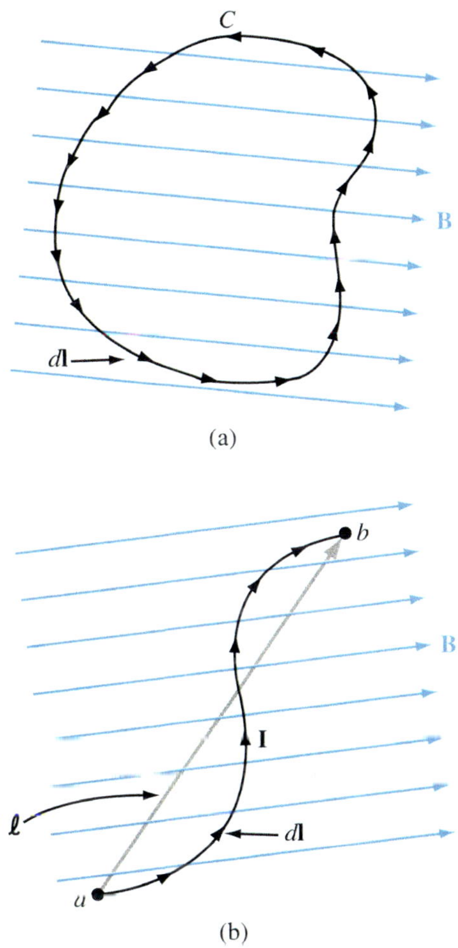

그림 4-3 균등자계에서, (a) 폐경로를 따라 변위벡터 $d\mathbf{l}$을 적분하면 0이므로, 폐경로에서 총 자기력은 0이며, (b) 선소에 미치는 자기력은 양단 간의 벡터에 비례한다($\mathbf{F}_m = I\boldsymbol{\ell} \times \mathbf{B}$).

균등자계 B 내에 있는 곡선 도선

그림 4-3(b)에서와 같이 도선이 균등자계 **B** 내에 놓여 있을 때, 도선에 작용하는 자기력은

$$\mathbf{F}_\text{m} = I\left(\int_a^b d\mathbf{l}\right) \times \mathbf{B} = I\boldsymbol{\ell} \times \mathbf{B}, \qquad (4.12)$$

이다. 여기서, ℓ은 그림 4-3(b)에 보인 것과 같이 a에서 b까지의 직선벡터이다. a에서 b까지 $d\mathbf{l}$의 적분은 a와 b 간의 적분경로에 관계없이 일정하다. 폐회로에서 a와 b는 같은 점이므로 $\ell = 0$이고, $\mathbf{F}_\text{m} = 0$이다.

예제 4-1 반원형 도선에 작용하는 기전력

그림 4-4의 반원형 도선은 x-y평면에 있고, 전류 I가 흐른다. 폐회로는 균등자계 $\mathbf{B} = \hat{\mathbf{y}}B_0$ 내에 있다. 도선의 직선 부분에 작용하는 자기력 $\mathbf{F}_1$과 곡선 부분에 작용하는 자기력 $\mathbf{F}_2$를 구하라.

풀이

(a) 회로의 직선 부분은 길이가 $2r$이고, $+x$방향을 따라 전류가 흐른다. $\ell = \hat{\mathbf{x}}\,2r$를 식 (4.12)에 대입하면

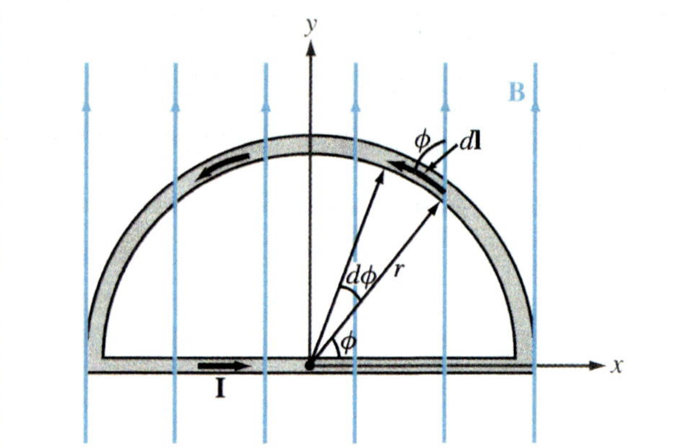

그림 4-4 균등자계 내의 반원형 도선(예제 4-1)

$$\mathbf{F}_1 = \hat{\mathbf{x}}(2Ir) \times \hat{\mathbf{y}}B_0 = \hat{\mathbf{z}}\,2IrB_0 \qquad \text{(N)}.$$

이다.

(b) 곡선 부분에서 미소길이 $d\mathbf{l}$을 고려하자. $d\mathbf{l}$의 방향은 전류방향과 일치하도록 정한다. $d\mathbf{l}$과 $\mathbf{B}$가 모두 x-y평면에 있으므로, $d\mathbf{l} \times \mathbf{B}$의 방향은 $-z$방향이며, $d\mathbf{l} \times \mathbf{B}$의 크기는 $\sin\phi$에 비례한다. 여기서, ϕ는 $d\mathbf{l}$과 $\mathbf{B}$ 사이의 각이다. 또한, $d\mathbf{l}$의 크기는 $dl = r\,d\phi$이므로,

$$\mathbf{F}_2 = I\int_{\phi=0}^{\pi} d\mathbf{l} \times \mathbf{B}$$
$$= -\hat{\mathbf{z}}I\int_{\phi=0}^{\pi} rB_0 \sin\phi \, d\phi = -\hat{\mathbf{z}}\,2IrB_0 \qquad \text{(N)}.$$

이다. $\mathbf{F}_2 = -\mathbf{F}_1$이고 결과적으로 폐회로에 작용하는 총 자기력이 0임을 알 수 있다. ♣

연습문제 4.4 단위길이당 질량이 0.2kg/m인 수평 도선에 $+x$방향으로 4A전류가 흐른다. 이 도선이 균등자속밀도 **B** 내에 놓여 있을 때, 자기력을 이용하여 도선을 수직 상향으로 끌어올리는 데 필요한 **B**의 방향과 최소한의 크기를 구하라(이 때, 중력 가속도 $\mathbf{g} = -\hat{\mathbf{z}}\,9.8\text{m/s}^2$임).

[답] $\mathbf{B} = \hat{\mathbf{y}}0.49$ T. (◉)

4-1.2 전류가 흐르는 폐회로에 작용하는 자기 회전력

고정축을 중심으로 강체에 힘을 가하면 그 물체는 그 축을 중심으로 회전한다. 회전의 세기는 가해진 벡터 **F**와 회전축으로부터 힘의 작용점까지의 거리벡터 **d**(**d**는 회전축의 수직)의 외적에 관계된다. 길이 **d**는 **모멘트 암**

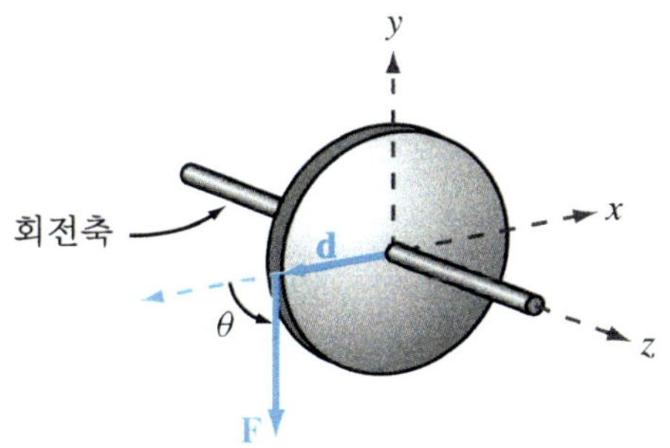

그림 4-5 z축을 중심으로 회전하는 원판에 가해지는 힘 **F**는 판을 회전시키는 회전력 $\mathbf{T} = \mathbf{d} \times \mathbf{F}$를 발생시킨다.

(moment arm)이라 하고, **d**와 **F**의 외적을 **회전력**(torque)이라 한다.

$$\mathbf{T} = \mathbf{d} \times \mathbf{F} \qquad (\text{N}\cdot\text{m}). \qquad (4.13)$$

회전력 **T**의 단위는 일이나 에너지의 단위와 같으나, 회전력은 일 또는 에너지를 나타내지는 않는다. 그림 4-5의 원판에 가해진 힘 **F**는 x-y평면에 있고, **d**와 각 θ를 이룬다. 따라서

$$\mathbf{T} = \hat{\mathbf{z}} r F \sin\theta, \qquad (4.14)$$

이다. 여기서, $|\mathbf{d}| = r$은 원판의 반경이고 $F = |\mathbf{F}|$이다. 식 (4.14)에서 $+z$방향의 회전력은 원판을 반시계방향으로 회전시키고, 반대로 $-z$방향의 회전력은 원판을 시계방향으로 회전시킨다. 회전력과 회전방향은 다음의 **오른손 법칙**(right-hand rule)에 의하여 결정된다. 즉, 오른손의 엄지가 회전력의 방향을 가리킬 때, 나머지 네 손가락은 물체의 회전방향을 가리킨다.

자기력을 받는 도선 루프에 작용하는 **자기 회전력**(magnetic torque)에 대해 생각해 보자. 자계 **B**가 루프면에 있는 간단한 경우로부터 시작하여, **B**가 루프방향(루프면의 법선방향)과 θ의 각을 이루는 보다 일반적인 경우도 다루어 보기로 한다.

자계와 루프면이 일치하는 경우

그림 4-6(a)의 구형(rectangular) 도선 루프에 전류 I가 흐른다. 루프는 x-y평면에 있고, 루프축을 중심으로 회전한다. 균등자계 $\mathbf{B} = \hat{\mathbf{x}} B_0$ 내에서 루프의 변 1과 3은 각

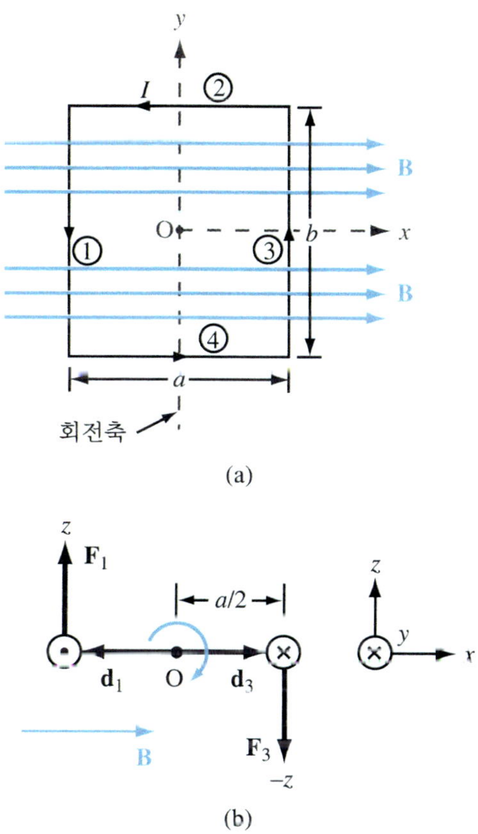

그림 4-6 y축을 중심으로 회전하는 구형 루프의 (a) 정면, (b) 바닥면 , 구형 루프에 가해진 힘 $\mathbf{F}_1$과 $\mathbf{F}_2$의 조합은 그림 (b)와 같이 시계방향으로 루프를 회전시키는 토크를 발생시킨다.

각 자기력

$$\mathbf{F}_1 = I(-\hat{\mathbf{y}}b) \times (\hat{\mathbf{x}}B_0) = \hat{\mathbf{z}}IbB_0, \tag{4.15a}$$

과

$$\mathbf{F}_3 = I(\hat{\mathbf{y}}b) \times (\hat{\mathbf{x}}B_0) = -\hat{\mathbf{z}}IbB_0. \tag{4.15b}$$

를 받는다.

이들 결과는 식 (4.12)에 의한 것이다. 변 2와 4에 흐르는 전류방향은 자계 **B**의 방향과 평행이므로 이들 변에 작용하는 자기력은 없다.

그림 4-6(b)와 같이 루프를 아래에서 위를 향해 보면 힘 $\mathbf{F}_1$과 $\mathbf{F}_3$가 중심 O에 대하여 회전력을 만들어 루프를 시계방향으로 회전시킴을 알 수 있다. 두 힘 $\mathbf{F}_1$과 $\mathbf{F}_3$의 모멘트 암(moment arm)의 길이는 $\mathbf{d}_1 = \mathbf{d}_3 = a/2$이지만, 방향은 서로 반대이며, 총 자기 회전력은

$$\begin{aligned}\mathbf{T} &= \mathbf{d}_1 \times \mathbf{F}_1 + \mathbf{d}_3 \times \mathbf{F}_3 \\ &= \left(-\hat{\mathbf{x}}\frac{a}{2}\right) \times (\hat{\mathbf{z}}IbB_0) + \left(\hat{\mathbf{x}}\frac{a}{2}\right) \times (-\hat{\mathbf{z}}IbB_0) \\ &= \hat{\mathbf{y}}IabB_0 = \hat{\mathbf{y}}IAB_0, \end{aligned} \tag{4.16}$$

여기서, $A = ab$는 루프의 면적이다. 오른손 법칙에 의하면 회전방향은 시계방향이다. 식 (4.16)은 자계 **B**가 루프면에 평행일 때만 성립한다. 루프가 회전하기 시작하면, 회전력 **T**는 감소하기 시작하여 1/4회전(90° 회전)이 되면 다음에 설명하는 바와 같이 회전력은 0이 된다.

자계가 직사각형 루프축에 직각인 경우

그림 4-7에서 $\mathbf{B} = \hat{\mathbf{x}}B_0$는 루프의 회전축에 직각이지만 루프가 회전하게 되면 **B**의 방향은 루프면의 법선벡터 $\hat{\mathbf{n}}$과 θ의 각을 가지게 되고, 직사각형 루프의 네 변에 자기력이 작용할 수 있다. 그러나 힘 $\mathbf{F}_2$와 $\mathbf{F}_4$는 회전축과 같은 선상에 있으며, 크기는 같고 방향이 반대이므로 이들에 의한 총 회전력은 0이다. 변 1과 3에서의 전류방향은 θ의 크기에 관계없이 **B**에 대하여 직각이다. 그러므로 $\mathbf{F}_1$과 $\mathbf{F}_3$는 식 (4-15a와 b)으로 표현될 수 있고, 이들의 모멘트 암은 그림에서와 같이 $(a/2)\sin\theta$이다. 따라서,

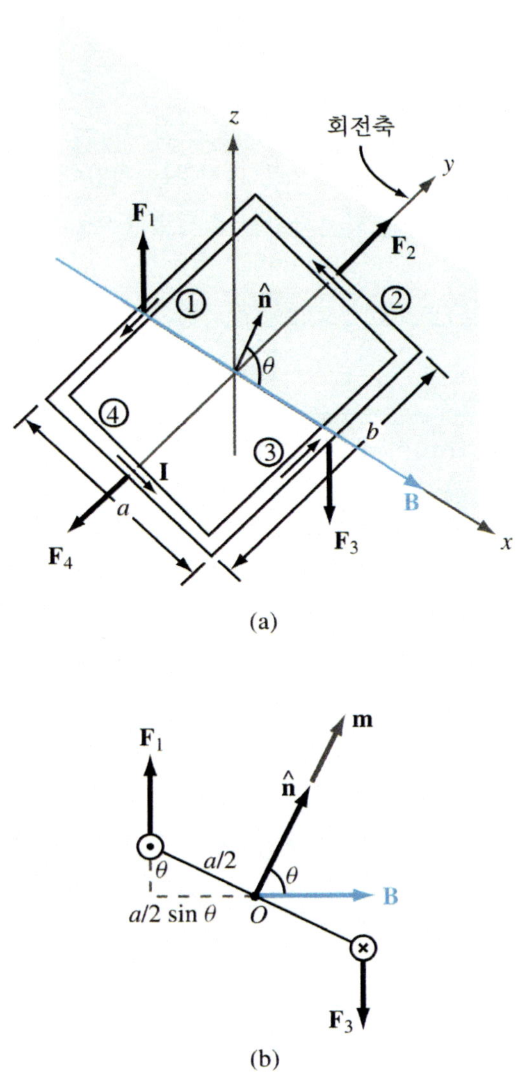

그림 4-7 자속밀도 **B**를 갖는 균등자계 내에 구형 루프가 놓여 있을 때, 자계방향은 루프의 회전축과 수직이지만, 루프의 법선벡터 $\hat{\mathbf{n}}$과는 각 θ를 이룬다.

루프의 회전축을 중심으로 한 자계에 의해 받는 총 회전력의 크기는 식 (4.16)에서 $\sin\theta$에 의해 수정되어

$$T = IAB_0 \sin\theta. \tag{4.17}$$

가 된다. 식 (4.17)에 의하면 회전력은 자계가 루프면에 평행일 때($\theta=90°$) 최대이고, 자계가 루프면에 수직일 때($\theta=0$) 0이 된다. 만일, 루프의 권수가 N이면 식 (4.17)의 회전력은 다음과 같이 표시된다.

$$T = NIAB_0 \sin\theta. \tag{4.18}$$

NIA를 루프의 **자기 모멘트**(magnetic moment) m이라 하고, 이것은 루프면의 법선벡터 $\hat{\mathbf{n}}$과 같은 방향의 벡터 $\mathbf{m}$이다. $\hat{\mathbf{n}}$의 방향은 다음의 **오른손 법칙**(right-hand rule)에 의해 결정된다: 즉, 오른손의 네 손가락이 전류 I의 방향을 가리킬 때 엄지의 방향을 $\hat{\mathbf{n}}$의 방향으로 정한다. 따라서,

$$\mathbf{m} \triangleq \hat{\mathbf{n}}NIA \qquad (\text{A}\cdot\text{m}^2), \tag{4.19}$$

이다. $\mathbf{m}$으로 회전력 $\mathbf{T}$를 표현하면

$$\mathbf{T} = \mathbf{m} \times \mathbf{B} \qquad (\text{N}\cdot\text{m}). \tag{4.20}$$

이다. 비록 식 (4.20)은 자계 $\mathbf{B}$가 구형 루프의 회전축에 직각인 경우로부터 유도되었지만 루프의 모양과 $\mathbf{B}$의 방향에 관계없이 성립된다.

연습문제 4.5 권수가 200, 한 번의 길이가 0.5m인 정사각형 코일이 0.2T의 균등자속밀도 내에 놓여 있다. 코일에 작용하는 최대 자기 회전력이 4×10^{-2}(N · m)이라고 하면 코일에 흐르는 전류는?

[답] $I = 4$ mA. (◉)

4-2 비오-사바르 법칙

앞 절에서는 주어진 공간 영역에서 자계의 존재를 나타내기 위하여 자속밀도 $\mathbf{B}$를 사용하였다. 이제부터는 $\mathbf{B}$ 대신 자계의 세기 $\mathbf{H}$를 사용하기로 한다. 우리는 $\mathbf{B}$와 $\mathbf{H}$가 $\mathbf{B}=\mu\mathbf{H}$라는 관계를 통하여 대부분의 매질에서 선형적인 관계를 이루고 있음을 안다. 그러므로 μ를 알고 있을 경우, $\mathbf{B}$를 알면 $\mathbf{H}$를, $\mathbf{H}$를 알면 $\mathbf{B}$를 알 수 있다.

전류가 흐르는 도선에 의해 나침반의 바늘이 편향을 일으키는 실험을 통하여 한스 오스테드는 전류가 흐르는 도선 주위에 폐곡선 형태의 자력선이 발생한다는 것을 증명하였다. 오스테드의 실험결과에 기초하여 J. 비오(Jean Biot)와 F. 사바르(Felix Savart)는 자계 $\mathbf{H}$와 전류 I에 대한 공식을 유도했다. **비오-사바르 법칙**은 미소길이 $d\mathbf{l}$을 통하여 흐르는 정상 전류에 의하여 미소자계 $\mathbf{H}$가 발생하는 것을 말한다.

$$d\mathbf{H} = \frac{I}{4\pi}\frac{d\mathbf{l}\times\hat{\mathbf{R}}}{R^2} \qquad (\text{A/m}), \tag{4.21}$$

여기서, $\mathbf{R}=\hat{\mathbf{R}}R$은 그림 4-8의 관측점 P와 $d\mathbf{l}$ 간의 거리벡터이다. $\mathbf{H}$에 대한 SI단위는 $\text{A}\cdot\text{m/m}^2 = (\text{A/m})$이다. 자계의 방향은 전류소에서 관측점까지의 단위벡터 $\hat{\mathbf{R}}$과 전류 I의 방향인 $d\mathbf{l}$에 의해 정해진다. 식 (4.21)에 의하면 $d\mathbf{H}$는 R^{-2}에 비례하며 이것은 전하에 의하여 발생되는 전계가 R^{-2}에 비례하는 것과 비슷하다. 그러나, 전계 벡터 $\mathbf{E}$는 전하에서 관측점을 잇는 거리 벡터 $\mathbf{R}$과 같은 방향이지만 자계 $\mathbf{H}$는 전류소 $I\,d\mathbf{l}$과 거리벡터 $\mathbf{R}$이 이루는 면에 수직 방향이다.

그림 4-8의 점 P에서 $d\mathbf{H}$방향은 지면에서 나오는 방향이지만, 점 P'에서의 $d\mathbf{H}$방향은 지면으로 들어간다. 유한장 도선 전류로 인한 총자계 $\mathbf{H}$를 구하기 위하여 도선을 구성하는 모든 전류소로 인한 자계를 적분할 필요가 있다. 따라서, 비오-사바르 법칙(The Viot-Savart

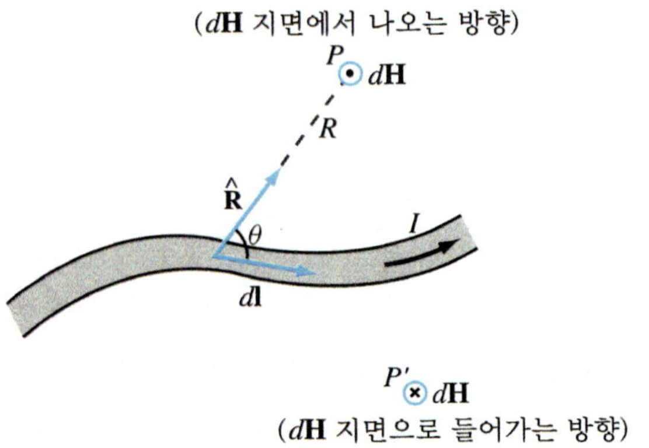

그림 4-8 전류소 $I\ d\mathbf{l}$에 의해서 발생된 자계 $d\mathbf{H}$. 점 P에서의 자계의 방향은 점 P'에서의 자계의 방향과는 반대이다.

law)은

$$\mathbf{H} = \frac{I}{4\pi}\int_l \frac{d\mathbf{l}\times\hat{\mathbf{R}}}{R^2} \quad \text{(A/m)}, \qquad (4.22)$$

이 된다. 여기서, l은 I가 흐르는 도선이다.

4-2.1 면 및 체적전류분포에 의한 자계

비오-사바르 법칙은 선전류분포 이외에 **체적전류밀도**(volume current density) $\mathbf{J}$(단위: A/m^2)나 **면전류밀도**(surface current density) $\mathbf{J}_s$(단위: A/m)와 같은 전류분포(그림 4-9)로도 나타낼 수 있다. 여기서, 면전류밀도 $\mathbf{J}_s$는 두께가 0에 가까운 아주 얇은 도체판 상에 흐르는 전류이다. 전류원을 면 S에 흐르는 $\mathbf{J}_s$와 체적 v 내에 흐르는 $\mathbf{J}$로 나타낼 때

$$I\ d\mathbf{l} = \mathbf{J}_s\ ds = \mathbf{J}\ dv \qquad (4.23)$$

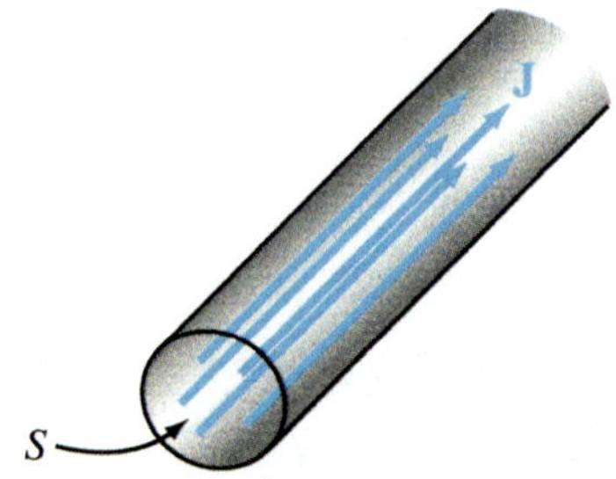

(a) 체적전류밀도 $\mathbf{J}$(A/m^2)

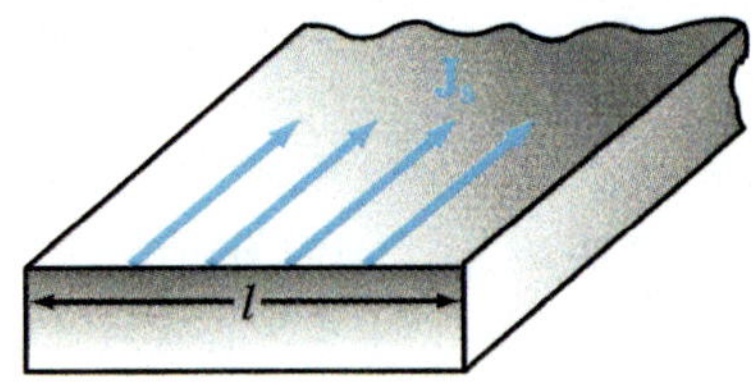

(b) 면전류밀도 $\mathbf{J}_s$(A/m)

그림 4-9 (a) 원통의 단면 S를 통과하는 총 전류는 $I = \int_S \mathbf{J}\cdot d\mathbf{s}$이다. (b) 도체의 단면을 통과하는 총 전류는 $I = \int_l J_s\, dl$이다.

의 관계를 이용하면 비오-사바르 법칙은 다음과 같이 나타낼 수 있다.

$$\mathbf{H} = \frac{1}{4\pi}\int_S \frac{\mathbf{J}_s\times\hat{\mathbf{R}}}{R^2}\, ds \quad \text{(면전류분포의 경우)}, \qquad (4.24a)$$

$$\mathbf{H} = \frac{1}{4\pi}\int_v \frac{\mathbf{J}\times\hat{\mathbf{R}}}{R^2}\, dv \quad \text{(체적전류분포의 경우)}. \qquad (4.24b)$$

예제 4-2 직선 도선에 흐르는 전류에 의한 자계

길이가 l이고 전류 I가 흐르는 직선 도선이 그림 4-10

에서와 같이 z축 방향으로 놓여 있다. 자유공간의 x-y평면에서 거리 r만큼 떨어진 점 P에서의 자속밀도 $\mathbf{B}$를 구하라.

풀이 그림 4-10에서 선소 $d\mathbf{l} = \hat{\mathbf{z}}\,dz$, $d\mathbf{l} \times \hat{\mathbf{R}} = dz(\hat{\mathbf{z}} \times \hat{\mathbf{R}}) = \hat{\boldsymbol{\phi}} \sin\theta\, dz$ 이다. 여기서, $\hat{\boldsymbol{\phi}}$는 방위각 방향이고, θ는 $d\mathbf{l}$과 $\hat{\mathbf{R}}$ 간의 각이다. 따라서 식 (4.22)는

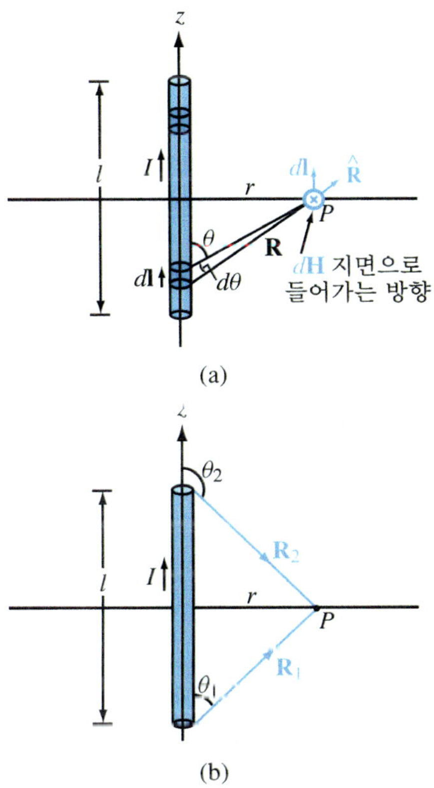

그림 4-10 전류 I가 흐르는 길이가 l인 직선 도선. (a) 전류소 $d\mathbf{l}$로 인한 점 P에서의 자계 $d\mathbf{H}$. (b) 각 θ_1과 θ_2는 각각 벡터 $I\,d\mathbf{l}$와 도체 양단을 점 P와 연결하는 벡터가 이루는 각이다(예제 4-2).

M4.3-4.4

$$\mathbf{H} = \frac{I}{4\pi} \int_{z=-l/2}^{z=l/2} \frac{d\mathbf{l} \times \hat{\mathbf{R}}}{R^2} = \hat{\boldsymbol{\phi}} \frac{I}{4\pi} \int_{-l/2}^{l/2} \frac{\sin\theta}{R^2}\, dz. \quad (4.25)$$

가 된다. 식 (4.25)는 다음과 같은 변환을 이용하면 편리하다.

$$R = r\csc\theta, \quad (4.26a)$$

$$z = -r\cot\theta, \quad (4.26b)$$

$$dz = r\csc^2\theta\, d\theta. \quad (4.26c)$$

식 (4.16a)와 (4.26c)를 식 (4.25)에 대입하면

$$\begin{aligned} \mathbf{H} &= \hat{\boldsymbol{\phi}} \frac{I}{4\pi} \int_{\theta_1}^{\theta_2} \frac{\sin\theta\; r\csc^2\theta\, d\theta}{r^2\csc^2\theta} \\ &= \hat{\boldsymbol{\phi}} \frac{I}{4\pi r} \int_{\theta_1}^{\theta_2} \sin\theta\, d\theta \\ &= \hat{\boldsymbol{\phi}} \frac{I}{4\pi r}(\cos\theta_1 - \cos\theta_2), \end{aligned} \quad (4.27)$$

여기서, θ_1과 θ_2는 각각 $z = -l/2$와 $z = l/2$에서의 각이다. 그림 4-10(b)의 삼각형에서

$$\cos\theta_1 = \frac{l/2}{\sqrt{r^2 + (l/2)^2}}, \quad (4.28a)$$

$$\cos\theta_2 = -\cos\theta_1 = \frac{-l/2}{\sqrt{r^2 + (l/2)^2}}. \quad (4.28b)$$

이므로

$$\mathbf{B} = \mu_0 \mathbf{H} = \hat{\boldsymbol{\phi}} \frac{\mu_0 I l}{2\pi r\sqrt{4r^2 + l^2}} \quad \text{(T)}. \quad (4.29)$$

이다. $l \gg r$인 무한장 도선에서 식 (4.29)는

$$\mathbf{B} = \hat{\boldsymbol{\phi}} \frac{\mu_0 I}{2\pi r} \quad \text{(무한 도선)}. \quad (4.30)$$

이 된다. ♣

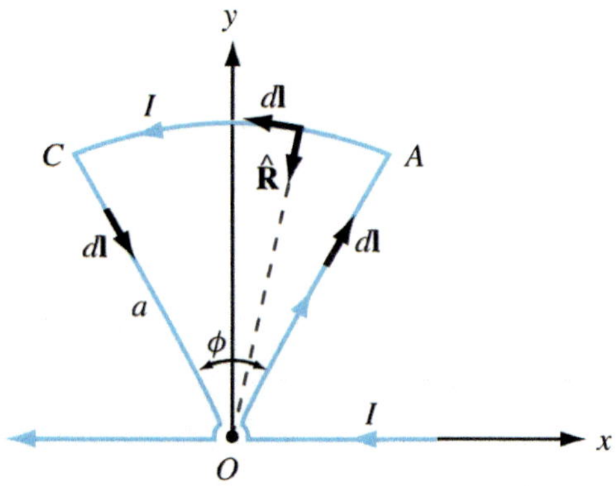

그림 4-11 전류 I가 흐르는 반경 a인 π형 루프 경로(예제 4-3)

예제 4-3 π형 전류에 의한 자계

그림 4-11의 π형으로 된 루프의 정점 O에서의 자계를 구하라. (O점 부근의 작은 호에 흐르는 전류에 의한 자계는 무시한다.)

풀이 OA와 OC의 직선 부분 전류에 의한 점 O의 자계는 0이 된다. 그 이유는 이 부분에서 $d\mathbf{l}$는 $\hat{\mathbf{R}}$과 평행이므로 $d\mathbf{l}\times\hat{\mathbf{R}}=0$이기 때문이다. AC 부분에서 $d\mathbf{l}$는 $\hat{\mathbf{R}}$에 대하여 수직이고 $d\mathbf{l}\times\hat{\mathbf{R}}=\hat{\mathbf{z}}\,dl=\hat{\mathbf{z}}a\,d\phi$이다. 따라서 식 (4.22)는

$$\mathbf{H}=\frac{I}{4\pi}\int\frac{\hat{\mathbf{z}}a\,d\phi}{a^2}=\hat{\mathbf{z}}\frac{I}{4\pi a}\phi,$$

이 되며, 여기서 ϕ의 단위는 라디안(radian)이다. ♣

예제 4-4 원형 루프 전류에 의한 자계

반지름 a인 원형 루프에 정상전류 I가 흐른다. 루프 축 위의 한 점에서 자계 $\mathbf{H}$를 구하라.

풀이 그림 4-12와 같이 x-y평면에 루프를 놓는다. 점 $P(0, 0, z)$에서 $\mathbf{H}$에 대한 식을 구해 보자. 원형 루프 상의 선소 $d\mathbf{l}$는 거리 벡터 $\mathbf{R}$에 대하여 수직이고, 루프 상의 모든 선소는 점 P에서 동일거리 $R(R=\sqrt{a^2+z^2})$에 있다고 하자. 식 (4.21)에서 $d\mathbf{l}$로 인한 $d\mathbf{H}$의 크기는

$$dH=\frac{I}{4\pi R^2}|d\mathbf{l}\times\hat{\mathbf{R}}|=\frac{I\,dl}{4\pi(a^2+z^2)}, \tag{4.31}$$

이고, $d\mathbf{H}$방향은 $\mathbf{R}$과 $d\mathbf{l}$을 포함한 평면에 수직이다. 그림 4-12에서와 같이 $d\mathbf{H}$는 r-z평면에 있으므로 dH_r 성분과 dH_z 성분을 갖는다. $d\mathbf{l}$과 반대방향에 있는 선소 $d\mathbf{l}'$를 고려할 때 $d\mathbf{l}$과 $d\mathbf{l}'$에 의한 자계의 z성분은 같은 방향이므로 더하고 r성분은 반대방향이므로 상쇄된다. 따라서, 총 자계는 오직 z성분만 남는다. 즉,

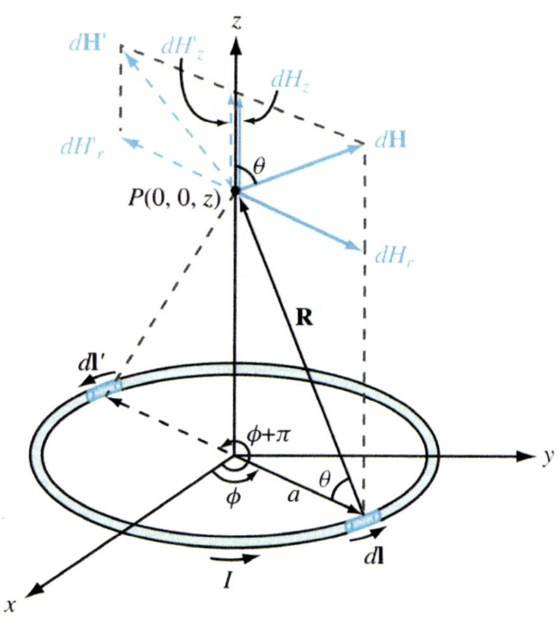

그림 4-12 전류 I가 흐르는 원형 루프(예제 4-4)

$$d\mathbf{H} = \hat{\mathbf{z}}\, dH_z = \hat{\mathbf{z}}\, dH\cos\theta = \hat{\mathbf{z}}\frac{I\cos\theta}{4\pi(a^2+z^2)}\, dl. \quad (4.32)$$

이다. 루프축 상의 한 점 $P(0, 0, z)$에서 식 (4.32)의 모든 변수는 dl을 제외하고는 일정하다. 그러므로 반경 a를 갖는 원에 대한 식 (4.32)를 적분하면

$$\mathbf{H} = \hat{\mathbf{z}}\frac{I\cos\theta}{4\pi(a^2+z^2)}\oint dl = \hat{\mathbf{z}}\frac{I\cos\theta}{4\pi(a^2+z^2)}(2\pi a). \quad (4.33)$$

이다. $\cos\theta = a/(a^2+z^2)^{1/2}$의 관계를 이용하면 다음과 같이 최종적인 식을 얻는다.

$$\mathbf{H} = \hat{\mathbf{z}}\frac{Ia^2}{2(a^2+z^2)^{3/2}} \quad \text{(A/m)}. \quad (4.34)$$

루프의 중심($z=0$)에서 식 (4.34)는

$$\mathbf{H} = \hat{\mathbf{z}}\frac{I}{2a} \quad (z=0), \quad (4.35)$$

이다. $z^2 \gg a^2$인 경우처럼 루프에서 아주 먼 위치에서라면 식 (4.34)는

$$\mathbf{H} = \hat{\mathbf{z}}\frac{Ia^2}{2|z|^3} \quad (|z| \gg a). \quad (4.36)$$

으로 근사화된다. ♣

4-2.2 자기 쌍극자에 의한 자계

루프 전류의 자기 모멘트 $\mathbf{m}$에 대한 식 (4.19)의 정의를 보면, 그림 4-12에서처럼 x-y평면에 있는 단일 루프는 자기 모멘트 $\mathbf{m} = \hat{\mathbf{z}}m = \hat{\mathbf{z}}I\pi a^2$을 가진다. 따라서, 식 (4.36)은 다음과 같이 나타낼 수 있다.

$$\mathbf{H} = \hat{\mathbf{z}}\frac{m}{2\pi|z|^3} \quad (|z| \gg a). \quad (4.37)$$

이 식은 루프축 상의 아주 먼 점에서 성립한다. 구좌표계에서 먼 거리의 한 점 $P'(R', \theta', \phi')$의 자계 $\mathbf{H}$를 구하는 문제일 경우, 루프 중심과 점 P' 간의 거리 R'이 루프 반경 a보다 훨씬 크다면,

$$\mathbf{H} = \frac{m}{4\pi R'^3}(\hat{\mathbf{R}}\, 2\cos\theta' + \hat{\boldsymbol{\theta}}\sin\theta') \quad (4.38)$$

이 된다. 루프와 관측점 간의 거리보다 매우 작은 크기를 갖는 전류 루프를 **자기 쌍극자**(magnetic dipole)라 한다. 이렇게 부르는 것은 그 자기력선 분포 형태가 전기 쌍극자의 전기력선 분포뿐 아니라 (천연)영구자석의 자기력선 분포와도 유사하기 때문이다. 이 유사성은 그림 4-13에 뚜렷이 드러나 있다.

연습문제 4.6 반무한장 직선 도선이 z축을 따라 $z=0$에서 $z=\infty$ 사이에 걸쳐 있다. 전류 I가 도선에서 $+z$방향으로 따라 흐른다면 x-y평면에서 도선으로부터의 반경이 r 되는 점의 자계 $\mathbf{H}$를 구하라.

[답] $\mathbf{H} = \hat{\boldsymbol{\phi}}\dfrac{I}{4\pi r}$ (A/m).

연습문제 4.7 4A의 전류가 흐르는 도선이 원형 루프로 되어 있다. 루프 중심의 자계가 20A/m이면, 루프의 권수가 다음과 같은 경우 루프 반경은?

[답] (a) $a = 10$ cm, (b) $a = 2$ m.

연습문제 4.8 정사각형 루프가 x-y평면 내에 있고, 그 중심이 원점이며, 두 변은 x축과 y축에 평행이다. 각 변의 길이는 40cm이다. 루프에 흐르는 전류는 10A이고, 전류방향은 루프를 위에서 내려다볼 때 시계방향이다. 루프 중심에서의 자계를 계산하라.

[답] $\mathbf{H} = -\hat{\mathbf{z}}\dfrac{4I}{\sqrt{2}\pi l} = -\hat{\mathbf{z}}22.5$ A/m.

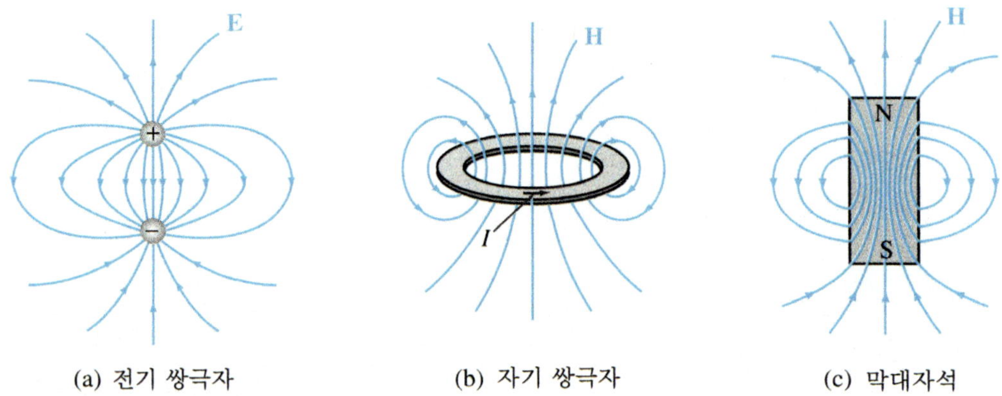

그림 4-13 (a) 전기 쌍극자의 전계 패턴, (b) 자기 쌍극자의 자계 패턴, (c) 막대 자석의 자계 패턴. 전원으로부터 멀리 떨어진 곳에서 전자계 패턴은 세 경우 모두 비슷하다.

4-3 두 평행 도선 전류 간의 자기력

4-1.1절에서 도선을 자계 내에 놓았을 때 전류가 흐르는 도선에 작용하는 자기력 $\mathbf{F}_m$을 설명하였다. 그러나 도선의 전류도 자계를 발생시키므로, 전류가 흐르는 두 도선이 서로 가까이 있으면, 각 도선은 서로 다른 도선에 자기력이 작용하게 된다. 자유공간에 두 개의 무한장 직선 도선이 그림 4-14와 같이 간격 d만큼 떨어져서 평행하게 놓여 있고, 전류 I_1과 I_2는 같은 방향으로 흐른다. 전류 I_1은 $y=-d/2$에, 전류 I_2는 $y=d/2$에 위치하며, 모두 z방향이다. $\mathbf{B}_1$은 전류 I_2가 흐르는 도선 위치에서 I_1에 의한 자계이고, 역으로 $\mathbf{B}_2$는 전류 I_1이 흐르는 도선 위치에서 I_2에 의한 자계이다. 식 (4.30)에서 $I=I_1$, $r=d$, I_2 위치에서 $\hat{\boldsymbol{\phi}}=-\hat{\mathbf{x}}$일 때 자계 $\mathbf{B}_1$는

$$\mathbf{B}_1 = -\hat{\mathbf{x}}\frac{\mu_0 I_1}{2\pi d}. \tag{4.39}$$

이다. 자계 $\mathbf{B}_1$ 내에서 전류 I_2가 흐르는 길이 l인 도선이 받는 힘 $\mathbf{F}_2$는 식 (4.12)를 적용하여 구하면

$$\begin{aligned}\mathbf{F}_2 &= I_2 l\hat{\mathbf{z}} \times \mathbf{B}_1 = I_2 l\hat{\mathbf{z}} \times (-\hat{\mathbf{x}})\frac{\mu_0 I_1}{2\pi d}\\ &= -\hat{\mathbf{y}}\frac{\mu_0 I_1 I_2 l}{2\pi d},\end{aligned} \tag{4.40}$$

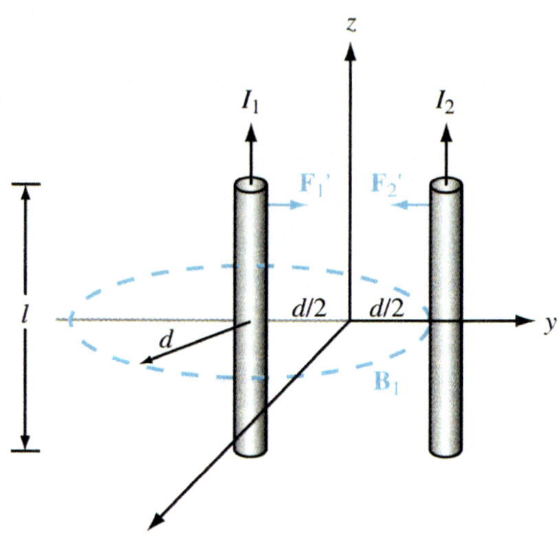

그림 4-14 전류가 흐르는 평행 도선에 가해진 자기력

이고, 단위길이당 작용하는 힘은

$$\mathbf{F}_2' = \frac{\mathbf{F}_2}{l} = -\hat{\mathbf{y}}\frac{\mu_0 I_1 I_2}{2\pi d}. \qquad (4.41)$$

이다. 전류 I_1이 흐르는 도선에 작용하는 힘에 대해서도 같은 방법으로 구하면

$$\mathbf{F}_1' = \hat{\mathbf{y}}\frac{\mu_0 I_1 I_2}{2\pi d}. \qquad (4.42)$$

이다. 따라서 $\mathbf{F}'_1 = -\mathbf{F}'_2$이며, 이것은 두 도선이 서로 같은 크기의 힘으로 끌어당김을 의미한다. 전류방향이 반대이면, 두 도선은 서로 같은 크기의 힘으로 반발한다.

M4.1-4.2

4-4 맥스웰의 정자계 방정식

지금까지 자계 **H**와 자속밀도 **B**의 의미를 정의해 오면서 특정 전류분포에 의해 생기는 자계 **B**와 **H**를 구하기 위하여 비오-사바르 법칙의 공식을 소개하였다. 그리고, 자계가 이동하는 하전입자와 전류가 흐르는 도선에 자기력을 어떻게 작용시키는가를 살펴보았다. 이제 식 (4.1a와 b)에서 수리적으로 기술된 정자계의 두 가지 중요한 성질을 살펴보겠다.

4-4.1 자기에 관한 가우스 법칙

제3장에서 총 전하[(+)전하에서 (−)전하를 뺀 것] Q를 둘러싸고 있는 폐곡면을 통하여 밖으로 나가는 총 전속밀도 **D**는 Q와 같음을 배웠다. 우리는 이러한 성질을 전기에 관한 가우스 법칙(Gauss's Law)이라 하며, 다음의 미분형, 적분형으로 나타낼 수 있다.

$$\nabla \cdot \mathbf{D} = \rho_v \quad \Longleftrightarrow \quad \oint_S \mathbf{D} \cdot d\mathbf{s} = Q. \qquad (4.43)$$

미분형에서 적분형으로의 변환은 $Q = \int_v \rho_v \, dv$ [3-4절]를 포함한 표면적 S에 의하여 둘러싸인 체적 v에 대해 발산정리를 적용하여 구한다. 점전하에 대응되는 자기량은 자극이다. 그러나 전하는 양전하와 음전하로 분리시킬 수 있는 반면, 자극은 N극과 S극을 분리시킬 수 없다. 자극은 항상 쌍으로 생긴다. 즉 영구자석을 무수히 많이 잘라도 새로운 조각은 항상 S극과 N극을 갖는다. 자석을 원자 크기 정도로 계속 잘라도(분자자석이라 함) N, S극은 동시에 존재한다. 따라서, 전하 Q 또는 전하밀도 ρ_v에 상응하는 자기적 등가량은 없다.

그러므로 자기에 대한 가우스 법칙이 다음과 같이 됨은 당연하다.

$$\nabla \cdot \mathbf{B} = 0 \quad \Longleftrightarrow \quad \oint_S \mathbf{B} \cdot d\mathbf{s} = 0. \qquad (4.44)$$

이 미분형은 맥스웰 정자기 방정식(Maxwell's Magnetostatic Equations)의 네 가지 중 하나이며 적분형은 발산정리에서 얻는다. 공식적으로 '가우스 법칙'이란 말은 특별히 언급하지 않아도 전기에 관한 가우스 법칙으로 여겨지곤 한다. 식 (4.44)에 기술된 특성은 '격리된 단극 부존재의 법칙' '자속 보존의 법칙' 및 '자기에 대한 가우스 법칙' 등으로 불린다. 전기와 자기는 특성이 차이가 있는 동시에 유사성이 있기 때문에, 여기서는 앞으로 언급한 세 가지 이름 중에서 마지막 것을 택하기로 한다.

전기에 대한 가우스 법칙과 그에 대응되는 자기의 가우스 법칙 간의 차이점은 전기력선과 자기력선을 보면 알게 될 것이다. 전기력선은 +전하에서 출발하여 −전하에서 끝난다. 그림 4-15(a)에 나타낸 전기 쌍극자의 전기력선에서 두 전하 중 한 개를 둘러싼 폐곡면을 관통

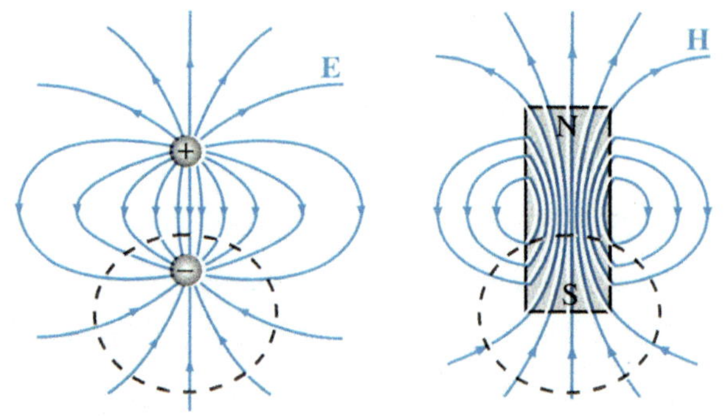

(a) 전기 쌍극자 (b) 막대자석

그림 4-15 (a) 전하를 둘러싸고 있는 폐곡면을 통과하는 총 전속은 0이 아닌 반면, (b) 자석의 한쪽 극을 둘러싸고 있는 폐곡면을 통과하는 총 자속은 0이다.

하는 전속은 0이 아니다. 이와 대조적으로, 자력선은 언제나 폐곡선을 이룬다. 4-2절에서 보았듯이, 전류에 의한 자력선은 시작과 끝이 없다. 그림 4-10의 직선 도선과 그림 4-12의 원형 루프, 기타 모든 전류에 의한 자력선들도 폐곡선을 이룬다. 이는 막대 자석에 대한 그림 4-15(b)에서도 마찬가지이다. 자력선이 폐곡선을 이루기 때문에 자석의 S극을 둘러싼 폐곡면을 관통하는 총 자속은 폐곡면의 모양에 관계없이 항상 0이다.

4-4.2 암페어 법칙

이제 식 (4.1b)의 특성을 검토해 보자.

$$\nabla \times \mathbf{H} = \mathbf{J}, \qquad (4.45)$$

이 식은 맥스웰 방정식 중 두 번째 것으로 정자계 **B**, **H**의 성질을 나타내고 있다. 식 (4.45)의 적분형은 직류전류에 의한 정자계에 있어서 **암페어의 주회법칙**(Ampère's circuit law) 혹은 단순히 암페어 법칙이라 한다. 식 (4.45)의 양변을 면적 S에 대해 적분하면

$$\int_S (\nabla \times \mathbf{H}) \cdot d\mathbf{s} = \int_S \mathbf{J} \cdot d\mathbf{s}, \qquad (4.46)$$

이고, 식 (2.107)의 스토크스의 정리를 적용하면

$$\oint_C \mathbf{H} \cdot d\mathbf{l} = I \qquad \text{(Ampère's law)}, \qquad (4.47)$$

의 결과를 얻는다. 여기서 C는 면적 S의 둘레이고, $I = \int \mathbf{J} \cdot d\mathbf{s}$는 S를 통해 흐르는 총 전류(net current)이다. C 방향의 부호를 정하는 관례로 I와 **H**의 방향이 오른손 법칙을 따른다. 즉, I의 방향이 오른손의 엄지손가락 방향이 되도록 놓으면 적분로 C의 방향은 나머지 네 손가락 방향이 된다. 다시 말하면, 암페어 주회 적분 법칙이란 폐적분로를 따라 **H**를 주회적분한 값은 폐적분로를 둘레로 하는 면적을 관통하는 총 전류와 같다는 것이다. 예를 들어, 그림 4-16(a)와 (b)에서의 **H**의 주회적분은 적분로의 모양이 아주 다르고 **H**의 크기가 적분로 상에서 균일하지 않은 경우에도 쇄교전류 I와 같다. 그림 4-16(c)의 적분로에서는 전류가 적분로를 쇄교하지 않기 때문에 적분로 상의 **H**가 0이 아니더라도 **H**의 주회적분은 0이다.

3-4절에서 가우스 법칙을 설명할 때, 전하분포가 대칭이고 전하를 둘러싼 가우스 표면에서 적분이 가능한 경우에만 가우스 법칙을 사용하며 전속밀도 **D**를 계산하는 것이 편리함을 알았다. 암페어 법칙에서도 이와 유사한 설명이 가능하다. 즉, 전류분포가 대칭이고 전류를 둘러싼 주회적분로인 암페어 주회적분로 상에서, 예제 4-5에서 4-7과 같이, 선적분이 가능하도록 암페어 주회적분로(contours)를 선택할 수 있는 경우에 한하여 암페어 주회적분 법칙을 이용하여 자계 **H**를 구하는 것이 편

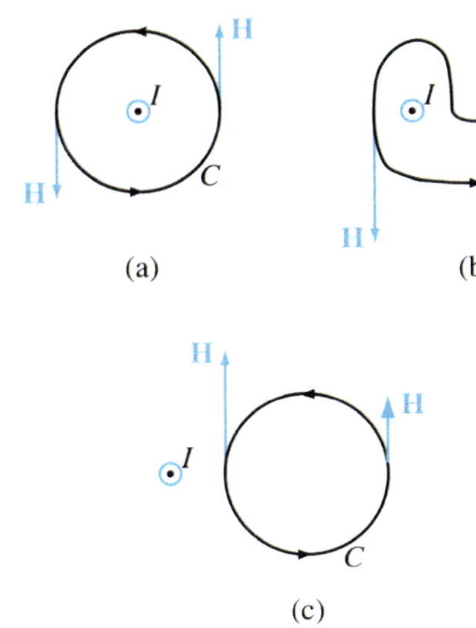

그림 4-16 암페어 법칙에 의하면, 폐경로 C를 둘러싸고 있는 $\mathbf{H}$의 주회적분은 경로로 둘러싸인 면을 통과하는 전류와 동일하다. 이것은 (a), (b)와 같은 폐경로에 대해서는 성립하지만, (c)와 같은 경로에 대한 $\mathbf{H}$의 주회적분은 전류 I(로 표시)가 경로 C에 둘러싸여 있지 않기 때문에 0이 된다.

리하다.

예제 4-5 **무한장 도선 전류에 의한 자계**

반경 a를 갖는 지선 도선(실제적으로 무한길이인)에 정상전류 I를 흐르게 한다. 전류는 균일하게 분포되어 있다. 도선축에서 거리 r 되는 점의 자계 $\mathbf{H}$를 구하라.

(a) 도선 내부($r \le a$) (b) 도선 외부($a \le r$)

풀이

(a) 그림 4-17(a)에서와 같이 전류 I의 방향을 $+z$방향으로 정한다. $r_1 \le a$ 거리에서 $\mathbf{H}_1$을 결정하기 위하여 그림 4-17(b)에서와 같이 반경 r_1의 원형 경로를 암페어 주회적분로 C_1으로 정한다. 이 경우 암페어 법칙을 적용하면

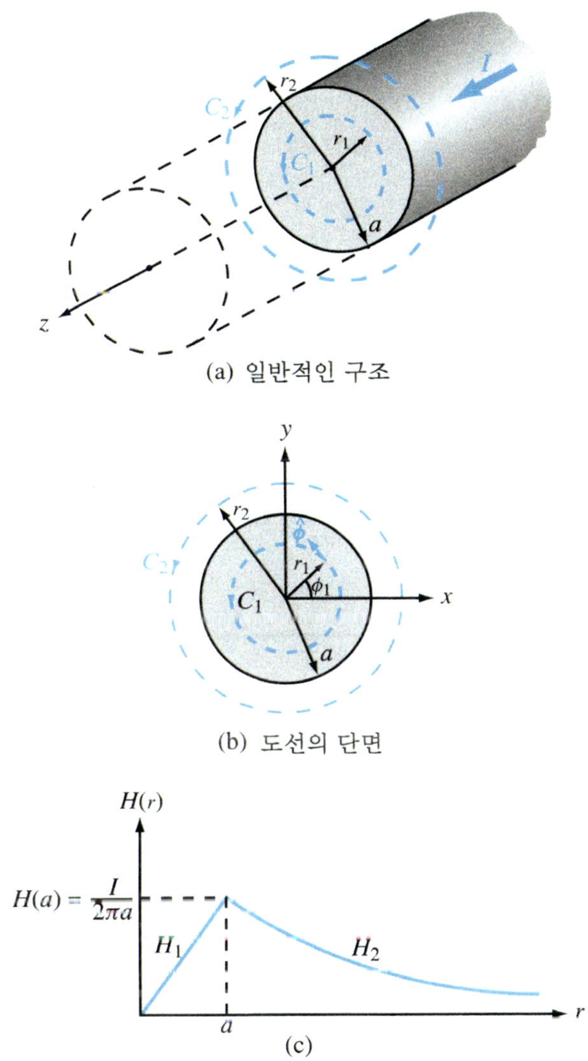

그림 4-17 $+z$방향을 따라서 균일전류 I가 흐르는 반경 r인 무한장 도선: (a) 경로 C_1과 C_2를 나타내는 일반적인 구조, (b) 도선의 단면, (c) r의 변화에 따른 H의 변화(예제 4-5)

$$\oint_{C_1} \mathbf{H}_1 \cdot d\mathbf{l}_1 = I_1,$$

이다. 여기서 I_1은 적분로 C_1을 쇄교하여 흐르는 총 전류 I의 일부이다. 대칭성으로부터 $\mathbf{H}_1$은 적분경로 상의 모든 점에서 적분경로에 평행이고 크기가 같아야 한다. 또한, 오른손 법칙을 만족시키기 위하여 I가 z방향이면, $\mathbf{H}_1$은 원통좌표계에서 $+\phi$방향을 따라야 하므로, $\mathbf{H}_1 = \hat{\boldsymbol{\phi}} H_1$이다. $d\mathbf{l}_1 = \hat{\boldsymbol{\phi}} r_1\, d\phi$이므로 암페어 법칙의 좌변은

$$\oint_{C_1} \mathbf{H}_1 \cdot d\mathbf{l}_1 = \int_0^{2\pi} H_1(\hat{\boldsymbol{\phi}} \cdot \hat{\boldsymbol{\phi}}) r_1\, d\phi = 2\pi r_1 H_1.$$

이다. C_1에 의한 면적을 통하여 흐르는 전류 I_1은 도선의 전체 단면적에 대한 C_1으로 둘러싸인 면적의 비에 총 전류 I를 곱한 것으로 아래와 같다.

$$I_1 = \left(\frac{\pi r_1^2}{\pi a^2}\right) I = \left(\frac{r_1}{a}\right)^2 I.$$

암페어 법칙의 양변을 같게 하여 $\mathbf{H}_1$에 대하여 풀면,

$$\mathbf{H}_1 = \hat{\boldsymbol{\phi}} H_1 = \hat{\boldsymbol{\phi}} \frac{r_1}{2\pi a^2} I \qquad (r_1 \le a\text{인 경우}). \qquad (4.48)$$

(b) $r_2 \ge a$에 대하여 총 전류 I를 둘러싸는 주회적분 경로 C_2를 선정한다. 그러므로

$$\oint_{C_2} \mathbf{H}_2 \cdot d\mathbf{l}_2 = 2\pi r_2 H_2 = I,$$

및

$$\mathbf{H}_2 = \hat{\boldsymbol{\phi}} H_2 = \hat{\boldsymbol{\phi}} \frac{I}{2\pi r_2} \qquad (r_2 \ge a\text{인 경우}). \qquad (4.49)$$

이다. 아래첨자 2를 무시하면, 식 (4.49)는 $\mathbf{B} = \mu_0 \mathbf{H}$일 경우, 비오-사바르 법칙에 의해 유도된 식 (4.30)과 동일한 식이 됨을 알 수 있다.

r의 함수로서 H의 크기 변화는 그림 4-17(c)에 나타나 있다. 즉, H는 $r=0$에서 $r=a$까지 도체 내부에서는 직선적으로 증가하고 도체 외부에서는 $1/r$로 감소한다. ♣

연습문제 4.9 무한장 동축 케이블의 심선에 전류 I가 유입하여 외선을 통하여 되돌아온다면 이 때 동축 케이블 외부 영역에서의 자계는? 또한 그 이유는 무엇인가? (◉)

[답] 암페어 주회적분로에 쇄교되는 총 전류가 0이기 때문에 $\mathbf{H} = 0$이다.

연습문제 4.10 금속 니오비엄(niobium)이 9K 이하로 냉각될 때, 전기 저항이 0으로 되는 초전도체가 된다. 그러나 그 금속 표면에서 자속밀도가 0.12T를 초과하면 초전도 특성을 잃게 된다. 지름이 0.1mm인 니오비엄 선에 전류가 흐르면서 초전도를 유지할 수 있는 최대 전류를 구하라.

[답] $I = 30$ A. (◉)

예제 4-6 토로이덜 코일의 내부 자계

토로이덜 코일(toroidal coil)은 토러스 또는 토로이드라고도 하며 그림 4-18과 같이 도너츠 모양의 코어 둘레에 코일을 조밀하게 감은 것이다. 이해를 돕기 위해 그림에서 성글게 감긴 것으로 나타냈지만 실제로는 아주 조밀하게 감겨 거의 원형 루프 모양을 이룬다. 토로이드는 그림 4-30에서와 같이 물질의 자기적 특성을 측정하거나 두 개 이상의 회로를 자기적으로 결합시키는 데(예를 들면 변환기 같은 것) 사용된다. 권수 N인 토로이드에 전류 I가 흐를 때 $r < a$, $a < r < b$, $r > b$의 세 영역에서 자계 $\mathbf{H}$를 구하라. 세 영역은 모두 토로이드의 수평면(그림에서는 지면)에 있다.

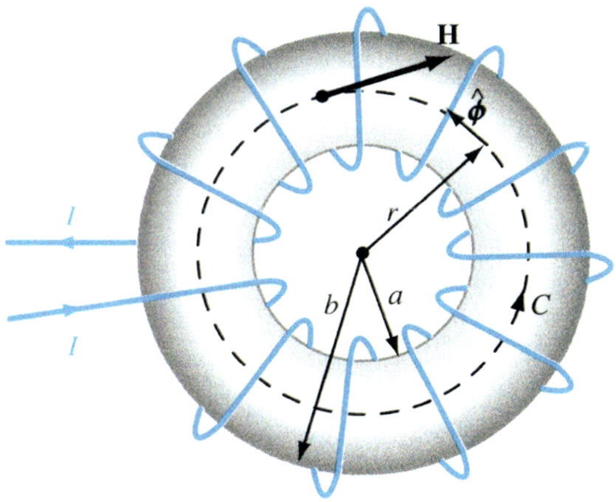

그림 4-18 안쪽 반경이 a이고 바깥쪽 반경이 b인 토로이덜 코일. 도선들은 일반적으로 그림에서 보이는 것보다 훨씬 가까운 간격을 유지한다(예제 4-6).

풀이 대칭성에 의거해 H는 방향에 대해 균일하다. 암페어 주회적분로를 원점에 중심을 두고 반경 $r<a$인 원으로 정하면 적분로에 쇄교하는 전류가 없으므로 $\mathbf{H}=0$($r<a$)이다. 마찬가지로, $r>b$인 원을 주회적분로로 정하면 총 쇄교전류가 0(이 경우 쇄교전류는 있지만 +전류와 −전류의 크기가 같으므로 상쇄된다)이다. 따라서, 토로이드 외부($r<a$, $r>b$)에서 $\mathbf{H}=0$이다.

토로이드 코어 내부에서 그림 4-18과 같이 반경 r인 원을 암페어 주회적분로로 취한다. 자계 **H**의 방향은 $\hat{\boldsymbol{\phi}}$ 방향으로 그림에 표시된 전류 I의 방향에서는 오른손 법칙에 따라 **H**는 $-\phi$방향이다. 따라서, $\mathbf{H}=-\hat{\boldsymbol{\phi}}H$이다. 반경 r인 적분로의 총 쇄교전류는 NI이며, 방향은 지면 속을 향하는 방향이다. 오른손 법칙에 의해 엄지손가락을 적분로 C의 방향으로 정하고, 네 손가락이 전류의 방향을 가리키게 하면 전류는 (+)이므로 그림에서는 이와 반대가 되어 $-NI$가 된다. 암페어 법칙을 적용하면

$$\oint_C \mathbf{H}\cdot d\mathbf{l} = \int_0^{2\pi} (-\hat{\boldsymbol{\phi}}H)\cdot\hat{\boldsymbol{\phi}}r\,d\phi = -2\pi rH = -NI.$$

따라서, $H=NI/(2\pi r)$이고, **H**는

$$\mathbf{H} = -\hat{\boldsymbol{\phi}}H = -\hat{\boldsymbol{\phi}}\frac{NI}{2\pi r} \qquad (a<r<b). \qquad (4.50)$$

이다. ♣

예제 4-7 무한 판전류에 의한 자계

그림 4-19의 x-y평면에 표면전류밀도 $\mathbf{J}_s=\hat{\mathbf{x}}J_s$를 갖는 무한 판전류(infinite current sheet)가 있다. 자계 **H**를 구하라.

풀이 대칭성과 오른손 법칙을 고려하여 **H**는 그림에서 나타낸 방향이 되어야만 한다. 즉,

$$\mathbf{H} = \begin{cases} -\hat{\mathbf{y}}H, & (z>0), \\ \hat{\mathbf{y}}H, & (z<0). \end{cases}$$

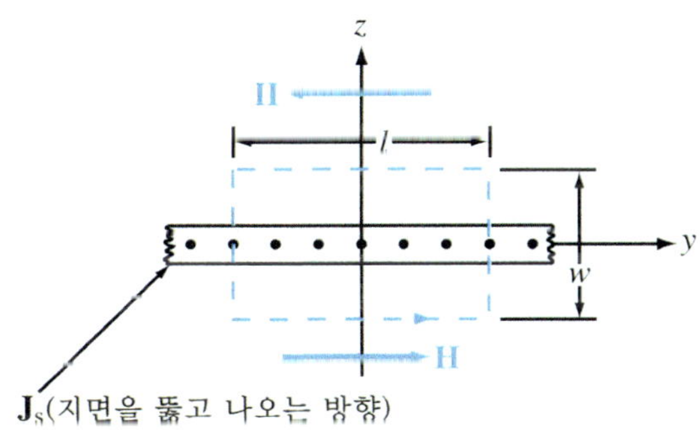

그림 4-19 표면전류밀도 $\mathbf{J}_s=\hat{\mathbf{x}}J_s$(지면을 뚫고 나오는 방향)이 흐르는 x-y평면에서의 무한 판전류(예제 4-7)

암페어 법칙에서 선적분을 계산하기 위하여 그림 4-19에서와 같이 판을 둘러싼 l과 w를 두 변으로 하는 직사각형 암페어 주회적분 경로를 선정한다. J_s는 y방향의 단위길이당 전류를 나타내며, 직사각형 적분로의 총 쇄교전류 I는 $I=J_s l$이다. 따라서, 길이가 w인 적분로에서 $\mathbf{H}=0$임을 감안하여 직사각형 적분로에 암페어 주회법칙을 적용하면

$$\oint_C \mathbf{H}\cdot d\mathbf{l} = 2Hl = J_s l,$$

이므로 자계 $\mathbf{H}$는 다음과 같다.

$$\mathbf{H} = \begin{cases} -\hat{\mathbf{y}}\dfrac{J_s}{2}, & (z>0), \\ \hat{\mathbf{y}}\dfrac{J_s}{2}, & (z<0). \end{cases} \tag{4.51}$$

이 자계는 균일하고 판전류에 평행임을 알 수 있다. ♣

4-5 벡터 자기 포텐셜

제3장의 정전계에서 전위 V를 도입하고 전위는 전계 $\mathbf{E}$의 선적분으로 정의하였다. 미분형에서 V와 $\mathbf{E}$는 $\mathbf{E}=-\nabla V$의 관계가 있음을 알았다. 이 관계는 저항과 커패시터 같은 회로소자 내의 전계분포와 소자 양단 전위차의 관계를 줄 뿐 아니라, 전계를 구할 때 쿨롱의 법칙을 직접 사용하는 것보다 전하분포로부터 전위를 먼저 구하고 전위로부터 $\mathbf{E}=-\nabla V$의 관계를 이용하여 보다 쉽게 전계를 구하는 데에도 이용된다(전하분포로부터 쿨롱의 법칙으로 전계를 구하는 데는 벡터 적분이 필요하고, 전하분포로부터 전위를 구할 때 쓰이는 방법은 스칼라 적분이므로 후자가 훨씬 편리하다). 이와 같은 관계는 자계 $\mathbf{B}$에서도 마찬가지임을 설명할 것이다.

식 (4.44)에서 $\nabla\cdot\mathbf{B}=0$이다. $\mathbf{B}$의 발산이 항상 0이라는 조건하에서 자기 포텐셜로 $\mathbf{B}$를 정의할 수 있다. 이것은 식 (2.106b)에 주어진 벡터 항등식을 이용하면 가능하다. 임의의 벡터 $\mathbf{A}$는

$$\nabla\cdot(\nabla\times\mathbf{A}) = 0. \tag{4.52}$$

이므로, **벡터 자기 포텐셜**(vector magnetic potential)은 $\nabla\cdot\mathbf{B}=0$인 조건에서

$$\boxed{\mathbf{B} = \nabla\times\mathbf{A} \qquad (\text{Wb/m}^2),} \tag{4.53}$$

로 정의한다. $\mathbf{B}$의 SI 단위는 테슬라(T; tesla)이다. 이것과 등가적으로 쓰는 단위는 (Wb/m²)이다. 결과적으로 $\mathbf{A}$의 단위는 (Wb/m)이다.

$\mathbf{B}=\mu\mathbf{H}$이므로 암페어 법칙의 미분형은

$$\nabla\times\mathbf{B} = \mu\mathbf{J}, \tag{4.54}$$

로 쓸 수 있고, 여기서 $\mathbf{J}$는 운동하는 자유전하로 인한 전류밀도이다. 식 (4.53)을 식 (4.54)에 대입하면

$$\nabla\times(\nabla\times\mathbf{A}) = \mu\mathbf{J}. \tag{4.55}$$

이다. 임의의 벡터 $\mathbf{A}$의 라플라시안은 식 (2.113)의 벡터 항등식에 따른다. 즉,

$$\nabla^2\mathbf{A} = \nabla(\nabla\cdot\mathbf{A}) - \nabla\times(\nabla\times\mathbf{A}), \tag{4.56}$$

이다. 여기서, 직각좌표계에서의 $\nabla^2\mathbf{A}$는

$$\begin{aligned}\nabla^2\mathbf{A} &= \left(\frac{\partial^2}{\partial x^2}+\frac{\partial^2}{\partial y^2}+\frac{\partial^2}{\partial z^2}\right)\mathbf{A} \\ &= \hat{\mathbf{x}}\nabla^2 A_x + \hat{\mathbf{y}}\nabla^2 A_y + \hat{\mathbf{z}}\nabla^2 A_z.\end{aligned} \tag{4.57}$$

이다. 식 (4.55)와 (4.56)을 이용하면

$$\nabla(\nabla\cdot\mathbf{A}) - \nabla^2\mathbf{A} = \mu\mathbf{J}. \tag{4.58}$$

이다. 식 (4.53)으로 주어진 자기 벡터 포텐셜 $\mathbf{A}$의 정의식을 도입했을 때, $\mathbf{A}$에 따르는 조건은 $\nabla\cdot\mathbf{B}=0$이다. 식

(4.58)은 $\nabla \cdot \mathbf{A}$항을 포함하고 있다. $\nabla \cdot \mathbf{A}$의 값은 식 (4.52)의 조건에 반하지 않으면서 어떤 값이나 함수 형태를 가질 수 있음이 벡터 연산에서 입증되었다. 가장 간단한 형태는

$$\nabla \cdot \mathbf{A} = 0. \qquad (4.59)$$

이다. 이것을 식 (4.58)에 대입하면 다음과 같은 **벡터 푸아송 방정식**(vector poisson equation)이 된다.

$$\nabla^2 \mathbf{A} = -\mu \mathbf{J}. \qquad (4.60)$$

식 (4.57)의 $\nabla^2 \mathbf{A}$로부터 벡터 푸아송 방정식은 세 가지 스칼라 푸아송 방정식으로 나누어질 수 있다.

$$\nabla^2 A_x = -\mu J_x, \qquad (4.61a)$$

$$\nabla^2 A_y = -\mu J_y, \qquad (4.61b)$$

$$\nabla^2 A_z = -\mu J_z. \qquad (4.61c)$$

정전계에서 스칼라 포텐셜 V에 대한 푸아송 방정식은

$$\nabla^2 V = -\frac{\rho_v}{\varepsilon}, \qquad (4.62)$$

이고, 체적 v'에 분포된 체적전하분포 ρ_v에 대한 해는 식 (3.61)에 의하여 다음과 같이 주어졌다.

$$V = \frac{1}{4\pi\varepsilon}\int_{v'} \frac{\rho_v}{R'}\,dv'. \qquad (4.63)$$

A_x, A_y 및 A_z에 대한 푸아송 방정식은 식 (4.62)와 수학적으로 동일한 모양이다. 따라서, 체적 v'에 분포된 x 성분 J_x를 갖는 전류밀도 $\mathbf{J}$에 대한 식 (4.61a)에 대한 해는

$$A_x = \frac{\mu}{4\pi}\int_{v'} \frac{J_x}{R'}\,dv' \qquad \text{(Wb/m)}, \qquad (4.64)$$

이고, J_y에 대한 A_y 및 J_z에 대한 A_z의 해도 같은 모양으로 쓸 수 있다. 이 세 가지 해는 다음과 같은 벡터 방정식으로 결합할 수 있다.

$$\mathbf{A} = \frac{\mu}{4\pi}\int_{v'} \frac{\mathbf{J}}{R'}\,dv' \qquad \text{(Wb/m)}. \qquad (4.65)$$

식 (4.23)의 관계로부터 전류분포가 표면 S' 상에서 표면전류밀도 $\mathbf{J}_s$로 주어지면 $\mathbf{J}\,dv'$는 $\mathbf{J}_s\,ds'$로 대치해야 하고 v'는 s'로 대치해야 한다. 마찬가지로 전류분포가 선전류분포인 경우 $\mathbf{J}\,dv'$는 $I\,d\mathbf{l}'$로 대치되고 체적적분은 선분 l'에 대한 선적분이 된다.

전류가 흐르는 도체에 의한 자계를 계산하는 데는 비오-사바르 법칙과 암페어 법칙 이외에 세 번째 방법으로 벡터 자기 포텐셜을 이용할 수 있다. 전류분포가 주어지면 식 (4.65)를 이용하여 $\mathbf{A}$를 구하고 다음에 식 (4.53)을 이용하여 $\mathbf{B}$를 구할 수 있다. 암페어 주회적분법칙으로 풀기에 용이한 간단한 대칭전류분포에 관한 문제를 제외하고는 비오-사바르 법칙과 벡터 자기 포텐셜법이 주로 사용되는데, 식 (4.22)의 적분보다 식 (4.65)의 적분이 쉽기 때문에 둘 중 벡터 자기 포텐셜법이 더 편리하다.

면적 S를 쇄교하는 **자속**(magnetic flux) Φ는

$$\Phi = \int_S \mathbf{B} \cdot d\mathbf{s} \qquad \text{(Wb)}, \qquad (4.66)$$

으로 정의한다. 식 (4.53)을 식 (4.66)에 대입하고, 스토크스 정리를 이용하면

$$\Phi = \int_S (\nabla \times \mathbf{A}) \cdot d\mathbf{s} = \oint_C \mathbf{A} \cdot d\mathbf{l} \qquad \text{(Wb)}, \qquad (4.67)$$

여기서 C는 면 S의 둘레이다. 따라서 Φ는 식 (4.66)이나 (4.67)을 이용하여 구할 수 있다.

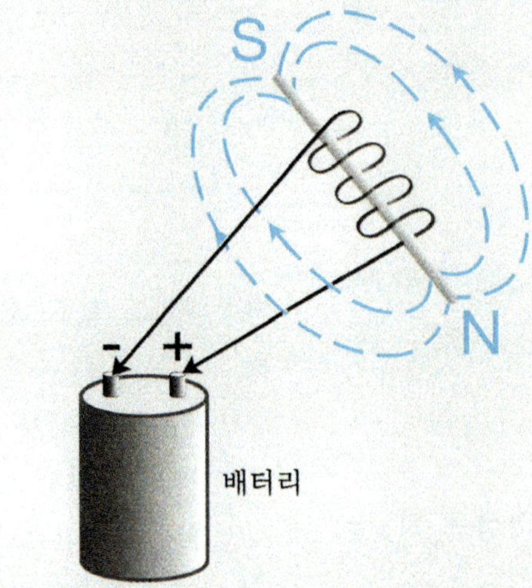

A1. 솔레노이드 전자석

전자석과 자기 계전기

1920년대 윌리엄 스터전(William Sturgeon)은 최초의 실용적인 전자석을 개발하였다. 오늘날, 전자석 이론은 하드 디스크와 테이프 드라이버의 읽기/쓰기 헤드에 사용되는 계전기 스위치, 모터, 소리 용량이 큰 스피커, 자기 부양 등 많은 장치에 사용되고 있다.

기본 원리

전자석은 4-8.1에서 나타낸 선형 솔레노이드형을 포함해 다양한 형태로 만들 수 있다. 배터리와 같은 전원부(power source)에 의해 전류가 생성될 때, 중앙 철심 주위에 감겨진 선을 따라 흐르는데 그것은 그림(A1)에서 의 막대 자석에서 생성되어 나온 모양과 같은 모양으로 자기장(magnetic field)을 유도한다. 자기장의 세기는 전류와 감은 수(number of turns), 그리고 중심 물질(core material)의 투자율(magnetic permeability)에 비례한다. 강자성체를 사용함으로써 자기장의 세기는 철의 함유량에 비례해 증가할 수도 있다. 철이나 니켈 같은 강자성체(ferromagnetic)가 자기장에 놓이면 그것들은 자성을 얻어 스스로 자석같이 작용한다.

자기 계전기

자기 계전기는 자기적으로 켬과 끔('ON'과 'OFF')으로 작동할 수 있는 스위치 또는 차단기이다. 한 예로, 작은 틈으로 나누어진 두 개의 평편한 니켈-철 날로 이루어

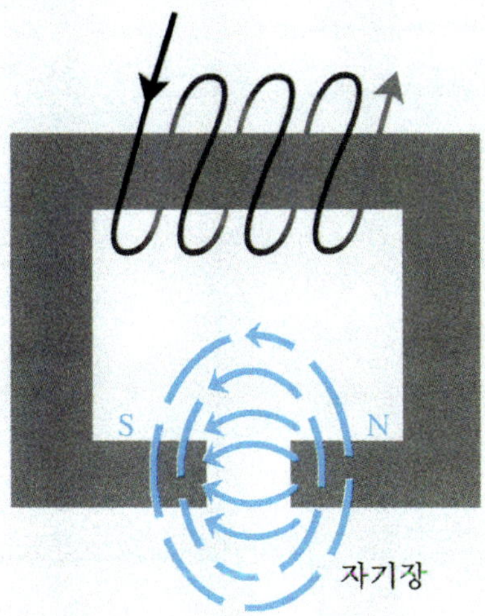

A2. 말굽 자석

긴, 전화 장비에 쓰이는 저전압 리드 계전기(reed relay)가 있다(그림 B). 날들은 외력이 없는 한 떨어져서 연결되지 않은(끔, OFF) 형태를 하고 있다. 날들 사이의 전기적 접촉(켬, ON)은 길이를 따라 자기장이 작용하면서 이루어진다. 유리 외막 주위의 감긴 선을 따라 흐르는 전류에 의해 유도되는 장(field)은 두 개의 날들이 정반대의 자극(magnetic polarities)을 지니게 한다. 그것으로 인해 가해진 힘은 서로 끌어당기고 틈을 닫아 준다.

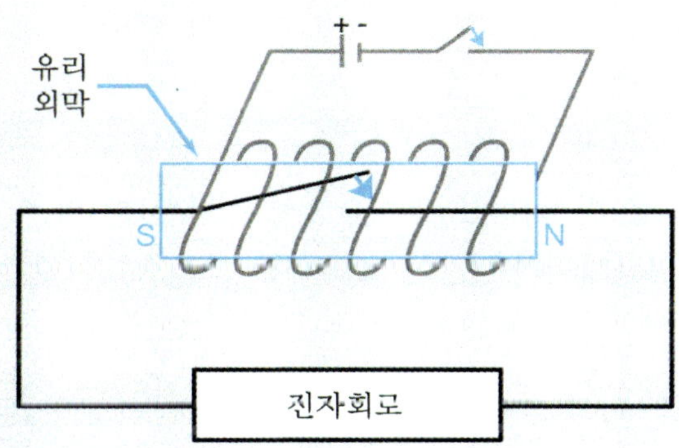

B. 마이크로리드 계전기
(크기는 설명을 위해 과장되었음)

4-6 물질의 자기적 성질

앞에서 설명한 바와 같이 루프 전류의 자계 패턴과 영구 자석의 자계 패턴이 비슷하기 때문에 전류 루프는 N극과 S극을 가진 자기 쌍극자(magnetic dipole)로 볼 수 있다(4-2.2절과 그림 4-13 참조). 면적 A인 전류 루프의 자기 모멘트 $\mathbf{m}$의 크기 m은 $m=IA$이고 방향은 오른손 법칙에 따라 루프면에 수직이다. 물질의 자화(magnetizaton)는 (1) 핵 주위에서의 전자의 공전과 핵 내부의 양자의 운동, (2) 전자의 자전(spin)으로 인해 발생되는 원자 내의 루프 전류와 관련이 있다. 전자의 자기 모멘트는 전자의 공전과 스핀 때문에 생긴다. 나중에 알게 되겠지만 핵의 자기 모멘트는 전자의 자기 모멘트보다 훨씬 작으므로 원자의 자기 모멘트를 정하는 데는 전자의 자기 모멘트가 보다 결정적이다. 물질의 자기적 성질은 원자의 자기 쌍극자 모멘트와 외부 자계의 상호 작용에 의해 결정된다. 자기적 성질은 물질의 결정구조에 따라 **비자성체**(diamagnetic), **상자성체**(paramagnetic), **강자성체**(ferromagnetic)로 분류하는 기준이 된다. 비자성체 원자는 영구 자기 쌍극자 모멘트를 가지고 있지 않다. 이와는 달리 상자성체나 강자성체는 영구 자기 쌍극자 모멘트를 가지고 있으나, 나중에 설명하겠지만 상자성체와 강자성체의 원자는 서로 다른 결정구조를 갖는다.

4-6.1 궤도 자기 모멘트와 스핀 자기 모멘트

다음의 설명을 간단히 하기 위해 전자가 원자핵 주위를 공전한다는 원자의 고전적 모델부터 설명하고, 여기서 얻은 결과를 보다 정확한 양자 역학적 원자모델에서 예측한 결과에 결부시켜 보겠다. 반경 r의 원형 궤도를 따라 일정속도 u로 회전(공전)하는 전하 $-e$의 전자(그림 4-20)는 $T=2\pi r/u$마다 한 바퀴 돈다. 전자의 원운동은

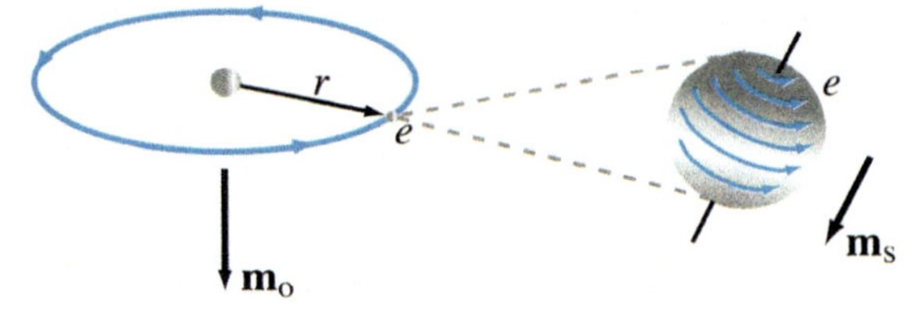

(a) 공전하는 전자 (b) 자전하는 전자

그림 4-20 전자는 (a) 핵 주위를 공전함에 따라 궤도 자기 모멘트 $\mathbf{m}_o$를 발생시키고, (b) 자신의 축에 대해서 자전함에 따라 스핀 자기 모멘트 $\mathbf{m}_s$를 발생시킨다.

루프 전류

$$I = -\frac{e}{T} = -\frac{eu}{2\pi r}. \tag{4.68}$$

를 생성하고, 이에 해당하는 **궤도 자기 모멘트**(orbital magnetic moment) $\mathbf{m}_0$의 크기는 아래와 같다.

$$\begin{aligned} m_o &= IA = \left(-\frac{eu}{2\pi r}\right)(\pi r^2) \\ &= -\frac{eur}{2} = -\left(\frac{e}{2m_e}\right)L_e, \end{aligned} \tag{4.69}$$

여기서 $L_e=m_eur$은 전자의 각 운동량이고 m_e는 전자의 질량이다. 양자 물리에 의하면 궤도 각 운동량은 양자화되어 있다. 특히 L_e는 $\hbar=h/2\pi$의 정수배이고 h는 플랑크 상수이다. 즉, $L_e=0, \hbar, 2\hbar, \cdots$이다. 따라서 전자의 궤도 자기 모멘트의 최소값은

$$m_o = -\frac{e\hbar}{2m_e}. \tag{4.70}$$

이다. 모든 물질이 수많은 전자를 가지고 있고 전자는 자기 쌍극자 모멘트를 가지고 있지만, 대부분의 물질은 자기적 성질을 가지고 있지 않다. 이것은 외부자계가 가

해지지 않으면 대부분의 물질의 원자는 불규칙하게 배열되어 있어 전자에 의해 발생된 총 자기 모멘트가 0이거나 아주 작기 때문이다.

전자의 공전에 의한 자기 모멘트 이외에 전자는 스핀 운동에 의해 **스핀 자기 모멘트**(spin magnetic moment) $\mathbf{m}_s$를 발생시킨다.

양자이론에 의하면 $\mathbf{m}_s$의 크기는

$$m_s = -\frac{e\hbar}{2m_e}, \tag{4.71}$$

이며, 이것은 최소 궤도 자기 모멘트 m_o와 같다.

원자번호가 짝수인 원자의 모든 전자들은 짝을 이루고 있고, 짝을 이룬 두 전자는 스핀 방향이 서로 반대이므로 스핀 자기 모멘트가 서로 상쇄된다. 원자번호가 홀수인 원자는 전자수가 기수이므로 짝을 이루지 못한 전자의 스핀 자기 모멘트가 남아 있다.

식 (4.71)에 의하면 전자의 스핀 자기 모멘트는 전자 질량 m_e에 반비례한다. 원자핵도 스핀 운동을 하지만 핵의 질량은 전자의 질량보다 훨씬 크기 때문에, 핵의 스핀 자기 모멘트는 전자의 10^{-3}배 정도이다.

4-6.2 투자율

물질의 **자화벡터**(magnetization vector) $\mathbf{M}$은 단위체적당 총 자기 쌍극자 모멘트(원자들의 자기 쌍극자 모멘트 벡터 합)로 정의한다. $\mathbf{M}$에 상응하는 자속밀도는 $\mathbf{B}_m = \mu_0\mathbf{M}$이다. 외부자계 $\mathbf{H}$가 가해졌을 때 물질 내의 총 자속밀도는

$$\mathbf{B} = \mu_0\mathbf{H} + \mu_0\mathbf{M} = \mu_0(\mathbf{H} + \mathbf{M}), \tag{4.72}$$

이고, 여기서 첫 번째 항은 외부자계로 인한 자속밀도이고 두 번째 항은 물질의 자화로 인한 자속밀도이다. 일반적으로 물질에 자계 $\mathbf{H}$를 가하면 자화가 되므로 $\mathbf{M}$은

$$\mathbf{M} = \chi_m\mathbf{H}, \tag{4.73}$$

이다. 여기서 χ_m은 단위가 없으며 물질의 **자화율**(magnetic susceptibility)이라 한다. 비자성체와 상자성체의 χ_m은 온도가 일정하면 상수이므로 $\mathbf{M}$과 $\mathbf{H}$ 간에는 선형관계가 있다. 그러나 강자성체에서 $\mathbf{M}$과 $\mathbf{H}$는 비선형관계이고 다음 절에서 설명하는 바와 같이 '자기이력'에 관계된다.

이 사실을 염두에 두고 식 (4.72)에 식 (4.73)을 대입하면

$$\mathbf{B} = \mu_0(\mathbf{H} + \chi_m\mathbf{H}) = \mu_0(1 + \chi_m)\mathbf{H}, \tag{4.74}$$

또는

$$\mathbf{B} = \mu\mathbf{H}, \tag{4.75}$$

이다. 여기서 μ는 **투자율**(permeability)이며, χ_m과

$$\boxed{\mu = \mu_0(1 + \chi_m) \qquad \text{(H/m)}.} \tag{4.76}$$

의 관계가 있다.

물질의 자기적 특성은 **비투자율**(relative permeability) μ_r로 구분하는 것이 편리하며

$$\boxed{\mu_r = \frac{\mu}{\mu_0} = 1 + \chi_m,} \tag{4.77}$$

여기서 μ_0는 자유공간의 투자율이다.

물질은 표 4-2와 같이 χ_m의 값에 따라 비자성체, 상자성체, 강자성체로 분류된다. 비자성체의 χ_m는 $(-)$이고 상자성체 χ_m는 $(+)$이며 두 물질 모두 χ_m이 절대치는 10^{-5} 정도 되므로 식 (4.77)에서의 χ_m은 1에 비해 무시할 수 있다. 따라서 유전체와 대부분의 금속을 포함한 비자성체나 상자성체에서 $\mu \simeq 1$ 또는 $\mu \simeq \mu_0$이다. 이와 대조적으로 강자성체에서 $|\mu_r| \gg 1$이며, 정제된 철의

표 4-2 자기 물질의 특성

	반자성	상자성	강자성
영구 자기쌍극자 모멘트	없음	있지만 약함	있으며 강함
주요 자화작용	전자궤도 자기 모멘트	전자스핀 자기 모멘트	자화 영역
자장유도방향 (외부장에 관해)	반대 방향	같은 방향	히스테리시스 [그림 4-22 참조]
대표 물질	비스무트, 구리, 다이아몬드, 금, 납, 수은, 은, 실리콘	알루미늄, 칼슘, 크롬, 마그네슘, 니오브, 백금, 텅스텐	철, 니켈, 코발트
χ_m의 일반값 μ_r의 일반값	$\approx -10^{-5}$ ≈ 1	$\approx 10^{-5}$ ≈ 1	$\lvert\chi_m\rvert \gg 1$ 히스테리시스 $\lvert\mu_r\rvert \gg 1$ 히스테리시스

경우 $|\mu_r|$은 2×10^5 정도이다. 강자성체는 다음에 별도로 설명한다.

연습문제 4.11 자화벡터 **M**은 단위체적 ($1m^3$)에 포함된 모든 원자들이 지닌 자기 모멘트의 벡터 합으로 정의했다. 원자 밀도가 8.5×10^{28}atoms/m^3인 철(iron)에서 한 원자당 한 전자만 외부자계의 방향으로 자기 모멘트를 정렬한다면 (a) 한 전자의 스핀 자기 모멘트는? 단, 전자의 질량은 $m_e=9.1\times10^{-31}$(kg), $\hbar=1.061\times10^{-34}$(J · s)이다. (b) **M**의 크기는?

[답] (a) $m_s = 9.3\times10^{-24}$ (A·m²), (b) $M = 7.9\times10^5$ (A/m). (◉)

4-6.3 강자성체의 자기 이력

철, 니켈, 코발트를 포함한 강자성체는 그들의 자기 모멘트가 외부자계 방향으로 쉽게 정렬되므로 강한 자성을 가진다. 더욱이 강자성체는 외부자계를 제거한 후에도 자화된 상태를 유지한다. 이와 같은 성질 때문에 강자성체를 이용하여 영구자석을 만들 수 있다.

모든 강자성체의 공통점은 **자구**(magnetized domains)라는 특징적인 영역을 지닌다는 것이다. 자구란 그 영역($10^{-10}m^3$ 정도) 내의 모든 원자(10^{19}atoms/자구)의 자기 모멘트 방향이 같은 아주 미세한 영역을 말한다. 자구 내의 자기 모멘트가 동일한 방향으로 고정적 배열을 하면 각 자구를 구성하는 자기 쌍극자 모멘트들 간에 강한 결합력이 생긴다. 외부자계가 가해지지 않을 때 자구의 방향은 그림 4-21(a)와 같이 서로 불규칙하게 정렬되어 전체적 자화는 0이다. 인접한 자구들 사이에 경계를 이루는 **자구벽**(domain walls)은 얇은 천이영역(transition regions)을 이룬다. 자화되지 않은 강자성체 시료(sample)를 외부자계에 놓았을 때 자구가 그림 4-21(b)와 같이, 외부자계의 영향을 받으면 어떻게 움직이는가에 관해 정량적으로 이해하려면 양자역학의 어려운 수학이 필요하며 이 책의 범위를 벗어난다. 따라서 여기서는 자화과정과 그 의미에 관한 정량적 설명만 하

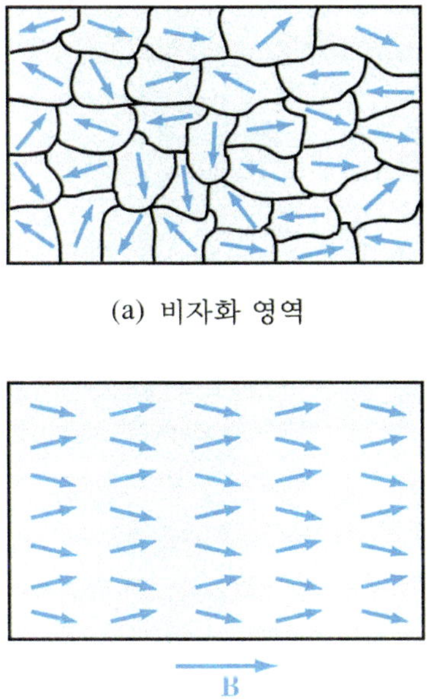

그림 4-21 강자성체의 (a) 비자화된 영역과 (b) 자화된 영역의 비교

기로 한다.

강자성체의 자화특성은 B-H **자화곡선**(magnetization curve)으로 설명할 수 있으며 H는 외부에서 가해진 자계 **H**의 크기이고 B는 물질 내의 총 자속밀도 **B**의 크기이다. 식 (4.72)에 의하면 자속 **B**는 외부자계에 의한 자속밀도 μ_0**H**와 물질 내의 자화에 의한 자속밀도 μ_0**M**로 구성되어 있다. 전혀 자화되지 않은 철을 B-H 측정장치에 놓고 실험을 한다고 하자. 그림 4-22에서 점 O는 자화가 전혀 되지 않은 상태이다. 여기에서 **H**를 증가시키면 **B**도 증가하여 점 O에서 점 A_1까지의 B-H 곡선이 된다. 점 A_1에서는 거의 모든 자구가 정렬된 상태로 자기 포화상태가 된다. 자계 **H**를 점 A_1에서 0까지 감소시키면, 자화곡선은 A_1에서의 A_2의 경로를 따른다. 점 A_2에서 외부자계는 0이지만 자속밀도 **B**는 0이 되지 않고 남아 있는데 이 남은 자속밀도를 **잔류자속밀도**(residual flux density) B_r이라 한다. 자화된 철은 많은 자구가 정렬된 상태로 있기 때문에 영구자석 역할을 할 수 있다. **H**의 방향을 바꾸어 증가시키면 **B**는 점 A_2의 B_r에서 점 A_3의 0으로 감소한다. **H**를 (−)방향으로 계속 증가시키면 자화곡선은 자기포화점 A_4에 도달한다. **H**를 다시 0으로 복귀시키고 계속해서 (+)방향으로 증가시키면 B-H 곡선은 A_4에서 A_1의 경로를 따른다. 이 과정을 **자기이력**(magnetic hysteresis)이라 한다. **히스테리시스 루프**(hysteresis loop)는 강자성체의 자화 과정이 외부자계 **H**뿐만 아니라 그 물질이 자기 이력에도 관계됨을 보여준다. 히스테리시스 루프의 모양과 크기는 강자성체의 성질과 가해진 외부자계 **H**의 첨두 대 첨두치 크기(peak to peak range)에 따라 다르다. 히스테리시스 루프가 넓은 물질을 **강 강자성체**(hard ferromagnetic materials)라고 한다(그림 4-23a). 강 강자성체는 잔류자속밀도 B_r이 크기 때문에 외부자계에 의해 쉽게 자성을 잃지는 않는다. 강 강자성체는 전동기나 발전기용 영구자석 제조에

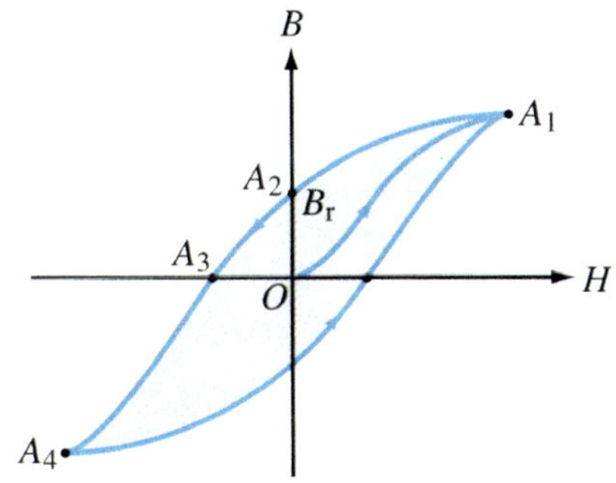

그림 4-22 강자성체 물질에 대한 전형적인 히스테리시스 곡선

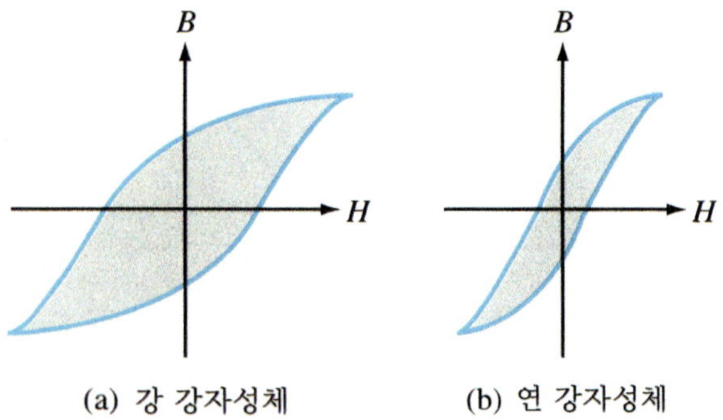

그림 4-23 (a) 강 강자성체와 (b) 연 강자성체에 대한 히스테리시스 곡선의 비교

사용된다. **연 강자성체**(soft ferromagnetic materials)는 히스테리시스 루프 면적이 좁으므로 자화도 쉽게 되고, 자성을 쉽게 잃는다. 어떤 강자성체를 감자화(demagnetization)시키려면 그 물체의 자화를 첨두 대 첨두치 크기가 점차로 감소하는 자계 내에서 수차례에 걸쳐 히스테리시스 루프를 따라 감소시키면 된다(그림 4-23b).

4-7 자계 경계조건

3-9절에서 서로 다른 두 매질 경계면에서 한쪽 매질의 전계량 **D**와 **E**가 다른 쪽 매질의 전계량과 어떠한 관계가 있는가를 기술하는 경계조건을 유도하였다. 이제 자계량 **B**와 **H**에 관한 경계조건을 구해 보자. 경계면 양쪽으로 걸쳐 있는 원기둥에 가우스 법칙을 적용하면 두 매질의 전속밀도 법선성분 간의 차이는 표면 전하밀도 ρ_s와 같음을 알 수 있다. 즉,

$$\oint_S \mathbf{D}\cdot d\mathbf{s} = Q \implies \boxed{D_{1n} - D_{2n} = \rho_s.} \qquad (4.78)$$

마찬가지로 식 (4.44)로 표현된 자기에 관한 가우스 법칙을 적용하면

$$\oint_S \mathbf{B}\cdot d\mathbf{s} = 0 \implies \boxed{B_{1n} = B_{2n}.} \qquad (4.79)$$

이다. 이 결과는 두 매질의 경계면에서 자속밀도의 법선성분이 연속적이라는 것을 뜻한다. 선형 등방성 매질에서 $\mathbf{B}_1 = \mu_1\mathbf{H}_1$이고 $\mathbf{B}_2 = \mu_2\mathbf{H}_2$이므로 식 (4.79)에 상응되는 자계 **H**의 경계조건은

$$\boxed{\mu_1 H_{1n} = \mu_2 H_{2n}. \qquad (4.80)}$$

이다.

식 (4.78)과 (4.79)를 비교하면 **B**의 법선성분이 경계면에서 연속이지만 **D**의 법선성분은 $\rho_s = 0$이 아니면 불연속이다. 비슷한 과정을 전계 **E**와 자계 **H**의 접선성분에 적용하면 **E**의 접선성분은 경계면에서 연속이지만 **H**의 접선성분은 표면전류밀도 $\mathbf{J}_s$가 0인 경우가 아니라면 불연속이다.

H의 접선성분에 관한 경계조건을 구하기 위해 **E**에 대해 사용된 3-9절의 방법을 사용한다. 그림 4-24에서 두 변이 Δl, Δh인 직사각형 둘레에 대해 암페어 주회적분 법칙을 적용하면 아래와 같다.

$$\oint_C \mathbf{H}\cdot d\mathbf{l} = \int_a^b \mathbf{H}_2\cdot d\mathbf{l} + \int_c^d \mathbf{H}_1\cdot d\mathbf{l} = I, \qquad (4.81)$$

여기서 $\mathbf{H}_1$과 $\mathbf{H}_2$는 각각 매질 1과 매질 2의 자계이다. 암페어 법칙에 의해 I는 오른손 법칙에 따르는 방향으로 (오른손 엄지손가락은 전류 I의 방향, 나머지 네 손가락 방향은 루프방향) 루프면을 쇄교하는 총 전류이다. 그림 4-24에 표시된 $\mathbf{H}_1$과 $\mathbf{H}_2$의 방향, 적분로 C의 방향에 대해 $\mathbf{H}_2$의 접선성분 $\mathbf{H}_{2t}$는 선분 ab 상의 $d\mathbf{l}$에 평행이고 $\mathbf{H}_1$의 접선성분은 선분 cd 상의 $d\mathbf{l}$에 평행이지만

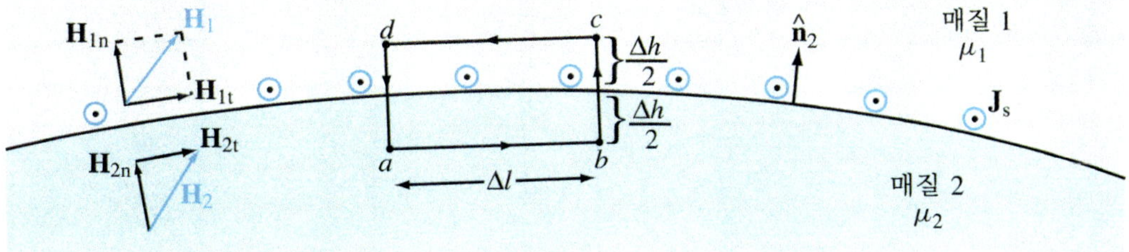

그림 4-24 투자율 μ_1인 매질 1과 μ_2인 매질 2 사이의 경계

방향은 반대이다. 또한 $\Delta h \to 0$로 하면 루프면적이 길이가 Δl인 가느다란 선분으로 된다. 따라서 가느다란 선분을 쇄교하는 전류는 $I = J_s \Delta l$, 여기서 J_s는 루프를 관통하는 면전류밀도의 법선성분으로 $\Delta h \to 0$이면 경계면의 단위폭당 전류가 된다. 이와 같은 사항을 고려할 때 식 (4.81)은

$$H_{2t}\,\Delta l - H_{1t}\,\Delta l = J_s\,\Delta l \qquad (4.82)$$

또는

$$H_{2t} - H_{1t} = J_s \qquad \text{(A/m)}. \qquad (4.83)$$

이다. 이 결과는 오른손 법칙에서 정하는 방향관계를 고려하여 벡터형식으로 일반화할 수 있다.

$$\hat{\mathbf{n}}_2 \times (\mathbf{H}_1 - \mathbf{H}_2) = \mathbf{J}_s, \qquad (4.84)$$

여기서 $\hat{\mathbf{n}}_2$는 그림 4-24와 같이 매질 2에서 매질 1로 향하는 법선벡터이다. 표면전류는 완전도체와 초전도체 표면에만 존재할 수 있다. 따라서 유한 도전율을 가진 매질 경계면에서, $\mathbf{J}_s = 0$이고

$$H_{1t} = H_{2t}. \qquad (4.85)$$

이다.

연습문제 4.12 그림 4-24에서 $\mathbf{H}_2 = (\hat{\mathbf{x}}3 + \hat{\mathbf{z}}2)$(A/m), $\mu_{r_1} = 2$, $\mu_{r_2} = 8$, $\mathbf{J}_s = 0$이면 $\mathbf{H}_1$과 $\hat{\mathbf{n}}_2 = \hat{\mathbf{z}}$ 사이의 각도는?

[답] $\theta = 20.6°$. ( )

4-8 인덕턴스

자기에서의 인덕터는 전기에서의 커패시터와 비슷하다. 커패시터가 양판 사이의 매질 내에 존재하는 전계에 전기 에너지를 축적하는 것처럼, 인덕터는 인덕터를 구성하는 체적 내에 자기 에너지를 축적한다. 대표적인 인덕터는 그림 4-25(a)와 같이 원주형 코어에 도선을 나선형으로 여러 번 감은 코일이다. 이와 같은 구조물을 **솔레노이드**(solenoid)라 한다. 코어는 공기 또는 투자율이 μ인 자성체일 수도 있다. 도선에 전류 I가 흐르고 코일이 조밀하게 감겼을 때 솔레노이드는 그 내부에 비교적 균등한 자계를 일으키며, 자력선 분포는 그림 4-25(b)와 같

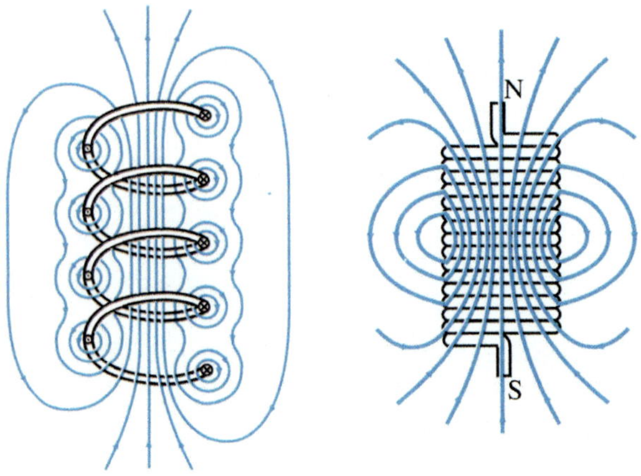

(a) 느슨하게 감긴 솔레노이드

(b) 촘촘하게 감긴 솔레노이드

그림 4-25 (a) 느슨하게 감긴 솔레노이드와 (b) 촘촘하게 감긴 솔레노이드의 자기력선

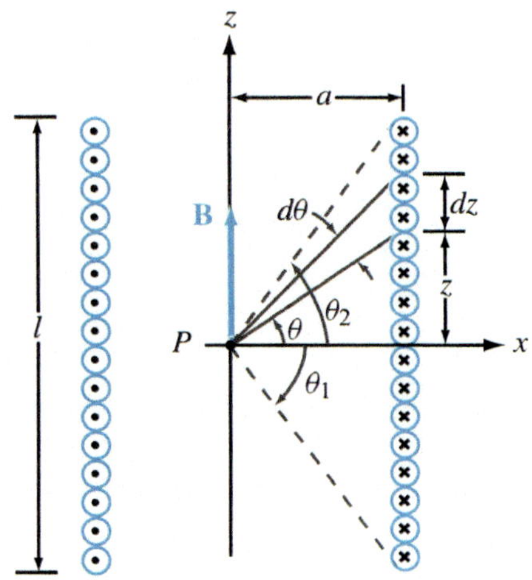

그림 4-26 솔레노이드 축 상의 점 P에서 $\mathbf{H}$를 계산하기 위한 기하학적 구조를 보여 주는 솔레노이드 단면

이 영구자석의 자력선 분포와 유사하다.

4-8.1 솔레노이드 내의 자계

단위길이당 권수가 n인 조밀하게 감긴 솔레노이드 내부의 자속밀도 $\mathbf{B}$에 관한 식을 유도하여 인덕턴스에 관한 설명을 계속해 보자. 비록 코일이 나선형으로 감겼지만 그림 4-26과 같이 원형 루프로 취급한다. 솔레노이드의 길이는 l이고 반경은 a이며 전류 I가 흐른다. 우선 솔레노이드 축 상의 한 점 P에서 자속밀도 $\mathbf{B}$를 구해 보자.

예제 4-4에서 유도된 반경 a인 원형 루프 축 상의 z점에서 자계 $\mathbf{H}$는

$$\mathbf{H} = \hat{\mathbf{z}}\frac{I'a^2}{2(a^2+z^2)^{3/2}}, \tag{4.86}$$

여기서 I는 루프에 흐르는 전류이다. 솔레노이드의 미소 길이 dz부분은 권수가 $n\,dz$이고, 전류가 $I' = In\,dz$인 등가 루프로 볼 수 있으며 이것에 의한 점 P의 자계는

$$d\mathbf{B} = \mu\, d\mathbf{H} = \hat{\mathbf{z}}\frac{\mu n I a^2}{2(a^2+z^2)^{3/2}}\,dz. \tag{4.87}$$

이다. 점 P에서 총자계 $\mathbf{B}$는 솔레노이드 전체 길이에 대해 $d\mathbf{B}$를 적분하여 구한다. 이것은 변수 z를 각 θ로 다음과 같이 변환하면 간단하다. 즉,

$$z = a\tan\theta, \tag{4.88a}$$

$$a^2+z^2 = a^2 + a^2\tan^2\theta = a^2\sec^2\theta, \tag{4.88b}$$

$$dz = a\sec^2\theta\, d\theta. \tag{4.88c}$$

와 같다. 식 (4.87)에 식 (4.88b)와 (4.88c)를 대입하고 θ_1에서 θ_2까지 적분하면

$$\mathbf{B} = \hat{\mathbf{z}}\frac{\mu n I a^2}{2}\int_{\theta_1}^{\theta_2}\frac{a\sec^2\theta\, d\theta}{a^3\sec^3\theta}$$

$$= \hat{\mathbf{z}}\frac{\mu n I}{2}(\sin\theta_2 - \sin\theta_1). \qquad (4.89)$$

이다.

솔레노이드의 길이 l이 반경 a보다 훨씬 크다면 $\theta_1 \simeq -90°$이고 $\theta_2 \simeq 90°$이므로, 이 경우 식 (4.89)는

$$\mathbf{B} \simeq \hat{\mathbf{z}}\mu n I = \frac{\hat{\mathbf{z}}\mu N I}{l} \quad (l/a \gg 1\text{인 긴 솔레노이드}), \qquad (4.90)$$

여기서, $N = nl$은 길이 l에 대한 총 권수이다. 식 (4.90)의 식은 솔레노이드 중심에서 구한 것이지만 솔레노이드 양 끝을 제외한 모든 내부점에서 성립된다. 즉, 솔레노이드 내부는 평등자계를 이룬다.

이제 인덕턴스의 설명으로 돌아가서 자신의 회로에 흐르는 전류에 의해 발생되어 자신의 회로에 쇄교되는 자속을 나타내는 **자기 인덕턴스**(self-inductance)와는 다른, 회로의 전류에 의해 발생되어 자신의 회로에 쇄교되는 자속을 나타내는 **상호 인덕턴스**(mutual inductance)에 관해 설명하겠다. 보통 인덕턴스라고 하면 자기 인덕턴스를 의미한다.

연습문제 4.13 식 (4.89)를 사용하여 대단히 긴 솔레노이드 축 상의 양 끝점에서 **B**를 구하라. 그리고 이것을 솔레노이드 중심의 **B**와 비교하라.

[답] $\mathbf{B} = \hat{\mathbf{z}}(\mu N I/2l)$(솔레노이드 양 끝에서), 이것은 솔레노이드 중심에서의 **B** 값이 절반이다. (◉)

4-8.2 자기 인덕턴스

식 (4.66)으로부터 면 S를 쇄교하는 자속 Φ는

$$\Phi = \int_S \mathbf{B} \cdot d\mathbf{s} \quad (\text{Wb}). \qquad (4.91)$$

이다. 식 (4.90)으로 주어진 평등자계를 가지는 솔레노이드에서 권수가 l인 루프에 쇄교하는 자속은

$$\Phi = \int_S \hat{\mathbf{z}}\left(\mu\frac{N}{l}I\right) \cdot \hat{\mathbf{z}}\, ds = \mu\frac{N}{l}IS, \qquad (4.92)$$

이며, 여기서 S는 루프의 단면적이다. **쇄교자속**(magnetic flux linkage) Λ(러시아어로 '엘'로 읽음)은 회로 또는 도체 구조물에 쇄교하는 총 자속으로 정의한다. 솔레노이드와 같이 하나의 도선이 여러 번 감긴 루프에서 Λ은 총 권수에 쇄교하는 자속과 같으므로 N번 감긴 솔레노이드의 Λ은

$$\Lambda = N\Phi = \mu\frac{N^2}{l}IS \quad (\text{Wb}). \qquad (4.93)$$

이다. 한편, 도체 구조물이 그림 4-27의 평행 2선 전송선로나 동축선로와 같이, 서로 떨어진 두 개의 도선으로 이루어져 있는 경우 Λ은 길이 l부분과 두 도선 간격으로 이루어진 면적(그림 4-27에서 회색으로 표시된 면적)을 관통하는 자속이 된다. 실제로 도체 내부를 통과하는 자속이 다소 있긴 하지만 전류가 도체 표면에만 흐른다고 가정하면 도체 내부의 자계는 영이므로, 도체 내부의 자속은 무시할 수 있다. 이러한 가정은 Λ을 계산하는 목적이 어떤 도체 구조물의 인덕턴스를 구하는 것이라면 타당하다고 볼 수 있으며, 인덕턴스는 a-c(즉 시변 전류, 시변 전압, 시변 전자계)의 경우에 주로 사용된다. 6-6절에서 알게 되겠지만 a-c의 경우 도체에 흐르는 전류는 도체 표면의 얇은 층(표피 효과층: skin depth layer 또

자기 기록

덴마크 공학자 발데마르 포울센(Valdemar Poulsen)은 1900년에 간단한 **전자석**(electromagnet)이 있는 얇은 강선에 음성이 저장될 수 있음을 증명함으로써 자기 기록을 발명했다. 자기 테이프는 1940년대에 전선의 대안적인 매체로 개발되었고 1960년대에 음악을 기록하고 듣는 데 상당히 대중화되었다. **비디오테이프**(videotapes)는 활동사진을 기록해서 나중에 텔레비전으로 재생하기 위해 1950년대 후반에 소개되었다. 영상 신호는 매우 넓은 대역폭을 차지하기 때문에 음성 기록 속도가 0.3m/s인데 반해 영상 기록(past the magnetic head) 테이프 속도는 5m/s가 되어야 한다. 이후에 다른 형태의 자기 기록 매체가 개발되었는데, '플로피'라고 불리는 **유연한 플라스틱 디스크**(flexible plastic disks), 유리 또는 알루미늄으로 만들어진 **하드 디스크**(hard disks), 자기 드럼(magnetic drum), **자기 버블 메모리**(magnetic bubble memory) 등이 있다. 이들 모두는 자성을 띤 물질이 자화과정을 통해서 전기 신호를 저장할 수 있고, 필요할 때 다시 재생할 수 있다는 기초적인 원리를 이용하고 있다.

기록/재생 과정

음성을 기록하는 **자기 테이프**(magnetic tape)는 그림 A에 개략적으로 묘사되어 있다. 마이크(1)로 입사되는 음파는 진동판에 진동을 일으키고 처음 신호 패턴에 대응하는 시간과 크기의 변수를 가지는 전기 전류를 만든다(2). 음파의 전기적 변환은 **압전 크리스탈**(piezoelectric

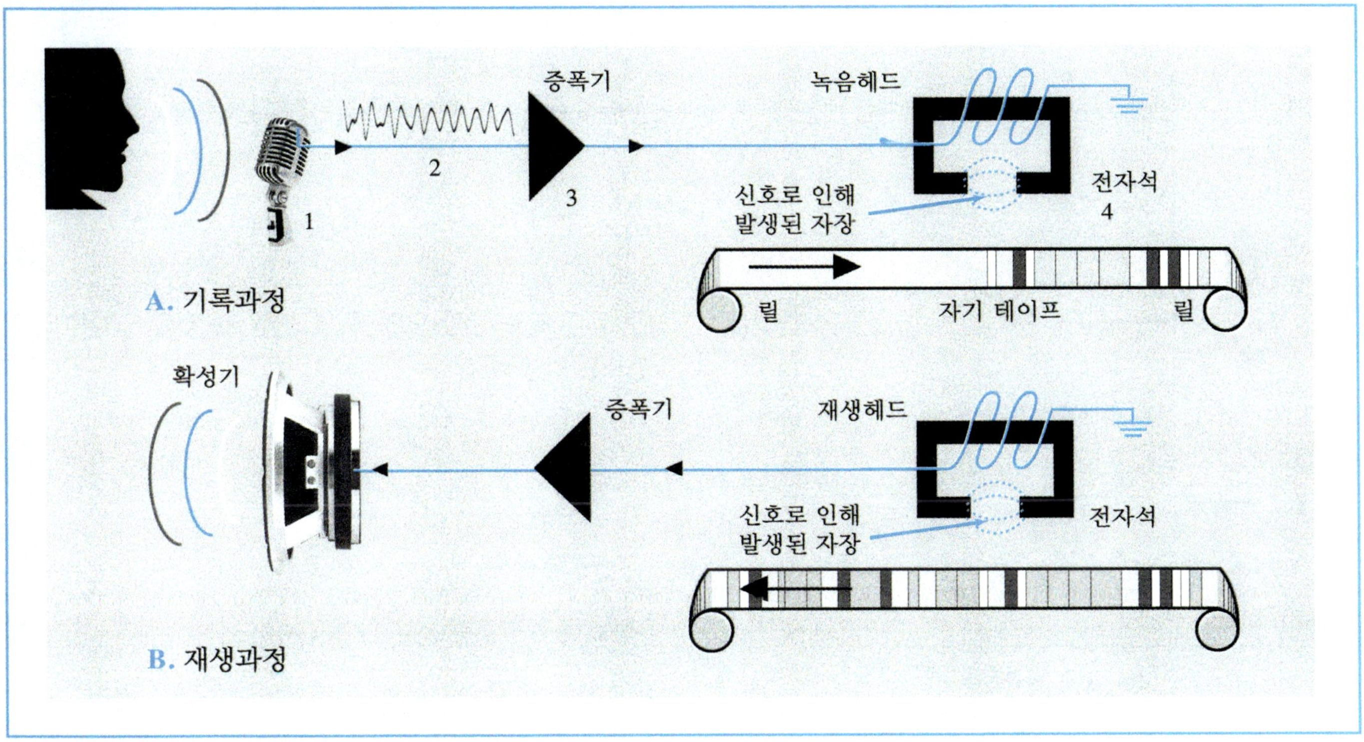

crystal), 정전기 커패시터, 자기 코일 또는 다른 형태의 변환기에 의해 이루어진다. 증폭(3) 후 전류 신호는 테이프를 자기화하기 위해 전자석으로 이루어진 녹음헤드(4)에 전달된다. 테이프(5)는 철분이 있는 산화물 가루가 표면에 뿌려진 플라스틱 물질로 만들어진다. 자장에 노출되었을 때 처음 무질서했던 강자성 가루 분자는 특정 방향을 향하는 내구성을 지니게 된다. 이에 의해 처음 음성 신호를 테이프에 **자기 인쇄**(magnetic imprint)한다. 재생은 그림 B와 같이 역과정에 의해 이루어진다. 자화된 테이프를 재생 헤드에 거꾸로 지나가게 하면 테이프 표면에 비례하는 진동을 가진 전류를 야기한다. 이는 증폭된 뒤 확성기를 통해 음파로 변환된다.

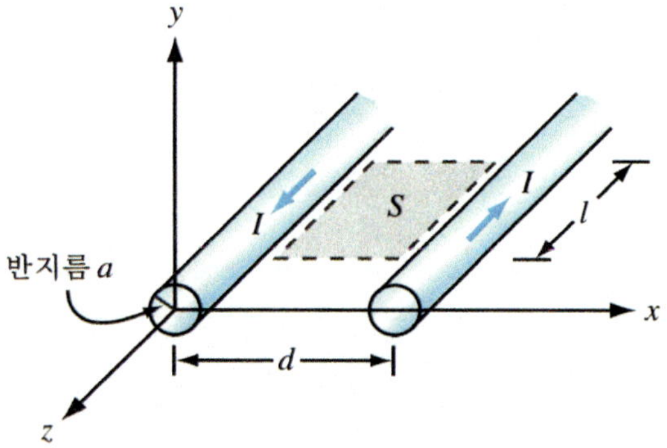

(a) 평행도선 전송선로

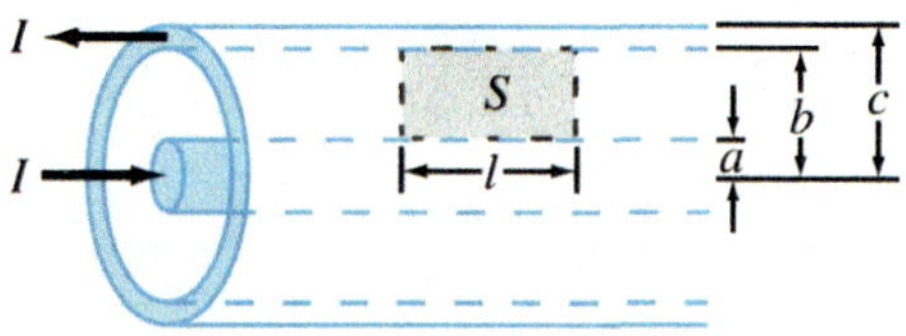

(b) 동축 전송선로

그림 4-27 2선 전송선로의 단위길이당 인덕턴스를 계산하기 위해서는 도체 간 면적 S를 통과하는 자속을 결정할 필요가 있다.

D4.1-4.2

는 skin depth)에만 집중된다. 평행 2선 전송로의 경우 두 도선의 표면에 전류가 흐르고, 동축선로의 경우 심선의 외부 표면과 외선의 내부 표면에 전류가 흐른다(전류가 흐르는 표면은 동축선로의 내외선 간에 분포된 전자계에 접하는 표면이다).

도체 구조물(도체 또는 도체계)의 **자기 인덕턴스**(self-inductance)는 도체 구조물에 흐르는 전류 I에 대한 총 쇄교자속 Λ의 비로 정의된다. 즉,

$$L = \frac{\Lambda}{I} \qquad \text{(H)}. \tag{4.94}$$

이다. 인덕턴스의 SI 단위는 헨리(H; henry)이며 이것은 (Wb/A)와 등가이다.

솔레노이드의 인덕턴스는 식 (4.93)으로부터

$$L = \mu \frac{N^2}{l} S \qquad \text{(솔레노이드)}, \tag{4.95}$$

이고, 그림 4-27과 같이 두 도체로 된 전송선로의 인덕턴스는 다음과 같다.

$$L = \frac{\Lambda}{I} = \frac{\Phi}{I} = \frac{1}{I} \int_S \mathbf{B} \cdot d\mathbf{s}. \tag{4.96}$$

예제 4-8 동축 전송선로의 인덕턴스

동축선로의 단위길이당 인덕턴스식을 유도하라. 그림 4-28은 동축선로의 축의 평행단면을 나타낸 것으로 심선의 반경 a, 외선의 내반경이 b, 두 도선 간의 절연체의 투자율은 μ로 일정하다.

풀이 심선에 흐르는 전류에 의해 투자율 μ인 내외선 간의 영역에 발생된 자계는 식 (4.30)과 같이

$$\mathbf{B} = \hat{\boldsymbol{\phi}} \frac{\mu I}{2\pi r}, \tag{4.97}$$

여기서 r은 동축선로 중심축의 수직면에서 $\hat{\mathbf{r}}$방향의 거리이다. 그림 4-28에 표시된 길이 l부분과 두 도선 간의 간격으로 이루어진 면 S의 모든 점에서 $\mathbf{B}$는 수직이므로 S를 관통하는 쇄교자속은

$$\Phi = l \int_a^b B\, dr = l \int_a^b \frac{\mu I}{2\pi r}\, dr = \frac{\mu I l}{2\pi} \ln\left(\frac{b}{a}\right). \tag{4.98}$$

이다. 식 (4.96)을 사용하면 동축선로의 단위길이당 인덕턴스는

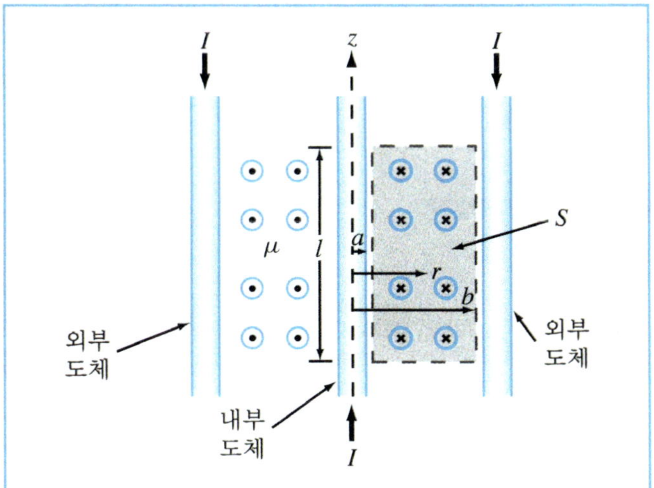

그림 4-28 동축 전송선로의 단면(예제 4-8)

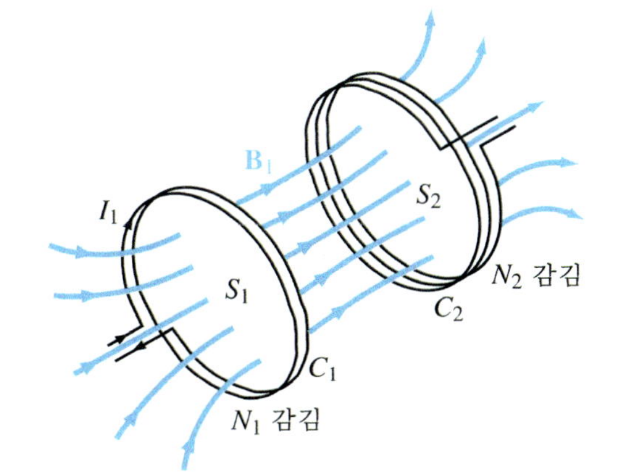

그림 4-29 루프 1에 흐르는 전류 I_1에 의해서 발생하여 경로 2의 표면 S_2에 쇄교하는 자기력선

$$L' = \frac{L}{l} = \frac{\Phi}{lI} = \frac{\mu}{2\pi}\ln\left(\frac{b}{a}\right). \tag{4.99}$$

이다. ♣

4-8.3 상호 인덕턴스

두 도체 간의 자기적 결합은 두 도체 간의 상호 인덕턴스로 나타낼 수 있다. 간단히 하기 위해 그림 4-29와 같이 면적이 S_1, S_2인 두 루프가 있고, 루프 1에 전류 I_1이 흐른다고 하자. I_1에 의해 발생된 자계 $\mathbf{B}_1$ 때문에 루프 2에 쇄교하는 자속 Φ_{12}는

$$\Phi_{12} = \int_{S_2} \mathbf{B}_1 \cdot d\mathbf{s}, \tag{4.100}$$

이고 루프 2의 권수가 N_2이면 루프 2의 총 쇄교자속은

$$\Lambda_{12} = N_2\Phi_{12} = N_2 \int_{S_2} \mathbf{B}_1 \cdot d\mathbf{s}. \tag{4.101}$$

이다. 이와 같은 자기적 결합(magnetic coupling)에 의한 상호 인덕턴스는

$$L_{12} = \frac{\Lambda_{12}}{I_1} = \frac{N_2}{I_1}\int_{S_2} \mathbf{B}_1 \cdot d\mathbf{s} \quad \text{(H)}. \tag{4.102}$$

이다. 상호 인덕턴스는, 그림 4-30의 토로이드의 경우처럼, 2개 이상의 권선(windings)이 공통 자심(common magnetic core)을 가지는 변환기(transformer)에서 중요한 값이 된다.

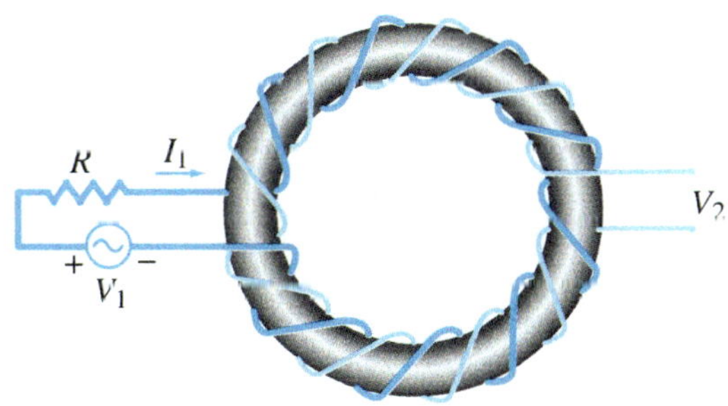

그림 4-30 두 가지의 권선을 써서 변압기로 사용되는 토로이드 코일

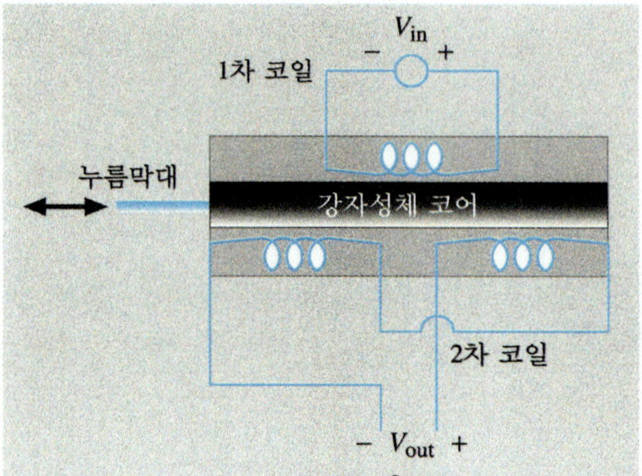

A1. LVDT 회로

유도 감지기

다른 코일 간의 **자기**(magnetic) 결합은 다른 여러 형태의 유도 감지기의 기본이 된다. 유도 감지기는 제작 과정 장치에서 위치와 변위(밀리미터 이하 분석)의 측정, 전도성 물질의 근접 탐지, 그리고 다른 연관된 분야에 응용이 된다.

선형 가변 차동 변압기(LVDT)

LVDT(Linear Variable Differential Transformer)는 교류전원(전형적으로 주파수가 1~10kHz인 사인파)에 연결된 1차 코일, 그리고 한 쌍의 2차 코일을 포함하는데 모두 **강자성 코일**(ferromagnetic core)을 공유한다(그림 A1).

자성 코어는 1차 코일에 의해 유도된 자속을 2차 코일에 결합하는 데 기여하고, 이로 인해 둘 사이에 출력전압이 유도된다. 코어가 LVDT의 자기 중심에 위치했을 때 2차 코일 각각의 출력전압은 서로 상쇄되어서 전체 출력이 0이 될 수 있도록 2차 코일은 서로 반대로 연결되어 있다. 코어는 비자성 막대를 통해 외부와 연결되어 있다. 막대가 코어를 자기 중심에서 벗어나게 하면 2차 코일의 자속은 더 이상 같아지지 않게 되고 출력전압 또한 0이 아니게 된다. 출력전압이 넓은 동작범위를 가지는 위치의 선형함수이므로, LVDT는 '선형' 변압기라고 불린다.

그림 A2에 나타낸 LVDT의 단면은 3개의 코일—2차 측 코일과 걸쳐 있는 1차 코일—구성을 나타내는데, 이들은 자성 코어를 포함하고 막대에 연결된 유리관에 감겨있다. 그림 A3은 응용 예를 보여 준다.

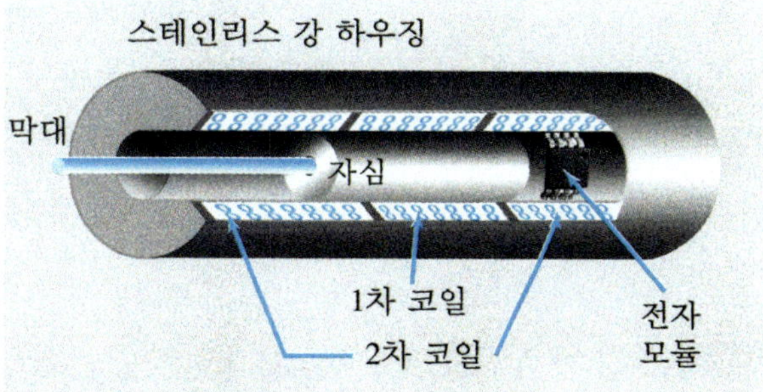

A2. 단면도

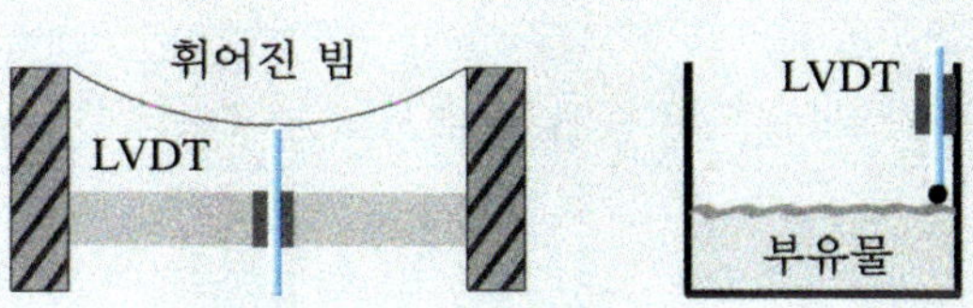

A3. 빔 편향도와 유체 높이 척도 측정을 위한 LVDT

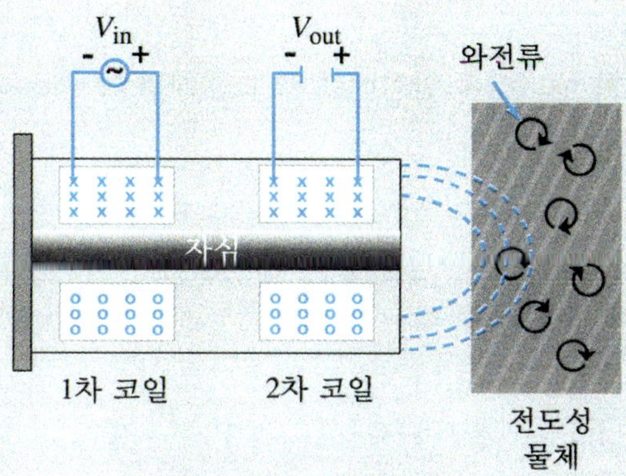

B. 와전류 근접 센서

와전류 근접 센서

변압기 원리는 근접 센서를 만드는 데 응용될 수 있다. 2차측 코일의 출력전압은 전도성 물체의 순간적인 접근(vicinity)을 잴 수 있는 민감한 척도가 될 수 있다(그림 B). 물체가 2차측 코일의 앞에 위치할 때 코일의 자장이 물체 내에 와전류를 일으키는데 이것은 2차 코일의 자장과 반대되는 방향의 자장을 갖게 한다. 자속의 감소는 출력전압을 줄어들게 하고 변화의 크기는 센서로부터의 거리와 물체의 전도 특성에 의존한다.

4-9 자기 에너지

3-11절에서 커패시터를 0volt에서 Vvolt로 충전시킬 때 소비되는 에너지가 어떻게 되는가를 고찰하면서 정전 에너지를 소개하였다. 전류원에 연결된 인덕턴스 L인 인덕터에서도 이와 비슷한 설명을 할 수 있다. 인덕터에 흐르는 전류 I를 0A에서 IA로 증가시키면 L 양단에 $v = L\,di/dt$의 전압이 생긴다. $vi = p$이고 p의 시간적분은 일 또는 에너지이므로 인덕터에 흐르는 전류를 증가시키는데 소비된 에너지(J)는

$$W_\mathrm{m} = \int p\,dt = \int iv\,dt = L\int_0^I i\,di = \tfrac{1}{2}LI^2 \quad \text{(J)}. \tag{4.103}$$

이다. 이 에너지를 인덕터에 축적된 **자기 에너지**(magnetic energy)라 한다.

솔레노이드 인덕터의 인덕턴스는 $L = \mu N^2 S/l$이고, 솔레노이드 내부 자속밀도는 $B = \mu NI/l$이므로 $I = Bl/(\mu N)$과 같이 된다. 따라서

$$W_\mathrm{m} = \frac{1}{2}LI^2 = \frac{1}{2}\left(\mu\frac{N^2}{l}S\right)\left(\frac{Bl}{\mu N}\right)^2 = \frac{1}{2}\frac{B^2}{\mu}(lS) = \frac{1}{2}\mu H^2 v, \tag{4.104}$$

여기서 $v = lS$는 솔레노이드 내부 체적이고 $H = B/\mu$이다. **자기 에너지 밀도**(magnetic energy density) w_m은 단위체적당 자기 에너지 W_m로 정의한다.

$$w_\mathrm{m} = \frac{W_\mathrm{m}}{v} = \frac{1}{2}\mu H^2 \quad (\mathrm{J/m^3}). \tag{4.105}$$

이 식은 솔레노이드 인덕터에서 유도한 것이지만 자계 **H**인 모든 매질에서도 마찬가지로 성립된다. 투자율이 μ인 매질(투자율이 μ_0인 자유공간도 포함)을 포함한 체적 v에서 자계 **H**로 인해 축적되는 총 자기 에너지는 아래와 같다.

$$W_\mathrm{m} = \frac{1}{2}\int_v \mu H^2\,dv \quad \text{(J)}. \tag{4.106}$$

예제 4-9 동축선로의 자기 에너지

심선의 반경 a, 외선의 내반경 b, 길이 l인 동축선로의 자기 에너지를 구하라. 두 도선 사이의 절연체 투자율은 μ이다.

풀이 식 (4.97)에서 절연체 내의 자계는

$$H = \frac{B}{\mu} = \frac{I}{2\pi r},$$

이며 여기서 r은 그림 4-28과 같이 심선의 중심으로부터 반경방향의 거리이다. 동축선로에 축적된 에너지는

$$W_\mathrm{m} = \frac{1}{2}\int_v \mu H^2\,dv = \frac{\mu I^2}{8\pi^2}\int_v \frac{1}{r^2}\,dv.$$

이다. H는 r만의 함수이므로 dv는 길이 l, 반경 r, r방향의 두께 dr인 원주각(cylindrical shell)으로 택하면 $dv = 2\pi rl\,dr$이고

$$W_\mathrm{m} = \frac{\mu I^2}{8\pi^2}\int_a^b \frac{1}{r^2}\cdot 2\pi rl\,dr = \frac{\mu I^2 l}{4\pi}\ln\left(\frac{b}{a}\right) \quad \text{(J)}.$$

이다. ♣

문제

4-1절: 힘과 회전력

4.1* $\mathbf{B} = (\hat{\mathbf{x}}2 - \hat{\mathbf{z}}3)$ T의 균등자계가 분포한 매질 안으로 4×10^6m/s의 속도를 가진 전자가 진입한다. 전자의 전하량은 $e = 1.6 \times 10^{-19}$ C이고, 질량은 $m_e = 9.1 \times 10^{-31}$ kg이다. 전자가 매질에 진입하는 순간의 가속도를 구하라.

4.2 그림 4-31에서와 같이 질량 m, 전하 q인 하전입자가 초기속도 $\mathbf{u}$를 가지고 균등자계 $\mathbf{B}$에 대해 수직으로 진입할 때 하전입자는 자기력을 받아 반경 a의 원운동을 한다. 자기력 $\mathbf{F}_m$을 구심력과 같게 놓아 원운동의 반경 a를 구하라.

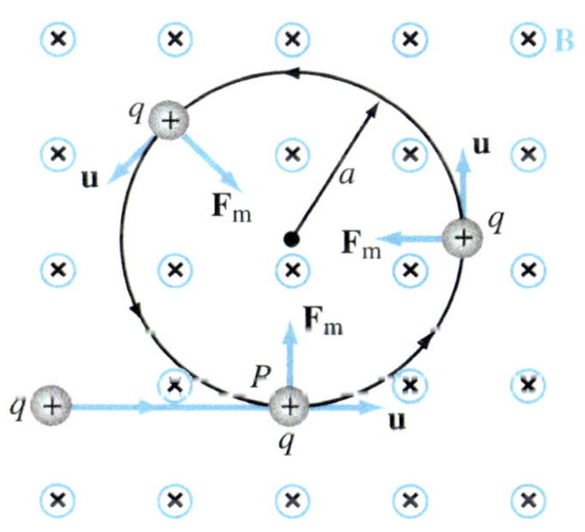

그림 4-31 $\mathbf{u}$에 수직인 균등자계 $\mathbf{B}$ 속에서 속도 $\mathbf{u}$로 움직이는 하전입자(문제 4.2)

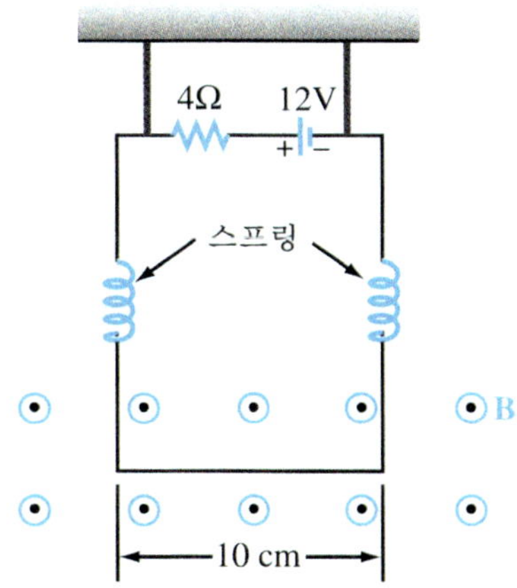

그림 4-32 문제 4.3의 구조

4.3* 그림 4-32의 회로에서 질량 5g, 길이 10cm인 수평 도선을 지지하는 데 두 개의 똑같은 스프링이 사용되고 있다. 자계가 가해지지 않을 때 수평 도선의 무게 때문에 두 스프링은 각각 0.2cm 늘어난다. 수평 도선이 있는 영역에 그림과 같이 균등자계를 가하면 스프링이 0.5cm 더 늘어난다. 자속밀도 $\mathbf{B}$의 크기는?

4.4 그림 4-33의 구형(矩形, rectangular) 루프는 권수가 20이고 z축에 한 변이 고정되어 있다. 루프면은 y축과 30°를 이루고, 권선에 흐르는 전류는 0.5A이다. $\mathbf{B} = \hat{\mathbf{y}}1.2$T의 자계를 가할 경우 루프가 받는 회전력은? 그리고, 위에서 볼 때 루프가 회전하는 방향은 시계방향인가, 반시계방향인가?

4.5* 원통좌표계에서 $+z$축 방향으로 전류 5A가 흐르는 길이 2m의 직선 도선이 $r = 4$cm, $\phi = \pi/2$, $-1\text{m} \le z \le 1\text{m}$에 있다.

(a) $\mathbf{B} = \hat{\mathbf{r}}0.2\cos\phi$일 경우에 도선에 작용하는 자기력은 얼마인가?

---

*해답은 부록 D에 있음.

표시는 'Solution available in CD-ROM'을 나타냄.

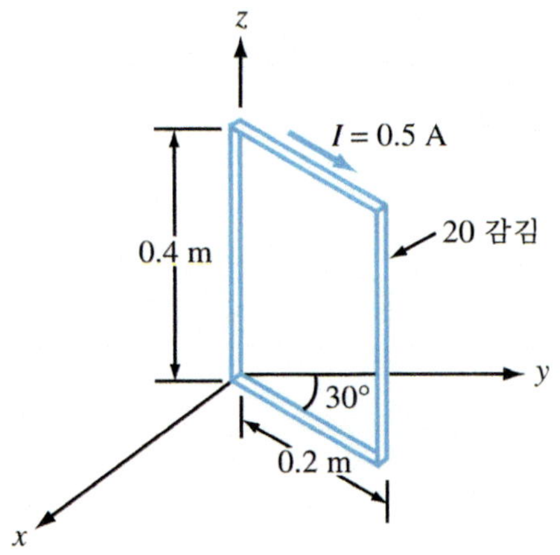

그림 4-33 문제 4.4의 한 변이 고정된 구형 루프

(b) $r = 4$cm를 유지하면서, $-\phi$방향으로 z축에 대해 도선을 한번 회전시키는 데 필요한 일은 얼마인가?
(c) 힘이 최대치가 되는 각도 ϕ는 얼마인가?

4.6 변의 길이 $l = 15$cm, $w = 5$cm, 권수가 20인 사각형 코일이 그림 4-34에서와 같이 y-z평면에 있다.
(a) 코일에 흐르는 전류가 10A일 경우에 자속밀도가

$$\mathbf{B} = 2 \times 10^{-2}(\hat{\mathbf{x}} + \hat{\mathbf{y}}2) \qquad \text{(T)}$$

이다. 코일에 작용하는 회전력을 구하라.
(b) 회전력이 0이 되는 각도 ϕ는 얼마인가?
(c) 회전력이 최대가 되는 각도 ϕ와 그 값을 구하라.

4-2절: 비오-사바르 법칙

4.7* 원점에 루프 중심을 두고 장변이 x축에 평행인 8×12cm의 구형(矩形) 루프가 x-y평면에 놓여 있다. 위에서 볼 때 루프 전류 25A는 시계방향으로 흐른다. 루프 중심의 자계를 구하라.

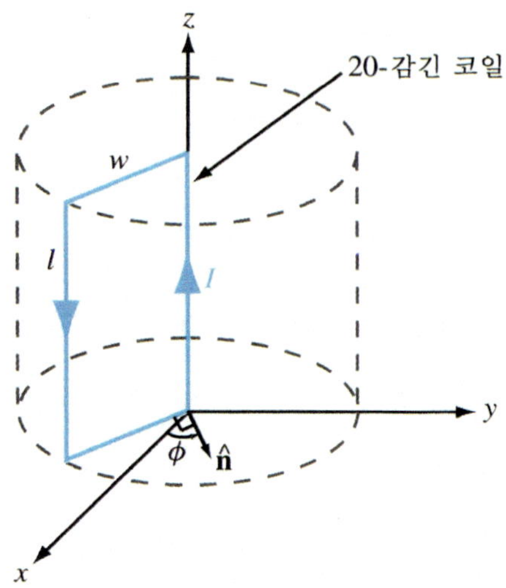

그림 4-34 문제 4.6의 사각형 루프

4.8 그림 4-35의 직선 도선 전류에 의한 점 $P(r, \phi, z)$의 자계 **H**를 예제 4-2의 방법으로 구하라. 도선의 길이가 $z_1 = 3$m에서 $z_2 = 7$m까지이고 흐르는 전류가 $I = 5$A일 때, $P(2, \phi, 0)$의 **H**를 구하라.

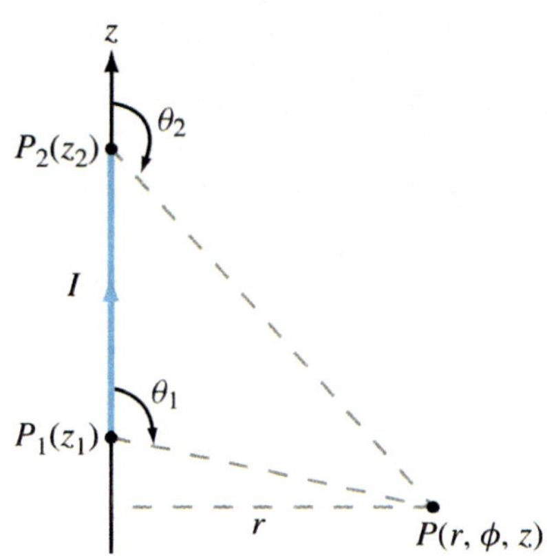

그림 4-35 문제 4.8의 전류가 흐르는 직선도선

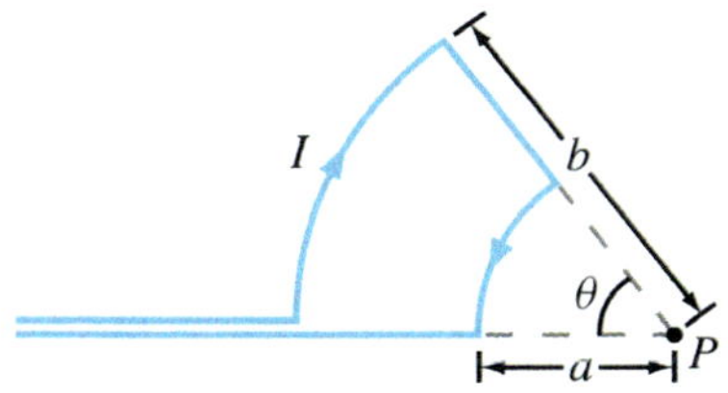

그림 4-36 문제 4.9의 구조

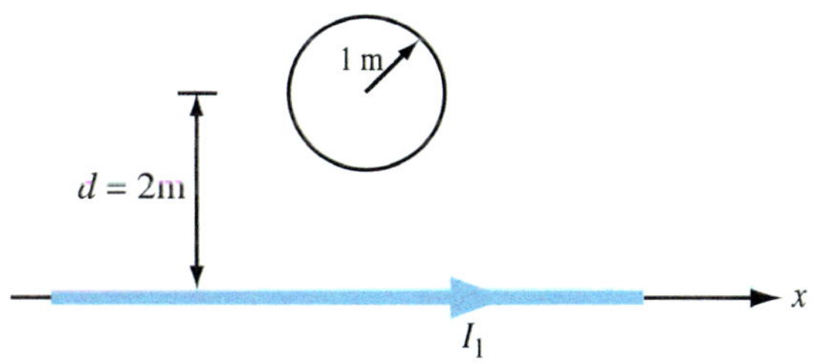

그림 4-37 선전류가 흐르는 도선 부근에 있는 원형 루프(문제 4.10)

4.9* 그림 4-36과 같이 점 P에 중심을 둔 두 방사선과 원호로 이루어진 루프에 전류 I가 흐를 때 점 P의 자계 $\mathbf{H}$를 a, b, θ 그리고 I를 사용해 나타내라.

4.10* 그림 4-37과 같이, $+x$축 방향으로 전류 50A가 흐르는 무한장 도선이 x-y평면에 있는 권수가 10회인 원형 루프 부근에 있다. 루프 중심에서의 자계가 0일 경우, 루프에 흐르는 전류의 방향과 크기는 얼마인가?

4.11 두 개의 무한장 평행도선에 반대방향으로 6A의 전류가 흐른다. 그림 4-38에 보인 점 P에서의 자속밀도를 구하라.

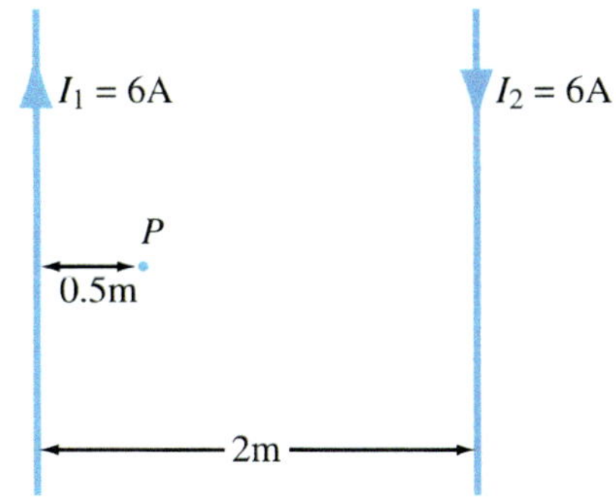

그림 4-38 문제 4.11에 대한 배치도

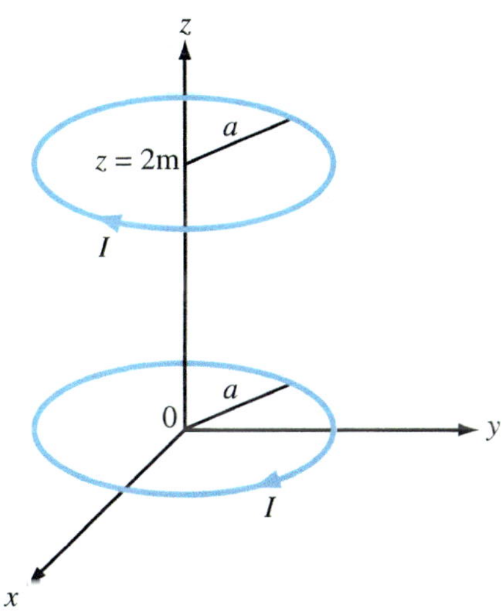

그림 4-39 문제 4.12의 평행한 원형 루프

4.12 각각 20A의 전류가 흐르는 평행한 두 개의 원형 루프가 그림 4-39와 같이 배치되어 있다. 첫 번째 루프의 중심은 원점으로 x-y평면에 위치하며 두 번째 루프 중심은 $z=2$m이다. 두 루프의 반경은 $a=3$m로 동일할 때 다음에서의 자계를 구하라.

(a) $z=0$
(b) $z=1\text{m}$
(c) $z=2\text{m}$

4-3절: 두 전류 사이에 작용하는 힘

4.13* 그림 4-40과 같이 무한장 직선 도선이 같은 면에서 구형 루프와 $d=0.1\text{m}$ 떨어져 있다. 루프의 크기는 단변(a)$=0.2\text{m}$, 장변(b)$=0.5\text{m}$, 전류의 크기는 $I_1=10\text{A}$, $I_2=15\text{A}$이다. 루프에 작용하는 총 자기력은?

4.14 그림 4-41과 같이 단위길이당 질량이 0.3g/cm, 길이가 8cm인 4개의 줄에 의하여 전류 I가 흐르는 두 개의 긴 도선이 나란히 매달려 있다. 두 도선 전류 간의 반발력 때문에 지지하는 줄이 10° 만큼 벌어졌을 때 전류 I의 크기와 두 도선 전류의 상대적 방향을 구하라.

4.15* 그림 4-42와 같이 x-y평면에서 x방향으로 폭이 w인 무한장 평면 도체판에 전류 I가 $-y$방향으로 흐른다.

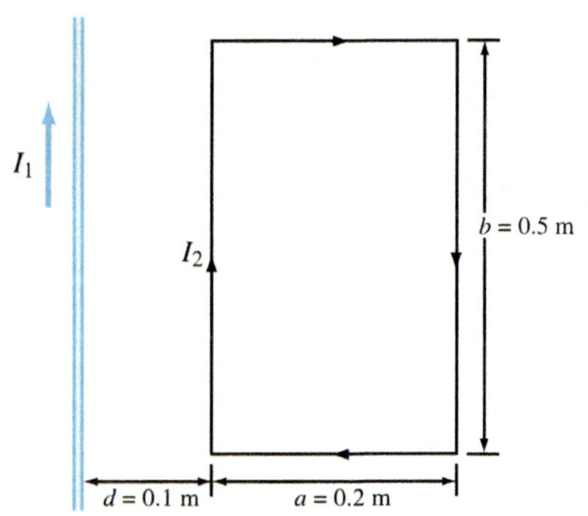

그림 4-40 도선 옆에 위치한 전류 루프(문제 4.13)

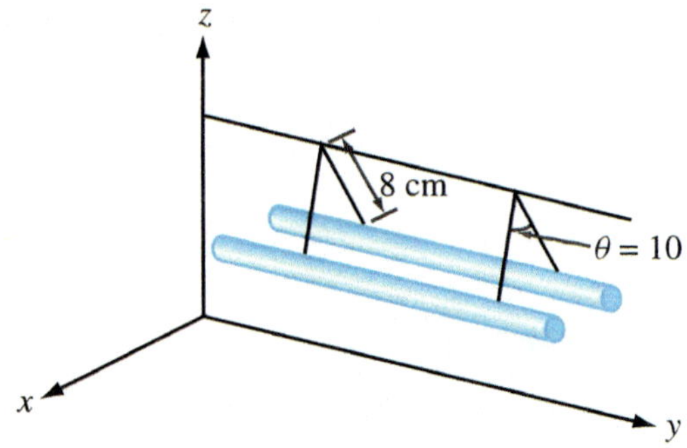

그림 4-41 끈에 의해서 지지되는 평행도체(문제 4.14)

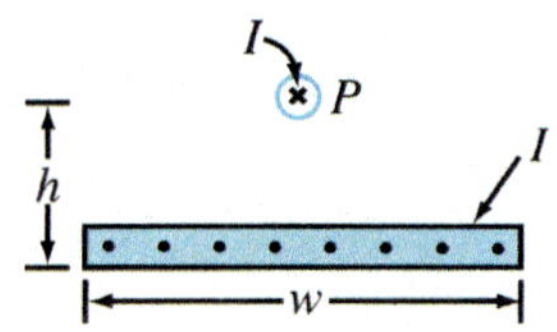

그림 4-42 무한 평면 도체판 위에 위치한 선 전류원(문제 4.15)

(a) 도체판 중앙에서 높이 h 되는 점 P의 자계를 구하라.
(b) 점 P를 통과하고 도체판에 평행인 무한장 도선의 단위길이당 받는 힘을 구하라. 단, 도선의 전류는 판전류와 크기는 같으나 방향이 반대이다.

4.16 세 개의 평행도선이 그림 4-43과 같이 배치되어 있다. I_2가 흐르는 도선에 작용하는 단위길이당 힘을 구하라.

4.17* 그림 4-44와 같이 위치한 정방형 루프의 한 변

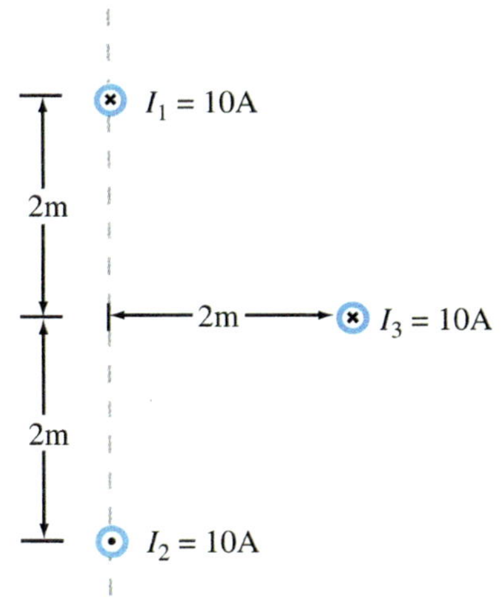

그림 4-43 문제 4.16의 세 개의 평행도선

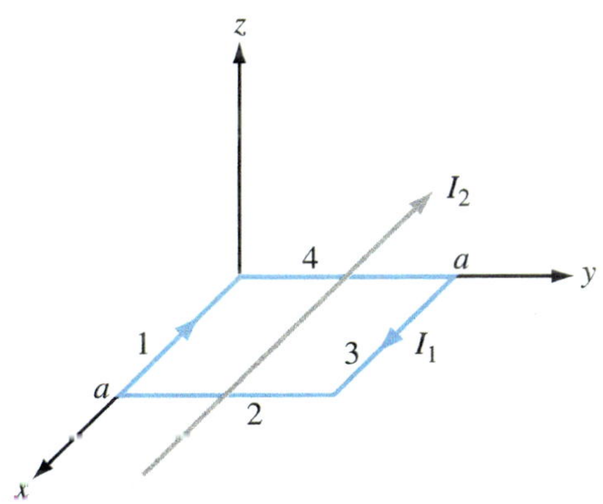

그림 4-44 I_1이 흐르는 정방향 루프 위에 전류 I_2가 흐르는 긴 도선(문제 4.17)

은 2m이고 전류 $I_1=5$A이다. $I_2=10$A가 흐르는 긴 직선 도체가 루프 변의 중심점 위에 있을 때 루프에 작용하는 힘을 구하라.

4-4절: 자기에 관한 가우스 법칙과 암페어 법칙

4.18 무한장 동축선로의 내부도체에 $\hat{\mathbf{z}}I$, 외부도체에 $-\hat{\mathbf{z}}I$의 전류가 흐르고 내부도체의 반경은 a, 외부도체의 내반경과 외반경은 각각 b, c이다.

(a) $0 \le r \le a$, $a \le r \le b$, $b \le r \le c$ 영역의 자계를 각각 구하라.

(b) $a=2$cm, $b=4$cm, $c=5$cm, $I=10$A일 때, $0 \le r \le 10$cm 영역에서 $\mathbf{H}(r)$을 도시하라.

4.19* 축이 z축과 일치하며 반경이 a인 무한장 원주형 도선에 $\mathbf{J} = \hat{\mathbf{z}}J_0/r$(여기서 $\mathbf{J}_0$는 일정하고 r은 원주형 도선의 반경방향의 거리이다)의 전류가 흐를 때, 다음의 영역에서 자계 $\mathbf{H}$를 구하라.

(a) $0 \le r \le a$

(b) $r > a$

4.20* 원통좌표계로 자계가

$$\mathbf{H} = \hat{\boldsymbol{\phi}}\frac{4}{r}[1 - (1 + 2r)e^{-2r}]$$

으로 주어질 때, 전류밀도 $\mathbf{J}$를 구하라.

4-5절: 자기 포텐셜

4.21 그림 4-10에서 x-y평면 내의 도선으로부터 r만큼 떨어진 점 P의 벡터 자기 포텐셜 $\mathbf{A}$를 구하여 $\mathbf{B}$를 유도하라. 이 결과가 비오-사바르 법칙을 사용하여 구한 식 (4.29)와 같음을 증명하라.

4.22* 자유공간에서 벡터 자기 포텐셜 $\mathbf{A}$는 $\mathbf{A} = \hat{\mathbf{x}}5\cos\pi y + \hat{\mathbf{z}}(2 + \sin\pi x)$(Wb/m)이다.

(a) $\mathbf{B}$를 구하라.

(b) 식 (4.66)을 이용하여 원점에 중심을 두고 두 변이 x, y축에 평행이며 x-y평면 내에 있는 0.25×0.25m인 정방형 루프를 관통하는 자속을 계산하라.

(c) 식 (4.67)을 이용하여 Φ를 계산하라.

4.23 전류밀도

$$\mathbf{J} = \hat{\mathbf{z}} J_0 \qquad (\text{A/m}^2)$$

는 자기 포텐셜 벡터

$$\mathbf{A} = -\hat{\mathbf{z}} \frac{\mu_0 J_0}{4}(x^2 + y^2) \qquad (\text{Wb/m})$$

를 여기한다.

(a) 벡터 푸아송 방정식을 적용하여 위의 의미를 확인하라.

(b) **A**에 대한 **H**를 구하라.

(c) 암페어 법칙에 관련된 **J**에 대한 식을 이용하여 **H**를 구하고 (b)에서 구한 결과와 비교하라.

4.24* $z = -L/2$와 $z = 2/L$ 구간에 $+\hat{\mathbf{z}}$축을 따라 반경 a인 원형 단면을 통하여 전류 I가 흐른다.

(a) 원점으로부터 멀리 떨어진 점 P에서의 **A**를 구하라. (점 P가 전류소자의 모든 점으로부터의 거리가 동일하다고 간주할 수 있도록 R이 L보다 아주 크다.)

(b) **H**를 구하라.

4-6절: 물질의 자기적 특성

4.25 철의 원자밀도는 8.5×10^{28}atoms/m^{3}이다. 자기 포화시 철의 전자 스핀 자기 모멘트의 정렬에 의한 자계는 1.5T로 이것이 전체 자속밀도 **B**에 기여한다. 전자 하나의 스핀 자기 모멘트가 9.27×10^{-24}(A · m^2)이라면 한 원자당 전자는 몇 개인가?

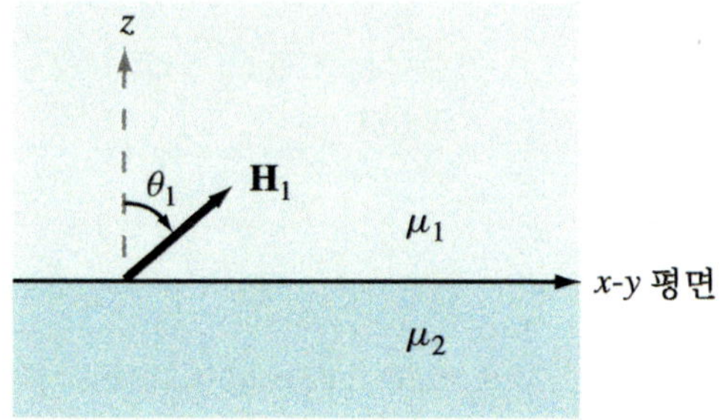

그림 4-45 경계면을 갖는 자계매질(문제 4.26)

4-7절: 자계 경계조건

4.26 그림 4-45와 같이 투자율 μ_1과 μ_2인 두 매질이 x-y평면에 의해 분리되어 있다. 경계면에 표면전류가 없고 매질 1에서의 자계가

$$\mathbf{H}_1 = \hat{\mathbf{x}} H_{1x} + \hat{\mathbf{y}} H_{1y} + \hat{\mathbf{z}} H_{1z}$$

일 때 다음을 구하라.

(a) $\mathbf{H}_2$

(b) θ_1과 θ_2

(c) $H_{1x} = 3$(A/m), $H_{1y} = 0$, $H_{1z} = 4$(A/m), $\mu_1 = \mu_0$, $\mu_2 = 4\mu_0$일 때, $\mathbf{H}_2$, θ_1과 θ_2 값을 계산하라.

4.27* 두 매질의 경계면 $y = 0$에서 표면전류밀도 $\mathbf{J}_s = \hat{\mathbf{x}}4$(A/m)으로 주어져 있다. 매질 1($y > 0$)에서 $\mathbf{H}_1 = \hat{\mathbf{z}}8$(A/m)일 때, 매질 2($y < 0$)에서의 $\mathbf{H}_2$를 구하라.

4.28 그림 4-46에서 $x - y = 1$인 평면은 투자율 μ_1인 매질 1과 투자율 μ_2인 매질 2를 분리하고 있다. 경계면에 표면전류가 없고 자속밀도가

$$\mathbf{B}_1 = \hat{\mathbf{x}}2 + \hat{\mathbf{y}}3 \qquad (\text{T})$$

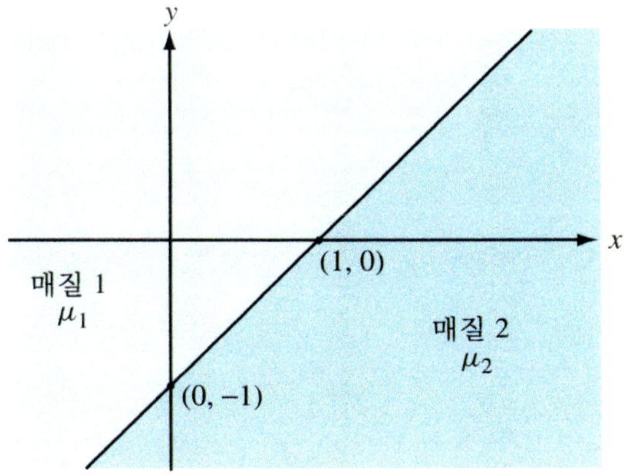

그림 4-46 $x-y=1$인 평면에 의해 분리된 자계매질(문제 4.28)

일 때, $\mathbf{B}_2$를 구하고 $\mu_1=5\mu_2$에 대한 값을 계산하라.

힌트: 주어진 평면에 수직한 단위벡터에 대한 식을 유도하는 것부터 시작한다.

4.29 $z=0$ 면을 경계로 공기와 철의 영역이 구분된다. 공기 영역($z\geq 0$)의 $\mathbf{B}_1=\hat{\mathbf{x}}4-\hat{\mathbf{y}}6+\hat{\mathbf{z}}8$이면 철의 영역($z\leq 0$)의 $\mathbf{B}_2$를 구하라. 철의 투자율 $\mu=5000\mu_0$이다.

4.30 그림 4-47과 같이 평행한 경계면에 표면전류가 없을 경우 θ_4와 θ_1의 관계는 μ_2에 무관함을 증명하라.

4-8절과 4-9절: 인덕턴스와 자계 에너지

4.31* 그림 4-27(a)의 평행 2선 전송선로의 단위길이당 인덕턴스 $L(a, d, \mu)$를 구하라. 여기서 μ는 두 도선 간의 매질의 투자율이며, a는 도선의 반경, d는 도선 간의 거리이다.

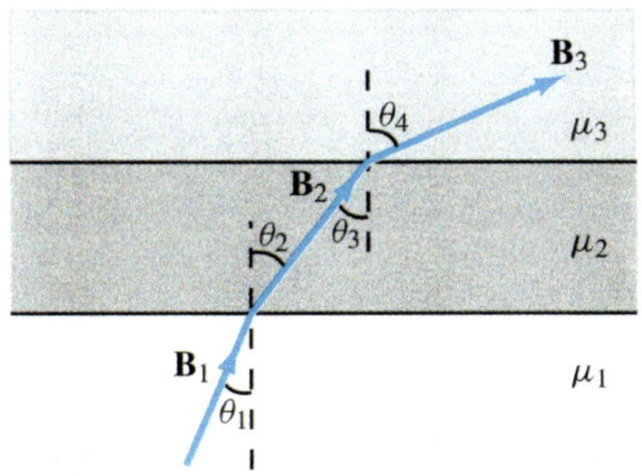

그림 4-47 평행 경계면을 갖는 세 매질(문제 4.30)

4.32 반경 5cm, 권수 400, 길이 20cm인 솔레노이드에 12A의 전류가 흐른다. $z=0$가 솔레노이드 중심이라면 $-20\text{cm}\leq z\leq 20\text{cm}$ 구간에서 1cm 간격으로 $|\mathbf{H}(z)|$를 표시하라.

4.33* 심선의 반경 5cm, 외선의 내반경 10cm, 길이 2m인 동축선로에 직류 전류 I가 흐를 때 단위길이당 축적

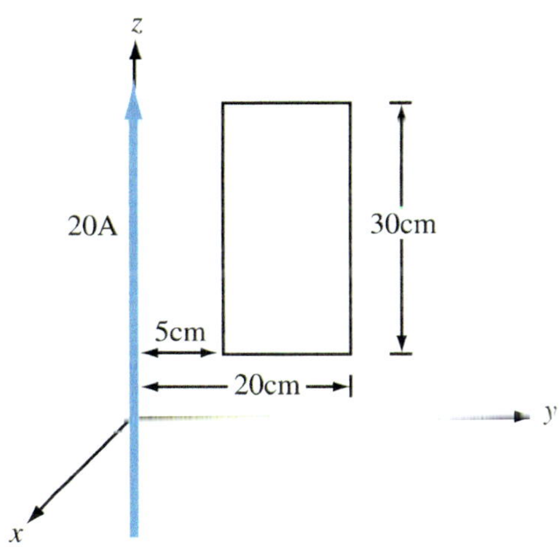

그림 4-48 문제 4.34에 대한 루프와 도선 간의 배치

되는 자기 에너지는 얼마인가? 단, 두 도선 간의 매질은 공기이다.

4.34 사각형 루프가 전류 $I = 20\text{A}$가 흐르는 직선 도체와 그림 4-48에서와 같이 동일 평면 상에 있다. 루프의 자속을 구하라.

4.35-4.37 추가적인 문제들—CD-ROM에 풀이되어 있음.

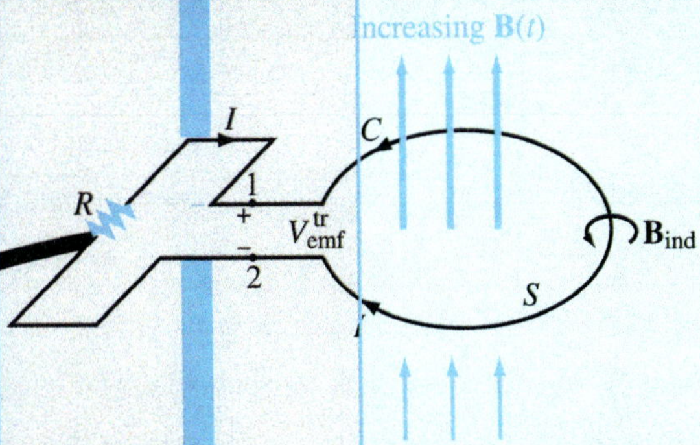

CHAPTER 5

시변계에 대한 맥스웰 방정식

시변계

앞의 두 장에서 배운 바를 정리하면, 전하는 전계를 발생시키고 전류는 자계를 발생시킨다. 전하와 전류 분포가 시간에 따라 변하지 않으면 이들이 발생시킨 전계와 자계도 시간에 따라 변하지 않는다. 그러나, 전하원과 전류원이 시간(t)에 따라 변하면 전계와 자계가 시간에 따라 변할 뿐만 아니라 많은 현상이 수반된다. 즉, 전계와 자계가 서로 관련을 맺게 되고, 그러한 연관이 자유 공간과 매질 속을 전파할 수 있는 전자파를 발생시킨다. 광파, x-선, 적외선파, 감마선, 무선파(그림 1-9 참조)와 같은 전자파는 우리의 일상 생활에 아주 중요한 것으로 다양한 과학기술 분야에 이용되고 있다.

시변 전자계 현상을 공부하기 위해서는 적분형 맥스웰 방정식을 사용해야 한다. 3장의 첫 번째 절에서 처음 소개된 맥스웰 방정식이 표 5-1에 그 미분형과 적분형으로 각각 제시되어 있다. 정전자계($\partial/\partial t=0$)의 경우, 3장의 가우스 법칙에서 나온 맥스웰 제1방정식과 5장의 자속의 근원에서 언급될 맥스웰 제3방정식을 적용하면 된다. 반면, 시변 전자계의 경우 표 5-1의 제2방정식과 제4방정식으로 표현된 바와 같이 전계와 자계 간의 상호결합을 고려해야 한다. 맥스웰 방정식의 첫 번째 식은 가우스 법칙을 나타내며, 이 식은 정전자계와 시변 전자계에서 모두 성립한다. 자속의 원천이 없음을 뜻하는 세 번째 식, $\nabla\cdot\mathbf{B}=0$은 마찬가지로 정전자계와 시변 전자계에서 모두 성립한다. 그러나, 제2방정식과 제4방정식은 정전자계의 경우와 시변 전자계의 경우 각각 다른 의미를 가진다. 시변 전자계의 경우 시변 자계가 전계를 발생(패러데이 법칙)시키고, 그 역으로 시변 전계는 자계를 발생(암페어 법칙)시킨다.

이 장과 이후 장에서 다루는 내용 중 일부는 3장과 4장에서 언급한 내용과 모순이 되는 것도 있을 수 있는데, 이것은 3장과 4장에서는 정전류와 정전하의 경우만 다루었기 때문이다. $\partial/\partial t=0$로 하면 시변 전자계에서 얻은 식과 결과가 정적인 전자계에 적용될 수 있다.

이 장에서는 패러데이 법칙과 암페어 법칙에서 시작하여 그들의 응용을 소개한다. 또, 일반적인 시변의 경우와 특수한 정현적 시변의 경우에 있어 전하원과 전류원 (ρ_v, $\mathbf{J}$), 스칼라 포텐셜과 벡터 포텐셜(V, $\mathbf{A}$) 그리고 전자계 ($\mathbf{E}$, $\mathbf{D}$, $\mathbf{H}$, $\mathbf{B}$) 간의 관계를 맥스웰 방정식으로 다룬다.

5-1 패러데이 법칙

전기와 자기의 밀접한 관계는 도선에 흐르는 전류가 나침반을 움직이고, 전류가 $\hat{\mathbf{z}}$방향으로 흐를 때 나침반의 바늘이 $\hat{\boldsymbol{\phi}}$방향을 가리킴을 발견한 오스테드(Oersted)에 의해 처음 발견되었다. 나침반의 바늘에 작용하는 힘은 도선에 흐르는 전류에 의해 발생된 자계 때문이다. 오스테드의 발견에 이어 마이클 패러데이(Michael Faraday)는 다음과 같은 가정을 했다: 전류가 자계를 발생시킨다면 그 역도 성립하여야 한다: 즉, 자계도 도선에 전류를 흐르게 할 수 있다는 것이었다. 이 가정을 증명하기 위해 패러데이는 10여 년 동안 런던에 있는 그의 연구실에서 자계를 이용하여 도선에 전류를 유도하는 수많은 실험을 수행하였다.

뉴욕 알바니의 조셉 헨리(Joseph Henry)도 이와 비슷한 연구를 하였다. 처음에 여러 가지 크기의 서로 다른 영구자석 옆에 도선을 놓았으나 도선에 전류가 검출되지 않았다. 또 한 도선에 전류를 흘리고 다른 도선은 그 도선에 평행으로 놓으면 전류가 흐르는 도선에 의해 생긴 자계가 옆의 도선에 전류를 발생시킬 것이라고 예상하고 실험을 하였으나 역시 실패하였다. 이와 같은 실험

표 5-1 맥스웰 방정식

인용법칙	미분형	적분형	
가우스 법칙	$\nabla \cdot \mathbf{D} = \rho_{\mathrm{v}}$	$\oint_S \mathbf{D} \cdot d\mathbf{s} = Q$	(5.1)
패러데이 법칙	$\nabla \times \mathbf{E} = -\dfrac{\partial \mathbf{B}}{\partial t}$	$\oint_C \mathbf{E} \cdot d\mathbf{l} = -\int_S \dfrac{\partial \mathbf{B}}{\partial t} \cdot d\mathbf{s}$	(5.2)*
자하의 부존재 (자장에 대한 가우스 법칙)	$\nabla \cdot \mathbf{B} = 0$	$\oint_S \mathbf{B} \cdot d\mathbf{s} = 0$	(5.3)
암페어 법칙	$\nabla \times \mathbf{H} = \mathbf{J} + \dfrac{\partial \mathbf{D}}{\partial t}$	$\oint_C \mathbf{H} \cdot d\mathbf{l} = \int_S \left(\mathbf{J} + \dfrac{\partial \mathbf{D}}{\partial t}\right) \cdot d\mathbf{s}$	(5.4)

* 정상면적 S

과정을 거쳐 1831년 패러데이와 헨리는 거의 동시에 독자적으로 다음과 같은 사실을 발견했다. 자계는 루프 도선에 쇄교하는 자속이 시간에 따라 변할 때만 루프 도선에 전류를 발생시킬 수 있다. 이것을 패러데이 전자유도 법칙(Faraday's law of electromagnetic induction)이라 하며, 이러한 유도 법칙의 핵심은 쇄교하는 자속이 시간에 따라 변화한다는 것이다.

패러데이 전자유도 법칙의 과정을 설명하기 위해 그림 5-1의 장치를 고려해 보자. 전류를 감지하는 계측기로 1800년대에 사용되던 검류계가 연결된 사각형의 루프 도선이 전압원에 연결된 코일 주위에 놓여 있다. 코일에 흐르는 전류는 코일 주위에 자계($\mathbf{B}$)를 발생시키고, 그 자속이 그림 5-1과 같이 사각형 루프 도선을 관통한다. 4-5절에서 정의한 바와 같이 루프 도선을 관통하는 자속 Φ는 루프 면적(S)을 관통하는 자속밀도의 법선성분의 적분으로

$$\Phi = \int_S \mathbf{B} \cdot d\mathbf{s} \qquad \text{(Wb)}. \qquad (5.5)$$

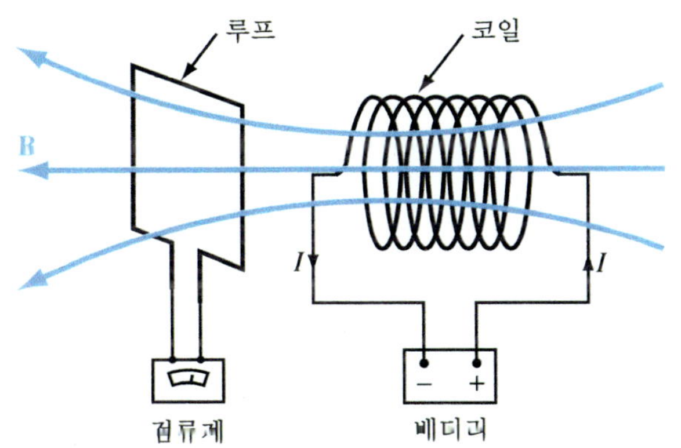

그림 5-1 검류계는 구형 루프를 통과하는 자속이 시간에 따라 변할 때마나 편향을 나타낸다.

로 정의된다.

정상상태에서는 코일에 흐르면 직류전류에 의해 발생되는 자속밀도는 일정하므로 루프에 쇄교하는 자속이 일정하고, 따라서 검류계에 전류가 검출되지 않는다. 그러나 직류전원을 떼어내어 코일에 흐르는 전류가 0으로

감소하면 자계 **B**도 0으로 감소하므로 코일에 쇄교하는 자속이 변하여 순간적으로 검류계 바늘이 움직인다. 직류전원을 다시 연결하는 순간에도 검류계 바늘이 순간적으로 움직이는데 방향은 반대이다. 이와 같이 쇄교자속이 변할 때 루프에는 전류가 발생되며, 전류의 방향은 자속이 증가하느냐(직류전원을 연결할 때) 아니면 감소하느냐(직류전원을 떼어낼 때)에 달려 있다.

또 직류전원을 계속 연결시켜 둔 상태에서는 루프를 돌리거나 루프를 코일에 가까이 했다 멀리 했다 하면 루프에 전류가 흐르는 사실도 발견할 수 있다. 이것은 코일에 의해 발생된 자계가 일정하더라도 루프의 회전이나 이동과 같은 물리적인 운동에 의해 루프면적 S와 쇄교하는 자속이 변하기 때문이다.

검류계는 전압계 또는 전류계의 일종으로 검류계에 코일에 흐르는 전류가 감지되는 것은 검류계 단자에 전압이 유도됨을 의미하며, 이 전압을 **기전력**(electromotive force) V_{emf}이라 하고, 이와 같은 과정을 **전자유도**(electromagnetic induction)라 한다. 권수 N인 루프 도선의에서 발생되는 유도 기전력은

$$V_{\text{emf}} = -N\frac{d\Phi}{dt} = -N\frac{d}{dt}\int_S \mathbf{B}\cdot d\mathbf{s} \qquad \text{(V)}. \tag{5.6}$$

이다. 헨리도 식 (5.6)의 결과를 독자적으로 발견하고 유도하긴 했지만, 식 (5.6)은 **패러데이 법칙**(Faraday' s law)으로 알려져 있다. 식 (5.6)에서 (−)부호의 의미는 다음 절에서 설명하기로 한다.

식 (5.6)의 도함수는 자계 **B**와 미소면적 벡터 $d\mathbf{s}$에 대한 시간의 미분이다. 따라서 다음의 세 가지 경우에 루프 도선에 기전력이 생긴다.

1. 정지된 루프에 쇄교하는 시변 자계: 이 때의 기전력은 **변압기 기전력**(transformer emf) $V_{\text{emf}}^{\text{tr}}$이라 한다.
2. 정자계 **B** 내에서 루프가 운동하는 경우(이 때 자계 **B**에 쇄교하는 루프 면적이 시간에 따라 변함): 이 기전력을 **운동 기전력**(motional emf) $V_{\text{emf}}^{\text{m}}$이라 한다.
3. 시변 자계 **B** 내에서 루프가 운동하는 경우.

이 경우 총 유도 기전력 V_{emf}는

$$V_{\text{emf}} = V_{\text{emf}}^{\text{tr}} + V_{\text{emf}}^{\text{m}}, \tag{5.7}$$

이다. 여기서 루프가 정지되면 $V_{\text{emf}}^{\text{m}}=0$으로 1의 경우이고, **B**가 정자계이면 $V_{\text{emf}}^{\text{tr}}=0$로 2의 경우이며, 3의 경우는 두 기전력 모두가 0이 아닌 경우다. 이들 각각의 경우를 다음 절에서 살펴보기로 한다.

5-2 시변 자계 내의 정지된 루프

그림 5-2(a)와 같이 둘레 C, 면적 S, 권수 $N=1$인 원형 도선 루프가 시변 자계 $\mathbf{B}(t)$ 내에 놓여 있다. 앞에서 설명한 바와 같이 S가 고정되고 자계가 시간에 따라 변할 때 생기는 기전력은 **변압기 기전력**(transformer emf) 이라 하며 $V_{\text{emf}}^{\text{tr}}$로 나타낸다. 루프가 정지되어 있으므로 식 (5.6)의 d/dt는 $\mathbf{B}(t)$에만 작용되어

$$V_{\text{emf}}^{\text{tr}} = -N\int_S \frac{\partial \mathbf{B}}{\partial t}\cdot d\mathbf{s}, \tag{5.8}$$

가 된다. 여기서, d/dt는 적분식 안으로 들어갈 수 있고, **B**에만 작용되는 편미분 $\partial/\partial t$로 바뀌었다. 변압기 기전력은 단자 1, 2 간에 나타나며, 이것은 저항 R이 없는 경우에도 나타난다. 즉 $V_{\text{emf}}^{\text{tr}}=V_{12}$이며, 여기서 V_{12}는 루프 양단의 개방회로 전압이다. 직류 상태에서는 $V_{\text{emf}}^{\text{tr}}=0$이다. 그림 5-2(a)의 루프와 식 (5.8)의 $V_{\text{emf}}^{\text{tr}}$의 정의로부터 루프의 미소면적 $d\mathbf{s}$의 방향은 상향, 또는 하향으로 정할

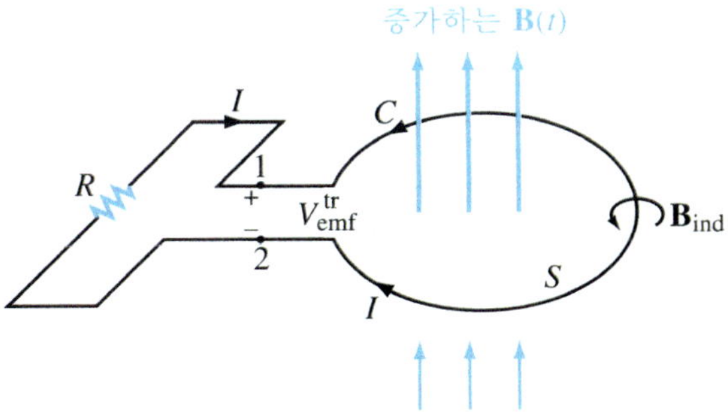

(a) 변화하는 자계 **B**속의 루프

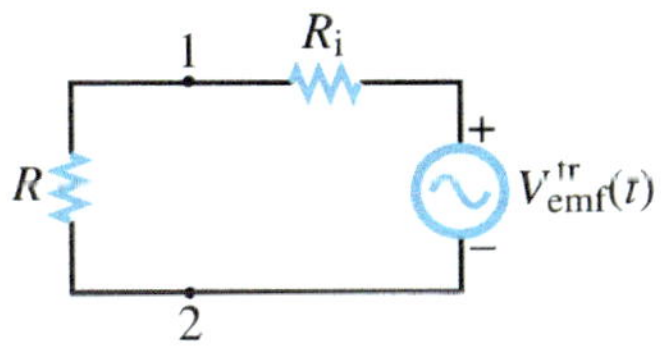

(b) 등가회로

그림 5-2 (a) 시변 자계 $\mathbf{B}(t)$에 놓여져 있는 정지된 원형 루프와 (b) 그 등가회로

수 있다. 그림 5-2(a)에서 단자 1, 2의 극성은 2가지이며, 이것은 두 단자 사이에 상반되는 기준점 지정에 따른 것이다. $d\mathbf{s}$의 방향과 V_{emf}^{tr}의 극성은 오른손 법칙에 따른다: 즉, $d\mathbf{s}$의 방향이 오른손 엄지손가락 방향이면 나머지 네 손가락이 가리키는 적분로 C의 방향은 폐루프의 작은 개방부에서 V_{emf}^{tr}의 (+)단자에서 (−)단자로 단자 간격을 지나는 방향이다.

루프의 내부 저항 R_i가 있는 경우 그림 5-2(a)의 회로는 그림 5-2(b)와 같은 등가회로로 나타낼 수 있으며 등가회로에 흐르는 전류 I는

$$I = \frac{V_{emf}^{tr}}{R + R_i} . \tag{5.9}$$

이다. 양도체에서 R_i는 R에 비해 아주 작으므로 $R=0$인 경우, 즉 루프의 두 단자가 단락된 경우를 제외하고는 무시할 수 있다.

V_{emf}^{tr}의 극성과 이에 따르는 전류 I의 방향은 **렌츠의 법칙**(Lenz's law)을 따른다. 즉, 루프에 흐르는 전류의 방향은 그 전류를 발생시키는 자속의 변화를 방해하는 방향이다. 전류 I는 자계 $\mathbf{B}_{ind}$와 자속 Φ_{ind}를 발생시킨다. $\mathbf{B}_{ind}$의 방향은 오른손 법칙에 따른다. 전류가 시계 방향이면 $\mathbf{B}_{ind}$는 S를 관통하여 하향이고, 반대로 전류의 방향이 반시계 방향이면 $\mathbf{B}_{ind}$는 S를 관통하여 위쪽으로 향한다. $\mathbf{B}(t)$가 증가하면 이것은 $d\Phi/dt>0$를 의미하므로 렌츠의 법칙에 따라 I는 $\mathbf{B}_{ind}$가 $\mathbf{B}(t)$의 변화를 방해하기 위해 그림 5-2(a)와 같은 방향으로 흘러야 한다. 따라서, 단자 2는 단자 1보다 높은 전위를 지녀야 하므로 V_{emf}^{tr}은 (−)값을 가진다. 그러나 $\mathbf{B}(t)$의 방향은 변하지 않고 크기만 감소한다면, $d\Phi/dt<0$이며 전류는 같은 방향이 되어야 하고 $\mathbf{B}_{ind}$도 $\mathbf{B}(t)$와 같은 방향이 되어야 한다. 이 경우 V_{emf}^{tr}은 (+)값이다. $\mathbf{B}_{ind}$는 $\mathbf{B}(t)$ 자체가 아니고 $\mathbf{B}(t)$의 변화를 방해하는 것임을 유념해야 한다.

그림 5-2(a)의 루프의 단자 1, 2 사이에 열린 작은 간격이 있음에도 불구하고 그 루프를 적분로 C인 폐회로로 간주하겠다. 이것은 **B**와 전계 **E**(전계 **E**는 유도 기전력 V_{emf}^{tr}과 관계됨)의 관련성을 구하기 위함이다. 또한 루프 상의 한 점에서 전계 **E**는 루프에 흐르는 전류 I와 관계가 있다. 적분로 C에서 V_{emf}^{tr}은 전계 **E**와

$$V_{emf}^{tr} = \oint_C \mathbf{E} \cdot d\mathbf{l}. \tag{5.10}$$

의 관계가 있다. $N=1$, 즉 루프의 권수가 한 번인 경우 식 (5.8)과 (5.10)을 같게 놓으면

$$\oint_C \mathbf{E} \cdot d\mathbf{l} = -\int_S \frac{\partial \mathbf{B}}{\partial t} \cdot d\mathbf{s}, \tag{5.11}$$

이며, 이것은 표 5-1의 패러데이 법칙의 적분형이다. 적분로 C의 방향과 $d\mathbf{s}$의 방향은 오른손 법칙에 따른다.

식 (5.11)의 좌변에 스토크스 정리를 적용하면

$$\int_S (\nabla \times \mathbf{E}) \cdot d\mathbf{s} = -\int_S \frac{\partial \mathbf{B}}{\partial t} \cdot d\mathbf{s}, \qquad (5.12)$$

이고, 양변의 적분이 같기 위해서 양변의 피적분 함수가 같아야 하므로

$$\nabla \times \mathbf{E} = -\frac{\partial \mathbf{B}}{\partial t} \quad \text{(패러데이 법칙)}. \qquad (5.13)$$

이 된다. 이것은 패러데이 법칙의 미분형으로 자계의 시간적 변화는 전계 **E**를 발생시키고, 그 전계의 회전은 자계에 대한 시간 변화율에 (−)를 붙인 것과 같음을 의미한다. 패러데이 법칙의 유도를 실제 회로와 관련된 전자계를 고려하여 시작했지만, 식 (5.13)은 물리적인 회로의 존재와 관계없이 공간의 모든 지점에서 시변 전계와 시변 자계 사이에 성립한다.

예제 5-1 시변 자계 내의 인덕터

인덕터는 가는 도선을 반경 a인 원형 루프로 N번 감아 만든다. 그림 5-3과 같이 x-y평면의 원점에 중심을 둔 인덕터 루프에 저항 R이 연결되어 있다. 주어진 자계 $\mathbf{B} = B_0(\hat{\mathbf{y}}2 + \hat{\mathbf{z}}6)$이고, ω는 각속도일 때 다음을 구하라.

(a) 인덕터의 권선수가 하나($N=1$)일 때 인덕터에 쇄교하는 자속

(b) $N=10$, $B_0=0.2\text{T}$, $a=10\text{cm}$, $\omega=10^3\text{rad/s}$일 때 변압기전력($V_{\text{emf}}^{\text{tr}}$)

(c) $t=0$에 $V_{\text{emf}}^{\text{tr}}$의 극성

(d) $R=1\text{k}\Omega$일 때 회로에 흐르는 유도전류(도선 저항은 무시할 수 있다고 가정함)

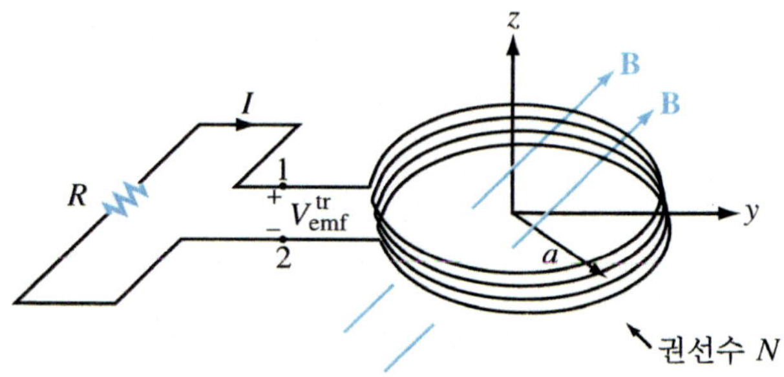

그림 5-3 x-y평면의 N번 감겨진 원형 루프. 자계는 $\mathbf{B} = B_0(\hat{\mathbf{y}}2 + \hat{\mathbf{z}}6)\sin \omega t$이다(예제 5-1).

풀이

(a) 인덕터 단위권선당 쇄교자속

$$\Phi = \int_S \mathbf{B} \cdot d\mathbf{s}$$
$$= \int_S [B_0(\hat{\mathbf{y}}\,2 + \hat{\mathbf{z}}\,6)\sin \omega t] \cdot \hat{\mathbf{z}}\, ds = 6\pi a^2 B_0 \sin \omega t.$$

(b) $V_{\text{emf}}^{\text{tr}}$을 구하기 위해 식 (5.8)을 이용하거나 식 (5.6)의 일반식을 직접 적용할 수 있으며, 식 (5.6)을 이용하면

$$V_{\text{emf}}^{\text{tr}} = -N\frac{d\Phi}{dt}$$
$$= -\frac{d}{dt}(6\pi N a^2 B_0 \sin \omega t) = -6\pi N \omega a^2 B_0 \cos \omega t.$$

여기서 $N = 10$, $a = 0.1$ m, $\omega = 10^3$ rad/s, 그리고 $B_0 = 0.2$ T이므로,

$$V_{\text{emf}}^{\text{tr}} = -377 \cos 10^3 t \qquad \text{(V)}.$$

(c) $t=0$에서 $d\Phi/dt > 0$이고, $V_{\text{emf}}^{\text{tr}} = -377\text{V}$이다. 자속이 증가하므로 렌츠의 법칙을 만족하기 위해 전류의 방향은 그림 5-3에 표시한 바와 같아야 한다. 따라서, 점 2의 전위는 점 1보다 높으며

$$V_{\text{emf}}^{\text{tr}} = V_1 - V_2 = -377 \qquad \text{(V)}.$$

이다.

(d) 전류 I는

$$I = \frac{V_2 - V_1}{R} = \frac{377}{10^3}\cos 10^3 t = 0.38\cos 10^3 t \qquad \text{(A)}.$$

이다. ♣

D5.1

연습문제 5.1 그림 5-3과 같은 루프에서 $\mathbf{B} = \hat{\mathbf{y}}B_0 \cos \omega t$일 때 V^{tr}_{emf}은 얼마인가? 그 이유도 설명하라.

[답] $\mathbf{B}$가 $d\mathbf{s}$방향에 수직이므로 $V^{tr}_{emf} = 0$이다.

연습문제 5.2 예제 5-1의 루프를 원점에 중심을 둔 구형(矩形) 루프(x축과 y축에 평행인 두 변의 길이는 각각 20cm)로 권수가 10이고 $\mathbf{B} = \hat{\mathbf{z}}B_0 x^2 \cos 10^3 t$, $B_0 = 200$ T일 때, 회로에 흐르는 전류는?

[답] $I = -266 \sin 10^3 t$ (mA).

예제 5-2 **렌츠의 법칙**

그림 5-4에서 저항 2Ω과 4Ω 양단의 전압 V_1과 V_2를 구하라. 루프는 x-y평면에 있고 면적은 4m², 자속밀도는 $\mathbf{B} = -\hat{\mathbf{z}}0.3t$(T)이며 도선의 내재저항은 무시한다.

풀이 루프를 관통하는 자속은

$$\Phi = \int_S \mathbf{B} \cdot d\mathbf{s} = \int_S (-\hat{\mathbf{z}}0.3t) \cdot \hat{\mathbf{z}}\, ds = -0.3t \times 4 = -1.2t \qquad \text{(Wb)},$$

이고, 이에 해당하는 변압기 전력 V^{tr}_{emf}은

$$V^{tr}_{emf} = -\frac{d\Phi}{dt} = 1.2 \qquad \text{(V)}.$$

이다.

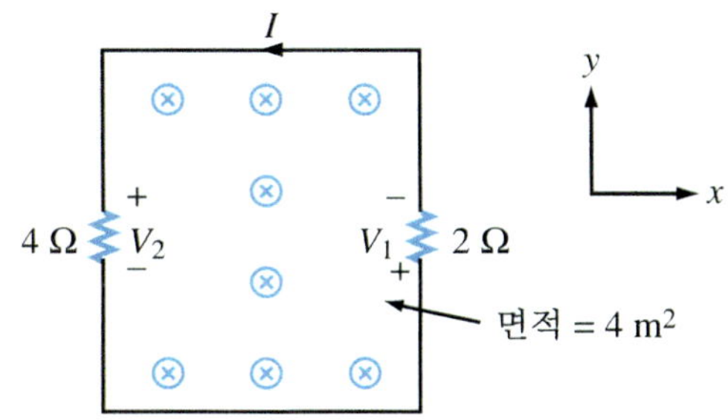

그림 5-4 예제 5-2에 대한 회로

루프를 관통하는 자속은 $-\hat{\mathbf{z}}$방향(지면을 뚫고 들어가는 방향)이고, 쇄교자속은 시간에 따라 증가하므로 렌츠의 법칙에 의해 유도전류 I는 전류 I에 의해 유도되는 자속밀도 $\mathbf{B}_{ind}$가 Φ의 변화를 방해하는 방향으로 생긴다. 따라서, 루프면 내에서 $\mathbf{B}_{ind}$가 $+z$방향이므로 전류는 그림의 회로에 표시된 방향으로 흘러야 한다. 이것은 V_1과 V_2가 (+)전압임을 의미한다.

총 전압 1.2V는 두 저항 양단에 나타나므로

$$I = \frac{V^{tr}_{emf}}{R_1 + R_2} = \frac{1.2}{2+4} = 0.2 \text{ A},$$

$$V_1 = IR_1 = 0.2 \times 2 = 0.4 \text{ V},$$

$$V_2 = IR_2 = 0.2 \times 4 = 0.8 \text{ V}.$$

이다. ♣

5-3 이상 변압기

그림 5-5(a)의 변압기는 공통 자심(magnetic core)을 가지는 두 개의 코일로 구성되어 있다. 1차 코일의 권수는 N_1, 2차 코일의 권수는 N_2이다. 1차 코일에 교류전압원 $V_1(t)$를 연결하고 2차 코일에는 부하저항 R_L을 연결한

다. 이상 변압기에서 자심의 투자율 $\mu=\infty$이고 자속은 전부 자심에 집속된다. 두 코일에 흐르는 전류 I_1과 I_2의 방향이 모두 (+)일 때 I_2에 의한 자속이 I_1에 의한 자속과 반대가 된다. 변압기라는 명칭은 1차 회로와 2차 회로 사이에서 전류, 전압, 임피던스를 변환한다는 뜻에서 유래되었다.

변압기 1차 측에서 전압원 V_1은 1차 코일에 전류 I_1을 흐르게 하고 이 전류는 자심에 자속 Φ를 발생시킨다. 패러데이 법칙에 따라서 자속 Φ와 전압 V_1의 관계는

$$V_1 = -N_1 \frac{d\Phi}{dt}, \tag{5.14}$$

이고, 마찬가지로 2차 측에서

$$V_2 = -N_2 \frac{d\Phi}{dt}. \tag{5.15}$$

이다. 식 (5.14)와 (5.15)를 결합하면

$$\frac{V_1}{V_2} = \frac{N_1}{N_2}. \tag{5.16}$$

라는 결론이 도출된다. 무손실 이상 변압기(ideal lossless transformer)에서는 1차 코일의 전원으로부터 공급되는 순간 전력 P_1이 모두 2차 측의 부하에 전달되고, 따라서 자심에서 전력 손실이 없으므로

$$P_1 = P_2. \tag{5.17}$$

이다. 여기서 $P_1=I_1V_1$, $P_2=I_2V_2$이고 식 (5.16)으로부터

$$\frac{I_1}{I_2} = \frac{N_2}{N_1}. \tag{5.18}$$

가 된다. 따라서, 식 (5.16)의 전압비는 권선비에 비례하는 반면 전류비는 권선비에 반비례한다. 예를 들어 $N_1/N_2=0.1$이면 V_2는 V_1의 10배이지만 I_2는 $I_1/10$이 된다.

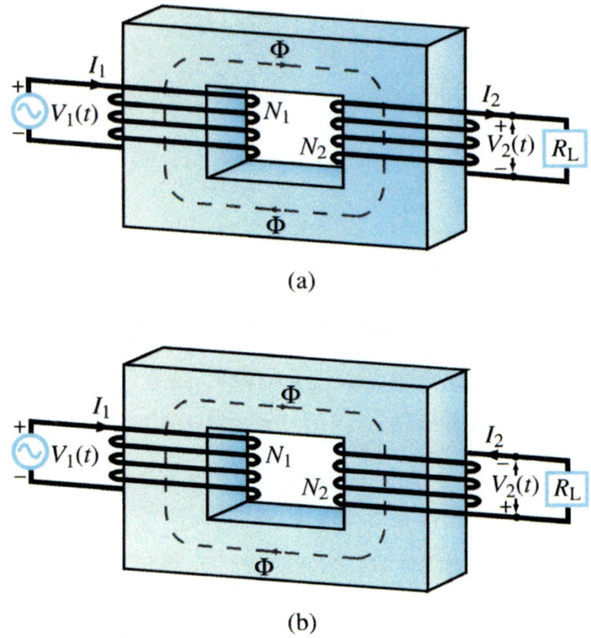

그림 5-5 변압기에서, 두 코일에 흐르는 전류 I_1과 I_2의 방향은 I_2에 의해서 발생된 자속이 I_1에 의해서 발생된 자속과 반대가 되도록 하는 방향이다. (b)에서 2차 측 코일의 감은 방향은 (a)의 감은 방향과 반대이므로 I_2의 방향과 V_2의 극성 또한 (a)의 경우와 반대이다.

그림 5-5(b)의 변압기는 2차 측 코일의 감긴 방향을 제외하고는 그림 5-5(a)와 동일한데, 이러한 감긴 방향의 차이는 전류 I_2의 방향과 전압 V_2의 극성이 반대가 되도록 한다.

그림 5-5(a)의 2차 회로 전압과 전류는 $V_2=I_2R_L$의 관계에 있다. 1차 측 회로에서 변압기는 그림 5-6과 같이 등가 입력저항 R_{in}으로 나타낼 수 있으며 R_{in}은

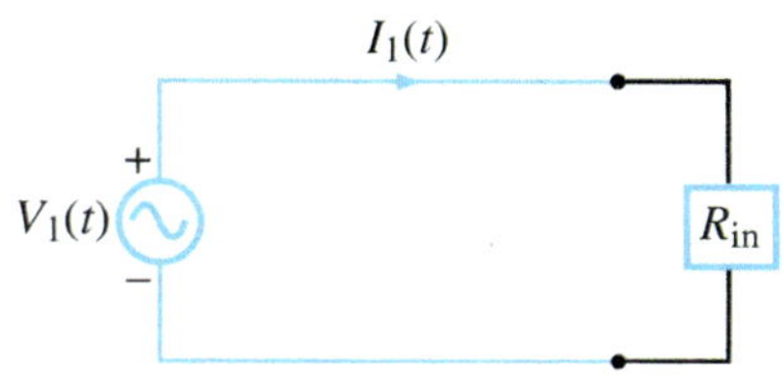

그림 5-6 변압기의 1차 측에 대한 등가회로

$$R_{in} = \frac{V_1}{I_1}. \tag{5.19}$$

이다. 식 (5.16)과 (5.18)을 이용하면 다음과 같다.

$$R_{in} = \frac{V_2}{I_2}\left(\frac{N_1}{N_2}\right)^2 = \left(\frac{N_1}{N_2}\right)^2 R_L. \tag{5.20}$$

부하 임피던스가 Z_L이고 V_1이 정현파(正弦波, sinusoidal) 전압원일 때, 등가 입력 임피던스 Z_{in}은

$$Z_{in} = \left(\frac{N_1}{N_2}\right)^2 Z_L. \tag{5.21}$$

이다.

5-4 정자계 내의 이동도체

그림 5-7과 같이 정자계 $\mathbf{B} = \hat{\mathbf{z}}B_0$ 내에서 속도 $\mathbf{u}$로 이동하는 길이 l인 도선을 가정하자. 도선은 수많은 자유전자들을 포함하고 있다. 식 (4.3)으로부터 자계 $\mathbf{B}$ 내에서 속도 $\mathbf{u}$로 운동하는 하전입자 q에 작용하는 자기력(magnetic force) $\mathbf{F}_m$은

$$\mathbf{F}_m = q(\mathbf{u} \times \mathbf{B}). \tag{5.22}$$

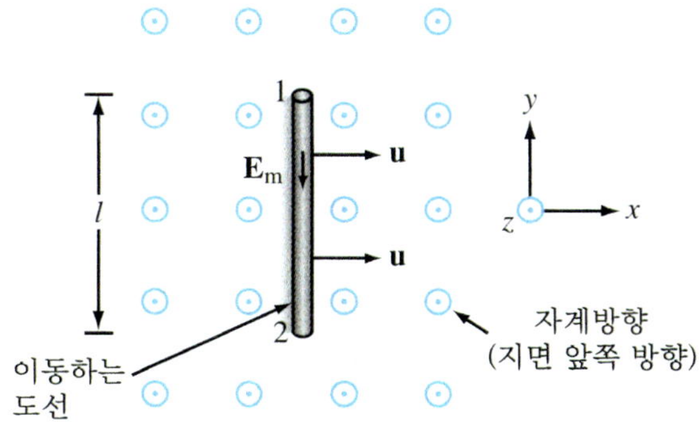

그림 5-7 정자계 내에서 이동하는 도선

으로 쓸 수 있으며, 이 자기력은

$$\mathbf{E}_m = \frac{\mathbf{F}_m}{q} = \mathbf{u} \times \mathbf{B}. \tag{5.23}$$

인 전계에서 하전입자가 받는 전기력과 같다. 하전입자의 운동에 의해 발생된 전계 $\mathbf{E}_m$은 **운동전계**(motional electric field)라 하고 $\mathbf{u}$와 $\mathbf{B}$가 이루는 면에 수직 방향이다. 그림 5-7의 도선에서 $\mathbf{E}_m$은 $-\hat{\mathbf{y}}$방향이다. 도선 내의 전자에 작용하는 자기력은 도선 내의 전자를 $-\mathbf{E}_m$방향으로 이동시킨다(즉, 그림 5-7에서 단자 1을 향하는 방향으로). 이와 같은 전자의 이동으로 단자 1, 2 사이에 전위차가 발생되며, 단자 2의 전위가 더 높다(단자 2가 (+)전위). 이 유도전압은 **운동 기전력**(motional emf) V_{emf}^m이라고 하며, 이는 도선의 단자 2와 1사이에서 $\mathbf{E}_m$의 선적분으로 다음과 같이 쓸 수 있다.

$$V_{emf}^m = V_{12} = \int_2^1 \mathbf{E}_m \cdot d\mathbf{l} = \int_2^1 (\mathbf{u} \times \mathbf{B}) \cdot d\mathbf{l}. \tag{5.24}$$

도선에서 $\mathbf{u} \times \mathbf{B} = \hat{\mathbf{x}}u \times \hat{\mathbf{z}}B_0 = -\hat{\mathbf{y}}u\,B_0$이고, $d\mathbf{l} = \hat{\mathbf{y}}\,dl$이므로

$$V^{\mathrm{m}}_{\mathrm{emf}} = V_{12} = -uB_0 l. \qquad (5.25)$$

이다. 일반적으로 적분된 C인 폐회로가 정자계 $\mathbf{B}$를 속도 $\mathbf{u}$로 운동할 때 유도되는 운동 기전력은 다음과 같다.

$$V^{\mathrm{m}}_{\mathrm{emf}} = \oint_C (\mathbf{u} \times \mathbf{B}) \cdot d\mathbf{l}. \qquad (5.26)$$

회로에서 자기력선을 가로지르는(즉, 자계에 대해 수직으로 이동하는) 부분만이 기전력 발생에 기여한다.

예제 5-3 자계에 수직으로 이동하는 도체봉

그림 5-8의 구형 루프가 정자계 $\mathbf{B} = \hat{\mathbf{z}} B_0 x$ 내에 있고, 루프 폭은 l이지만 도체봉이 등속도 $\mathbf{u}$로 이동하므로 루프 길이 x_0는 시간에 따라 증가한다. 따라서 $\mathbf{B}$는 x에 선형 비례하여 증가한다. 도체봉은 $t=0$에서 $x=0$인 지점에서부터 움직이기 시작한다. 단자 1, 2 간에 운동 기전력과 저항 R에 흐르는 전류를 구하라(이 때, $R_{\mathrm{i}} \ll R$이라고 가정한다).

풀이 이 문제는 식 (5.26)의 운동 기전력 식을 사용하거나 패러데이 법칙의 일반 공식을 적용하여 풀 수 있으며 두 방법의 결과는 같음을 밝힐 수 있다.

자력선 $\mathbf{B}$를 가로지르는 회로의 일부나 이동하는 도체봉만이 운동 기전력 $V^{\mathrm{m}}_{\mathrm{emf}}$에 기여하며 이 도체 부분은 폐회로 2-3-4-1의 일부이다. $x = x_0$에서

$$\begin{aligned} V^{\mathrm{m}}_{\mathrm{emf}} = V_{12} = V_{43} &= \int_3^4 (\mathbf{u} \times \mathbf{B}) \cdot d\mathbf{l} \\ &= \int_3^4 (\hat{\mathbf{x}} u \times \hat{\mathbf{z}} B_0 x_0) \cdot \hat{\mathbf{y}}\, dl \\ &= -uB_0 x_0 l. \end{aligned}$$

이다. 루프길이는 $x = ut$이므로

$$V^{\mathrm{m}}_{\mathrm{emf}} = -B_0 u^2 l t \qquad (\mathrm{V}). \qquad (5.27)$$

이다. $\mathbf{B}$가 정자계이므로 $V^{\mathrm{tr}}_{\mathrm{emf}} = 0$이 되며, 따라서 총 유도 기전력 V_{emf}는 $V^{\mathrm{m}}_{\mathrm{emf}}$로만 이루어진다. 패러데이 법칙의 일반 공식을 사용해도 같은 결과가 나옴을 증명하기 위해 루프면을 쇄교하는 자속 Φ를 구하면

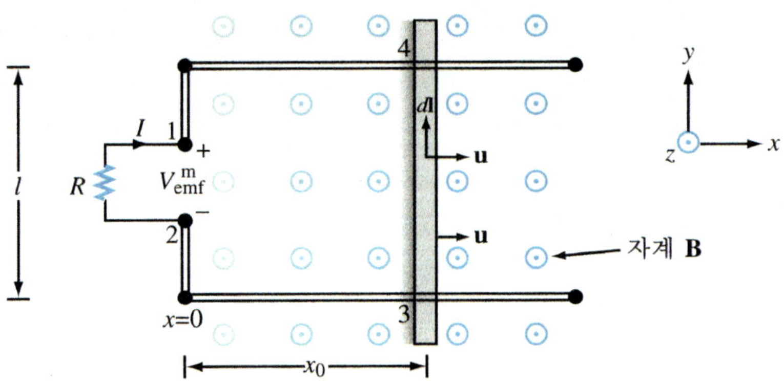

그림 5-8 x방향으로 선형적으로 증가하는 자계에 놓여 있는 이동 막대. 즉, $\mathbf{B} = \hat{\mathbf{z}} B_0 x$이다(예제 5-3).

$$\begin{aligned}\Phi &= \int_S \mathbf{B}\cdot d\mathbf{s}\\ &= \int_S (\hat{\mathbf{z}}B_0 x)\cdot \hat{\mathbf{z}}\,dx\,dy\\ &= B_0 l \int_0^{x_0} x\,dx = \frac{B_0 l x_0^2}{2}. \qquad (5.28)\end{aligned}$$

이다. 식 (5.28)에 $x_0 = ut$를 대입하고 시간에 대해 미분하면

$$\begin{aligned}V_{\text{emf}} &= -\frac{d\Phi}{dt} = -\frac{d}{dt}\left(\frac{B_0 l u^2 t^2}{2}\right)\\ &= -B_0 u^2 l t \qquad (\text{V}), \qquad (5.29)\end{aligned}$$

으로 식 (5.27)과 같다. V_{12}는 (−)이므로 전류 $I = (B_0 u^2 lt/R)$는 그림 5 8에 표시한 방향으로 흐른다. ♣

예제 5-4 자계 내에서 이동하는 루프

그림 5-9의 구형 루프는 x-y평면에 있고, 자계

$$\mathbf{B}(y) = \hat{\mathbf{z}}\,0.2e^{-0.1y} \qquad (\text{T}).$$

내에서 원점으로부터 속도 $\mathbf{u} = \hat{\mathbf{y}}5$(m/s)로 멀어진다. $R = 5\Omega$이라 하고 루프의 두 변이 $y_1 = 2$m, $y_2 = 2.5$m에 있는 순간의 전류를 구하라. 루프의 도선저항은 무시한다.

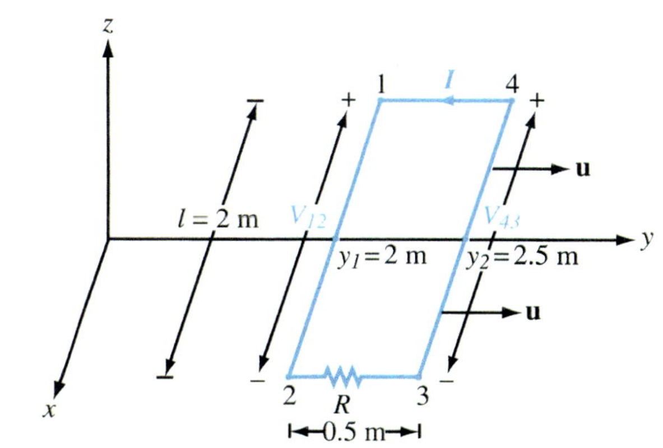

그림 5-9 예제 5-4의 이동하는 루프

풀이 $\mathbf{u}\times\mathbf{B}$의 방향은 $\hat{\mathbf{x}}$ 방향이고 $\hat{\mathbf{x}}$ 방향의 변에만 기전력이 유도되므로 점 1과 2 사이와 점 3과 4 사이에만 기전력이 생긴다. $\mathbf{B}$가 일정하다고 하면 두 변에 생기는 기전력이 같고 저항 양단의 전압(net voltage)은 0이 된다. 그러나, 이 문제에서 $\mathbf{B}$는 y에 따라 지수함수적으로 감소하므로 변 1-2와 3-4의 $\mathbf{B}$값이 다르다. 변 1-2는 $y_1 = 2$m에 있으므로 변 1-2에서의 자계는

$$\mathbf{B}(y_1) = \hat{\mathbf{z}}0.2e^{-0.1y_1} = \hat{\mathbf{z}}0.2e^{-0.2} \qquad (\text{T}).$$

이고, 여기에 유도전압은 다음과 같이 구해진다.

$$\begin{aligned}V_{12} &= \int_2^1 [\mathbf{u}\times\mathbf{B}(y_1)]\cdot d\mathbf{l}\\ &= \int_{l/2}^{-l/2} (\hat{\mathbf{y}}5 \times \hat{\mathbf{z}}0.2e^{-0.2})\cdot \hat{\mathbf{x}}\,dx\\ &= -e^{-0.2}l = -2e^{-0.2} = -1.637 \qquad (\text{V}).\end{aligned}$$

마찬가지로,

$$\begin{aligned}V_{43} &= -uB(y_2)l = -5\times 0.2e^{-0.25}\times 2\\ &= -1.558 \qquad (\text{V}).\end{aligned}$$

이다. 따라서, 저항 R에 흐르는 전류는 그림 5-9에 표시된 방향으로 흐르며 크기는 아래와 같이

$$I = \frac{V_{43}-V_{12}}{R} = \frac{0.079}{5} = 15.8\ (\text{mA}).$$

구해진다. ♣

예제 5-5 전류가 흐르는 도선에 대해 상대적 운동(접근 또는 멀어짐)을 하는 도체봉

그림 5-10과 같이 자유공간에서 전류 $I=10$A가 흐르는 도선이 있고, 옆에 있는 30cm 길이의 도체봉이 등속도 $\mathbf{u}=\hat{\mathbf{z}}3$ m/s로 이동할 때 V_{12}를 구하라

풀이 전류 I에 의해 발생된 자계는

$$\mathbf{B}=\hat{\boldsymbol{\phi}}\frac{\mu_0 I}{2\pi r},$$

이며, 여기서 r은 도선으로부터의 거리, 방향 $\hat{\boldsymbol{\phi}}$는 도체봉 쪽에서 볼 때 지면으로 들어가는 방향이다. 자계 **B** 내에서 도체봉이 움직이면 다음과 같은 운동 기전력이 생긴다.

$$V_{12}=\int_{40\text{ cm}}^{10\text{ cm}}(\mathbf{u}\times\mathbf{B})\cdot d\mathbf{l}$$

$$=\int_{40\text{ cm}}^{10\text{ cm}}\left(\hat{\mathbf{z}}3\times\hat{\boldsymbol{\phi}}\frac{\mu_0 I}{2\pi r}\right)\cdot\hat{\mathbf{r}}\,dr$$

$$=-\frac{3\mu_0 I}{2\pi}\int_{40\text{ cm}}^{10\text{ cm}}\frac{dr}{r}$$

$$=-\frac{3\times 4\pi\times 10^{-7}\times 10}{2\pi}\times\ln\left(\frac{10}{40}\right)$$

$$=8.32\ (\mu\text{V}).$$ ♣

M5.3-5.4

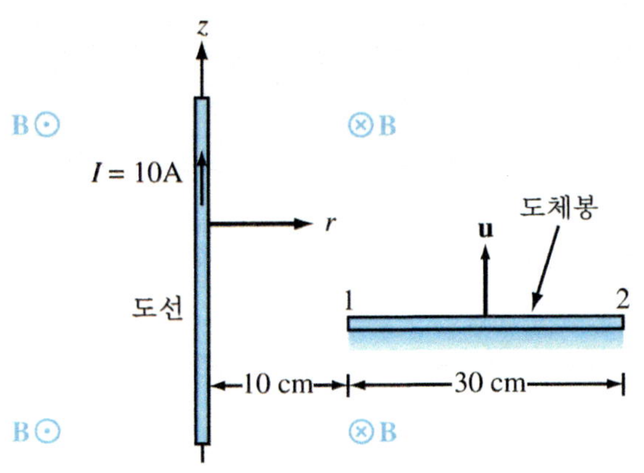

그림 5-10 예제 5-5의 이동하는 도체봉

연습문제 5.3 그림 5-9와 같이 이동하는 루프에서 두 변이 $y_1=4$m, $y_2=4.5$m에 있는 순간에 전류 I를 구하라. 또 루프 속도를 $\mathbf{u}=\hat{\mathbf{y}}5$(m/s)로 놓고 이 문제에 답하라.

[답] $I=-13$ (mA). (CD)

연습문제 5.4 그림 5-9의 루프면이 x-z평면에 평행일 경우 I를 구하라.

[답] $I=0$. (CD)

5-5 발전기

발전기는 전동기와는 역의 과정을 따라 작동한다. 발전기와 전동기의 원리는 그림 5-11에서 설명할 수 있다. 영구자석은 자석의 두 극 사이에 정자계 **B**를 발생시킨다. 그림 5-11(a)와 같이 도선 루프에 전류가 흐를 때 루프의 변 1-2와 변 3-4에는 반대 방향의 전류가 흐른다. 두 변이 받는 자기력의 방향이 반대이므로 루프에는 축을 중심으로 회전하는 회전력(torque)이 생긴다. 따라서, 전동기에서는 전압원으로부터 공급받은 전기 에너지를 루프가 회전하는 형태의 기계 에너지로 변환하여 이것을 도르래, 기어 또는 기타 이동체에 전달한다.

루프를 회전시키기 위해 루프에 전류를 흘리는 대신 루프를 외력으로 회전시키면, 자계 내에서 루프의 회전(또는 이동)이 그림 5-11(b)와 같이 운동 기전력 $V_{\text{emf}}^{\text{m}}$을 발생시키므로 전동기는 발전기가 되며 기계 에너지는 전기 에너지로 변환된다.

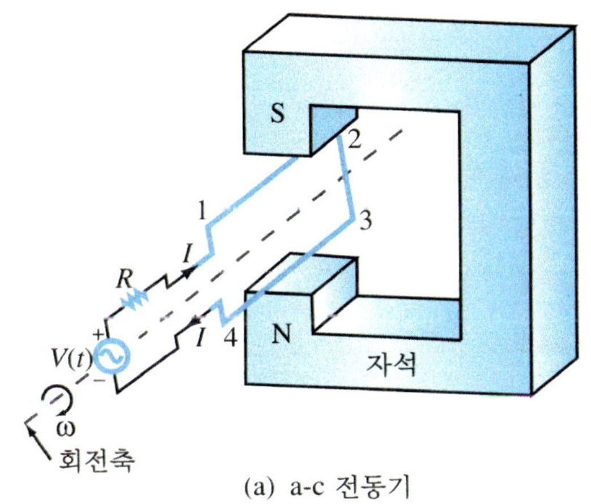

그림 5-11 a-c 전동기와 a-c 발전기의 원리. (a)에서 도선에 가해진 자기 토크는 루프를 회전시키고, (b)에서 회전하는 루프는 기전력을 발생시킨다.

그림 5-12의 좌표계에서 발전기의 원리를 보다 자세히 살펴보자. 자계는

$$\mathbf{B} = \hat{\mathbf{z}}B_0, \tag{5.30}$$

이고, 도선 루프의 회전축은 x축이다. 루프의 1-2변과 변 3-4의 길이는 l이고 이들 변은 루프가 회전할 때 자속과 교차한다. 루프의 다른 두 변은 폭이 w이고 루프가 회전할 때 자속과 교차하지 않는다. 따라서, 변 1-2와 3-4만이 운동 기전력 $V_{\text{emf}}^{\text{m}}$의 발생에 기여한다.

루프가 루프축을 중심으로 각속도 ω로 회전할 때 변 1-2의 속도 $\mathbf{u}$(선속도)는

$$\mathbf{u} = \hat{\mathbf{n}}\omega \frac{w}{2}, \tag{5.31}$$

이고, 여기서 $\hat{\mathbf{n}}$은 루프면의 법선벡터로 z축과 α의 각을 이루므로

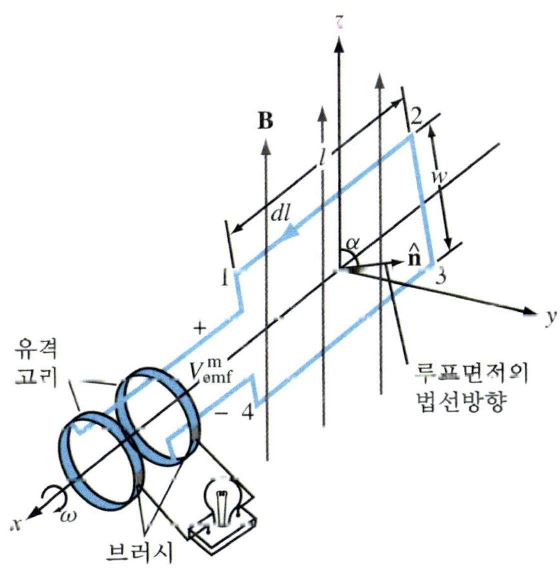

그림 5-12 자계 내에서 회전하는 루프는 기전력을 야기한다.

$$\hat{\mathbf{n}} \times \hat{\mathbf{z}} = \hat{\mathbf{x}} \sin\alpha. \tag{5.32}$$

이다. 변 3-4는 $-\mathbf{u}$의 속도로 움직인다. $\hat{\mathbf{n}}$의 방향을 식 (5.26)의 경우와 같게 하여 식 (5.26)을 적용하면

$$\begin{aligned} V^{\mathrm{m}}_{\mathrm{emf}} = V_{14} &= \int_2^1 (\mathbf{u} \times \mathbf{B}) \cdot d\mathbf{l} + \int_4^3 (\mathbf{u} \times \mathbf{B}) \cdot d\mathbf{l} \\ &= \int_{-l/2}^{l/2} \left[\left(\hat{\mathbf{n}}\omega \frac{w}{2} \right) \times \hat{\mathbf{z}} B_0 \right] \cdot \hat{\mathbf{x}}\, dx \\ &\quad + \int_{l/2}^{-l/2} \left[\left(-\hat{\mathbf{n}}\omega \frac{w}{2} \right) \times \hat{\mathbf{z}} B_0 \right] \cdot \hat{\mathbf{x}}\, dx. \end{aligned} \tag{5.33}$$

이다. 식 (5.32)를 식 (5.33)에 대입하면 다음과 같다.

$$V^{\mathrm{m}}_{\mathrm{emf}} = wl\omega B_0 \sin\alpha = A\omega B_0 \sin\alpha, \tag{5.34}$$

여기서 $A = wl$이고 이것은 루프면적이다. 각 α와 ω의 관계는

$$\alpha = \omega t + C_0, \tag{5.35}$$

이다. 여기서 C_0는 초기조건으로 정해지는 상수로서, 예를 들어 $t=0$에서 $\alpha=0$이면 $C_0=0$이다. 일반적으로

$$V^{\mathrm{m}}_{\mathrm{emf}} = A\omega B_0 \sin(\omega t + C_0) \quad \text{(V)}. \tag{5.36}$$

이다.

이 결과는 식 (5.6)의 일반적인 패러데이 법칙을 적용해서 구할 수 있다. 루프면을 쇄교하는 자속 Φ는

$$\begin{aligned} \Phi &= \int_S \mathbf{B} \cdot d\mathbf{s} \\ &= \int_S \hat{\mathbf{z}} B_0 \cdot \hat{\mathbf{n}}\, ds \\ &= B_0 A \cos\alpha \\ &= B_0 A \cos(\omega t + C_0), \end{aligned} \tag{5.37}$$

이고,

$$\begin{aligned} V_{\mathrm{emf}} &= -\frac{d\Phi}{dt} \\ &= -\frac{d}{dt}[B_0 A \cos(\omega t + C_0)] \\ &= A\omega B_0 \sin(\omega t + C_0), \end{aligned} \tag{5.38}$$

이며 이것은 식 (5.36)의 결과와 같다.

5-6 시변 자계 내에서 운동하는 도체

시변 자계 내에서 권수 $N=1$인 도선 루프가 운동하는 경우의 유도 기전력은 변압기 기전력과 운동 기전력의 합이므로 식 (5.8)과 식 (5.26)의 합이 되어 다음과 같다.

$$\begin{aligned} V_{\mathrm{emf}} &= -\frac{d\Phi}{dt} \\ &= -\frac{d}{dt}[B_0 A \cos(\omega t + C_0)] \\ &= A\omega B_0 \sin(\omega t + C_0), \end{aligned} \tag{5.39}$$

또한 패러데이 법칙으로부터 다음과 같이 표현할 수도 있다.

$$V_{\mathrm{emf}} = -\frac{d\Phi}{dt} = -\frac{d}{dt} \int_S \mathbf{B} \cdot d\mathbf{s}. \tag{5.40}$$

수학적으로 식 (5.39)의 우변과 식 (5.40)의 우변이 등가임을 증명할 수 있다. 어떤 문제에 식 (5.39)와 (5.40) 중 어느 것을 적용할 것인가에 대한 선택은 어느 쪽이 더 쉬운가를 고려하면 된다. 만약 루프의 권수가 N이면 식 (5.39)와 (5.40)의 우변에 N을 곱해야 한다.

예제 5-6 발전기

5-5절의 발전기의 회전루프가 자계 $\mathbf{B} = \hat{\mathbf{z}} B_0 \cos\omega t$ 내

에 있을 때 유도전압을 구하라. $t=0$에서 $\alpha=0$으로 가정한다.

풀이 이 경우 자속 Φ는 식 (5.37)에서 B_0 대신 $B_0 \cos \omega t$를 대입하면

$$\Phi = B_0 A \cos^2 \omega t,$$

이고, 유도전압은

$$\begin{aligned} V_{\text{emf}} &= -\frac{\partial \Phi}{\partial t} \\ &= -\frac{\partial}{\partial t}(B_0 A \cos^2 \omega t) \\ &= 2B_0 A\omega \cos \omega t \sin \omega t \\ &= B_0 A\omega \sin 2\omega t. \end{aligned}$$

이다. ♣

5-7 변위전류

표 5-1로부터 암페어 법칙의 미분형은 다음과 같다.

$$\nabla \times \mathbf{H} = \mathbf{J} + \frac{\partial \mathbf{D}}{\partial t} \quad \text{(암페어 법칙).} \tag{5.41}$$

식 (5.41)의 양변에 둘레 C이고 면직 S인 임의의 면석에 대해 면적분을 취하면,

$$\int_S (\nabla \times \mathbf{H}) \cdot d\mathbf{s} = \int_S \mathbf{J} \cdot d\mathbf{s} + \int_S \frac{\partial \mathbf{D}}{\partial t} \cdot d\mathbf{s}. \tag{5.42}$$

이다. $\mathbf{J}$의 면적분은 S를 관통하는 전도전류 I_c와 같고, $\nabla \times \mathbf{H}$의 면적분은 스토크스의 정리에 의해 둘레 C에 대한 $\mathbf{H}$의 선적분으로 바꾸어 쓸 수 있으므로

$$\oint_C \mathbf{H} \cdot d\mathbf{l} = I_c + \int_S \frac{\partial \mathbf{D}}{\partial t} \cdot d\mathbf{s} \quad \text{(암페어 법칙).} \tag{5.43}$$

이다 식 (5.43)의 우변 제2항은 전류 I_c와 같은 단위를 가져야 하며, 전속밀도 $\mathbf{D}$(전기적 변위라고도 함)의 시간 도함수에 비례하기 때문에 **변위전류**(displacement current) I_d라고 하며 다음과 같이 표현한다.

$$I_d \triangleq \int_S \mathbf{J}_d \cdot d\mathbf{s} = \int_S \frac{\partial \mathbf{D}}{\partial t} \cdot d\mathbf{s}, \tag{5.44}$$

여기서, $\mathbf{J}_d = \partial \mathbf{D}/\partial t$는 **변위전류밀도**(displacement Current density)이다. 식 (5.44)로부터

$$\oint_C \mathbf{H} \cdot d\mathbf{l} = I_c + I_d = I, \tag{5.45}$$

이다. 여기서, I는 총 전류이다. 정전계에서 $\partial \mathbf{D}/\partial t = 0$이고, $I_d = 0$이므로 $I = I_c$이다. 변위전류의 개념은 시간적으로 변하는 전계와 자계 간의 일관된 관련성을 연구하는 과정에서 1873년에 제임스 C. 맥스웰(James C. Maxwell)이 처음으로 도입하였다.

변위전류 I_d의 물리적 의미를 설명하기 위한 좋은 예가 평행판 커패시터이다. 그림 5-13의 회로는 커패시터에 교류전압

$$V_s(t) = V_0 \cos \omega t \quad \text{(V).} \tag{5.46}$$

이 연결된 것이다. 식 (5.45)에 의하면 어떤 면을 관통하는 전류는 전도전류 I_c와 변위전류 I_d로 구성되어 있다. 두 개의 가상면인 (1) 도선의 단면적 S_1 (2) 커패시터의 단면적 S_2 중에서 한 단면을 통하여 흐르는 I_c와 I_d를 구해 보자. S_1을 흐르는 전도전류와 변위전류는 I_{1c}와 I_{1d}, S_2를 흐르는 전도전류와 변위전류는 I_{2c}와 I_{2d}로 한다.

완전 전도체 내에서 $\mathbf{D} = \mathbf{E} = 0$이므로 식 (5.44)에 의해

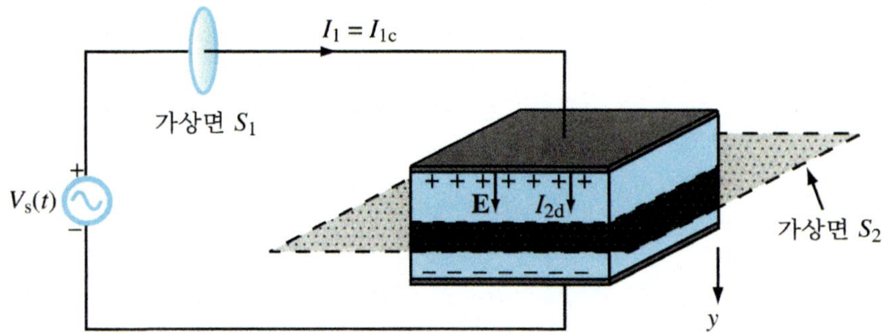

그림 5-13 커패시터의 절연물질 내의 변위전류 I_{2d}는 도선에 흐르는 전도전류 I_{1c}와 같다.

S_1에 흐르는 변위전류 I_d는 0이다. 회로이론에 따르면 I_{1c}는 커패시터 전압 V_c와 다음의 관계가 있다.

$$I_{1c} = C\frac{dV_c}{dt} = C\frac{d}{dt}(V_0 \cos\omega t) = -CV_0\omega \sin\omega t, \quad (5.47)$$

여기서 $V_c = V_s(t)$의 관계가 있다. 따라서, 도선(S_1) 내에서 변위전류는 흐르지 않고($I_{1d}=0$), 전도전류 $I_{1c} = -CV_0\omega\sin\omega t$만 흐르므로 $I_1 = I_{1c}$이다.

다음에는 그림 5-13에서 커패시터 판에 평행이고 두 판 사이에 있으며 임의의 크기를 가진 면 S_2에 흐르는 전류를 생각해 보자. 면적이 A인 두 판 사이는 유전율이 ε인 완전 유전체로 채워져 있다. 유전체 내에서 전하의 이동은 불가능하므로 커패시터의 두 판 사이에서는 전도현상이 일어나지 않아 결국 $I_{2c} = 0$이다. I_{2d}를 구하기 위해서 식 (5.44)를 적용한다. 예제 3-11에서 유전체 내의 전계 $\mathbf{E}$는 커패시터 전압 V_c와의 관계가

$$\mathbf{E} = \hat{\mathbf{y}}\frac{V_c}{d} = \hat{\mathbf{y}}\frac{V_0}{d}\cos\omega t, \quad (5.48)$$

있으며, 여기서 d는 판 사이의 간격, $\hat{\mathbf{y}}$는 고전위 판에서 저전위 판으로 향하는 방향이다. 그림 5-13의 표시 방향으로 흐르는 변위전류 I_{2d}는 식 (5.44)에 $d\mathbf{s} = \hat{\mathbf{y}}ds$를 대입하여 다음과 같이 얻는다.

$$\begin{aligned} I_{2d} &= \int_S \frac{\partial \mathbf{D}}{\partial t} \cdot d\mathbf{s} \\ &= \int_A \left[\frac{\partial}{\partial t}\left(\hat{\mathbf{y}}\frac{\varepsilon V_0}{d}\cos\omega t\right)\right] \cdot (\hat{\mathbf{y}}\, ds) \\ &= -\frac{\varepsilon A}{d} V_0\omega \sin\omega t = -CV_0\omega\sin\omega t, \end{aligned} \quad (5.49)$$

여기서, $C = \varepsilon A/d$는 평행판 커패시터의 정전용량이다. 판 사이의 유전체 내에서의 I_{2d}에 대한 식은 도선에 흐르는 전도전류 I_{1c}에 관한 식 (5.47)과 같으므로 회로에는 전류의 연속성이 성립된다. 변위전류는 실제로 전하를 이동시키지는 못하지만 실제 전류가 흐르는 효과를 가진다.

위에서 언급한 커패시터 회로의 예에서 도선은 완전 도체로 가정하고, 판 사이에는 완전유전체가 채워진 것으로 가정하였다. 만일 도선의 도전율(conductivity)이 무한대가 아닌 σ_w의 도전율을 가지면 도선 내의 $\mathbf{D}$는 0이 아니고, 따라서 전류 I_1은 변위전류 I_{1d}뿐 아니라 전도전류 I_{1c}로도 이루어지므로 $I_1 = I_{1d} + I_{1c}$로 쓸 수 있다. 마찬가지로 커패시터의 두 판 사이의 유전체가 0이 아닌 도전율 σ_d를 가지면 판 사이에 전하이동이 가능하고

$I_{2c} \neq 0$이다. 따라서, 커패시터에 흐르는 총 전류는 $I_2 = I_{2c} + I_{2d}$이며 이것은 도선에 흐르는 전류와 같을 것이다. 따라서 $I_1 = I_2$이다.

예제 5-7 변위전류 밀도

도전율 $\sigma = 2\times10^7$ S/m이고 비유전율 $\varepsilon_r = 1$인 도선에 흐르는 전도전류는 $I_c = 2\sin\omega t$ (mA)이다. $\omega = 10^9$ rad/s일 때, 변위전류를 구하라.

풀이 전도전류 $I_c = JA = \sigma EA$(여기서, A는 도선의 단면적) 이므로,

$$E = \frac{I_c}{\sigma A} = \frac{2\times10^{-3}\sin\omega t}{2\times10^7 A} = \frac{1\times10^{-10}}{A}\sin\omega t \qquad \text{(V/m)}.$$

이다. 식 (5.44)에 $D = \varepsilon E$를 대입하면

$$\begin{aligned} I_d &= J_d A \\ &= \varepsilon A\,\partial E/\partial t \\ &= \varepsilon A \frac{\partial}{\partial t}\left(\frac{1\times10^{-10}}{A}\sin\omega t\right) \\ &= \varepsilon\omega\times10^{-10}\cos\omega t = 0.885\times10^{-12}\cos\omega t \qquad \text{(A)}, \end{aligned}$$

여기서, $\omega = 10^9$ rad/s, $\varepsilon = \varepsilon_0 = 8.85\times10^{-12}$ F/m이다. I_c와 I_d는 90° 위상 차이가 나고, I_d는 I_c보다 훨씬 작으므로 양도체 내에서 변위전류는 무시하는 것이 상례이다. ♣

연습문제 5.5 불량도체의 도전율은 $\sigma = 200$ (S/m)이고 유전율은 $\varepsilon = 4\varepsilon_0$이다. 전도전류밀도 $\mathbf{J}$와 변위전류밀도 $\mathbf{J}_d$의 진폭이 같아지는 각주파수 ω는?

[답] $\omega = 5.65\times10^{12}$ (rad/s). (◉)

5-8 전자계에 관한 경계조건

4장과 5장에서는 두 매질의 경계면에서 **E**, **D**, **B**, **H**의 접선성분과 법선성분이 반드시 만족해야 할 경계조건을 구하기 위해 정적인 상태에서의 적분형 맥스웰 방정식을 이용했다. **E**와 **D**에 관한 경계조건은 3-9절, **B**와 **H**에 관한 경계조건은 4-7절에 있다. 시변 상태의 경우, 맥스웰 방정식(표 5-1)에는 새로운 두 항, 즉 패러데이 법칙에서의 $\partial\mathbf{B}/\partial t$와 암페어 법칙에서의 $\partial\mathbf{D}/\partial t$이 추가로 포함되었다. 그렇지만 앞서 정전계와 정자계에서 유도한 경계조건은 시변 전자계의 경우에도 그대로 적용된다. 이것은 3-9절과 4-7절의 방법과 같은 방법을 적용할 때, 그림 3-18과 그림 4-24의 구형 루프 면적을 0에 근사시킴에 따라 앞서 언급한 $\partial\mathbf{B}/\partial t$와 $\partial\mathbf{D}/\partial t$항의 합이 0이 되기 때문이다. 보다 쉬운 이해를 위해 전자기 경계조건을 표 5-2에 일목요연하게 나타내었다.

5-9 전하-전류 연속성

정적인 상태에서는 물질 내의 한 점에서 전하밀도 ρ_v와 전류밀도 **J**가 서로 무관하지만 시변 상태에서는 그렇지 않다. ρ_v와 **J** 관계를 구하기 위해 그림 5-14와 같이 폐곡면 S로 둘러싸인 임의의 체적 v를 고려하기로 하자. v 내의 총(+) 전하량은 Q이다. 1-3.2절의 전하량 보존법칙에 의하면 전하는 생성되지도 않고 소멸되지도 않으며, 전하 Q를 증가시키는 유일한 경우는 체적 v 내로 전

기전력 센서

기전력 센서는 외부에서 가해지는 자극에 반응하여 유도전압을 발생시키는 장치이다. 이 기술 요약에서는 압전 트랜스듀서, 패러데이 자속 센서 그리고 열전쌍(熱電雙)의 세 가지 형태의 기전력 센서를 소개한다.

압전 트랜스듀서

압전효과는 석영과 같은 특수한 크리스탈이 외부에서 가해지는 기계적인 압력에 의해 분극되는 현상을 지칭하며, 이러한 분극현상은 크리스탈 양단에 전압을 나타내게 된다. 극영역(polar domain)으로 구성된 크리스탈은 그림 (A)에 보인 바와 같이 등가적인 다이폴로 나타낼 수 있다. 외부에서 가해지는 힘이 없는 경우 크리스탈의 극영역의 방향은 무질서하게 분포하지만(그림 A1), 압축력이나 장력이 크리스탈에 작용하면 극영역들은 크리스탈의 주축(principal axes)방향으로 정렬되어 크리스탈의 표면에 분극현상을 초래한다(그림 A2와 A3). 압축력과 신장력은 서로 반대 극성의 전압을 발생시킨다. 압전효과는 1880년에 쿠리에(Curie) 형제에 의해 발견되었다. 그 1년 후 립프만(Lippmann)은 그 역이 성립할 것을 예측하였는데, 즉 크리스탈에 전기장이 인가되면 크리스탈의 모양이 변할 것으로 예측하였다. 따라서 압전효과는 가역의 전기역학적 현상이다. 압전 크리스탈은 마이크로폰에서 음파에 의한 진동을 전기적인 신호로 바꾸기 위해서 사용되며, 스피커에서는 그 반대 과정 즉 전기적인 신호를 소리로 바꾸기 위해 사용된다(그림 B). 압전 물질은 강철처럼 딱딱할 뿐만 아니라 그 물질에 가해지는 힘에 대해서 매우 민감하며, 넓은 동작 영역에서 선형 특성을 나타낸다. 압전 물질은 나노미터 단위의 표면 변형을 측정하기 위해서 사용될 수 있으며, 이러한 특성은 현미경에서 위치 센서로 응용할 수 있도록 한다. 또, 압전 물질을 가속도 센서로 사용하면 약 10^{-4}g에서부터 100g의 범위에서 가속도를 측정할 수

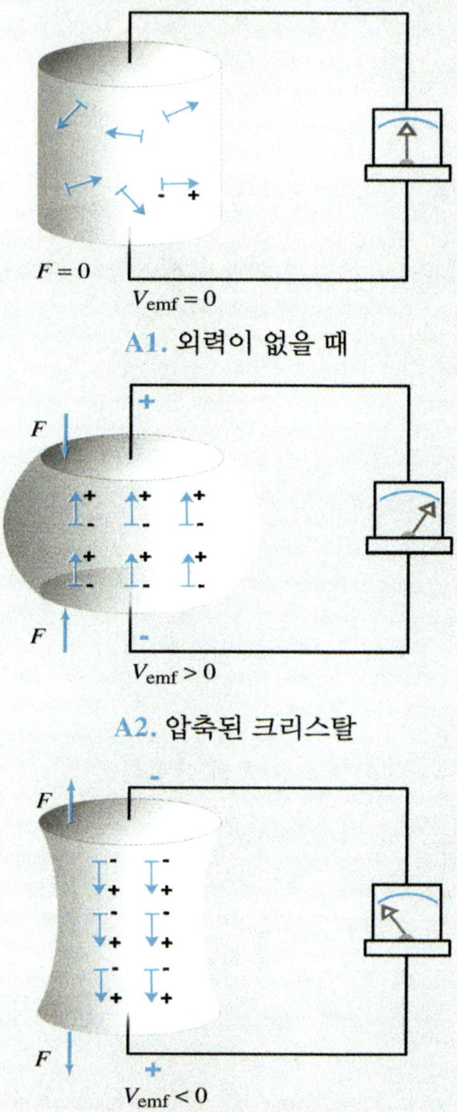

A1. 외력이 없을 때

A2. 압축된 크리스탈

A3. 확장된 크리스탈

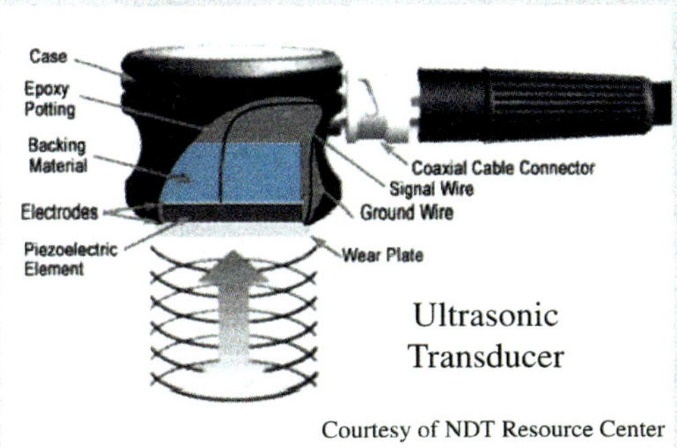

B. 압전효과의 예

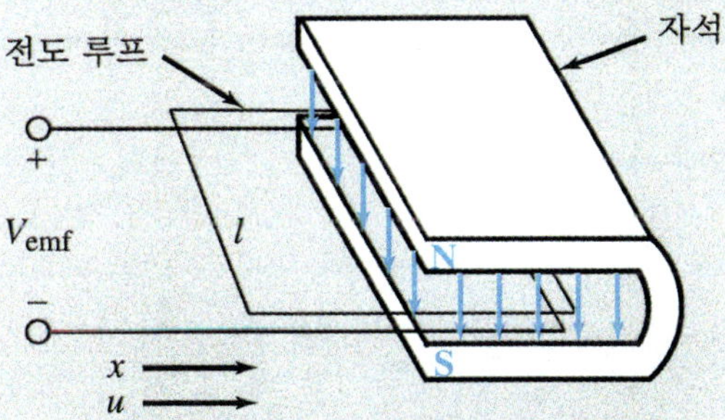

C. 패러데이 가속도계

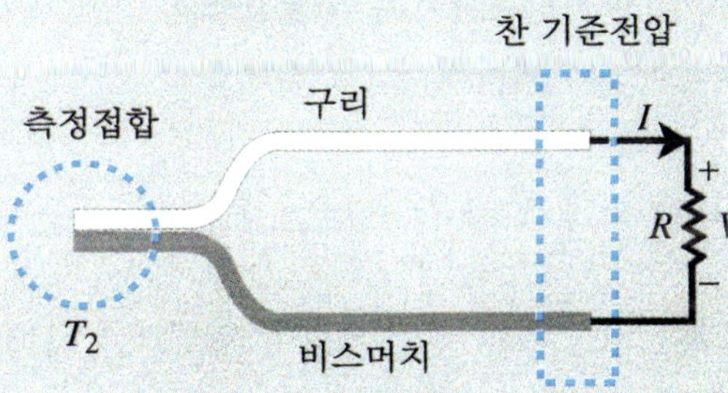

D. 열전쌍

있도록 한다. 압전 크리스탈과 세라믹은 담배 라이터와 가스 그릴에서 불꽃을 생성하기 위해 사용되며, 전기회로의 정밀한 발진기와 초음파 의료 장비에서 트랜스듀서로도 사용되는 등 수많은 분야에 응용되고 있다.

패러데이 자속 센서

식 (5.6)으로 표현되는 패러데이 법칙에 의하면 루프 도선의 양단에 유도되는 기전력 전압은 그 루프를 통과하는 자속의 시간 변화율에 직접적으로 비례한다. 그림 C에 보인 구성에서

$$V_{emf} = -uB_0 l$$

이고, 여기서 $u = dx/dt$는 루프의 속도이고, 그 방향은 루프가 공동의 안쪽으로 움직일 때 양이 된다. 또 B_0는 자속에 의한 자속이고, l은 루프의 폭을 나타낸다. 만약 자속과 루프의 폭이 일정하면 시간에 따른 기전력의 변화는 직접적으로 속도의 시간에 따른 변화를 나타낸다. 따라서 시간에 대한 속도의 도함수는 가속도 $a(t)$를 나타낸다.

열전쌍

1821년에 토마스 씨벡(Thomas Seebeck)은 비스머치, 구리와 같은 두 개의 다른 금속으로 만들어진 결합에 열을 가하면 유도 기전력이 발생함을 발견하였다. 이 때 유도되는 기전력을 씨벡 전위 V라 한다. 그림 D에서처럼, 만약 저항이 연결되면 저항을 따라 다음과 같은 전류가 흐른다.

$$I = V_S / R$$

1826년 벡퀴럴(A. C. Becquerel)은 이러한 현상을 이용하여 특정 온도 T_1에 대하여 알려지지 않은 결합의 상대적인 T_2를 측정하는 데 수단으로 이용하였다. 오늘날 이러한 열전현상을 열전쌍이라 부른다. 초기에는 얼음욕조가 온도 T_1을 0도로 유지하는 데 사용하였지만, 오늘날에는 온도 T_1인 기준 결합과 동일한 전위를 생성하는 전기회로의 인공적인 결합을 대신 이용한다.

표 5-2 전계와 자계에 대한 경계조건

계성분	일반형	매질 1 유전체 / 매질 2 유전체	매질 1 유전체 / 매질 2 도체
E의 접선성분	$\hat{\mathbf{n}}_2 \times (\mathbf{E}_1 - \mathbf{E}_2) = 0$	$E_{1t} = E_{2t}$	$E_{1t} = E_{2t} = 0$
D의 법선성분	$\hat{\mathbf{n}}_2 \cdot (\mathbf{D}_1 - \mathbf{D}_2) = \rho_s$	$D_{1n} - D_{2n} = \rho_s$	$D_{1n} = \rho_s$ $\quad D_{2n} = 0$
H의 접선성분	$\hat{\mathbf{n}}_2 \times (\mathbf{H}_1 - \mathbf{H}_2) = \mathbf{J}_s$	$H_{1t} = H_{2t}$	$H_{1t} = J_s$ $\quad H_{2t} = 0$
B의 법선성분	$\hat{\mathbf{n}}_2 \cdot (\mathbf{B}_1 - \mathbf{B}_2) = 0$	$B_{1n} = B_{2n}$	$B_{1n} = B_{2n} = 0$

노트: (1) ρ_s는 경계면에서 면전하밀도; (2) $\mathbf{J}_s$는 경계면에서 면전류밀도; (3) 모든 전자계의 법선성분의 방향은 매질 2에서 밖으로 향하는 단위벡터인 $\hat{\mathbf{n}}_2$와 동일; (4) $E_{1t} = E_{2t}$인 것은 접선성분의 크기가 같고 방향이 평행하다는 것을 을 의미; (5) $\mathbf{J}_s$의 방향은 $(\mathbf{H}_1 - \mathbf{H}_2)$의 방향에 쇄교

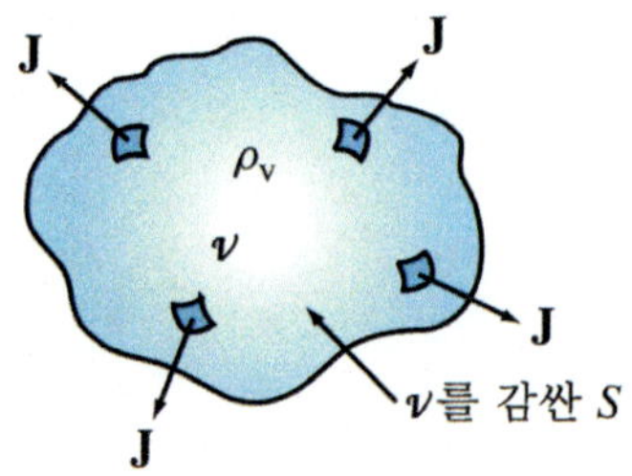

그림 5-14 체적 v로부터 흘러나오는 총전류는 표면 S를 통한 전류밀도 $\mathbf{J}$의 전속과 동일하고, v에 의해서 둘러싸인 전하의 감소율과 같다.

속이 유입될 때이고, 반대로 전하 Q를 감소시키려면 체적 v로부터 전속의 유출이 있어야 한다. 전속의 유입과 유출은 체적 v의 표면 S를 관통하는 전류가 된다. 표면 S로부터 흘러나오는 전류를 I라 하면,

$$I = -\frac{dQ}{dt} = -\frac{d}{dt}\int_{v} \rho_v \, dv, \qquad (5.50)$$

이고, 여기서 ρ_v는 v 내의 체적 전하밀도이다. 식 (3.12)에 의하면, 전류 I는 면적 S를 관통하는 전류밀도 벡터 $\mathbf{J}$의 외향 선속(flux)으로 정의되므로 다음과 같은 식을 얻을 수 있다.

$$\oint_S \mathbf{J} \cdot d\mathbf{s} = -\frac{d}{dt}\int_{v} \rho_v \, dv. \qquad (5.51)$$

여기서 식 (2.98)로 주어지는 발산정리를 적용하여 $\nabla \times \mathbf{J}$의 면적분을 $\mathbf{J}$의 체적적분으로 변환하면

$$\oint_S \mathbf{J} \cdot d\mathbf{s} = \int_{v} \nabla \cdot \mathbf{J} \, dv = -\frac{d}{dt}\int_{v} \rho_v \, dv. \qquad (5.52)$$

이다. 체적 v가 일정할 경우 시간 도함수는 ρ_v에만 작용되므로 미분기호는 적분기호 안으로 옮길 수 있으며, ρ_v의 편미분으로 표현하면 다음과 같다.

$$\int_{v} \nabla \cdot \mathbf{J} \, dv = -\int_{v} \frac{\partial \rho_v}{\partial t} \, dv. \qquad (5.53)$$

체적 v에 대해 식 (5.53) 양변의 체적분이 같으려면 체적 내의 모든 점에서 피적분함수가 같아야 한다. 따라서,

$$\nabla \cdot \mathbf{J} = -\frac{\partial \rho_v}{\partial t}, \qquad (5.54)$$

이며, 이것을 **전하-전류 연속성**(charge-current continuity relation) 또는 **전하연속방정식**(charge continuity equation)이라 한다.

작은 실린더 같은 미소체적 Δv 내의 체적전하밀도가 시간의 함수가 아닌 경우(즉, $\partial\rho_v/\partial t=0$), 체적 Δv로부터 유출되는 총 전류는 영이다. 이것은 체적 Δv 내에 유입되는 전류와 체적 Δv에서 유출되는 전류가 같음을 의미한다. 이 경우 식 (5.54)는

$$\nabla \cdot \mathbf{J} = 0, \tag{5.55}$$

이고, 그의 적분형은 다음과 같다[식 (5.51) 참조].

$$\oint_S \mathbf{J} \cdot d\mathbf{s} = 0 \quad \text{(키르히호프의 전류법칙)}. \tag{5.56}$$

전기회로에서 2개 이상의 지로(branch)가 모이는 집합점(junction 또는 node)에서 식 (5.56)의 의미를 생각해보자. 아무리 작더라도 접합점은 면적 S로 둘러싸인 체적 v를 가진다. 식 (5.15)의 접합점은 입방체로서 크기는 설명을 위해 임의로 확대한 것이다. 접합점은 6면으로 되어 있고 이 6면을 합치면 식 (5.56)의 적분에서 폐곡면이 된다. 각 면에서 적분은 그 면으로부터 유출되는 전류이므로 식 (5.56)은

$$\sum_i I_i = 0 \qquad \text{(키르히호프의 전류법칙)}, \tag{5.57}$$

로 바꿔 쓸 수 있으며 여기서 I_i는 i번째 면에서 유출되는 전류이다. 그림 5-15의 접합점에서 식 (5.57)은 $(I_1+I_2+I_3)=0$로 된다. 식 (5.57)은 **키르히호프의 전류법칙**(Kirchhoff's current law)의 일반식으로, 전기회로에서 접합점으로부터 유출되는(유입되는) 전류의 합은 0임을 뜻한다.

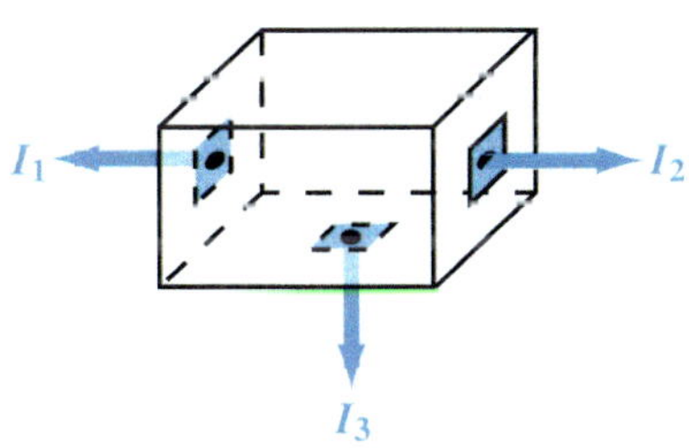

그림 5-15 키르히호프의 전류법칙에 의하면 접합점으로부터 흘러나오는 모든 전류의 대수적 합은 0이다.

5-10 전자계 포텐셜

패러데이 법칙과 암페어 법칙을 설명할 때, 시변 전자계에서 전계와 자계의 상호 관련성을 두 가지 측면에서 살펴보았다. 이제 스칼라 포텐셜(전위) V와 벡터 포텐셜(자위) $\mathbf{A}$를 통해 그 상호 관련성을 살펴보자.

$\partial/\partial t=0$인 경우 패러데이 법칙은

$$\nabla \times \mathbf{E} = 0 \qquad \text{(정전계)}, \tag{5.58}$$

이며, 이것은 정전계 $\mathbf{E}$가 보존적임을 뜻한다. 벡터 연산 법칙에 의하여 전계 $\mathbf{E}$가 보존적일 때, 즉 $\nabla\times\mathbf{E}=0$이면, $\mathbf{E}$는 스칼라의 그래디언트로 표시된다($\nabla\times\nabla V=0$, V는 스칼라 전위), 따라서 3장에서와 같이 전계 $\mathbf{E}$는

$$\mathbf{E} = -\nabla V \qquad \text{(정전계)}. \tag{5.59}$$

로 정의된다. 시변 전자계의 경우 패러데이 법칙은

$$\nabla \times \mathbf{E} = -\frac{\partial \mathbf{B}}{\partial t}, \tag{5.60}$$

이며, $\mathbf{B}=\nabla\times\mathbf{A}$의 관계를 이용하면 식 (5.60)은 다음과 같이 쓸 수 있다.

$$\nabla \times \mathbf{E} = -\frac{\partial}{\partial t}(\nabla \times \mathbf{A}), \tag{5.61}$$

이것을 다시 쓰면

$$\nabla \times \left(\mathbf{E} + \frac{\partial \mathbf{A}}{\partial t}\right) = 0 \qquad \text{(동적 경우)}. \tag{5.62}$$

이다. 여기서 모멘트를

$$\mathbf{E}' = \mathbf{E} + \frac{\partial \mathbf{A}}{\partial t}, \tag{5.63}$$

로 정의하면 식 (5.62)는

$$\nabla \times \mathbf{E}' = 0. \tag{5.64}$$

이 되고, 식 (5.58)과 (5.59)의 관계에서와 같은 논리로

$$\mathbf{E}' = -\nabla V. \tag{5.65}$$

로 정의할 수 있다. 식 (5.63)의 $\mathbf{E}'$을 식 (5.65)에 대입하여 $\mathbf{E}$에 대해 정리하면 다음과 같다.

$$\mathbf{E} = -\nabla V - \frac{\partial \mathbf{A}}{\partial t} \qquad \text{(동적 경우)}. \tag{5.66}$$

식 (5.66)은 정전계에서 식 (5.59)가 된다. 스칼라 전위 V와 벡터 자위 $\mathbf{A}$를 알면, 식 (5.66)으로부터 $\mathbf{E}$를 알 수 있고 $\mathbf{B}$는 다음 식으로 구할 수 있다.

$$\mathbf{B} = \nabla \times \mathbf{A}. \tag{5.67}$$

다음에는 시변 전자계의 경우 포텐셜 V 및 $\mathbf{A}$와 전자계 원인 전하분포(ρ_v와 $\mathbf{J}$) 사이의 관계를 살펴보자.

문제

5-1~5-6절 패러데이 법칙과 그 응용

5.1* 그림 5-16의 아래쪽 루프에서 스위치를 $t=0$에 ON 하고, 잠시 후 t_1에 OFF 시킨다. $t=0$와 $t=t_1$에서 위의 그림에 흐르는 전류 I의 방향(시계방향 또는 반시계방향)은?

5.2 그림 5-17의 루프는 x-y평면에 있고, $\mathbf{B}=\hat{\mathbf{z}}B_0 \sin \omega t$($B_0$는 양의 값)이다. 다음 조건에서 전류의 방향($\hat{\boldsymbol{\phi}}$ 또는 $-\hat{\boldsymbol{\phi}}$)은?

(a) $t=0$

(b) $\omega t = \pi/4$

(c) $\omega t = \pi/2$

5.3* 한 변의 길이가 0.25m인 정방형 코일의 권수가 100이다. 코일의 중심은 원점이고 코일의 두 변은 각각 x축과 y축 방향이다. 자계가 다음과 같을 때, 코일에 유

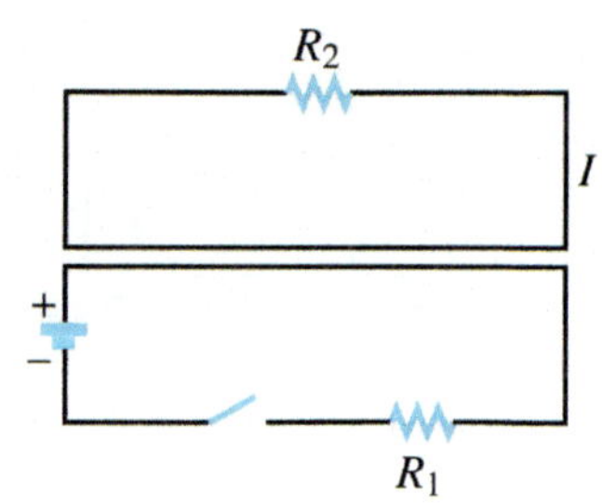

그림 5-16 문제 5.1의 루프

*해답은 부록 D에 있음.

표시는 'Solution available in CD-ROM' 을 나타냄.

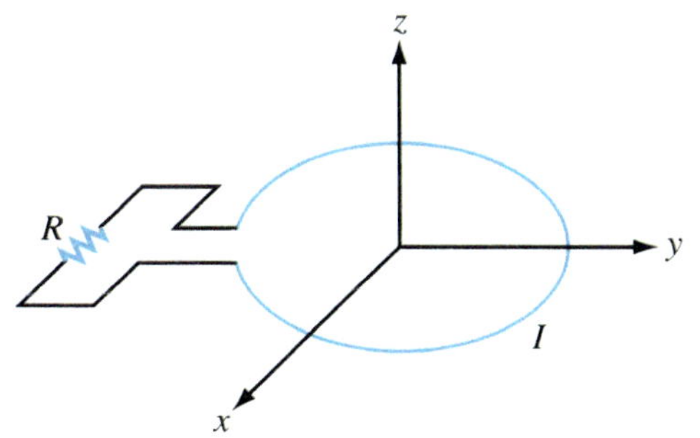

그림 5-17 문제 5.2의 루프

도되는 기전력을 구하라.

(a) $\mathbf{B} = \hat{\mathbf{z}}\, 10e^{-2t}$ (T)

(b) $\mathbf{B} = \hat{\mathbf{z}}\, 10 \cos x \ \cos 10^3 t$ (T)

(c) $\mathbf{B} = \hat{\mathbf{z}}\, 10 \cos x \ \sin 2y \ \cos 10^3 t$ (T)

5.4 균일 크기의 300MHz 전파 신호가 있는 공간에 면적이 0.01m^2인 원형 루프 TV 안테나가 있다. 안테나가 최대 수신 방향에 있을 때 루프 안테나에 유도된 최대 기전력이 20(mV)이다. 입사 자계 **B**의 최대치는?

5.5 그림 5-18에 있는 정방형 루프가 다음과 같은 전류

$$i(t) = 2.5 \cos 2\pi \times 10^4 t \qquad \text{(A)}$$

가 흐르는 긴 직선 도체와 동일 평면 상에 있을 때 다음을 구하라.

(a) 루프에 미소 틈새를 낸 양단에 유기되는 기전력

(b) 공극 양단에 연결된 4Ω 저항을 통하여 흐르는 전류의 방향과 크기. 단, 루프의 내부저항은 1Ω이다.

5.6* 그림 5-19에 있는 사각형 도체 루프는 균일한 자속밀도가

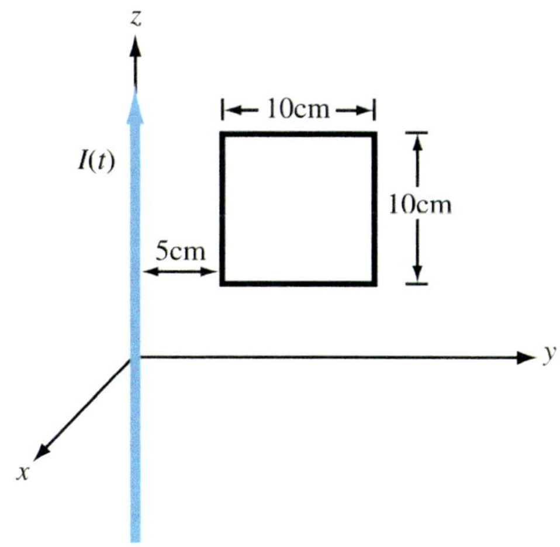

그림 5-18 긴 도선과 동일 평면 상에 있는 루프(문제 5.5)

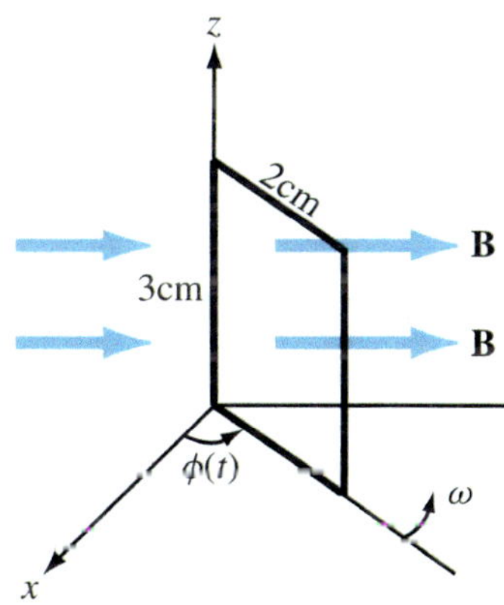

그림 5-19 자계 중에 회전하는 루프(문제 5.6)

$$\mathbf{B} = \hat{\mathbf{y}}\, 50 \qquad \text{(mT)}$$

에서 6,000rpm으로 회전한다. 루프 내부저항이 0.5Ω일 경우에 루프의 전류를 구하라.

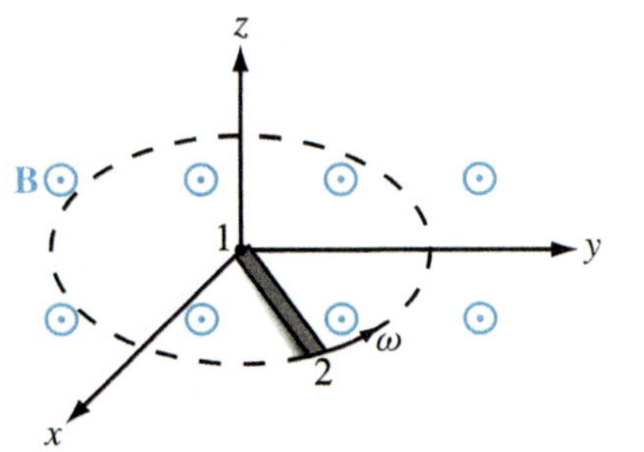

그림 5-20 문제 5.7의 회전하는 금속봉

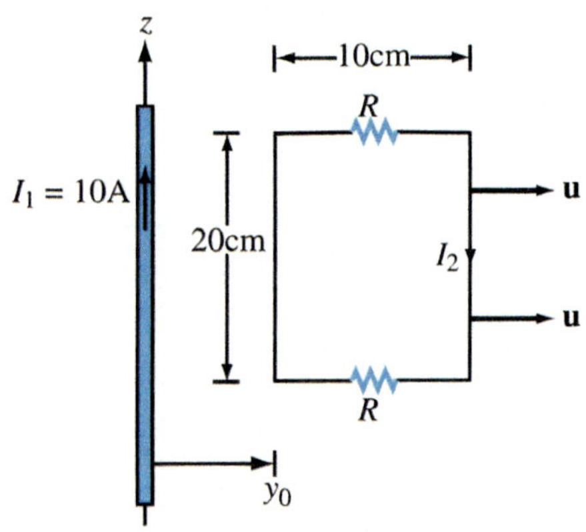

그림 5-21 문제 5.8의 움직이는 루프

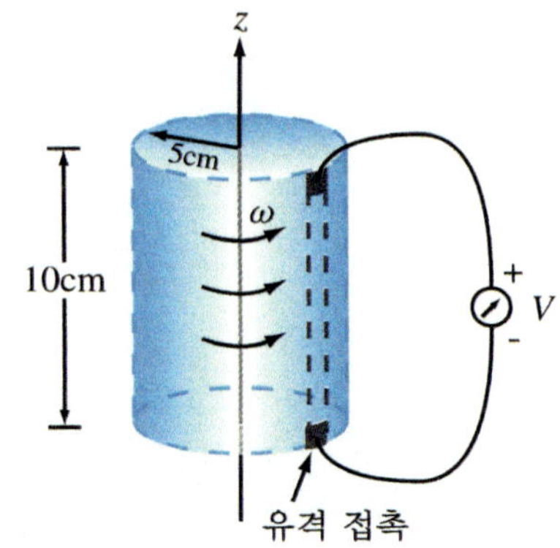

그림 5-22 자계 중에 움직이는 원통(문제 5.9)

5.7 그림 5-20과 같이 원점에 한쪽이 고정된 길이 50 cm인 금속봉이 z축을 중심으로 180 rpm으로 회전한다. $\mathbf{B}=\hat{\mathbf{z}}\,3\times10^{-4}$T일 때 유도 기전력 V_{12}를 구하라.

5.8 그림 5-21의 루프가 $I_1=10$A가 흐르는 도선으로부터 속도 $\mathbf{u}=\hat{\mathbf{y}}5$(m/s)로 멀어지고 있다. $R=10\,\Omega$이고 전류의 방향이 그림과 같을 때, 도선과 루프 간의 간격 y_0의 함수 I_2를 구하라. 루프 도선의 내부 저항은 무시한다.

5.9* 그림 5-22와 같이 원통형 도체가 자계

$$\mathbf{B}=\hat{\mathbf{r}}\,6 \qquad \text{(T)}$$

내에서 1,200 rpm으로 회전한다. 원통의 반경은 5cm이고 높이가 10cm로, 상하에 있는 슬라이딩 접촉자(sliding contact)에 의해 전압계가 연결되어 있을 때 유도전압을 구하라.

5.10 그림 5-12와 같이, 발전기는 100의 저항을 갖는 전구에 연결되어 있다. 루프면적은 0.1 m^{2}이며 자속밀도 $B_0=0.2$T 내에서 3,600 rpm으로 회전될 경우, 전구에 발생되는 전류의 크기를 구하라.

5.11* 그림 5-23과 같은 원판이 x-y평면에 있고 z축에 대해 각속도 ω로 회전한다. 원판 반경은 a이고 자속밀도 $\mathbf{B}=\hat{\mathbf{z}}\,B_0$이다. 원판 중심과 가장자리 사이에 유도되는 기전력을 구하라.

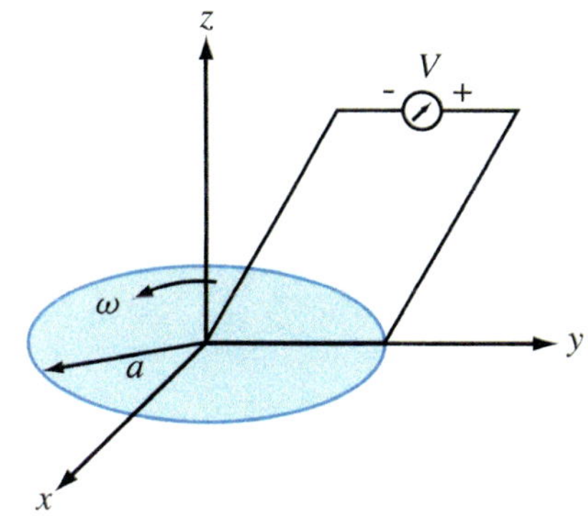

그림 5-23 자계 중에 회전하는 원판(문제 5.11)

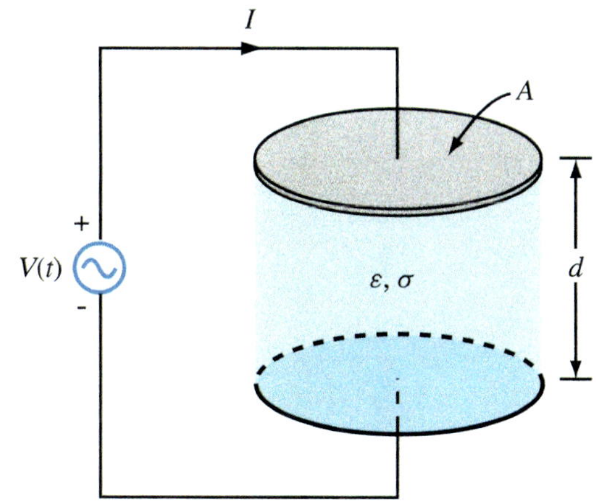

그림 5-24 손실이 있는 유전체를 포함하는 평행판 커패시터(문제 5.13)

5-7절: 변위전류

5.12* 길이 $l=6$cm, $\varepsilon_r=9$, 원통 도체의 반경이 각각 0.5cm, 1cm인 동축 커패시터가 있다. 커패시터의 양단전압 $V(t)=100\sin(120\pi t)$(V)일 때, 변위전류를 구하라.

5.13 그림 5-24와 같은 평행판 커패시터는 비유전율 ε_r과 도전율 σ인 손실 유전체로 채워져 있다. 극판 간의 거리가 d이고 면적이 A인 커패시터에 교류전압원 $V(t)$가 연결되어 있다.

(a) 주어진 물리량을 이용하여 커패시터의 도전전류 I_c를 구하라.

(b) 커패시터의 변위전류 I_d를 구하라.

(c) (a)와 (b)의 결과를 이용하여 커패시터의 등가회로를 나타내어라.

(d) $A=2\text{cm}^2$, $d=0.5$cm, $\varepsilon_r=4$, $\sigma=2.5$(S/m), $V(t)=\cos(3\pi\times10^3 t)$일 때 회로소자의 값을 구하라.

5.14 바닷물 속에서 전파하는 전자파의 전계는 $\mathbf{E}=\hat{\mathbf{z}}E_0\cos\omega t$이다. 바닷물의 유전율은 $81\varepsilon_0$이고 도전율은 4(S/m)이다. 다음의 주파수에서 전도전류와 변위전류 크기의 비를 구하라.

(a) 1 KHz

(b) 1 MHz

(c) 1 GHz

(d) 100 GHz

5-9와 5-10절: 연속방정식

5.15* 도전물질 내의 전류밀도가

$$\mathbf{J}(x,y,z;t)=(\hat{\mathbf{x}}z-\hat{\mathbf{y}}3y^2+\hat{\mathbf{z}}2x)\cos\omega t$$

일 때, 이에 상응하는 전하밀도 $\rho_v(x,y,z;t)$를 구하라.

5.16-5.18 추가적인 문제들 — CD-ROM에 풀이되어 있음.

CHAPTER 6

평면파 전파

무한매질에서의 전자파

제5장에서는 시변(time-varying) 전계인 **E**(t)가 시변 자계인 **H**(t)를 발생시키고, 역으로 시변 자계는 시변 전계를 발생시킨다는 것을 설명하였다. 이러한 전계와 자계의 상호 순환적인 관계로 인하여 자유공간을 통해서나 어떤 물질의 매질내에서 전파하는 전자파(electromagnetic wave; EM wave)가 발생하게 된다. 이러한 전자파가 전송선로와 같은 구조물을 통해 인도될 때, 이 전자파는 **도파매질**(guided medium)을 통해 전파된다고 한다. 지구의 표면과 전리층(ionosphere)은 HF대역(3~30MHz)의 단파를 전송할 수 있는 평행한 유도구조를 이루게 된다. 즉, 전리층은 이러한 주파수를 잘 반사시킬 수 있으므로, 그림 6-1과 같이 전자파가 지표면과 전리층 간을 지그재그로 진행하게 된다. 또한 전자파는 **무한매질**(unbounded media)을 통하여 전파될 수도 있다. 예를 들면, 태양으로부터 복사된 광파의 경우와 안테나로부터 복사된 전자파 전송 등이 있다.

안테나와 같이 하나의 전파원(EM source)으로부터 에너지가 복사되면, 그 에너지는 전파원으로부터 점차로 확장되면서 그림 6-2(a)에서 보여주듯이 **구면파**(spherical waves)의 형태로 전파되게 된다. 안테나는 어떤 특정한 방향으로는 다른 방향에 비해 더 많은 에너지를 복사하게 되지만, 구면파는 모든 방향으로 같은 속도로 전파하게 되므로 모든 방향으로 같은 속도로 확장되게 된다. 전파원으로부터 아주 멀리 떨어진 관측자에

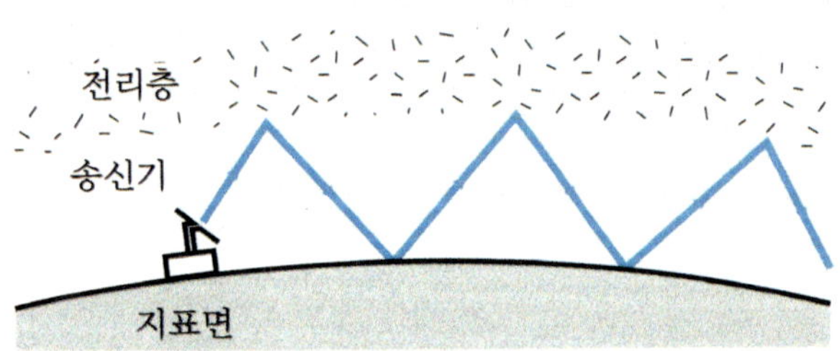

그림 6-1 위로는 전리층으로, 아래로는 지구의 표면으로 경계가 된 대기층은 HF 대역의 전자파를 전송할 수 있는 도파 구조를 형성하게 된다.

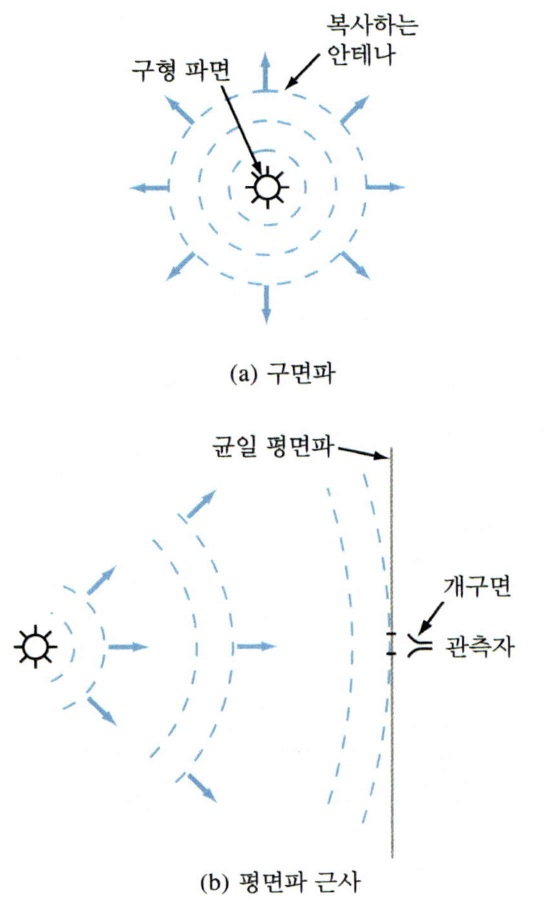

그림 6-2 (a) 전구 혹은 안테나 같은 하나의 전자파원으로부터 전자파가 방사되면 구형의 파면을 가진다. (b) 그러나 관측자가 전파원으로부터 멀리 떨어져 있을 때 관측자의 공간에서는 근사적으로 평면으로 나타나게 된다.

게는 구면파의 **파면**(wavefront)이 근사적으로 평면으로 보이게 되는데 이는 그림 6-2(b)와 같이 파면의 모든 평면에서 균일한 특성을 갖는 **균일 평면파**(uniform plane wave)의 한 부분같이 보이게 된다. 평면파 전파는 직각좌표계(cartesian coordinates)를 사용하여 수식적으로 간단히 다룰 수 있는데 반해, 구면파의 전파는 수식적으로 어려운 구좌표계(spherical coordinates)를 사용하여 수식으로 표현하여야 한다. 그러므로 엄격히 말하자면 균일 평면파는 존재하지 않지만, 이 장에서는 균일 평면파를 사용하여 무손실매질(lossless medium)과 손실매질(lossy medium)에서의 전자파의 전파 현상을 물리적으로 이해하고, 제8장에서는 다른 매질의 경계에서 전자파가 반사되거나 투과되는 현상에 대해 살펴볼 것이다. 안테나를 통하여 전자파가 복사되거나 수신되는 과정은 제9장에서 다루기로 한다.

6-1 파동과 페이저(phasor)

전자파에 대해 살펴보기에 앞서, 이에 관계된 세 가지 주제에 대해 간단한 복습을 하기로 한다. 첫 번째 주제는 전자파이건 아니건 간에, 정현파 형식의 일반적인 파를 어떻게 수학적으로 표현하는가에 대한 것이다. 두 번째 주제는 복소수에서의 대수학 법칙을 요약하는 것이고, 마지막 주제는 정현파 신호가 관련된 문제를 해결하는 데 있어서 페이서를 사용한 분석법이다.

6-1.1 무손실매질에서의 정현파

파를 발생시키는 방식과는 관계없이 모든 파는 공통적인 수식으로 나타낼 수 있다. 예를 들면, 호수 위를 진행하는 파를 생각해 보자. 어떤 매질 속으로 혹은 그 매질의 표면을 통해 어떤 파가 전파된다고 할 때 그 파의 진폭이 감쇠되지 않으면, 그 매질은 무손실(lossless)이라고 한다. 여기서는 일단 마찰력(frictional force)은 무시할 수 있다고 가정하고, 호수의 표면에 발생한 파는 에너지의 손실 없이 무한히 진행할 수 있다고 하자. 만일 y가 평균 높이(즉, 호수면에 파가 생기기 이전의 높이)에 대한 상대적인 호수의 표면 높이를 나타낸다고 하고, x는 파가 진행한 거리를 나타낸다고 할 때, 시간 t와 거리의 좌표 x에 대한 y의 함수식은 일반적으로 다음과 같은 형태를 가진다.

$$y(x,t) = A\cos\left(\frac{2\pi t}{T} - \frac{2\pi x}{\lambda} + \phi_0\right) \quad \text{(m)}, \qquad (6.1)$$

이 때 A는 파의 **진폭**(amplitude), T는 **주기**(time period), λ는 **공간파장**(spatial wavelength), 그리고 ϕ_0는 **기준위상**(reference phase)이라고 한다. 또한 $y(x, t)$는 아래의 식과 같이 표현할 수 있다.

$$y(x,t) = A\cos\phi(x,t), \qquad (6.2)$$

이 때

$$\phi(x,t) = \left(\frac{2\pi t}{T} - \frac{2\pi x}{\lambda} + \phi_0\right) \quad \text{(rad)}. \qquad (6.3)$$

각도인 $\phi(x, t)$는 파의 **위상**(phase)이라고 부르는데, 이는 시간과 공간이 바뀌어도 변하지 않고 상수인 기준위상 ϕ_0와 혼동해서는 안된다. 위상은 각도를 나타낼 때와 같은 단위를 사용하여 측정하는데, 즉, 라디안(rad) 혹은 도(°)로 표현하고, 2π라디안은 360° 이다.

먼저 $\phi_0=0$가 되는 가장 간단한 경우를 분석해 보자.

$$y(x,t) = A\cos\left(\frac{2\pi t}{T} - \frac{2\pi x}{\lambda}\right) \quad \text{(m)}. \qquad (6.4)$$

그림 6-3에서는 $t=0$일 때 x의 변화에 따른 $y(x, t)$ 값의

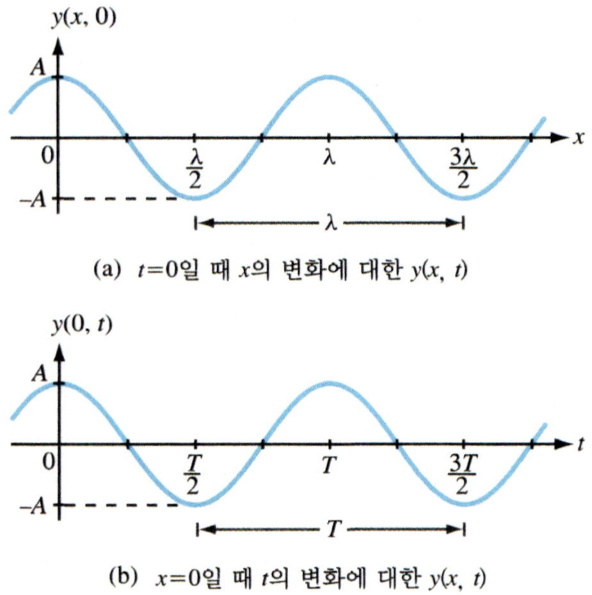

그림 6-3 (a) $t=0$일 때 x값의 변화에 대한 $y(x,\,t)=A\cos\left(\frac{2\pi t}{T}-\frac{2\pi x}{\lambda}\right)$ (b) $x=0$일 때 t값의 변화에 대한 $y(x,\,t)=A\cos\left(\frac{2\pi t}{T}-\frac{2\pi x}{\lambda}\right)$

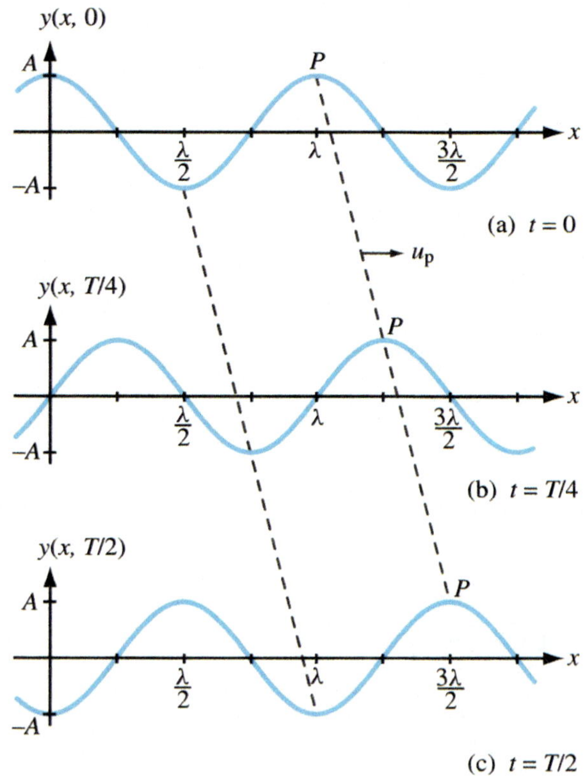

그림 6-4 x가 변함에 따른 $y(x,\,t)=A\cos\left(\frac{2\pi t}{T}-\frac{2\pi x}{\lambda}\right)$의 그림; (a) $t=0$일 때, (b) $t=T/4$일 때, (c) $t=T/2$일 때. 이 때 파동은 속도 $u_p=\lambda/T$로서 $+x$축 방향으로 진행한다.

변화와 $x=0$일 때 t의 변화에 따른 $y(x,\,t)$ 값의 변화를 나타내었다. x축을 따라 공간주기인 λ를 간격으로, t축을 따라서는 시간주기인 T를 간격으로 파의 형태가 반복됨을 보여주고 있다.

만약, 시간에 따라 호수 표면의 스냅사진을 찍는다면, 파고(파의 높이) $y(t)$는 그림 6-4에서 보여주는 것처럼 정현파의 형태를 나타내게 될 것이다. 그림 6-4의 모든 그림에서 보여주듯이, 특정한 시간인 t에서 파의 높이가 최고가 되는 간격은 파장인 λ와 같게 되지만, 파의 형태는 관측시간이 변함에 따라 서로 상대적으로 이동하였다. 시간 t가 증가함에 따라 파형은 $+x$축 방향으로 진행하기 때문에, 파고의 형태로부터 파가 그 방향으로 진행되는 파라는 것을 알 수 있다. 만일 점 P와 같이 파에서 어떤 높이를 선택하고 그것을 시간에 대해 추정하여 보면, 그 파의 **위상속도**(phase velocity)를 측정할 수 있다. 그 파의 최대값은 위상인 $\phi(x,\,t)$가 0 혹은 2π의 배수가 될 때에 발생하게 된다. 따라서,

$$\phi(x,t)=\frac{2\pi t}{T}-\frac{2\pi x}{\lambda}=2n\pi, \qquad n=0,1,2,\ldots \quad (6.5)$$

만일 파에서 y_0와 같이 다른 높이를 선택하고 그 높이의 움직임을 t와 x의 함수로서 표현하고자 한다면, 이는

$\phi(x, t)$를 어떤 상수로 두는 것과 동일한 것이다.

$$y(x, t) = y_0 = A\cos\left(\frac{2\pi t}{T} - \frac{2\pi x}{\lambda}\right), \qquad (6.6)$$

혹은

$$\frac{2\pi t}{T} - \frac{2\pi x}{\lambda} = \cos^{-1}\left(\frac{y_0}{A}\right) = \text{constant}. \qquad (6.7)$$

그 고정된 높이에 대한 외견상의 속도는 식 (6.7)을 시간에 대해 미분함으로써 얻어진다. 즉,

$$\frac{2\pi}{T} - \frac{2\pi}{\lambda}\frac{dx}{dt} = 0, \qquad (6.8)$$

이 때, **위상속도** u_p는 다음과 같이 주어진다.

$$u_p = \frac{dx}{dt} = \frac{\lambda}{T} \quad \text{(m/s)}. \qquad (6.9)$$

위상속도는 **전파속도**(propagation velocity)라고도 하는데, 이는 수면 위를 이동하는 파형의 속도를 뜻한다. 물 자체는 대체적으로 위와 아래로 움직인다. 이 때 파는 한 지점으로부터 다른 지점으로 이동하게 되는데, 물은 이 파와 같이 물리적으로 이동하지 않는다.

파의 전파방향은 식 (6.3)에서 주어진 것처럼 위상의 표현식인 $\phi(x, t)$에서 x와 t의 부호를 관찰함으로써 쉽게 결정할 수 있다. 즉, 만일 하나의 항이 양수이고 다른 항이 음수가 된다면, 그 파는 x축의 양의 방향으로 진행한다. 그러나 두 항 모두 부호가 양이거나 음이 되면, 그 파는 x축의 음의 방향으로 진행한다. 기준위상인 ϕ_0는 상수로서 파의 전파 속도나 방향에 영향을 미치지 않는다.

정현파의 **주파수**(frequency) f는 다음과 같이 시간주기 T의 역수로 주어진다.

M 6.9
D 6.1

$$f = \frac{1}{T} \quad \text{(Hz)}. \qquad (6.10)$$

위의 두 식을 조합하면 다음과 같은 관계식을 얻는다.

M6.1-6.3

$$u_p = f\lambda \quad \text{(m/s)}. \qquad (6.11)$$

파의 주파수 f는 1초당 반복회수(cycle)로 측정하고, 단위로 Hz('헤르츠'로 읽음)를 쓰는데, 이는 전파통신의 발전에 기초를 세운 독일의 물리학자 하인리히 헤르츠(Heinrich Hertz: 1857-1894)를 기념하기 위해 명명된 것이다.

식 (6.10)을 사용하여, 식 (6.4)를 아래와 같이 간략화하여 다시 표현할 수 있다.

$$\begin{aligned} y(x, t) &= A\cos\left(2\pi f t - \frac{2\pi}{\lambda}x\right) \\ &= A\cos(\omega t - \beta x), \end{aligned} \qquad (6.12)$$

이 때 ω는 파의 **각속도**(angular velocity)라고 하고, β는 **위상정수**(phase constant) 혹은 **파수**(wavenumber)로 부르는데, 아래와 같이 정의한다.

$$\omega = 2\pi f \quad \text{(rad/s)}, \qquad (6.13a)$$

$$\beta = \frac{2\pi}{\lambda} \quad \text{(rad/m)}. \qquad (6.13b)$$

위의 두 가지 수식에 의해 다음의 표현식을 얻는다.

D6.2

$$u_p = f\lambda = \frac{\omega}{\beta} \qquad (6.14)$$

지금까지는 어떤 파가 x축의 양의 방향으로 전파할 때의 현상에 대해 살펴보았다. x축의 음의 방향으로 진행하는 파를 나타내기 위해서는 다음과 같이 식 (6.12)에서의 x의 부호를 바꾸어야 한다.

$$y(x, t) = A\cos(\omega t + \beta x). \qquad (6.15)$$

이제 식 (6.1)에 있는 기준위상인 ϕ_0의 역할에 대해 살펴보기로 한다. 만일 ϕ_0가 0이 아니라면 식 (6.12)는 다음과 같이 표현되어야 한다.

$$y(x, t) = A\cos(\omega t - \beta x + \phi_0). \qquad (6.16)$$

정해진 시간 t에서 x의 함수로서 $y(x, t)$를 그린 그래프, 혹은 정해진 x에서 t의 함수로서 $y(x, t)$를 그린 그래프는 각각 공간 혹은 시간에 대해 $\phi_0=0$인 경우에 비해 상대적으로 ϕ_0만큼 이동해 있을 것이다. 이것을 그림으로 나타내면 그림 6-5와 같이 그릴 수 있다. 그림으로부터 ϕ_0가 양수일 때는 파의 최고점 혹은 어떤 특정 값을 $\phi_0=0$일 때보다 더 빨리 갖게 되는 것을 관찰할 수 있다. 따라서 $\phi_0=\pi/4$일 때는 파가 $\phi_0=0$일 때에 비해 $\pi/4$만큼 위상이 **앞서게**(phase lead) 된다. 그러나 $\phi_0=-\pi/4$일 때는 $\phi_0=0$일 때에 비해 $\pi/4$만큼 위상이 **지연되게**(phase lag) 된다. ϕ_0가 음수일 때는 $y(t)$의 주어진 값을 갖기 위해 $\phi_0=0$일 때에 비해 시간이 더 오래 걸리게 된다. 즉, ϕ_0의 부호가 양일 때는 **위상선행**(phase lead), ϕ_0의 부호가 음일 때는 **위상지연**(phase lag)을 뜻한다.

6-1.2 손실매질에서의 정현파

만약 어떤 파가 **손실매질**(lossy medium) 내에서 x축의 방향으로 진행한다고 하면, 그 진폭이 $e^{-\alpha x}$의 인자로서 감소될 것이다. 이러한 인자를 **감쇠인자**(attenuation factor)라고 하고, α를 그 매질의 **감쇠정수**(atteunation constant)라고 하는데, 그 단위는 단위길이당 네퍼(neper), 즉 Np/m로 표현한다. 따라서 일반적인 표현식은 아래와 같다.

$$y(x, t) = Ae^{-\alpha x}\cos(\omega t - \beta x + \phi_0). \qquad (6.17)$$

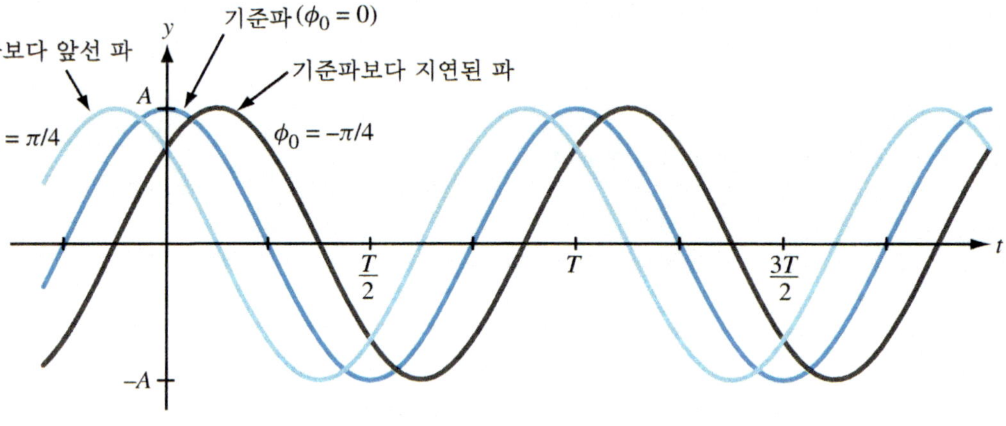

그림 6-5 세 개의 서로 다른 기준위상 ϕ_0에 대한 $y(0, t)=A\cos[2\pi t/T+\phi_0]$의 변화

M6.4-6.6, D6.3

M6.7-6.8

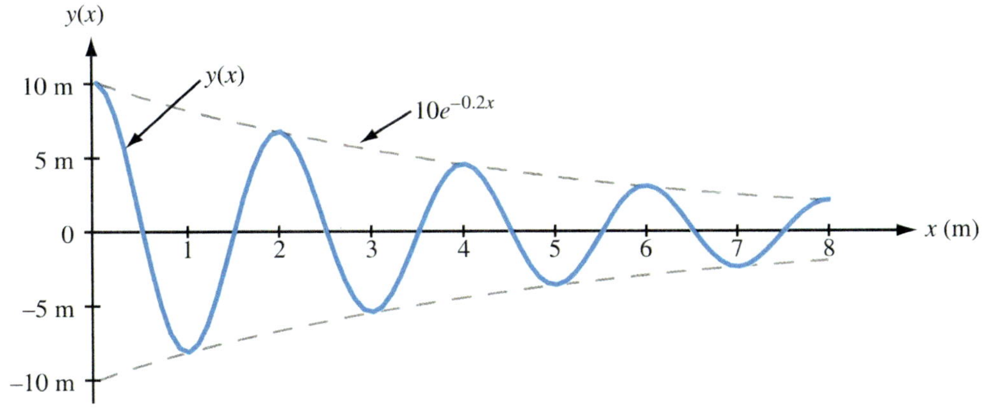

그림 6-6 $y(x)=(10e^{-0.2x}\cos \pi x)$의 그래프. 이 때 파의 포락선은 $10e^{-0.2x}$의 곡선으로 주어진다.

위 식에서 파의 진폭은 단순히 A가 아니라, $Ae^{-\alpha x}$가 된다. 그림 6-6은 $t=0$일 때 x의 함수로서 $y(x, t)$를 나타내는 그림인데, 이 때 $A=10\text{m}$, $\lambda=2\text{m}$, $\alpha=0.2\text{Np/m}$, $\phi_0=0$이다. 여기서 파의 포락선(envelope)은 $e^{-\alpha x}$의 인자로서 감쇠됨을 기억하라.

α의 실제 단위는 (1/m)이다. 네퍼(Np)는 무차원(dimensionless)이고, 관례적으로 (Np/m) 단위는 매질의 감쇠정수(attenuation constant)를 표현하기 위해 사용된다. 마찬가지로 위상정수 β도 (1/m)를 사용하는 대신에 단위로서 (rad/m)를 사용하게 된다.

예제 6-1 **수중에서의 음파**

유체(액체 혹은 가스) 속에서 x축의 양의 방향으로 진행하고 있는 어떤 음파는 차동 압력 $p(x, t)$로서 그 특성을 표시할 수 있다. 이 때 압력의 단위는 제곱미터당 뉴턴(N)으로서 (N/m^2)이다. 수중에서 x축의 양의 방향으로 진행하는 정현의 음파의 $p(x, t)$의 표현식을 구하라. 이 때 파의 주파수는 1kHz이고, 수중에서 음파의 속도는 1.5km/s, 파고는 20N/m^{2}이다. 또한, $p(x, t)$는 $t=0$와 $x=0.25\text{m}$에서 최대치를 갖는다. 여기에서 물은 무손실 매질로 간주한다.

풀이 x축의 양의 방향으로 진행하는 파에 대한 일반식 (6.1)에 따르면,

$$p(x,t) = A\cos\left(\frac{2\pi}{T}t - \frac{2\pi}{\lambda}x + \phi_0\right) \qquad (\text{N/m}^2).$$

이 때 파의 크기 $A=20\text{N/m}^2$이고, $T=1/f=10^{-3}\text{s}$이다. 또한 $u_p=f\lambda$로부터 다음의 식을 얻는다.

$$\lambda = \frac{u_p}{f} = \frac{1.5\times10^3}{10^3} = 1.5\ \text{m}.$$

그러므로

$$p(x,t) = 20\cos\left(2\pi\times10^3 t - \frac{4\pi}{3}x + \phi_0\right) \qquad (\text{N/m}^2).$$

$t=0$이고 $x=0.25\text{m}$일 때는 $p(0.25, 0)=10\text{N/m}^2$이므로 다음의 식을 얻는다.

$$20 = 20\cos\left(\frac{-4\pi}{3}0.25 + \phi_0\right)$$
$$= 20\cos\left(\frac{-\pi}{3} + \phi_0\right),$$

위의 식으로부터 $(\phi_0 - \pi/3) = \cos^{-1}(1)$, 혹은 $\phi_0 = \pi/3$을 얻는다. 그러므로

$$p(x,t) = 20\cos\left(2\pi \times 10^3 t - \frac{4\pi}{3}x + \frac{\pi}{3}\right) \qquad (\text{N/m}^2).$$

이다. ♣

예제 6-2 **전력 손실**

대기층을 통해 전파하는 레이저 빔은 다음과 같이 주어지는 전기장(electric field)의 세기에 비례하여 특성이 표현된다.

$$E(x,t) = 150e^{-0.03x}\cos(3 \times 10^{15}t - 10^7 x) \qquad (\text{V/m}),$$

이 때 x는 전자파원으로부터 m로 표시되는 거리이다. 감쇠는 레이저 빔이 대기권의 가스에 흡수되기 때문에 발생한다. 이 때 300m의 거리에서 (a) 파가 진행하는 방향, (b) 파의 속도, (c) 파의 진폭을 구하라.

풀이

(a) 코사인 함수 위상의 변수인 x와 t의 부호가 서로 반대이므로, 파는 $+x$방향으로 진행하여야 한다.

(b)

$$u_p = \frac{\omega}{\beta} = \frac{3 \times 10^{15}}{10^7} = 3 \times 10^8 \text{ m/s},$$

이는 자유공간에서의 빛의 속도인 c와 같다.

(c) $x = 300$m에서 $E(x, t)$의 진폭은

$$150e^{-0.03 \times 300} = 0.02 \qquad (\text{V/m}).$$

이다. ♣

연습문제 6.1 진행하는 전자파의 전계는 다음과 같이 표현된다.

$$E(z,t) = 10\cos(\pi \times 10^7 t + \pi z/15 + \pi/6) \qquad (\text{V/m}).$$

이 때 (a) 진행하는 파의 방향, (b) 파의 주파수 f, (c) 파의 파장 λ, 그리고 (d) 위상속도 u_p를 구하라.

[답] (a) $-z$ 방향, (b) $f = 5$ MHz, (c) $\lambda = 30$ m, (d) $u_p = 1.5 \times 10^8$ m/s. (◉)

연습문제 6.2 어떤 전자파가 손실매질에서 감쇠상수 $\alpha = 0.5$Np/m를 가지고 z축의 방향으로 진행하고 있다. 이 때 파의 전계의 진폭이 $z=0$일 때 100V/m라고 하면, 파가 얼마나 진행하여야 진폭의 크기가 작아져서 (a) 10V/m, (b) 1V/m, (c) 1μV/m로 되겠는가?

[답] (a) 4.6 m, (b) 9.2 m, (c) 37 m. (◉)

6-1.3 복소수 요약

어떤 임의의 **복소수**(complex number)는 다음과 같이 표시된다.

$$z = x + jy, \tag{6.18}$$

이 때 x와 y는 각각 z의 **실수부**($\mathfrak{Re}$)와 **허수부**($\mathfrak{Im}$)이고, $j = \sqrt{-1}$이다. 즉,

$$x = \mathfrak{Re}(z), \qquad y = \mathfrak{Im}(z). \tag{6.19}$$

다른 방법으로는 z를 **극좌표 형태**(polar form)로 아래와 같이 표현할 수 있다.

$$z = |z|e^{j\theta} = |z|\angle\theta \qquad (6.20)$$

이 때, $|z|$는 z의 크기이고, θ는 위상각이고, $\angle\theta$ 의 기호는 수학적 계산에 자주 쓰이는 단축표기법이다. **오일러 항등식**(Euler' s identity)을 적용하면 다음과 같다.

$$e^{j\theta} = \cos\theta + j\sin\theta, \qquad (6.21)$$

식 (6.20)과 같이 극좌표 형태로 표현된 z를 식 (6.18)처럼 직각좌표계 형태로 변환할 수 있다.

$$z = |z|e^{j\theta} = |z|\cos\theta + j|z|\sin\theta, \qquad (6.22)$$

위의 식은 다음의 관계를 갖는다.

$$x = |z|\cos\theta, \qquad y = |z|\sin\theta, \qquad (6.23)$$

$$|z| = \sqrt[+]{x^2 + y^2}, \qquad \theta = \tan^{-1}(y/x). \qquad (6.24)$$

위의 두 가지 형태의 식을 그림 6-7에 그림으로 나타내었다. 식 (6.24)를 사용할 때 θ가 적절한 사분면(quadrant)에 있도록 주의를 기울여야 한다. 또한, $|z|$가 양수이기 때문에 식 (6.24)에서는 양의 제곱근만이 사용되어야 한다. 이를 표시하기 위하여 제곱근 기호 위에 +부호를 표시하여 놓았다.

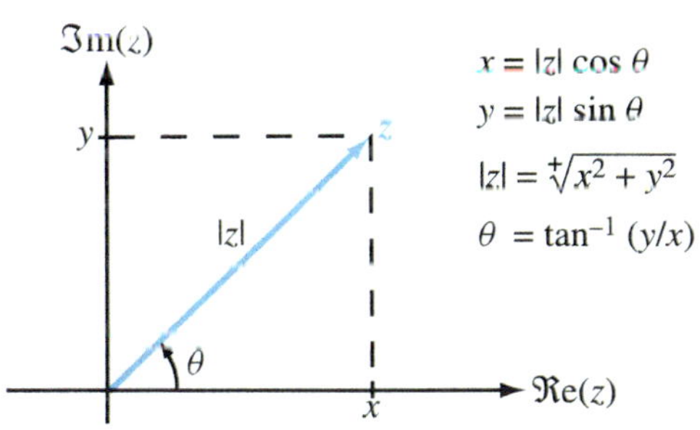

그림 6-7 복소수 $z=x+jy=|z|e^{j\theta}$를 직각좌표계와 극좌표계를 사용하여 표현한 수식의 관계

z의 **켤레복소수**(comlex conjugate)는 오른쪽 위쪽에 별 모양의 첨자(asterisk)로 표기하는데, 이는 j 부분을 $-j$로 대치함으로써 얻을 수 있다. 즉,

$$z^* = (x + jy)^* = x - jy = |z|e^{-j\theta} = |z|\angle{-\theta}. \qquad (6.25)$$

이제 다음 장에서 접하게 될 복소수 대수학의 몇 가지 특성을 요약해 보자.

$$|z| = \sqrt[+]{z\,z^*}. \qquad (6.26)$$

상등(Equality): 만일 두 개의 복소수 z_1과 z_2가 다음과 같이 주어진다면

$$z_1 = x_1 + jy_1 = |z_1|e^{j\theta_1}, \qquad (6.27)$$

$$z_2 = x_2 + jy_2 = |z_2|e^{j\theta_2}, \qquad (6.28)$$

$x_1=x_2$이고 $y_1=y_2$일 때만 $z_1=z_2$가 되고, 또한 등가적으로 $|z_1|=|z_2|$이고, $\theta_1=\theta_2$이다.

덧셈(Addition):

$$z_1 + z_2 = (x_1 + x_2) + j(y_1 + y_2). \qquad (6.29)$$

곱셈(Multiplication):

$$\begin{aligned} z_1 z_2 &= (x_1 + jy_1)(x_2 + jy_2) \\ &= (x_1x_2 - y_1y_2) + j(x_1y_2 + x_2y_1), \end{aligned} \qquad (6.30a)$$

혹은

$$\begin{aligned} z_1 z_2 &= |z_1|e^{j\theta_1} \cdot |z_2|e^{j\theta_2} \\ &= |z_1||z_2|e^{j(\theta_1+\theta_2)} \\ &= |z_1||z_2|[\cos(\theta_1 + \theta_2) + j\sin(\theta_1 + \theta_2)]. \end{aligned} \qquad (6.30b)$$

나눗셈(Division):

$$\begin{aligned}\frac{z_1}{z_2} &= \frac{x_1 + jy_1}{x_2 + jy_2} \\ &= \frac{(x_1 + jy_1)}{(x_2 + jy_2)} \cdot \frac{(x_2 - jy_2)}{(x_2 - jy_2)} \\ &= \frac{(x_1x_2 + y_1y_2) + j(x_2y_1 - x_1y_2)}{x_2^2 + y_2^2},\end{aligned} \qquad (6.31a)$$

혹은

$$\begin{aligned}\frac{z_1}{z_2} &= \frac{|z_1|e^{j\theta_1}}{|z_2|e^{j\theta_2}} \\ &= \frac{|z_1|}{|z_2|}e^{j(\theta_1-\theta_2)} \\ &= \frac{|z_1|}{|z_2|}[\cos(\theta_1 - \theta_2) + j\sin(\theta_1 - \theta_2)].\end{aligned} \qquad (6.31b)$$

멱(거듭제곱: Powers): 어떤 양의 정수 n에 대해

$$\begin{aligned}z^n &= (|z|e^{j\theta})^n \\ &= |z|^n e^{jn\theta} = |z|^n(\cos n\theta + j\sin n\theta),\end{aligned} \qquad (6.32)$$

$$\begin{aligned}z^{1/2} &= \pm|z|^{1/2}e^{j\theta/2} \\ &= \pm|z|^{1/2}[\cos(\theta/2) + j\sin(\theta/2)].\end{aligned} \qquad (6.33)$$

유용한 표현식:

$$\begin{aligned}-1 &= e^{j\pi} = e^{-j\pi} = 1\angle 180^\circ, \\ j &= e^{j\pi/2} = 1\angle 90^\circ,\end{aligned} \qquad (6.34)$$

$$-j = -e^{j\pi/2} = e^{-j\pi/2} = 1\angle -90^\circ, \qquad (6.35)$$

$$\sqrt{j} = (e^{j\pi/2})^{1/2} = \pm e^{j\pi/4} = \frac{\pm(1+j)}{\sqrt{2}}, \qquad (6.36)$$

$$\sqrt{-j} = \pm e^{-j\pi/4} = \frac{\pm(1-j)}{\sqrt{2}}. \qquad (6.37)$$

예제 6-3 복소수 연습

다음의 복소수가 있다고 하자.

$$V = 3 - j4,$$
$$I = -(2 + j3).$$

(a) V와 I를 극좌표계 형태로 표현하라.

(b) VI, (c) VI^*, (d) V/I, (e) $\sqrt{I}$의 표현식을 구하라.

풀이

(a)

$$\begin{aligned}|V| &= \sqrt[+]{VV^*} \\ &= \sqrt[+]{(3-j4)(3+j4)} = \sqrt[+]{9+16} = 5, \\ \theta_V &= \tan^{-1}(-4/3) = -53.1^\circ, \\ V &= |V|e^{j\theta_V} = 5e^{-j53.1^\circ} = 5\angle -53.1^\circ,\end{aligned}$$

$$|I| = \sqrt[+]{2^2 + 3^2} = \sqrt[+]{13} = 3.61.$$

$I = (-2 - j3)$은 그림 6-8과 같이 복소평면에서 제3사분면에 있기 때문에

$$\begin{aligned}\theta_I &= 180^\circ + \tan^{-1}\left(\tfrac{3}{2}\right) = 236.3^\circ, \\ I &= 3.61\angle 236.3^\circ.\end{aligned}$$

(b)

$$\begin{aligned}VI &= 5e^{-j53.1^\circ} \times 3.61e^{j236.3^\circ} \\ &= 18.05e^{j(236.3^\circ - 53.1^\circ)} = 18.05e^{j183.2^\circ}.\end{aligned}$$

(c)

$$\begin{aligned}VI^* &= 5e^{-j53.1^\circ} \times 3.61e^{-j236.3^\circ} \\ &= 18.05e^{-j289.4^\circ} = 18.05e^{j70.6^\circ}.\end{aligned}$$

(d)

$$\begin{aligned}\frac{V}{I} &= \frac{5e^{-j53.1^\circ}}{3.61e^{j236.3^\circ}} \\ &= 1.39e^{-j289.4^\circ} = 1.39e^{j70.6^\circ}.\end{aligned}$$

(e)

$$\begin{aligned}\sqrt{I} &= \sqrt{3.61e^{j236.3^\circ}} \\ &= \pm\sqrt{3.61}\, e^{j236.3^\circ/2} = \pm 1.90e^{j118.15^\circ}.\end{aligned}$$ ♣

연습문제 6.3 아래의 복소 함수를 극좌표 형태로 표현하라.

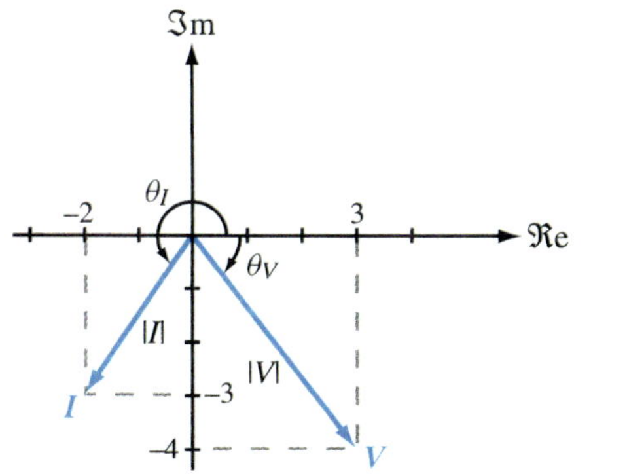

그림 6-8 복소평면에서 복소수 V와 I의 표시(연습문제 6-3)

$$z_1 = (4 - j3)^2,$$
$$z_2 = (4 - j3)^{1/2}.$$

[답] $z_1 = 25\angle{-73.7^\circ}$, $z_2 = \pm\sqrt{5}\angle{-18.4^\circ}$. (◉)

연습문제 6.4 $\sqrt{2j} = \pm(1 + j)$ 임을 보여라. (◉)

6-1.4 페이저의 요약

페이저(phasor) 분석법은 전원이 시간에 대해 주기적인 함수일 경우 선형 시스템의 문제를 다루는 데 유용한 수학적 방법이다. 많은 공학문제는 선형적 미적분 방정식 형태로 표현된다. 만일 여기(excitation)가, 혹은 더 일반적으로 **인가함수**(forcing function)가 시간에 따라 정현적으로(sinusoidally) 변하는 경우, 시간의 종속변수를 페이저 표기법을 사용하여 표현하게 되면 미적분 방정식이 정현의 함수가 포함되지 않은 선형 방정식으로 변환되어 문제의 해답을 간단히 구할 수 있게 된다. 즉, 회로의 전압, 전류와 같은 원하는 변수에 대한 표현식을 얻은 다음, 페이저 영역으로부터 시간 영역으로 변환함으로써 원하는 해답을 얻게 된다.

또한 페이저 기법은 인가함수가 정현이 아닌 임의의 함수인 경우, 즉 구형파나 연속 펄스의 경우에도 사용하여 분석할 수 있다. 즉, 인가함수를 정현파의 고조파(harmonic) 성분으로 표현하는 푸리에 급수(Fourier series)로 전개한 후, 인가함수의 각각의 푸리에 성분에 대해 페이저 분석기법을 적용하여 구하고자 하는 변수에 대한 해를 구한다. 중첩의 원리(superposition principle)에 의해 각각의 푸리에 성분에 대한 해를 다 합산하게 되면 원하는 해를 구할 수 있는데, 이는 푸리에 표현법을 사용하지 않고 직접 시간 영역에서 문제를 푸는 것과 동일한 해가 될 것이다. 푸리에 급수를 전개하여 페이저 기법을 사용하게 되면 해를 구하는 것이 훨씬 간단해지는 장점이 있다. 더구나, 하나의 펄스 같은 비주기 인가함수의 경우에도 이 인가함수를 푸리에 적분으로 표현할 수 있고 중첩의 원리와 유사한 방법을 적용하여 문제를 해결할 수 있다.

간단한 RC 회로를 그림 6-9에 나타내었는데, 이 회로에는 정현적으로 시간에 따라 변하는 전압원이 있고, 다음과 같은 수식으로 표현된다.

$$\upsilon_s(t) = V_0 \sin(\omega t + \phi_0), \tag{6.38}$$

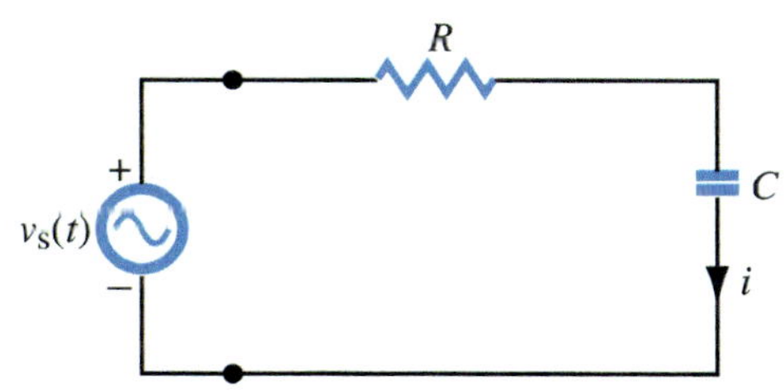

그림 6-9 전압원 $\upsilon_s(t)$에 연결된 RC 회로

이 때 V_0는 진폭이고, ω는 각주파수(angular frequency), 그리고 ϕ_0는 기준위상이다. 키르히호프의 전압의 법칙을 적용하여 다음과 같은 폐회로 방정식을 얻을 수 있다.

$$R\,i(t)+\frac{1}{C}\int i(t)\,dt=\upsilon_s(t) \quad (\text{시간영역}). \tag{6.39}$$

우리의 최종 목표는 전압인 $i(t)$의 표현식을 구하는 것이다. 이 해는 시간영역의 방정식인 식 (6.39)로부터 직접 해를 구할 수도 있지만, 이 때 인가함수 $\upsilon_s(t)$가 정현함수이기 때문에 해법이 다소 복잡하게 된다. 다른 방법으로는 페이저 기법의 장점을 적극 이용하여 해를 구할 수 있다.

단계 1: 기준 코사인함수의 적용

이 단계에서는, 만일 인가함수가 코사인(cosine)의 형태로 되어 있지 않다면, 이를 코사인 함수 형태로 표현하여야 한다. 따라서 회로에 흐르는 전류나 R과 C에 걸리는 전압 같은 모든 시변(time-varying) 함수는 기준으로서의 코사인 함수(cosine reference)를 갖게 될 것이다. 그러므로

$$\begin{aligned}\upsilon_s(t)&=V_0\sin(\omega t+\phi_0)\\&=V_0\cos\left(\frac{\pi}{2}-\omega t-\phi_0\right)\\&=V_0\cos\left(\omega t+\phi_0-\frac{\pi}{2}\right),\end{aligned} \tag{6.40}$$

이 때 $\sin x=\cos(\pi/2-x)$와 $\cos(-x)=\cos x$임을 사용하였다.

단계 2: 시간의 종속변수를 페이저로 표현

모든 시변의 정현함수 $z(t)$는 다음의 형태로 표현할 수 있다.

$$z(t)=\mathfrak{Re}\left[\widetilde{Z}\,e^{j\omega t}\right], \tag{6.41}$$

이 때 $\widetilde{Z}$는 시간에 독립된 함수이고 이를 **순시함수**(instantaneous function) $z(t)$의 페이저라고 부른다. 순시값과 이에 상응하는 페이저를 구분하기 위해, 페이저를 나타내는 문자 위에는 물결표시(~)를 하였다. 식 (6.40)에 주어진 전압 $\upsilon_s(t)$는 다음과 같은 형태로 변환된다.

$$\begin{aligned}\upsilon_s(t)&=\mathfrak{Re}\left[V_0e^{j(\omega t+\phi_0-\pi/2)}\right]\\&=\mathfrak{Re}\left[V_0e^{j(\phi_0-\pi/2)}e^{j\omega t}\right]\\&=\mathfrak{Re}\left[\widetilde{V}_s e^{j\omega t}\right],\end{aligned} \tag{6.42}$$

이 때

$$\widetilde{V}_s=V_0e^{j(\phi_0-\pi/2)}. \tag{6.43}$$

페이저 $\widetilde{V}_s$는 시간함수인 $\upsilon_s(t)$의 페이저인데, 크기와 위상의 정보를 가지고 있으나 시간변수 t에는 독립적이다. 다음으로는 미지변수 $i(t)$를 페이저 $\tilde{I}$로 정의할 수 있다.

$$i(t)=\mathfrak{Re}(\tilde{I}e^{j\omega t}), \tag{6.44}$$

그리고 만일 해를 구하려고 하는 방정식에 미분이나 적분 표현식이 있다면, 이를 다음의 두 관계식을 사용하여 페이저로 변환시킬 수 있다.

$$\begin{aligned}\frac{di}{dt}&=\frac{d}{dt}\left[\mathfrak{Re}(\tilde{I}e^{j\omega t})\right]\\&=\mathfrak{Re}\left[\frac{d}{dt}(\tilde{I}e^{j\omega t})\right]\\&=\mathfrak{Re}[j\omega\tilde{I}e^{j\omega t}],\end{aligned} \tag{6.45}$$

그리고

$$\int i\,dt=\int\mathfrak{Re}(\tilde{I}e^{j\omega t})\,dt$$

$$= \Re\mathfrak{e}\left(\int \tilde{I}e^{j\omega t}\,dt\right)$$

$$= \Re\mathfrak{e}\left(\frac{\tilde{I}}{j\omega}e^{j\omega t}\right). \qquad (6.46)$$

그러므로, 시간함수 $i(t)$를 미분하는 것은 페이저인 $\tilde{I}$에 $j\omega$를 곱하는 것과 같고, 이를 적분하는 것은 $j\omega$로 나누는 것과 동일하다.

단계 3: 미분 및 적분 함수를 페이저 형태로 변환

식 (6.42)와 (6.44), (6.46)을 식 (6.39)에 대입하면 다음과 같은 식을 얻는다.

$$R\,\Re\mathfrak{e}(\tilde{I}e^{j\omega t}) + \frac{1}{C}\Re\mathfrak{e}\left(\frac{\tilde{I}}{j\omega}e^{j\omega t}\right) = \Re\mathfrak{e}(\tilde{V}_s e^{j\omega t}). \quad (6.47)$$

이 때 R과 C가 실수값이고, $\Re\mathfrak{e}(\ )$ 함수는 배분법칙을 만족하기 때문에, 식 (6.47)을 아래와 같이 간단히 할 수 있다.

$$\tilde{I}\left(R + \frac{1}{j\omega C}\right) = \tilde{V}_s \qquad \text{(페이저 영역)}. \qquad (6.48)$$

시간의 인수인 $e^{j\omega t}$는 세 항에 공통으로 있기 때문에, 위 식에서 제거되었다. 식 (6.48)은 식 (6.39)의 페이저 영역에서의 등가식이 된다.

단계 4: 페이저 영역의 방정식 풀기

식 (6.48)에서 페이저 전류 $\tilde{I}$는 아래와 같다.

$$\tilde{I} = \frac{\tilde{V}_s}{R + 1/(j\omega C)}. \qquad (6.49)$$

다음 단계로 넘어가기 전에, 식 (6.49)의 우변을 $I_0e^{j\theta}$의 형태를 사용하여 변환한다. 이 때 I_0는 실수이므로,

$$\tilde{I} = V_0 e^{j(\phi_0 - \pi/2)}\left[\frac{j\omega C}{1 + j\omega RC}\right]$$

$$= V_0 e^{j(\phi_0 - \pi/2)}\left[\frac{\omega C e^{j\pi/2}}{\sqrt[+]{1 + \omega^2R^2C^2}\,e^{j\phi_1}}\right]$$

$$= \frac{V_0\omega C}{\sqrt[+]{1 + \omega^2R^2C^2}}e^{j(\phi_0 - \phi_1)}, \qquad (6.50)$$

이 때 항등식 $j = e^{j\pi/2}$를 사용하였다 위상각 $\phi_1 = \tan^{-1}(\omega RC)$은 복소평면의 일사분면에 있다.

단계 5: 순시값 구하기

$i(t)$를 구하기 위해 식 (6.44)를 적용한다. 즉, 식 (6.50)을 통해 얻은 페이저인 $\tilde{I}$에 $e^{j\omega t}$를 곱하고, 실수값을 취한다. 즉,

$$i(t) = \Re\mathfrak{e}\left[\tilde{I}e^{j\omega t}\right]$$

$$= \Re\mathfrak{e}\left[\frac{V_0\omega C}{\sqrt[+]{1 + \omega^2R^2C^2}}e^{j(\phi_0 - \phi_1)}e^{j\omega t}\right]$$

$$= \frac{V_0\omega C}{\sqrt[+]{1 + \omega^2R^2C^2}}\cos(\omega t + \phi_0 - \phi_1). \qquad (6.51)$$

요약하면, 시간에 따라 변하는 모든 변수들을 페이저 영역으로 변환한 다음, 원하는 수시전류 $i(t)$의 페이저인 $\tilde{I}$를 구한다. 최종적으로 $i(t)$에 대한 표현식을 얻기 위해 시간 영역으로 다시 변환한다. 표 6-1은 몇 가지 시간 영역의 함수와 이에 상응되는 페이저 영역의 함수를 요약해 놓은 것이다.

예제 6-4 *RL* 회로

그림 6-10에서 전원전압은 다음과 같다.

$$v_s(t) = 5\sin(4 \times 10^4 t - 30°) \qquad \text{(V)}. \qquad (6.52)$$

인덕터에 걸리는 전압에 대한 표현식을 구하라.

표 6-1 시간영역의 정현파 함수 $z(t)$와 그에 대응하는 페이저 영역 함수 $\widetilde{Z}$. 여기서 $z(t) = \mathfrak{Re}[\widetilde{Z}e^{j\omega t}]$.

$z(t)$		$\widetilde{Z}$
$A\cos\omega t$	$\leftrightarrow$	A
$A\cos(\omega t + \phi_0)$	$\leftrightarrow$	$Ae^{j\phi_0}$
$A\cos(\omega t + \beta x + \phi_0)$	$\leftrightarrow$	$Ae^{j(\beta x+\phi_0)}$
$Ae^{-\alpha x}\cos(\omega t + \beta x + \phi_0)$	$\leftrightarrow$	$Ae^{-\alpha x}e^{j(\beta x+\phi_0)}$
$A\sin\omega t$	$\leftrightarrow$	$Ae^{-j\pi/2}$
$A\sin(\omega t + \phi_0)$	$\leftrightarrow$	$Ae^{j(\phi_0-\pi/2)}$
$\frac{d}{dt}(z_1(t))$	$\leftrightarrow$	$j\omega\widetilde{Z}_1$
$\frac{d}{dt}[A\cos(\omega t + \phi_0)]$	$\leftrightarrow$	$j\omega Ae^{j\phi_0}$
$\int z_1(t)\,dt$	$\leftrightarrow$	$\frac{1}{j\omega}\widetilde{Z}_1$
$\int A\sin(\omega t + \phi_0)\,dt$	$\leftrightarrow$	$\frac{1}{j\omega}Ae^{j(\phi_0-\pi/2)}$

풀이 *RL* 회로의 전압 폐회로 방정식은 다음과 같다.

$$Ri + L\frac{di}{dt} = v_s(t). \tag{6.53}$$

식 (6.53)을 페이저 영역으로 변환하기 전에, 식 (6.52)를 코사인 함수로 다음과 같이 표현한다.

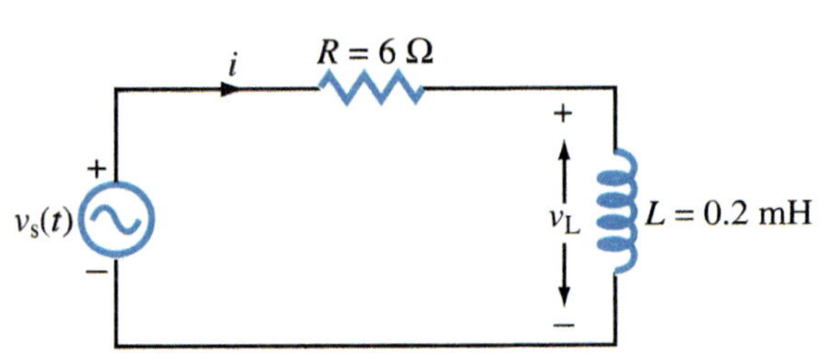

그림 6-10 *RL* 회로(예제 6-4)

$$\begin{aligned} v_s(t) &= 5\sin(4\times10^4 t - 30°) \\ &= 5\cos(4\times10^4 t - 120°) \quad \text{(V)}. \end{aligned} \tag{6.54}$$

t의 계수는 각주파수 $\omega = 4\times10^4$(rad/s)를 나타낸다. $v_s(t)$에 상응하는 전압 페이저는 $\widetilde{V}_s = 5e^{-j120°}$(V)이고 식 (6.53)에 대응하는 페이저 방정식은

$$R\widetilde{I} + j\omega L\widetilde{I} = \widetilde{V}_s. \tag{6.55}$$

이다. 이를 전류 페이저 $\widetilde{I}$에 대해서 풀면,

$$\begin{aligned} \widetilde{I} &= \frac{\widetilde{V}_s}{R + j\omega L} \\ &= \frac{5e^{-j120°}}{6 + j4\times10^4\times2\times10^{-4}} \\ &= \frac{5e^{-j120°}}{6 + j8} = \frac{5e^{-j120°}}{10e^{j53.1°}} = 0.5e^{-j173.1°} \quad \text{(A)} \end{aligned}$$

이다. 인덕터에 걸리는 전압 페이저는 $\widetilde{I}$와 다음의 관계가 있다.

$$\begin{aligned} \widetilde{V}_L &= j\omega L\widetilde{I} \\ &= j4\times10^4\times2\times10^{-4}\times0.5e^{-j173.1°} \\ &= 4e^{j(90°-173.1°)} = 4e^{-j83.1°} \quad \text{(V)}, \end{aligned}$$

그러므로 순시전압 $v_L(t)$는 다음과 같다.

$$\begin{aligned} v_L(t) &= \mathfrak{Re}\left[\widetilde{V}_L e^{j\omega t}\right] \\ &= \mathfrak{Re}\left[4e^{-j83.1°}e^{j4\times10^4 t}\right] \\ &= 4\cos(4\times10^4 t - 83.1°) \quad \text{(V)}. \end{aligned}$$ ♣

연습문제 6.5 직렬 *RL* 회로가 전원전압 $v_s(t) = 150\cos\omega t$(V)와 연결되어 있고 $R = 400\,\Omega$, $L = 3$mH, $\omega = 10^5$rad/s일 때 다음을 구하라.

(a) 페이저 전류 $\tilde{I}$

(b) 순시전류 $i(t)$

[답] (a) $\tilde{I} = 150/(R + j\omega L) = 0.3\angle{-36.9°}$ (A), (b) $i(t) = 0.3\cos(\omega t - 36.9°)$ (A).

연습문제 6.6 페이저 전압이 $\tilde{V} = j5$ V로 주어졌을 때, $v(t)$를 구하라.

[답] $v(t) = 5\cos(\omega t + \pi/2) = -5\sin\omega t$ (V).

6-2 시변장

시변의 경우, 전계와 자계인 **E**, **D**, **B**, **H** 그리고 그들의 원천인 전하밀도 ρ_v와 전류밀도 **J**는 일반적으로 공간좌표 (x, y, z)와 시간변수 t의 함수이다. 이들 값의 시간변화(time variation)가 각주파수가 ω인 정현파 함수일 경우, 각각의 값들은 (x, y, z)에만 의존하는 시간에 독립적인 페이저로 표시할 수 있다. 그러므로 순시전계 $\mathbf{E}(x, y, z; t)$에 해당하는 벡터 페이저 $\tilde{\mathbf{E}}(x, y, z)$는

$$\mathbf{E}(x, y, z; t) = \mathfrak{Re}\left[\tilde{\mathbf{E}}(x, y, z)\, e^{j\omega t}\right], \tag{6.56}$$

으로 정의되며, 동일한 정의가 다른 계나 ρ_v와 **J**에도 적용될 수 있다. 유전율 ε, 투자율 μ, 도전율 σ에 의해 결정되는 선형, 등방성, 균일 매질에서, 시간영역의 미분은 페이저 영역에 $j\omega$를 곱한 것과 같으므로 식 (6.1)에서 식 (6.4)까지의 맥스웰 방정식은 페이저 영역에서 다음과 같은 형태가 된다.

$$\nabla \cdot \tilde{\mathbf{E}} = \tilde{\rho}_v/\varepsilon, \tag{6.57a}$$

$$\nabla \times \tilde{\mathbf{E}} = -j\omega\mu\tilde{\mathbf{H}}, \tag{6.57b}$$

$$\nabla \cdot \tilde{\mathbf{H}} = 0, \tag{6.57c}$$

$$\nabla \times \tilde{\mathbf{H}} = \tilde{\mathbf{J}} + j\omega\varepsilon\tilde{\mathbf{E}}, \tag{6.57d}$$

여기서, $\mathbf{D} = \varepsilon\mathbf{E}$와 $\mathbf{B} = \mu\mathbf{H}$이다. 이 방정식들이 이 장의 주제의 출발점이 된다.

6-2.1 복소 유전율

도전율 σ인 매질에서, 전류밀도 **J**는 $\mathbf{J} = \sigma\mathbf{E}$이므로 식 (6.57d)는 다음과 같이 쓸 수 있다.

$$\nabla \times \tilde{\mathbf{H}} = \tilde{\mathbf{J}} + j\omega\varepsilon\tilde{\mathbf{E}} = (\sigma + j\omega\varepsilon)\tilde{\mathbf{E}} = j\omega\left(\varepsilon - j\frac{\sigma}{\omega}\right)\tilde{\mathbf{E}}. \tag{6.58}$$

복소유전율(complex permittivity) ε_c를

$$\varepsilon_c \triangleq \varepsilon - j\frac{\sigma}{\omega}, \tag{6.59}$$

으로 정의하면, 식 (6.58)은

$$\nabla \times \tilde{\mathbf{H}} = j\omega\varepsilon_c\tilde{\mathbf{E}}. \tag{6.60}$$

로 다시 쓸 수 있다. 식 (6.59)의 복소유전율 ε_c를 실수부 ε'와 허수부 ε''의 항으로 분리하여 표시할 수 있다. 그러므로,

$$\varepsilon_c = \varepsilon - j\frac{\sigma}{\omega} \triangleq \varepsilon' - j\varepsilon'', \tag{6.61}$$

이 되고,

$$\varepsilon' = \varepsilon, \tag{6.62a}$$

$$\varepsilon'' = \frac{\sigma}{\omega}. \tag{6.62b}$$

이다. $\sigma=0$인 무손실매질에서는 $\varepsilon''=0$이고, $\varepsilon_c = \varepsilon' = \varepsilon$

이 된다.

6-2.2 무전하매질에서의 파동방정식

잉여전하(excess charge)가 없는 경우, 즉 $\rho_v=0$인 매질을 무전하매질이라 한다. 식 (6.57d)를 식 (6.60)으로 대치하고, 식 (6.57a)에서 $\rho_v=0$으로 하면, 자유공간에서의 맥스웰 방정식은

$$\nabla \cdot \widetilde{\mathbf{E}} = 0, \qquad (6.63a)$$
$$\nabla \times \widetilde{\mathbf{E}} = -j\omega\mu\widetilde{\mathbf{H}}, \qquad (6.63b)$$
$$\nabla \cdot \widetilde{\mathbf{H}} = 0, \qquad (6.63c)$$
$$\nabla \times \widetilde{\mathbf{H}} = j\omega\varepsilon_c\widetilde{\mathbf{E}}. \qquad (6.63d)$$

이다.

무전하매질에서 전자파의 전파를 설명하기 위하여, $\widetilde{\mathbf{E}}$와 $\widetilde{\mathbf{H}}$에 대한 파동방정식을 유도한 다음, 공간변수 (x, y, z)의 함수로 된 $\widetilde{\mathbf{E}}$와 $\widetilde{\mathbf{H}}$에 관한 명확한 식을 구하기 위하여 파동방정식의 해를 구할 필요가 있다. 이를 위해, 식 (6.63b)의 양변에 컬(curl)을 취하면

$$\nabla \times (\nabla \times \widetilde{\mathbf{E}}) = -j\omega\mu(\nabla \times \widetilde{\mathbf{H}}). \qquad (6.64)$$

이 되고, 식 (6.63d)를 식 (6.64)에 대입하면

$$\nabla \times (\nabla \times \widetilde{\mathbf{E}}) = -j\omega\mu(j\omega\varepsilon_c\widetilde{\mathbf{E}}) = \omega^2\mu\varepsilon_c\widetilde{\mathbf{E}}. \qquad (6.65)$$

이 된다. 식 (2.113)으로부터, Curl $\widetilde{\mathbf{E}}$의 Curl은

$$\nabla \times (\nabla \times \widetilde{\mathbf{E}}) = \nabla(\nabla \cdot \widetilde{\mathbf{E}}) - \nabla^2\widetilde{\mathbf{E}}, \qquad (6.66)$$

이다. 여기서 $\nabla^2\widetilde{\mathbf{E}}$는 $\widetilde{\mathbf{E}}$의 라플라시안(Laplacian)으로 직각좌표에서는

$$\nabla^2\widetilde{\mathbf{E}} = \left(\frac{\partial^2}{\partial x^2} + \frac{\partial^2}{\partial y^2} + \frac{\partial^2}{\partial z^2}\right)\widetilde{\mathbf{E}}. \qquad (6.67)$$

이다. 식 (6.63a)에 의해, $\nabla \cdot \widetilde{\mathbf{E}}=0$이므로 식 (6.65)에 식 (6.66)의 관계를 적용하면

$$\nabla^2\widetilde{\mathbf{E}} + \omega^2\mu\varepsilon_c\widetilde{\mathbf{E}} = 0, \qquad (6.68)$$

이 된다. 이것은 $\widetilde{\mathbf{E}}$에 관한 **파동방정식**(homogeneous wave equation)이라 한다. **전파정수**(propagation constant) γ를

$$\gamma^2 \triangleq -\omega^2\mu\varepsilon_c, \qquad (6.69)$$

로 정의하면 식 (6.68)은

$$\nabla^2\widetilde{\mathbf{E}} - \gamma^2\widetilde{\mathbf{E}} = 0. \qquad (6.70)$$

로 쓸 수 있다.

식 (6.70)을 유도할 때, 식 (6.63b)의 양변에 컬(curl)을 취한 다음, $\widetilde{\mathbf{E}}$만의 함수가 되도록 하기 위해 식 (6.63d)를 이용하였다. 한편, $\widetilde{\mathbf{H}}$에 대한 파동방정식을 구하기 위해서는 식 (6.63d)의 양변에 컬(curl)을 취한 다음 식 (6.63b)를 이용하면 된다.

$$\nabla^2\widetilde{\mathbf{H}} - \gamma^2\widetilde{\mathbf{H}} = 0. \qquad (6.71)$$

$\widetilde{\mathbf{E}}$와 $\widetilde{\mathbf{H}}$에 대한 파동방정식은 동일한 형태이므로, 그 해도 동일한 형태가 된다.

6-3 무손실매질 내에서의 평면파 전파

전자파의 전파특성을 나타내는 위상속도 u_p와 파장 λ는 매질의 물질상수 ε, μ, σ와 각주파수 ω에 의해 결정된다. 매질이 **절연체**(nonconducting)($\sigma=0$)인 경우 , 전자파가 매질을 통해 진행할 때 감쇠가 발생하지 않으므로 무손실(lossless)이다. 식 (6.59)로부터, 무손실 매질에

서는 $\varepsilon_c = \varepsilon$이므로 식 (6.69)는

$$\gamma^2 = -\omega^2 \mu\varepsilon. \qquad (6.72)$$

으로 된다. 이 때 **파수**(wave number) k는

$$k = \omega\sqrt{\mu\varepsilon}\,. \qquad (6.73)$$

이다. 식 (6.72)와 비교하면, $\gamma^2 = -k^2$이므로 식 (6.70)은

$$\nabla^2 \tilde{\mathbf{E}} + k^2 \tilde{\mathbf{E}} = 0. \qquad (6.74)$$

가 된다.

6-3.1 균일 평면파

직각좌표계에서 전계 페이저는

$$\tilde{\mathbf{E}} = \hat{\mathbf{x}}\tilde{E}_x + \hat{\mathbf{y}}\tilde{E}_y + \hat{\mathbf{z}}\tilde{E}_z, \qquad (6.75)$$

으로 주어지고, 식 (6.74)에 식 (6.67)의 관계를 대입하면

$$\left(\frac{\partial^2}{\partial x^2} + \frac{\partial^2}{\partial y^2} + \frac{\partial^2}{\partial z^2}\right)(\hat{\mathbf{x}}\tilde{E}_x + \hat{\mathbf{y}}\tilde{E}_y + \hat{\mathbf{z}}\tilde{E}_z) + k^2(\hat{\mathbf{x}}\tilde{E}_x + \hat{\mathbf{y}}\tilde{E}_y + \hat{\mathbf{z}}\tilde{E}_z) = 0. \qquad (6.76)$$

이 된다. 식 (6.76)을 만족하기 위하여, 좌변의 각 벡터 성분은 0이 되어야 한다. 그러므로

$$\left(\frac{\partial^2}{\partial x^2} + \frac{\partial^2}{\partial y^2} + \frac{\partial^2}{\partial z^2} + k^2\right)\tilde{E}_x = 0, \qquad (6.77)$$

이 되어야 하며, $\tilde{E}_y$, $\tilde{E}_z$에도 동일하게 적용된다.

그림 6-2(b)에서 보는 바와 같이 **균일 평면파**(uniform plane wave)는 전계 및 자계가 무한평면 상의 모든 점에서 균일하다는 특성을 갖는다. 만일 무한평면이 x-y평면일 경우, **E**와 **H**가 x와 y에 따라 변화하지 않으므로 $\partial\tilde{E}_x/\partial x = 0$, $\partial\tilde{E}_y/\partial y = 0$가 되어, 식 (6.77)은

$$\frac{d^2\tilde{E}_x}{dz^2} + k^2\tilde{E}_x = 0, \qquad (6.78)$$

으로 되며, $\tilde{E}_y$, $\tilde{H}_x$, $\tilde{H}_y$도 동일한 형태의 식이 된다. $\tilde{\mathbf{E}}$와 $\tilde{\mathbf{H}}$의 나머지 성분은 0이 된다. 즉, $\tilde{E}_z = \tilde{H}_z = 0$이다. $\tilde{E}_z = 0$임을 증명하기 위하여, 식 (6.63d)의 z성분을 고찰해 보면

$$\hat{\mathbf{z}}\left(\frac{\partial\tilde{H}_y}{\partial x} - \frac{\partial\tilde{H}_x}{\partial y}\right) = \hat{\mathbf{z}}j\omega\varepsilon\tilde{E}_z. \qquad (6.79)$$

이다. $\partial\tilde{H}_y/\partial x = \partial\tilde{H}_x/\partial y = 0$이므로, $\tilde{E}_z = 0$이다. 식 (6.63b)에서 동일한 방법으로 $\tilde{H}_z = 0$이 되어야 함을 알 수 있다. 이것은 평면파는 그 진행방향으로는 전계나 자계성분을 갖지 않는다는 것을 의미한다.

페이저량 $\tilde{E}_x$에 대한 식 (6.78)의 미분방정식의 일반적인 해는

$$\tilde{E}_x(z) = \tilde{E}_x^+(z) + \tilde{E}_x^-(z) = E_{x0}^+ e^{-jkz} + E_{x0}^- e^{jkz}, \qquad (6.80)$$

이다. 여기서 E_{x0}^+와 E_{x0}^-는 경계조건에 의해 결정되는 상수이다. 식 (6.80)에 의한 해는 두 개의 지수항의 합으로 이루어졌는데, 첫째 항은 음의 부호, 둘째 항은 양의 부호이다. 곧 명확히 밝혀지겠지만 e^{-jkz}가 있는 식 (6.80)의 첫 번째 항은 $+z$방향으로 진행하는 진폭이 E_{x0}^+인 파이고, 두 번째 항 e^{jkz}는 $-z$방향으로 진행하는 진폭 E_{x0}^-인 파를 나타낸다. $\tilde{\mathbf{E}}$가 x성분만 있고($\tilde{E}_y = 0$), $+z$방향으로 진행하는 파만 존재하는 경우($E_{x0}^- = 0$)를 생각하면

$$\tilde{\mathbf{E}}(z) = \hat{\mathbf{x}}\tilde{E}_x^+(z) = \hat{\mathbf{x}}E_{x0}^+ e^{-jkz}. \qquad (6.81)$$

이 된다. $\tilde{E}_y = \tilde{E}_z = 0$인 조건을 식 (6.63b)에 적용하면 자계 $\mathbf{H}(z)$를 구할 수 있다.

$$\nabla \times \widetilde{\mathbf{E}} = \begin{vmatrix} \hat{\mathbf{x}} & \hat{\mathbf{y}} & \hat{\mathbf{z}} \\ \dfrac{\partial}{\partial x} & \dfrac{\partial}{\partial y} & \dfrac{\partial}{\partial z} \\ \widetilde{E}_x^+(z) & 0 & 0 \end{vmatrix} = -j\omega\mu(\hat{\mathbf{x}}\widetilde{H}_x + \hat{\mathbf{y}}\widetilde{H}_y + \hat{\mathbf{z}}\widetilde{H}_z). \qquad (6.82)$$

z방향으로 진행하는 평면파는

$$\partial E_x^+(z)/\partial x = \partial E_x^+(z)/\partial y = 0.$$

이므로 식 (6.82)는

$$\widetilde{H}_x = 0, \qquad (6.83a)$$

$$\widetilde{H}_y = \frac{1}{-j\omega\mu}\,\frac{\partial \widetilde{E}_x^+(z)}{\partial z}, \qquad (6.83b)$$

$$\widetilde{H}_z = \frac{1}{-j\omega\mu}\,\frac{\partial E_x^+(z)}{\partial y} = 0. \qquad (6.83c)$$

이 되고, 식 (6.83b)에 식 (6.81)을 이용하면

$$\widetilde{H}_y(z) = \frac{k}{\omega\mu} E_{x0}^+ e^{-jkz} = H_{y0}^+ e^{-jkz}, \qquad (6.84)$$

이 된다. 여기서 H_{y0}^+는 $\widetilde{H}_y(z)$의 진폭으로 다음 식으로 주어진다.

$$H_{y0}^+ = \frac{k}{\omega\mu} E_{x0}^+. \qquad (6.85)$$

전송선로 상에서 전원으로부터 부하 쪽으로 진행하는 파의 경우, 전압과 전류의 페이저 V_0^+와 I_0^+ 크기는 선로의 특성 임피던스 Z_0와 관계가 있다. 이와 비슷한 관계는 전자파의 전계와 자계에도 성립한다. 무손실매질의 **고유 임피던스**(intrinsic impedance)는

$$\eta \triangleq \frac{\omega\mu}{k} = \frac{\omega\mu}{\omega\sqrt{\mu\varepsilon}} = \sqrt{\frac{\mu}{\varepsilon}} \quad (\Omega), \qquad (6.86)$$

으로 정의된다. 여기서, k는 식 (6.73)에 주어졌다. 식 (6.86)을 살펴보면

$$\widetilde{\mathbf{E}}(z) = \hat{\mathbf{x}}\widetilde{E}_x^+(z) = \hat{\mathbf{x}}E_{x0}^+ e^{-jkz}, \qquad (6.87a)$$

$$\widetilde{\mathbf{H}}(z) = \hat{\mathbf{y}}\frac{\widetilde{E}_x^+(z)}{\eta} = \hat{\mathbf{y}}\frac{E_{x0}^+}{\eta}e^{-jkz}. \qquad (6.87b)$$

와 같이 결과를 요약할 수 있다. 전계와 자계는 그림 6-11에 보이는 바와 같이 서로 수직이며, 이 둘 모두는 파의 진행방향과도 수직이다. 이와 같은 파를 TEM(transverse electromagnetic)파라 한다. 동축선로를 따라 진행하는 원통파(cylindrical wave: E는 방향 H는 방향, 진행방향은 축 방향)와 안테나에서 복사되는 구면파(spherical wave)도 TEM파의 일종이다.

일반적으로, E_{x0}^+는 복소량으로 크기 $|E_{x0}^+|$와 위상각 ϕ^+을 갖는다. 즉,

$$E_{x0}^+ = |E_{x0}^+|e^{j\phi^+}. \qquad (6.88)$$

이다. 여기서 순시전계와 자계는 다음과 같이 주어진다.

$$\mathbf{E}(z,t) = \mathfrak{Re}\left[\widetilde{\mathbf{E}}(z)\,e^{j\omega t}\right] = \hat{\mathbf{x}}|E_{x0}^+|\cos(\omega t - kz + \phi^+) \quad (\text{V/m}), \qquad (6.89a)$$

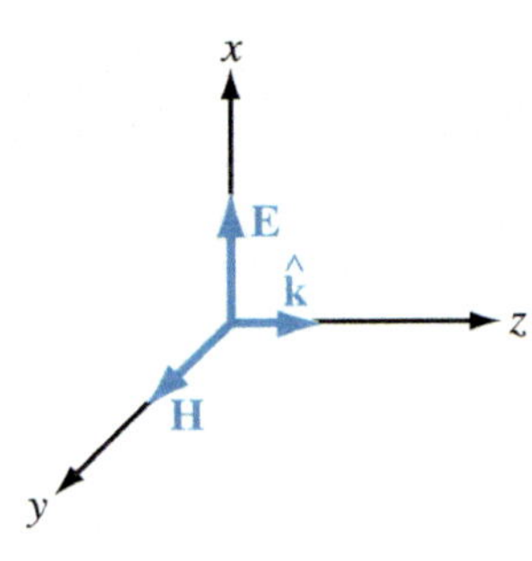

그림 6-11 $\hat{\mathbf{k}} = \hat{\mathbf{z}}$ 방향으로 전파하는 횡전자기(TEM)파. 모든 TEM파에 대하여, $\hat{\mathbf{k}}$는 $\mathbf{E}\times\mathbf{H}$와 평행하다.

$$\mathbf{H}(z,t) = \Re\mathfrak{e}\left[\widetilde{\mathbf{H}}(z)\, e^{j\omega t}\right] = \hat{\mathbf{y}}\frac{|E_{x0}^{+}|}{\eta}\cos(\omega t - kz + \phi^{+}) \quad \text{(A/m)}. \quad (6.89\text{b})$$

$\mathbf{E}(z, t)$와 $\mathbf{H}(z, t)$는 z와 t의 동일한 형태의 함수로 표시되기 때문에 **동위상**(in phase)이라 한다. 전계와 자계 중 하나의 진폭이 최대가 될 때면 다른 것도 최대가 된다. 동위상 특성은 무손실매질을 전파하는 파의 특성이다. 전계와 자계의 시간적 변화(time variation)는 발진 주파수 $f = \omega/2\pi$로 정의되며, 공간적 변화(spatial variation)는 파장 λ에 의해 결정된다. 6-1.1절에 주어진 파 운동에 대한 관계로부터 파의 **위상속도**(phase velocity)를 다음과 같이 유도할 수 있다.

$$u_p = \frac{\omega}{k} = \frac{\omega}{\omega\sqrt{\mu\varepsilon}} = \frac{1}{\sqrt{\mu\varepsilon}} \quad \text{(m/s)}, \quad (6.90)$$

여기서 파장은

$$\lambda = \frac{2\pi}{k} = \frac{u_p}{f} \quad \text{(m)}. \quad (6.91)$$

이다. 매질이 진공($\varepsilon = \varepsilon_0$, $\mu = \mu_0$)일 경우, 위상속도 u_p와 식 (6.86)의 고유 임피던스 η는

$$u_p = c = \frac{1}{\sqrt{\mu_0\varepsilon_0}} = 3 \times 10^8 \quad \text{(m/s)}, \quad (6.92)$$

$$\eta = \eta_0 \triangleq \sqrt{\frac{\mu_0}{\varepsilon_0}} = 377\ (\Omega) \approx 120\pi\ (\Omega), \quad (6.93)$$

이 된다. 여기서 c는 광속도이며, η_0는 **자유공간의 고유 임피던스**(intrinsic impedance of free space)이다.

예제 6-5 대기 중의 평면파 전파

이 예제는 예제 6-1에 있는 '수중 음파' 문제와 비슷하다.

대기 중에서 $+z$방향으로 진행하는 1MHz 평면파의 전계 방향은 x방향이다. 전계 $\mathbf{E}$가 $t=0$과 $z=50$m에서 최대치 1.2π(mV/m)를 가질 때, $\mathbf{E}(z, t)$와 $\mathbf{H}(z, t)$를 구하고, $t=0$에서 $\mathbf{E}(z, t)$와 $\mathbf{H}(z, t)$의 변화를 z의 함수로 도시하라.

풀이 $f=1$MHz일 때, 공기 중에서의 파장은

$$\lambda = \frac{c}{f} = \frac{3 \times 10^8}{1 \times 10^6} = 300\ \text{m},$$

이고, 파수 $k = (2\pi/300)$(rad/m)이다. $+z$방향으로 진행하는 x방향 전계의 일반식은 식 (6.89a)에 의해

$$\mathbf{E}(z,t) = \hat{\mathbf{x}}|E_{x0}^{+}|\cos(\omega t - kz + \phi^{+}) = \hat{\mathbf{x}}\, 1.2\pi\cos\left(2\pi \times 10^6 t - \frac{2\pi z}{300} + \phi^{+}\right) \quad \text{(mV/m)}.$$

이다. 전계 $\mathbf{E}(z, t)$는 코사인 함수의 각이 2π의 정수 배일 때 최대이다. $t=0$이고 $z=50$m에서 이 조건은

$$-\frac{2\pi \times 50}{300} + \phi^{+} = 0 \quad \text{혹은} \quad \phi^{+} = \frac{\pi}{3}.$$

$$\mathbf{E}(z,t) = \hat{\mathbf{x}}\, 1.2\pi\cos\left(2\pi \times 10^6 t - \frac{2\pi z}{300} + \frac{\pi}{3}\right) \quad \text{(mV/m)},$$

이다. 식 (6.89b)로부터

$$\mathbf{H}(z,t) = \hat{\mathbf{y}}\frac{E(z,t)}{\eta_0} = \hat{\mathbf{y}}\, 10\cos\left(2\pi \times 10^6 t - \frac{2\pi z}{300} + \frac{\pi}{3}\right) \quad (\mu\text{A/m}),$$

이다. 여기서 $\eta_0 \simeq 120\pi(\Omega)$이다.

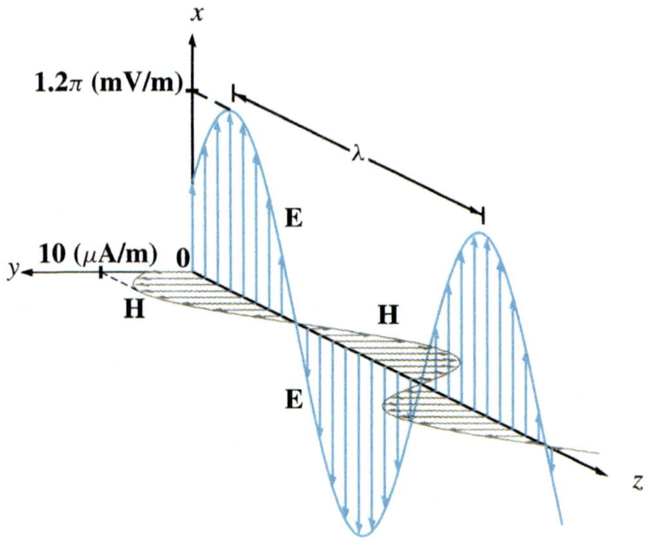

그림 6-12 예제 7-1의 평면파에 대한 $t=0$에서의 **E**와 **H**의 공간 변화

M6.10-6.11

$t=0$에서

$$\mathbf{E}(z,0) = \hat{\mathbf{x}}\, 1.2\pi \cos\left(\frac{2\pi z}{300} - \frac{\pi}{3}\right) \qquad \text{(mV/m)},$$

$$\mathbf{H}(z,0) = \hat{\mathbf{y}}\, 10 \cos\left(\frac{2\pi z}{300} - \frac{\pi}{3}\right) \qquad (\mu\text{A/m}).$$

이다. 그림 6-12에 $\mathbf{E}(z, 0)$와 $\mathbf{H}(z, 0)$를 z의 함수로 도시하였다. ♣

6-3.2 E와 H의 일반적인 관계

단위벡터 $\hat{\mathbf{k}}$의 방향으로 진행하는 균일 평면파에서 자계 페이저 $\widetilde{\mathbf{H}}$는 전계 페이저 $\widetilde{\mathbf{E}}$와 다음과 같은 관계를 가진다.

$$\widetilde{\mathbf{H}} = \frac{1}{\eta}\hat{\mathbf{k}} \times \widetilde{\mathbf{E}}, \qquad (6.94a)$$

$$\widetilde{\mathbf{E}} = -\eta\hat{\mathbf{k}} \times \widetilde{\mathbf{H}}. \qquad (6.94b)$$

벡터적은 오른손 법칙으로 설명할 수 있다. **E**방향으로부터 **H**방향으로 오른손의 네 손가락을 회전시킬 때, 엄지손가락이 전파 진행방향 $\hat{\mathbf{k}}$를 가리킨다. 식 (6.94a 와 b)의 관계는 무손실매질뿐만 아니라 손실매질에서도 성립된다. 6-5절에서 언급되지만, 손실매질에서 η에 관한 식은 식 (6.86)과는 다르다. η값이 파가 진행하고 있는 매질의 η값일 경우에 식 (6.94a와 b)의 관계는 항상 성립한다.

식 (6.94a)의 파를 식 (6.87a)에 적용해 보자. 전파방향은 $\hat{\mathbf{k}} = \hat{\mathbf{z}}$이고 $\widetilde{\mathbf{E}} = \hat{\mathbf{x}}\,\widetilde{E}_x^+(z)$이므로

$$\widetilde{\mathbf{H}} = \frac{1}{\eta}\hat{\mathbf{k}} \times \widetilde{\mathbf{E}} = \frac{1}{\eta}(\hat{\mathbf{z}} \times \hat{\mathbf{x}})\,\widetilde{E}_x^+(z) = \hat{\mathbf{y}}\frac{\widetilde{E}_x^+(z)}{\eta}, \qquad (6.95)$$

이 된다. 이것은 식 (6.87b)의 결과와 같다. $-z$방향으로

진행하는 파의 전계가

$$\widetilde{\mathbf{E}} = \hat{\mathbf{x}}\, \widetilde{E}_x^-(z) = \hat{\mathbf{x}} E_{x0}^- e^{jkz}, \qquad (6.96)$$

일 경우, 식 (6.94a)를 적용하면

$$\widetilde{\mathbf{H}} = \frac{1}{\eta}(-\hat{\mathbf{z}} \times \hat{\mathbf{x}})\, \widetilde{E}_x^-(z) = -\hat{\mathbf{y}} \frac{\widetilde{E}_x^-(z)}{\eta} = -\hat{\mathbf{y}} \frac{E_{x0}^-}{\eta} e^{jkz}. \qquad (6.97)$$

이 된다. 따라서, 이 경우 $\widetilde{\mathbf{H}}$ 의 방향은 $-y$방향이다.

일반적으로 $+z$방향으로 진행하는 균일 평면파는 x성분과 y성분을 가진다. 이 경우 $\widetilde{\mathbf{E}}$ 는

$$\widetilde{\mathbf{E}} = \hat{\mathbf{x}}\, \widetilde{E}_x^+(z) + \hat{\mathbf{y}}\, \widetilde{E}_y^+(z), \qquad (6.98a)$$

이고, 자계는

$$\widetilde{\mathbf{H}} = \hat{\mathbf{x}}\, \widetilde{H}_x^+(z) + \hat{\mathbf{y}}\, \widetilde{H}_y^+(z). \qquad (6.98b)$$

이다. 식 (6.94a)를 적용하면

$$\widetilde{\mathbf{H}} = \frac{1}{\eta} \hat{\mathbf{z}} \times \widetilde{\mathbf{E}} = -\hat{\mathbf{x}} \frac{\widetilde{E}_y^+(z)}{\eta} + \hat{\mathbf{y}} \frac{\widetilde{E}_x^+(z)}{\eta}. \qquad (6.99)$$

이 된다. 식 (6.98b)와 (6.99)를 서로 같게 놓으면

$$\widetilde{H}_x^+(z) = -\frac{\widetilde{E}_y^+(z)}{\eta}, \qquad \widetilde{H}_y^+(z) = \frac{\widetilde{E}_x^+(z)}{\eta}. \qquad (6.100)$$

이다. 그림 6-13에 이러한 관계를 나타내었다. 그림 6-13에서 파 $(\mathbf{E}, \mathbf{H})$는 (E_x^+, H_y^+)과 (E_y^+, H_x^+)의 두 파의 합으로 생각될 수 있다. 일반적으로 TEM파는 파의 진행방향에 수직인 평면 내에 전계를 가지며, 자계 또한 동일한 평면에 있으며, 그 방향은 식 (6.94a)에 의해 결정된다.

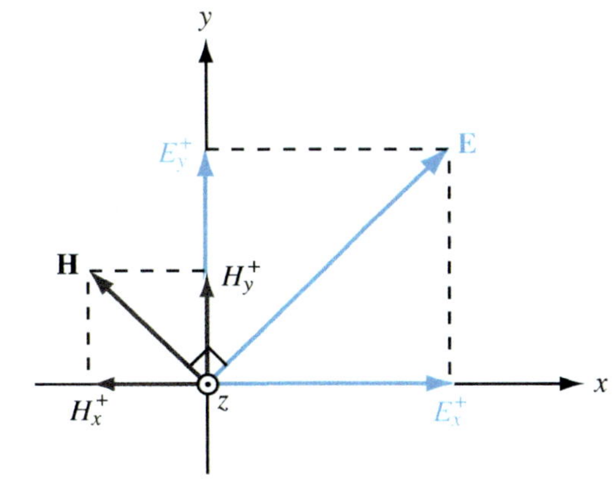

그림 6-13 파$(\mathbf{E}, \mathbf{H})$는 두 파의 합과 같은데, 이 중 하나는 (E_x^+, H_y^+)인 계를 지니며, 또 다른 하나는 (E_y^+, H_x^+)의 계를 지닌다. 또한 두 파는 모두 $+z$방향으로 진행한다.

M6.12-6.13

연습문제 6.7 10MHz 균일 평면파가 $\mu = \mu_0$이고, $\varepsilon_r = 9$인 비자성체 매질 내에서 진행하고 있다. (a) 위상속도, (b) 파수, (c) 파장, (d) 고유 임피던스를 계산하라.

[답] (a) $u_p = 1 \times 10^8$ m/s, (b) $k = 0.2\pi$ rad/m, (c) $\lambda = 10$ m, (d) $\eta = 125.67\ \Omega$.

연습문제 6.8 고유 임피던스가 188.5Ω인 무손실매질 내에서 진행하는 균일 평면파의 전계 페이저가 $\widetilde{\mathbf{E}} = \hat{\mathbf{z}} 10 e^{-j4\pi y}$(mV/m)이다. (a) 자계 페이저, (b) 매질이 비자성체$(\mu = \mu_0)$인 경우, 순시치 $\mathbf{E}(y, t)$를 구하라.

[답] (a) $\widetilde{\mathbf{H}} = \hat{\mathbf{x}}\, 53 e^{-j4\pi y}$ (μA/m), (b) $\mathbf{E}(y, t) = \hat{\mathbf{z}}\, 10 \cos(6\pi \times 10^8 t - 4\pi y)$ (mV/m).

연습문제 6.9 고유 임피던스 $\eta = 100\Omega$인 매질 내에서 진행하는 평면파의 자계 페이저가 $\widetilde{\mathbf{H}} = (\hat{\mathbf{y}} 10 + \hat{\mathbf{z}} 20) e^{-j4x}$(mA/m)일 경우, 전계 페이저를 구하라.

[답] $\widetilde{\mathbf{E}} = (-\hat{\mathbf{z}} + \hat{\mathbf{y}}\,2)e^{-j4x}$ (V/m).

연습문제 6.10 자계 $\widetilde{\mathbf{H}} = \hat{\mathbf{y}}(10e^{-j3x} - 20e^{j3x})$(mA/m)일 경우, 연습문제 6.9에 답하라.

[답] $\widetilde{\mathbf{E}} = -\hat{\mathbf{z}}(e^{-j3x} + 2e^{j3x})$ (V/m).

M6.14

6-4 편파

균일 평면파의 **편파**(polarization)는 전파방향에 수직인 평면 내의 한 점에서 시간에 따른 전계 **E**벡터의 크기 및 방향의 변화를 나타내는 궤적이다. 가장 일반적인 경우 **E**의 궤적은 타원이며, 이러한 파를 **타원 편파**(elliptically polarization)라 한다. 특정한 조건하에서 타원은 원이나 직선으로 될 수 있으며, 이 경우 **편파상태**(polarization state)를 각각 **원 편파**(circular polarization), **선형 편파**(linear polarization)라 한다.

6-3절에서 언급한 바와 같이, z방향으로 진행하는 평면파의 전계와 자계의 z성분은 모두 0이므로, 전계 페이저 $\widetilde{\mathbf{E}}(z)$는 x성분 $\widetilde{E}_x(z)$와 y성분 $\widetilde{E}_y(z)$로 되어 있다.

$$\widetilde{\mathbf{E}}(z) = \hat{\mathbf{x}}\widetilde{E}_x(z) + \hat{\mathbf{y}}\widetilde{E}_y(z), \tag{6.101}$$

여기서

$$\widetilde{E}_x(z) = E_{x0}e^{-jkz}, \tag{6.102a}$$

$$\widetilde{E}_y(z) = E_{y0}e^{-jkz}, \tag{6.102b}$$

이다. E_{x0}와 E_{y0}는 각각 $\widetilde{E}_x(z)$와 $\widetilde{E}_y(z)$의 복소수 크기이다. 간단히 하기 위하여, 식 (6.102)의 e^{-jkz}에서 지수의 (−)부호는 $+z$방향으로 진행하는 파를 나타냄을 알고 있으므로 식 (6.102)에서 E_{x0}와 E_{y0}에 붙일 위첨자(E_{x0}^+와 E_{y0}^+)는 생략하였다.

진폭 E_{x0}와 E_{y0}는 크기와 위상각으로 된 복소량이다. 파의 위상은 $z=0$과 $t=0$ 또는 z와 t를 기준으로 정해진다. 편파는 E_{x0}와 E_{y0}의 절대적 위상이 아니라 E_{x0}의 위상에 대한 E_{y0}의 상대적인 위상차와 관계된다. 그러므로, 편의상 E_{x0}의 위상을 0으로 정하고 E_{x0}의 위상에 대한 E_{y0}의 위상차 δ를 E_{y0}의 위상으로 표시한다. δ는 $\widetilde{\mathbf{E}}$의 y성분과 x성분 사이의 위상차이다. 따라서, E_{x0}와 E_{y0}는 다음과 같이 정의할 수 있다.

$$E_{x0} = a_x, \tag{6.103a}$$

$$E_{y0} = a_y e^{j\delta}, \tag{6.103b}$$

여기서, $a_x = |E_{x0}|$와 $a_y = |E_{y0}|$는 각각 E_{x0}와 E_{y0}의 크기이므로, a_x와 a_y는 (−)값을 가질 수 없다. 식 (6.102a)와 (6.102b)에 식 (6.103a)와 (6.103b)를 이용하면, 총 전계 페이저는

$$\widetilde{\mathbf{E}}(z) = (\hat{\mathbf{x}}a_x + \hat{\mathbf{y}}a_y e^{j\delta})e^{-jkz}, \tag{6.104}$$

가 되고, 순시전계는

$$\begin{aligned}\mathbf{E}(z,t) &= \mathfrak{Re}\left[\widetilde{\mathbf{E}}(z)\,e^{j\omega t}\right] \\ &= \hat{\mathbf{x}}a_x\cos(\omega t - kz) \\ &\quad + \hat{\mathbf{y}}a_y\cos(\omega t - kz + \delta).\end{aligned} \tag{6.105}$$

이 된다. 전자파의 성질을 나타낼 때 특히 중요한 두 가지 속성은 전계의 크기와 방향이다. 전계크기 $|\mathbf{E}(z,t)|$는

$$\begin{aligned}|\mathbf{E}(z,t)| &= [E_x^2(z,t) + E_y^2(z,t)]^{1/2} \\ &= [a_x^2\cos^2(\omega t - kz) \\ &\quad + a_y^2\cos^2(\omega t - kz + \delta)]^{1/2}.\end{aligned} \tag{6.106}$$

으로 주어진다. 전계 $\mathbf{E}(z,t)$는 x방향 성분과 y방향 성분을 갖는다. 특정 지점 z에서 $\mathbf{E}(z,t)$의 방향은 점 z가 있

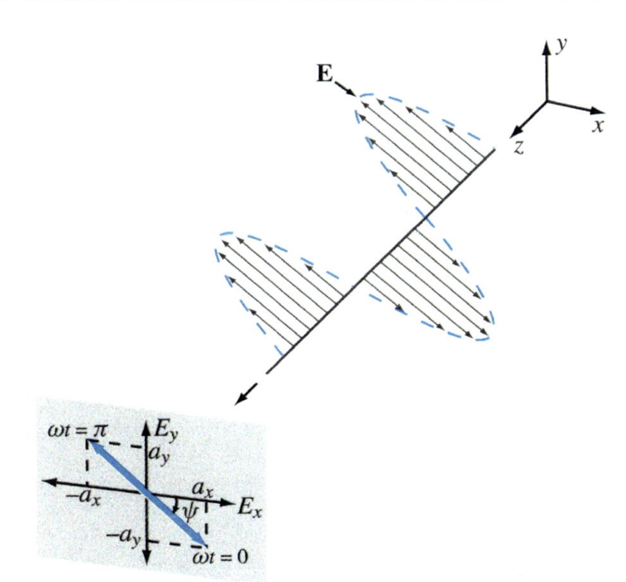

그림 6-14 +z 방향(페이지를 나오는 방향)으로 진행하는 선형 편파의 파

는 x-y평면 내에서 $\mathbf{E}(z, t)$의 기준위상인 $\mathbf{E}(z, t)$의 위상을 기준으로 한 경사각 ψ로 정한다(그림 6-14 참조). 그러므로,

$$\psi(z, t) \triangleq \tan^{-1}\left(\frac{E_y(z, t)}{E_x(z, t)}\right). \tag{6.107}$$

으로 주어진다. 일반적으로 $\mathbf{E}(z, t)$의 크기와 방향은 z와 t의 함수로 주어진다. 다음으로 몇 가지 특별한 경우의 편파에 대해 살펴보자.

6-4.1 선형 편파

z방향으로 진행하는 파의 편파상태는 파의 진행하는 방향에 수직인 평면에서 $\mathbf{E}(z, t)$ 벡터의 궤적을 추적함으로써 알 수 있다. 일반성에 어긋나지 않는 한 전파방향에 수직면을 $z=0$으로 택하는 것이 편리하다. $E_x(z, t)$와 $E_y(z, t)$가 **동위상**($\delta=0$)이거나 **역위상**($\delta=\pi$)일 경우를 선형편파라 한다. 이것은 z의 어떤 값, 즉 $z=0$일 경우에 벡터 $\mathbf{E}(0, t)$의 궤적은 x-y평면에서 직선으로 그려지기 때문이다. $z=0$이고 $\delta=0$ 또는 π에서 식 (6.105)는

$$\mathbf{E}(0, t) = (\hat{\mathbf{x}}a_x + \hat{\mathbf{y}}a_y)\cos\omega t \quad (\text{동위상일 때}), \tag{6.108a}$$

$$\mathbf{E}(0, t) = (\hat{\mathbf{x}}a_x - \hat{\mathbf{y}}a_y)\cos\omega t \quad (\text{역위상일 때}). \tag{6.108b}$$

으로 된다. 이번에는 역위상인 경우를 고찰해 보자. $\omega t=0$에서 $\mathbf{E}(0, 0)=\hat{\mathbf{x}}a_x-\hat{\mathbf{y}}a_y$는 그림 6-14에 보이는 바와 같이 x-y평면의 제4상한에 위치함을 의미한다. t가 증가함에 따라 $\mathbf{E}(0, t)$의 크기는 $\cos\omega t$ 함수로 변화한다.

$$|\mathbf{E}(0, t)| = [a_x^2 + a_y^2]^{1/2}\cos\omega t, \tag{6.109a}$$

식 (6.107)에서 정의된 경사각은

$$\psi = \tan^{-1}\left(\frac{-a_y}{a_x}\right) \quad (\text{역위상일 때}), \tag{6.109b}$$

이며, 경사각은 z와 t에 무관하다. 그러므로 $\mathbf{E}(0, t)$를 표시하는 벡터의 크기는 $\omega t=\pi/2$에서 0으로 감소하고, 그 이후는 방향이 역으로 되어 $\omega t=\pi$에서 x-y평면의 제2상한에서 크기가 $[a_x{}^2+a_y{}^2]^{1/2}$까지 증가한다. ψ는 z와 t에 무관하기 때문에 $\mathbf{E}(z, t)$는 x축과 이루는 각이 ψ가 되는 일정한 방향을 유지한다.

$a_y=0$, $\psi=0°$ 또는 180° 인 경우에는 x편파가 되고, $a_x=0$, $\psi=90°$ 또는 $-90°$ 이면 y편파가 된다.

6-4.2 원 편파

$\tilde{\mathbf{E}}(z)$의 x성분과 y성분의 진폭이 같고, 위상차 $\delta=\pm\pi/2$인 특수한 경우에 대해 고찰해 보자. 이유는 곧 설명하겠지만 $\delta=\pi/2$이면 **좌선회 원**(left-hand circular)편파가

되고, $\delta=-\pi/2$이면 **우선회 원**(right-hand circular)편파가 된다.

좌선회 원(LHC) 편파

$a_x=a_y=a$이고 $\delta=\pi/2$인 경우, 식 (6.104)와 (6.105)는

$$\begin{aligned}\widetilde{\mathbf{E}}(z) &= (\hat{\mathbf{x}}a+\hat{\mathbf{y}}ae^{j\pi/2})e^{-jkz}\\ &= a(\hat{\mathbf{x}}+j\hat{\mathbf{y}})e^{-jkz},\end{aligned} \tag{6.110a}$$

$$\begin{aligned}\mathbf{E}(z,t) &= \mathfrak{Re}\left[\widetilde{\mathbf{E}}(z)\,e^{j\omega t}\right]\\ &= \hat{\mathbf{x}}a\cos(\omega t-kz)+\hat{\mathbf{y}}a\cos(\omega t-kz+\pi/2)\\ &= \hat{\mathbf{x}}a\cos(\omega t-kz)-\hat{\mathbf{y}}a\sin(\omega t-kz).\end{aligned} \tag{6.110b}$$

가 된다. $\mathbf{E}(z, t)$의 크기와 경사각은

$$\begin{aligned}|\mathbf{E}(z,t)| &= \left[E_x^2(z,t)+E_y^2(z,t)\right]^{1/2}\\ &= [a^2\cos^2(\omega t-kz)+a^2\sin^2(\omega t-kz)]^{1/2}\\ &= a,\end{aligned} \tag{6.111a}$$

$$\begin{aligned}\psi(z,t) &= \tan^{-1}\left[\frac{E_y(z,t)}{E_x(z,t)}\right]\\ &= \tan^{-1}\left[\frac{-a\sin(\omega t-kz)}{a\cos(\omega t-kz)}\right]\\ &= -(\omega t-kz).\end{aligned} \tag{6.111b}$$

로 주어진다. 이 경우에는 $\mathbf{E}$의 크기는 z와 t에 무관한 반면에 ψ는 두 변수 z, t의 함수이다. 선형편파에서는 시간에 따라 방향은 일정하고 크기만 변하는데 반해 원 편파에서는 크기가 일정하고 방향이 변함(회전)을 알 수 있다.

일정한 점 $z(z=0)$에서 식 (6.111b)는 $\psi=-\omega t$가 된다. (−)부호는 시간의 경과에 따라 경사각이 감소한다는 의미이다. 그림 6-15(a)에 도시한 바와 같이, $\mathbf{E}(t)$의 궤적은 x-y평면에 원형의 궤적을 그리며, 다가오는 파를 볼 때 시간에 따라 시계방향으로 회전한다. 이러한 파는 왼손 엄지손가락이 파의 진행방향이라면(이 경우 z방향), 네 손가락은 $\mathbf{E}$의 회전방향을 나타내기 때문에 **좌선회 원 편파**(left-hand circularly polarized)라 한다.

우선회 원(RHC) 편파

$a_x=a_y=a$이고 $\delta=-\pi/2$일 때

$$|\mathbf{E}(z,t)|=a, \qquad \psi=(\omega t-kz). \tag{6.112}$$

$z=0$인 경우 t의 함수로 $\mathbf{E}$의 궤적을 그림 6-15(b)에 도

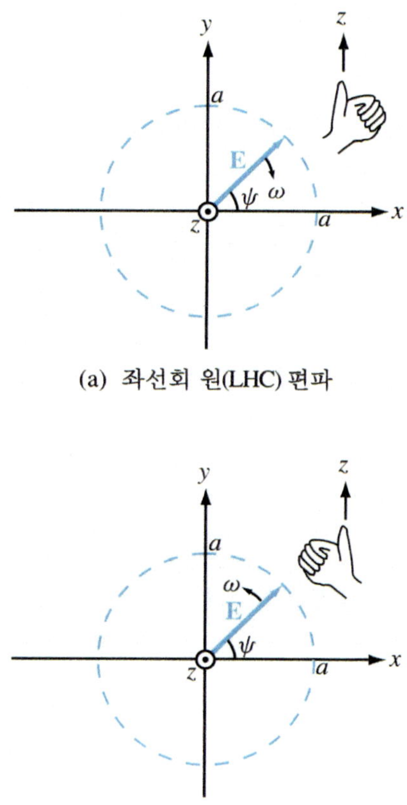

(a) 좌선회 원(LHC) 편파

(b) 우선회 원(RHC) 편파

그림 6-15 +z 방향(페이지를 나오는 방향)으로 진행하는 원 편파의 평면파

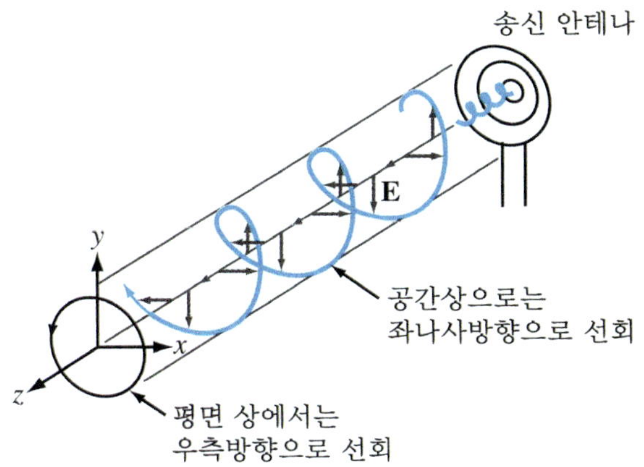

그림 6-16 나선형 안테나(helical antenna)로부터 복사된 우선회 원 편파

시했다. RHC 편파에서 오른손의 엄지손가락을 파의 진행방향으로 할 때 나머지 네 손가락은 **E**의 회전방향을 나타낸다. 그림 6-16은 헬리컬 안테나(helical antenna)에서 방사되는 우선회 원편파를 나타낸다. 좌선회 편파와 우선회 편파는 전파하는 방향에 수직인 면에서 시간에 따른 **E**의 회전방향으로 정의하며, 이것은 고정된 시각에 따르는 **E**의 회전방향과 반대방향이다.

예제 6-6 우선회 원(RHC) 편파

선계의 진폭이 3(mV/m)를 가신 우선회 원 편파인 평면파가 $\varepsilon=4\varepsilon_0$, $\mu=\mu_0$, $\sigma=0$인 매질 내에서 +y방향으로 진행하고 있다고 하자. 이 때 전자파의 주파수가 100MHz라고 할 때 $\mathbf{E}(y,t)$와 $\mathbf{H}(y,t)$의 표현식을 구하라.

풀이 전자파가 +y방향으로 진행하고 있으므로, 그 전자파의 전계나 자계의 방향은 x방향이나 z방향이어야 한다. $\mathbf{E}(y,t)$의 선회는 그림 6-17에 나타내었는데, $\hat{\mathbf{y}}$방향은 페이

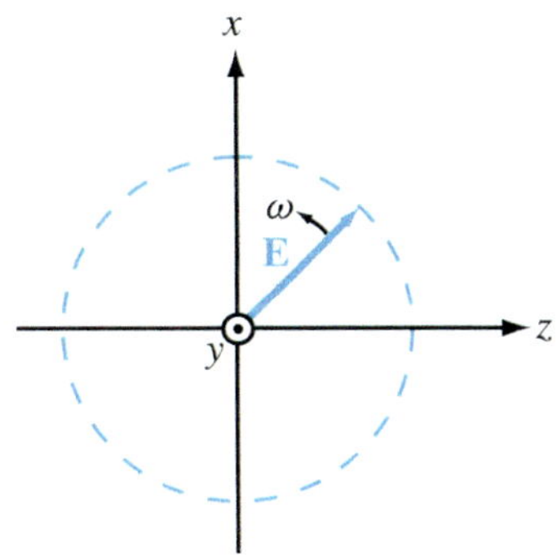

그림 6-17 예제 6-6의 우선회 원 편파

지에서 나오는 방향이다. 그림 6-15(b)에 보이는 우선회 원 편파와 비교하여, $\widetilde{\mathbf{E}}(y)$의 z 성분의 위상을 $\delta=0$로 하고, x 성분의 위상을 $\delta=-\pi/2$로 한다. 두 성분 모두 크기가 $a=3$(mV/m)가 된다. 따라서

$$\begin{aligned}\widetilde{\mathbf{E}}(y) &= \hat{\mathbf{x}}\widetilde{E}_x + \hat{\mathbf{z}}\widetilde{E}_z \\ &= \hat{\mathbf{x}} a e^{-j\pi/2} e^{-jky} + \hat{\mathbf{z}} a e^{-jky} \\ &= (-\hat{\mathbf{x}} j + \hat{\mathbf{z}}) 3 e^{-jky} \qquad (\text{mV/m}),\end{aligned}$$

또한 식 (6.94a)를 적용하면 다음의 식을 얻는다.

$$\begin{aligned}\widetilde{\mathbf{H}}(y) &= \frac{1}{\eta}\,\hat{\mathbf{y}} \times \widetilde{\mathbf{E}}(y) \\ &= \frac{1}{\eta}\,\hat{\mathbf{y}} \times (-\hat{\mathbf{x}} j + \hat{\mathbf{z}}) 3 e^{-jky} \\ &= \frac{3}{\eta}(\hat{\mathbf{z}} j + \hat{\mathbf{x}}) e^{-jky} \qquad (\text{mA/m}).\end{aligned}$$

시 $\omega=2\pi f=2\pi\times10^8$(rad/s)을 사용하면, 파수인 k는 아래와 같이 주어진다.

$$k = \frac{\omega\sqrt{\varepsilon_r}}{c} = \frac{2\pi\times10^8\sqrt{4}}{3\times10^8} = \frac{4}{3}\pi \qquad (\text{rad/m}),$$

고유임피던스 η는 아래와 같이 주어진다.

$$\eta = \frac{\eta_0}{\sqrt{\varepsilon_r}} \simeq \frac{120\pi}{\sqrt{4}} = 60\pi \qquad (\Omega).$$

순시 함수로서의 $\mathbf{E}(y, t)$와 $\mathbf{H}(yx, t)$의 표현식은 아래와 같이 주어진다.

$$\begin{aligned}\mathbf{E}(y,t) &= \Re\mathfrak{e}\left[\widetilde{\mathbf{E}}(y)\, e^{j\omega t}\right] \\ &= \Re\mathfrak{e}\left[(-\hat{\mathbf{x}} j + \hat{\mathbf{z}}) 3 e^{-jky} e^{j\omega t}\right] \\ &= 3[\hat{\mathbf{x}} \sin(\omega t - ky) + \hat{\mathbf{z}} \cos(\omega t - ky)] \quad (\text{mV/m}), \\ \mathbf{H}(y,t) &= \Re\mathfrak{e}\left[\widetilde{\mathbf{H}}(y)\, e^{j\omega t}\right] \\ &= \Re\mathfrak{e}\left[\frac{3}{\eta}(\hat{\mathbf{z}} j + \hat{\mathbf{x}}) e^{-jky} e^{j\omega t}\right] \\ &= \frac{1}{20\pi}[\hat{\mathbf{x}} \cos(\omega t - ky) - \hat{\mathbf{z}} \sin(\omega t - ky)] \ (\text{mA/m}),\end{aligned}$$

이때 $\omega = 2\pi \times 10^8$(rad/s)이고 $k = 4\pi/3$(rad/m)이다. ♣

6-4.3 타원 편파

가장 일반적인 경우($a_x \neq 0$, $a_y \neq 0$, $\delta \neq 0$), $\mathbf{E}$의 궤적은 x-y평면에 타원을 그리는데, 이 파를 타원 편파라 한다. 타원의 모양과 선회(좌선회 또는 우선회 회전)는 그 비의 값(a_y/a_x)과 편파의 위상차 δ에 의해 결정된다.

그림 6-18의 타원 편파에서 ξ축을 장축 a_ξ(major axis), η축을 단축 a_η(mimor axis)이라 한다. **회전각**(ratation angle) γ는 타원의 장축과 기준방향 사이의 각이며(여기서는 x축이 기준방향), γ의 범위는 $-\pi/2 \leq \gamma \leq \pi/2$이다. 타원의 모양과 좌 또는 우선회 여부는 **타원각**(ellipticity angle) χ에 의해 결정되며, 다음과 같다.

$$\tan\chi = \pm\frac{a_\eta}{a_\xi} = \pm\frac{1}{R}, \qquad (6.113)$$

여기서 (+)부호는 좌선회에 해당하고, (−)부호는 우선

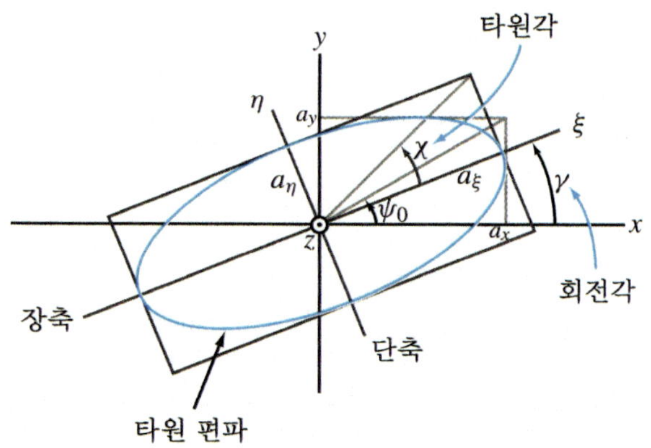

그림 6-18 x-y 평면에서의 타원 편파. 파는 $+z$축의 방향으로 전파됨(페이지를 나오는 방향)

회에 해당한다. χ의 범위는 $-\pi/4 \leq \chi \leq \pi/4$이다. $R = a_\xi/a_\eta$를 타원 편파의 **축비**(axial ratio)라 하며, 원파일 경우는 1이고, 선형편파일 경우는 ∞이다. 편파각 γ와 χ는 파의 파라미터 a_x, a_y, δ와 다음의 관계에 있다.

$$\tan 2\gamma = (\tan 2\psi_0)\cos\delta \quad (-\pi/2 \leq \gamma \leq \pi/2), \quad (6.114a)$$

$$\sin 2\chi = (\sin 2\psi_0)\sin\delta \quad (-\pi/4 \leq \chi \leq \pi/4), \quad (6.114b)$$

여기서 ψ_0는 보조각(auxiliary angle)으로 다음과 같다.

$$\tan\psi_0 = \frac{a_y}{a_x} \qquad \left(0 \leq \psi_0 \leq \frac{\pi}{2}\right). \qquad (6.115)$$

타원 편파의 스케치를 각(γ, χ)의 여러 가지 경우에 대해 그림 6-19에 도시했다. 타원의 모양은 $\chi = \pm 45°$ 일 때는 원이, $\chi = 0$일 때는 선이 되며, χ가 (+)일 때($\sin\delta > 0$)는 좌선회, (−)일 때 ($\sin\delta < 0$)는 우선회가 된다.

앞의 정의에서 의해 a_x와 a_y는 음수가 아니기 때문에 a_y/a_x비는 x편파의 경우는 0이고, y편파의 경우는 ∞이다.

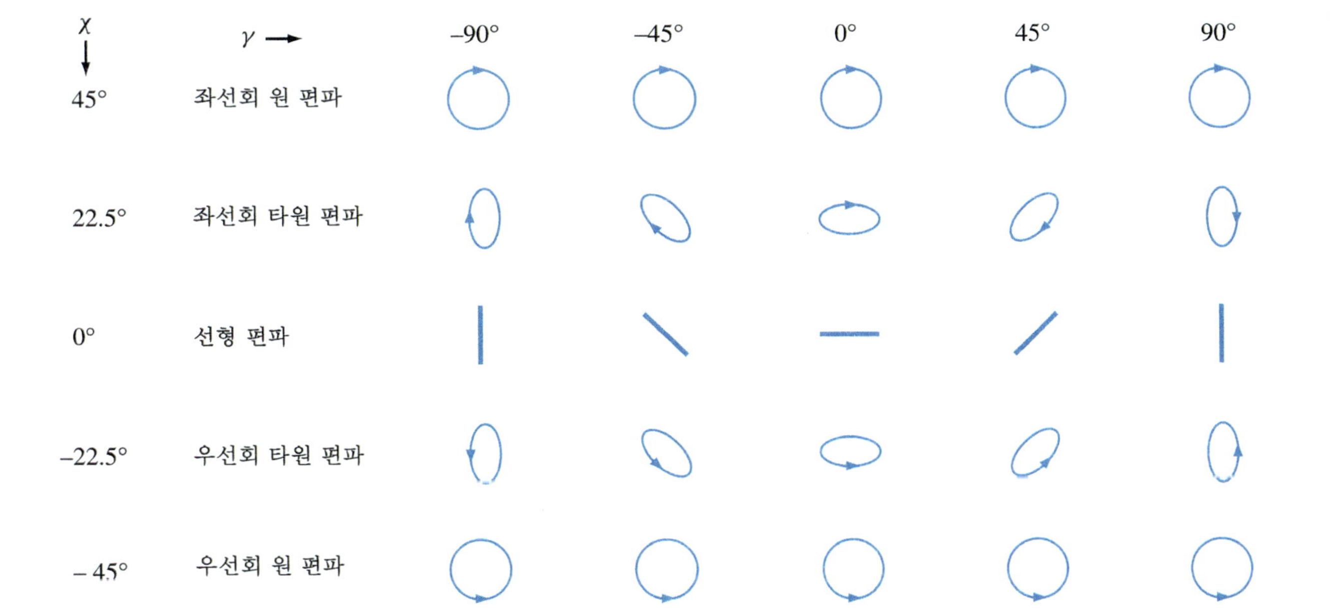

그림 6-19 파가 페이지를 나오는 방향으로 전파될 때 편파각(γ, χ)의 여러 값에 대한 편파의 상태

결론적으로, 각 ψ_0의 범위는 $0 \le \psi_0 \le 90°$ 이다. 식 (6.114a)를 적용하면 γ에 대해 두 가지 해가 도출되며, 그 두 해는 $-\pi/2$에서 $\pi/2$ 사이에 있다. 두 가지 γ값 중에서 $\cos\delta > 0$인 경우는 $\gamma > 0$인 것을, $\cos\delta < 0$이면 $\gamma < 0$인 것을 선택하면 된다.

$$\gamma > 0 \text{ if } \cos\delta > 0,$$
$$\gamma < 0 \text{ if } \cos\delta < 0.$$

요약하면, 회전각 γ의 부호는 $\cos\delta$의 부호와 같고, 타원각 χ의 부호는 $\sin\delta$의 부호와 같다.

예제 6-7 평면파의 편파 상태

평면파가 아래의 전계를 가질 때 편파의 상태를 판정하라.

$$\mathbf{E}(z,t) = \hat{\mathbf{x}}\,3\cos(\omega t - kz + 30°) - \hat{\mathbf{y}}\,4\sin(\omega t - kz + 45°) \qquad \text{(mV/m)}.$$

풀이 위 식에서 두 번째 항을 기준 코사인 함수로 변환한다.

$$\begin{aligned}\mathbf{E} &= \hat{\mathbf{x}}\,3\cos(\omega t - kz + 30°) \\ &\quad - \hat{\mathbf{y}}\,4\cos(\omega t - kz + 45° - 90°) \\ &= \hat{\mathbf{x}}\,3\cos(\omega t - kz + 30°) - \hat{\mathbf{y}}\,4\cos(\omega t - kz - 45°).\end{aligned}$$

위 식에 상응하는 전계 페이저 $\widetilde{\mathbf{E}}(z)$는 아래의 식과 같다.

$$\begin{aligned}\widetilde{\mathbf{E}}(z) &= \hat{\mathbf{x}}\,3e^{-jkz}e^{j30°} - \hat{\mathbf{y}}\,4e^{-jkz}e^{-j45°} \\ &= \hat{\mathbf{x}}\,3e^{-jkz}e^{j30°} + \hat{\mathbf{y}}\,4e^{-jkz}e^{-j45°}e^{j180°} \\ &= \hat{\mathbf{x}}\,3e^{-jkz}e^{j30°} + \hat{\mathbf{y}}\,4e^{-jkz}e^{j135°},\end{aligned}$$

위의 식에서 두 번째 항의 (−)부호는 e^{j180}를 사용하여 (+)부호로 표현식을 보면, x와 y성분의 위상은 $\delta_x = 30°$와 $\delta_y = 135°$ 이 되므로, 위상차는 $\delta = \delta_y - \delta_x = 135° -$

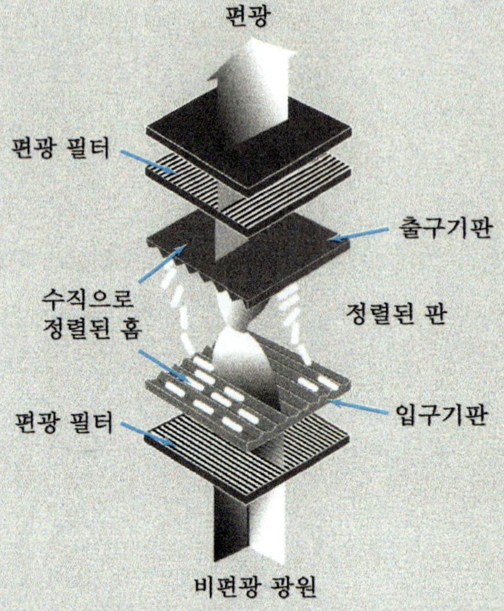

A. LCD 구조

액정 디스플레이 (LCD; Liquid Crystal Display)

LCD는 디지털 시계, 휴대폰, 데스크탑 컴퓨터, 노트북, 그리고 몇몇의 텔레비전과 다른 전자적 시스템에 사용된다. 캐소드 레이 튜브와 같은 다른 디스플레이 기술과 비교해서 매우 가볍고 얇으며 작동하는 데 있어서 더 적은 전력을 소모하는 곳에서 결정적인 장점을 제공한다. LCD 기술은 1880년대에 식물학자 Friedrich Reinitzer에 의해 발견된 액정(liquid crystal)으로 알려진 전기적이고 광학적인 특성에 의존한다.

물리적 원리(Physical Principle)

액정(liquid crystals)은 순수한 고체도, 순수한 액체도 아니지만 그 둘의 혼성이라 할 수 있다. 특징적인 것은 그 물질이 직각방향으로 된 정교하게 홈이 파인 유리 기판(grooved glass substrates) 사이에 끼여 있을 때, 액정의 분자들은 뒤틀린 나선형 구조(twisted spiral structure)로 되는 경향을 띠는 뒤틀린 니매틱(twisted nematic) 액정이다. 홈 표면에 접촉하고 있는 분자들은 홈을 따라서 나란하게 일직선으로 나열되어 있다. 분자의 나선은 액정을 편파(wave polarizer)와 같은 행동을 하게 만든다. 즉 입구 기판에 투과하는 비편광 빛은 그 홈의 방향과 평행한 편광(전장의 방향)을 가진 출구 기판을 따라 나옴으로써 나선형 방향을 가지게 된다.

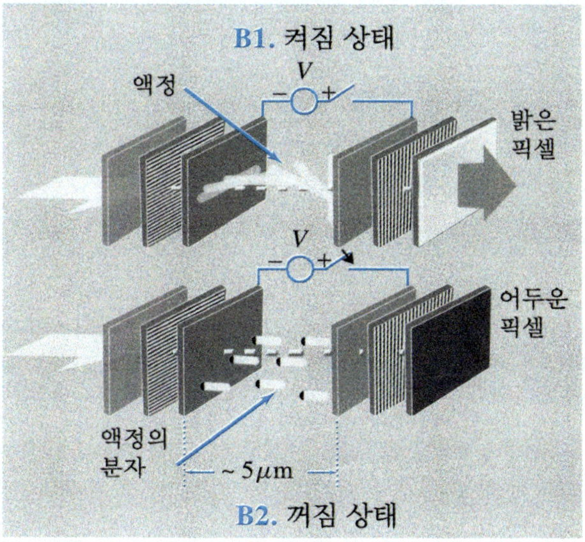

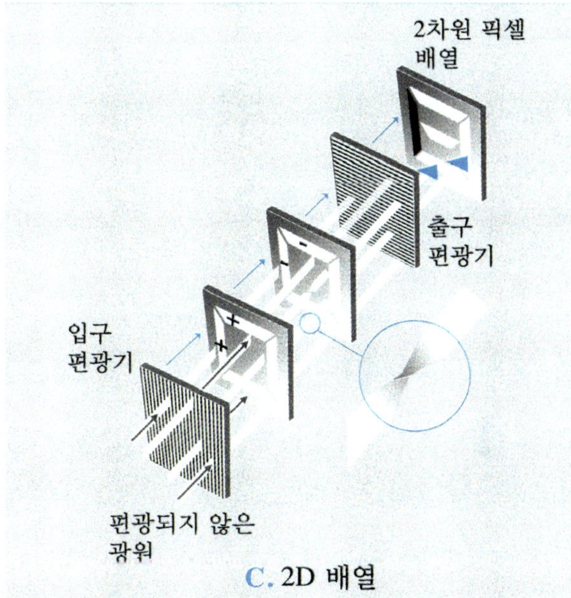

액정 디스플레이 구조(LCD Structure)

단일 LCD 픽셀의 구조는 OFF와 ON 상태에 해당하는 그림 B1과 B2에 나타나 있다. ON 상태는 밝게 보이는 픽셀에 해당하고, OFF는 어두운 픽셀에 해당한다. 겹쳐진 액정층(보통 5마이크론의 두께, 즉 머리카락 두께의 1/20)은 직각 편광을 가진 광학 필터 쌍에 의해 걸쳐져 있다. 액정층에 어떤 전압도 인가되지 않을 때(그림 B1), 들어오는 비편광 빛은 입구 편광판을 통함으로써 편광된다. 그후 분자적 나선형을 따르면서 그 빛은 90° 회전을 하고 마지막으로 출구 표면에 밝은 표면(bright apearance)을 내면서 출구 편광판을 통해서 나가게 된다. 니매틱 액정이 유용한 특징은 전장(다른 양 단층의 전압을 걸어줌으로써)의 영향 아래에서 꼬인 나선이 풀리는 것이다(그림 B2). 꼬인 나선이 풀리는 정도는 전장의 세기에 의존한다. 빛이 크리스탈을 통해 이동하면서, 파의 편광을 회전하게 하는 나선이 없을 때는, 빛의 편광이 출구의 편광판과 직교하게 되어 빛을 통과하지 못하게 된다. 따라서 픽셀은 어두운 표면을 나타낸다.

2차원 배열(Two-Diminsional Array)

위에서의 원리를 2차원으로 배열되는 픽셀(pixel)로 확장하고, 각 픽셀에 독립적으로 전압을 가하게 함으로써 완전한 영상(image)이 그림 C에 나타낸 것처럼 LCD화면에 디스플레이 된다. 색을 디스플레이하기 위해서, 각 픽셀은 세 가지의 서로 보완하는 색깔의 필터(빨강, 초록, 파랑)를 가진 서브픽셀로 구성되어 있다.

$30° = 105°$가 된다. 이 때 보조각 ψ_0는 아래의 식으로부터 얻는다.

$$\psi_0 = \tan^{-1}\left(\frac{a_y}{a_x}\right) = \tan^{-1}\left(\frac{4}{3}\right) = 53.1°.$$

식 (6.114a)로부터

$$\begin{aligned}\tan 2\gamma &= (\tan 2\psi_0)\cos\delta \\ &= \tan 106.2° \cos 105° \\ &= 0.89,\end{aligned}$$

위의 식으로부터 γ는 $\gamma = 20.8°$ 혹은 $\gamma = -69.2°$의 두 개의 값을 갖게 된다. 이 때 $\cos\delta < 0$이므로 γ의 올바른 값은 $-69.2°$가 된다. 식 (6.114b)로부터 아래의 식을 얻는다.

$$\begin{aligned}\sin 2\chi &= (\sin 2\psi_0)\sin\delta \\ &= \sin 106.2° \sin 105° \\ &= 0.93 \quad \text{or} \quad \chi = 34.0°.\end{aligned}$$

χ의 크기로부터 파가 타원 편파가 되었음을 알 수 있고, 그 부호가 양이므로 좌선회함을 알 수 있다. ♣

연습문제 6.11 어떤 평면파의 전계가 아래와 같이 주어졌다.

$$\mathbf{E}(z,t) = \hat{\mathbf{x}}\,3\cos(\omega t - kz) + \hat{\mathbf{y}}\,4\cos(\omega t - kz) \qquad \text{(V/m)}.$$

위 식에서 (a) 편파의 상태, (b) **E**의 크기, (c) 보조각 ψ_0을 구하라.

[답] (a) 선형편파, (b) $|\mathbf{E}| = 5\cos(\omega t - kz)$ (V/m), (c) $\psi_0 = 53.1°$.

연습문제 6.12 어떤 TEM 파의 전계의 페이저가 $\widetilde{\mathbf{E}} = (\hat{\mathbf{y}} - \hat{\mathbf{z}}\,j)e^{-jkx}$로 주어질 때, 편파를 판정하라.

[답] 우선회 원 편파.

M6.4-6.8

6-5 손실매질 내에서의 평면파 전파

도전체에서 파의 전파를 알아보기 위하여, 식 (6.70)의 파동방정식을 다시 한번 보면,

$$\nabla^2\widetilde{\mathbf{E}} - \gamma^2\widetilde{\mathbf{E}} = 0, \tag{6.116}$$

$$\gamma^2 = -\omega^2\mu\varepsilon_c = -\omega^2\mu(\varepsilon' - j\varepsilon''), \tag{6.117}$$

여기서, $\varepsilon' = \varepsilon$, $\varepsilon'' = \sigma/\omega$이다. 여기서 γ는 복소수이므로

$$\gamma = \alpha + j\beta, \tag{6.118}$$

으로 쓸 수 있다. 여기서 α는 매질의 **감쇠정수**(attenuation constant)이고, β는 **위상정수**(phase constant)이다. 식 (6.117)의 γ에 $(\alpha + j\beta)$를 대입하면

$$\begin{aligned}(\alpha + j\beta)^2 &= (\alpha^2 - \beta^2) + j2\alpha\beta \\ &= -\omega^2\mu\varepsilon' + j\omega^2\mu\varepsilon''.\end{aligned} \tag{6.119}$$

이 된다. 식 (6.119)에서 실수부와 허수부는 각각 서로 같아야 하므로

$$\alpha^2 - \beta^2 = -\omega^2\mu\varepsilon', \tag{6.120a}$$

$$2\alpha\beta = \omega^2\mu\varepsilon''. \tag{6.120b}$$

이다. α와 β에 대한 이들 두 식의 해는 다음과 같다.

$$\alpha = \omega \left\{ \frac{\mu\varepsilon'}{2} \left[\sqrt{1 + \left(\frac{\varepsilon''}{\varepsilon'} \right)^2} - 1 \right] \right\}^{1/2} \quad \text{(Np/m)}, \tag{6.121a}$$

$$\beta = \omega \left\{ \frac{\mu\varepsilon'}{2} \left[\sqrt{1 + \left(\frac{\varepsilon''}{\varepsilon'} \right)^2} + 1 \right] \right\}^{1/2} \quad \text{(rad/m)}. \tag{6.121b}$$

$\widetilde{\mathbf{E}} = \hat{\mathbf{x}}\widetilde{E}_x(z)$인 전계에서 $+z$방향으로 진행하는 균일 평면파의 경우, 식 (6.116)의 파동방정식은

$$\frac{d^2 \widetilde{E}_x(z)}{dz^2} - \gamma^2 \widetilde{E}_x(z) = 0. \tag{6.122}$$

가 되며, 이 방정식의 해는

$$\widetilde{\mathbf{E}}(z) = \hat{\mathbf{x}}\widetilde{E}_x(z) = \hat{\mathbf{x}}E_{x0}e^{-\gamma z} = \hat{\mathbf{x}}E_{x0}e^{-\alpha z}e^{-j\beta z}. \tag{6.123}$$

가 된다. 전계 $\mathbf{E}$에 관련된 자계 $\mathbf{H}$는 (1) 식 (6.57b)인: $\nabla \times \widetilde{\mathbf{E}} = -j\omega\mu\widetilde{\mathbf{H}}$ 나, (2) 식 (6.94a)인 $\widetilde{\mathbf{H}} = (\hat{\mathbf{k}} \times \widetilde{\mathbf{E}})/\eta_c$를 적용하여 구하거나, 또는 (3) 무손실의 경우에서와 비슷한 방법으로 구할 수 있다. 여기서 η_c는 **손실매질의 고유 임피던스**(intrinsic impedance of the lossy medium)이다. 이 방법들 중 어느 것을 사용하더라도

$$\widetilde{\mathbf{H}}(z) = \hat{\mathbf{y}}\widetilde{H}_y(z) = \hat{\mathbf{y}}\frac{\widetilde{E}_x(z)}{\eta_c} = \hat{\mathbf{y}}\frac{E_{x0}}{\eta_c}e^{-\alpha z}e^{-j\beta z}, \tag{6.124}$$

가 되고, η_c는

$$\eta_c = \sqrt{\frac{\mu}{\varepsilon_c}} = \sqrt{\frac{\mu}{\varepsilon'}}\left(1 - j\frac{\varepsilon''}{\varepsilon'}\right)^{-1/2} \quad (\Omega). \tag{6.125}$$

이다. 비도전매질(non-conducting)에서 $\mathbf{E}(z, t)$와 $\mathbf{H}(z, t)$는 동위상이지만, 도전매질에서 η_c는 복소량이기 때문에, 전계와 자계는 위상이 같지 않다. (예제 7-4에서 설명하겠다.)

식 (6.123)로부터 $\widetilde{E}_x(z)$의 크기는

$$|\widetilde{E}_x(z)| = |E_{x0}e^{-\alpha z}e^{-j\beta z}| = |E_{x0}|e^{-\alpha z}, \tag{6.126}$$

가 되며, $\widetilde{H}_y = \widetilde{E}_x/\eta_c$이므로 z가 증가함에 따라 $\widetilde{E}_x$와 $\widetilde{H}_y$는 감쇠정수 α에 의해 지수함수적으로 감쇠된다. 감쇠 과정에서 전자파에 의해 운반되는 에너지의 일부는 매질에서의 도전전류에 의해 열로 변환된다. 그림 6-20에서와 같이

$$\delta_s = \frac{1}{\alpha} \quad \text{(m)}, \tag{6.127}$$

로 되는 거리 $z = \delta_s$에서 파의 크기는 $z = 0$에서 파의 크기의 $e^{-1} \approx 0.37$배로 감쇠된다. 이 거리 δ_s를 **표피깊이**(skin depth)라 하며, 전자파가 도전매질을 어느 정도 잘 침투할 수 있는지를 결정한다. 완전유전체인 경우 $\sigma = 0$,

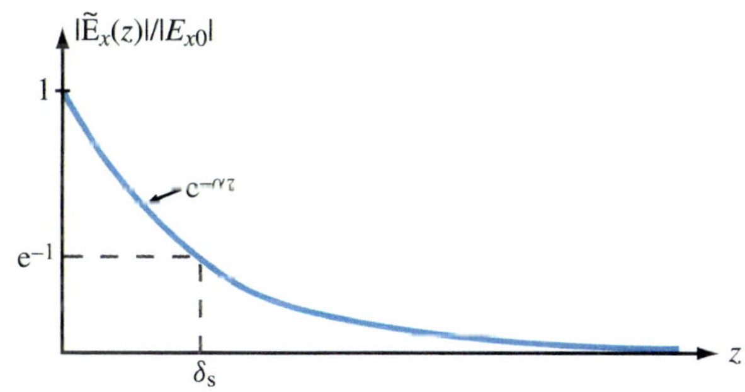

그림 6-20 거리 z의 변화에 따른 $\widetilde{E}_x(z)$의 감쇠. 표피 깊이 δ_s은 $|\widetilde{E}_x(z)|/|E_{x0}| = e^{-1}$ 혹은 $z = \delta_s = 1/\alpha$에서 z의 크기이다.

D6.9-6.11

$\alpha=0$이므로 $\delta_s=\infty$이다. 그러므로, 자유공간에서의 평면판은 손실 없이 전파될 수 있다. 정반대로, $\sigma=\infty$가 되어 $\delta_s=0$으로 된다. 동축 케이블의 외부 도체를 표피 깊이보다 여러 배 두껍게 설계할 경우, 케이블의 내부 에너지가 외부로 누설되는 것을 방지할 수 있고 또한 외부로부터 전자파 에너지가 케이블로 침투하는 것을 차폐시킬 수 있다.

α, β, η_c에 관한 식 (6.121a), (6.121b)와 (6.125)는 모든 선형, 등방성, 균질 매질에 대해 성립한다. 매질이 완전유전체($\sigma=0$)일 때, 이들 식은 무손실인 경우와 같이 되어 $\alpha=0$, $\beta=k=\omega\sqrt{\mu\varepsilon}$가 된다. 손실매질에서 $\varepsilon''/\varepsilon'=\sigma/\omega\varepsilon$는 매질이 어느 정도 손실이 있는지를 결정하는 데 중요한 역할을 한다. $\varepsilon''/\varepsilon' \ll 1$일 때 매질을 **저손실 유전체**(low-loss dielectric)라 하며, $\varepsilon''/\varepsilon' \gg 1$일 때 **양도체**(good conductor)라 한다. 실제로는, 매질이 $\varepsilon''/\varepsilon' < 10^{-2}$일 경우 저손실 유전체로, $\varepsilon''/\varepsilon' > 10^2$일 경우 양도체로, $10^{-2} \le \varepsilon''/\varepsilon' \le 10^2$일 경우 **준도체**(quasi-conductor)로 간주한다.

6-5.1 저손실 유전체

식 (6.117)으로부터 γ에 대한 일반식은

$$\gamma = j\omega\sqrt{\mu\varepsilon'}\left(1 - j\frac{\varepsilon''}{\varepsilon'}\right)^{1/2}. \qquad (6.128)$$

으로 주어진다. $|x| \ll 1$일 때, 함수 $(1-x)^{1/2}$은 이항정리를 이용하여 근사값을 첫 번째 항과 두 번째 항만으로 취하면 $(1-x)^{1/2} \simeq 1-x/2$가 된다. $x=j\varepsilon''/\varepsilon'$ 이고 $\varepsilon''/\varepsilon' \ll 1$인 저손실 유전체의 전파정수에 관한 식 (6.128)에 이항정리를 적용하면

$$\gamma \cong j\omega\sqrt{\mu\varepsilon'}\left(1 - j\frac{\varepsilon''}{2\varepsilon'}\right). \qquad (6.129)$$

이다. 식 (6.129)의 실수부와 허수부는

$$\alpha \cong \frac{\omega\varepsilon''}{2}\sqrt{\frac{\mu}{\varepsilon'}} = \frac{\sigma}{2}\sqrt{\frac{\mu}{\varepsilon}} \quad \text{(Np/m)}, \qquad (6.130a)$$

$$\beta \cong \omega\sqrt{\mu\varepsilon'} = \omega\sqrt{\mu\varepsilon} \quad \text{(rad/m)}. \qquad (6.130b)$$

이 된다. β에 관한 식은 무손실매질의 파수 k에 관한 식과 동일하다는 것을 알 수 있다. 식 (6.125)에 이항정리를 이용한 근사식 $(1-x)^{-1/2} \simeq (1+x/2)$를 적용하면

$$\eta_c \cong \sqrt{\frac{\mu}{\varepsilon'}}\left(1 + j\frac{\varepsilon''}{2\varepsilon'}\right) = \sqrt{\frac{\mu}{\varepsilon}}\left(1 + j\frac{\sigma}{2\omega\varepsilon}\right). \qquad (6.131a)$$

가 된다. 실제로, α, β, η_c의 근사식은 $\varepsilon''/\varepsilon' = \sigma/\omega\varepsilon < 1/100$일 때 사용되고, 이 경우 식 (6.131a)의 두 번째 항은 무시할 수 있다. 따라서,

$$\eta_c \cong \sqrt{\frac{\mu}{\varepsilon}}, \qquad (6.131b)$$

이며, 이 값을 무손실인 경우에 대한 식 (6.86)과 동일하다.

6-5.2 양도체

이제 $\varepsilon''/\varepsilon' > 100$인 양도체에 대해 살펴보자. $\varepsilon''/\varepsilon' > 100$이라는 조건하에서, 식 (6.121a), (6.121b) 및 (6.125)는

$$\alpha \cong \omega\sqrt{\frac{\mu\varepsilon''}{2}} = \omega\sqrt{\frac{\mu\sigma}{2\omega}} = \sqrt{\pi f\mu\sigma} \quad \text{(Np/m)}, \qquad (6.132a)$$

$$\beta = \alpha \cong \sqrt{\pi f\mu\sigma} \quad \text{(rad/m)}, \qquad (6.132b)$$

$$\eta_c \cong \sqrt{j\frac{\mu}{\varepsilon''}} = (1+j)\sqrt{\frac{\pi f\mu}{\sigma}} = (1+j)\frac{\alpha}{\sigma} \quad (\Omega). \qquad (6.132c)$$

표 6-2 여러 가지 매질에서 $\alpha, \beta, \eta_c, u_p$와 λ에 대한 표현식

	일반적인 매질	무손실 매질 ($\sigma=0$)	저손실 매질 ($\varepsilon''/\varepsilon' \ll 1$)	양도체 ($\varepsilon''/\varepsilon' \gg 1$)	단위
$\alpha =$	$\omega\left[\frac{\mu\varepsilon'}{2}\left[\sqrt{1+\left(\frac{\varepsilon''}{\varepsilon'}\right)^2}-1\right]\right]^{1/2}$	0	$\frac{\sigma}{2}\sqrt{\frac{\mu}{\varepsilon}}$	$\sqrt{\pi f \mu \sigma}$	(Np/m)
$\beta =$	$\omega\left[\frac{\mu\varepsilon'}{2}\left[\sqrt{1+\left(\frac{\varepsilon''}{\varepsilon'}\right)^2}+1\right]\right]^{1/2}$	$\omega\sqrt{\mu\varepsilon}$	$\omega\sqrt{\mu\varepsilon}$	$\sqrt{\pi f \mu \sigma}$	(rad/m)
$\eta_c =$	$\sqrt{\frac{\mu}{\varepsilon'}}\left(1-j\frac{\varepsilon''}{\varepsilon'}\right)^{-1/2}$	$\sqrt{\frac{\mu}{\varepsilon}}$	$\sqrt{\frac{\mu}{\varepsilon}}$	$(1+j)\frac{\alpha}{\sigma}$	(Ω)
$u_p =$	ω/β	$1/\sqrt{\mu\varepsilon}$	$1/\sqrt{\mu\varepsilon}$	$\sqrt{4\pi f/\mu\sigma}$	(m/s)
$\lambda =$	$2\pi/\beta = u_p/f$	u_p/f	u_p/f	u_p/f	(m)

주: $\varepsilon' = \varepsilon$; $\varepsilon'' = \sigma/\omega$. 자유공간에서는 $\varepsilon = \varepsilon_0$, $\mu = \mu_0$. 일반적으로 $\varepsilon''/\varepsilon' = \sigma/\omega\varepsilon < 0.01$이면 저손실 매질이라고 하고, $\varepsilon''/\varepsilon' > 100$이면 양도체 매질이라고 한다.

로 근사화된다. 식 (6.132c)에서 식 (6.36)에 있는 $\sqrt{j} = (1+j)/\sqrt{2}$의 관계를 이용했다. $\sigma=\infty$인 완전도체에서 이들 식은 $\sigma=\beta=\infty$, $\eta_c=0$이 된다. 완전도체는 단락회로와 등가이다.

여러 종류의 매질에서 전파에 관한 제반 정수를 표 6-2에 수록하였다.

예제 6-8 해수면에서의 평면파

바닷물에서 $+z$방향으로 균일 평면파가 진행하고 있다. 해수면은 x-y평면이고, $z=0$는 해수면 바로 아래에 있는 지점이다. 해수의 매질상수는 $\varepsilon_r=80$, $\mu_r=1$, $\sigma=4$S/m이다. $z=0$에서 자계가 $\mathbf{H}(0, t)=\hat{\mathbf{y}}100\cos(2\pi\times10^3 t+15^\circ)$(mA/m)인 경우,

(a) $\mathbf{E}(z, t)$와 $\mathbf{H}(z, t)$에 대한 식을 구하라.

(b) $\mathbf{E}$의 크기가 $z=0$에서의 값의 3%가 되는 깊이를 구하라.

풀이

(a) $\mathbf{H}$는 $\hat{\mathbf{y}}$방향이고 전파방향은 $\hat{\mathbf{z}}$방향이므로 $\mathbf{E}$는 $\hat{\mathbf{x}}$방향이어야 한다. 따라서, 페이저계에 대한 일반식은

$$\widetilde{\mathbf{E}}(z) = \hat{\mathbf{x}}E_{x0}e^{-\alpha z}e^{-j\beta z}, \tag{6.133a}$$

$$\widetilde{\mathbf{H}}(z) = \hat{\mathbf{y}}\frac{E_{x0}}{\eta_c}e^{-\alpha z}e^{-j\beta z}. \tag{6.133b}$$

이다. 해수에 대한 α, β, η_c를 구하기 위하여, $\varepsilon''/\varepsilon'$를 계산한다. $\mathbf{H}(0, t)$의 코사인 함수의 위상의 식으로부터, $\omega=2\pi\times10^3$(rad/s)이므로 f = 1kHz이다. 그러므로

$$\frac{\varepsilon''}{\varepsilon'} = \frac{\sigma}{\omega\varepsilon} = \frac{\sigma}{\omega\varepsilon_r\varepsilon_0} = \frac{4}{2\pi\times10^3\times80\times(10^{-9}/36\pi)} = 9\times10^5.$$

$\varepsilon''/\varepsilon' \gg 1$이기 때문에 해수는 1kHz에서 양도체이다. 따라서, 표 6-2에 주어진 양도체에 대한 식을 이용할 수 있다.

$$\alpha = \sqrt{\pi f \mu \sigma}$$
$$= \sqrt{\pi \times 10^3 \times 4\pi \times 10^{-7} \times 4}$$
$$= 0.126 \qquad \text{(Np/m)}, \qquad (6.134a)$$
$$\beta = \alpha = 0.126 \qquad \text{(rad/m)}, \qquad (6.134b)$$
$$\eta_c = (1+j)\frac{\alpha}{\sigma}$$
$$= (\sqrt{2}\, e^{j\pi/4})\frac{0.126}{4} = 0.044 e^{j\pi/4}\ (\Omega). \quad (6.134c)$$

전계의 크기는 E_{x0}를 $E_{x0} = |E_{x0}| e^{j\phi_0}$로 표시하면, 순시전계와 자계는 다음과 같이 주어진다.

$$\mathbf{E}(z,t) = \mathfrak{Re}\left[\hat{\mathbf{x}} |E_{x0}| e^{j\phi_0} e^{-\alpha z} e^{-j\beta z} e^{j\omega t}\right]$$
$$= \hat{\mathbf{x}} |E_{x0}| e^{-0.126z} \cos(2\pi \times 10^3 t - 0.126z + \phi_0) \qquad \text{(V/m)}, \qquad (6.135a)$$

$$\mathbf{H}(z,t) = \mathfrak{Re}\left[\hat{\mathbf{y}} \frac{|E_{x0}| e^{j\phi_0}}{0.044 e^{j\pi/4}} e^{-\alpha z} e^{-j\beta z} e^{j\omega t}\right]$$
$$= \hat{\mathbf{y}} 22.5 |E_{x0}| e^{-0.126z} \cos(2\pi \times 10^3 t - 0.126z + \phi_0 - 45^\circ) \qquad \text{(A/m)}. \qquad (6.135b)$$

$z=0$에서

$$\mathbf{H}(0,t) = \hat{\mathbf{y}}\, 22.5 |E_{x0}| \cos(2\pi \times 10^3 t + \phi_0 - 45^\circ) \qquad \text{(A/m)}. \qquad (6.136)$$

이다. 문제에 주어진 식,

$$\mathbf{H}(0,t) = \hat{\mathbf{y}}\, 100 \cos(2\pi \times 10^3 t + 15^\circ) \qquad \text{(mA/m)},$$

과 식 (6.136)을 비교하면,

$$22.5 |E_{x0}| = 100 \times 10^{-3}$$

이 되어야 하므로

$$|E_{x0}| = 4.44 \qquad \text{(mV/m)},$$

이고,

$$\phi_0 - 45^\circ = 15^\circ \qquad \text{또는} \qquad \phi_0 = 60^\circ.$$

이므로 $\phi_0 = 60^\circ$이다. 그러므로, $\mathbf{E}(z,t)$와 $\mathbf{H}(z,t)$에 대한 최종식은

$$\mathbf{E}(z,t) = \hat{\mathbf{x}}\, 4.44 e^{-0.126z} \cos(2\pi \times 10^3 t - 0.126z + 60^\circ) \qquad \text{(mV/m)}, \qquad (6.137a)$$

$$\mathbf{H}(z,t) = \hat{\mathbf{y}}\, 100 e^{-0.126z} \cos(2\pi \times 10^3 t - 0.126z + 15^\circ) \qquad \text{(mA/m)}. \qquad (6.137b)$$

이다.

(b) **E**의 크기가 $z=0$에서의 표면 전체의 3%까지 감소되는 깊이는

$$0.03 = e^{-0.126z} \qquad \text{또는} \qquad z = \frac{\ln(0.03)}{-0.126} = 27.8 \text{ m.}$$ ♣

연습문제 6.13 구리의 매질상수(constitutive parameters)는 $\mu = \mu_0 = 4\pi \times 10^{-7}$ (H/m), $\varepsilon = \varepsilon_0 \simeq (1/36\pi) \times 10^{-9}$(F/m), $\sigma = 5.8 \times 10^7$(S/m)이다. 이들 상수가 주파수에 무관하다면 구리가 양도체가 되는 전자파 스펙트럼의 주파수 범위는 얼마인가? (그림 1-15 참조)

[답] $f < 1.04 \times 10^{16}$(Hz)으로 무선 스펙트럼, 적외선 영역, 가시광선 영역, 자외선 영역의 일부를 포함한다. (●)

연습문제 6.14 건조한 대지의 매질상수가 $\varepsilon_r = 3$, $\mu_r = 1$, $\sigma = 10^{-4}$(S/m)일 경우, 저손실 유전체로 간주할 수 있는 주파수 범위는 얼마인가?

[답] $f > 60$ MHz. (●)

연습문제 6.15 표피깊이가 δ_s인 매질 내를 진행하는

파에서, 표면으로부터 $3\delta_s$의 거리에서 **E**의 크기는 표면의 **E**와 비교하면 어느 정도의 크기인가?

[답] 즉, 5% (◉)

6-6 양도체 내에서의 전류 흐름

직류전압을 도선 양단에 연결할 때, 도선을 통하여 흐르는 전류는 도선의 단면적에 균일한 전류밀도 **J**를 발생시킨다. 즉, 그림 6-21(a)에서와 같이 도선 중심과 표면의 전류밀도가 같다. 교류에서는 도선 내에 균일한 전류 분포를 가질 수 없다. 곧 알게 되겠지만, 도선에 흐르는 교류전류밀도는 도선의 표피에서 최대이고 도선 내부로 들어갈수록 지수함수적으로 감소한다. 실제로 아주 높은 주파수에서 대부분의 전류는 도선의 얇은 표피를 따라 흐르며 완전도체일 경우는 전체 전류는 도선의 표면에만 흐른다.

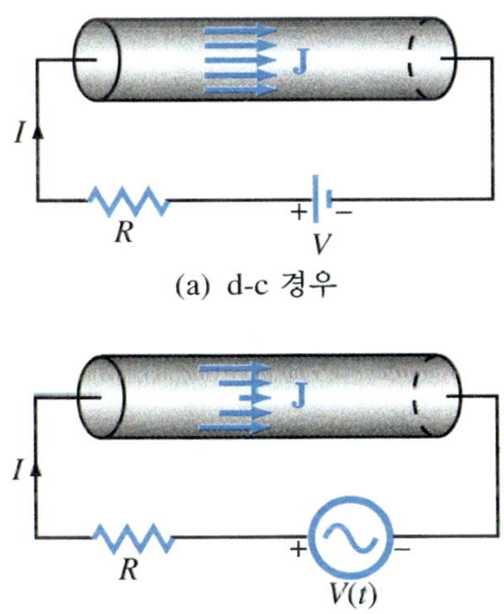

그림 6-21 도선에서 전류밀도 **J**는 (a) d-c 경우에는 단면에 대해서 균일하지만 (b) a-c 경우에는 도선의 가장자리에서 가장 크다.

원형 단면의 도선을 취급하기 전에, 그림 6-22(a)에 도시한 간단한 구조를 갖는 반무한장 도체에 대해 고찰해 보자. 깊이는 무한대이고, 도체 표면은 x-y평면이다. $z = 0^-$(표면 바로 위)에서 x방향으로 편파된 전자계 $\widetilde{\mathbf{E}} = \hat{\mathbf{x}}E_0$, $\widetilde{\mathbf{H}} = \hat{\mathbf{y}}E_0/\eta$가 도체 위의 매질에 있을 경우, 도체매질 내에는 같은 편파의 전자계가 유도되어 $+z$방향으로 진행하는 평면파가 된다. 전계 **E**의 접선성분은 두 매질

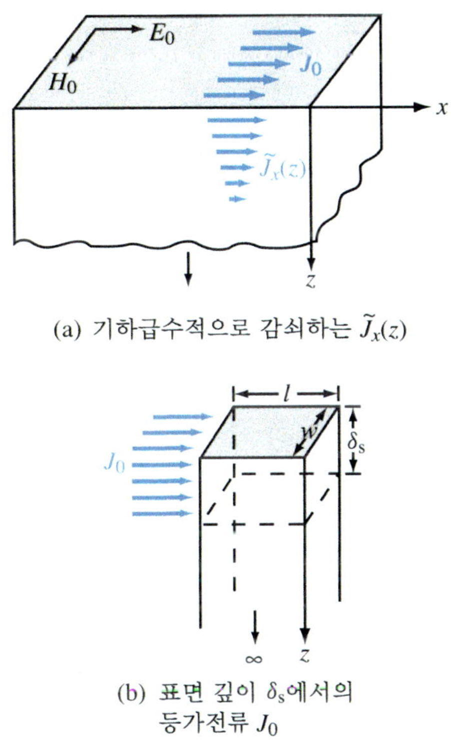

그림 6-22 도체에서 z의 변화에 의한 전류밀도 $\tilde{J}_x(z)$의 지수적 감쇠. (a) $z=0$에서 $z=\infty$인 폭 w의 면을 통해서 흐르는 총 전류는 (b) 깊이가 δ_s인 단면을 통해서 흐르는 일정한 전류밀도 J_0와 같다.

의 경계에서 연속이라는 경계조건에 의하여, $z=0^+$(경계 바로 밑)에서의 전계는 $\widetilde{\mathbf{E}}(0)=\hat{\mathbf{x}}E_0$이다. 도체 내 깊이 z에서 전자파의 전자계는

$$\widetilde{\mathbf{E}}(z)=\hat{\mathbf{x}}E_0 e^{-\alpha z}e^{-j\beta z}, \qquad (6.138a)$$

$$\widetilde{\mathbf{H}}(z)=\hat{\mathbf{y}}\frac{E_0}{\eta_c}e^{-\alpha z}e^{-j\beta z}. \qquad (6.138b)$$

로 된다. $\mathbf{J}=\sigma\mathbf{E}$이므로 전류는 x방향으로 흐르며, 전류밀도는

$$\widetilde{\mathbf{J}}(z)=\hat{\mathbf{x}}\,\widetilde{J}_x(z), \qquad (6.139)$$

이고, $\widetilde{J}_x(z)$는

$$\widetilde{J}_x(z)=\sigma E_0 e^{-\alpha z}e^{-j\beta z}=J_0 e^{-\alpha z}e^{-j\beta z}, \qquad (6.140)$$

이다. 여기서, $J_0=\sigma E_0$는 표면전류밀도의 크기이다. 식 (6.127)에서 표피깊이는 $\delta_s=1/\alpha$이고, 양도체의 경우 식 (6.132b)에 의해 $\alpha=\beta$이므로 식 (6.140)은

$$\widetilde{J}_x(z)=J_0 e^{-(1+j)z/\delta_s} \quad (\mathrm{A/m^2}). \qquad (6.141)$$

으로 쓸 수 있다. z방향으로는 0에서 무한대에 이르고, y방향으로는 폭이 w인 구형 스트립을 관통하여 흐르는 전류는

$$\begin{aligned}\widetilde{I}&=w\int_0^\infty \widetilde{J}_x(z)\,dz\\ &=w\int_0^\infty J_0 e^{-(1+j)z/\delta_s}\,dz=\frac{J_0 w\delta_s}{(1+j)} \quad (\mathrm{A}). \end{aligned} \qquad (6.142)$$

이다. 식 (6.142)의 분자는 균등전류밀도 J_0가 폭 w와 깊이 δ_s인 면적을 흐르는 경우와 같다. $\widetilde{J}_x(z)$는 깊이 z에 따라 지수함수적으로 감소하기 때문에, d가 표피깊이의 여러 배만큼 두꺼운 경우, 유한두께 d인 도체를 무한대 깊이로 취급할 수 있다. 일례로, 식 (6.142)의 적분구간을 ∞ 대신에 $d=3\delta_s$로 할 경우, 그 오차는 5% 미만이고, $d=5\delta_s$일 경우의 오차는 1% 미만이다.

그림 6-22(b)의 표면에서 길이 l의 양단전압은

$$\widetilde{V}=E_0 l=\frac{J_0}{\sigma}l. \qquad (6.143)$$

으로 주어지므로, 폭 w, 길이 l, 깊이 $d=\infty$(실제적으로 $d>5\delta_s$)인 얇은 도체 슬라브(slab)의 임피던스는

$$Z=\frac{\widetilde{V}}{\widetilde{I}}=\frac{1+j}{\sigma\delta_s}\frac{l}{w} \quad (\Omega). \qquad (6.144)$$

이다. Z를 관례적으로 다음과 같이 표시할 수 있다.

$$Z=Z_s\frac{l}{w}, \qquad (6.145)$$

여기서 Z_s는 도체의 **내부 임피던스**(internal impedance) 또는 **표면 임피던스**(surface impedance)라 하며, 단위길이 $l=1\mathrm{m}$, 단위폭 $w=1\mathrm{m}$에 대한 임피던스 Z으로 정의한다. 그러므로

$$\boxed{Z_s=\frac{1+j}{\sigma\delta_s} \quad (\Omega).} \qquad (6.146)$$

이고, Z_s의 허수부가 $(+)$이기 때문에 $Z_s=R_s+j\omega L_s$로 표시할 수 있으므로, R_s와 L_s는

$$R_s=\frac{1}{\sigma\delta_s}=\sqrt{\frac{\pi f\mu}{\sigma}} \quad (\Omega), \qquad (6.147a)$$

$$L_s=\frac{1}{\omega\sigma\delta_s}=\frac{1}{2}\sqrt{\frac{\mu}{\pi f\sigma}} \quad (\mathrm{H}), \qquad (6.147b)$$

가 된다. 여기서 식 (6.132a)에 주어진 $\delta_s=1/\alpha\simeq 1/\sqrt{\pi f\mu\sigma}$ 의 관계를 이용했다. 폭 w, 길이 l인 도체 슬라브의 **교류저항**(a-c resistance)은

$$R=R_s\frac{l}{w}=\frac{l}{\sigma\delta_s w} \quad (\Omega). \qquad (6.148)$$

이다. 교류저항 R에 대한 식은 길이가 l, 단면적 $A=\delta_s w$인 평판도체의 직류저항과 등가이다.

평판도체에 대해 구해진 결과를 그림 6-23(a)의 동축 케이블에 적용해 보자. 도체가 $\sigma=5.8\times10^7$S/m인 구리일 경우, 1MHz에서 표피깊이 $\delta_s=1/\sqrt{\pi f\mu\sigma}=0.066$mm이다. δ_s는 $1/\sqrt{f}$에 따라 변하므로 주파수가 높아짐에 따라 표피의 깊이 δ_s는 더 작아진다. 1MHz에서 내부도체의 반경 a가 $5\delta_s$보다 클 경우, 즉 0.33mm 이상일 경우, 그 '깊이'는 거의 무한대로 간주할 수 있고, 이와 같은 기준은 외부도체 두께에도 똑같이 적용된다. 내부도체에 흐르는 전류는 내부도체의 외표면에 집중되므로 깊이 δ_s, 원둘레 $2\pi a$의 평판도체와 등가이다. 단위길이당 저항은 식 (6.148)에서 w를 $2\pi a$로 설정하고 이를 l로 나누면 구할 수 있다.

$$R_1' = \frac{R}{l} = \frac{R_s}{2\pi a} \qquad (\Omega/\text{m}). \qquad (6.149)$$

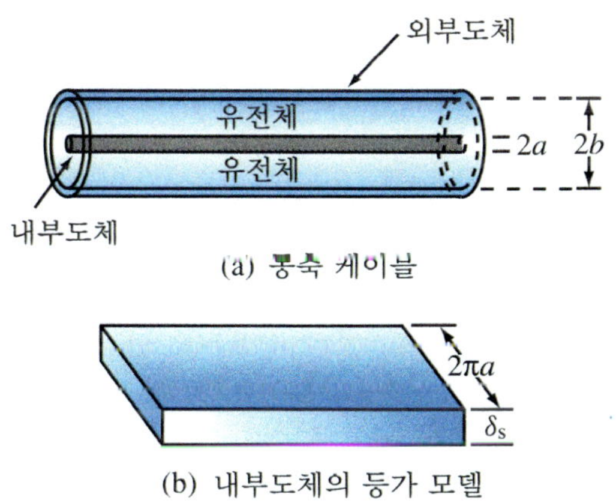

그림 6-23 (a)에 보이는 동축 케이블의 내부도체는 바닥에 이것을 놓고, 길이방향으로 표피를 잘라서 펼쳐 놓은 것 같은, 폭이 $2\pi a$이고 깊이가 δ_s인 (b)와 같은 평면 도체로 표시된다.

외부도체에서도 전류는 두 도체 사이의 절연체에 닿아 있는 외부도체의 내표면에 집중된다. 반경 b인 외부도체의 단위길이당 저항은

$$R_2' = \frac{R_s}{2\pi b} \qquad (\Omega/\text{m}), \qquad (6.150)$$

이다. 따라서 단위길이당 총 교류저항은

$$R' = R_1' + R_2' = \frac{R_s}{2\pi}\left(\frac{1}{a}+\frac{1}{b}\right) \qquad (\Omega/\text{m}). \qquad (6.151)$$

이다. 이 식은 2장에서 동축 전송선로의 단위길이당 저항을 표시하는 데 이용되었다.

6-7 전자계 전력밀도

전자파에 의해 운반되는 전력의 흐름을 이 절에서 다룬다. 전계 **E**와 자계 **H**를 갖는 전자파에서 **포인팅 벡터**(Poynting vector) **S**는

$$\mathbf{S} = \mathbf{E}\times\mathbf{H} \qquad (\text{W/m}^2). \qquad (6.152)$$

으로 정의한다. **S**의 단위는 (V/m)(A/m) = (W/m^2)이고, 파의 진행방향인 $\hat{\mathbf{k}}$가 **S**의 방향이다. 그러므로 **S**는 전파에 의하여 운반되는 단위면적당 전력밀도를 나타낸다. 만약 전자파가 그림 6-24에 도시한 바와 같이 외향 법신 벡터 $\hat{\mathbf{n}}$인 개구면적 A에 입사할 경우, 개구면(aperture)을 관통하는(또는 개구면이 받는) 총 전력은

$$P = \int_A \mathbf{S}\cdot\hat{\mathbf{n}}\,dA \qquad (\text{W}). \qquad (6.153)$$

이다. $\hat{\mathbf{n}}$과 각 θ를 이루고 있는 방향 $\hat{\mathbf{k}}$로 전파하는 균일 평면파에서 $P=SA\cos\theta$이며, 여기서 $S=|\mathbf{S}|$이다.

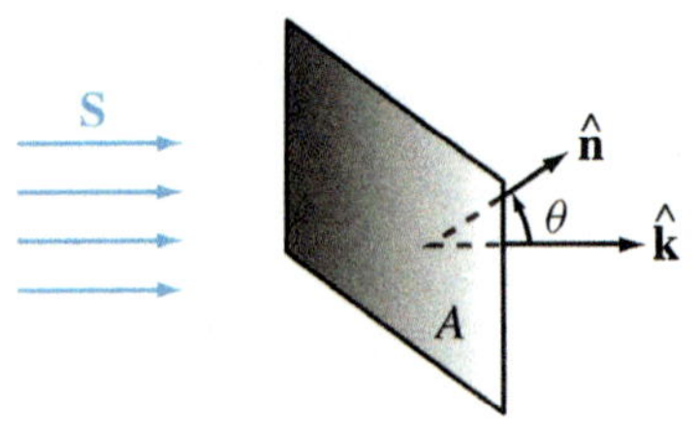

그림 6-24 개구면을 통해서 나오는 전자파의 전력

6-7.1 무손실매질 내에서의 평면파

무손실 매질 내에서 x방향의 **E**를 가지고 z방향으로 진행하는 평면파를 보자. 식 (7.87a, b)에 의해 주어진 페이저 전계와 자계의 일반식은

$$\widetilde{\mathbf{E}}(z) = \hat{\mathbf{x}}\, E_{x0} e^{-jkz}, \qquad (6.154a)$$

$$\widetilde{\mathbf{H}}(z) = \hat{\mathbf{y}}\, \frac{E_{x0}}{\eta} e^{-jkz}, \qquad (6.154b)$$

이다. 이 때 간단히 표현하기 위해 E_{x0}를 양의 값으로 표현하였다. 우리의 목표는 **S**의 시간 평균치인 평균전력밀도를 구하는 데 있다. **평균전력밀도**(average power density)는 전파에 의하여 운반되는 단위면적당 전력을 나타낸다. $\mathbf{S}_{av}$를 계산하려면 시간 영역 접근 방법이나 또는 수치적으로 더 간단한 페이저 영역 접근 방법을 사용할 수 있다.

시간 영역(time-domain) 접근 방법

식 (6.89a, b)에 의해 주어진 식 (6.154a, b)에 대응하는 순시적인 장은

$$\mathbf{E}(z,t) = \hat{\mathbf{x}} |E_{x0}| \cos(\omega t - kz) \qquad \text{(V/m)}, \qquad (6.155a)$$

$$\mathbf{H}(z,t) = \hat{\mathbf{y}} \frac{|E_{x0}|}{\eta} \cos(\omega t - kz) \qquad \text{(A/m)}, \qquad (6.155b)$$

와 같다. 이 때 간편하면서도 일반성을 잃지 않도록 위의 식에서 페이저 각도인 ϕ^+를 삭제하였다. 그때 포인팅 벡터는

$$\begin{aligned}\mathbf{S}(z,t) &= \mathbf{E}(z,t) \times \mathbf{H}(z,t)\\ &= \hat{\mathbf{z}} \frac{|E_{x0}|^2}{\eta} \cos^2(\omega t - kz) \qquad (\text{W/m}^2). \qquad (6.156)\end{aligned}$$

이다. **S**의 시간 평균값은 한 주기인 $T = 1/f = 2\pi/\omega$ 동안을 적분함으로써 얻을 수 있다. 즉,

$$\begin{aligned}\mathbf{S}_{av} &= \frac{1}{T}\int_0^T \mathbf{S}(z,t)\, dt\\ &= \frac{\omega}{2\pi}\int_0^{2\pi/\omega} \hat{\mathbf{z}} \frac{|E_{x0}|^2}{\eta} \cos^2(\omega t - kz)\, dt\\ &= \hat{\mathbf{z}} \frac{|E_{x0}|^2}{2\eta} \qquad (\text{W/m}^2). \qquad (6.157)\end{aligned}$$

이다. 1/2이라는 수는 한 주기 동안 $\cos^2(\omega t - kz)$를 적분한 결과이다.

페이저 영역(phasor-domain) 접근 방법

$\mathbf{S}_{av}$를 계산하는 직접적인 방법은 수식을 적용하는 것이다.

$$\mathbf{S}_{av} = \frac{1}{2}\mathfrak{Re}[\widetilde{\mathbf{E}} \times \widetilde{\mathbf{H}}^*] \qquad (\text{W/m}^2), \qquad (6.158)$$

여기서 $\widetilde{\mathbf{H}}^*$는 $\widetilde{\mathbf{H}}$의 켤레 복소수이다. 식 (6.158)의 결과가 식 (6.157)의 결과와 같다는 것을 증명하기 위해 식 (6.154a, b)를 식 (6.158)에 대입한다.

$$\mathbf{S}_{av} = \frac{1}{2}\mathfrak{Re}\left[\hat{\mathbf{x}}\, E_{x0} e^{-jkz} \times \hat{\mathbf{y}}\, \frac{E^*_{x0}}{\eta} e^{jkz}\right] = \hat{\mathbf{z}}\, \frac{|E_{x0}|^2}{2\eta}.$$

비록 위에서 보여준 증명은 무손실 매질에서의 평면파의 간단한 경우에 대한 것이었지만 식 (6.158)은 손실

매질을 포함한 어떤 매질의 파에도 적용할 수 있다.

예제 6-9 태양전력

태양광에 의해서 지표면이 받는 전력밀도가 1kW/m^{2}일 때 다음을 구하라.

(a) 태양이 복사하는 총 전력

(b) 지구가 받는 총 전력

(c) 지표면에 입사하는 전계

단, 태양광이 단일 주파수라 가정한다. 태양 주위를 도는 지구궤도의 반경 R_s은 약 1.5×10^8km이며 지구의 평균반경 R_e는 6,380km이다.

풀이

(a) 태양 에너지가 모든 방향으로 동일하게 방사된다면 태양이 방사하는 총 전력은 $S_{av} A_{sph}$와 같다. 여기서 A_{sph}는 그림 6-25(a)에서와 같이 반경 R_s인 구 표면적이다. 그러므로

$$P_{sun} = S_{av}(4\pi R_s^2) = 1 \times 10^3 \times 4\pi \times (1.5 \times 10^{11})^2 = 2.8 \times 10^{26} \text{ W}.$$

(b) 그림 6-25(b)를 참고하면, 지구단면 $A_e = \pi R_e^2$이 받는 전력은

$$P_{int} = S_{av}(\pi R_e^2) = 1 \times 10^3 \times \pi \times (6.38 \times 10^6)^2 = 1.28 \times 10^{17} \text{ W}.$$

(c) 전력밀도 S_{av}는 전계의 크기 $|E_0|$와 다음의 관계가 있다.

$$S_{av} = \frac{|E_0|^2}{2\eta_0},$$

여기에서 공기의 고유 임피던스 $\eta_0 = 377\Omega$이므로

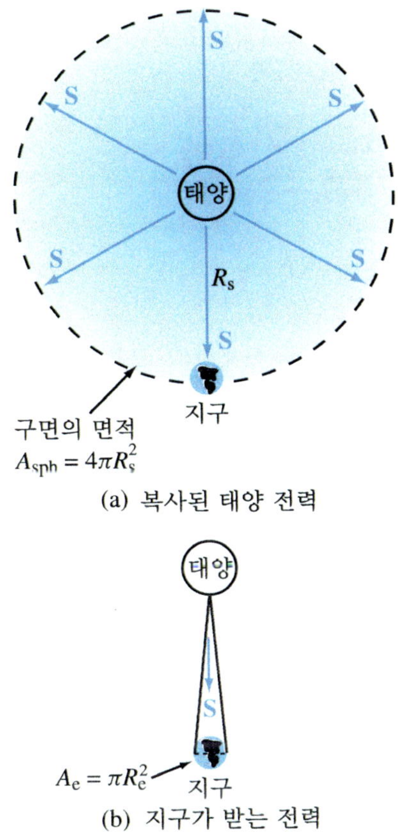

그림 6-25 (a) 반경이 R_s인 구면 내의 태양의 복사와 (b) 지구의 표면이 받는 총 전력(예제 6-9)

$$|E_0| = \sqrt{2\eta_0 S_{av}} = \sqrt{2 \times 377 \times 10^3} = 870 \quad \text{(V/m)}.$$ ♣

6-7.2 손실매실 내에서의 평면파

식 (6.123)과 (6.124)는, x편파(전계는 x방향, 자계는 y방향)의 평면파가 손실매질에서 전파상수 $\gamma = \alpha + j\beta$로

z방향으로 전파하는 전계와 자계를 나타낸다. 이 식을 x와 y성분을 모두 가지는 전계와 자계로 된 전자파의 일반적인 경우로 확장하면

$$\begin{aligned}\widetilde{\mathbf{E}}(z) &= \hat{\mathbf{x}}\widetilde{E}_x(z) + \hat{\mathbf{y}}\widetilde{E}_y(z) \\ &= (\hat{\mathbf{x}}E_{x0} + \hat{\mathbf{y}}E_{y0})e^{-\alpha z}e^{-j\beta z},\end{aligned} \tag{6.159a}$$

$$\widetilde{\mathbf{H}}(z) = \frac{1}{\eta_c}(-\hat{\mathbf{x}}E_{y0} + \hat{\mathbf{y}}E_{x0})e^{-\alpha z}e^{-j\beta z}, \tag{6.159b}$$

이다. 여기서 η_c는 손실매질의 고유 임피던스이다. 식 (6.158)에 적용하면

$$\begin{aligned}\mathbf{S}_{\rm av}(z) &= \frac{1}{2}\,\mathfrak{Re}\left[\widetilde{\mathbf{E}} \times \widetilde{\mathbf{H}}^*\right] \\ &= \frac{\hat{\mathbf{z}}(|E_{x0}|^2 + |E_{y0}|^2)}{2}e^{-2\alpha z}\,\mathfrak{Re}\left(\frac{1}{\eta_c^*}\right).\end{aligned} \tag{6.160}$$

이다. η_c를 극좌표 형식으로 표시하면

$$\eta_c = |\eta_c|e^{j\theta_\eta}, \tag{6.161}$$

이 된다. 식 (6.160)을 다음과 같이 쓸 수 있다.

$$\mathbf{S}_{\rm av}(z) = \hat{\mathbf{z}}\,\frac{|E_0|^2}{2|\eta_c|}\,e^{-2\alpha z}\cos\theta_\eta \qquad (\text{W/m}^2), \tag{6.162}$$

여기서 $|E_0| = [|E_{x0}|^2 - |E_{y0}|^2]^{1/2}$은 $z=0$에서 $\widetilde{\mathbf{E}}(z)$의 크기이다. 전자계 $\widetilde{\mathbf{E}}(z)$와 $\widetilde{\mathbf{H}}(z)$는 z에 따라 $e^{-\alpha z}$로 감소하고, 전력밀도 $\mathbf{S}_{\rm av}$는 $e^{-2\alpha z}$로 감소한다. 전자파가 거리 $z=\delta_s=1/\sigma$만큼 전파할 때, 전계와 자계의 크기는 초기치의 $e^{-1}\approx 37\%$까지 감소하며, 평균전력밀도는 $e^{-2}\approx 14\%$까지 감소한다.

6-7.3 전력비에 있어서의 데시벨(dB) 단위계

여러 공학 문제에 있어서 특히 관심을 갖게 되는 것은 두 전력 레벨 P_1, P_2의 비이다. 전송선로에서 입사전력은 P_1, 반사전력은 P_2라 하면, 그 비(ratio)인 P_1/P_2의 값은 너무 크거나 작아서 취급하는 데 불편하다. 데시벨(dB)은 로그를 사용하여 나타내는 비율인데, 전력비를 표현할 때 편리한 표현법이다. 만약

$$G = \frac{P_1}{P_2}, \tag{6.163}$$

이면

$$G\ [\text{dB}] \triangleq 10\log G = 10\log\left(\frac{P_1}{P_2}\right) \qquad (\text{dB}). \tag{6.164}$$

이 된다. 표 6-3은 G의 값과 G[dB]의 값을 비교한 것이다. 여기서는 데시벨을 전력비를 나타내는 단위계로 정의했지만, 다른 양들을 나타내는 데도 이용할 수 있다. 예를 들면, $P_1 = V_1^2/R$이 시간 t_1에서 저항 양단전압이 V_1으로 저항 R에 소비되는 전력일 경우, 시간 t_2에서 동일 저항에 소비되는 전력을 $P_2 = V_2^2/R$이라면

$$\begin{aligned}G\ [\text{dB}] &= 10\log\left(\frac{P_1}{P_2}\right) \\ &= 10\log\left(\frac{V_1^2/R}{V_2^2/R}\right)\end{aligned}$$

표 6-3 자연수로 표시된 전력비와 데시벨로 표시된 전력비

G	G [dB]
10^x	$10x$ dB
4	6 dB
2	3 dB
1	0 dB
0.5	−3 dB
0.25	−6 dB
0.1	−10 dB
10^{-3}	−30 dB

$$= 20\log\left(\frac{V_1}{V_2}\right)$$
$$= 20\log(g) \triangleq g\ [\mathrm{dB}], \qquad (6.165)$$

이다. 여기서 $g = V_1/V_2$는 전압비이다. 전압(또는 전류) 비에서는 로그 앞에 곱하여 주는 인수가 20이고, 전력비인 경우는 10이다. 자연수를 데시벨로 변환한 값을 표 6-3에 수록하였다.

$\mathbf{S}_{av}(z)$의 크기가 전파거리에 따라 감소하는 비율을 나타내는 **감쇠율**(attenuation rate)은

$$\begin{aligned} A &= 10\log\left[\frac{S_{av}(z)}{S_{av}(0)}\right] \\ &= 10\log(e^{-2\alpha z}) \\ &= -20\alpha z\log e \\ &= -8.68\alpha z = -\alpha\ [\mathrm{dB/m}]\ z \qquad (\mathrm{dB}), \end{aligned} \qquad (6.166)$$

으로 정의한다. 여기서

$$\alpha\ [\mathrm{dB/m}] \triangleq 8.68\alpha\ [\mathrm{Np/m}]. \qquad (6.167)$$

이다. $\mathbf{S}_{av}(z)$는 $|\mathbf{E}(z)|^2$ 비례하기 때문에

$$A = 10\log\left[\frac{|E(z)|^2}{|E(0)|^2}\right] = 20\log\left[\frac{|E(z)|}{|E(0)|}\right] \qquad (\mathrm{dB}). \qquad (6.168)$$

가 된다.

예제 6-10 해저 안테나에 의해 수신되는 전력

200m 깊이에 있는 잠수함이 1kHz로 전송신호를 수신하기 위하여 도선 안테나(wire antenna)를 사용한다. 예제 6-8의 전자파에 의한 해저 안테나에 입사되는 전력밀도를 구하라.

풀이 예제 6-8에서, $|E_0| = |E_{x0}| = 4.44(\mathrm{mV/m})$, $\alpha = 0.126$ (Np/m)이고, $\eta_c = 0.044\angle 45°\ (\Omega)$이므로 식 (6.162)를 적용하면

$$\begin{aligned} \mathbf{S}_{av}(z) &= \hat{\mathbf{z}}\frac{|E_0|^2}{2|\eta_c|}e^{-2\alpha z}\cos\theta_\eta \\ &= \hat{\mathbf{z}}\frac{(4.44\times 10^{-3})^2}{2\times 0.044}e^{-0.252z}\cos 45° \\ &= \hat{\mathbf{z}}\,0.16e^{-0.252z} \qquad (\mathrm{mW/m^2}). \end{aligned}$$

이고, $z = 200$m에서 입사전력밀도는

$$\begin{aligned} \mathbf{S}_{av} &= \hat{\mathbf{z}}(0.16\times 10^{-3}e^{-0.252\times 200}) \\ &= 2.1\times 10^{-26} \qquad (\mathrm{W/m^2}). \end{aligned}$$

이다. ♣

연습문제 6.16 다음과 같이 자연수로 표시된 전력비를 데시벨로 변환하라.

(a) 2.3, (b) 4×10^3, (c) 3×10^{-2}

[답] (a) 3.6 dB, (b) 36 dB, (c) −15.2 dB.

연습문제 6.17 다음과 같은 전력비 G의 데시벨 값을 자연수로 표시한 전압비 g를 구하라.

(a) 23dB, (b) −14dB, (c) −3.6dB

[답] (a) 14.13, (b) 0.2, (c) 0.66.

문제

6-1절: 파동과 페이저

6.1* x방향으로 공기 중을 진행하는 4kHz 음파는 $x=0$과 $t=25\mu s$에서 미소압력 $p(x, t)=5N/m^2$을 가진다. $p(x, t)$의 기준위상이 42° 일 때, $p(x, t)$에 대한 완벽한 식을 구하라. 공기 중에서 소리의 속도는 330m/s이다.

6.2 현을 따라 전파하는 조화파가 분당 120회 진동하는 발진기(oscillator)에 의해 발생된다. 최대치가 10초에 250cm 진행한다면 파장은 얼마인가?

6.3 두 개의 파 $y_1(t)$와 $y_2(t)$가 진폭과 주파수는 동일하지만 $y_2(t)$는 $y_1(t)$보다 위상이 60° 앞선다.

$$y_1(t)=4\cos(2\pi\times10^3 t)$$

일 때 $y_2(t)$에 대한 식을 쓰고, 0에서 2ms 사이의 시간에 대해 두 함수를 도시하라.

6.4* 파도의 높이가

$$y(x, t) = 1.5\sin(0.5t-0.6x) \quad \text{(m)}$$

일 때, 위상속도와 파장을 구하라. 그리고 x가 0에서 2λ까지의 범위에 대하여 t가 2s로 주어졌을 때 $y(x, t)$를 그려라.

6.5 $+x$축 현을 따라 진행하는 파가

$$y_1(t)=A\cos(\omega t-\beta x)$$

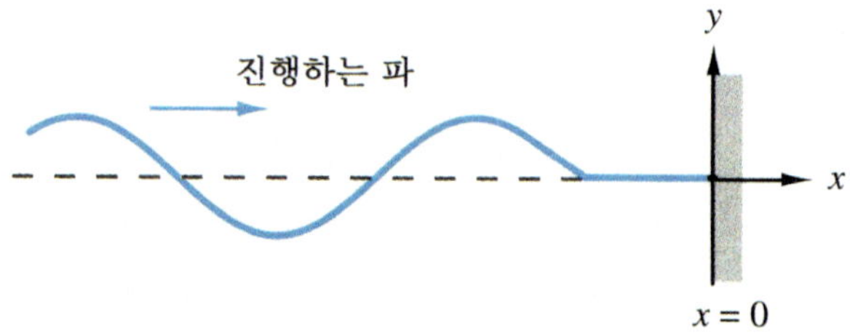

그림 6-26 $x=0$에 있는, 벽에 현이 묶여 있는 파(문제 6.5)

로 주어져 있으며, 그림 6-26에서와 같이 $x=0$에 현이 묶여 있다. 파 $y_1(x, t)$가 벽에 도달하면 반사파 $y_2(x, t)$가 발생하므로 임의 위치에서의 수직변위 y_s는 입사파와 반사파의 합으로

$$y_s(x, t)=y_1(x, t)+y_2(x, t)$$

이다.

(a) 진행방향과 현의 끝단을 고정시킬 경우, $y_2(x, t)$에 대한 식을 써라.

(b) $\omega t=\pi/4$와 $\omega t=\pi/2$에서 x에 대한 $y_1(x, t)$, $y_2(x, t)$와 $y_s(x, t)$를 그림으로 나타내어라. 단, 범위는 $-2\lambda \le x \le 0$이다.

6.6 현의 두 파가 다음과 같이 표현된다.

$$y_1(x, t) = 3\cos(20t-30x) \text{ (cm)}$$
$$y_2(x, t) = -3\cos(20t+30x) \text{ (cm)}$$

여기서 x의 단위는 cm이다. 두 파의 합($|y_s|=|y_1+y_2|$)이 최대가 되었을 때는 보강간섭이라 하고 합이 최소가 되었을 때는 상쇄간섭이 발생하였다고 한다.

(a) $y_1(x, t)$와 $y_2(x, t)$의 진행방향은 어느 방향인가?

(b) $t=(\pi/50)$s에서 두 파의 보강간섭이 발생한 지점은 어디이고 여기에 해당하는 $|y_s|$값은 얼마인가?

*해답은 부록 D에 있음.

표시는 'Solution available in CD-ROM' 을 나타냄.

(c) $t=(\pi/50)$s에서 두 파의 상쇄간섭이 발생한 지점은 어디이고 여기에 해당하는 $|y_s|$값은 얼마인가?

6.7 $-x$방향으로 현을 따라서 진행하는 정현파가 $y_{max}=20$cm, $\lambda=30$cm, $f=5$Hz이며 다음과 같은 조건이 더 주어졌을 때, $y(x,t)$를 표현하라.

(a) $x=0$에서 $y(x,0)=0$

(b) $x=7.5$cm에서 $y(x,0)=0$

6.8 현의 수직변화가 다음의 함수로 주어져 있다.

$$y(x,t)=5\cos(12\pi t-20\pi x) \quad \text{(m)}$$

여기서, x는 현을 따라 진행하는 수평거리(m)이다. 미립사가 $x=5$cm에 있는 현에 부착되어 있을 경우, 입자의 수직속도에 대한 식을 시간함수로 표시하라.

6.9* 다음과 같이 두 파가

$$y_1(t)=6\cos\omega t$$

$$y_2(t)=6\sin(\omega t+30°)$$

로 표현될 때, $y_2(t)$의 위상각은 $y_1(t)$보다 얼마만큼이나 앞서거나 지연되는가?

6.10 전송선로를 따라 전파하는 전자기파의 전압은 다음과 같이 표현된다.

$$v(z,t)=3e^{-\alpha z}\sin(2\pi\times10^9 t-10\pi z) \quad \text{(V)}$$

여기서, z는 전원으로부터의 거리이고 단위는 m이다.

(a) 파의 주파수, 파장 그리고 위상속도를 구하라.

(b) $z=2$m에서 파의 진폭이 1V일 때, α를 구하라.

6.11* 해수로 진행하는 전자파가 깊이 10m에서 진폭이 19.025(V/m)이고 100m에서 12.13(V/m)이었다. 해수의 감쇠정수는 얼마인가?

6.12 다음과 같은 복소수를 각각 직각좌표 형태로 표시하라.

(a) $z_1=3e^{j\pi/4}$

(b) $z_2=\sqrt{3}\,e^{j3\pi/4}$

(c) $z_3=2\,e^{-j\pi/2}$

(d) $z_4=j^3$

(e) $z_5=j^{-4}$

(f) $z_6=(1-j)^3$

(g) $z_7=(1-j)^{1/2}$

6.13* 복소수 z_1, z_2가 다음과 같이 주어져 있다.

$$z_1=3-j2$$

$$z_2=-4+j2$$

(a) 극좌표 형태로 z_1과 z_2를 나타내어라.

(b) 식 (6.24)와 (6.26)을 이용하여 $|z_1|$을 구하라.

(c) 극좌표 형태로 z_1z_2를 구하라.

(c) 극좌표 형태로 z_1/z_2를 구하라.

(c) 극좌표 형태로 z_1^3을 구하라.

6.14 $z=2+j3$인 경우에 다음을 극좌표 형태로 표시하라.

(a) $1/z$

(b) z^3

(c) $|z|^2$

(d) $\mathfrak{Im}\{z\}$

(e) $\mathfrak{Im}\{z^*\}$

6.15* z_1과 z_2의 값이 다음과 같을 경우, 복소수 $t=z_1+z_2$와 $s=z_1-z_2$를 극좌표 형태로 나타내어라.

(a) $z_1=2+j3$, $z_2=1-j2$

(b) $z_1=2$, $z_2=-j2$

(c) $z_1=3\angle 30°$, $z_2=3\angle -30°$

(d) $z_1 = 3\angle 30°$, $z_2 = 3\angle -150°$

6.16 복소수 z_1, z_2가 다음과 같이 주어져 있다.

$$z_1 = 5\angle -60°$$
$$z_2 = 2\angle 45°$$

(a) 극좌표 형태로 $z_1 z_2$를 구하라.

(b) 극좌표 형태로 $z_1 z_2^*$를 구하라.

(c) 극좌표 형태로 z_1/z_2를 구하라.

(d) 극좌표 형태로 z_1^*/z_2^*를 구하라.

(e) 극좌표 형태로 $\sqrt{z_1}$ 를 구하라.

6.17* $z=3-j4$일 때, $\ln(z)$의 값을 구하라.

6.18 $z=3-j4$일 때, e^z의 값을 구하라.

6.19* 전원전압

$$v_s(t)=10\cos(2\pi\times 10^3 t-30°)\ \text{(V)}$$

가 그림 6-9에서처럼 직렬 RC 부하에 연결되어 있다. $R=1\text{M}\Omega$이고 $C=100\text{pF}$일 때, 커패시터에 걸리는 전압 $v_c(t)$를 구하라.

6.20 다음과 같은 시간함수의 페이저를 구하라.

(a) $v(t) = 3\cos(\omega t - \pi/4)$ (V)

(b) $v(t) = 12\sin(\omega t + \pi/4)$ (V)

(c) $i(x,t) = 4e^{-3x}\sin(\omega t - \pi/6)$ (A)

(d) $i(t) = -2\cos(\omega t + 3\pi/4)$ (A)

(e) $i(t) = 2\sin(\omega t + \pi/3) + 3\cos(\omega t - \pi/6)$ (A)

6.21* 다음의 페이저에 대한 순시시간 정현함수를 구하라.

(a) $\widetilde{V} = -3e^{j\pi/3}$ (V)

(b) $\widetilde{V} = j6e^{j\pi/4}$ (V)

(c) $\widetilde{I} = (3 + j4)$ (A)

(d) $\widetilde{I} = -3 + j2$ (A)

(e) $\widetilde{I} = j$ (A)

(f) $\widetilde{I} = 2e^{j3\pi/4}$ (A)

6.22 직렬 RLC 회로가 전원전압 $v_s(t)=V_0\cos(\omega t+\pi/3)$(V)에 연결되어 있다

(a) $i(t)$, R, L, C, $v_s(t)$의 항으로 이루어진 전압 폐회로 방정식을 구하라.

(b) 위에서 구한 시간영역에 대한 식을 페이저 영역으로 표현하라.

(c) 방정식을 풀어서 페이저 전류 $\widetilde{I}$에 대한 식을 구하라.

6-3절: 무손실매질 내의 전파

6.23* 어떤 비자성체 내를 전파하는 파의 자계가

$$\mathbf{H} = \hat{\mathbf{z}}\,50\cos(10^9 t-5y) \qquad \text{(mA/m)}$$

일 경우 다음을 구하라.

(a) 파의 전파방향

(b) 위상속도

(c) 매질에서의 파장

(d) 매질의 비유전율

(e) 전계

6.24 비유전율 $\varepsilon_r=9$인 무손실 비자성체에서 $+y$방향으로 진행하는 1GHz인 정현 평면파의 전계와 자계에 대한 일반식을 쓰라. 단, 전계는 x방향으로 편파되어 있으며, 피크치는 3V/m이고 $t=0$, $y=2$cm에서 전계 강도는 2V/m이다.

6.25* 균일 평면파의 전계 페이저는 $\widetilde{\mathbf{E}} = \hat{\mathbf{y}} 10 e^{j0.2z}$ (V/m)이다. 위상속도가 1.5×10^8 m/s이고 매질의 비투자율 $\mu_r = 2.4$일 경우 **(a)** 파장, **(b)** 주파수 f, **(c)** 비유전율, **(d)** 자계 $\mathbf{H}(z, t)$를 구하라.

6.26 비자성체 내를 전파하는 평면파의 전계가

$$\mathbf{E} = [\hat{\mathbf{y}}\, 3 \sin(2\pi \times 10^7 t - 0.4\pi x) + \hat{\mathbf{z}}\, 4 \cos(2\pi \times 10^7 t - 0.4\pi x)] \quad \text{(V/m)}$$

이다. **(a)** 파장, **(b)** ε_r , **(c)** $\mathbf{H}$를 구하라.

6.27* 공기 중에 있는 복사원에서 복사되는 파가 지표면에 입사하여 파의 일부는 대지로 투과된다. 파장이 공지 중에서는 30cm이고 대지에서는 15cm인 경우, 대지의 비유전율은 얼마인가? 단, 대지는 매우 손실이 적은 매질이라 가정한다.

6-4절: 파의 편파

6.28* 어떤 우선회 원편파의 크기가 2(V/m)이고, 이 파가 z의 (−)의 방향으로 자유공간에서 진행하고 있다고 하자. 이 때 파장이 6cm이라고 할 때, 이 파의 전계 벡터에 대한 표현식을 써라

6.29 어떤 파의 전계가 아래와 같이 주어진다고 하자.

이 때 파의 편파의 상태를 판정하고, 편파이 가도 (γ, χ)를 구하라. 또한 아래의 경우에 대해 $\mathbf{E}(0, t)$의 궤적(locus)을 구하라.

(a) $a_x = 3$ V/m, $a_y = 4$ V/m, and $\delta = 0$

(b) $a_x = 3$ V/m, $a_y = 4$ V/m, and $\delta \doteq 180°$

(c) $a_x = 3$ V/m, $a_y = 3$ V/m, and $\delta = 45°$

(d) $a_x = 3$ V/m, $a_y = 4$ V/m, and $\delta = -135°$

6.30* 자유공간을 통해 진행하는 어떤 균일한 평면파의 전계가 아래와 같이 주어진다고 하자.

$$\widetilde{\mathbf{E}} = (\hat{\mathbf{x}} + j\hat{\mathbf{y}}) 20 e^{-j\pi z/6} \qquad \text{(V/m)}$$

이 때 전계의 크기와 방향을 $z=0$ 평면에서 $t=0$, 5, 10ns일 때 각각 구하라.

6.31* 어떤 타원 편파의 평면파 전계가 아래와 같이 주어진다고 하자.

$$\mathbf{E}(z, t) = [-\hat{\mathbf{x}}\, 10 \sin(\omega t - kz - 60°) + \hat{\mathbf{y}}\, 20 \cos(\omega t - kz)] \qquad \text{(V/m)}$$

이 때 아래의 값들을 구하라.

(a) 편파각 (γ, χ)

(b) 회전 방향

6.32 아래의 평면파에 대하여 각각의 편파 상태를 비교하라.

(a) Wave 1: $\mathbf{E}_1 = \hat{\mathbf{x}} 2 \cos(\omega t - kz) + \hat{\mathbf{y}} 2 \sin(\omega t - kz)$
Wave 2: $\mathbf{E}_2 = \hat{\mathbf{x}} 2 \cos(\omega t + kz) + \hat{\mathbf{y}} 2 \sin(\omega t + kz)$.

(b) Wave 1: $\mathbf{E}_1 = \hat{\mathbf{x}} 2 \cos(\omega t - kz) - \hat{\mathbf{y}} 2 \sin(\omega t - kz)$.
Wave 2: $\mathbf{E}_2 = \hat{\mathbf{x}} 2 \cos(\omega t + kz) - \hat{\mathbf{y}} 2 \sin(\omega t + kz)$.

6.33 아래의 식으로 표현되는 어떤 평면파의 $\mathbf{E}(0, t)$의 궤적을 그려라.

$$\mathbf{E}(z, t) = \hat{\mathbf{x}} \sin(\omega t + kz) + \hat{\mathbf{y}}\, 2 \cos(\omega t + kz)$$

이 때 그림으로부터 편파의 상태를 판정하라.

6-5절: 손실매질 내의 전파

6.34 다음의 각 파라미터에 대하여 저손실 유전체, 준도체 또는 양도체인지를 판별하고 다음의 경우 α, β, λ, u_p와 η_c를 계산하라.

(a) 10GHz에서 $\mu_r = 1$, $\varepsilon_r = 5$, $\sigma = 10^{-12}$ S/m인 유리

(b) 100MHz에서 $\mu_r = 1$, $\varepsilon_r = 12$, $\sigma = 0.3$ S/m인 직물

(c) 1kHz에서 $\mu_r = 1$, $\varepsilon_r = 3$, $\sigma = 10^{-4}$ S/m인 목재

6.35 매질이 $\varepsilon_r = 9$, $\mu_r = 1$, $\sigma = 0.1$ S/m일 경우, 100MHz에서 전계와 자계의 위상관계를 구하라.

6.36 공기와 대지 간 경계에서의 반사를 무시하고, 지표면에서 2GHz 입사파의 크기가 10V/m일 경우, 그 크기가 1mV/m로 줄어드는 깊이는 얼마인가? 단, 대지는 $\mu_r = 1$, $\varepsilon_r = 16$, $\sigma = 5 \times 10^{-4}$ S/m이다.

6.37* 어떤 비자성체의 표피깊이가 5GHz에서 2μm일 때 위상속도를 구하라.

6.38 1MHz에서 파의 감쇠와 반사측정을 한 결과 어떤 매질의 고유 임피던스가 $28.1\angle 45°$ (Ω) 이고 표피깊이가 5m였다. 다음을 답하라.

(a) 매질의 도전율

(b) 파장

(c) 위상속도

6.39* 비자성 매질을 전파하는 평면파의 전계가

$$\mathbf{E} = \hat{\mathbf{z}}\, 25e^{-30x} \cos(2\pi \times 10^9 t - 40x) \qquad \text{(V/m)}$$

일 때, **H**를 구하라.

6-6절: 도체 내의 전류 흐름

6.40 비자성, 손실, 유전체 매질에서 300MHz 평면파의 자계 페이저는

$$\tilde{\mathbf{H}} = (\hat{\mathbf{x}} - j4\hat{\mathbf{z}})e^{-2y}e^{-j9y} \qquad \text{(A/m)}$$

이다. 전계와 자계 벡터의 시간 영역에서의 표현식을 구하라.

6.41* 사각형으로 된 구리의 높이가 z축으로 30cm이고 위에서 구리로 입사한 파에 의하여 전류는 $+x$축 방향으로 구리에 유도된다. 1kHz에서 구리의 직류저항에 대한 교류저항의 비를 구하라. 구리의 특성은 부록 B에 있다.

6.42 동축 케이블의 내부도체와 외부도체의 반경이 각각 0.5cm와 1cm이다. 도체는 $\mu_r = 1$, $\varepsilon_r = 1$, $\sigma = 5.8 \times 10^7$ S/m인 구리로 되어 있고, 외부 도체의 두께는 0.1cm이다. 10MHz에서 다음에 답하라.

(a) 도체를 통해 전류가 흐를 때, 이 도체들의 두께는 무한한 두께로 간주할 수 있는가?

(b) 표면저항 R_s를 구하라.

(c) 케이블의 단위길이당 교류저항을 구하라.

6-7절: 전자파 전력밀도

6.43 $\varepsilon_r = 9$인 비자성매질 내를 진행하는 파의 전계가

$$\mathbf{E} = [\hat{\mathbf{y}}\, 3\cos(\pi \times 10^7 t + kx) - \hat{\mathbf{z}}\, 2\cos(\pi \times 10^7 t + kx)] \qquad \text{(V/m)}$$

일 때 전자파의 진행방향과 평균전력밀도를 계산하라.

6.44* 물 속으로 진행하는 균일 평면파의 전계 페이저가

$$\widetilde{\mathbf{E}} = \hat{\mathbf{x}}\, 10e^{-0.2z}e^{-j0.2z} \qquad (\text{V/m})$$

로 주어져 있다. 여기서 $\hat{\mathbf{z}}$은 하향방향이고 $z=0$는 수면이다. $\sigma = 4\text{S/m}$일 때

(a) 평균전력밀도에 대한 식

(b) 감쇠율

(c) 전력밀도가 40dB 감소되는 깊이를 구하라.

6.45 무손실, 비자성매질 내를 진행하는 파의 전계 진폭이 24.56V/m이고 평균전력밀도가 4W/m^2이다. 파의 위상속도를 구하라.

6.46 마이크로파 주파수에서 인간이 노출되어도 안전하다고 인정되는 전력밀도는 $1(\text{mW/cm}^2)$이다. 레이다는 전계진폭 E인 파를 방사하는데, 이 진폭은 $E(R) = 3{,}000/R(\text{V/m})$로 거리에 따라 감쇠하는 파이다. 여기서 R은 거리로 그 단위는 m이다. 안전하지 못한 영역의 반경은 얼마인가?

6.47 그림 6-27과 같은 가상의 직육면체를 생각하고 다음을 구하라.

(a) $\mathbf{E} = \hat{\mathbf{x}}E_0 \cos(\omega t - ky)\,(\text{V/m})$인 평면파에 의해 직육면체에 입사하는 총 전력 $P(t)$

(b) 직육면체에 입사하는 총 시평균전력

6.48

$$\mathbf{E} = \hat{\mathbf{x}}\, 100e^{-30y}\cos(2\pi \times 10^9 t - 40y) \qquad (\text{V/m})$$
$$\mathbf{H} = -\hat{\mathbf{z}}\, 0.64e^{-30y}\cos(2\pi \times 10^9 t - 40y - 36.85^\circ) \qquad (\text{A/m})$$

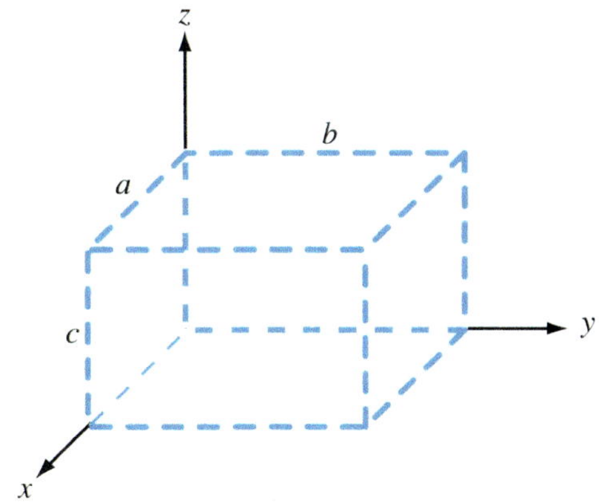

그림 6-27 문제 6.48의 가상의 직육면체

인 파가 손실매질로 전파하는 경우에 문제 6.47을 반복하라. 단, 직육면체의 크기는 $a=1\text{cm}$, $b=2\text{cm}$, $c=0.5\text{cm}$이다.

6.49 $\mathbf{E} = \hat{\mathbf{x}}E_0 \cos(\omega t - kz)$일 때, 다음을 계산하라.

(a) 시평균 전계 에너지 밀도

$$\mathbf{E}(z,t) = \hat{\mathbf{x}}a_x \cos(\omega t - kz) + \hat{\mathbf{y}}a_y \cos(\omega t - kz + \delta)$$

(b) 시평균 자계 에너지 밀도

$$(w_\text{m})_\text{av} = \frac{1}{T}\int_0^T w_\text{m}\, dt = \frac{1}{2T}\int_0^T \mu H^2\, dt$$

(c) $(w_\text{e})_\text{av} = (w_\text{m})_\text{av}$ 임을 증명하라.

6.50-6.57 추가적인 문제들—CD-ROM에 풀이되어 있음.

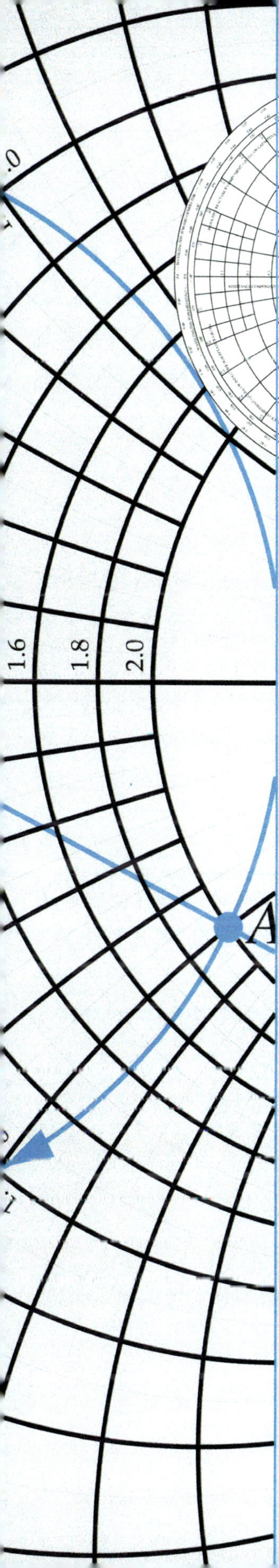

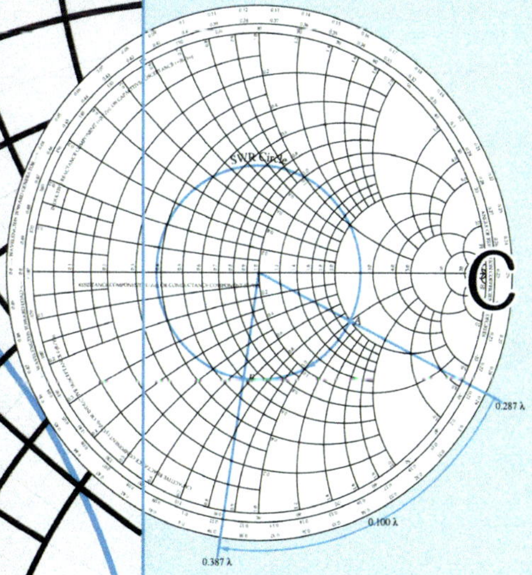

7 CHAPTER

전송선로

7-1 서론

전송선로(transmission lines)군(群)이라 하는 것에는 두 점 간의 정보나 전력을 전달하는 인체 내의 신경섬유, 유체 내의 음파, 고체 내의 압력파(mechanical pressure waves) 같은 구조 혹은 매체가 포함된다. 그러나 여기서 우리가 다루고자 하는 것은 전자기 신호를 전달하는 데 사용되는 전송선로이다. 그러한 전송선로에는 음성이나 영상정보를 전달하는 전화선이나 TV, 컴퓨터 모니터에 디지털 데이터를 전달하는 동축선, 빠른 속도의 데이터 전송을 위해 광파를 전달하는 광섬유 등이 있다. 기본적으로 전송선로는 그림 7.1과 같이 4단자 회로망이다. 양단의 한쪽은 송신단이고 다른 한쪽은 수신단이다. 송신단에 연결되어 있는 전원(source)은 레이더 송신기, 증폭기, 전송모드로 동작하는 컴퓨터 단말기와 같이 출력전압을 갖는 임의의 회로이다. 회로이론에 의하면, 임의의 이러한 전원은 전원전압 V_g와 직렬로 연결된 전원저항 R_g으로 이루어진, 그림 7-1과 같은 테브닌 등가 전원회로(generator circuit)로 나타낼 수 있다. 전원 전압은 디지털 펄스, 변조된 시변 사인파 신호 혹은 임의의 신호 파형으로 구성될 수 있다. 교류 신호의 경우, 전원회로는 페이저 전압 $\tilde{V}_g$와 임피던스 Z_g으로 표시된다.

전송선로의 수신단에 연결된 회로를 부하회로 혹은 부하(load)라 한다. 이러한 부하에 해당하는 것에는 레이더의 안테나, 수신모드로 작동하는 컴퓨터 단말기, 증폭기의 입력단, 입력단이 등가 부하저항 R_L이나 교류인 경우에는 부하 임피던스로 표시될 수 있는 임의의 회로 등이 있다.

7-1.1 파장의 역할

저주파 전기회로에서는 회로소자들을 원하는 모양으로 연결하기 위해서 일반적으로 도선을 사용한다. 예를 들어 그림 7-2의 회로에서는 한 쌍의 도선을 이용하여 전원을 간단한 RC 부하와 연결하였다. 전송선로를 구성하는 관점에서 보면 다음과 같은 의문이 생긴다: AA'과 BB' 사이에 있는 한 쌍의 도선은 전송선로인가? 만약 그렇다면 이것이 왜 중요한가? 첫 번째 질문에 대한 답은 '그렇다'이다. 실제로 한 쌍의 도선이 전송선로를 구성하지만 도선에 흐르는 전류와 회로 상에서 전압은 전원에 의한 신호 주파수 f와 도선의 길이 l의 영향을 받는다(후에 알게 되겠지만, 이 경우 AA'과 BB' 사이에 있는 전송선로를 전파하는 파의 파장 λ와 길이 l의 비가 결정

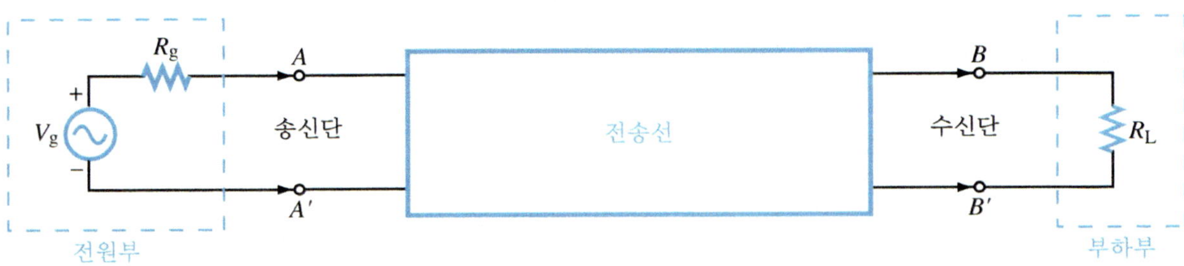

그림 7-1 전송선로는 송신단의 전원회로와 수신단의 부하를 연결하는 4단자 회로망이다.

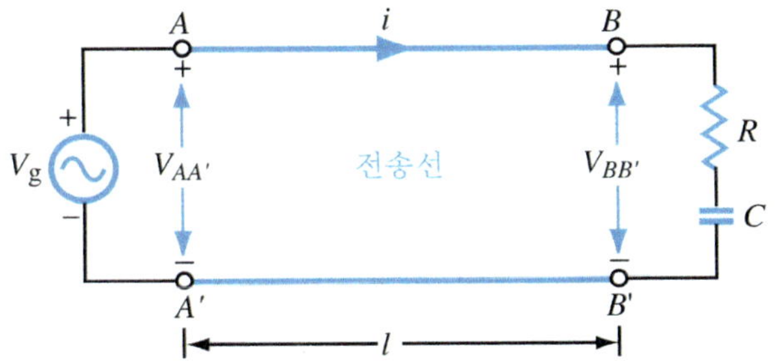

그림 7-2 길이 l인 전송선로를 통해 RC 회로에 연결된 전압원

인자이다). 전원 전압을 시간에 따른 코사인파라고 하면, 입력단 AA' 에 걸리는 전압은

$$V_{AA'} = V_g(t) = V_0 \cos \omega t \qquad \text{(V)}, \qquad (7.1)$$

이고 $\omega = 2\pi f$는 각주파수이다. 도선을 통해서 흐르는 전류가 광속 $c = 3 \times 10^8$ m/s로 진행하면, 출력단 BB' 에 걸리는 전압은 AA' 에 대해서 이동지연시간 l/c만큼 시간적으로 지연된다.

그러므로 전송선로에 심각한 저항손실이 발생하지 않는다고 가정하면 BB' 에서 전압은 다음과 같다.

$$\begin{aligned} V_{BB'}(t) &= V_{AA'}(t - l/c) \\ &= V_0 \cos[\omega(t - l/c)] \qquad \text{(V)}. \end{aligned} \qquad (7.2)$$

$f = 1$kHz에서 작동하는 초저주파 전기회로에 대하여 $t=0$에서 $V_{BB'}$과 $V_{AA'}$을 비교해 보자. 도선의 길이가 $l = 5$cm일 때 식 (7.1)과 (7.2)에서 $V_{AA'} = V_0$이고 $V_{BB'} = V_0 \cos(2\pi fl/c) = 0.999999999998 V_0$이다. 그러므로 대부분의 실세 문제에 있어서 전송선로의 길이를 무시하고 AA' 과 BB' 이 동일하다고 간주해도 무방하다. 이에 반해 1kHz의 음성신호를 전달하는 20km 길이의 전화선에 대해서 동일한 계산을 하면 $V_{BB'} = 0.91 V_0$이다. 결정인자는 $\omega l/c$의 크기이다. 식 (6.91)로부터 진행파의 전파속도 u_p는 다음과 같이 진동 주파수 f 및 파장 λ와 연관되어 있다.

$$u_p = f\lambda \qquad \text{(m/s)}. \qquad (7.3)$$

현재의 경우 $u_p = c$이므로 위상인자(phase factor)는 다음과 같다.

$$\frac{\omega l}{c} = \frac{2\pi f l}{c} = 2\pi \frac{l}{\lambda} \quad \text{radians}. \qquad (7.4)$$

l/λ이 매우 작으면 전송선로 효과는 무시해도 되지만, $l/\lambda \gtrsim 0.01$이면 시간지연과 연관된 위상편이(phase shift)뿐 아니라 부하로부터 전원으로 돌아오는 **반사된**(reflected) 신호의 존재도 설명할 필요가 있고, 선로의 **전력손실**(power loss)과 **분산효과**(dispersive effects)들도 고려할 필요가 있다. 분산 전송선로에서는 파의 전파

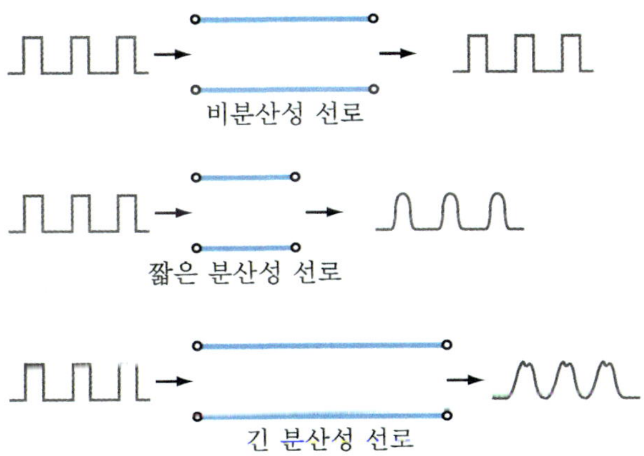

그림 7-3 비분산선로는 선로의 길이에 관계없이 선로에 흐르는 신호를 왜곡시키지 않는다. 이에 반해 분산선로는 서로 다른 주파수 성분이 가기 다른 속도를 가지고 전파하기 때문에 입력펄스의 모양을 왜곡시킨다. 왜곡의 정도는 분산선로의 길이에 비례한다.

속도가 주파수 f의 변화에 따라 변화한다. 구형(rectangular) 펄스를 푸리에 해석하면 주파수가 다른 여러 개의 파로 구성된다. 주파수가 다른 여러 성분들은 그림 7-3과 같이 동일한 속도로 전파하지 않을 것이기 때문에 여러 성분으로 이루어진 구형 펄스는 선로를 전파하면서 왜곡될 것이다. 펄스 형태를 유지하는 것은 선로 양단 간이나 고속 집적회로 내의 고속데이터 전송에서 매우 중요하다. 이러한 전송선로 설계와 제조공정은 집적회로 설계과정에서 매우 중요한 부분이다. 예를 들면, 10GHz가 공기 중에서는 $\lambda=3$cm이고 반도체 내에서는 1cm 정도이다. 따라서 1mm 정도인 소자 간의 연결 길이는 매우 중요하므로 이 점을 전체회로 설계 시 충분히 고려해야 한다.

7-1.2 전파모드

그림 7-4는 전송선로에 대한 몇 가지 예이다. 전송선로를 두 가지 기본적인 형태로 분류할 수 있다.

- TEM 전송선로(Transverse electromagnetic transmission lines): 이 선로의 특징은 전계와 자계가 진행방향에 수직 성분만을 갖고 선로를 통해 전파한다는 것이다. 이것을 TEM 모드라고 한다. 이에 대한 좋은 예가 그림 7-5의 동축선로이다. 동축선로에서 전계는 내·외부도체 사이에 방사방향으로 형성되어 있고, 자계의 방향은 내부도체 주위를 둘러싸는 방향이므로 선로의 길이방향(파의 진행방향)으로는 어떠한 성분도 갖고 있지 않다. 또 다른 TEM 전송선로로는 그림 7-4와 같이 2선 선로와 평행판 선로가 있다. 비록 마이크로스트립 선로가 TEM 모드의 정의와 정확히 일치되지는 않지만, 비횡(nontransverse)성분이 횡(transverse)성분에 비해서 무시할 수 있을 만큼 매우 작으므로 마이크로스트립 선로를 TEM 전송선로로 분류할 수 있다. 이들 TEM 선로의 공통된 특징은 두 개의 평행 도체판으로 이루어졌다는 것이다.

- 고차 전송선로(High-order transmission lines): 이 유형의 선로를 따라서 진행하는 파는 진행방향에 적어도 전계와 자계 중 어느 한 성분을 가진다. 공동 도파관(hollow conducting waveguides), 유전체 막대(dielectric rods), 광섬유(optical fiber) 등이 이 범주에 속한다.

TEM 모드 범주에 해당하는 선로를 다루는 것이 고차 모드 전송선로를 취급하는 것보다 수학적으로 간편하고, TEM 선로가 실제 상황에 더 많이 사용되기 때문에 이 장에서는 TEM 모드만을 다룰 것이다. 전송선로를 집중소자 모델로 나타내고 키르히호프의 전압, 전류법칙(KVL, KCL)을 적용하면 한 쌍의 전송선로 방정식을 유도할 수 있다. 이들 두 방정식을 결합하면 선로의 임의 지점에서 전압과 전류에 대한 파동방정식을 구할 수 있다. 정상상태(sinusoidal steady-state)의 사인파에 대한 파동방정식의 해는 광범위한 실제 문제를 해결하는 데 사용될 수 있다. 이 장의 후반부에 복소수가 포함된 힘든 계산을 수행하지 않고도 전송선로 문제의 해를 구할 수 있게 해 주는 **스미스 도표**(Smith chart)라고 알려진 도식적인 방법을 소개한다.

7-2 집중소자 모델

우리는 저항, 커패시터, 인덕터, 다이오드 등을 나타내는 특정 기호를 사용하여 전자회로를 도식적으로 그릴 수 있다. 각각의 경우에 해당하는 기호는 소자의 모양이

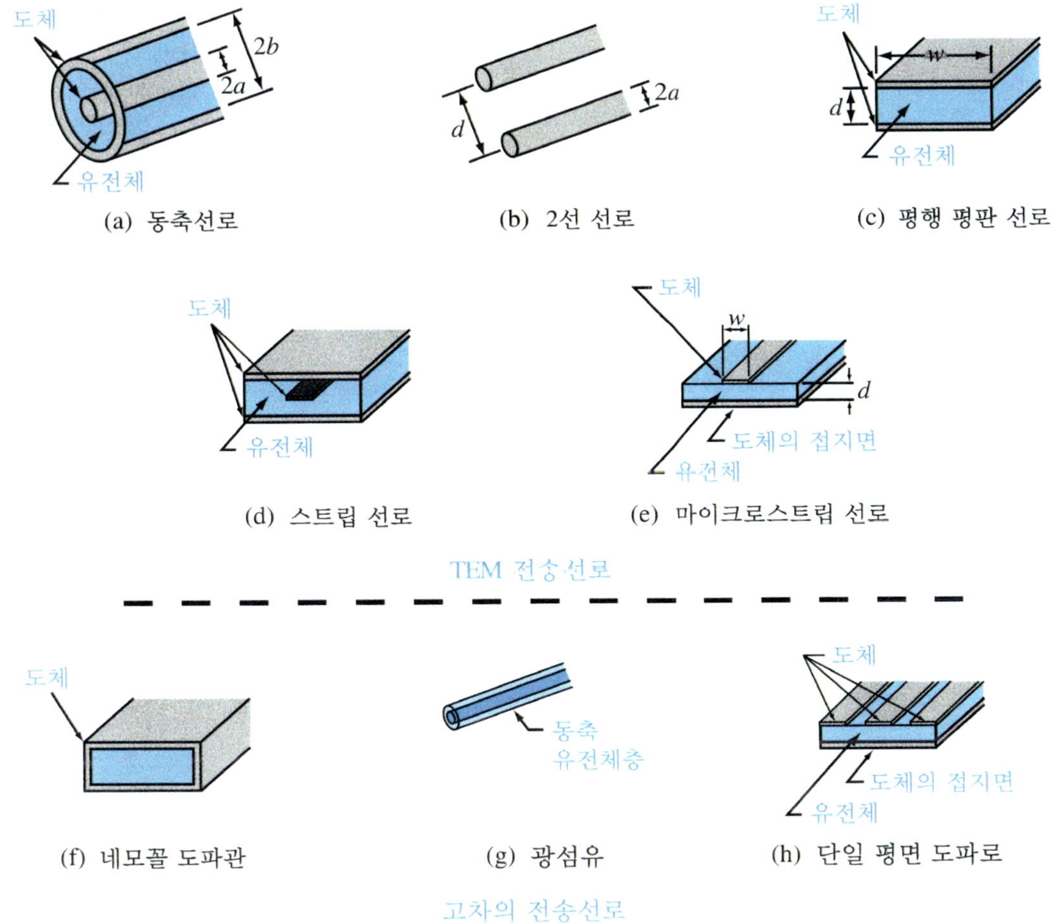

그림 7-4 TEM 전송선로와 고차 전송선로의 몇 가지 예

나 크기 혹은 그 밖의 다른 특성보다는 소자의 기능을 나타낸다. 그러므로 그림 7-6(a)에서처럼 고려하려는 선로의 특정한 모양에 관계없이 전송선로를 평행도선 형태로 표시한다. 그림 7-6(a)는 동축선로, 2선 선로 혹은 그 밖의 TEM 선로를 나타낸다.

전자회로에서 트랜지스터가 포함된 회로를 해석할 때 트랜지스터의 기능은 전원, 저항, 그리고 커패시터로 이루어진 등가회로로 나타낼 수 있다. 마찬가지 방법으로 z방향으로 선로를 놓고 그것을 그림 7-6(b)와 같이 미소 길이 Δz로 세분하면 등가회로에 의한 각 부분은 그림 7-6(c)와 같다. 이런 표기 방식을 **집중소자 회로모델**(lumped-element circuit)이라 하고, 이는 **선로정수**(transmission line parameters)라는 다음의 4가지 기본소자로 구성된다.

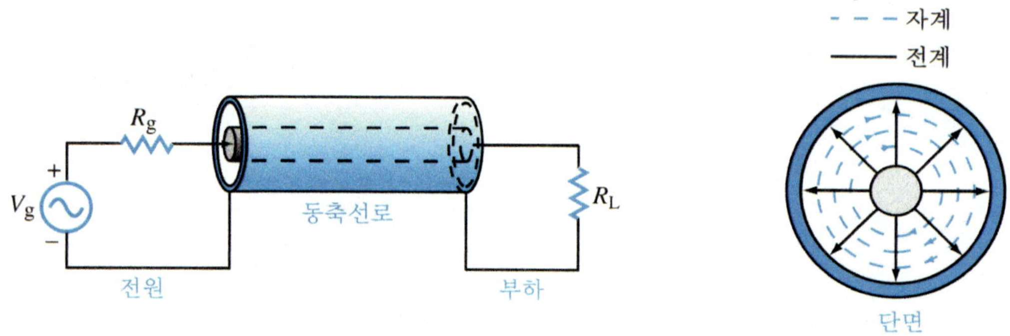

그림 7-5 동축선로에서 전계방향은 내부도체와 외부도체 사이에서 방사형으로 발생되고, 자계는 내부도체를 둘러싸는 원을 이룬다.

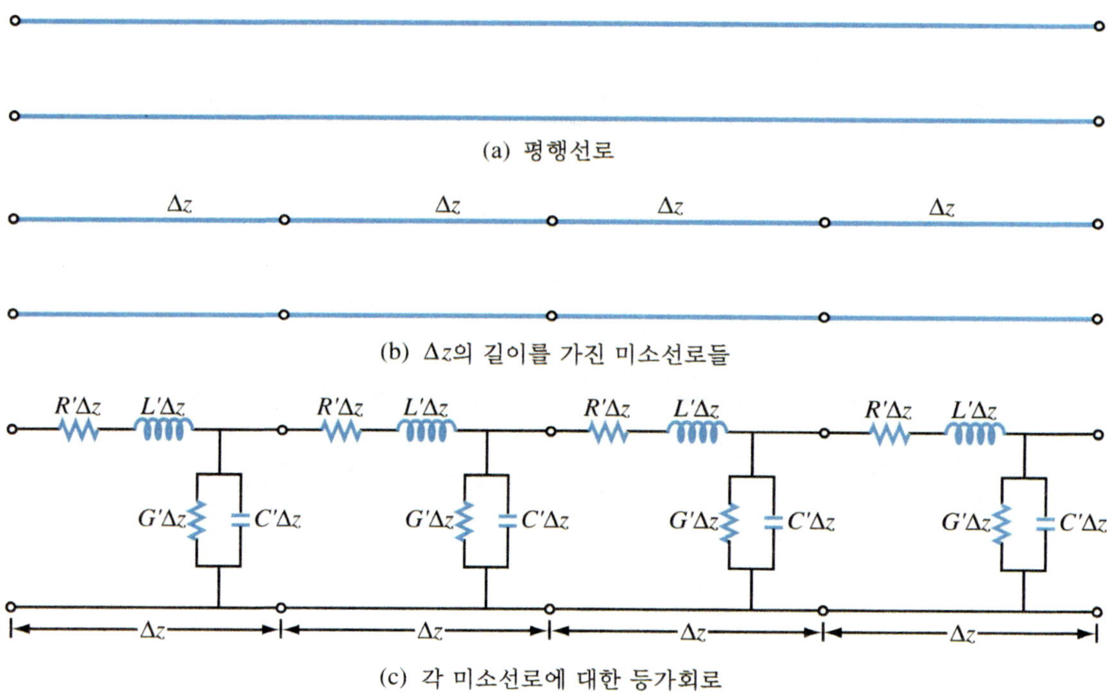

그림 7-6 실제 모습과는 관계 없이 TEM 전송선로는 그림 (a)에서처럼 평행선로 형태로 나타낼 수 있다. 전압과 전류간의 관계를 해석하기 위해서 선로는 그림 (b)처럼 미소구간으로 분할된다. 이 때, 각 구간은 그림 (c)와 같은 등가회로로 나타낼 수 있다.

R' : 단위길이당 양쪽 도체의 **저항**(resistance), Ω/m

L' : 단위길이당 양쪽 도체의 **인덕턴스**(inductance), H/m

G' : 단위길이당 절연물질의 **컨덕턴스**(conductance), S/m

C' : 단위길이당 2개 도체의 **커패시턴스**(capacitance), F/m

4가지 전송선로 정수들은 전송선로의 여러 형태와 크기에 따라 다양하게 표시되지만, 그림 7-6(c)에 표시된 등가모델은 모든 TEM 모드 전송선로에 대하여 똑같이 적용할 수 있다. 여기서 프라임(′) 윗첨자는 선로 파라미터가 단위길이당 미소량임을 표시하기 위해서 사용되었다.

그림 7-4(a)~(c)의 3가지 형태의 TEM 전송선로에 대한 선로정수 R', L', G', C' 의 표현식이 표 7-1에 주어져 있다. 이들 선로에 대한 표현식들은 2쌍의 변수에 대한 함수로, (1) 주어진 선로에 대한 단면치수를 정의하는 기하학적 변수와 (2) 도체와 절연체의 물질상수로 주어진다. 해당하는 기하학적 매개변수들은 다음과 같다.

동축선로[그림 7-4(a)]

a = 내부도체의 바깥 반경, m

b = 외부도체의 안쪽 반경, m

2신 선로[그림 7-4(b)]

a = 각 도선의 반경, m

d = 도선의 중심 간의 거리, m

평행판 선로[그림 7-4(c)]

w = 각 도체판의 폭, m

d = 도체판 간의 절연체의 두께, m

물질상수를 3가지 선로에 적용하면, 도체의 도전율 σ_c와 투자율 μ_c를 표시하는 군과 도체 사이에 채워진 절연체의 유전율 ε, 투자율 μ, 도전율 σ를 나타내는 두 개의 군으로 나누어진다. 부록 B에 다양한 물질에 대한 물질상수들이 나타나 있다. 이 장의 목적상 표 7-1에 주어진 식들을 유도하지는 않겠다. R', L', G', C' 을 계산하기 위해서 필요한 식들은 이전의 장에서 다루었는데, 이는 일반적인 2개 도체로 이루어진 일반적 구조를 갖는 경우에 활용할 수 있는 식들이다.

그림 7-6(c)에 있는 집중소자 모델은 임의의 TEM 전송선로에서의 전류와 전압을 연관시키는 물리적 과정을 나타낸다. 다른 등가모델을 사용할 수도 있고, 똑같이 적용할 수도 있다. 그러나 이러한 모든 모델은 앞으로 유도하게 될 결과와 일치하는 전송선로 방정식을 얻게 할 것이다. 그러므로 여기서는 그림 7-6(c)에 묘사된 모델만을 다루게 될 것이다. 이것은 두 개의 직렬소자 R', L'과 두 개의 병렬소자 G', C' 으로 이루어진다. 집중소자 모델에 대한 물리적 의미를 부여하기 위해서 그림 7-7의 동축선로의 단면을 고려해 보자. 이 선로는 내부도체의 바깥 반경이 a, 외부도체의 안쪽 반경은 b인 도체 사이에 유전율 ε, 투자율 μ, 도전율 σ인 유전체로서 구성된다. 두 개의 금속 도체는 도전율 σ_c와 투자율 μ_c인 물질로 되어 있다.

전압원이 선로의 송신단에 연결되어 있을 때, 전류는 대부분 내부도체의 바깥 표면과 외부도체의 안쪽 표면을 따라서 흐른다. 선로저항 R' 은 내·외부도체의 단위길이당 저항을 나타낸다. R' 은 6장에서 유도되었으며 식 (6.151)에 의해 다음과 같이 주어진다.

$$R' = \frac{R_s}{2\pi}\left(\frac{1}{a}+\frac{1}{b}\right) \qquad (\Omega/\text{m}), \tag{7.5}$$

여기서 R_s는 도체의 표면저항(surface resistance)으로 **고유저항**(intrinsic resistance)이라고도 하며, 식 (6.147a)에 의해 다음과 같이 주어진다.

표 7-1 세 가지 형태의 선로에 대한 전송선로정수 R', L', G', C'

파라미터	동축선로	2선 선로	평행 평판 선로	단위
R'	$\frac{R_s}{2\pi}\left(\frac{1}{a}+\frac{1}{b}\right)$	$\frac{R_s}{\pi a}$	$\frac{2R_s}{w}$	Ω/m
L'	$\frac{\mu}{2\pi}\ln(b/a)$	$\frac{\mu}{\pi}\ln\left[(d/2a)+\sqrt{(d/2a)^2-1}\right]$	$\frac{\mu d}{w}$	H/m
G'	$\frac{2\pi\sigma}{\ln(b/a)}$	$\frac{\pi\sigma}{\ln\left[(d/2a)+\sqrt{(d/2a)^2-1}\right]}$	$\frac{\sigma w}{d}$	S/m
C'	$\frac{2\pi\varepsilon}{\ln(b/a)}$	$\frac{\pi\varepsilon}{\ln\left[(d/2a)+\sqrt{(d/2a)^2-1}\right]}$	$\frac{\varepsilon w}{d}$	F/m

주: (1) 그림 7-4의 정의를 참고할 것, (2) μ, ε, σ는 도체 사이에 있는 유전체 매질의 특성을 나타내는 파라미터임, (3) $R_s = \sqrt{\pi f \mu_c/\sigma_c}$. (4) μ_c와 σ_c는 도체의 특성을 나타내는 파라미터임, (5) $(d/2a)^2 \gg 1$이면, $\left[(d/2a)+\sqrt{(d/2a)^2-1}\right] \simeq \ln(d/a)$가 된다.

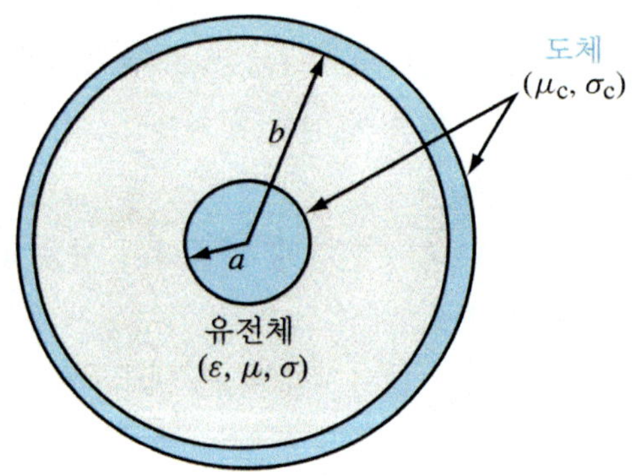

그림 7-7 반경이 a인 내부도체와 반경이 b인 외부도체를 가진 동축선로의 단면. 이 때 도체의 투자율은 μ_c이고 도전율은 σ_c이며, 도체 간의 채워진 물질의 유전율, 투자율, 도전율은 각각 ε, μ, σ이다.

$$R_s = \sqrt{\frac{\pi f \mu_c}{\sigma_c}} \quad (\Omega). \tag{7.6}$$

고유저항은 도체의 물질 특성(σ_c, μ_c)뿐 아니라 선로 상을 진행하는 파의 주파수 f에 따라 변한다. $\sigma_c = \infty$인 **완전도체**(perfect conductor)나 $(f\mu_c/\sigma_c) \ll 1$와 같은 양도체에 대해서 R_s가 0으로 접근해 감에 따라, R' 도 0으로 접근해 간다.

이번에는 단위길이당 인덕턴스 L'을 조사해 보자. 인덕턴스의 정의를 4장 암페어 법칙(Ampère's law)에 적용하면 동축선로의 단위길이당 인덕턴스에 대한 표현식 [식 (4.99)]은 다음과 같이 된다.

$$L' = \frac{\mu}{2\pi}\ln\left(\frac{b}{a}\right) \quad \text{(H/m)}. \tag{7.7}$$

단위길이당 병렬 컨덕턴스 G'은 (도전율이 σ인 절연물질을 통한) 내부도체와 외부도체 사이를 흐르는 전류 흐름의 정도를 나타낸다. 정확히 전류가 한쪽 도체에서 다른 쪽 도체로 흐르기 때문에 집중소자 모델에서 G'은 병렬소자이고, 다음과 같은 식 (3.76)으로 주어진다.

$$G' = \frac{2\pi\sigma}{\ln(b/a)} \quad \text{(S/m)}. \tag{7.8}$$

내부도체와 외부도체 사이의 물질이 $\sigma=0$인 완전유전체(perfect dielectric)라 하면 $G'=0$이다.

마지막 파라미터는 단위길이당 커패시턴스 C'이다. 크기는 같고 극성이 반대인 전하가 임의의 두 비접촉 도체에 놓인다면, 이들 간에 전압차가 발생할 것이다. 커패시턴스는 전압차에 대한 전하의 비로 정의된다. 동축선로에 대하여 C'은 식 (3.117)에 의해서 다음과 같이 된다.

$$C' = \frac{2\pi\varepsilon}{\ln(b/a)} \quad \text{(F/m)}. \tag{7.9}$$

모든 TEM 전송선로는 다음과 같은 유용한 관계를 갖는다.

$$L'C' = \mu\varepsilon, \tag{7.10}$$

$$\frac{G'}{C'} = \frac{\sigma}{\varepsilon}. \tag{7.11}$$

여기서 도체 간의 절연물질이 공기이면, 이러한 전송선로를 **공선로**(air line)라 한다(즉, 동축 공선로 또는 2선 공선로). 공선로일 경우 $\varepsilon=\varepsilon_0=8.854\times10^{-12}$F/m, $\mu=\mu_0=4\pi\times10^{-7}$H/m, $\sigma=0$, 그리고 $G'=0$이다.

연습문제 7.1 표 7-1을 이용하여 반경이 1mm, 이격거리가 2cm인 2선 공선로의 선로정수를 계산하라. 도선은 $\sigma_c=\infty$인 완전도체로 가정한다.

[답] $R'=0$, $L'=1.20(\mu$H/m), $G'=0$, $C'=9.29$ (pF/m). (◉)

연습문제 7.2 1MHz에서, 내부도체의 직경이 0.6cm, 외부도체의 직경이 1.2cm인 동축 공선로의 전송선로정수를 결정하라. 이 때 도체는 구리라고 가정한다[구리에 대한 μ_c와 σ_c의 값은 부록 B에 있다].

[답] $R'=2.08\times10^{-2}(\Omega$/m), $L'=0.14(\mu$H/m), $G'=0$, $C'=80.3$(pF/m). (◉)

7-3 전송선로 방정식

일반적으로 전송선로의 한쪽 단에는 전원, 다른 쪽 단에는 부하가 연결된다. 회로를 완전히 구성하기 전에, t와 z에 대한 함수로 도선에 흐르는 전류와 도선에 걸리는 전압을 기술하는 방정식을 유도할 필요가 있다. 그림 7-6(a)에서 묘사된 집중소자 모델을 이용하여 그림 7-8과 같이 미소길이 Δz에 대해서 알아보자. $v(z,t)$와 $i(z,t)$는 미소구간(마디 N)의 좌측 종단에서 순시전압과 전류를 나타낸다. 마찬가지로 $v(z+\Delta z,t)$와 $i(z+\Delta z,t)$는 우측 종단(마디 $N+1$)에서 순시전압과 전류를 나타낸다. 직렬저항 $R'\Delta z$와 인덕턴스 $L'\Delta z$에 걸리는 전압강하를 설명하기 위해서 KVL(키르히호프의 전압법칙)을 적용하면

$$v(z,t) - R'\Delta z\, i(z,t) - L'\Delta z\frac{\partial i(z,t)}{\partial t} - v(z+\Delta z,t) = 0. \tag{7.12}$$

이다. 모든 항을 Δz로 나누고 항들을 다시 정리하면

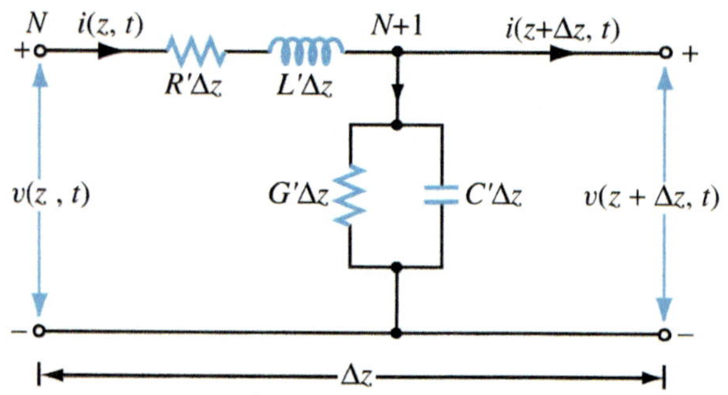

그림 7-8 2선 선로의 미소길이 Δz에 대한 등가회로

$$-\left[\frac{v(z+\Delta z,t)-v(z,t)}{\Delta z}\right] = R'\,i(z,t)+L'\frac{\partial\,i(z,t)}{\partial t}. \tag{7.13}$$

이다. Δz이 0으로 접근하면 식 (7.13)은 다음 미분방정식이 된다.

$$-\frac{\partial v(z,t)}{\partial z} = R'\,i(z,t)+L'\frac{\partial i(z,t)}{\partial t}. \tag{7.14}$$

마찬가지로 그림 7-8의 $N+1$마디에 KCL(키르히호프의 전류법칙)을 적용하면

$$i(z,t)-G'\Delta z\,v(z+\Delta z,t) - C'\Delta z\frac{\partial v(z+\Delta z,t)}{\partial t} - i(z+\Delta z,t)=0. \tag{7.15}$$

이다. 모든 항을 Δz로 나누고 $\Delta z\to 0$으로 극한을 취하면, 식 (7.15)는 다음의 미분 방정식이 된다.

$$-\frac{\partial i(z,t)}{\partial z} = G'\,v(z,t)+C'\frac{\partial v(z,t)}{\partial t}. \tag{7.16}$$

식 (7.14)와 (7.16)에 의해서 주어진 1차 미분방정식은 전송선로 방정식의 시간영역에서의 표현형태로 **전신기사 방정식**(telegrapher's equations)이라고도 한다. 이전 절을 제외한 이 장의 주요 관심사는 **사인 정상상태 조건**(sinusoidal steady-state conditions)이다. 이를 위해 6-1.4절에서 약술한 것처럼 코사인 기준표기로 페이저를 이용한다. 그러므로

$$v(z,t)=\mathfrak{Re}[\widetilde{V}(z)\,e^{j\omega t}], \tag{7.17a}$$

$$i(z,t)=\mathfrak{Re}[\tilde{I}(z)\,e^{j\omega t}], \tag{7.17b}$$

이다. 여기서 $\widetilde{V}(z)$와 $\tilde{I}(z)$는 페이저량이고, 각각의 값은 실수나 복소수이다. 식 (7.17a)와 (7.17b)를 식 (7.14)와 (7.16)에 대입하고, 식 (6.45)의 성질(시간영역에서의 $\partial/\partial t$는 페이저 영역에 $j\omega$를 곱한 것과 동일함)을 이용하면 다음과 같은 한 쌍의 방정식을 얻는다.

$$-\frac{d\widetilde{V}(z)}{dz} = (R'+j\omega L')\,\tilde{I}(z), \tag{7.18a}$$

$$-\frac{d\tilde{I}(z)}{dz} = (G'+j\omega C')\,\widetilde{V}(z). \tag{7.18b}$$

이것이 페이저 형태로 표현된 전신기사 방정식이다.

7-4 전송선로에서 파의 전파

식 (7.18a)와 (7.18b)에 의해서 주어진 2개의 1차 방정식은 $\widetilde{V}(z)$와 $\tilde{I}(z)$에 대한 2개의 2차 방정식을 얻기 위해 결합될 수 있다. $\widetilde{V}(z)$에 대한 파동 방정식은 식 (7.18a)의 양변을 z에 대해서 미분하여 다음과 같이 유도할 수 있다.

$$-\frac{d^2\widetilde{V}(z)}{dz^2} = (R'+j\omega L')\frac{d\tilde{I}(z)}{dz}, \tag{7.19}$$

그리고 식 (7.18b)를 $d\tilde{I}(z)/dz$에 대한 식 (7.19)에 대입

하면, 식 (7.19)는

$$\frac{d^2\widetilde{V}(z)}{dz^2} - (R' + j\omega L')(G' + j\omega C')\,\widetilde{V}(z) = 0, \quad (7.20)$$

가 되는데, 이 방정식은

$$\frac{d^2\widetilde{V}(z)}{dz^2} - \gamma^2\,\widetilde{V}(z) = 0, \quad (7.21)$$

로서 표현된다.

$$\gamma = \sqrt{(R' + j\omega L')(G' + j\omega C')}. \quad (7.22)$$

이다. 식 (7.18a)와 (7.18b)에도 동일한 절차를 적용하면

$$\frac{d^2\tilde{I}(z)}{dz^2} - \gamma^2\,\tilde{I}(z) = 0. \quad (7.23)$$

가 된다. 식 (7.21)과 (7.23)을 각각 $\widetilde{V}(z)$, $\tilde{I}(z)$에 대한 **파동방정식**(wave equations)이라 하고, γ를 전송선로의 **복소 전파상수**(complex propagation constant)라 한다. γ의 실수부 α를 **감쇠정수**(attenuation constant)라 하고 단위는 Np/m이다. 다음으로 γ의 허수부 β를 **위상정수**(phase constant)라 하고 단위는 rad/m이다. 따라서

$$\gamma = \alpha + j\beta \quad (7.24)$$

이다 . 여기서

$$\alpha = \mathfrak{Re}(\gamma) = \mathfrak{Re}\left(\sqrt{(R' + j\omega L')(G' + j\omega C')}\right) \quad \text{(Np/m)}, \quad (7.25a)$$

$$\beta = \mathfrak{Im}(\gamma) = \mathfrak{Im}\left(\sqrt{(R' + j\omega L')(G' + j\omega C')}\right) \quad \text{(rad/m)}. \quad (7.25b)$$

이다. 식 (7.25a)와 (7.25b)에서 α와 β에 대해서 양의 값을 갖는 제곱근값이 선택되었다. 수동 전송선로에서는 α는 0이거나 (+)이다. 이 장에서 다루게 될 대부분의 전송선로는 수동형태의 선로이다. 레이저의 능동영역은 음의 α를 갖는 능동 전송선로의 한 예이다.

식 (7.21)과 (7.23)에 주어진 파동방정식은 다음과 같은 형태의 진행파(traveling wave) 해를 갖는다.

$$\widetilde{V}(z) = V_0^+ e^{-\gamma z} + V_0^- e^{\gamma z} \quad \text{(V)}, \quad (7.26a)$$

$$\tilde{I}(z) = I_0^+ e^{-\gamma z} + I_0^- e^{\gamma z} \quad \text{(A)}, \quad (7.26b)$$

후에 알겠지만, $e^{-\gamma z}$항은 $+z$방향으로 진행하는 파를 의미하고, $e^{\gamma z}$항은 $-z$방향으로 진행하는 파를 나타낸다. 식 (7.26a)와 (7.26b)를 식 (7.21)과 (7.23)에 대입하고 두 번 미분하면 이것이 해임을 쉽게 증명할 수 있다. 식 (7.26a)와 (7.26b)에 의해 주어진 해는 4개의 미지수[$+z$방향으로 진행하는 파의 진폭(V_0^+, I_0^+)와 $-z$방향으로 진행하는 파의 진폭(V_0^-, I_0^-)]를 포함하고 있다. 식 (7.26a)를 식 (7.18a)에 각각 대입함으로써 전류진폭 I_0^+와 I_0^-를 전압진폭 V_0^+와 V_0^-에 쉽게 연관시킬 수 있다. 그리고 $\tilde{I}(z)$에 대해서 풀면

$$\tilde{I}(z) = \frac{\gamma}{R' + j\omega L'}\left[V_0^+ e^{-\gamma z} - V_0^- e^{\gamma z}\right]. \quad (7.27)$$

가 된다. 식 (7.26b)의 각 항을 식 (7.27)과 비교하면, 다음과 같은 결과를 얻게 된다.

$$\frac{V_0^+}{I_0^+} = Z_0 = \frac{-V_0^-}{I_0^-}, \quad (7.28)$$

여기서 선로의 **특성 임피던스**(characteristic impedance)인

$$Z_0 = \frac{R' + j\omega L'}{\gamma} = \sqrt{\frac{R' + j\omega L'}{G' + j\omega C'}} \quad (\Omega), \quad (7.29)$$

로 정의된다. Z_0는 $-z$방향으로 진행하는 경우 부가적으로 (−)부호를 갖는다는 점을 제외하고는 각각의 진행파에 대한 전압진폭과 전류진폭의 비와 동일하다. 그러나 2개의 파 중 1개가 존재하지 않는 경우를 제외하고 총 전류 $\tilde{I}(z)$와 총 전압 $\tilde{V}(z)$의 비는 동일하지 않다. 식 (7.27)을 Z_0를 사용하여 나타내면

$$\tilde{I}(z) = \frac{V_0^+}{Z_0} e^{-\gamma z} - \frac{V_0^-}{Z_0} e^{\gamma z}. \tag{7.30}$$

가 된다. 다음 절에서 V_0^+와 V_0^-에 대한 관계식을 얻기 위해서 전송선로의 송·수신단에 경계조건을 적용한다. 일반적으로 이들 값은 크기와 위상으로 이루어진 복소량으로서 다음과 같이 표현된다.

$$V_0^+ = |V_0^+| e^{j\phi^+}, \tag{7.31a}$$

$$V_0^- = |V_0^-| e^{j\phi^-}. \tag{7.31b}$$

이 정의를 식 (7.26a)에 대입하고 γ를 식 (7.24)로 대치하면, $v(z, t)$를 시간영역에서 표현할 수 있으므로 선로에서 순시전압은 다음과 같다.

$$\begin{aligned} v(z,t) &= \mathfrak{Re}(\tilde{V}(z) e^{j\omega t}) \\ &= \mathfrak{Re}\left[\left(V_0^+ e^{-\gamma z} + V_0^- e^{\gamma z}\right) e^{j\omega t}\right] \\ &= \mathfrak{Re}[|V_0^+| e^{j\phi^+} e^{j\omega t} e^{-(\alpha+j\beta)z} \\ &\quad + |V_0^-| e^{j\phi^-} e^{j\omega t} e^{(\alpha+j\beta)z}] \\ &= |V_0^+| e^{-\alpha z} \cos(\omega t - \beta z + \phi^+) \\ &\quad + |V_0^-| e^{\alpha z} \cos(\omega t + \beta z + \phi^-). \end{aligned} \tag{7.32}$$

6-1.2절의 진행파에 대한 정의로부터, 식 (7.32)에서 첫 번째 항은 $+z$방향으로 진행하는 파이고, 두 번째 항은 $-z$방향으로 진행하는 파임을 알 수 있다. 두 파 모두 식 (6.14)에서 주어진 위상속도 u_p를 가지고 진행한다.

$$u_p = f\lambda = \frac{\omega}{\beta}. \tag{7.33}$$

$e^{-\alpha z}$는 $+z$방향으로 진행하는 파의 감쇠를 나타내고 $e^{\alpha z}$는 $-z$방향으로 진행하는 파의 감쇠를 나타낸다. 선로에서 양쪽 방향으로 진행하는 파가 존재한다면 이것은 **정재파**(standing wave)를 발생시킨다. 이것이 갖는 물리적 의미를 이해하기 위해서 비교적 간단하지만 중요한 예인 무손실 **전송선로**(lossless line)($\alpha = 0$)를 고려해 보고, 이 결과를 좀더 확장시켜 일반적인 경우인 손실이 있는 **전송선로**(lossy transmission lines)($\alpha \neq 0$)에 적용시켜 보자. 실제로 대부분의 선로가 매우 낮은 손실을 갖기 때문에, 다음의 여러 절에서는 주로 무손실 전송선로에 대한 내용을 다룰 것이다.

예제 7-1 공선로

공선로(air line)는 두 도체 간에 $G' = 0$인 유전체, 즉 공기가 존재하는 전송선로로서, 도체는 $R' \simeq 0$인 양도전성을 가진 물질로 이루어져 있다. 주파수가 700MHz에서 특성 임피던스가 50Ω이고 위상정수가 10rad/m인 공선로에 대하여 선로의 단위길이당 인덕턴스와 커패시턴스를 구하라.

풀이

$$Z_0 = 50\ \Omega, \qquad \beta = 10\ \text{rad/m},$$
$$f = 700\ \text{MHz} = 7 \times 10^8\ \text{Hz}.$$

이고 $R' = G' = 0$이므로 식 (7.25b)와 (7.29)는

$$\begin{aligned} \beta &= \mathfrak{Im}\left(\sqrt{(j\omega L')(j\omega C')}\right) \\ &= \mathfrak{Im}\left(j\omega\sqrt{L'C'}\right) = \omega\sqrt{L'C'}, \end{aligned}$$

$$Z_0 = \sqrt{\frac{j\omega L'}{j\omega C'}} = \sqrt{\frac{L'}{C'}}.$$

으로 된다.

$$\frac{\beta}{Z_0} = \omega C',$$

으로부터

$$C' = \frac{\beta}{\omega Z_0} = \frac{10}{2\pi \times 7 \times 10^8 \times 50} = 4.55 \times 10^{-11}\ \text{(F/m)} = 45.5\ \text{(pF/m)}.$$

이고 $Z_0 = \sqrt{L'/C'}$ 로부터

$$L' = Z_0^2 C' = (50)^2 \times 45.5 \times 10^{-12} = 1.14 \times 10^{-7}\ \text{(H/m)} = 114\ \text{(nH/m)}.$$

이다. ♣

연습문제 7.3 식 (7.26a)가 식 (7.21)의 파동방정식의 해임을 증명하라. (◉)

연습문제 7.4 2선 공선로가 다음과 같은 선로정수를 갖는다.

$R' = 0.404(\text{m}\Omega/\text{m})$

$L' = 2.0(\mu\text{H/m})$

$G' = 0$

$C' = 5.56(\text{pF/m})$

주파수가 5kHz일 때 다음을 구하라.

(a) 감쇠정수 α (b) 위상정수 β (c) 위상속도 u_p (d) 특성 임피던스 Z_0 (◉)

[답] (a) $\alpha = 3.37 \times 10^{-7}$(Np/m), (b) $\beta = 1.05 \times 10^{-4}$ (rad/m), (c) $u_p = 3.0 \times 10^8$(m/s), (d) $Z_0 = (600 - j2.0)\ \Omega = 600\angle{-0.19°}\ \Omega$.

7-5 무손실 전송선로

앞 절에 의하면 전송선로는 전파상수 γ와 특성 임피던스 Z_0로 나타낼 수 있다. 이들 두 파라미터는 각주파수 ω와 선로정수 R', L', G', C'에 의해서 결정된다. 실제 많은 경우에 전송선로는 높은 도전율을 갖는 도체로 구성하고 도체를 분리시키는 절연체는 도전율이 극히 작은 것을 선택하면, 저항 손실이 최소화되도록 설계할 수 있다. 결과적으로 $R' \ll \omega L'$ 이고 $G' \ll \omega C'$ 이므로 R'과 G'은 매우 작은 값을 갖는다. 이들 무손실 전송선로 조건에 따라 식 (7.22)에서 $R' = G' = 0$으로 놓으면 다음과 같은 결과를 얻는다.

$$\gamma = \alpha + j\beta = j\omega\sqrt{L'C'}, \tag{7.34}$$

여기서

$$\alpha = 0 \quad \text{(무손실 전송선로)},$$
$$\beta = \omega\sqrt{L'C'} \quad \text{(무손실 전송선로)}. \tag{7.35}$$

이다. 식 (7.29)에 무손실 전송선로 조건을 적용하면 특성 임피던스는

$$Z_0 = \sqrt{\frac{L'}{C'}} \quad \text{(무손실 전송선로)}, \tag{7.36}$$

이고, 실수값을 갖는다. 식 (7.35)에 주어진 β에 대한 무손실 전송선로 식을 사용하면 파장 λ와 위상속도 u_p는 다음과 같은 관계를 갖는다.

$$\lambda = \frac{2\pi}{\beta} = \frac{2\pi}{\omega\sqrt{L'C'}}, \tag{7.37}$$

$$u_p = \frac{\omega}{\beta} = \frac{1}{\sqrt{L'C'}}. \tag{7.38}$$

식 (7.10)의 관계를 이용하면, 식 (7.35)와 (7.38)은 다음과 같이 다시 쓸 수 있다.

$$\beta = \omega\sqrt{\mu\varepsilon} \qquad \text{(rad/m)}, \tag{7.39}$$

$$u_p = \frac{1}{\sqrt{\mu\varepsilon}} \qquad \text{(m/s)}, \tag{7.40}$$

여기서 μ와 ε은 각각 도체를 분리시키는 절연체의 투자율과 유전율이다. 이 때 사용되는 물질은 일반적으로 자유공간의 투자율과 동일한 $\mu_0 = 4\pi \times 10^{-7}$H/m의 투자율을 갖는 것으로 가정한다. 또한 이 때의 유전율은 일반적으로 나타내는데, 이는 다음과 같이 정의된다. 비유전율(ε_r)으로서

$$\varepsilon_r = \varepsilon/\varepsilon_0, \tag{7.41}$$

여기서 $\varepsilon_0 = 8.854 \times 10^{-12}$F/m $\simeq (1/36\pi) \times 10^{-9}$F/m는 자유공간의 유전율이다. 그러므로 식 (7.40)은

$$u_p = \frac{1}{\sqrt{\mu_0\varepsilon_r\varepsilon_0}} = \frac{1}{\sqrt{\mu_0\varepsilon_0}} \cdot \frac{1}{\sqrt{\varepsilon_r}} = \frac{c}{\sqrt{\varepsilon_r}}, \tag{7.42}$$

로 된다. 여기서 $c = 1/\sqrt{\mu_0\varepsilon_0} = 3 \times 10^8$m/s는 진공에서 빛의 속도이다. 만약 도체 사이의 매질이 공기라면 $\varepsilon_r = 1$이고 $u_p = c$이다. 식 (7.41)과 (7.33)에서 주어진 λ와 u_p 간의 관계로부터 파장은 다음과 같이 주어진다.

$$\lambda = \frac{u_p}{f} = \frac{c}{f}\frac{1}{\sqrt{\varepsilon_r}} = \frac{\lambda_0}{\sqrt{\varepsilon_r}}, \tag{7.43}$$

$\lambda_0 = c/f$는주파수 f에 대응하는 공기 중에서의 파장이다. u_p와 λ는 ε_r에 의존하므로 전송선로에 사용되는 절연물질의 종류를 선택할 때 기계적인 특성뿐만 아니라 전기적인 특성도 고려해야 한다.

매질의 위상속도가 주파수와 무관할 때 이 매질을 **비분산적**(nondispersive)이라 하며, 무손실 EM 전송선로가 그 예이다. 이는 펄스의 형태로 디지털 데이터를 전송하는 데 중요하다. 구형 펄스 혹은 연속 펄스는 서로 다른 주파수를 갖는 많은 푸리에 성분들로 구성된다. 만약 위상속도가 모든 주파수 성분(혹은 적어도 중심 주파수 성분)에 대해서 동일하다면, 펄스의 형태는 선상을 이동하는 펄스와 동일한 형태를 유지할 것이다. 반면, 분산매질(dispersive medium)을 통해 전파하는 펄스의 형태는 점진적으로 왜곡되고, 펄스의 길이가 매질의 거리에 따라서 증가하여, 정보의 손실 없이 전송할 수 있는 최대 데이터 전송률에 제한을 주게 된다(이것은 각 펄스의 길이와 인접 펄스 간의 여백과 연관이 있다).

표 7-2는 손실이 있는 전송선로의 일반적인 경우와 무손실 전송선로의 여러 가지 형태의 경우 γ, Z_0, u_p의 표현식을 보여준다. 무손실 전송선로에 대한 식은 표 7-1에 주어진 L'과 C'에 대한 방정식에 기초한다.

연습문제 7.5 1GHz일 때 $\lambda = 20.7$cm인 무손실 전송선로에서 절연체의 비유전율을 구하라.

[답] $\varepsilon_r = 2.1$. (◉)

연습문제 7.6 무손실 전송선로 사이에 $\varepsilon_r = 4$인 절연체가 있다. 전송선로 간의 정전용량이 $C' = 10$(pF/m)일 때 다음을 구하라.

(a) 위상속도 u_p (b) 인덕턴스 L' (c) 특성 임피던스 Z_0

[답] (a) $u_p = 1.5 \times 10^8$(m/s), (b) $L' = 4.45\,(\mu\text{H/m})$, (c) $Z_0 = 667.1\ \Omega$. (◉)

7-5.1 전압 반사계수

$\gamma = j\beta$인 무손실 전송선로일 때, 선로의 총 전압과 전류의 식 (7.26a)와 (7.30)은 다음과 같다.

표 7-2 전송선로의 특성 파라미터

	전파상수 $\gamma = \alpha + j\beta$	위상속도 u_p	특성 임피던스 Z_0
일반적인 경우	$\gamma = \sqrt{(R' + j\omega L')(G' + j\omega C')}$	$u_p = \omega/\beta$	$Z_0 = \sqrt{\dfrac{(R' + j\omega L')}{(G' + j\omega C')}}$
무손실 $(R' = G' = 0)$	$\alpha = 0,\ \beta = \omega\sqrt{\varepsilon_r}/c$	$u_p = c/\sqrt{\varepsilon_r}$	$Z_0 = \sqrt{L'/C'}$
무손실 동축 케이블	$\alpha = 0,\ \beta = \omega\sqrt{\varepsilon_r}/c$	$u_p = c/\sqrt{\varepsilon_r}$	$Z_0 = \left(60/\sqrt{\varepsilon_r}\right)\ln(b/a)$
무손실 2선 선로	$\alpha = 0,\ \beta = \omega\sqrt{\varepsilon_r}/c$	$u_p = c/\sqrt{\varepsilon_r}$	$Z_0 = \left(120/\sqrt{\varepsilon_r}\right) \cdot \ln\left[(d/2a) + \sqrt{(d/2a)^2 - 1}\right]$ $Z_0 \simeq \left(120/\sqrt{\varepsilon_r}\right)\ln(d/a)$, if $d \gg a$
무손실 평행 평판 선로	$\alpha = 0,\ \beta = \omega\sqrt{\varepsilon_r}/c$	$u_p = c/\sqrt{\varepsilon_r}$	$Z_0 = \left(120\pi/\sqrt{\varepsilon_r}\right)(d/w)$

주: (1) $\mu = \mu_0$, $\varepsilon = \varepsilon_r\varepsilon_0$, $c = 1/\sqrt{\mu_0\varepsilon_0}$ 그리고 $\sqrt{\mu_0/\varepsilon_0} \simeq (120\pi)\Omega$. 이때 ε_r은 절연체의 비유전율이다. (2) 동축선로의 경우, a와 b는 각각 도전체의 내부와 외부의 반경이다. (3) 2선 선로의 경우, a는 도선의 반경, d는 도선 중심 간의 간격이다. (4) 평행 평판형 선로의 경우, w는 평판의 두께, d는 평판 간의 간격이다.

$$\widetilde{V}(z) = V_0^+ e^{-j\beta z} + V_0^- e^{j\beta z}, \tag{7.44a}$$

$$\tilde{I}(z) = \frac{V_0^+}{Z_0} e^{-j\beta z} - \frac{V_0^-}{Z_0} e^{j\beta z}. \tag{7.44b}$$

이 표현식에는 각각 입사파와 반사파의 진폭인 두 미지수 V_0^+와 V_0^-를 포함하고 있다. V_0^+와 V_0^-를 결정하기 위해서 그림 7-9와 같이 출력단에는 부하, 입력단에는 전원회로가 부착된 완전한 무손실 전송선로 회로를 고려해 볼 수 있다. 선로의 길이는 l이며, 임의의 부하 임피던스(load impedance) Z_L로 종단되어 있다. 편의상 공간좌표계 z의 기준을 부하의 위치와 일치하는 $z=0$으로 선택한다. $z=-l$인 송신단에서, 선로는 페이저 $\widetilde{V}_g$와 내부 임피던스 Z_g를 가진 사인파 전압원과 연결되어 있다.

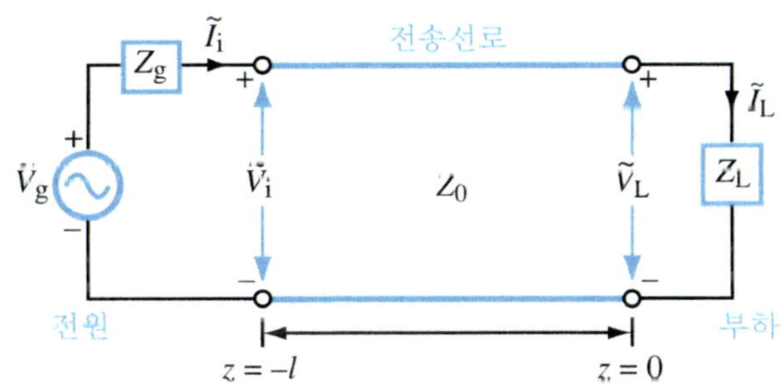

그림 7-9 한 쪽 끝은 전압원과 연결되어 있고 다른 한 쪽은 부하 Z_L에 연결되어 있는 길이 l인 전송선로. 부하는 $z=0$에, 전압원은 $z=-l$에 위치한다.

부하에 걸리는 페이저 전압 $\widetilde{V}_L$과 부하에 흐르는 페이저 전류 $\widetilde{I}_L$은 다음과 같이 부하 임피던스 Z_L과 연관된다.

$$Z_L = \frac{\widetilde{V}_L}{\widetilde{I}_L}. \tag{7.45}$$

전압 $\widetilde{V}_L$은 식 (7.44a)에서 주어진 선로 상의 $z=0$에서 총 전압 $\widetilde{V}(z)$와 같고, $\widetilde{I}_L$은 식 (7.44b)에서 주어진 $z=0$에서 $\widetilde{I}(z)$의 크기와 동일하다.

$$\widetilde{V}_L = \widetilde{V}(z=0) = V_0^+ + V_0^-, \tag{7.46a}$$

$$\widetilde{I}_L = \widetilde{I}(z=0) = \frac{V_0^+}{Z_0} - \frac{V_0^-}{Z_0}. \tag{7.46b}$$

이를 식 (7.45)에 적용하면

$$Z_L = \left(\frac{V_0^+ + V_0^-}{V_0^+ - V_0^-}\right) Z_0. \tag{7.47}$$

이고, V_0^-에 대해서 풀면

$$V_0^- = \left(\frac{Z_L - Z_0}{Z_L + Z_0}\right) V_0^+. \tag{7.48}$$

가 된다. 부하에서 입사파의 진폭에 대한 반사파의 진폭의 비를 **전압 반사계수**(voltage reflection coefficient) Γ라 한다. 식 (7.48)로부터

$$\Gamma = \frac{V_0^-}{V_0^+} = \frac{Z_L - Z_0}{Z_L + Z_0} = \frac{Z_L/Z_0 - 1}{Z_L/Z_0 + 1} \quad \text{(무차원)}, \tag{7.49a}$$

이고 식 (7.28)을 고려하여 전류진폭의 비를 구하면 다음과 같다.

$$\frac{I_0^-}{I_0^+} = -\frac{V_0^-}{V_0^+} = -\Gamma. \tag{7.49b}$$

Γ는 선로의 특성 임피던스 Z_0로 정규화된 부하 임피던스 Z_L에 의해서 좌우된다. 식 (7.36)에 나타난 것처럼 무손실 전송선로의 Z_0는 실수이다. 그러나, 예를 들어 $Z_L = R + j\omega L$인 직렬회로의 Z_L은 일반적으로 복소량이다. 그러므로 Γ 또한 복소량이다.

$$\Gamma = |\Gamma| e^{j\theta_r}, \tag{7.50}$$

여기서 $|\Gamma|$는 Γ의 크기이고, θ_r은 위상각이다. 여기서 Γ는 $|\Gamma| \le 1$이다.

$Z_L = Z_0$이면 부하에서 반사가 발생되지 않기 때문에 ($\Gamma=0$, $V_0^- = 0$), 부하가 선로에 정합되었다고 말한다. 반면 부하가 개방회로($Z_L = \infty$)이면, $\Gamma = 1$, $V_0^- = V_0^+$이고, 단락회로($Z_L = 0$)이면, $\Gamma = -1$, $V_0^- = -V_0^+$가 된다.

예제 7-2 직렬 RC 부하의 반사계수

100Ω의 전송선이 50Ω 저항과 10pF의 커패시터가 직렬로 구성된 부하에 연결되어 있다. 100MHz 신호에 대한 부하에서 반사계수를 구하라.

풀이

$$R_L = 50\ \Omega, \qquad C_L = 10\ \text{pF} = 10^{-11}\ \text{F},$$

$$Z_0 = 100\ \Omega, \qquad f = 100\ \text{MHz} = 10^8\ \text{Hz}.$$

로 값들이 주어졌을때(그림 7-10), 부하 임피던스는

$$Z_L = R_L - j/\omega C_L = 50 - j\frac{1}{2\pi \times 10^8 \times 10^{-11}} = (50 - j159)\ \Omega.$$

이다. 식 (7.49a)로부터, 전압 반사계수는 다음과 같다.

$$\Gamma = \frac{Z_L/Z_0 - 1}{Z_L/Z_0 + 1}$$

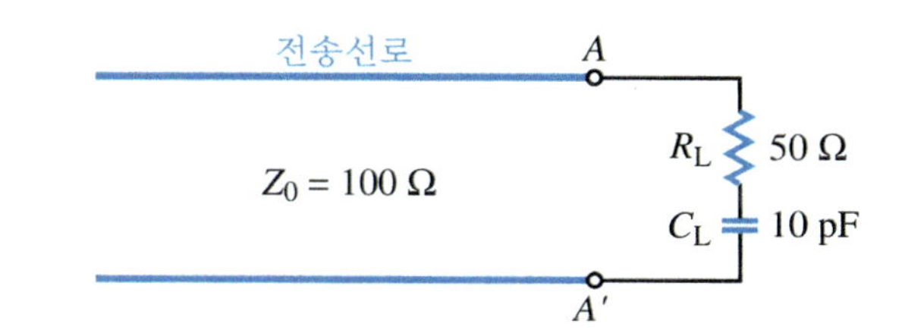

그림 7-10 *RC* 부하(예제 7-2)

$$= \frac{0.5 - j1.59 - 1}{0.5 - j1.59 + 1}$$
$$= \frac{-0.5 - j1.59}{1.5 - j1.59} = \frac{1.67e^{j72.6°}}{2.19e^{-j46.7°}} = -0.76e^{j119.3°}.$$

(−)부호를 $e^{-j180°}$로 대치하면, Γ를 크기와 위상의 형태로 나타낼 수 있다. 즉,

$$\Gamma = 0.76e^{j119.3°}e^{-j180°} = 0.76e^{-j60.7°} = 0.76\angle{-60.7°},$$

또는

$$|\Gamma| = 0.76, \qquad \theta_r = -60.7°.$$

이다. ♣

예제 7-3 리액티브 성분만을 갖는 부하에 대한 |Γ|

리액티브 성분만을 갖는 부하에 대해서 |Γ|=1임을 보여라.

풀이 리액티브 성분만으로 이루어진 부하에 대한 임피던스는

$$Z_L = jX_L.$$

이다. 식 (7.49a)로부터 반사계수 Γ는

$$\Gamma = \frac{Z_L - Z_0}{Z_L + Z_0}$$
$$= \frac{jX_L - Z_0}{jX_L + Z_0}$$

$$= \frac{-(Z_0 - jX_L)}{(Z_0 + jX_L)} = \frac{-\sqrt{Z_0^2 + X_L^2}\, e^{-j\theta}}{\sqrt{Z_0^2 + X_L^2}\, e^{j\theta}} = -e^{-j2\theta},$$

여기서 $\theta = \tan^{-1} X_L / Z_0$이다. 따라서

$$|\Gamma| = |-e^{-j2\theta}| = [(e^{-j2\theta})(e^{-j2\theta})^*]^{1/2} = 1.$$

이다. ♣

연습문제 7.7 50Ω 무손실 전송선로가 부하 임피던스 $Z_L = (30 - j200)$Ω으로 종단됐을 때 부하에서 진입 반사계수를 구하라.

[답] $\Gamma = 0.93\angle{-27.5°}$. ( )

연습문제 7.8 150Ω 무손실 전송선로가 $Z_L = -j30$Ω인 커패시터로 종단됐을 때 부하에서 전압 반사계수를 구하라.

[답] $\Gamma = 1\angle{-157.4°}$. ( )

7-5.2 정재파

식 (7.44a)와 (7.44b)에 $V_0^- = \Gamma V_0^+$의 관계식을 적용하면 다음과 같다.

$$\tilde{V}(z) = V_0^+(e^{-j\beta z} + \Gamma e^{j\beta z}), \tag{7.51a}$$

$$\tilde{I}(z) = \frac{V_0^+}{Z_0}(e^{-j\beta z} - \Gamma e^{j\beta z}), \tag{7.51b}$$

여기서 미지수는 단지 V_0^+뿐이다. 그러나 이 미지수를 결정하기에 앞서 이 관계식들이 갖는 물리적 의미를 살펴보자. 우선 $\tilde{V}(z)$의 크기인 $|\tilde{V}(z)|$에 대한 표현식을 유도한다. 식 (7.51a)에 식 (7.50)을 이용하고 $|\tilde{V}(z)| = [\tilde{V}(z)\,\tilde{V}^*(z)]^{1/2}$을 적용하면

$$
\begin{aligned}
|\widetilde{V}(z)| &= \left\{\left[V_0^+(e^{-j\beta z} + |\Gamma| e^{j\theta_r} e^{j\beta z})\right]\right. \\
&\qquad \left.\cdot\left[(V_0^+)^*(e^{j\beta z} + |\Gamma| e^{-j\theta_r} e^{-j\beta z})\right]\right\}^{1/2} \\
&= |V_0^+|\Big[1 + |\Gamma|^2 \\
&\qquad + |\Gamma|(e^{j(2\beta z+\theta_r)} + e^{-j(2\beta z+\theta_r)})\Big]^{1/2} \\
&= |V_0^+|\left[1 + |\Gamma|^2 + 2|\Gamma|\cos(2\beta z + \theta_r)\right] \qquad (7.52)
\end{aligned}
$$

이다. 여기에는 임의의 실수 x에 대한 항등식

$$
e^{jx} + e^{-jx} = 2\cos x \qquad (7.53)
$$

이 사용됐다. 식 (7.51b)에 동일한 방법을 적용해서 $|\widetilde{I}(z)|$에 대해 비슷한 관계를 유도할 수 있다.

예를 들어 $|\widetilde{V}_0^+| = 1\text{V}$, $|\Gamma| = 0.3$, $\theta_r = 30°$와 $Z_0 = 50\Omega$인 전송선에 대해서 $z = 0$에 위치한 전송선 상의 위치인 z의 함수로 $|\widetilde{V}(z)|$와 $|\widetilde{I}(z)|$의 변화를 그림 7-11에서 보여주고 있다. 이러한 형태의 사인파를 **정재파**(standing wave)라고 하는데, 이것은 두 파의 간섭(interference)에 의해 생긴다. $|\widetilde{V}(z)|$인 정재파의 최대값은 입사파와 반사파가 **동위상**(in phase)[식 (7.52)에서 $2\beta z + \theta_r = -2n\pi$인 지점]과 일치하고 크기는 $(1 + |\Gamma|)\,|V_0^+| = 1.3\text{V}$이다. $|\widetilde{V}(z)|$의 최소값은 입사파와 반사파가 **역위상**(phase opposition)[식 (7.52)에서 $2\beta z + \theta_r = -(2n+1)\pi$인 지점]일 때 발생한다. 이 경우 $|\widetilde{V}(z)| = (1 - |\Gamma|)|V_0^+| = 0.7\text{V}$이다. 입사파와 반사파의 반복주기가 각각 λ인데 반해, 정재파의 반복주기는 $\lambda/2$이다. 정재파의 패턴은 z에 대한 함수로서 $\widetilde{V}(z)$의 공간 변화를 나타낸다. 정재파에서 최대값 중의 한 지점에 해당하는 임의 위치 z에서 순시 전압값을 시간에 대한 함수로써 관찰해야 한다면 그 변화는 $\cos\omega t$이고 크기는 1.3V일 것이다(즉 $v(t)$는 -1.3V와 $+1.3\text{V}$ 사이에서 진동할 것이다). 마찬가지로 임의의 지점 z에서 $v(z, t)$의 시간 진동은 그 지점에서 $|\widetilde{V}(z)|$와 같은 진폭을 갖는다.

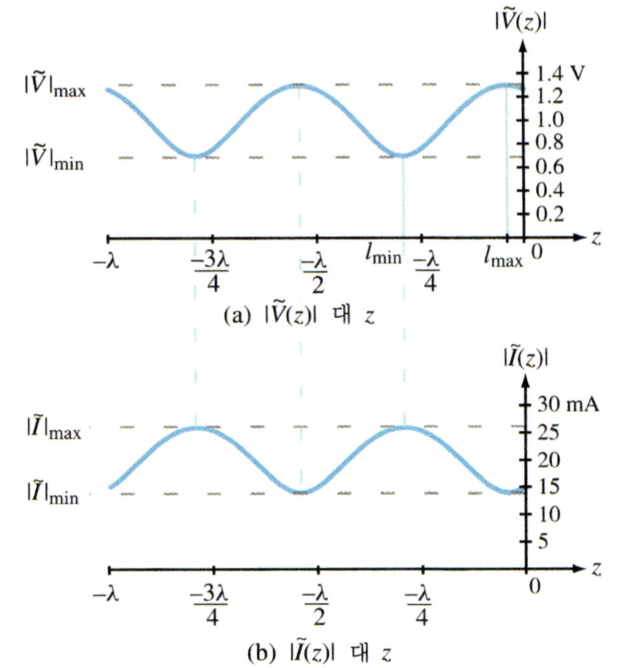

그림 7-11 (a) 특성 임피던스가 $Z_0 = 50\Omega$인 무손실 전송선로에 대한 $|\widetilde{V}(z)|$의 정재파 패턴, (b) 특성 임피던스가 $Z_0 = 50\Omega$인 무손실 전송선로에 대한 $|\widetilde{I}(z)|$의 정재파 패턴. 여기서 전송선로는 반사계수가 $\Gamma = 0.3e^{j30°}$인 부하로 종단되었고, 입사파의 크기는 $|V_0^+| = 1\text{V}$이며, 정재파 비는 $S = |\widetilde{V}|_{max}/|\widetilde{V}|_{min} = 1.3/0.7 = 1.86$이다.

그림 7-11의 전압과 전류의 정재파 패턴은 동일 지점에서 위상이 서로 반대이다(한쪽이 최대일 때 다른 쪽은 최소값을 갖는다). 이것은 식 (7.51a)에서 두 번째 항이 +부호를 갖는데 반해, 식 (7.51b)의 두 번째 항은 −부호를 갖기 때문이다.

그림 7-11의 정재파 패턴은 $\Gamma = 0.3e^{j30°}$인 경우이다. 정재파의 최대-최소 변화는 0과 1 사이에서 값을 갖는 $|\Gamma|$값에 의존한다. $Z_L = Z_0$인 정합된 전송선 같은 특별한

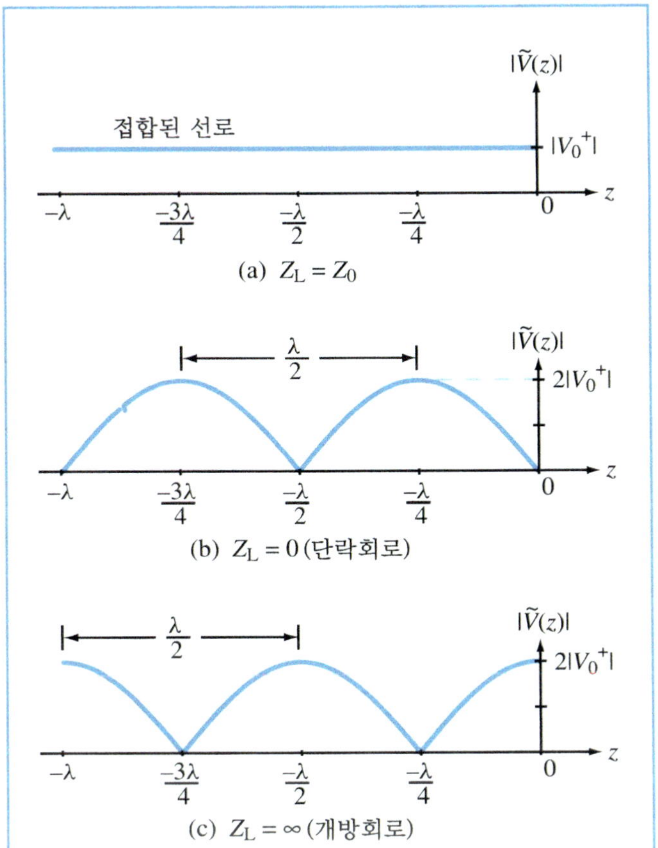

그림 7-12 (a) 정합된 부하에 대한 전압 정재파 패턴, (b) 단락회로 선로에 대한 전압 정재파 패턴 (c) 개방회로 선로에 대한 전압 정재파 패턴

경우, z의 모든 값에 대해서 그림 7-12(a)와 같이 $|\Gamma|=0$이고 $|\widetilde{V}(z)|=|V_0^+|$이다. 반사파가 존재하지 않는다면 간섭과 정재파는 존재하지 않는다. 이 경우와 대조적으로 $|\Gamma|=1$는 부하가 개방되었을 경우($\Gamma=1$) 혹은 단락되었을 경우($\Gamma=-1$)에 얻을 수 있다. 이들 두 경우에 대한 정재파 형태는 그림 7-12(b), (c)에 나타나 있다. 둘 다 최대값은 $2|V_0^+|$이고 최소값은 0이다. 그러나 이들 두 패턴 사이에는 $\lambda/4$만큼의 위상차가 난다.

이제 전압의 최대, 최소값을 살펴보자. 식 (7.52)로부터 $|\widetilde{V}(z)|$는 코사인 함수의 위상이 2π의 정수 배와 같을 때 최대치를 가짐을 알 수 있다. 전송선로 상의 위치를 음의 z로 나타내었으므로, 부하로부터 $|\widetilde{V}(z)|$가 최대값을 가지는 곳까지의 거리를 $l_{\max}=-z$로 나타내면

$$|\widetilde{V}(z)| = |\widetilde{V}|_{\max} = |V_0^+|[1+|\Gamma|], \tag{7.54}$$

이고 아래와 같은 관계식을 만족한다. 여기서 n은 0을 포함한 양의 정수이다.

$$2\beta z + \theta_r = -2\beta l_{\max} + \theta_r = -2n\pi, \tag{7.55}$$

식 (7.55)를 $l_{\max}$에 대하여 풀면 다음과 같다.

$$-z = l_{\max} = \frac{\theta_r + 2n\pi}{2\beta} = \frac{\theta_r\lambda}{4\pi} + \frac{n\lambda}{2}, \quad \begin{cases} n = 1, 2, \ldots & \text{if } \theta_r < 0, \\ n = 0, 1, 2, \ldots & \text{if } \theta_r \geq 0, \end{cases} \tag{7.56}$$

여기서 $\beta = 2\pi/\lambda$이다. 전압 반사계수의 위상각 θ_r는 $-\pi$와 π 사이에 존재한다. $\theta_r \geq 0$이면 처음으로 전압이 최대인 곳은 $n=0$인 $l_{\max}=\theta_r\lambda/4\pi$에서 발생된다. 그러나 $\theta_r<0$이면 처음으로 최대값이 발생하는 곳은 $n=1$인 $l_{\max}=(\theta_r\lambda/4\pi)+\lambda/2$이다. $l_{\max}$가 음의 값을 갖는다면 선로의 끝부분인 부하를 벗어난 지점을 의미하므로 아무런 물리적 의미도 없다. 앞서 언급했던 것처럼, 선로 상에서 전압이 최대인 지점은 전류가 최소인 지점과도 일치하고, 이의 역도 성립한다.

마찬가지로 $|\widetilde{V}(z)|$의 최소값은 식 (2.52)에서 코사인 함수의 위상이 $-(2n+1)\pi$의 정수 배인 $l_{\min}=-z$에서 발생하며, 그 결과는 다음과 같다.

$$|\widetilde{V}|_{\min} = |V_0^+|[1-|\Gamma|], \quad \text{이 때} (\theta_r - 2\beta l_{\min}) = -(2n+1)\pi, \tag{7.57}$$

여기서 $-\pi \leq \theta_r \leq \pi$이다. 최초의 최소값은 $n=0$에서 발

생한다. 최대값 l_{max}와 인접한 최소값 l_{min}까지의 거리는 $\lambda/4$이다. 그러므로 최초로 최소값이 발생하는 곳은

$$l_{min} = \begin{cases} l_{max} + \lambda/4, & (l_{max} < \lambda/4 \text{일 때}), \\ l_{max} - \lambda/4, & (l_{max} \geq \lambda/4 \text{일 때}). \end{cases} \quad (7.58)$$

이다. $|\tilde{V}|_{max}$와 $|\tilde{V}|_{min}$의 비를 **전압 정재파 비**(voltage standing-wave ratio) S라 하고, 식 (7.54)와 (7.57)로부터 다음과 같이 주어진다.

$$S = \frac{|\tilde{V}|_{max}}{|\tilde{V}|_{min}} = \frac{1+|\Gamma|}{1-|\Gamma|} \quad (\text{무차원}). \quad (7.59)$$

이것을 영문 표기의 첫 글자들을 따서 VSWR 혹은 그냥 SWR이라고 한다. 또한 정재파 비(SWR)는 부하와 선로 사이의 부정합된 정도를 가리킨다. 예를 들어 부하와 선로가 정합되었을 경우($\Gamma=0$)에 $S=1$이고, 부하가 개방되었을 경우($|\Gamma|=1$) $S=\infty$이다.

M7.1

예제 7-4 **정재파 비**

50Ω 전송선이 부하 $Z_L=(100+j50)\Omega$로 종단되었다. 전압 반사계수와 VSWR을 구하라.

풀이 식 (7.49a)로부터 Γ는 다음과 같이 주어진다.

$$\Gamma = \frac{Z_L - Z_0}{Z_L + Z_0} = \frac{(100+j50)-50}{(100+j50)+50} = \frac{50+j50}{150+j50}.$$

분모, 분자를 극좌표 형태로 변환하면

$$\Gamma = \frac{70.7e^{j45°}}{158.1e^{j18.4°}} = 0.45e^{j26.6°}.$$

이고, 식 (7.59)에 의해 주어진 S에 대한 정의식을 이용하면 다음과 같은 결과를 얻는다.

$$S = \frac{1+|\Gamma|}{1-|\Gamma|} = \frac{1+0.45}{1-0.45} = 2.6. ♣$$

예제 7-5 **Z_L의 측정**

슬롯라인(slotted-line) 프로브(probe)는 미지의 부하 임피던스 Z_L을 측정하는 데 사용되는 기구이다. 동축의 슬롯라인은 외부 도체에 좁고 긴 홈을 가지고 있다. 홈에 삽입된 작은 프로브는 전계 크기와 도선 상에서 전압의 크기 $|\tilde{V}|$를 측정하기 위해서 사용된다(그림 7-13). 슬롯라인의 길이에 따라 프로브를 이동함으로써 $|\tilde{V}|_{max}$와 $|\tilde{V}|_{min}$의 측정이 가능하다. 식 (7.59)를 사용하면 VSWR S를 계산할 수 있다. 미지의 부하 임피던스와 연결된 50Ω 슬롯라인을 측정했더니 $S=3$이었다. 최소 전압점 간의 거리가 30cm이고, 최초의 최소전압이 측정된 지점은 부하로부터 12cm였다. 부하 임피던스 Z_L을 결정하라.

풀이 $Z_0=50\Omega$, $S=3$, $l_{min}=12$cm일 때 최소전압 간의 거리는 $\lambda/2$이므로

$$\lambda = 2 \times 0.3 = 0.6 \text{ m},$$

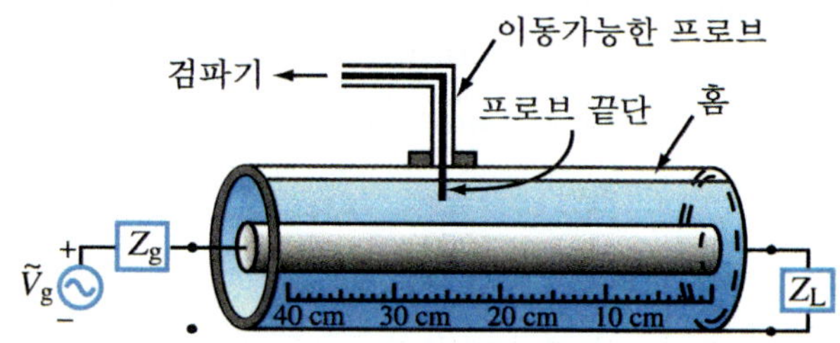

그림 7-13 슬롯 동축선로(예제 7-5)

이고

$$\beta = \frac{2\pi}{\lambda} = \frac{2\pi}{0.6} = \frac{10\pi}{3} \qquad \text{(rad/m)}.$$

이다. 식 (7.59)에서 $|\Gamma|$를 S에 대해 풀면 다음과 같다.

$$|\Gamma| = \frac{S-1}{S+1} = \frac{3-1}{3+1} = 0.5.$$

다음으로 θ_r을 찾기 위해 전압이 최소인 위치에서 식 (7.57)로 주어진 다음 조건을 사용하면, $n=0$(최초의 최소점)일 경우,

$$\theta_r - 2\beta l_{min} = -\pi,$$

이고

$$\begin{aligned}\theta_r &= 2\beta l_{min} - \pi \\ &= 2 \times \frac{10\pi}{3} \times 0.12 - \pi = -0.2\pi \text{ (rad)} = -36°\end{aligned}$$

이다. 그러므로 $\Gamma = |\Gamma| e^{j\theta_r} = 0.5e^{-j36°} = 0.405 - j0.294$ 이다. 식 (7.49a)를 Z_L에 대해서 풀면

$$\begin{aligned}Z_L &= Z_0 \left[\frac{1+\Gamma}{1-\Gamma}\right] \\ &= 50\left[\frac{1+0.405-j0.294}{1-0.405+j0.294}\right] = (85 - j67)\ \Omega.\end{aligned}$$

이다. ♣

연습문제 7.9 $\Gamma = 0.5\angle -60°$, $\lambda = 24$cm일 때 부하에서 가장 가까운 최대, 최소전압의 위치를 찾아라.

[답] $l_{max} = 10$ cm, $l_{min} = 4$ cm. ( )

연습문제 7.10 140Ω 무손실 전송선로가 부하 임피던스 $Z_L = (280 + j182)\Omega$로 종단되었다. $\lambda = 72$cm일 때 다음을 구하라.

(a) 반사계수 Γ

(b) 전압 정재파 비 S

(c) 최대전압의 위치

(d) 최소전압의 위치

[답] (a) $\Gamma = 0.5\angle 29°$, (b) $S = 3.0$, (c) $l_{max} = 2.9\,\text{cm} + n\lambda/2$, (d) $l_{min} = 20.9\,\text{cm} + n\lambda/2$, 이때 $n = 0, 1, 2, \ldots$ ( )

7-6 무손실 전송선로의 입력 임피던스

전송선로의 정재파 패턴에서 전압과 전류의 크기는 위치에 따라서 위상이 서로 바뀌면서 변화한다. 그러므로 전류에 대한 전압비인 **입력 임피던스**(input impedance) Z_{in}는 위치에 따라 변하게 된다.

식 (7.51a)와 (7.51b)를 사용하여 Z_{in}을 계산하면 다음과 같다.

$$\begin{aligned}Z_{in}(z) &= \frac{\tilde{V}(z)}{\tilde{I}(z)} \\ &= \frac{V_0^+[e^{-j\beta z} + \Gamma e^{j\beta z}]}{V_0^+[e^{-j\beta z} - \Gamma e^{j\beta z}]} Z_0 \\ &= Z_0 \left[\frac{1+\Gamma e^{j2\beta z}}{1-\Gamma e^{j2\beta z}}\right] \qquad (\Omega).\end{aligned} \tag{7.60}$$

여기서 $Z_{in}(z)$가 도선 상의 임의의 위치에서 총 전류와 총 전압의 비인데 반해 특성 임피던스 Z_0는 입사파에 대한 전류 · 전압의 비와 반사파에 대한 전류 · 전압의 비를 나타낸다($Z_0 = V_0^+/I_0^+ = -V_0^-/I_0^-$).

대부분의 전송선로 문제에 있어서 주안점은 $z = -l$일 때 전송선의 입력단에서의 입력 임피던스이며, 이는 다음과 같이 주어진다.

$$Z_{\text{in}}(-l) = Z_0 \left[\frac{e^{j\beta l} + \Gamma e^{-j\beta l}}{e^{j\beta l} - \Gamma e^{-j\beta l}} \right] = Z_0 \left[\frac{1 + \Gamma e^{-j2\beta l}}{1 - \Gamma e^{-j2\beta l}} \right]. \qquad (7.61)$$

식 (7.49a)로 Γ를 대치하고, 관계식

$$e^{j\beta l} = \cos\beta l + j\sin\beta l, \qquad (7.62a)$$

$$e^{-j\beta l} = \cos\beta l - j\sin\beta l, \qquad (7.62b)$$

를 이용하면 식 (7.61)은 Z_L의 항으로 다음과 같이 다시 쓸 수 있다.

$$Z_{\text{in}}(-l) = Z_0 \left(\frac{Z_L\cos\beta l + jZ_0\sin\beta l}{Z_0\cos\beta l + jZ_L\sin\beta l} \right) = Z_0 \left(\frac{Z_L + jZ_0\tan\beta l}{Z_0 + jZ_L\tan\beta l} \right). \qquad (7.63)$$

전원회로의 관점에서 보면 전송선로는 그림 7-14에서 보듯이 Z_{in}로 대치할 수 있다. Z_{in}에 걸리는 페이저 전압은

$$\tilde{V}_i = \tilde{I}_i Z_{\text{in}} = \frac{\tilde{V}_g Z_{\text{in}}}{Z_g + Z_{\text{in}}}, \qquad (7.64)$$

으로 주어지지만, 전송선로의 관점에서 보면 선로 상에 걸리는 전압은 $z=-l$ 지점에서 식 (7.51a)를 이용하여 계산된다.

$$\tilde{V}_i = \tilde{V}(-l) = V_0^+[e^{j\beta l} + \Gamma e^{-j\beta l}]. \qquad (7.65)$$

식 (7.64)와 식 (7.65)를 같게 놓고 V_0^+에 대해서 풀면 다음과 같은 결과를 얻는다.

$$V_0^+ = \left(\frac{\tilde{V}_g Z_{\text{in}}}{Z_g + Z_{\text{in}}} \right) \left(\frac{1}{e^{j\beta l} + \Gamma e^{-j\beta l}} \right). \qquad (7.66)$$

이것으로 무손실 전송선로의 경우에 있어서 식 (7.21)과 (7.23)에 의해서 주어진 전송선로 방정식의 완전한 해를 구한 것이다. 네 개의 V_0^+, V_0^-, I_0^+, I_0^-를 포함한 식 (7.26a)와 (7.26b)로부터 $Z_0 = V_0^+/I_0^+ = -V_0^-/I_0^-$를 이용하여 미지수를 단지 두 개의 전압으로 줄였다. 부하에 경계조건을 적용하면 Γ를 통해 V_0^-, V_0^+를 나타낼 수 있다. 마지막으로 전송선로의 입력단에 경계조건을 적용하여 V_0^+에 대한 표현식을 얻는다.

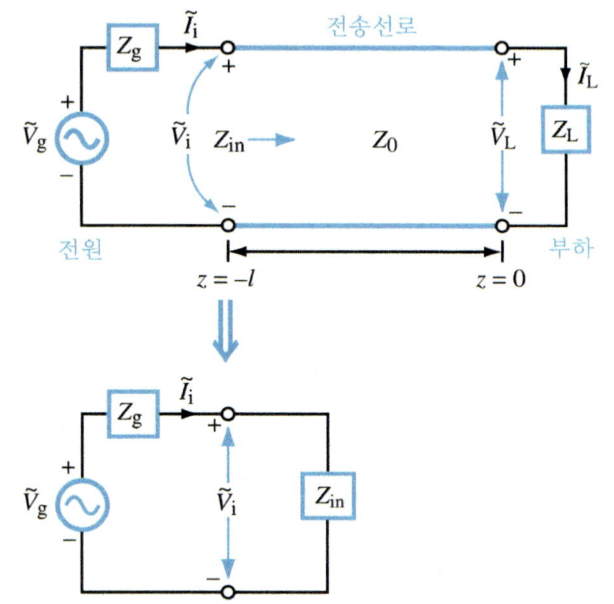

그림 7-14 종단된 전송선로는 전압원 단에서 입력 임피던스가 Z_{in}인 선로로 대치될 수 있다.

M7.2-7.3

예제 7-6 $v(z, t)$와 $i(z, t)$에 대한 완전한 해

1.05GHz, $Z_g = 10\Omega$를 가진 전원 $v_g(t) = 10\sin(\omega t + 30)$이 특성 임피던스가 50Ω, 길이가 67cm인 무손실 전송선로에 부하 $Z_L = (100 + j50)\Omega$과 연결되어 있다. 선로의

위상속도는 $0.7c$이다. c는 진공에서의 빛의 속도이다. 선로 상에서 $v(z,t)$와 $i(z,t)$를 구하라.

풀이 $u_p = \lambda f$ 로부터 파장은 다음과 같다.

$$\lambda = \frac{u_p}{f} = \frac{0.7 \times 3 \times 10^8}{1.05 \times 10^9} = 0.2 \text{ m},$$

이고

$$\begin{aligned}\tan(\beta l) &= \tan\left(\frac{2\pi}{\lambda} l\right) \\ &= \tan\left(\frac{2\pi}{0.2} \times 0.67\right) \\ &= \tan 6.7\pi = \tan 0.7\pi = \tan 126°,\end{aligned}$$

이다. 여기서 2π의 정수 배는 생략했다. 부하에서 진입 반사계수는

$$\Gamma = \frac{Z_L - Z_0}{Z_L + Z_0} = \frac{(100 + j50) - 50}{(100 + j50) + 50} = 0.45 e^{j26.6°}.$$

이다. 그림 7-14를 참조하면 식 (7.63)에서 주어진 전송선로의 입력 임피던스는 다음과 같다.

$$\begin{aligned}Z_{in} &= Z_0 \left[\frac{Z_L + jZ_0 \tan\beta l}{Z_0 + jZ_L \tan\beta l}\right] \\ &= Z_0 \left[\frac{Z_L/Z_0 + j\tan\beta l}{1 + j(Z_L/Z_0)\tan\beta l}\right] \\ &= 50\left[\frac{(2 + j1) + j\tan 126°}{1 + j(2 + j1)\tan 126°}\right] = (21.9 + j17.4)\end{aligned}$$

전원을 코사인 함수로 다시 표현하면

$$\begin{aligned}v_g(t) &= 10\sin(\omega t + 30°) \\ &= 10\cos(\pi/2 - \omega t - 30°) \\ &= 10\cos(\omega t - 60°) \\ &= \mathfrak{Re}[10e^{-j60°} e^{j\omega t}] = \mathfrak{Re}[\widetilde{V}_g e^{j\omega t}] \quad \text{(V)}.\end{aligned}$$

이고, 페이저 전압은 다음과 같다.

$$\widetilde{V}_g = 10\, e^{-j60°} \text{ (V)} = 10\angle{-60°} \quad \text{(V)}.$$

식 (7.66)을 이용하면

$$\begin{aligned}V_0^+ &= \left(\frac{\widetilde{V}_g Z_{in}}{Z_g + Z_{in}}\right)\left(\frac{1}{e^{j\beta l} + \Gamma e^{-j\beta l}}\right) \\ &= \left[\frac{10e^{-j60°}(21.9 + j17.4)}{10 + 21.9 + j17.4}\right] \\ &\quad \cdot \left[e^{j126°} + 0.45e^{j26.6°} e^{-j126°}\right]^{-1} \\ &= 10.2e^{j159°} \text{ (V)} = 10.2\angle 159° \quad \text{(V)}.\end{aligned}$$

이고 전송선로 상에서 페이저 전압은

$$\begin{aligned}\widetilde{V}(z) &= V_0^+(e^{-j\beta z} + \Gamma e^{j\beta z}) \\ &= 10.2e^{j159°}(e^{-j\beta z} + 0.45e^{j26.6°} e^{j\beta z}),\end{aligned}$$

이며, 순시전압 $v(z,t)$는

$$\begin{aligned}v(z,t) &= \mathfrak{Re}[\widetilde{V}(z)e^{j\omega t}] \\ &= 10.2\cos(\omega t - \beta z + 159°) \\ &\quad + 4.55\cos(\omega t + \beta z + 185.6°) \quad \text{(V)}.\end{aligned}$$

이다. 마찬가지 방법으로 식 (7.51b)에 V_0^+를 이용하면 다음 결과를 얻을 수 있다

$$\begin{aligned}\widetilde{I}(z) &= 0.20e^{j159°}(e^{-j\beta z} - 0.45e^{j26.6°} e^{j\beta z}), \\ i(z,t) &= 0.20\cos(\omega t - \beta z + 159°) \\ &\quad + 0.091\cos(\omega t + \beta z + 5.6°) \quad \text{(A)}.\end{aligned}$$

M7.4

7-7 무손실 전송선로의 특별한 경우

종종 전송선로가 특별하게 종단되었거나 전송선의 길이가 매우 특별한 성질을 보이는 경우를 접하게 된다. 여

기에서 이러한 경우를 고려해 보자.

7-7.1 단락된 전송선로 M7.1D

그림 7-15(a)에 보이는 전송선로는 단락회로($Z_L = 0$)로 종단되어 있다. 그러므로 식 (7.49a)에 의해 정의된 전압 반사계수는 $\Gamma = -1$이고 식 (7.59)에서 정의된 전압 정재파 비는 $S = \infty$이다. 식 (7.51a)와 (7.51b)로부터 단락된 무손실 전송선로에 대한 전압, 전류는 다음과 같이 주어진다.

$$\widetilde{V}_{sc}(z) = V_0^+[e^{-j\beta z} - e^{j\beta z}] = -2jV_0^+ \sin\beta z, \quad (7.67a)$$

$$\widetilde{I}_{sc}(z) = \frac{V_0^+}{Z_0}[e^{-j\beta z} + e^{j\beta z}] = \frac{2V_0^+}{Z_0}\cos\beta z. \quad (7.67b)$$

전압 $\widetilde{V}_{sc}(z)$는 부하($z=0$)에서 0이다. 그 이유는 단락회로이기 때문이며, 전압은 $\sin\beta z$에 따라 변화한다. 한편 전류 $\widetilde{I}_{sc}(z)$는 부하에서 최대이고 $\cos\beta z$에 따라 변한다. 그림 7-15에 $-z$함수에 대한 두 경우가 나타나 있다.

$z = -l$에서 선로의 입력 임피던스는 $\widetilde{V}_{sc}(-l)/\widetilde{I}_{sc}(-l)$로 주어진다. 단락회로에 대한 입력 임피던스를 Z_{in}^{sc}으로 나타내면 다음과 같다.

$$Z_{in}^{sc} = \frac{\widetilde{V}_{sc}(-l)}{\widetilde{I}_{sc}(-l)} = jZ_0 \tan\beta l. \quad (7.68)$$

그림 7-15(d)에 $-z$에 대한 Z_{in}^{sc}/jZ_0의 관계가 잘 나타나 있다.

일반적으로 입력 임피던스 Z_{in}은 실수부인 입력 저항 성분 R_{in}과 허수부인 입력 리액턴스 성분 X_{in}으로 다음과 같이 구성되어 있다.

$$Z_{in} = R_{in} + jX_{in}. \quad (7.69)$$

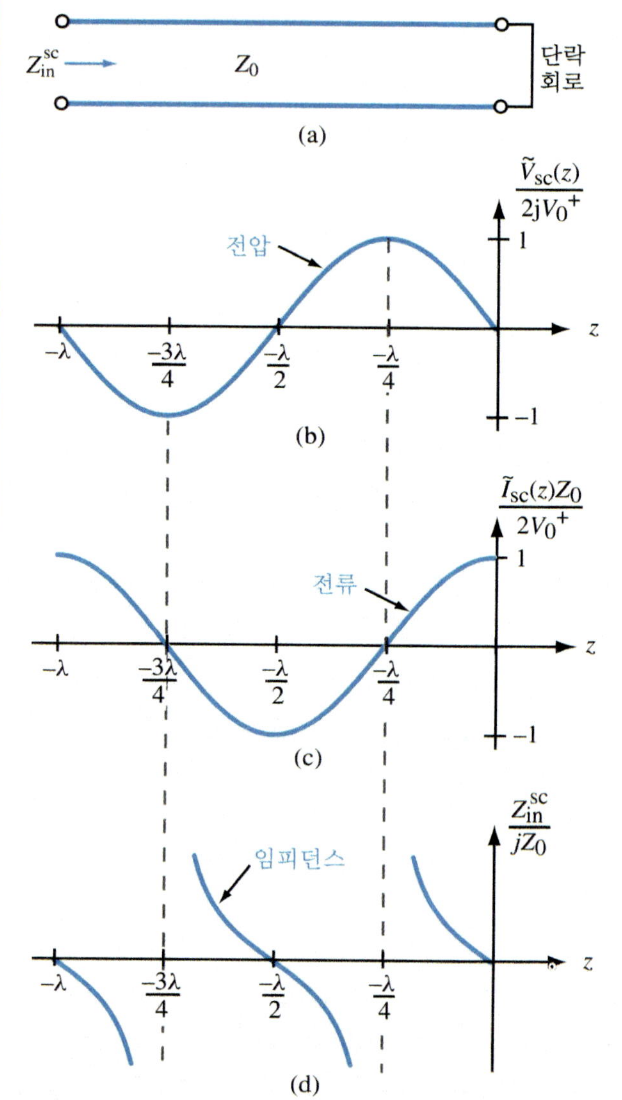

그림 7-15 단락회로로 종단된 전송선로의 (a) 도식적 표현, (b) 정규화된 전압, (c) 정규화된 전류, (d) 정규화된 입력 임피던스

무손실 단락전송선로의 경우 입력 임피던스는 리액티브 성분($R_{in} = 0$)만으로 이루어져 있다. $\tan\beta l \geq 0$이면 전송선로는 인덕티브 성분을 가지게 되고 마치 임피던스가

Z_{in}^{sc}인 등가 인덕터 L_{eq}처럼 동작한다. 그러므로

$$j\omega L_{eq} = jZ_0 \tan\beta l, \quad (\tan\beta l \geq 0\text{일 때}), \tag{7.70a}$$

혹은

$$L_{eq} = \frac{Z_0 \tan\beta l}{\omega} \quad \text{(H)}. \tag{7.70b}$$

이다. 입력 임피던스 Z_{in}^{sc}가 인덕턴스 L_{eq}와 동일한 전송선로의 최소 길이는 다음과 같다.

$$l = \frac{1}{\beta}\tan^{-1}\left(\frac{\omega L_{eq}}{Z_0}\right) \quad \text{(m)}. \tag{7.70c}$$

마찬가지로 $\tan\beta l \leq 0$이면 전송선로는 용량성 성분을 갖고 마치 등가 커패시터 C_{eq}처럼 다음과 같이 동작하게 된다.

$$\frac{1}{j\omega C_{eq}} = jZ_0 \tan\beta l, \quad (\tan\beta l \leq 0\text{일 때}), \tag{7.71a}$$

혹은

$$C_{eq} = -\frac{1}{Z_0 \omega \tan\beta l} \quad \text{(F)}. \tag{7.71b}$$

l은 양의 정수이므로, $\tan\beta l \leq 0$에서 최소길이는 $\pi/2 \leq \beta l \leq \pi$에서 존재한다. 그러므로 입력 임피던스 Z_{in}^{sc}가 커패시턴스 C_{eq}와 동일한 전송선로의 최소길이는 다음과 같다.

$$l = \frac{1}{\beta}\left[\pi - \tan^{-1}\left(\frac{1}{\omega C_{eq} Z_0}\right)\right] \quad \text{(m)}. \tag{7.71c}$$

이 결과는 적절히 단락된 선로를 이용하여 커패시터나 인덕터를 대치할 수 있음을 의미한다. 마이크로파 회로나 고속 집적회로를 설계할 때, 단락된 전송선로를 사용하는 것보다 인덕터나 커패시터를 사용하는 것이 훨씬 어렵기 때문에 일반적으로 단락된 선로가 이용된다.

예제 7-7 등가 리액티브 소자

그림 7-16의 경우, 2.25GHz에서 C_{eq}=4pF인 커패시터의 리액턴스와 동일한 입력 임피던스를 가진 단락된 50Ω 전송선로의 길이를 구하라. 이 때 선로 상에서 파의 속도는 $0.75c$이다.

풀이

$$u_p = 0.75c = 0.75 \times 3 \times 10^8 = 2.25 \times 10^8 \text{ m/s},$$
$$Z_0 = 50\ \Omega,$$
$$f = 2.25 \text{ GHz} = 2.25 \times 10^9 \text{ Hz},$$
$$C_{eq} = 4 \text{ pF} = 4 \times 10^{-12} \text{ F}.$$

일 때, 위상정수는

$$\beta = \frac{2\pi}{\lambda} = \frac{2\pi f}{u_p} = \frac{2\pi \times 2.25 \times 10^9}{2.25 \times 10^8} = 62.8 \quad \text{(rad/m)}.$$

이고 식 (7.71a)로부터

$$\tan\beta l = -\frac{1}{Z_0 \omega C_{eq}}$$
$$= -\frac{1}{50 \times 2\pi \times 2.25 \times 10^9 \times 4 \times 10^{-12}} = -0.354.$$

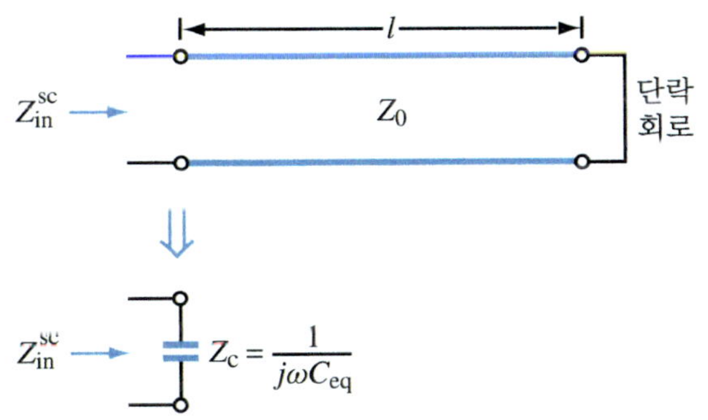

그림 7-16 등가 커패시터로 표현된 단락선로(예제 7-7)

이다. 인수가 2사분면과 4사분면에 있을 때 탄젠트 함수는 음수이므로 2사분면에 대한 해는

$$\beta l_1 = 2.8 \text{ rad} \quad \text{or} \quad l_1 = \frac{2.8}{\beta} = \frac{2.8}{62.8} = 4.46 \text{ cm},$$

이고, 4사분면에 대한 해는

$$\beta l_2 = 5.94 \text{ rad} \quad \text{or} \quad l_2 = \frac{5.94}{62.8} = 9.46 \text{ cm}.$$

이다. 또한 이들 값을 식 (7.71c)에 적용함으로써 l_1을 구할 수 있다. l_2는 l_1에 비하여 정확히 $\lambda/2$만큼 길다. 실제로 임의의 길이 $l = 4.46\text{cm} + n\lambda/2$(여기서 n은 양의 정수)도 이 문제에 대한 해이다. ♣

7-7.2 개방된 전송선로 M7.1E

그림 7-17(a)처럼 $Z_L = \infty$일 때 $\Gamma = 1$, $S = \infty$이고, 전압, 전류, 입력 임피던스는 다음과 같이 주어진다.

$$\widetilde{V}_{oc}(z) = V_0^+[e^{-j\beta z} + e^{j\beta z}] = 2V_0^+ \cos \beta z, \qquad (7.72a)$$

$$\widetilde{I}_{oc}(z) = \frac{V_0^+}{Z_0}[e^{-j\beta z} - e^{j\beta z}] = \frac{-2jV_0^+}{Z_0} \sin \beta z, \qquad (7.72b)$$

$$Z_{in}^{oc} = \frac{\widetilde{V}_{oc}(-l)}{\widetilde{I}_{oc}(-l)} = -jZ_0 \cot \beta l. \qquad (7.73)$$

이들에 대한 그림이 그림 7-17에 $-z$에 대한 함수로서 나타나 있다.

7-7.3 단락회로와 개방회로 측정 응용

회로망 분석기는 분석기의 입력단에 연결된 임의의 부하 임피던스를 측정할 수 있는 RF 측정장치이다. 단락회로로 종단된 경우 입력 임피던스 Z_{in}^{sc}와 개방회로로 종단된 입력 임피던스 Z_{in}^{oc}를 결합하면 선로의 특성 임피던스 Z_0와 위상정수 β를 결정하는 데 사용할 수 있다. 식 (7.68)과 (7.73)의 곱은

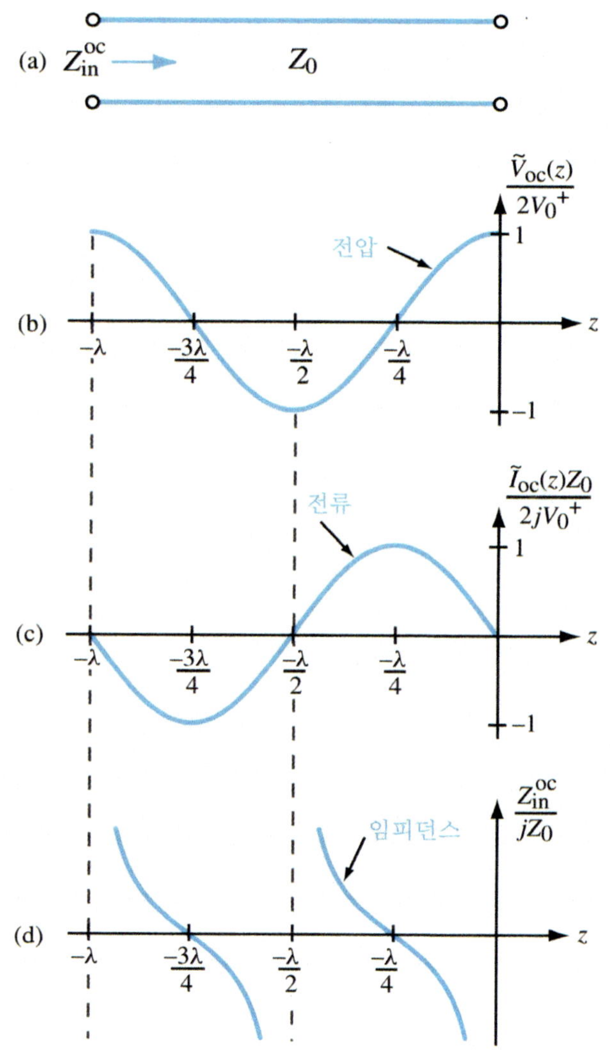

그림 7-17 개방회로로 종단된 전송선로의 (a) 도식적 표현, (b) 정규화된 전압, (c) 정규화된 전류, (d) 정규화된 입력 임피던스

$$Z_0 = \sqrt[+]{Z_{in}^{sc}\ Z_{in}^{oc}}\,, \qquad (7.74)$$

이고 동일한 두 방정식의 비는 다음 결과를 가진다.

$$\tan \beta l = \sqrt{\frac{-Z_{in}^{sc}}{Z_{in}^{oc}}}\,. \qquad (7.75)$$

탄젠트 함수와 연관된 위상의 모호성으로 인한 불명확한 결과를 피하기 위해서 길이 l은 $\lambda/2$와 같거나 작아야 한다.

예제 7-8

단락회로로 종단되었을 때 측정된 입력 임피던스가 $Z_{in}^{sc} = j40.42\,\Omega$이고, 개방회로로 종단되었을 때 측정된 입력 임피던스가 $Z_{in}^{oc} = -j121.24\,\Omega$인 57cm 길이의 전송선의 Z_0와 β를 결정하라. 도선의 길이는 3~3.25λ이다.

풀이 식 (7.74)와 (7.75)로부터

$$Z_0 = \sqrt[+]{Z_{in}^{sc}\ Z_{in}^{oc}} = \sqrt{(j40.42)(-j121.24)} = 70\ \Omega,$$

$$\tan \beta l = \sqrt{\frac{-Z_{in}^{sc}}{Z_{in}^{oc}}} = \sqrt{\frac{1}{3}}\,.$$

이다. l이 3~3.25λ 사이의 값을 갖기 때문에 $\beta l = (2\pi l/\lambda)$은 6π~$(13\pi/2)$rad에 위치하고, 극좌표계에서는 제1사분면에 위치한다. 그러므로 위의 방정식에 대해 받아들일 수 있는 유일한 해는 $\beta l = \pi/6$rad이다. 그러나 이 값은 2π의 배수(l이 λ의 정수 배가 되는 경우와 연관된)는 포함하고 있지 않다. 그러므로 βl의 참값은

$$\beta l = 6\pi + \frac{\pi}{6} = 19.4 \qquad \text{(rad)},$$

이므로

$$\beta = \frac{19.4}{0.57} = 34 \qquad \text{(rad/m)}.$$

이다. ♣

7-7.4 길이가 $l = n\lambda/2$인 전송선

전송선의 길이가 $l = n\lambda/2$(n은 정수)이면

$$\tan \beta l = \tan[(2\pi/\lambda)(n\lambda/2)] = \tan n\pi = 0.$$

이다. 결과적으로 식 (7.63)은

$$Z_{in} = Z_L, \quad (l = n\lambda/2\text{일 때}), \qquad (7.76)$$

로 간략화된다. 이것은 반파장 전송선(반파장의 정수배)은 부하 임피던스를 변경시킬 수 없다는 것을 의미한다. 그러므로 반파장 무손실 전송선을 통해 부하에 연결된 전원은 전송선이 그 지점에 있지 않는 것처럼 선로와 부하에 동일한 전류와 전압을 야기시킬 것이다.

7-7.5 $\lambda/4$ 변환기

또 다른 재미있는 경우는 파장의 길이가 $\lambda/4$일 때[혹은 $\lambda/4 + n\lambda/2$, 여기서 $n = 0, 1, 2, 3, \cdots$이고, $\beta l = (2\pi/\lambda)(\lambda/4) = \pi/2$)]이다. 식 (7.63)로부터 입력 임피던스는 다음과 같다.

$$Z_{in} = \frac{Z_0^2}{Z_L}, \quad (l = \lambda/4 + n\lambda/2\text{일 때}). \qquad (7.77)$$

$\lambda/4$ 변환기의 용도는 예제 7-9에 설명되어 있다.

예제 7-9 $\lambda/4$ 변환기

$Z_L = 100\Omega$의 저항성 부하 임피던스가 있다고 할 때, 그림 7-18과 같이 50Ω 무손실 전송선을 $\lambda/4$ 변환기를 사용하여 정합시킴으로써 전송선에 나타나는 반사를 제거한다. $\lambda/4$ 변환기의 특성 임피던스를 구하라.

풀이 AA' 단의 반사를 제거하기 위하여 $\lambda/4$ 전송선의 입력 임피던스는 Z_{in}은 전송선의 특성 임피던스인 Z_{01}과 동일해야 한다. 그러므로 $Z_{in} = 50\Omega$이다. 식 (7.77)로부터

$$Z_{in} = \frac{Z_{02}^2}{Z_L},$$

$$Z_{02} = \sqrt{Z_{in} Z_L} = \sqrt{50 \times 100} = 70.7\ \Omega.$$

이다. 이를 통해 급전선 상의 반사를 제거하지만, $\lambda/4$ 변환기 상에서의 반사는 제거하지 못한다. 그러나 도선이 무손실이기 때문에 모든 입사파의 전력은 부하 Z_L로 전달될 것이다. ♣

7-7.6 정합된 전송선: $Z_L = Z_0$

$Z_L = Z_0$인 정합된 무손실 전송선로인 경우, (1) 도선의 모든 지점에서 z에 대한 입력 임피던스는 $Z_{in} = Z_0$이고, (2) 반사계수는 $\Gamma = 0$이며, (3) 모든 입사전력은 도선의 길이 l에 관계없이 부하로 전달된다. 정재파의 특성이 표 7-3에 요약되어 있다.

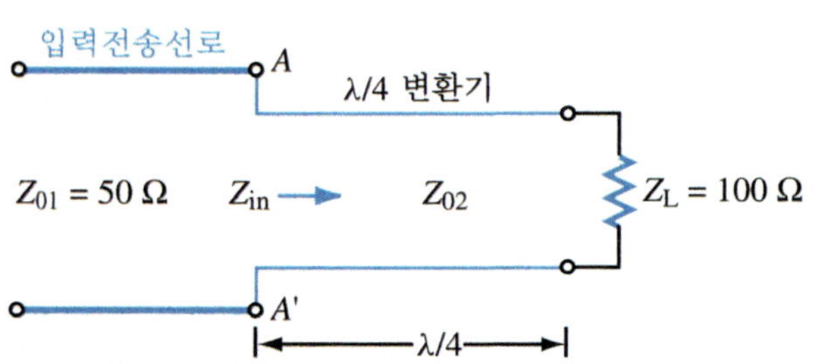

그림 7-18 예제 7-9의 구성

연습문제 7.11 50Ω 무손실 전송선로에 $\varepsilon_r = 2.25$ 절연물질이 사용된다. 개방회로로 종단되었을 때 50MHz에서 입력 임피던스가 10pF과 동일한 도선의 길이는 얼마인가?

[답] $l = 5.68$ cm. (◉)

연습문제 7.12 300Ω 급전선이 길이가 3m인 도선에 연결되어 있고, 부하에는 150Ω 저항으로 종단되어 있다. 두 도선은 무손실이고 절연물질로 공기를 사용하며, 동작 주파수는 50MHz이다. 다음을 구하라. (◉)

(a) 길이가 3m인 도선의 입력 임피던스

(b) 급전선에서 전압 정재파 비 S

(c) 급전선에서 $S = 1$이 되기 위하여 두 도선 사이에 사용되어야 하는 $\lambda/4$ 변환기의 특성 임피던스

[답] (a) $Z_{in} = 150\ \Omega$, (b) $S = 2$, (c) $Z_0 = 212.1\ \Omega$.

7-8 무손실 전송선로에서의 전력의 흐름

지금까지 전송선로에서 전압파와 전류파의 진행에 관심을 두었다. 이제부터는 입사파와 반사파에 의하여 전달되는 전력의 흐름을 살펴보자. 식 (7.51a)와 (7.51b)를 다시 도입하면, 무손실 전송선로에 나타나는 전압 · 전류의 페이저 식은 다음과 같다.

$$\widetilde{V}(z) = V_0^+(e^{-j\beta z} + \Gamma e^{j\beta z}), \tag{7.78a}$$

$$\widetilde{I}(z) = \frac{V_0^+}{Z_0}(e^{-j\beta z} - \Gamma e^{j\beta z}). \tag{7.78b}$$

위 식에서 첫 번째 항은 입사전압과 전류파이고, Γ를 포함한 항은 반사전압과 전류파이다. 부하에서($z=0$) 입사, 반사된 전압과 전류는 다음과 같다.

$$\widetilde{V}^{\mathrm{i}} = V_0^+, \qquad \widetilde{I}^{\mathrm{i}} = \frac{V_0^+}{Z_0}, \qquad (z=0), \tag{7.79}$$

표 7-3 무손실 전송선로의 정재파 특성

최대 전압 최소 전압	$\lvert\widetilde{V}\rvert_{\max} = \lvert V_0^+\rvert[1+\lvert\Gamma\rvert]$ $\lvert\widetilde{V}\rvert_{\min} = \lvert V_0^+\rvert[1-\lvert\Gamma\rvert]$
최대 전압 지점(혹은 최소 전류 지점) 첫 번째 최대 전압 지점 (혹은 첫 번째 최소 전류 지점)	$l_{\max} = \dfrac{\theta_r\lambda}{4\pi} + \dfrac{n\lambda}{2}, \quad n=0,1,2,\ldots$ $l_{\max} = \begin{cases} \dfrac{\theta_r\lambda}{4\pi}, & \text{if } 0 \le \theta_r \le \pi \\ \dfrac{\theta_r\lambda}{4\pi} + \dfrac{\lambda}{2}, & \text{if } -\pi \le \theta_r \le 0 \end{cases}$
최소 전압 지점(혹은 최대 전류 지점) 첫 번째 최소 전압 지점 (혹은 첫번째 전류 최대 지점)	$l_{\min} = \dfrac{\theta_r\lambda}{4\pi} + \dfrac{(2n+1)\lambda}{4}, \quad n=0,1,2,\ldots$ $l_{\min} = \dfrac{\lambda}{4}\left(1+\dfrac{\theta_r}{\pi}\right)$
입력 임피던스	$Z_{\mathrm{in}} = Z_0\left(\dfrac{Z_L + jZ_0\tan\beta l}{Z_0 + jZ_L\tan\beta l}\right)$
Z_{in}이 실수인 지점	전압 최대 혹은 최소 지점
전압 최대 지점에서 Z_{in}	$Z_{\mathrm{in}} = Z_0\left(\dfrac{1+\lvert\Gamma\rvert}{1-\lvert\Gamma\rvert}\right)$
전압 최소 지점에서 Z_{in}	$Z_{\mathrm{in}} = Z_0\left(\dfrac{1-\lvert\Gamma\rvert}{1+\lvert\Gamma\rvert}\right)$
단락회로의 Z_{in}	$Z_{\mathrm{in}}^{\mathrm{sc}} = jZ_0\tan\beta l$
개방회로의 Z_{in}	$Z_{\mathrm{in}}^{\mathrm{oc}} = -jZ_0\cot\beta l$
전송선의 길이가 $l = n\lambda/2$인 경우 Z_{in}	$Z_{\mathrm{in}} = Z_L, \quad n=0,1,2,\ldots$
전송선의 길이가 $l = \lambda/4 + n\lambda/2$인 경우 Z_{in}	$Z_{\mathrm{in}} = Z_0^2/Z_L, \quad n=0,1,2,\ldots$ $Z_{\mathrm{in}} = Z_0$

$\lvert V_0^+\rvert$ = 입사파의 크기, $\Gamma = \lvert\Gamma\rvert e^{j\theta_r}$이고, θ_r은 $-\pi < \theta_r < \pi$이다.

D7.1-7.4

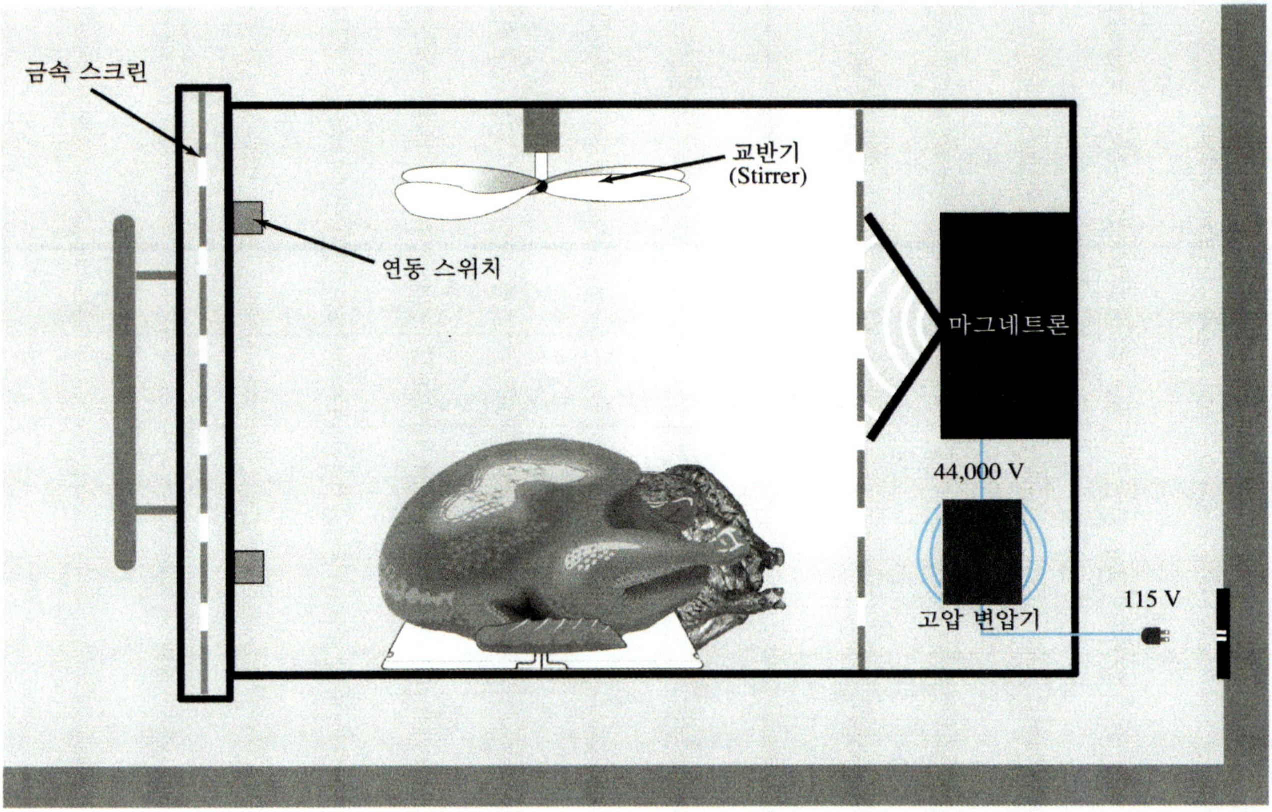

마이크로웨이브 오븐

1940년대, Raytheon에서 마그네트론(magnetrons)을 설계하고 구성하던 스펜서(Percy Spencer)는 우연히 마이크로파에 노출된 주머니 속 초콜릿이 녹아버린 것을 발견하였다. 마이크로파에 의한 요리법은 1946년에 특허가 났으며, 1970년대에는 마이크로파 오븐은 기본 주방용품이 되었다.

마이크로파 흡수

마이크로파는 주파수가 300MHz~300GHz인 전자파이다(그림1-9). 만약 물을 포함하고 있는 물질이 마이크로파에 노출된다면 물의 분자는 스스로 회전하여 마이크로파의 전기장 방향과 자신의 전기 쌍극자 방향을 일치시킨다. 그러한 회전운동은 물질 내의 열을 발생시키고 결과적으로 마이크로파 에너지는 열 에너지로 변환된다. 물에 의한 마이크로파의 흡수 스펙트럼 파형은 공진 주파수에서 최대가 된다. 이러한 공진 주파수는 물의 온도와 물에 포함된 소금, 설탕의 양에 따라 변화된다. 마이크로웨이브에 일반적으로 사용되는 주파수는 2.54GHz이며, 이 주파수에서 에너지를 생산하는 표준 전원은 마그네트론이다. 마이크로파는 물, 지방, 설탕에는 쉽게 흡수되는 반면, 세라믹, 유리, 플라스틱 등 에너지 손실이 없는 물질들에는 흡수되지 못하고 통과해 버린다. 따라서 마이크로파는 이러한 물질들에게는 열을 발생시키지 않는다.

오븐 동작

마이크로파 오븐은 큰 전력(~700watts)을 만들기 위해 4천볼트급의 마그네트론 튜브를 사용한다. 일반 가정의 전압은 115볼트이므로 4천볼트급의 전압으로 승압하기 위한 고전압 변압기가 필요하다. 마그네트론에서 만들어진 마이크로파 에너지는 금속면들과 안전스위치를 사용해 마이크로파를 내포하는 조리실로 옮겨진다. 마이크로파는 조리실 내부를 감싸고 있는 금속면에 의해 반사된다. 따라서 마이크로파는 조리실을 빠져나가지 못하고 다시 반사되거나 음식물에 흡수된다. 만약 오븐의 문이 유리로 만들어졌다면, 마이크로파를 차폐시키기 위해 금속망이나 전도성 망사층을 붙여주어야 한다. 망사의 간격이 마이크로파의 파장에 비해 아주 작다면(2.5GHz에서 12cm 이하) 마이크로파는 금속망을 통과할 수 없다. 조리실 내부에서 마이크로파는 정상파 형태로 존재하므로 특정 부분에는 에너지를 전달하지 못한다. 금속 교반기는 이러한 마이크로파를 조리실 내부의 각기 다른 곳으로 반사시켜 모든 부분에 균일하게 에너지를 전달하게 된다.

$$\widetilde{V}^{\mathrm{r}} = \Gamma V_0^+, \qquad \widetilde{I}^{\mathrm{r}} = -\Gamma \frac{V_0^+}{Z_0}, \qquad (z=0). \quad (7.80)$$

평면파에 대한 식 (6.158)과 유사하게, 전송선로에 흐르는 평균전력을 구하면 다음과 같다.

$$P_{\mathrm{av}} = \tfrac{1}{2}\mathfrak{Re}\left[\widetilde{V}\cdot\widetilde{I}^*\right], \qquad (7.81)$$

여기서 $\widetilde{I}^*$는 $\widetilde{I}$에 대한 공액(혹은 켤레) 복소수이다. 식 (7.79)와 (7.80)을 적용하면

$$P^{\mathrm{i}}_{\mathrm{av}} = \tfrac{1}{2}\mathfrak{Re}\left[V_0^+\cdot\frac{V_0^{+*}}{Z_0}\right] = \frac{|V_0^+|^2}{2Z_0}, \qquad (7.82)$$

$$P^{\mathrm{r}}_{\mathrm{av}} = \tfrac{1}{2}\mathfrak{Re}\left[\Gamma V_0^+\cdot\left(\frac{-\Gamma^* V_0^{+*}}{Z_0}\right)\right] = -|\Gamma|^2\frac{|V_0^+|^2}{2Z_0}. \qquad (7.83)$$

이와 같이 평균 반사전력의 크기는 평균 입사전력에 $|\Gamma|^2$를 곱한 것과 같다.

그림 7-19에서 보는 바와 같이 부하로 전달된 총 평균전력은

$$P_{\mathrm{av}} = P^{\mathrm{i}}_{\mathrm{av}} + P^{\mathrm{r}}_{\mathrm{av}} = \frac{|V_0^+|^2}{2Z_0}\left[1-|\Gamma|^2\right] \quad (\mathrm{W}). \qquad (7.84)$$

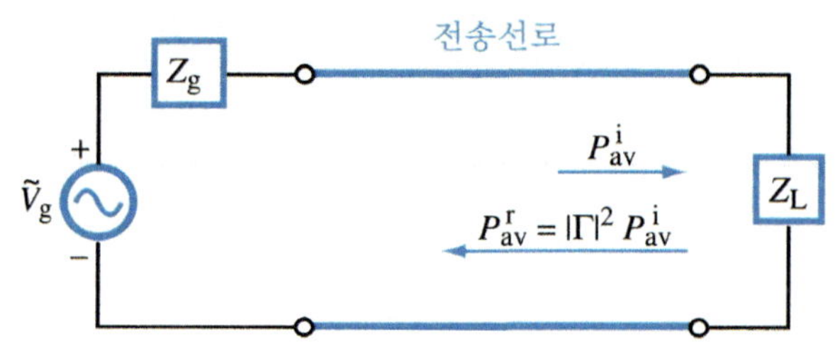

그림 7-19 무손실 전송선로에 연결된 부하에서 반사된 평균전력은 입사전력에 $|\Gamma|^2$를 곱한 것과 같다.

연습문제 7.13 부하 임피던스 $Z_L = (100 + j50)\Omega$로 종단된 50Ω 무손실 전송선에 대하여, 부하에 의해서 반사된 평균 입사전력의 비율을 구하라.

[답] 20%. (◉)

연습문제 7.14 연습문제 7.13의 도선에 대하여, $|V_0^+| = 1$V이면 평균 반사된 전력의 크기는 얼마인가?

[답] $P^{\mathrm{r}}_{\mathrm{av}} = 2$ (mW). (◉)

7-9 스미스 도표

컴퓨터가 나오기 이전부터 전송선 문제를 풀기 위한 다양한 형태의 도표가 개발되었다. 1939년 P. H. Smith에 의해서 개발된 **스미스 도표**(Smith chart)는 전송선 문제를 해석하고 설계하는 데 가장 널리 사용되는 도식적 방법이다. 발명자의 원래 의도로는 복소 임피던스가 포함된 계산을 쉽게 수행하기 위한 도식적 도구였을지 몰라도, 스미스 도표는 마이크로파 회로의 성능을 표시하기 위한 CAD 소프트웨어에서 주요한 표현 도구이다. 이 절과 다음 절에서 설명하겠지만, 스미스 도표의 용도는 지루한 복소수 계산을 간단하게 해줄 뿐 아니라, 공학자로 하여금 비교적 쉽게 임피던스 정합회로를 설계할 수 있게 해준다. 스미스 도표는 손실, 무손실 전송선 모두에 사용될 수 있다. 그러나 여기에서는 무손실의 경우만 설명한다.

7-9.1 방정식

일반적으로 반사계수를 다음과 같이 크기 $|\Gamma|$와 위상 θ_r로 표현하거나, 실수부 Γ_r 및 허수부 Γ_i로서 표시할 수 있다.

$$\Gamma = |\Gamma|e^{j\theta_r} = \Gamma_r + j\Gamma_i, \qquad (7.85)$$

여기서

$$\Gamma_r = |\Gamma|\cos\theta_r, \qquad (7.86a)$$

$$\Gamma_i = |\Gamma|\sin\theta_r. \qquad (7.86b)$$

이다. 스미스 도표는 복소평면 Γ에 위치한다. 그림 7-20에서 점 A는 $\Gamma_A = 0.3 + j0.4$인 반사계수를 나타내는데, 등가적으로

$$|\Gamma_A| = [(0.3)^2 + (0.4)^2]^{1/2} = 0.5$$

이고

$$\theta_r = \tan^{-1}(0.4/0.3) = 53°.$$

이다.

마찬가지로 점 B는 또는 $|\Gamma_B| = 0.54$, $\theta_r = 202°$[(또는 $\theta_r = (360° - 202°) = -158°$)]를 나타낸다. Γ_r과 Γ_i가 모두 음수이면 θ_r은 $\Gamma_r - \Gamma_i$ 평면에서 3사분면에 위치한다. 그러므로 θ_r을 계산하기 위해서는, $\theta = \tan^{-1}(\Gamma_i/\Gamma_r)$ 관계를 이용할 때 180°를 더하거나 빼 줄 필요가 있다.

그림 7-20의 **단위원**(unit circle)은 $|\Gamma| = 1$에 대응된다. 전송선로에서 $|\Gamma| \leq 1$이므로, $\Gamma_r - \Gamma_i$ 평면에 나타난 점들은 단위원 내에 존재하여야 물리적 의미를 갖는다. 그러므로 앞으로 나올 그림은 단위원 내에 포함되는 영역만으로 제한할 것이다.

스미스 도표에서 임피던스는 도선의 특성 임피던스 Z_0로 정규화된 값으로 표시된다. 정규화된 임피던스는 $z = Z/Z_0$처럼 소문자로 표시된다. 그래서 **정규화된 부하 임피던스**(normalized load impedance)는

$$z_L = Z_L/Z_0 \qquad (\text{무차원}), \qquad (7.87)$$

이고, 식 (7.49a)로 정의된 반사계수 Γ는 다음과 같다.

$$\Gamma = \frac{Z_L/Z_0 - 1}{Z_L/Z_0 + 1} = \frac{z_L - 1}{z_L + 1}. \qquad (7.88)$$

식 (7.88)을 z_L에 관해서 다시 쓰면

$$z_L = \frac{1 + \Gamma}{1 - \Gamma}. \qquad (7.89)$$

이다. 일반적으로 정규화된 부하 임피던스 z_L은 정규화된 부하저항 r_L과 정규화된 부하 리액턴스 x_L로 이루어진 복소량이다.

$$z_L = r_L + jx_L. \qquad (7.90)$$

식 (7.85)와 (7.90)을 식 (7.89)에 사용하면

$$r_L + jx_L = \frac{(1 + \Gamma_r) + j\Gamma_i}{(1 - \Gamma_r) - j\Gamma_i}, \qquad (7.91)$$

이고, 여기서 r_L과 x_L을 Γ_r와 Γ_i에 대한 식으로 나타낼 수 있다. 이러한 결과를 얻기 위해서 식 (7.91)의 우변을 유리화하고 실수부와 허수부로 나타내면 다음과 같다.

$$r_L = \frac{1 - \Gamma_r^2 - \Gamma_i^2}{(1 - \Gamma_r)^2 + \Gamma_i^2}, \qquad (7.92a)$$

$$x_L = \frac{2\Gamma_i}{(1 - \Gamma_r)^2 + \Gamma_i^2}. \qquad (7.92b)$$

위의 두 식은 Γ_r와 Γ_i의 값이 주어지면 유일하게 대응하는 r_L와 x_L값이 존재한다는 것을 의미한다. 그러나 r_L 값을 2로 고정하면 Γ_r와 Γ_i에 대응하는 수많은 값의 조합이 존재하고, 이들 각각의 조합은 동일한 r_L값을 갖는다.

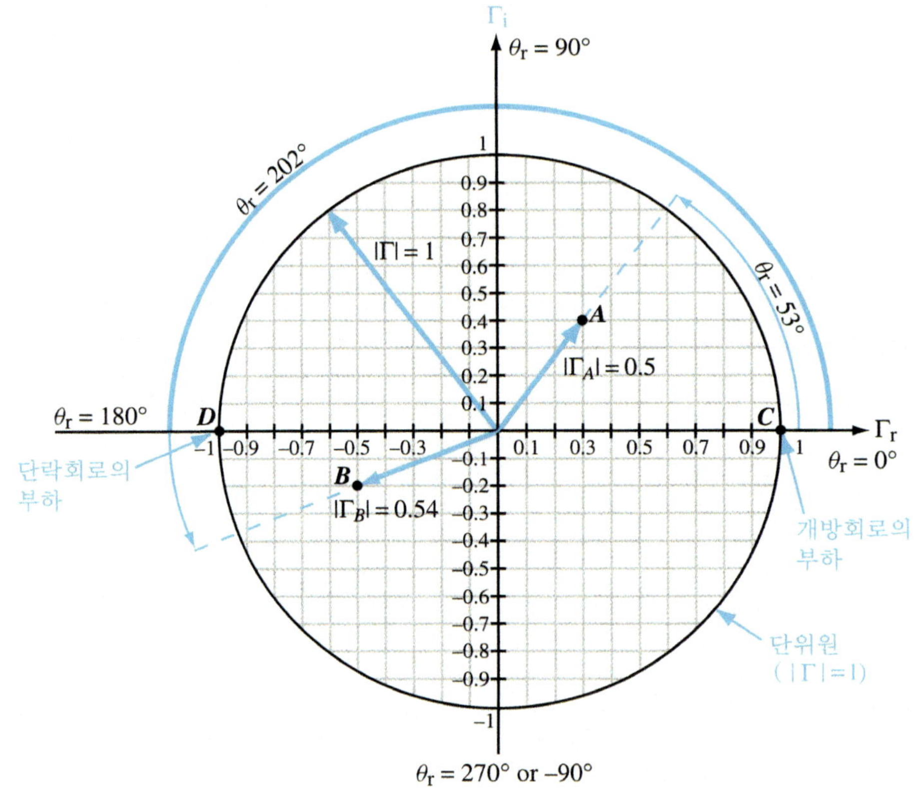

그림 7-20 복소 Γ 평면. 점 A는 $\Gamma_A = 0.3 + j0.4 = 0.5e^{j53°}$을 나타내고, 점 B는 $\Gamma_B = -0.5 - j0.2 = |0.54|e^{j202°}$을 나타낸다. 단위원은 $|\Gamma| = 1$을 나타낸다. 점 C에서는 $\Gamma = 1$이 되므로 개방회로의 부하를 나타내고, 점 D에서는 $\Gamma = -1$이 되므로 단락회로의 부하를 나타낸다.

예를 들면, $(\Gamma_r, \Gamma_i) = (0.33, 0)$나 $(\Gamma_r, \Gamma_i) = (0.5, 0.29)$ 모두 $r_L = 2$의 값을 갖는다. 그 밖에 $r_L = 2$인 (Γ_r, Γ_i)의 조합은 무수히 존재할 수 있다. 실제로 $\Gamma_r - \Gamma_i$ 평면 상에 $r_L = 2$인 Γ_r와 Γ_i의 가능한 모든 조합을 그리면, 그림 7-21처럼 $r_L = 2$인 원을 얻을 수 있다. 마찬가지 방법으로 r_L의 다른 값들에 대해 적용하면, $|\Gamma| = 1$인 영역 내에서 모든 원들은 $(\Gamma_r, \Gamma_i) = (1, 0)$점을 지난다. 식 (7.92a)를 대수적으로 약간 변형시키면 $\Gamma_r - \Gamma_i$에서 r_L에 대응하는 원에 대한 **매개변수 방정식**(parameter equation)을 얻을 수 있다.

$$\left(\Gamma_r - \frac{r_L}{1 + r_L}\right)^2 + \Gamma_i^2 = \left(\frac{1}{1 + r_L}\right)^2. \tag{7.93}$$

x-y평면에서 (x_0, y_0)에 원점을 갖고 반경이 a인 원의 방정식은

$$(x - x_0)^2 + (y - y_0)^2 = a^2. \tag{7.94}$$

이다. 식 (7.93)과 (7.94)를 비교하면, r_L원은 중심이 $\Gamma_r = r_L/(1+r_L)$와 $\Gamma_i = 0$이고 반경이 $1/(1+r_L)$임을 알 수 있다. 그림 7-21에서 가장 큰 원은 $r_L = 0$일 때, x_L값에 관계없이 $|\Gamma| = 1$이라는 것을 알 수 있다.

마찬가지 방법으로 식 (7.92b)를 변형하면 x_L에 대한 다음과 같은 원의 방정식을 얻을 수 있다.

$$(\Gamma_r - 1)^2 + \left(\Gamma_i - \frac{1}{x_L}\right)^2 = \left(\frac{1}{x_L}\right)^2, \qquad (7.95)$$

그러나 $\Gamma_r - \Gamma_i$ 평면에 있는 원 x_L은 r_L과는 다른 특성을 보여 준다. 우선, 정규화된 리액턴스 x_L은 양 또는 음의 값을 가질 수 있는데 반해, 정규화된 저항은 음의 값을 가질 수 없다(음의 저항은 물리적으로 의미가 없다). 그러므로 식 (7.95)는 두 개의 원군(圓群)을 만들 수 있는데, 하나의 군은 x_L의 양의 값에 해당하고 또 다른 군은 음의 값에 해당한다. 또한 그림 7-21에서처럼 주어진 원의 부분만이 단위원의 경계 안에 위치한다. 선택된 r_L와 x_L값에 대하여 식 (7.93)과 (7.95)를 사용하여 얻어지는

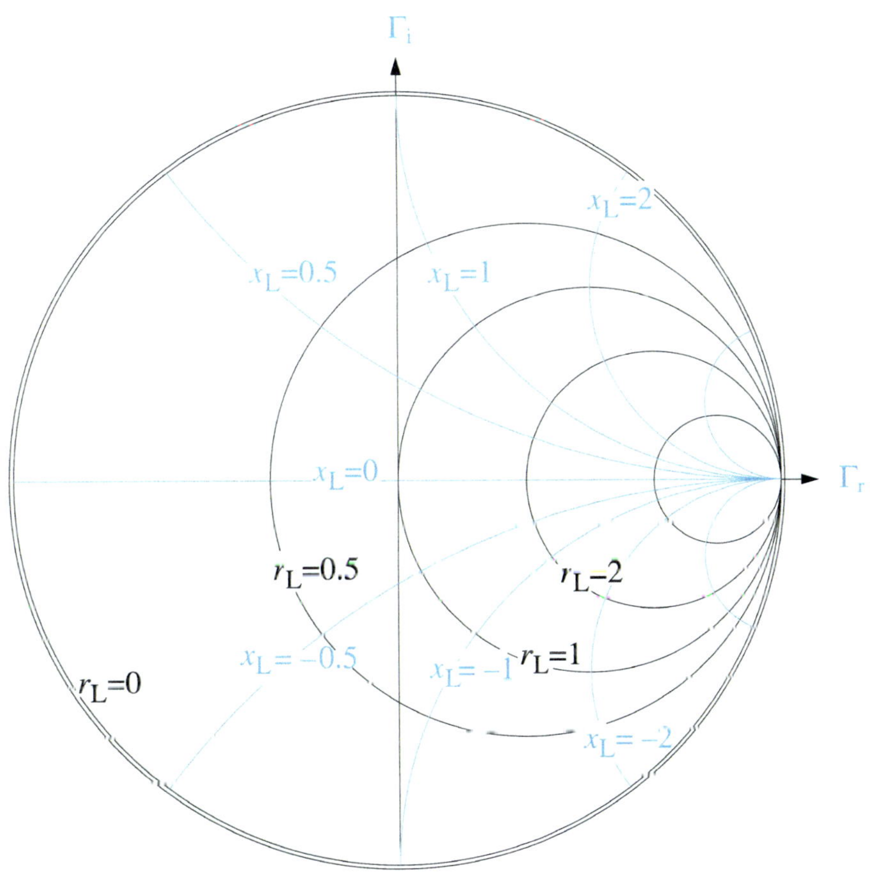

그림 7-21 $|\Gamma| \le 1$ 영역에서 r_L과 x_L의 원들

두 매개방정식의 원군은 그림 7-22에서처럼 스미스 도표를 구성한다. 그림 7-22의 스미스 도표 위에 주어진 점 P는 전압 반사계수가 $\Gamma = 0.45\exp(-j26.6^\circ)$인 정규화된 부하 임피던스 $z_L = 2 - j1$을 나타낸다. $|\Gamma| = 0.45$는 스미스 도표의 중심과 점 P와의 직선길이를 스미스 도표의 중심과 단위원(단위원의 반경은 $|\Gamma| = 1$) 끝부분 간의 직선 길이(즉, 단위원의 반경)로 나누어 줌으로써 얻어진다. 스미스 도표의 원주는 3가지 동심원에 대한 눈금을 포함하고 있다. 가장 안쪽 눈금은 angle of reflection coefficient in degrees라고 표시되어 있는데, θ_r에 대한 눈금을 가리킨다.

그림 7-22에 표시된 것처럼, 점 P의 반사계수는 $\theta_r = -26.6^\circ$이다. 다른 두 개의 눈금에 대한 용도와 의미는 다음 장에서 설명한다.

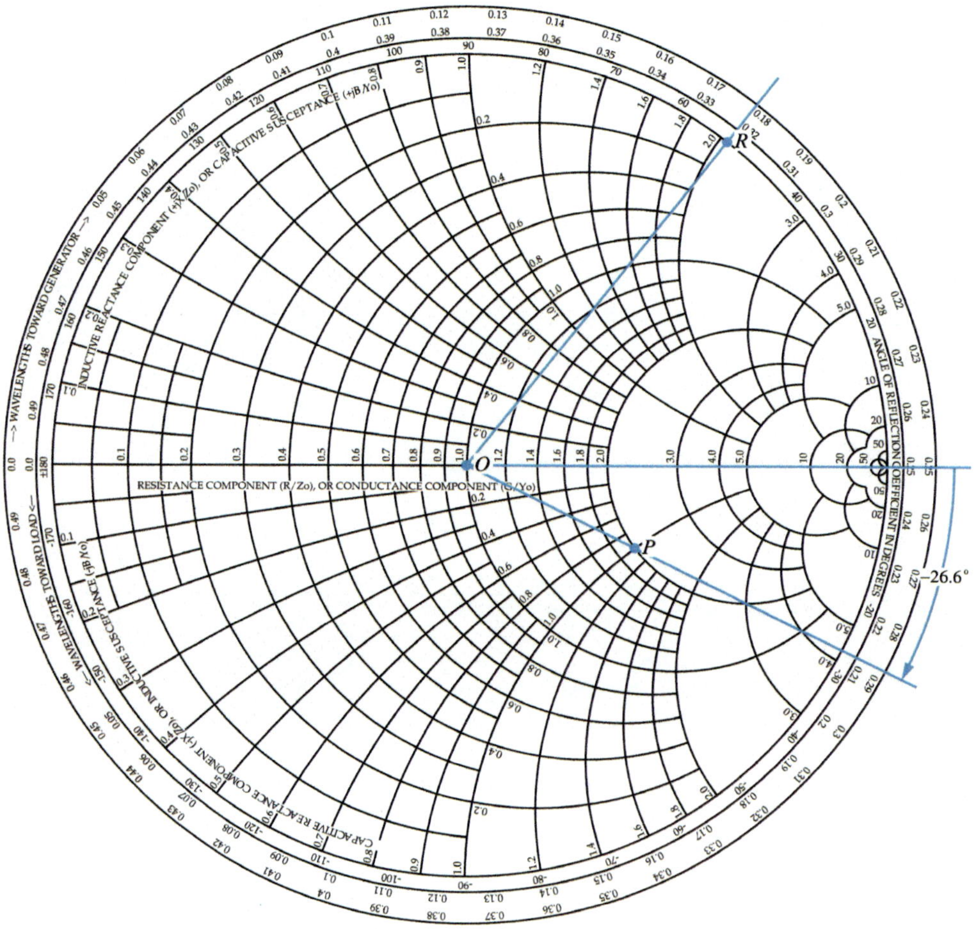

그림 7-22 점 P는 정규화된 부하의 임피던스 $z_L = 2 - j1$을 나타낸다. 반사계수는 크기가 $|\Gamma| = \overline{OP}/\overline{OR} = 0.45$가 되고, 각도는 $\theta_r = -26.6^\circ$가 된다. 점 R은 $r_L = 0$의 원($|\Gamma| = 1$인 단위원) 상의 임의의 지점을 나타낸다.

연습문제 7.15 스미스 도표를 이용하여 아래의 정규화된 부하에 해당하는 반사계수 Γ의 값을 구하라.
(a) $z_L = 2 + j0$, (b) $z_L = 1 - j1$, (c) $z_L = 0.5 - j2$, (d) $z_L = -j3$, (e) $z_L = 0$ (단락회로) (f) $z_L = \infty$ (개방회로) (g) $z_L = 1$ (정합회로)

[답] (a) $\Gamma = 0.33$, (b) $\Gamma = 0.45\angle{-63.4^\circ}$, (c) $\Gamma = 0.83\angle{-50.9^\circ}$, (d) $\Gamma = 1\angle{-36.9^\circ}$, (e) $\Gamma = -1$, (f) $\Gamma = 1$, (g) $\Gamma = 0$. (CD)

7-9.2 입력 임피던스

식 (7.61)에서, 부하로부터 거리 l인 지점에서 부하 쪽으로 바라본 입력 임피던스는 다음과 같이 주어진다.

$$Z_{in} = Z_0 \left[\frac{1 + \Gamma e^{-j2\beta l}}{1 - \Gamma e^{-j2\beta l}} \right] \quad (\Omega). \tag{7.96}$$

스미스 도표를 이용하려면, 특성 임피던스 Z_0를 이용하여 임피던스를 정규화시켜야 한다. 그러므로 **정규화된 입력 임피던스**(normalized input impedence)는

$$z_{in} = \frac{Z_{in}}{Z_0} = \frac{1 + \Gamma e^{-j2\beta l}}{1 - \Gamma e^{-j2\beta l}} \quad (\text{무차원}). \tag{7.97}$$

이다. $\Gamma = |\Gamma| e^{j\theta_r}$는 부하에서 전압 반사계수이다. 반사계수를 다음과 같이 **위상변위**(phase-shifted) 전압반사계수로 정의하면

$$\Gamma_l = \Gamma e^{-j2\beta l} = |\Gamma| e^{j\theta_r} e^{-j2\beta l} = |\Gamma| e^{j(\theta_r - 2\beta l)} \tag{7.98}$$

이다. 여기서 Γ_l은 Γ와 크기는 동일하지만, 위상이 Γ의 위상에 비하여 $2\beta l$만큼 변위된 것을 의미한다. Γ_l의 항으로 식 (7.97)을 표현하면 다음과 같다.

$$z_{in} = \frac{1 + \Gamma_l}{1 - \Gamma_l}. \tag{7.99}$$

식 (7.99)의 형태는 식 (7.89)에 의해 주어진 z_L의 형태와 같다.

$$z_L = \frac{1 + \Gamma}{1 - \Gamma}. \tag{7.100}$$

식 (7.99)와 식 (7.100) 간의 유사성은 Γ가 Γ_l로 변환되면 z_L도 z_{in}로 변환된다는 것을 의미한다.

스미스 도표상에서 Γ에서 Γ_l로의 변환되는 것은, $|\Gamma|$는 일정하게 유지하면서 θ_r는 스미스 도표 상에서 시계방향으로 $2\beta l$만큼 감소되는 것을 의미한다. 스미스 도표 둘레를 한 바퀴 회전하는 것은 위상이 2π만큼 변한 것과 같고, 그러한 변화에 해당하는 길이 l은 다음 식으로 얻을 수 있다.

$$2\beta l = 2\,\frac{2\pi}{\lambda} l = 2\pi, \tag{7.101}$$

이므로 $l = \lambda/2$이다. 그림 7-22에서 wavelength toward generator(WGT)라고 명명된 스미스 도표의 가장 바깥쪽에 표시된 눈금은 전원방향으로 전송선로 상에서의 움직임을 λ의 단위로 표시한 것이다. 즉 l은 파장 단위로 측정되며, 원주 위를 한 번 회전하면 $l = \lambda/2$이다. 전송선로 문제에서, 전송선 상의 한 지점으로부터 부하의 방향에 위치한 다른 점으로 이동하는 경우, 위상이 증가하게 되는 반시계방향으로 회전한다. 이러한 경우에 사용할 수 있도록 편의상 스미스 도표에는 원주상의 θ_r과 WTG 눈금 사이에 제3의 눈금이 있다. 이것이 wavelength toward load(WTL) 눈금이다.

어떻게 스미스 도표가 Z_{in}을 찾는 데 사용되는지를 설명하기 위해서, 50Ω 무손실 전송선이 부하 임피던스 $Z_L = (100 - j50)\,\Omega$으로 종단된 경우를 고려해 보자. 여

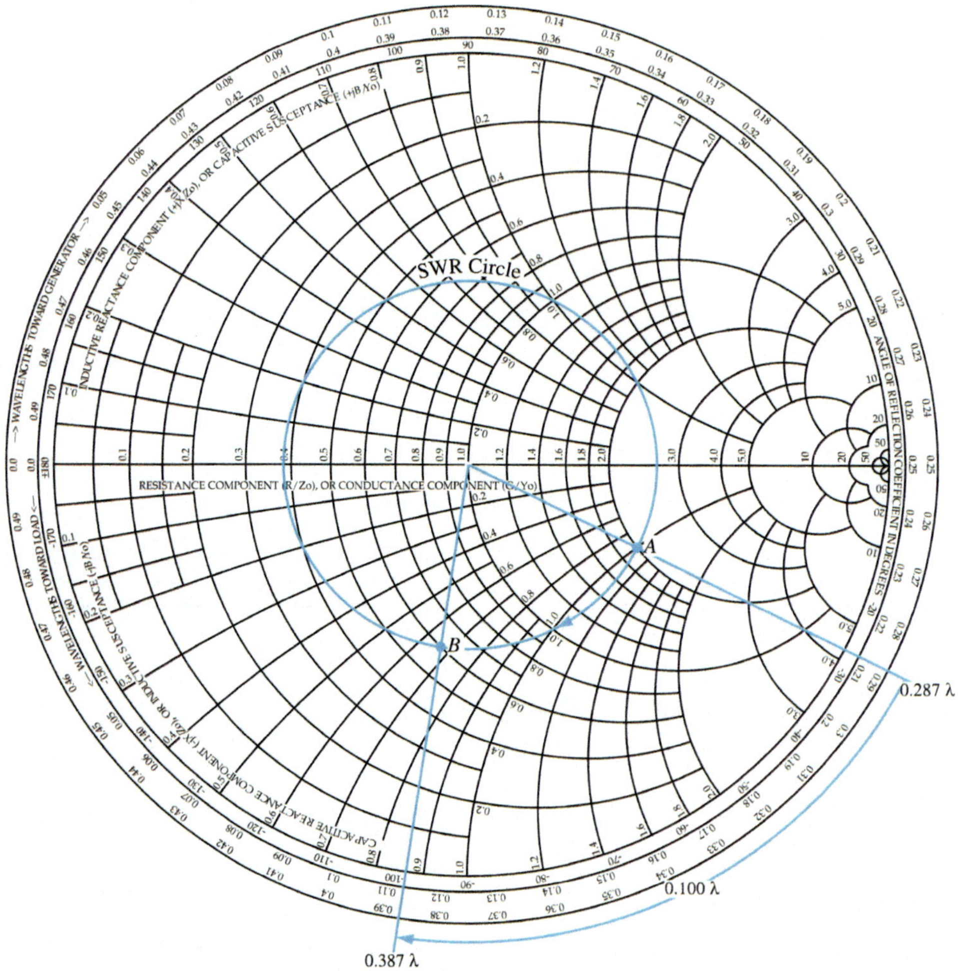

그림 7-23 점 A는 정규화된 부하 $z_L = 2 - j1$을 나타내는데, WTG(전원방향으로의 파장) 눈금 상에서 0.287λ에 해당된다. 점 B는 부하로부터 0.1λ의 거리에 있는 선로의 입력 임피던스를 나타낸다. 점 B에서는 $z_{in} = 0.6 - j0.66$이다.

기서 부하로부터 $l = 0.1\lambda$ 떨어진 곳의 Z_{in}을 찾고자 한다. 정규화된 부하 임피던스는 $z_L = Z_L/Z_0 = 2 - j1$이고, 그림 7-23의 스미스 도표 상에서 점 A는 이 점을 가리킨다. WTG 눈금으로 점 A의 위치는 0.287λ이다. 콤파스를 사용하여, 원점이 스미스 도표의 중심에 위치하고 점 A를 지나는 원을 그린다. 스미스 도표 중심은 Γ_r과 Γ_i축의 교점이기 때문에 그려진 원 상의 모든 점들은 똑같은 $|\Gamma|$를 갖는다. 이것을 **constant-$|\Gamma|$원** 또는 일반적으로 **SWR 원**이라고 한다. SWR원이라 불리는 이유는 전압 정재파 비(SWR)가 식 (7.59)에 의해 $|\Gamma|$와 다음과 같은 관계식을 갖기 때문이다.

$$S = \frac{1+|\Gamma|}{1-|\Gamma|}. \tag{7.102}$$

이와 같이 $|\Gamma|$의 상수값은 S의 특정 값과 일치한다. 앞에서 언급했듯이, z_L을 z_{in}으로 변환하기 위해서는 $|\Gamma|$를 일정하게 유지하고(SWR원 상에 위치한다는 것을 의미), $2\beta l$만큼 Γ의 위상을 감소시킬 필요가 있다. 이것은 WTG 눈금을 전원 쪽으로 $l=0.1\lambda$길이만큼 이동한 것과 동일하다. 점 A는 0.287λ에 위치하기 때문에 WTG 눈금으로 $0.287\lambda+0.1\lambda=0.387\lambda$ 위치로 이동한다. WTG 눈금 상의 새로운 지점(0.387λ에 해당하는 지점)과 원점을 연결하는 직선은 점 B에서 SWR원과 교차한다. 이 점이 z_{in}을 나타내며, 그 값은 $z_{in}=0.6-j0.66$이다. 이 결과는 식 (7.96)을 사용하여 수식으로 확인할 수 있다. SWR원 상의 점 A와 B 사이의 점들은 전송선로 상의 다른 지점들을 나타낸다.

연습문제 7.16 스미스 도표를 사용하여 아래 각각의 문제에 주어진 정규화된 부하 임피던스 z_L과 전송선의 길이 l에 대하여 정규화된 입력 임피던스를 구하라.

(a) $l = 0.25\lambda,\ z_L = 1 + j0$,

(b) $l = 0.5\lambda,\ z_L = 1 + j1$,

(c) $l = 0.3\lambda,\ z_L = 1 - j1$,

(d) $l = 1.2\lambda,\ z_L = 0.5 - j0.5$,

(c) $l = 0.1\lambda,\ z_L = 0$ (단락회로),

(f) $l = 0.4\lambda,\ z_L = j3$,

(g) $l = 0.2\lambda,\ z_L = \infty$ (개방회로).

[답] (a) $z_{in} = 1 + j0$, (b) $z_{in} = 1 + j1$, (c) $z_{in} = 0.76 + j0.84$, (d) $z_{in} = 0.59 + j0.66$, (e) $z_{in} = 0 + j0.73$, (f) $z_{in} = 0 + j0.72$, (g) $z_{in} = 0 - j0.32$.

(◉)

7-9.3 SWR, 최대전압과 최소전압

$z_L=2+j1$인 부하를 고려해 보자. 그림 7-24는 z_L(점 A)을 지나는 SWR원을 표시한 스미스 도표를 나타낸다. SWR원은 두 점(P_{max}, P_{min})에서 실수축(Γ_r)과 교차한다. 두 점 모두 $\Gamma_i=0$, $\Gamma=\Gamma_r$이다. 즉, 실수축에서 부하 임피던스의 허수부는 $x_L=0$이다. Γ의 정의로부터

$$\Gamma = \frac{z_L-1}{z_L+1}, \tag{7.103}$$

이고, 점 P_{max}와 P_{min}은 다음과 같은 특별한 경우에 해당된다.

$$\Gamma = \Gamma_r = \frac{r_L-1}{r_L+1} \qquad (\Gamma_i = 0), \tag{7.104}$$

여기서 P_{min}는 $r_L<1$일 때, P_{max}는 $r_L>1$일 조건에 해당한다. 식 (7.102)를 S에 대하여 다시 표현하면 다음과 같다.

$$|\Gamma| = \frac{S-1}{S+1}. \tag{7.105}$$

P_{max}와 P_{min} 지점에서는 $|\Gamma|=\Gamma_r$이다. 즉

$$\Gamma_r = \frac{S-1}{S+1}. \tag{7.106}$$

식 (7.104)와 (7.106)을 비교함으로써 $S=r_L$을 얻을 수 있다. 그러나 정의에 의하면 $S\geq 1$이므로 점 P_{max} ($r_L>1$)만이 위의 조건을 만족한다. 그림 7-24에서 P_{max}에서 $r_L=2.6$이므로 $S=2.6$이다. [다시 말해서, S는 수치상으로 P_{max}에서 r_L의 값과 같고, 그 점은 도표의 우반면에 있는 실수축 Γ와 SWR원과 만나는 점이다.]

점 P_{min}와 P_{max}는 도선 상에 전압의 크기 $|\tilde{V}|$가 각각 최소, 최대가 되는 부하로부터의 거리를 나타낸다. 이것은 식 (7.98)에 주어진 Γ_l의 정의를 살펴봄으로써 쉽게

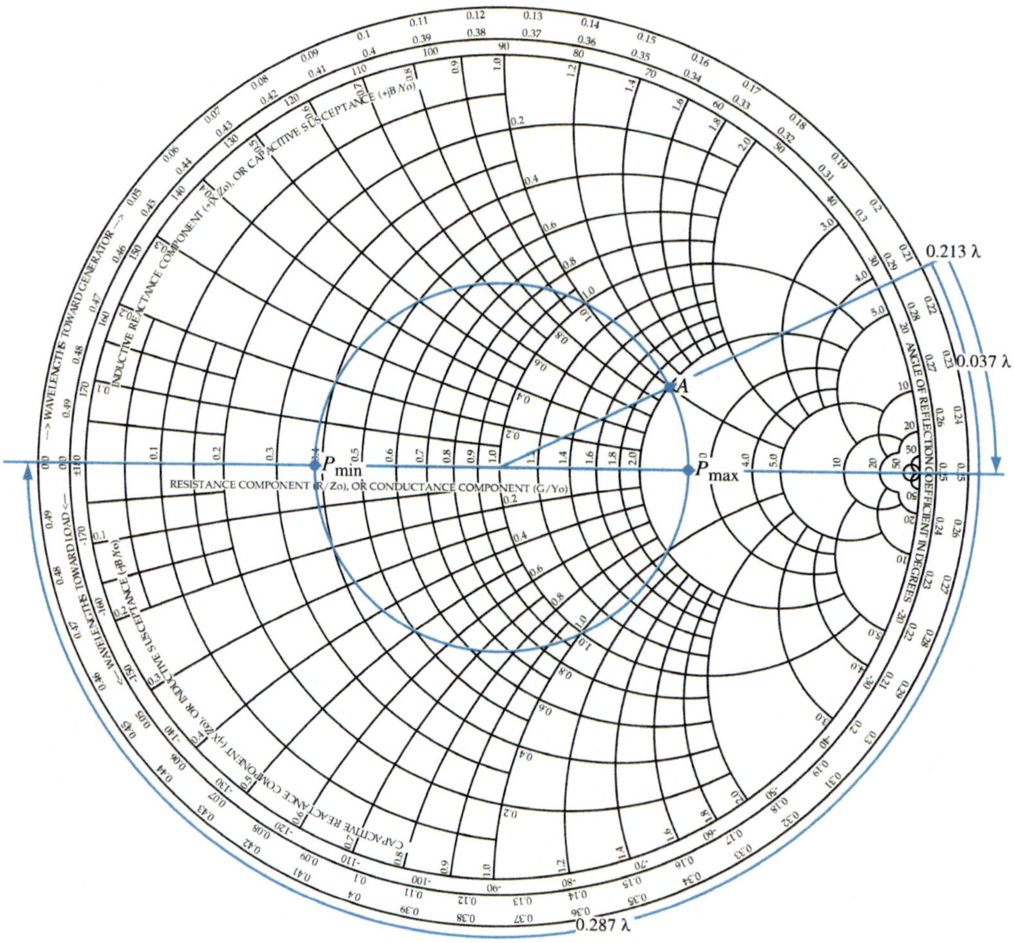

그림 7-24 점 A는 정규화된 부하인 $z_L = 2 + j1$을 나타낸다. 정재파 비는 점 P_{max}에서 $S = 2.6$이 되고, 부하와 첫 번째 전압의 최대점까지의 거리는 $l_{max} = (0.25 - 0.213)\lambda = 0.037\lambda$가 된다. 또한 부하와 첫 번째 전압의 최소점까지의 거리는 $l_{min} = (0.037 + 0.25)\lambda = 0.287\lambda$이 된다.

알 수 있다. 점 P_{max}에서 Γ_l의 총 위상$(\theta_r - 2\beta l)$은 $\theta_r > 0$일 경우 2π이다. 이 조건은 식 (7.55)에서 나타내는 것처럼 $|\widetilde{V}|_{max}$와 일치하는 것이다. 마찬가지로 점 P_{min}에서 Γ_l의 총 위상은 π이고, 이는 $|\widetilde{V}|_{min}$에 대한 조건이다. 따라서 그림 7-24에서 보여주듯이 SWR 원에 의해 표현되는 전송선로에서, 부하와 최근접 최대전압 간의 거리는 $l_{max} = 0.037\lambda$이고, 이는 부하점 A로부터 P_{max}까지 시계방향으로 회전한 값이다. 또한 최근접 전압 최소점까지의 거리는 점 A에서 P_{min}까지 시계방향으로 회전한 거리인데 $l_{min} = 0.287\lambda$를 얻을 수 있다. $|\widetilde{V}|_{max}$의 위치

는 $|\tilde{I}|_{\text{min}}$의 위치와 같고, $|\tilde{V}|_{\text{min}}$의 위치는 $|\tilde{I}|_{\text{max}}$와 같기 때문에, 스미스 도표는 전송선 상의 모든 최대, 최소점들의 거리를 결정하는 데 편리한 방법을 제공한다(정재파 패턴은 반파장 반복주기를 갖는다).

7-9.4 임피던스-어드미턴스 변환

어떤 형태의 전송선로 문제를 해결할 때, 임피던스를 이용하여 문제를 해결하는 것보다 어드미턴스를 이용하면 훨씬 편리한 경우가 있다. 일반적으로 임의의 임피던스 Z는 저항 R과 리액턴스 X로 이루어지는 복소량이다.

$$Z = R + jX \qquad (\Omega). \tag{7.107}$$

Z에 대응하는 **어드미턴스**(admittance) Y는 Z의 역수이다.

$$Y = \frac{1}{Z} = \frac{1}{R + jX} = \frac{R - jX}{R^2 + X^2} \qquad (\text{S}). \tag{7.108}$$

Y의 실수부를 **컨덕턴스**(conductance) G라고 하고, Y의 허수부를 **서셉턴스**(susceptance) B라 한다. 즉 다음과 같다.

$$Y = G + jB \qquad (\text{S}). \tag{7.109}$$

식 (7.109)와 (7.108)을 비교하면 나음과 같다.

$$G = \frac{R}{R^2 + X^2} \qquad (\text{S}), \tag{7.110a}$$

$$B = \frac{-X}{R^2 + X^2} \qquad (\text{S}). \tag{7.110b}$$

정규화된 임피던스 z는 전송선의 특성 임피던스 Z_0에 대한 Z의 비로 정의된다. 똑같은 개념이 다음과 같은 **정규화된 어드미턴스**(normalized admittance) y의 정의에도 적용될 수 있다.

$$y = \frac{Y}{Y_0} = \frac{G}{Y_0} + j\frac{B}{Y_0} = g + jb \qquad (\text{무차원}), \tag{7.111}$$

여기서 $Y_0 = 1/Z_0$는 **전송선의 특성 어드미턴스**(characteristic admittance of the line)이고

$$g = \frac{G}{Y_0} = GZ_0 \qquad (\text{무차원}), \tag{7.112a}$$

$$b = \frac{B}{Y_0} = BZ_0 \qquad (\text{무차원}). \tag{7.112b}$$

이다. 소문자 g와 b는 각각 y의 **정규화된 컨덕턴스**(normalized conductance)와 **정규화된 서셉턴스**(normalized susceptance)를 나타낸다. 물론 정규화된 어드미턴스 y는 정규화된 임피던스 z의 역수이다.

$$y = \frac{Y}{Y_0} = \frac{Z_0}{Z} = \frac{1}{z}. \tag{7.113}$$

따라서 식 (7.100)을 이용하면 정규화된 부하 어드미턴스 y_L은 다음과 같이 주어진다.

$$y_L = \frac{1}{z_L} = \frac{1 - \Gamma}{1 + \Gamma} \qquad (\text{무차원}). \tag{7.114}$$

이제 부하로부터 $l = \lambda/4$ 떨어진 곳의 정규화된 입력 임피던스 z_{in}를 고려해 보자. 식 (7.97)에 $2\beta l = 4\pi l/\lambda = 4\pi\lambda/4\lambda = \pi$를 대입하면

$$z_{\text{in}}(l = \lambda/4) = \frac{1 + \Gamma e^{-j\pi}}{1 - \Gamma e^{-j\pi}} = \frac{1 - \Gamma}{1 + \Gamma} = y_L. \tag{7.115}$$

이다. 이와 같이, 스미스 도표 상에서 $\lambda/4$만큼 이동하면 z_L은 y_L로 변환된다.

그림 7-25에서 z_L과 y_L을 나타내는 점들은 SWR원 상에서 서로 반대편에 위치해 있다. 사실 스미스 도표 상에서 이러한 변환은 정규화된 임피던스로부터 정규화된 어드미턴스를 결정하는 데 사용될 수 있고 그 역도 가능

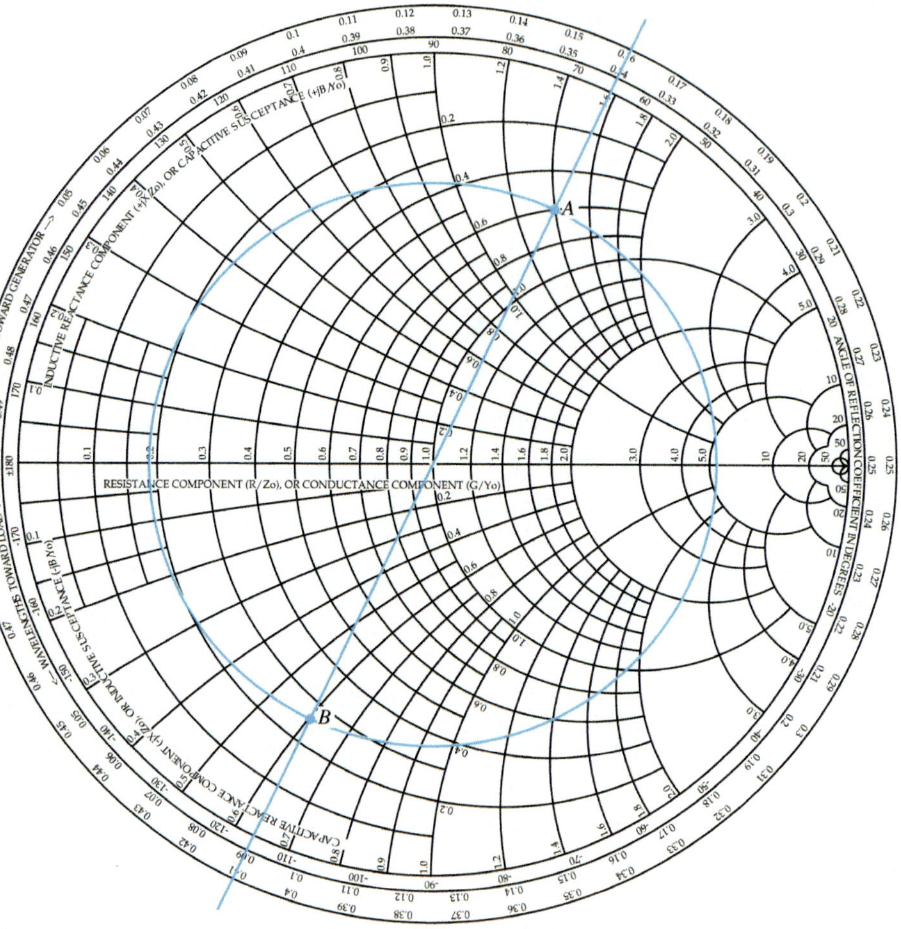

그림 7-25 점 A는 정규화된 부하 임피던스 $z_L = 0.6 + j1.4$를 나타낸다. 이것은 점 B에서의 정규화된 어드미턴스 $y_L = 0.25 - j0.6$과 상응되어 있다.

하다.

스미스 도표는 정규화된 임피던스나 어드미턴스를 구하는 데 이용될 수 있다. 임피던스 도표로써 스미스 도표는 (정규화된 부하 임피던스 z_L의) 정규화된 저항과 리액턴스를 나타내는 r_L과 x_L 원으로 이루어진다. 어드미턴스 도표로 사용될 때는 r_L 원은 g_L 원이 되고, x_L 원은 b_L 원이 된다. 여기서 g_L과 b_L은 각각 (정규화된 부하 어드미턴스 y_L의) 정규화된 컨덕턴스와 서셉턴스이다.

예제 7-10 **스미스 도표를 사용한 계산**

특성 임피던스가 50Ω인 무손실 전송선로가 부하 임피던스 $Z_L = (25 + j50)\Omega$로서 종단되었다. 스미스 도표를 사용하여 다음을 구하라.

(a) 전압 반사계수

(b) 전압 정재파 비

(c) 부하로부터 첫 번째 전압의 최대점과 최소점까지의 거리

(d) 전송선의 길이가 3.3λ일 때 전송선의 입력 임피던스

(d) 전송선의 입력 어드미턴스

풀이

(a) 정규화된 부하 임피던스는

$$z_L = \frac{Z_L}{Z_0} = \frac{25 + j50}{50} = 0.5 + j1,$$

인데, 그림 7-26의 스미스 도표에서 보여주는 것과 같이 점 A로 표시되어 있다. 자를 사용하여 도표의 중심점인 점 O로부터 점 A까지 직선을 그어서 도표의 바깥쪽 원까지 닿게 한다. 그어진 선이 'angle of reflection coefficient in degrees(각도로 표시된 반사계수의 각도)' 라고 표기된 눈금을 읽어서 $\theta_r = 83°$를 얻는다. 다음으로, 자를 사용하여 점 O와 A 사이의 길이인 d_A를 측정하고, 점 O와 O' 사이의 길이인 $d_{O'}$을 측정한다. 이 때 점 O'은 $r_L = 0$인 원 상의 점이다. $d_{O'}$의 길이는 $|\Gamma| = 1$인 원의 반경과 일치한다. Γ의 크기는 $|\Gamma| = d_A/d_{O'} = 0.62$가 된다. 따라서,

$$\Gamma = 0.62e^{j83°} = 0.62\angle 83°. \tag{7.116}$$

(b) 컴퍼스를 사용하여 점 O에 중심을 두고 점 A를 지나는 SWR 원을 그린다. 이 원은 Γ의 실수축인 Γ_r과 점 B와 C에서 만난다. 점 B에서의 r_L값은 4.26이 되는데, 이것이 정재파 비인 S의 값이 된다. 따라서

$$S = 4.26.$$

(c) 전압의 최대점은 SWR 원 상에서 점 B에 해당하는데, WTG 눈금으로 0.25λ에 해당한다. 부하는 점 A에 해당하는데, WTG 눈금으로 0.135λ에 있다. 따라서 부하와 전압의 첫 번째 최대점과의 거리는 다음과 같이 주어진다.

$$l_{max} = (0.25 - 0.135)\lambda = 0.115\lambda.$$

전압의 첫 번째 최소점은 점 C에 위치한다. WTG 눈금으로 점 A와 C와의 거리는 다음과 같이 주어진다.

$$l_{min} = (0.5 - 0.135)\lambda = 0.365\lambda,$$

이것은 l_{max}로부터 0.25λ 떨어진 지점이다.

(d) 전송선로의 길이가 3.3λ로 되어 있는데, 0.5λ의 배수로 빼주게 되면 0.3λ가 남는다. 부하는 WTG 눈금으로 0.135λ의 위치에 있기 때문에, 전송선로의 입력단에서는 $(0.135 + 0.3)\lambda$가 된다. 이 지점의 위치는 SWR 원 상에서 점 D로 표시되었고, 정규화된 임피던스는 아래와 같다.

$$z_{in} = 0.28 - j0.40,$$

그러므로

$$Z_{in} = z_{in}Z_0 = (0.28 - j0.40)50 = (14 - j20)\ \Omega.$$

(e) 정규화된 입력 어드미턴스 y_{in}은 스미스 도표 상의 SWR 원 상에서 z_{in}이 지점으로부터 0.25λ만큼 떨어진 원의 맞은편에 위치한 점으로부터 구할 수 있는데, SWR원 상에서 점 E로 표시되어 있다. 점 E의 좌표를 읽으면

$$y_{in} = 1.15 + j1.7,$$

가 되고, 상응되는 입력 어드미턴스를 구하면 다음과 같다.

$$Y_{in} = y_{in}Y_0 = \frac{y_{in}}{Z_0}$$

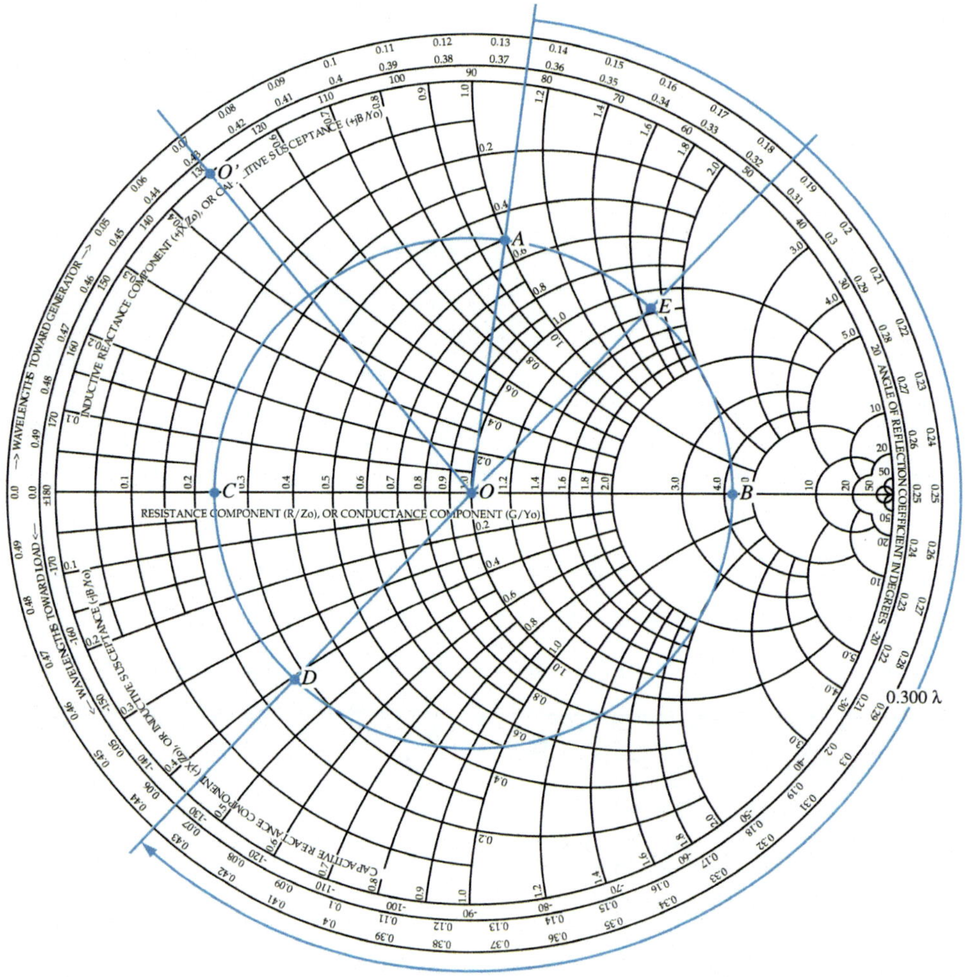

그림 7-26 예제 7-10의 풀이과정. 점 A는 정규화된 부하 임피던스인 $z_L = 0.5 + j1$, 0.135λ를 나타낸다. 점 A에서는 $\theta_r = 83°$ 이고 $|\Gamma| = d_A/d_{O'} = \overline{OA}/\overline{OO'} = 0.62$가 된다. 점 B에서는 정재파 비가 $S = 4.26$임을 보여준다. 점 A와 B 간의 거리는 $l_{max} = 0.115\lambda$로 주어지고, 점 A와 C 간의 거리는 $l_{min} = 0.365\lambda$로 주어진다. 점 D는 정규화된 입력 임피던스 $z_{in} = 0.28 - j0.40$을 나타내고, 점 E는 정규화된 입력 어드미턴스 $y_{in} = 1.15 + j1.7$을 나타낸다.

$$= \frac{1.15 + j1.7}{50}$$
$$= (0.023 + j0.034)\ \text{S}. \quad ♣$$

예제 7-11 **스미스 도표를 사용하여 Z_L을 결정하는 방법**

이 문제는 예제 7-5와 비슷하나, 여기에서는 스미스 도표를 사용하여 해답을 구하는 것을 보여주고자 한다.

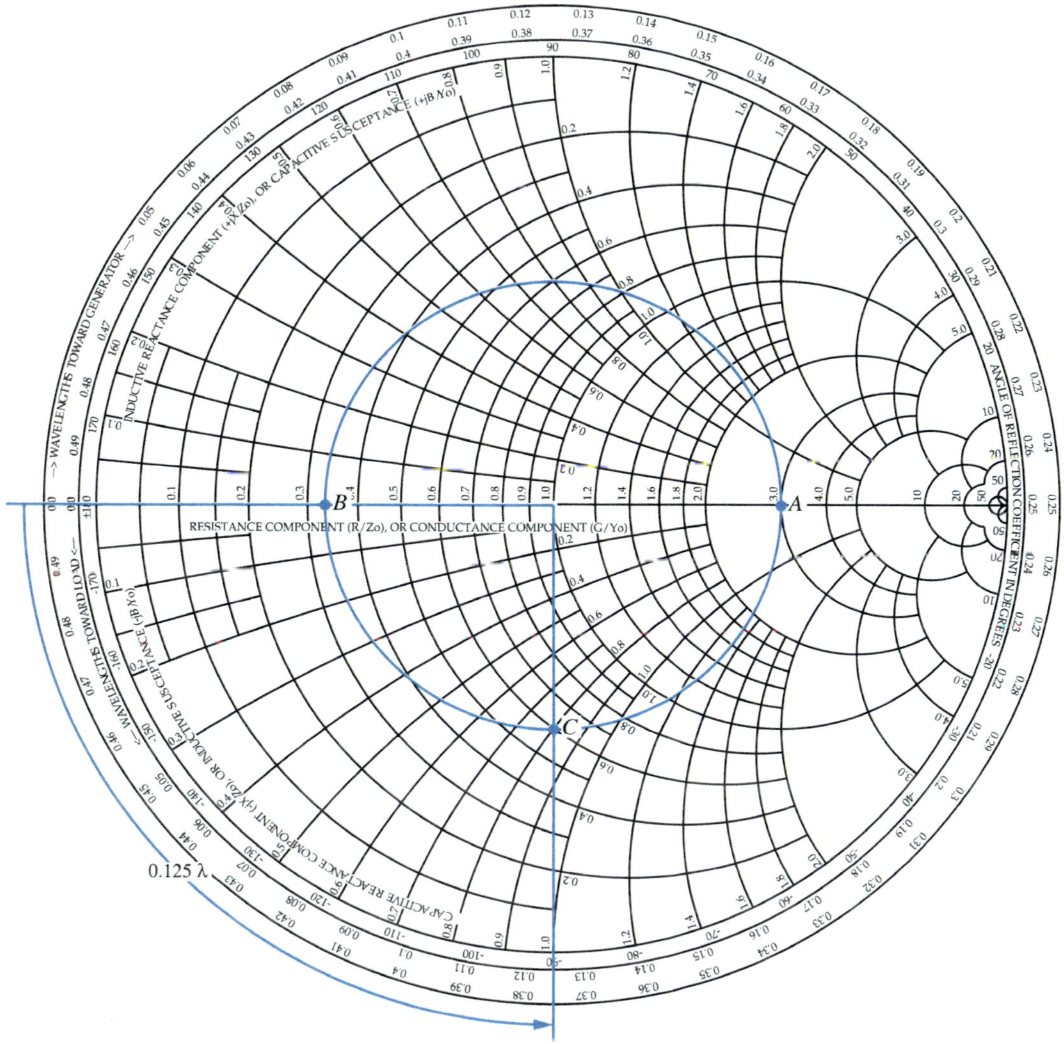

그림 7-27 연습문제 7-11에 대한 해답. 점 A는 $S=3$에 해당하는 점을 나타내고, 점 B는 전압의 최소점의 위치, 점 C는 점 B로부터 WTL(부하방향으로의 파장)의 눈금으로 0.125λ 거리에 위치한 부하의 지점을 의미한다. 점 C에서, $z_L=0.6-j0.8$.

특성 임피던스가 50Ω인 전송선로에서 정재파 비가 $S=3$라고 하자. 또한 전압의 첫 번째 최소점이 부하의 위치로부터 5cm 떨어진 지점에 위치하여 있다고 하고, 인접한 전압의 최소점 간의 거리가 20cm라고 할 때, 부하의 임피던스를 구하라.

풀이 인접한 전압의 최소점 간의 거리는 $\lambda/2$의 거리와 같다. 따라서 $\lambda=40$cm가 된다. 파장의 단위로 환산한다면, 전압의 첫 번째 최소점은 다음과 같다.

$$l_{\min} = \frac{5}{40} = 0.125\lambda.$$

스미스 도표 상의 점 A로부터 그림 7-27에서 보여주는 것과 같이 $r_L = S = 3$을 얻을 수 있다. 콤파스를 사용하여 점 A를 지나는 SWR이 일정한 원을 그린다. 점 B는 전압이 최소가 되는 지점에 해당한다. 점 B로부터 WTL(부하의 방향으로 파장) 눈금으로 0.125λ만큼 (시계 반대방향으로) 이동하게 되면 점 C에 도달하게 되는데, 이 점이 부하의 위치를 나타내게 된다. 점 C의 정규화된 임피던스를 읽으면 다음과 같다.

$$z_L = 0.6 - j0.8.$$

위의 식에 $Z_0 = 50\Omega$을 곱하면, 다음을 얻는다.

$$Z_L = 50(0.6 - j0.8) = (30 - j40)\ \Omega.$$ ♣

7-10 임피던스 정합

일반적으로 전송선의 한쪽 끝은 전원회로에, 다른 한쪽은 부하에 연결되어 있다. 부하는 안테나이거나 등가저항이 Z_L인 임의의 회로이다. 도선의 특성 임피던스가 $Z_0 = Z_L$일 때 전송선이 부하와 정합되었다고 말한다. 이러한 경우 도선의 부하에서는 반사가 일어나지 않는다. 전송선로의 주 용도는 전력을 전달하거나, 디지털 데이터와 같은 부호화된 신호를 전송하는 것이다. 정합된 부하는 부하에 전달되는 전력을 최대가 되게 한다.

전송선로에서 부하를 정합시키는 가장 간단한 방법은 도선의 임피던스가 $Z_L = Z_0$이 되도록 부하회로를 설계하는 것이다. 그러나 실제적인 경우에, 부하회로는 다른 요구조건을 만족해야 하므로 $Z_L = Z_0$이 되도록 부하회로를 설계하기 불가능할 수 있다. 그 대안으로는 그림 7-28처럼 전송선과 부하 사이에 **임피던스 정합회로**(impedance-matching network)를 삽입하는 것이다. 정합회로를 사용하는 목적은 전송선로와 회로 간의 접합점 MM'에서 반사를 제거하는 것이고, 전송선 쪽에서 회로를 바라보았을 때 MM'에서 Z_0와 동일한 임피던스를 갖는 정합회로를 설계하면 된다. 정합회로에 손실이 없다면, 회로로 들어오는 모든 전력은 부하에서 소비될 것이다. 정합회로는 집중소자로 구성되거나(저항손실을 피하기 위해서 커패시터나 인덕터를 사용한다), 적당한 길이와 적절한 종단을 한 전송선로로 구성된다. **단일 스터브 정합회로**(single-stub matching network)를 사용하여 전송선으로 정합하는 방법을 알아보자.

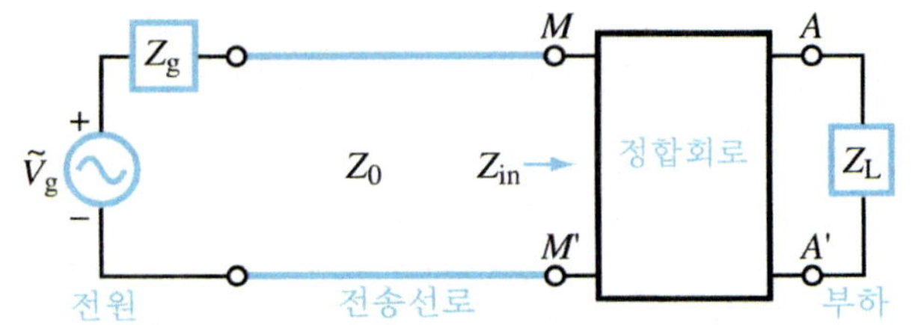

그림 7-28 정합회로의 기능은 정합회로를 바라본 입력 임피던스 Z_{in}과 전송선로의 특성 임피던스 Z_0를 동일하게 하기 위해서 부하 임피던스 Z_L을 변환시키는 것이다.

정합회로는 부하 임피던스 $Z_L = R_L + jX_L$와 특성 임피던스 Z_0인 무손실 전송선로를 정합시키는 것이다. 이것은 그림 7-28에서 보듯이 MM'에서 부하 임피던스의 실수부인 R_L을 Z_0가 되게 하고, 부하 임피던스의 허수부인 X_L를 MM'에서 0이 되게 하는 것을 의미한다. 이들 두 변환을 달성하기 위해서, 정합회로는 적어도 두 개의 조정 가능한 파라미터를 가져야 한다. 그림 7-29

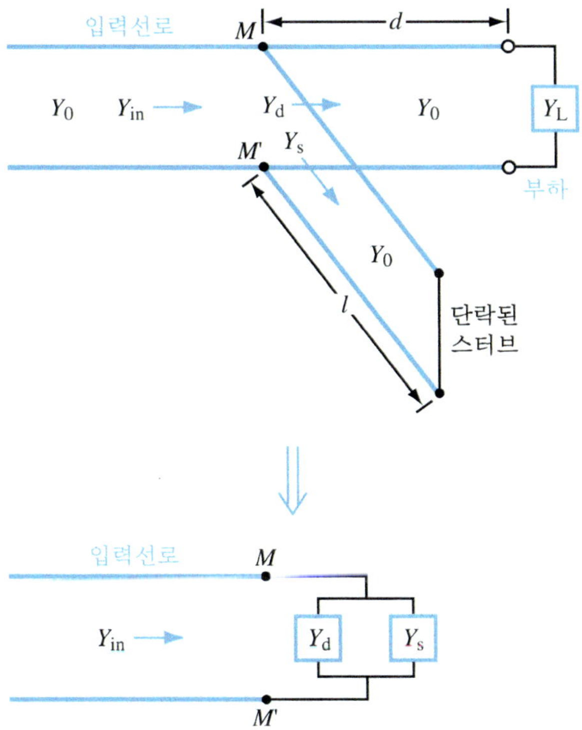

그림 7-29 단락된 스터브 정합회로

에서 단일 스터브 정합회로는 두 개의 전송선으로 구성되어 있는데, 즉 MM' 에서 급전선로와 부하를 연결하는 길이 d인 선로와, MM' 에서 선로와 병렬로 연결된 길이 l인 전송선로로 이루어진다. 두 번째 선로를 **스터브**(stub)라 하고, 이것은 일반적으로 단락회로나 개방회로로 종단된다. 그림 7-29에 있는 스터브는 단락회로로 종단되었다.

정합을 위하여 결정하여야 할 두 길이는, 스터브의 길이 l과 부하로부터 스터브까지의 거리 d이다. MM' 에서 스터브는 선로에 병렬로 부가되므로(**병렬**(shunt) 스터브라고도 한다) 임피던스보다는 어드미턴스를 이용하여 문제를 해결하는 것이 간단하다.

정합과정은 두 가지 기본 절차로 이루어진다. 첫 번째 단계에서는 MM' 에서 부하 쪽을 바라보았을 때, 거리 d를 조정하여 부하 어드미턴스 $Y_L = 1/Z_L$이 $Y_d = Y_0 + jB$ 형태의 어드미턴스가 되도록 한다. 두 번째 단계에서는 스터브 선로의 길이 l을 조정하여 MM' 에서 입력 어드미턴스 Y_s가 $-jB$가 되도록 한다. MM' 에서 두 어드미턴스의 병렬 합은 선로의 특성 어드미턴스 Y_0이다. 이 과정이 예제 7-12에 설명되어 있다.

예제 7-12 단일 스터브 정합

50Ω 전송선로가 부하 임피던스 $Z_L = (25 - j50)\Omega$인 안테나에 연결되어 있다. 선로를 정합시키는 데 필요한 단락회로 스터브의 길이와 위치를 구하라.

풀이 정규화된 부하 임피던스는

$$z_L = \frac{Z_L}{Z_0} = \frac{25 - j50}{50} = 0.5 - j1,$$

이고, 그림 7-30의 스미스 도표에서 점 A를 가리킨다. 다음으로 점 A를 지나는 일정한 SWR 원을 그린다. 병렬 스터브를 사용하는 정합회로 설계시에는 임피던스보다는 어드미턴스를 이용하는 것이 편리하다. 점 B에서 정규화된 어드미턴스 y_L은 0.25λ만큼 회전하거나, 점 A에서 중심을 지나 SWR원 상의 맞은편에 있는 점까지 선을 그음으로써 얻어진다. B에서 y_L의 값은

$$y_L = 0.4 + j0.8,$$

이고, WTG 눈금 상에서 0.115λ 지점에 위치한다. 어드미턴스 영역에서 r_L원은 g_L원이 되고, x_L원은 b_L원이 된다. 정합시키기 위해서는 그림 7-29와 같이 부하로 종단된 선로의 정규화된 입력 어드미턴스 y_d의 실수부가 1의 값을 갖도록 부하로부터 전원 쪽으로 거리 d만큼 이동

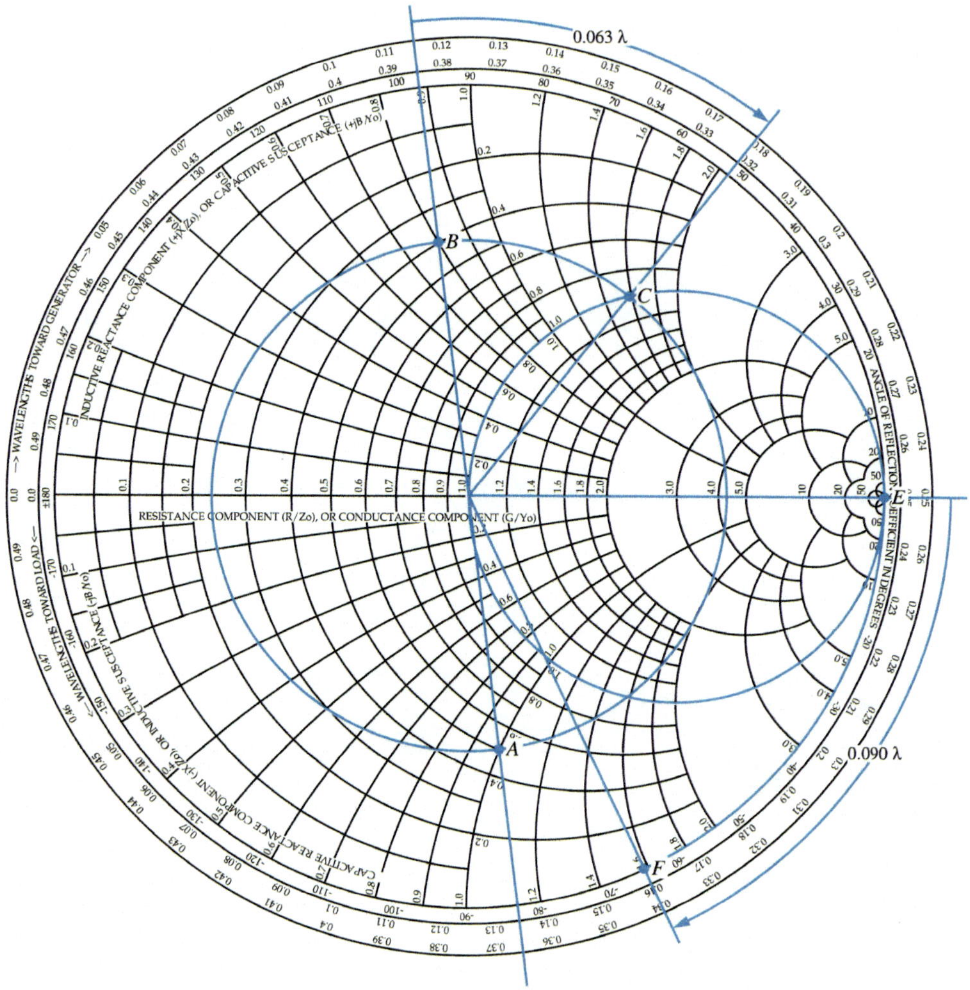

그림 7-30 예제 7-12의 점 C에 대한 해. 점 A는 $z_L = 0.5 - j1$인 정규화된 부하이고, 점 B는 $y_L = 0.4 + j0.8$이다. 점 C는 SWR 원과 $g_L = 1$ 원의 교차점이다. B에서 C까지의 거리는 $d_1 = 0.063\lambda$이고, 단락된 스터브의 길이(E에서 F까지)는 $l_1 = 0.09\lambda$이다.

시킬 필요가 있다. 이 조건을 만족하는 것은 그림 7-30과 7-31의 스미스 도표 상에서 각기 $g_L = 1$의 원과 SWR 원이 교차하는 두 **정합점**(matching point) C, D에서이다. 점 C, D는 그림 7-29에서 거리 d에 대한 두 가지 해를 제시한다.

점 C에 대한 해(그림 7-30): 점 C에서

$$y_d = 1 + j1.58,$$

이고, 이는 WTG 눈금 상에서 0.178λ에 위치한다. 점 B와 C사이의 거리

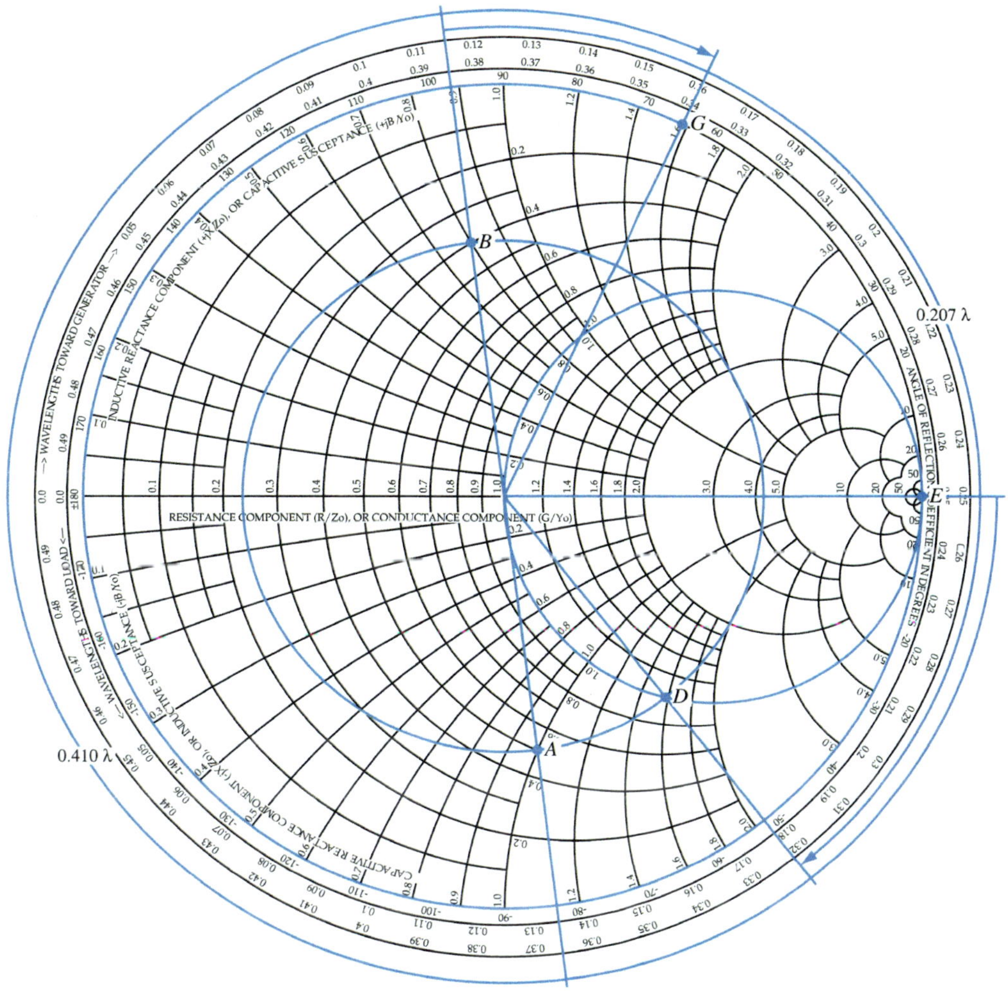

그림 7-31 예제 7-12의 점 D에 대한 해. 점 D는 SWR인 원과 $y_L = 1$ 원의 두 번째 교차점이다. B에서 D까지의 거리는 $d_2 = 0.207\lambda$이고, E에서 G까지의 거리는 $l_2 = 0.410\lambda$이다.

$$d_1 = (0.178 - 0.115)\lambda = 0.063\lambda$$

이다. 전원으로부터 단락된 스터브와 부하가 병렬로 연결된 선로 쪽으로 바라보면, MM' 점에서 입력 어드미턴스는

$$y_{in} = y_s + y_d,$$

이고, 여기서 y_s는 스터브 선로의 정규화된 입력 어드미턴스이다. 이 선로들의 병렬결합을 통해 급전선로를 정합시키기 위해서, $y_{in} = 1 + j0$이어야 하므로

$$1 + j0 = y_s + 1 + j1.58,$$

이거나

$$y_s = -j1.58.$$

이다. 단락회로의 정규화된 어드미턴스는 $-j\infty$이고, 스미스 도표에서 점 E로 WTG 눈금으로 0.25λ 지점에 위치한다. 입력 어드미턴스 $-j1.58$은 WTG 눈금으로 0.34λ인 점 F이다. 그러므로

$$l_1 = (0.34 - 0.25)\lambda = 0.09\lambda.$$

이다.

점 D에 대한 해(그림 7-31): 점 D에서

$$y_d = 1 - j1.58,$$

이고, 점 B와 D 사이의 거리는

$$d_2 = (0.322 - 0.115)\lambda = 0.207\lambda.$$

이다. 정합시키는 데 필요한 스터브의 정규화된 어드미턴스는 $y_s = +j1.58$이고, WTG 눈금 상에서 0.16λ인 점 G에 위치한다. 점 E에서 점 G까지 회전한 거리는 다음과 같이 0.25λ에 0.16λ를 더하는 것을 의미한다.

$$l_2 = (0.25 + 0.16)\lambda = 0.41\lambda. ♣$$

7-11 전송선로에서의 과도현상

지금까지 전송선로에서의 파의 해석은 주로 정상상태 조건하에서 단일 주파수 신호에 대한 것이었다. 임피던스 정합 방법과 스미스 도표의 사용과 같은 방법들은 다양한 응용분야에 사용된다. 그러나 이들 방법은 컴퓨터 망과 같은 디지털 신호나 전화선 같은 광대역 시호를 다루기에는 부적당하다. 이러한 신호의 해석을 위해서는 시간에 대한 함수로서의 과도현상을 살펴볼 필요가 있다. 전송선로 상의 전압 펄스의 과도응답(transient response)은 선로의 송수신단 사이를 전후로 이동하는 전압 펄스에 대한 시간에 대한 기록이며, 양단에서의 다중 반사로도 설명될 수 있다.

진폭이 V_0이고 지속시간이 τ인 그림 7-32(a)의 단일 구형(矩形, rectangular) 펄스와 같은 간단한 경우를 고려해 보자. 펄스의 진폭은 $t=0$ 이전에는 0이고, $0 \le t \le \tau$에서는 V_0이며, 그 후에는 다시 0이다. 펄스는 수학적으로 두 개의 단위 계단함수의 합으로 나타낼 수 있다.

$$\begin{aligned} V(t) &= V_1(t) + V_2(t) \\ &= V_0\, U(t) - V_0\, U(t - \tau), \end{aligned} \tag{7.117}$$

여기서, 단위 계단함수 $U(x)$는 변수 x의 함수로서 다음과 같이 정의된다.

$$U(x) = \begin{cases} 1 & (x \ge 0\text{일 때}), \\ 0 & (x < 0\text{일 때}). \end{cases} \tag{7.118}$$

첫 번째 항 $V_1(t) = V_0 U(t)$은 $t=0$에서 진폭 V_0인 값을 가지고 동일한 직류전압을 유지하는 것을 보여 준다. 그림 7-32(b)에서 두 성분의 합은 $0 \le t \le \tau$에서 V_0이고 $t > \tau$에서는 0이다. 이렇게 두 개의 계단함수로써 펄스를 표현하는 것은 두 개의 직류신호를 중첩함으로써 전송선로 상에서 펄스의 과도응답을 해석할 수 있게 해준다. 따라서 단일 계단함수의 과도응답을 설명할 수 있는 기본적인 방법을 개발하면, 펄스의 각각의 두 성분에 동일한 방법을 적용하고 적절히 두 결과를 더하여 과도응답을 설명할 수 있을 것이다.

7-11.1 과도응답

그림 7-33(a)에 보이는 회로는 길이가 l이고 특성 임피던스가 Z_0인 무손실 전송선로와 연결된 직류전압원 V_g와 직렬저항 R_g로 구성되어 있다. 선로는 $z=l$에서 순저

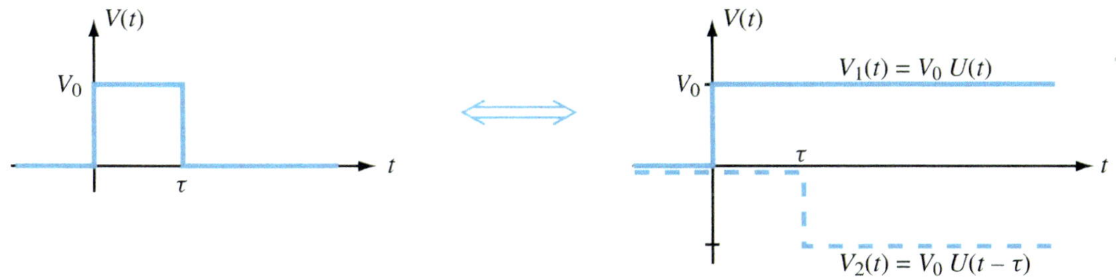

(a) 펄스 지속시간 τ　　(b) $V(t) = V_1(t) + V_2(t)$

그림 7-32 지속시간이 τ인 구형 펄스 $V(t)$는 τ만큼 변위된 반대 극성을 갖는 두 계단함수의 합으로 표현할 수 있다.

항 부하 Z_L로 종단되어 있으므로 회로에서 모든 임피던스는 실수이다.

전원회로와 전송선로 사이의 스위치는 $t=0$에 연결된다. 이 순간 스위치는 닫히고 전송선로는 전원회로에 대하여 선로의 특성 임피던스 Z_0를 부하로 갖는다. 선로에 신호가 존재하지 않기 때문에 선로의 입력 임피던스는 부하 임피던스 Z_L의 영향을 받지 않는다. **초기조건**(initial condition)을 나타내는 회로를 그림 7-33(b)에서 보여주고 있다. 전송선로의 입력단에서 **초기전류**(initial current) I_1^+와 **초기전압**(initial voltage) V_1^+는 다음과 같이 주어진다.

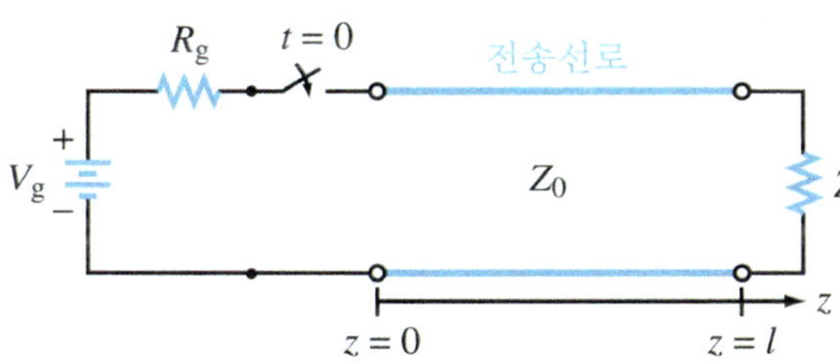

(a) 전송선로 회로

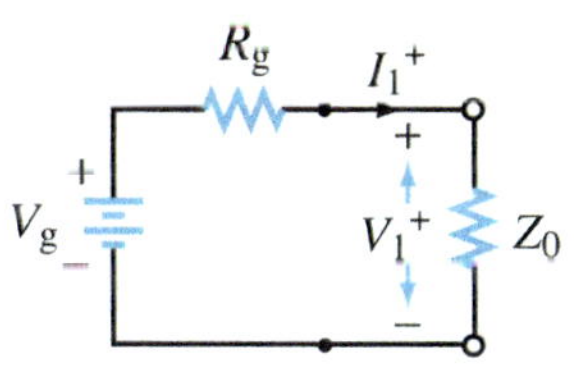

(b) $t=0^+$에서의 등가회로

그림 7-33 $t=0^+$일 때, 즉 (a)의 회로 스위치를 닫은 직후일 때, 회로의 등가회로는 (b)와 같이 표현될 수 있다.

$$I_1^+ = \frac{V_g}{R_g + Z_0}, \qquad (7.119a)$$

$$V_1^+ = I_1^+ Z_0 = \frac{V_g Z_0}{R_g + Z_0}. \qquad (7.119b)$$

V_1^+와 I_1^+는 스위치가 닫힌 후 즉시 속도 ($u_p = \sqrt{\mu\varepsilon}$)을 가지고 선로를 따라서 이동하기 시작하는 파를 구성한다. +(위첨자)는 파가 $+z$방향으로 진행한다는 사실을 나타낸다. $R_g = 4Z_0$와 $Z_L = 2Z_0$를 갖는 회로의 파에 대한 세 가지 경우의 과도응답이 그림 7-34에 나타나 있다. 첫 번째 응답은 $t_1 = T/2$일 때의 경우이며, 이 때 $T = l/u_p$는 파가 전체 선로길이를 이동하는 데 걸리는 시간이다. t_1에서 파는 선로 상에서 반쯤 이동하였고, 결과적으로 선로의 전반부에서 전압은 V_1^+이고 후반부에서 전압은

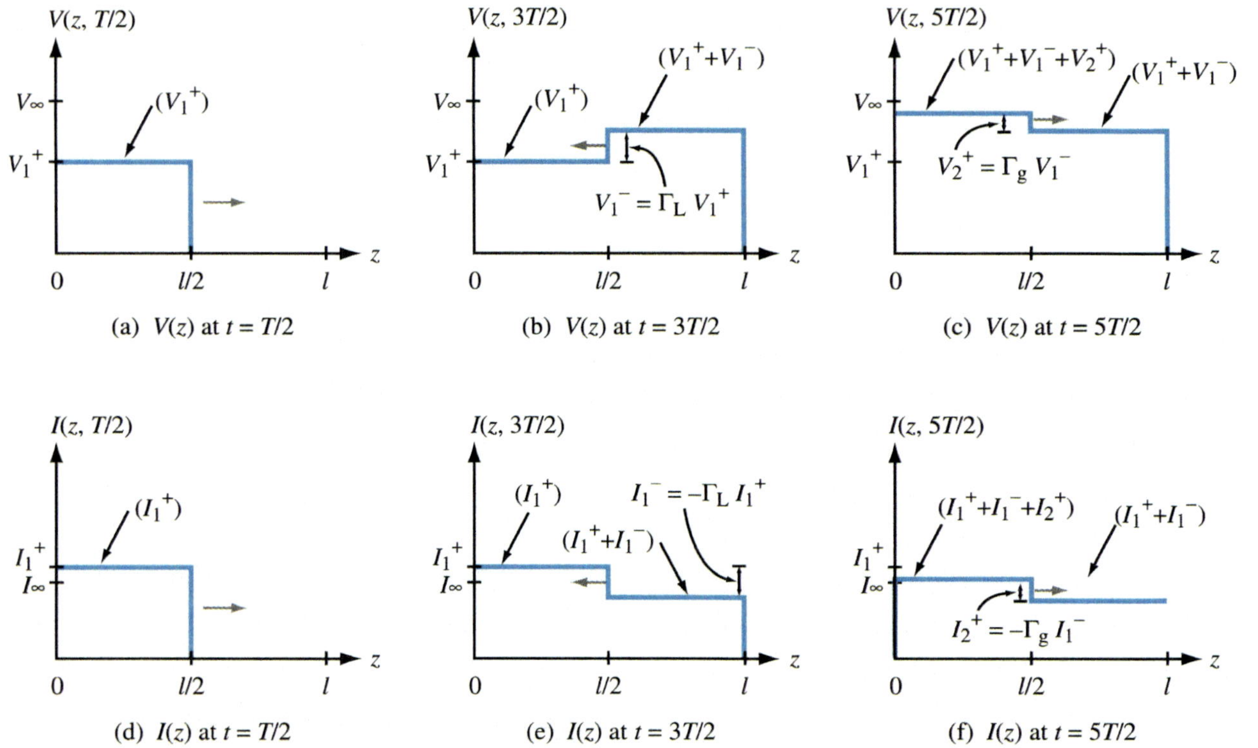

그림 7-34 $t=T/2$, $t=3T/2$, $t=5T/2$일 때 무손실 전송선로에서, $R_g=4Z_0$와 $Z_L=2Z_0$인 회로에 인가된 단위 계단전압에 의해 야기되는 전압 · 전류분포. 이에 대응하는 반사계수는 $\Gamma_L=1/3$과 $\Gamma_g=3/5$이다.

0이다[그림 7-34(a)]. $t=T$에서 $z=l$인 부하에 도달하는 파는 $Z_L \neq Z_0$이기 때문에 부정합에 의해 다음과 같은 반사파를 발생시킨다.

$$V_1^- = \Gamma_L V_1^+, \tag{7.120}$$

여기서

$$\Gamma_L = \frac{Z_L - Z_0}{Z_L + Z_0} \tag{7.121}$$

은 부하의 반사계수이다. 그림 7-34에서 설명된 경우는 $Z_L=2Z_0$이므로 $\Gamma_L=1/3$이다. 이 첫 번째 반사가 일어난 후 선로에서의 전압은 초기파 V_1^+와 반사파 V_1^-의 두 파의 합으로 구성된다. $t_2=3T/2$에서 전송선로 상의 전압이 그림 7-34(b)에 나타나 있다. $V(z, 3T/2)$는 선로의 전반부 $(0 \le z < l/2)$에서는 V_1^+와 동일하고, 후반부 $(l/2 \le z \le l)$에서는 $(V_1^+ + V_1^-)$와 같다.

$t=2T$에서 반사파 V_1^-는 선로의 송신단에 도달한다. $R_g \neq Z_0$이므로 송신단에서의 부정합에 의해 전압의 진폭이 V_2^+인 다음과 같은 파의 형태로 $z=0$에서 반사된다.

$$V_2^+ = \Gamma_g V_1^- = \Gamma_g \Gamma_L V_1^+, \tag{7.122}$$

여기서

$$\Gamma_g = \frac{R_g - Z_0}{R_g + Z_0} \tag{7.123}$$

는 전원저항 R_g의 반사계수이며 $R_g = 4Z_0$일 때 $\Gamma_g = 0.6$이다. $t = 2T$ 이후로는 시간이 경과함에 따라 V_2^+가 부하쪽으로 선로를 이동해 선로 상의 이전 전압의 상태에 부가된다. 그러므로 $t = 5T/2$일 때, 선로의 전반부에서 총 전압은

$$\begin{aligned} V(z, 5T/2) &= V_1^+ + V_1^- + V_2^+ \\ &= (1 + \Gamma_L + \Gamma_L\Gamma_g)V_1^+ \\ &\qquad (0 \le z < l/2), \end{aligned} \tag{7.124a}$$

이고, 선로의 후반부에서의 전압은

$$\begin{aligned} V(z, 5T/2) &= V_1^+ + V_1^- \\ &= (1 + \Gamma_L)V_1^+ \qquad (l/2 \le z \le l). \end{aligned} \tag{7.124b}$$

이다. 전압분포는 그림 7-34(c)에 나타나 있다.

지금까지 전압파 $V(z, t)$의 과도응답만을 조사했다. 전압과 연관된 전류파 $I(z, t)$에 대한 과도응답이 그림 7-34(d)~(f)에 나타나 있다. 진행과정상 단 한 가지 중요한 차이점을 제외하고는 전압 $V(z, t)$에 대한 현상의 설명과 비슷하다. 선로의 한쪽 끝에서 반사전압은 반사계수와 입사전압의 곱으로 표시할 수 있고, 반사전류는 음의 반사계수와 입사전류의 곱으로 표시할 수 있다. 반사파의 이러한 성질은 식 (7.49b)에 나타나 있다. 따라서

$$I_1^- = -\Gamma_L I_1^+, \tag{7.125a}$$

$$I_2^+ = -\Gamma_g I_1^- = \Gamma_g\Gamma_L I_1^+, \tag{7.125b}$$

이다.

다중 반사과정이 무한히 계속되고 t가 ∞로 접근함에 따라, $V(z, t)$가 도달하는 최종값은 선로상의 모든 지점에서 동일하며, 이는 다음과 같다.

$$\begin{aligned} V_\infty &= V_1^+ + V_1^- + V_2^+ + V_2^- + V_3^+ + V_3^- + \cdots \\ &= V_1^+[1 + \Gamma_L + \Gamma_L\Gamma_g + \Gamma_L^2\Gamma_g + \Gamma_L^2\Gamma_g^2 + \Gamma_L^3\Gamma_g^2 + \cdots] \\ &= V_1^+[(1 + \Gamma_L)(1 + \Gamma_L\Gamma_g + \Gamma_L^2\Gamma_g^2 + \cdots)] \\ &= V_1^+(1 + \Gamma_L)[1 + x + x^2 + \cdots], \end{aligned} \tag{7.126}$$

여기서 $x = \Gamma_L\Gamma_g$이다. 대괄호 내부에 있는 급수는 다음과 같은 이항급수

$$\frac{1}{1 - x} = 1 + x + x^2 + \cdots \quad (|x| < 1 \text{일 때}). \tag{7.127}$$

이므로 식 (7.126)은 다음과 같이 간단히 쓸 수 있다.

$$V_\infty = V_1^+ \frac{1 + \Gamma_L}{1 - \Gamma_L\Gamma_g}. \tag{7.128}$$

V_1^+, Γ_L, Γ_g를 식 (7.119b), (7.121), (7.123)에 의해 주어진 식으로 대치하면 다음과 같이 간단한 식을 얻을 수 있다.

$$V_\infty = \frac{V_g Z_L}{R_g + Z_L}. \tag{7.129}$$

선로 상에서 전압 V_∞를 **정상상태 전압**(steady-state voltage)이라 한다. 전송선로를 전원과 부하를 연결하는 도선으로 취급할 경우, 식 (7.129)는 그림 7-33(a)의 회로를 식류해석으로 한 것과 일치한다. V_∞에 해당하는 **정상상태 전류**(steady-state current)는 다음과 같다.

$$I_\infty = \frac{V_\infty}{Z_L} = \frac{V_g}{R_g + Z_L}. \tag{7.130}$$

M7.5-7.9

7-11.2 다중반사도

선로 상에서 전압, 전류가 반사되는 자취를 추적하는 것

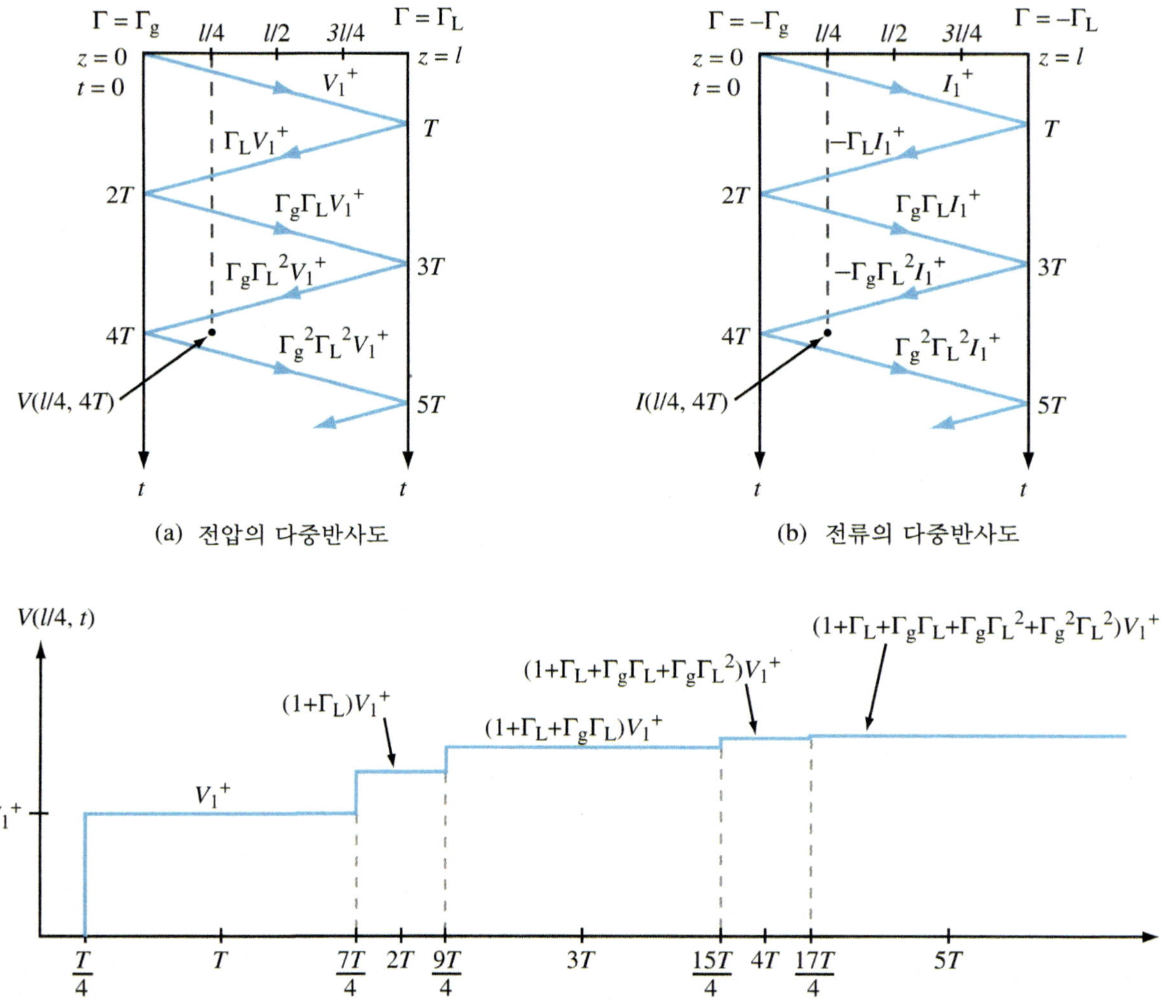

(a) 전압의 다중반사도

(b) 전류의 다중반사도

(c) $z = l/4$의 위치에서 시간에 따른 전압

그림 7-35 (a) 전압에 대한 다중반사도, (b) 전류에 대한 다중반사도, (c) $\Gamma_g = 3/5$와 $\Gamma_L = 1/3$인 회로에 대해서 $z = l/4$인 곳에서의 시간에 따른 전압변화는 (a)에서 $l/4$인 곳에 그어진 수직 점선으로 알 수 있다.

은 매우 지루하다. **다중반사도**(bounce diagram)는 이와 같은 목적을 비교적 쉽게 달성하도록 도와 주는 도식적인 방법이다. 그림 7-35(a), (b)에서 수평축은 전송선로의 위치를 나타내고 수직축은 시간을 나타낸다. 그림 7-35(a)는 $V(z, t)$를 나타내고 그림 7-34(b)는 $I(z, t)$를 나타낸다. 그림 7-35(a)에서 다중반사도는 선로 상에서 전압파의 전파과정을 나타내는 지그재그 형태의 선으로 구성되어 있다. 입사파 V_1^+는 $z = t = 0$에서 시작하여 $t = T$일 때 $z = l$인 지점의 부하에 도달할 때까지 $+z$방향으로 전파한다. 다중반사도 최상단의 반사계수는 전원단에서는 $\Gamma = \Gamma_g$로, 부하단에서는 $\Gamma = \Gamma_L$로 나타난다. 지그재그 선의 첫 번째 직선의 끝부분에서, 반사전압파 $V_1^- = \Gamma_L V_1^+$를 표시하기 위해서 두 번째 선이 그려진다. 각각의 새로운 직선의 크기는 이전의 직선의 크기에 선로 종단에서 반사계수를 곱한 것과 같다. 그림 7-35(b)에 나타나 있는 전류 $I(z, t)$에 대한 다중반사도는 최상단에서 Γ_L, Γ_g의 부호를 역으로 바꾸어 주는 것을 제외하고 전압에 적용했던 과정과 동일하다.

다중반사도를 이용하여 임의의 점 z_1과 임의의 시각 t_1에서 총 전압(혹은 총 전류)은 z_1을 지나는 수직선을 그리고 $t = 0$과 $t = t_1$ 사이에 있는 선과 교차하는 모든 지그재그 선들의 전압(혹은 전류)을 더하면 된다. 예를 들어 $z = l/4$와 $T = 4T$에서 전압을 구하기 위해서는 그림 7-35(a)처럼 $z = l/4$를 통과하는 수직 점선을 그리고, 그것을 $t = 0$에서 $t = 4T$까지 연장한다. 여기서 점선은 4개의 선분과 교차한다. 그러므로 $z = l/4$와 $t = 4T$에서 총 전압은 다음과 같이 주어진다.

$$V(l/4, 4T) = V_1^+ + \Gamma_L V_1^+ + \Gamma_g \Gamma_L V_1^+ + \Gamma_g \Gamma_L^2 V_1^+$$
$$= V_1^+(1 + \Gamma_L + \Gamma_g \Gamma_L + \Gamma_g \Gamma_L^2).$$

특정한 위치 z에서 V의 시간적 변화는 z를 통과하는 수직 점선을 따라 V값을 그려서 얻을 수 있다. 그림 7-35(c)는 V의 변화를 $\Gamma_g = 3/5$와 $\Gamma_L = 1/3$인 회로에 대해 $z = l/4$에서 시간함수로 나타낸 것이다

D7.5-7.9

예제 7-13 시간영역 반사측정기

시간영역 반사측정기(TDR: time-domain reflectometer)는 전송선로에서 결함을 찾는 데 사용되는 기구이다. 예를 들어 선로의 송신단으로부터 거리 d인 지점에 손상된 지중선로나 수중선로가 있다고 가정해 보자. 손상은 케이블의 전기적 특성이나 외형을 변경시켜, 손상된 지점에서 특성 임피던스 Z_0와는 다른 임피던스 Z_{Lf}를 나타나게 하는 원인을 제공할 수도 있다. TDR은 선로에 계단전압을 보내고 시간의 함수로써 송신단에서 전압을 관찰함으로써 손상된 위치와 그 정도를 알려 준다.

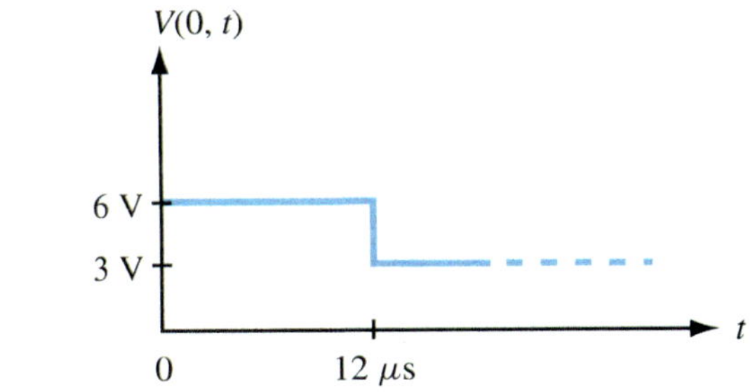

(a) 송신단에서 관측된 전압

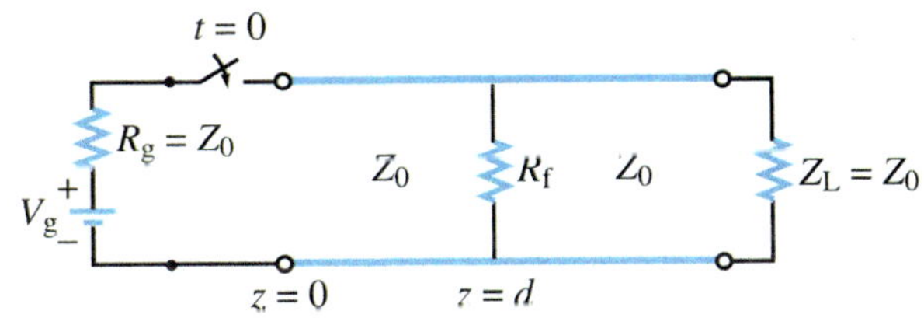

(b) $z = d$에서의 결함은 결함 저항 R_f로서 나타낼 수 있음

그림 7-36 예제 7-36의 시간영역 반사측정기

정합된 75Ω 전송선로가 연결된 오실로스코프 상의 전압파형이 그림 7-36(a)와 같이 나타날 때 나음을 구하라.

(a) 전원전압

(b) 손상된 위치

(c) 결함 병렬저항

여기서 선로의 절연물질은 $\varepsilon_r = 2.1$인 테프론이다.

풀이 **(a)** 선로가 적절하게 정합되어 있으므로 $R_g =$

$Z_L = Z_0$이다. 그림 7-36(b)에서 송신단으로부터 거리 d에 위치한 결함은 병렬저항 R_f로 표시된다. 정합선로에 대하여 식 (7.119b)를 적용하면

$$V_1^+ = \frac{V_g Z_0}{R_g + Z_0} = \frac{V_g Z_0}{2Z_0} = \frac{V_g}{2}.$$

이다. 그림 7.36(a)에 의하면, $V_1^+ = 6V$이므로

$$V_g = 2V_1^+ = 12 \text{ V}.$$

이다.

(b) 선로에서 전파속도는

$$u_p = \frac{c}{\sqrt{\varepsilon_r}} = \frac{3 \times 10^8}{\sqrt{2.1}} = 2.07 \times 10^8 \text{ m/s}.$$

이다. 거리 d에 결함이 있을 때, 반향(echo)의 일주 지연 시간은

$$\Delta t = \frac{2d}{u_p}.$$

이다. 그림 7-36(a)로부터 $\Delta t = 12\mu s$이다. 그러므로

$$d = \frac{\Delta t}{2} u_p = \frac{12 \times 10^{-6}}{2} \times 2.07 \times 10^8 = 1,242 \text{ m}.$$

이다.

(c) 그림 7-36(a)처럼 $V(0, t)$의 크기 변화는 V_1^-를 나타내므로

$$V_1^- = \Gamma_f V_1^+ = -3 \text{ V},$$

또는

$$\Gamma_f = \frac{-3}{6} = -0.5,$$

이다. 여기서 Γ_f는 $z = d$지점에서 나타나는 결함부하 Z_{Lf}에 기인하는 반사계수이다.

식 (7.49a)로부터

$$\Gamma_f = \frac{Z_{Lf} - Z_0}{Z_{Lf} + Z_0},$$

이므로 $Z_{Lf} = 25\Omega$이다. 이 결함부하는 결함 병렬저항 R_f와 특성 임피던스 Z_0로 이루어진다. 여기서

$$\frac{1}{Z_{Lf}} = \frac{1}{R_f} + \frac{1}{Z_0},$$

이고, 병렬저항은 37.5Ω이다. ♣

D7 10-7.13

문제

7-1~7-4절: 전송선로 모델

7.1* 길이가 l인 전송선로에 임의의 부하와 발진 주파수가 f인 정현파 전압전원이 연결되어 있다. 선로를 전파하는 파의 속도를 c라 하면, 다음 중 어느 것이 선로의

*해답은 부록 D에 있음.

표시는 'Solution available in CD-ROM'을 나타냄.

길이를 무시하고 회로를 해석할 수 있는가?

(a) $l=20\text{cm}, f=10\text{kHz}$

(b) $l=50\text{km}, f=60\text{Hz}$

(c) $l=20\text{cm}, f=300\text{MHz}$

(d) $l=1\text{mm}, f=100\text{GHz}$

7.2 내부 도체의 직경이 0.5cm이고, 외부 도체의 직경은 1cm이며, 두 도체 사이에 $\mu=\mu_0$, $\varepsilon_r=2.25$, $\sigma=10^{-3}\text{S/m}$인 절연체로 채워져 있는 동축선로에 대한 선로정수 R', L', G', C'를 계산하라. 여기서 도체는 $\mu_c=\mu_0$, $\sigma_c=5.8\times10^7\text{S/m}$인 구리이고 동작 주파수는 1GHz이다.

7.3* 1GHz에서 동작하는 두께가 0.2cm이고 폴리스티렌으로 격리된 폭이 1.5cm인 구리 스트립 평행판 전송선로가 있다. 부록 B에서 구리의 투자율, 도전율은 각각 $\mu_c=\mu_0=4\pi\times10^{-7}(\text{H/m})$, $\sigma_c=5.8\times10^7(\text{S/m})$이고 폴리스티렌의 유전율은 $\varepsilon_r=2.6$이다. 표 7-1을 사용하여 전송선로의 선로 정수를 구하라. 폴리스티렌의 투자율과 도전율은 각각 $\mu=\mu_0$와 $\sigma\simeq0$이다.

7.4 그림 7-37의 전송선로 모델을 이용하여 식 (7.14), (7.16)과 같은 전신기사 방정식을 유도할 수 있음을 보여라.

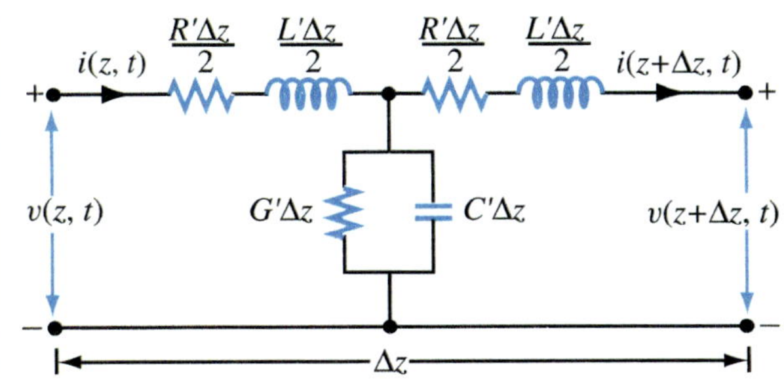

그림 7-37 문제 7.4에 대한 전송선로 모델

7-5절: 무손실 선로

7.5 전력을 소비하지 않는 무손실인 선로는 두 가지 중요한 특징을 가진다: (1) 비분산(u_p는 주파수에 독립적이다)이다. (2) 특성 임피던스 Z_0는 실수이다. 때때로 $R'\ll\omega L'$이고 $G'\ll\omega C'$인 전송선로를 설계하는 것이 불가능하지만, 다음 조건을 만족하는 선로의 치수와 매질 특성을 선택하는 것은 가능하다.

$$R'C' = L'G' \qquad \text{(무왜곡 선로)}$$

이 경우 무손실이 아님에도 불구하고 위에서 언급한 무손실 전송선로의 특징을 가지고 있으므로, 이러한 선로를 **무왜곡(distortionless)** 선로라 한다. 무왜곡 선로의 정수가 다음과 같이 됨을 증명하라.

$$\alpha = R'\sqrt{\frac{C'}{L'}} = \sqrt{R'G'}$$

$$\beta = \omega\sqrt{L'C'}$$

$$Z_0 = \sqrt{\frac{L'}{C'}}$$

7.6* $Z_0=50\Omega$, $\alpha=40(\text{mNp/m})$, $u_p=7.5\times10^8(\text{m/s})$인 무왜곡 선로의 경우, 250MHz에서의 선로 파라미터와 λ를 구하라.

7.7 $R'=4\Omega/\text{m}$, $G'=4\times10^{-4}\text{S/m}$인 무왜곡 선로의 α와 Z_0을 구하라.

7.8* $Z_0=40\Omega$, $\alpha=0.02(\text{Np/m})$, $\beta=0.75\text{rad/m}$이고 125MHz에서 동작하는 전송선로에 대한 선로정수 R',

L', G', C' 을 구하라.

7.9 특성 임피던스가 50Ω인 무손실 동축선로의 절연물질로 $\varepsilon_r = 2.25$인 폴리에틸렌을 사용하였다. 내부 도체의 반경이 1mm일 때 다음을 구하라.

(a) 외부 도체의 반경

(b) 선로의 위상속도

7.10 50Ω 무손실 전송선로가 $Z_L = (30 - j60)\Omega$인 부하로 종단되고, 파장이 5cm일 때 다음을 구하라.

(a) 부하에서 반사계수

(b) 선로의 정재파 비

(c) 부하에 가장 가까운 최대전압 지점

(d) 부하에 가장 가까운 최대전류 지점

7.11* 150Ω인 무손실 전송선로에서 첫 번째 전압 최소점의 거리가 부하로부터 3cm, 첫 번째 전압 최대점의 거리가 부하로부터 9cm에서 나타나고, $S = 3$으로 측정되었다. Z_L을 구하라.

7.12 슬롯 선로를 사용하여 다음과 같은 결과를 얻었다. 부하로부터 첫 번째 최소점까지의 거리가 4cm이고 두 번째 최소점까지의 거리는 14cm이며, 전압 정재파비는 2.5이다. 선로가 무손실이고 $Z_0 = 50\Omega$일 때 부하 임피던스를 구하라.

7.13* $Z_L = (25 - j50)\Omega$인 부하가 특성 임피던스 Z_0인 무손실 전송선로에 연결되어 있다. 여기서 Z_0를 정재파 비가 최소가 되도록 선택할 때 Z_0는 얼마인가?

7-6절: 입력 임피던스

7.14 전기적 길이가 $l = 0.35\lambda$인 무손실 전송선로가

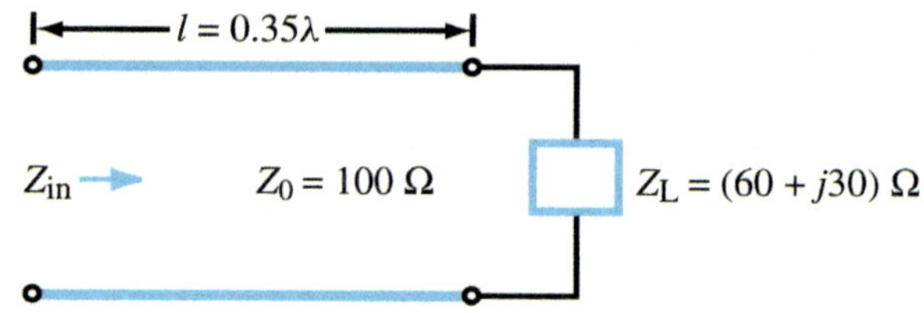

그림 7-38 문제 7.14에 대한 회로

그림 7-38과 같은 부하 임피던스로 종단되었다. Γ, S, Z_{in}을 구하라.

7.15 단락회로로 종단된 길이가 $\lambda/4$인 무손실 선로의 입력 임피던스가 개방회로의 입력 임피던스가 됨을 증명하라.

7.16 선로에서 전압값이 최대가 되는 지점에서 입력 임피던스가 순수한 실수값이 됨을 증명하라.

7.17* 내부 임피던스가 $Z_g = 50\Omega$인 전원전압

$$v_g(t) = 5\cos(2\pi \times 10^9 t) \text{ V}$$

에 50Ω 무손실 공선로가 연결되어 있다. 선로의 길이가 5cm이고 $Z_L = (100 - j100)\Omega$인 부하로 종단되었을 때 다음을 구하라.

(a) 부하에서 Γ

(b) 전송선의 입력단에서 Z_{in}

(c) 입력전압 $\tilde{V}_i$와 입력전류 $\tilde{I}_i$

7.18 6m인 150Ω 무손실 선로가

$$v_g(t) = 5\cos(8\pi \times 10^7 t - 30°) \text{ (V)}$$

의 전원에 의하여 구동되며 $Z_g = 150\Omega$이다. 비유전율

ε_r=2.25인 선로가 Z_L=(150−j50)Ω인 부하로서 종단된 경우에 다음을 구하라.

(a) 선로상의 λ

(b) 부하 반사계수

(c) 입력 임피던스

(d) 입력 전압 $\tilde{V}_i$

(e) 시간영역 입력전압 $v_i(t)$

7.19* 그림 7-39와 같이 각각 75Ω 임피던스를 갖는 2개의 반파장 다이폴 안테나가 한 쌍의 전송선로에 의하여 병렬로 연결되어 있으며, 하나의 급전선로에 결합되어 있다. 모든 선로는 50Ω이고 무손실일 때 다음을 계산하라.

(a) 병렬 접합점에서 선로에 종단된 안테나의 입력 임피던스 Z_{in_1}

(b) Z_{in_1}과 Z_{in_2}가 병렬로 된 급전선의 부하 임피던스에 해당하는 Z_L'

(c) 급전선의 Z_{in}

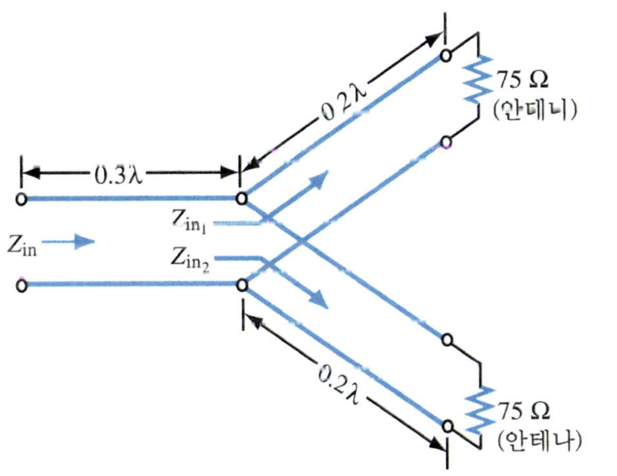

그림 7-39 문제 7.19에 대한 회로

7-7절: 특별한 경우

7.20 200MHz의 동작 주파수에서, X=25Ω을 갖는 등가부하를 구성하기 위해서 단락회로로 종단된 무손실 50Ω 전송선로가 사용된다. 선로의 위상속도가 0.75c라면, 선로의 입력단에 원하는 리액턴스가 나타나는, 가능한 가장 짧은 길이는 얼마인가?

7.21 특성 임피던스를 모르는, 길이 31cm인 무손실 전송선로의 입력 임피던스를 1MHz에서 측정하였다. 단락회로로 선로를 종단시키고 측정하였더니 입력 임피던스는 인덕터와 등가인 0.128μH이고, 개방회로로 종단시켰을 때는 커패시터와 등가인 20pF이다. Z_0, 위상속도, 절연물질의 비유전율을 구하라.

7.22* 60Ω 순저항 부하가 길이가 $\lambda/4$인 50Ω 무손실 전송선로에 연결되어 있고, 그 앞단에 100Ω인 $\lambda/4$ 선로가 연결되어 있을 때 입력 임피던스를 구하라.

7.23 어떤 100MHz FM 방송국에서는 송신기와 탑에 장착된 반파장 다이폴 안테나를 연결하기 위해서 300Ω 전송선로를 사용한다. 안테나의 입력 임피던스가 73Ω일 때 안테나와 선로를 정합시키기 위해 $\lambda/4$ 변환기를 사용하려고 한다.

(a) $\lambda/4$ 변환기의 특성 임피던스와 전기적 길이를 구하라.

(b) d=2.5cm인 2선 선로이고, 선로 간의 공간을 ε_r=2.6인 폴리스티렌으로 채운 경우, $\lambda/4$변환기의 길이와 2선 선로의 빈경을 구하라.

7.24* Z_g=50Ω인 50MHz 전원이 부하 임피던스 Z_L=(50−j25)Ω에 연결되어 있다. Z_g=Z_L*일 때 전원에서 부하로 전달되는 시평균 전력이 최대가 된다. 여기

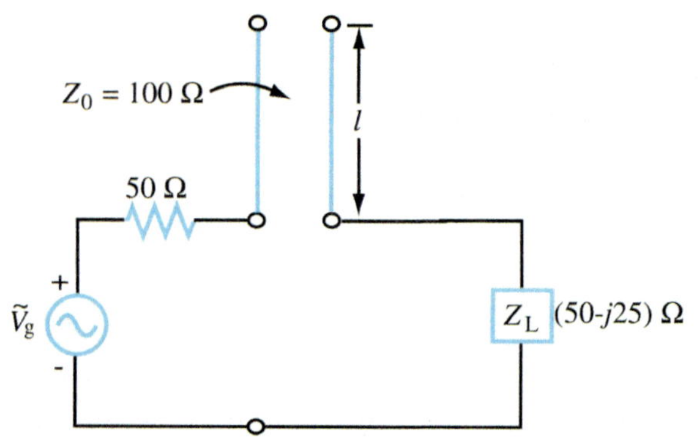

그림 7-40 문제 7.24에 대한 전송선로 배치

서, Z_L^*는 Z_L의 공액복소수이다. Z_g를 변화시키지 않고 이 조건을 만족하도록 하기 위하여, 그림 7-40에서와 같이 부하 임피던스 Z_L에 직렬로 개방회로 선로를 삽입하여 조정할 수 있다. 선로의 $Z_0=100\Omega$일 경우, 최대전력 전달 조건을 만족하기 위하여 필요한 선로의 최단길이를 파장으로 나타내어라.

7.25 50Ω 무손실 선로의 길이 $l=0.375\lambda$가 $\widetilde{V}_g=150$V, $Z_g=50\Omega$인 200MHz 전원과 부하 Z_L에 연결되어 있다. 다음과 같은 부하에서 시간영역의 전류를 구하라.

(a) $Z_L=(50-j50)\Omega$

(b) $Z_L=50\Omega$

(c) $Z_L=0$(단락회로)

7-8절: 무손실 전송선로에서의 전력의 흐름

7.26* $\widetilde{V}_g=100$V, $Z_g=50\Omega$인 전원이 50Ω, $l=0.15\lambda$인 무손실 선로를 통하여 부하 $Z_L=75\Omega$에 연결되어 있을 때 다음을 구하라.

(a) 전원에서의 입력 임피던스 Z_{in}

(b) $\widetilde{I}_i$와 $\widetilde{V}_i$

(c) 선로에 전달되는 시평균 전력 $P_{in}=\frac{1}{2}\mathfrak{Re}[\widetilde{V}_i\widetilde{I}_i^*]$.

(d) $\widetilde{V}_L$, $\widetilde{I}_L$과 부하에 전달되는 시평균 전력 $P_L=\frac{1}{2}\mathfrak{Re}[\widetilde{V}_L\widetilde{I}_L^*]$ 그리고 P_{in}과 P_L를 비교하여 보라.

(e) 전원에 의해 전달되는 시평균 전력 P_g와 Z_g에 소비되는 전력, 전력의 보존 법칙이 만족하는지를 확인하라.

7.27 그림 7-41에서 보여준 구조의 두 안테나가 $\widetilde{V}_g=250$V, $Z_g=50\Omega$인 전원에 연결되어 있는 경우에 각 안테나에 전달되는 평균전력은 얼마인가?

7.28* 그림 7-42의 회로에서 무한히 긴 100Ω 선로에 전달되는 평균입사전력, 평균반사전력, 그리고 평균전송전력을 구하라. $\lambda/2$ 선로는 무손실이고 무한장 선로는 약간의 손실이 있다. (힌트: 무한히 긴 선로의 입력 임피던스는 α가 0이 아닐 경우는 무한장 선로의 특성 임피던스와 같다.)

7-9절: 스미스 도표

7.29* 스미스 도표를 이용하여 다음의 부하 임피던스에 해당하는 반사계수를 구하라.

(a) $Z_L=3Z_0$

(b) $Z_L=(7-2j)Z_0$

(c) $Z_L=-2jZ_0$

(d) $Z_L=0$(단락회로)

7.30 스미스 도표를 사용하여 다음의 반사계수에 해당하는 정규화된 부하 임피던스를 구하라.

(a) $\Gamma=0.5$

(b) $\Gamma=0.5\angle 60^\circ$

(c) $\Gamma=-1$

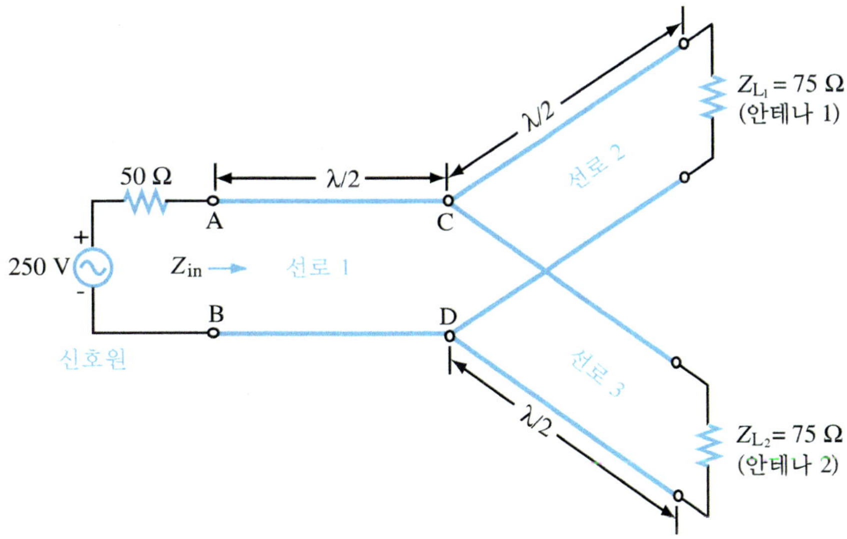

그림 7-41 문제 7.27에 대한 안테나 구조

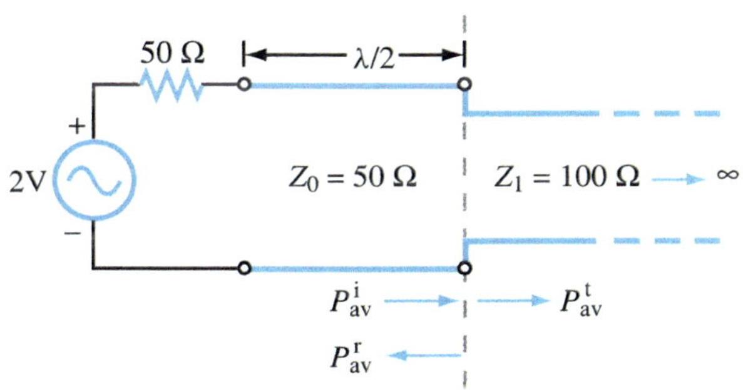

그림 7-42 문제 7.28에 대한 회로

(d) $\Gamma = 0.3\angle{-30°}$

(e) $\Gamma = 0$

(f) $\Gamma = j$

7.31* 무손실 전송선로가 부하 $Z_L = 100\Omega$로서 종단되어 있고, 정재파 비가 2.5일 때 스미스 도표를 이용하여 Z_0의 두 가지 가능한 값을 구하라.

7.32 무손실 50Ω 전송선로가 부하 $Z_L = (50 + j25)\Omega$로 종단되었을 때, 스미스 도표를 이용하여 다음을 구하라.

(a) 반사계수 Γ

(b) 정재파 비

(c) 부하로부터 0.35λ인 지점에서 입력 임피던스

(d) 부하로부터 0.35λ인 지점에서 입력 어드미턴스

(e) 입력 임피던스가 순저항이 되는 최단 선로길이

(f) 부하로부터 첫 번째 최대전압이 나타나는 지점

7.33* 무손실 50Ω 전송선로가 단락회로로 종단되어 있을 때, 스미스 도표를 이용하여 다음을 구하라.

(a) 부하로부터 2.3λ 떨어진 지점에서 입력 임피던스

(b) 입력 어드미턴스가 $Y_{in} = -j0.04\text{S}$인 부하로부터의 거리

7.34 $z_L = 1.5 - j0.7$일 때 스미스 도표를 이용하여 y_L을 구하라.

7.35* 길이가 $3\lambda/8$인 무손실 100Ω 전송선로가 미지의 임피던스로 종단되어 있다. 입력 임피던스가 $Z_{in} = -j2.5\Omega$일 때 다음을 구하라.

(a) 스미스 도표를 이용하여 Z_L을 구하라.

(b) Z_L을 대치할 개방선로의 길이는 얼마인가?

7.36 무손실 75Ω 선로의 길이가 0.6λ이다. $S = 1.8$, $\theta_r = -60°$일 때 스미스 도표를 이용하여 $|\Gamma|$, Z_L, Z_{in}을 구하라.

7.37* 공기로 이격(離隔)된 50Ω 무손실 선로에 슬롯선로를 사용하여 정재파 비와 최대전압점을 측정한 결과, $S = 1.6$이고, $|\widetilde{V}|_{max}$는 부하로부터 10cm와 24cm에서만 발생하였다. 스미스 도표를 이용하여 Z_L을 구하라.

7-10절: 임피던스 정합

7.38* 길이가 0.6λ인 50Ω 무손실 선로가 $Z_L = (50 + j25)\Omega$인 부하로 종단되어 있다. 부하로부터 0.3λ인 지점에 $R = 30\Omega$인 저항이 그림 7-43과 같이 연결되어 있다. 스미스 도표를 사용하여 Z_{in}을 구하라.

7.39 50Ω 무손실 선로가 단락 스터브를 이용하여 $Z_L = (75 - j20)\Omega$인 안테나와 정합되어 있다. 스미스 도표를 이용하여 스터브의 길이와 안테나와 스터브 간의 거리를 구하라.

7.40 스미스 도표를 이용하여 그림 7-44에서 급전선로의 Z_{in}를 구하라. 여기서 모든 선로는 무손실이며 $Z_0 =$ 50Ω이다.

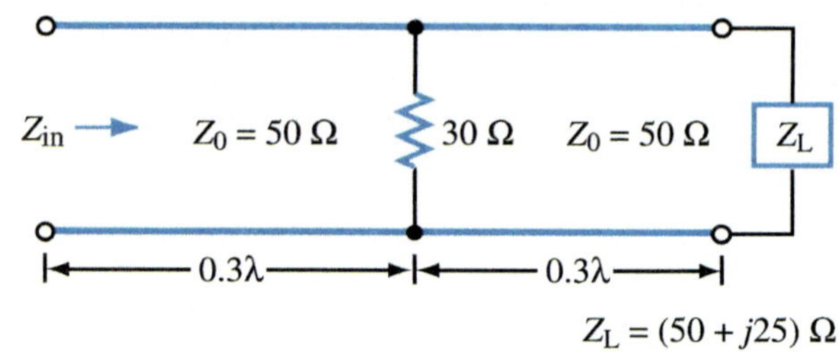

그림 7-43 문제 7.38에 대한 회로

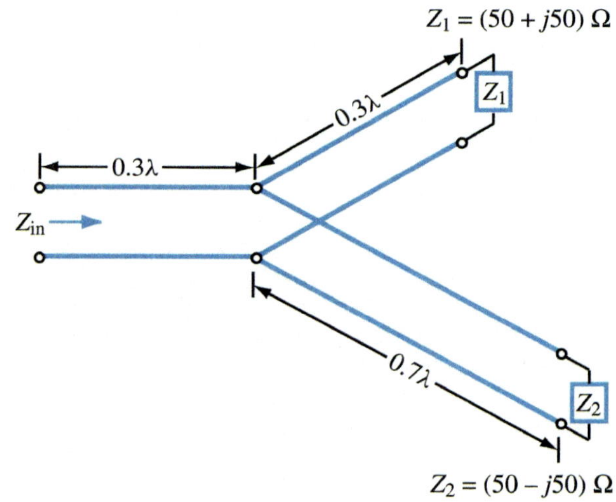

그림 7-44 문제 7.40에 대한 회로

7.41* 모든 전송선의 길이가 $\lambda/4$인 경우에 대하여 문제 7.40을 반복하라.

7-11절: 전송선로에서의 과도현상

7.42 $Z_0 = 50\Omega$, $u_p = 2c/3$이고 길이가 1m인 무손실

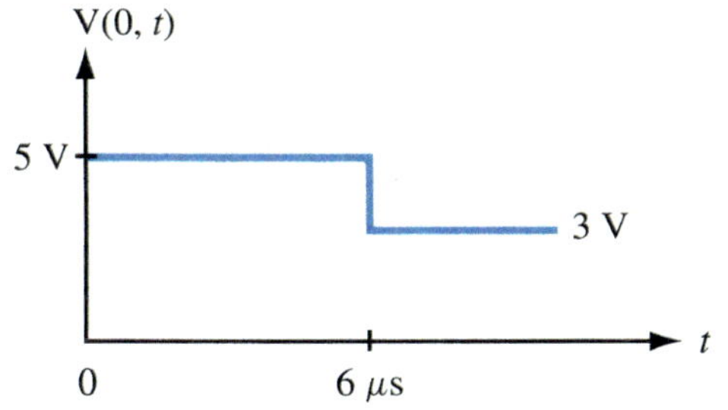

그림 7-45 문제 7.44와 7.46에 대한 전압파형

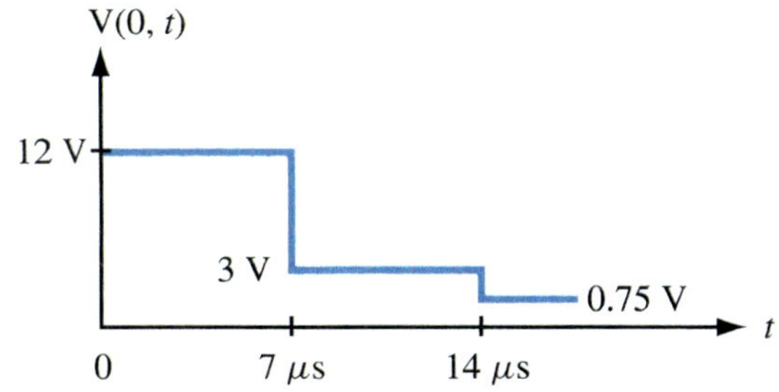

그림 7-46 문제 7.45의 전압파형

선로에 대한 전압 $V(z, t)$의 다중반사도를 그려라. 이 때 $t=0$에서 적용된 $V_g=60$V, $R_g=100\Omega$인 전압원 회로는 계단전압을 선로에 공급하고 선로는 $Z_L=25\Omega$로 종단되어 있다. 다중반사도를 사용하여 $t=0 \sim t=25$ns일 때 선로 상의 중간지점에서 $V(t)$를 표시하라.

7.43 문제 7-42에서 전송선로의 I를 구하라.

7.44 계단전압에 대한 그림 7-45와 같은 전압파형이 $R_g=50\Omega$, $Z_0=50\Omega$, $\varepsilon_r=2.25$인 무손실 전송선의 송신단에서 관찰될 때 다음을 구하라.

(a) 전원전압

(b) 선로의 길이

(c) 부하 임피던스

7.45* 계단전압에 대한 그림 7-46과 같은 전압파형이 $Z_0=50\Omega$, $\varepsilon_r=4$를 갖는 단락된 선로의 송신단에서 관찰될 때, V_g, R_g와 선로의 길이를 구하라.

7.46 부하 $Z_L=100\Omega$으로 종단된 길이가 1km, 전파속도 1×10^8m/s인 50Ω 전송선로에 $V_g=15$V이고 내부저항 R_g를 갖는 계단전압 전원이 연결되어 있으며, 송신단의 전압파형은 그림 7-45와 같다.

(a) R_g를 구하라.

(b) $t=6\mu$s에서 $V(0, t)$의 레벨강하의 원인이 부하에서 발생하는 반사파가 아닌 이유를 설명하라.

(c) 관측파형의 레벨강하 원인인 병렬저항 R_f의 크기와 위치를 구하라.

7.47 $R_g=25\Omega$, $\tau=0.4\mu$s의 구형펄스로 $V_g=200$V인 전원이 75Ω 무손실 선로에 연결되어 있다. 또한 선로길이는 200m, $u_p=2\times10^8$m/s, $Z_L=125\Omega$인 부하로서 종단되어 있다.

(a) 선로를 여기하는 전압펄스를 2개의 계단함수 $V_{g_1}(t)$와 $V_{g_2}(t)$의 합으로 나타내어라.

(b) 각 전압 계단함수에 대해 선로상 전압의 다중반사도를 그려라.

(c) 선로의 송신단에서 다중반사도를 이용하여 총 전압을 나타내어라.

7.48-7.56 추가적인 문제들— CD-ROM에 풀이되어 있음.

CHAPTER 8

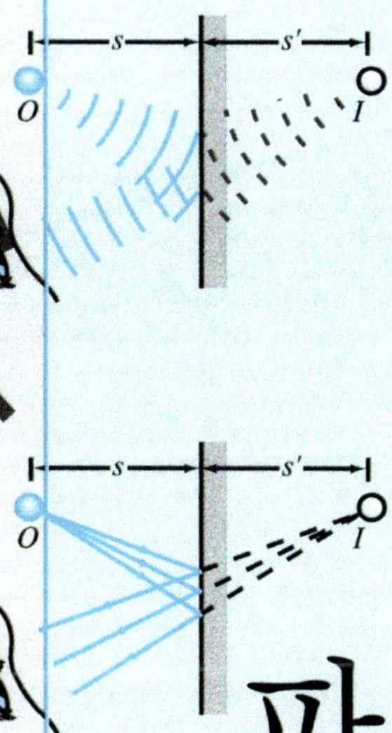

파의 반사와 투과

경계면에서의 전자파

그림 8-1의 개념도는 선 상에 있는 송신기와 잠수함에 있는 수신기 사이에 신호 전파경로를 묘사하고 있다. 신호 전파경로 상에서 발생되는 전자파 전파과정과 관련된 문제를 살펴보기 위해 이 통신 시스템을 이용하기로 한다. 그림 8-1에 Tx로 표시된 송신기로부터 신호는 전송선로를 따라 안테나로 진행한다. 송신기의 출력 P_t와 안테나에 공급되는 전력은 8장에 있는 전송선로 방정식에 의해 결정된다. 전송선로가 무손실이고 또 송신기 안테나에 적절히 정합되어 있는 경우, 송신기의 출력(P_t) 전부는 안테나에 전달된다. 그 다음 전자파 전파과정은 전파의 방사이다. 즉, 안테나는 전송선로에 의해 공급되는 전력을 구면파로 변환하여 공간으로 방사한다. 방사과정은 10장에서 다룬다. 선 상 안테나의 위치를 표시하는 점 1에서 바닷물의 표면에 전파가 입사하는 점 2까지의 신호는 7장에서 다루었던 무손실매질 내에서 전자파 전파를 나타내는 식으로 주어진다. 전파가 공기와 물의 경계에 부딪치기 때문에 전파의 일부분은 반사되고 다른 일부는 투과되어 물속을 진행한다. 투과된 전파는 굴절되어 전파의 진행방향이 더욱 수직방향에 가까워진다. 이러한 반사와 투과과정을 이 장에서 다룬다. 수면 바로 아래 지점을 나타내는 점 3으로부터 잠수함 안테나 위치 점 4까지의 전파의 진행은 손실매질에서의 전파의 전파 법칙에 따르며, 이것은 앞서 7장에서 다룬 바 있다. 마지막 단계에서는 전파가 안테나에 수신되어 수신 전력 P_{rec}로 변환되어 전송선로를 통하여 수신기로 전달된다. 안테나의 수신 특성은 10장에서 다룬다. 요약하면, 송신기에서 출발하여 수신기까지, 그림 8-1에 나타낸 전송과정에서의 전파의 여러 측면을 이 책에서 다루고 있다는 것이다.

이 장은 평면경계에 수직으로 입사하는 평면파의 반사와 투과 등의 전송특성으로부터 시작하여 평면파가 경계에 경사지게 입사하는 일반적인 경우에 적용되는 반사와 굴절에 관한 스넬의 법칙을 다룬다.

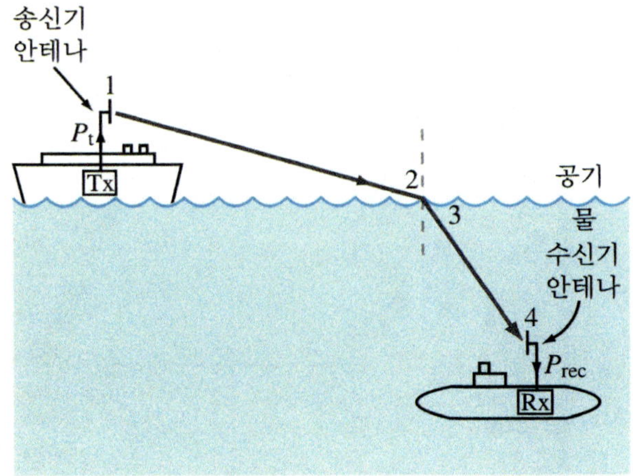

그림 8-1 배의 송신기(Tx)와 잠수함의 수신기(Rx) 간의 신호 경로

8-1 수직입사에 대한 파의 반사와 투과

7장에서 배운 것처럼 전송선로를 따라 진행하는 전파가 특성 임피던스가 다른 두 전송선로의 경계에서 그림 8-2(a)에 도시한 것과 같은 임피던스 불연속(discontinuity)을 만나게 되면 입사파의 일부가 전원측으로 반사되고, 나머지는 경계를 통과하여 제2 전송선로로 투과된다. 전송선로가 아닌 **무한**(unbounded)매질로 진행하는 균일 평면파가 경계를 만날 때에도 전파의 반사와 투과가 일어난다. 실제 그림 8-2(b)는 그림 8-2(a)의 전송선로 경우와 비슷하다. 그림 8-2(b)에 있는 입사파, 반사파, 투과파의 전계와 자계 사이의 관계를

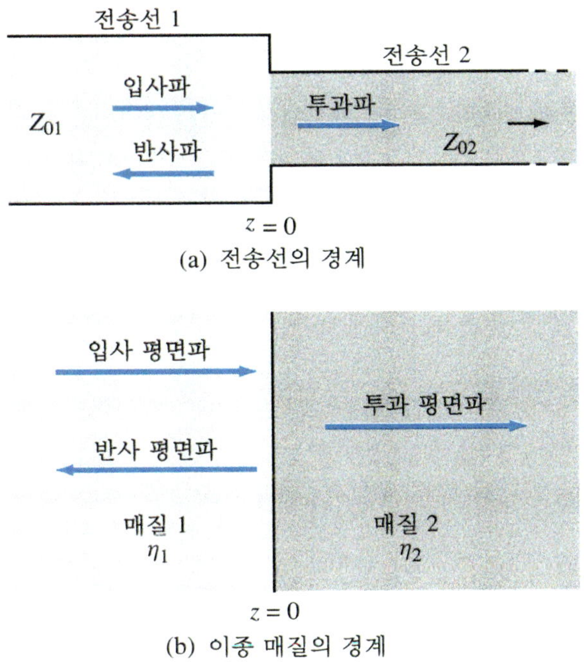

그림 8-2 2개의 서로 다른 전송선로 간의 불연속은 2개의 이종(異種) 매질 간의 그것과 비슷하다.

나타내는 경계조건은 7장에서 기술한 전송선로 상에서의 입사, 반사, 투과파의 전압 · 전류에 대한 경계조건과 비슷하다.

평면 경계면에서 전파의 반사와 투과를 두 가지 경우로 나누어 설명하기로 한다. 이 절에서는 그림 8-3(a)에서와 같이 수직입사에 대해서만 설명하고, 8-2절에서 8-4절까지는 그림 8-3(b)와 같이 경계면에 경사지게 입사하는 경우에 대해 설명할 것이다. 전송선로에서 파의 전파와 무한매질(전송선로가 아닌)에서 평면파의 전파과정이 비슷함을 이용하여 평면파 전파에 관한 문제를 푸는 데 전송선로 등가회로를 사용할 수 있음을 증명하기로 한다.

그러나, 이에 앞서 전자파의 전파를 나타내는 데에는 광선(rays)과 파면(wavefront)이 둘 다 사용되기 때문에 그 관계가 설명되어야 한다. **광선**(ray)은 전자파에 의해서 운반되는 전자계 에너지의 흐름의 방향을 나타내기 위하여 그려진 선이므로 전파방향의 단위벡터 $\hat{\mathbf{k}}$에 평행이고, **파면**(wavefront)에 수직이다. 그림 8-3(b)에 표시

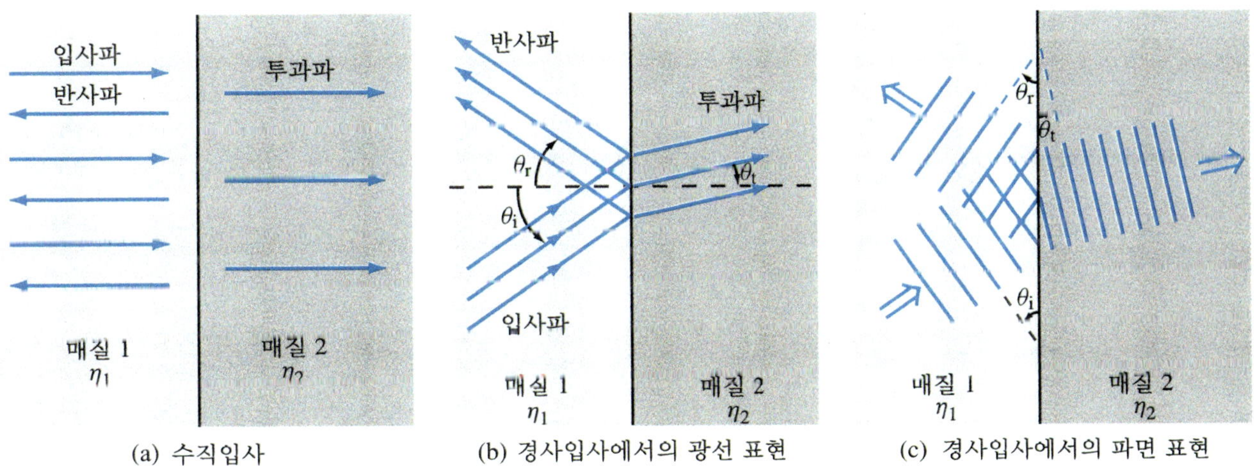

그림 8-3 (a) 수직입사, (b) 경사입사에서의 좌의 반사와 입사에 대한 광전 표현, (c) 경사입사에서의 파면 표현

된 입사파, 반사파와 투과파의 광선 표시는 그림 8-3 (c)에 설명된 파면 표시와 같다. 두 표시 방법은 상호 보완적이다. 광선 표시는 그림으로 설명하기가 더 쉬운 반면, 파면 표시는 불연속 경계에서 일어나는 전파 특성을 보다 더 명확하게 나타낼 수 있는 장점이 있다. 여기서는 두 가지 방법 모두를 사용하여 설명한다.

8-1.1 무손실매질 간 경계

그림 8-4(a)에서 $z=0$에 있는 평면을 경계로 하여 양쪽에 두 개의 무손실 등방성 유전체인 매질이 있다. $z\le 0$인 영역의 매질 1의 물질상수는 (ε_1, μ_1)이고 , $z\ge 0$인 영역의 매질 2의 물질상수는 (ε_2, μ_2)이다. 매질 1에서 전자계($\mathbf{E}^{\mathrm{i}}$, $\mathbf{H}^{\mathrm{i}}$)를 갖는 x편파의 입사 평면파가 매질 2의 방향으로($\hat{\mathbf{k}}_{\mathrm{i}}=\hat{\mathbf{z}}$) 진행하고 있다. 불연속 경계에서 반사와 투과는 매질 1에서 $\hat{\mathbf{k}}_{\mathrm{r}}=-\hat{\mathbf{z}}$ 방향을 갖는 반사파($\mathbf{E}^{\mathrm{r}}$, $\mathbf{H}^{\mathrm{r}}$)와 매질 2에서 $\hat{\mathbf{k}}_{\mathrm{t}}=\hat{\mathbf{z}}$ 방향을 갖는 투과파($\mathbf{E}^{\mathrm{t}}$, $\mathbf{H}^{\mathrm{t}}$)를 생성한다. TEM파를 나타내기 위해 6-3절과 6-4절에서 유도된 공식에 의하여 세 가지 파를 다음과 같은 페이저 형태로 표시할 수 있다

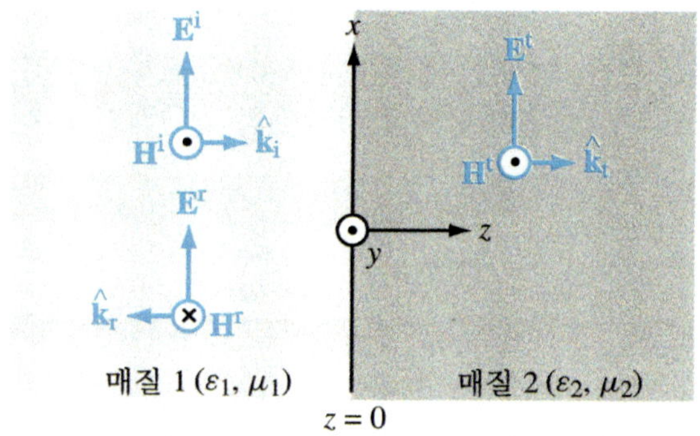

(a) 유전체 매질 사이의 경계면

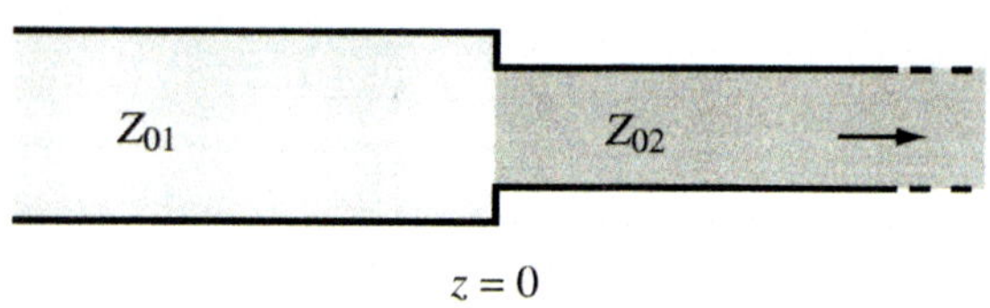

(b) 전송선 등가 모델

그림 8-4 (a)에서 x-y평면에 의해서 분리된 두 유전체 매질은 (b)와 같이 전송선로의 경우로 나타낼 수 있다.

입사파(incident wave)

$$\widetilde{\mathbf{E}}^{\mathrm{i}}(z)=\hat{\mathbf{x}}E_0^{\mathrm{i}}e^{-jk_1 z}, \tag{8.1a}$$

$$\widetilde{\mathbf{H}}^{\mathrm{i}}(z)=\hat{\mathbf{z}}\times\frac{\widetilde{\mathbf{E}}^{\mathrm{i}}(z)}{\eta_1}=\hat{\mathbf{y}}\,\frac{E_0^{\mathrm{i}}}{\eta_1}\,e^{-jk_1 z}. \tag{8.1b}$$

반사파(reflected wave)

$$\widetilde{\mathbf{E}}^{\mathrm{r}}(z)=\hat{\mathbf{x}}E_0^{\mathrm{r}}e^{jk_1 z}, \tag{8.2a}$$

$$\widetilde{\mathbf{H}}^{\mathrm{r}}(z)=(-\hat{\mathbf{z}})\times\frac{\widetilde{\mathbf{E}}^{\mathrm{r}}(z)}{\eta_1}=-\hat{\mathbf{y}}\,\frac{E_0^{\mathrm{r}}}{\eta_1}\,e^{jk_1 z}. \tag{8.2b}$$

투과파(transmitted wave)

$$\widetilde{\mathbf{E}}^{\mathrm{t}}(z)=\hat{\mathbf{x}}E_0^{\mathrm{t}}e^{-jk_2 z}, \tag{8.3a}$$

$$\widetilde{\mathbf{H}}^{\mathrm{t}}(z)=\hat{\mathbf{z}}\times\frac{\widetilde{\mathbf{E}}^{\mathrm{t}}(z)}{\eta_2}=\hat{\mathbf{y}}\,\frac{E_0^{\mathrm{t}}}{\eta_2}\,e^{-jk_2 z}. \tag{8.3b}$$

여기서 E_0^{i}, E_0^{r}와 E_0^{t}는 각각 $t=0$, $z=0$(두 매질의 경계)에서 입사, 반사, 투과파의 전계의 크기이다. 매질 1의 파수와 고유 임피던스는 $k_1=\omega\sqrt{\mu_1\varepsilon_1}$, $\eta_1=\sqrt{\mu_1/\varepsilon_1}$이고, 매질 2에서는 $k_2=\omega\sqrt{\mu_2\varepsilon_2}$, $\eta_2=\sqrt{\mu_2/\varepsilon_2}$이다.

입사파의 진폭 E_0^{i}는 입사파를 생성하는 파원과 관련이 있으므로 이미 알고 있는 양이라 가정한다. $z=0$에서 $\widetilde{\mathbf{E}}$와 $\widetilde{\mathbf{H}}$에 대해 경계조건을 적용하여 E_0^{r}과 E_0^{t}를 E_0^{i}로부터 구하려고 한다. 표 5-2에 나타낸 경계조건에 의해,

E의 접선성분은 두 인접매질간 경계에서 항상 연속이고, 경계에 전류원이 없는 경우에는 **H**의 접선성분도 경계에서 연속이다. 여기서는 수직 입사파의 **E**와 **H**는 경계에 평행이다. 경계에 자유전하나 전류가 없기 때문에, 반사파와 투과파의 전자계도 접선성분만을 가진다. 그림 8-4(a)와 식 (8.2a) 및 (8.3a)에서 $\widetilde{\mathbf{E}}^{\mathrm{r}}$와 $\widetilde{\mathbf{E}}^{\mathrm{t}}$의 방향을 $+x$방향과 같도록 임의로 정하였다. $\widetilde{\mathbf{E}}^{\mathrm{r}}$와 $\widetilde{\mathbf{E}}^{\mathrm{t}}$의 실제 방향은 진폭 E_0^{r}과 E_0^{t}의 극성에 따라 결정된다. 곧 알게 되겠지만, 진폭 E_0^{r}과 E_0^{t}의 크기와 극성은 두 매질의 고유 임피던스 η_1과 η_2에 관계된다.

매질 1에서 전체 전계 $\widetilde{\mathbf{E}}_1(z)$는 입사파와 반사파의 전계의 합이고, 자계 $\widetilde{\mathbf{H}}_1(z)$도 마찬가지이므로

매질 1

$$\begin{aligned}\widetilde{\mathbf{E}}_1(z) &= \widetilde{\mathbf{E}}^{\mathrm{i}}(z) + \widetilde{\mathbf{E}}^{\mathrm{r}}(z)\\ &= \hat{\mathbf{x}}(E_0^{\mathrm{i}}e^{-jk_1z} + E_0^{\mathrm{r}}e^{jk_1z}),\end{aligned} \tag{8.4a}$$

$$\begin{aligned}\widetilde{\mathbf{H}}_1(z) &= \widetilde{\mathbf{H}}^{\mathrm{i}}(z) + \widetilde{\mathbf{H}}^{\mathrm{r}}(z)\\ &= \hat{\mathbf{y}}\,\frac{1}{\eta_1}\,(E_0^{\mathrm{i}}e^{-jk_1z} - E_0^{\mathrm{r}}e^{jk_1z}).\end{aligned} \tag{8.4b}$$

이다. 매질 2에서는 투과파만 있으므로 전자계는

매질 2

$$\widetilde{\mathbf{E}}_2(z) = \widetilde{\mathbf{E}}^{\mathrm{t}}(z) = \hat{\mathbf{x}}E_0^{\mathrm{t}}e^{-jk_2z}, \tag{8.5a}$$

$$\widetilde{\mathbf{H}}_2(z) = \widetilde{\mathbf{H}}^{\mathrm{t}}(z) = \hat{\mathbf{y}}\,\frac{E_0^{\mathrm{t}}}{\eta_2}e^{-jk_2z}. \tag{8.5b}$$

이다. 경계면($z=0$)에서, 전계와 자계의 접선성분은 연속이어야 하기 때문에

$$\widetilde{\mathbf{E}}_1(0) = \widetilde{\mathbf{E}}_2(0) \quad \text{또는} \quad E_0^{\mathrm{i}} + E_0^{\mathrm{r}} = E_0^{\mathrm{t}}, \tag{8.6a}$$

$$\widetilde{\mathbf{H}}_1(0) = \widetilde{\mathbf{H}}_2(0) \quad \text{또는} \quad \frac{E_0^{\mathrm{i}}}{\eta_1} - \frac{E_0^{\mathrm{r}}}{\eta_1} = \frac{E_0^{\mathrm{t}}}{\eta_2}. \tag{8.6b}$$

이다. 식 (8.6a)와 (8.6b)에서 E_0^{r}과 E_0^{t}를 연립해서 E_0^{i}에 대해 풀면

$$E_0^{\mathrm{r}} = \left(\frac{\eta_2-\eta_1}{\eta_2+\eta_1}\right)E_0^{\mathrm{i}} = \Gamma E_0^{\mathrm{i}}, \tag{8.7a}$$

$$E_0^{\mathrm{t}} = \left(\frac{2\eta_2}{\eta_2+\eta_1}\right)E_0^{\mathrm{i}} = \tau E_0^{\mathrm{i}}, \tag{8.7b}$$

이고, 여기서

$$\Gamma = \frac{E_0^{\mathrm{r}}}{E_0^{\mathrm{i}}} = \frac{\eta_2-\eta_1}{\eta_2+\eta_1} \qquad \text{(수직 입사)}, \tag{8.8a}$$

$$\tau = \frac{E_0^{\mathrm{t}}}{E_0^{\mathrm{i}}} = \frac{2\eta_2}{\eta_2+\eta_1} \qquad \text{(수직 입사)}. \tag{8.8b}$$

이다. Γ와 τ를 각각 **반사계수**(reflection coefficient)와 **투과계수**(transmission coefficient)라 한다. 무손실 유전체에서 η_1과 η_2 및 Γ와 τ는 실수량이다. 8-1.4절에서 알게 되겠지만, 식 (8.8a)와 (8.8b)의 식은 도전매질에도 똑같이 적용되나, 그 경우 η_1과 η_2는 복소량이기 때문에 Γ와 τ도 복소량이 된다. 식 (8.8a)와 (8.8b)로부터, Γ와 τ는 다음과 같은 관계에 있다.

$$\tau = 1 + \Gamma \qquad \text{(수직 입사)}. \tag{8.9}$$

비자성 매질에서는

$$\eta_1 = \frac{\eta_0}{\sqrt{\varepsilon_{\mathrm{r}_1}}},$$

$$\eta_2 = \frac{\eta_0}{\sqrt{\varepsilon_{\mathrm{r}_2}}},$$

이며, η_0는 자유공간에서의 고유 임피던스이다. 이 경우, 식 (8.8a)는 다음과 같이 다시 쓸 수 있다.

표 8-1 무손실 조건하에서, 수직입사하는 평면파와 전송선로 방정식 간의 유사점

M8.1-8.3
D8.1-8.3

평면파[그림 8-4(a)]	전송선[그림 8-4(b)]
$\widetilde{\mathbf{E}}_1(z) = \hat{\mathbf{x}} E_0^{\mathrm{i}} (e^{-jk_1z} + \Gamma e^{jk_1z})$ (8.11a)	$\widetilde{V}_1(z) = V_0^+ (e^{-j\beta_1z} + \Gamma e^{j\beta_1z})$ (8.11b)
$\widetilde{\mathbf{H}}_1(z) = \hat{\mathbf{y}} \dfrac{E_0^{\mathrm{i}}}{\eta_1} (e^{-jk_1z} - \Gamma e^{jk_1z})$ (8.12a)	$\widetilde{I}_1(z) = \dfrac{V_0^+}{Z_{01}} (e^{-j\beta_1z} - \Gamma e^{j\beta_1z})$ (8.12b)
$\widetilde{\mathbf{E}}_2(z) = \hat{\mathbf{x}} \tau E_0^{\mathrm{i}} e^{-jk_2z}$ (8.13a)	$\widetilde{V}_2(z) = \tau V_0^+ e^{-j\beta_2z}$ (8.13b)
$\widetilde{\mathbf{H}}_2(z) = \hat{\mathbf{y}} \tau \dfrac{E_0^{\mathrm{i}}}{\eta_2} e^{-jk_2z}$ (8.14a)	$\widetilde{I}_2(z) = \tau \dfrac{V_0^+}{Z_{02}} e^{-j\beta_2z}$ (8.14b)
$\Gamma = (\eta_2 - \eta_1)/(\eta_2 + \eta_1)$	$\Gamma = (Z_{02} - Z_{01})/(Z_{02} + Z_{01})$
$\tau = 1 + \Gamma$	$\tau = 1 + \Gamma$
$k_1 = \omega\sqrt{\mu_1\varepsilon_1}$, $k_2 = \omega\sqrt{\mu_2\varepsilon_2}$	$\beta_1 = \omega\sqrt{\mu_1\varepsilon_1}$, $\beta_2 = \omega\sqrt{\mu_2\varepsilon_2}$
$\eta_1 = \sqrt{\mu_1/\varepsilon_1}$, $\eta_2 = \sqrt{\mu_2/\varepsilon_2}$	Z_{01}과 Z_{02}는 전송선 파리미터에 의해 결정됨

$$\Gamma = \frac{\sqrt{\varepsilon_{r_1}} - \sqrt{\varepsilon_{r_2}}}{\sqrt{\varepsilon_{r_1}} + \sqrt{\varepsilon_{r_2}}} \quad \text{(비자성체 매질).} \qquad (8.10)$$

8-1.2 전송선로와의 유사성

그림 8-4(b)에 도시한 전송선로 구조는 특성 임피던스 Z_{01}인 무손실 전송선로와 $z=0$에서 연결된 특성 임피던스 Z_{02}인 무한정 무손실 전송선로로 구성되어 있다. 무한장 전송선로의 입력 임피던스는 특성 임피던스 Z_{02}와 같다. 그러므로 $z=0$에서 전압 반사계수는

$$\Gamma = \frac{Z_{02} - Z_{01}}{Z_{02} + Z_{01}},$$

이다. 이것은 식 (8.8a)와 동일한 형태이다. 평면파와 전송선로간의 유사성을 확인하기 위하여, 두 경우에 대한 식을 표 8-1에 수록하였다. 표 8-1에서 전송선로의 파라미터($\widetilde{V}, \widetilde{I}, \beta, Z_0$)와 평면파의 파라미터($\widetilde{\mathbf{E}}, \widetilde{\mathbf{H}}, k, \eta$) 간에 일대일 관계가 있음을 알 수 있다. 이러한 관계는 8장에서 도입된 임피던스 변환을 계산하기 위한 스미스 도표(Smith-chart)법을 포함한 평면파 전파문제를 푸는 데에도 사용할 수 있음을 의미한다.

그림 8-4(a)의 매질 1과 같이 매질 내에 입사파와 반사파가 동시에 존재하는 경우, 정재파가 발생한다. 전송선로의 경우와 마찬가지로, 매질 1에서 **정재파 비**(standing wave ratio)는

$$S = \frac{|\widetilde{E}_1|_{\max}}{|\widetilde{E}_1|_{\min}} = \frac{1 + |\Gamma|}{1 - |\Gamma|}. \qquad (8.15)$$

이다. 두 매질이 동일한 임피던스($\eta_1 = \eta_2$)일 경우, $\Gamma = 0$, $S = 1$이 되고, 매질 2가 $\eta_2 = 0$인 완전도체(전송선로가 단락된 경우와 등가이다)인 경우에는 $\Gamma = -1$, $S = \infty$가 된다. 매질 1에서 전계강도의 크기가 최대가 되는 경

계면으로부터의 거리 l_{max}은 전송선로에서 전압이 최대가 되는 부하로부터의 거리를 나타내는 식 (7.56)과 동일한 식으로 표시된다.

$$-z = l_{max} = \frac{\theta_r + 2n\pi}{2k_1} = \frac{\theta_r \lambda_1}{4\pi} + \frac{n\lambda_1}{2}, \quad \begin{cases} n = 1, 2, \ldots, & \theta_r < 0, \\ n = 0, 1, 2, \ldots, & \theta_r \geq 0, \end{cases} \tag{8.16}$$

여기서 $\lambda_1 = 2\pi/k_1$이고 θ_r은 Γ의 위상각이다(즉 $\Gamma = |\Gamma|e^{j\theta_r}$이고, θ_r의 범위는 $-\pi < \theta_r \leq \pi$이다). 인접 최대점 간의 거리는 $\lambda_1/2$이고, 최대점과 가장 가까운 최소점 간의 거리는 $\lambda_1/4$이다. 전계 최소점은

$$l_{min} = \begin{cases} l_{max} + \lambda_1/4, & l_{max} < \lambda_1/4, \\ l_{max} - \lambda_1/4, & l_{max} \geq \lambda_1/4. \end{cases} \tag{8.17}$$

에서 발생한다. l_{max}와 l_{min}에 대한 식은 정재파 패턴을 포함하고 있는 매질이 무손실 유전체이거나 저손실 유전체일 경우에도 성립되며 반사물질의 성질에는 아무 관계가 없다.

8-1.3 무손실매질에서의 전력전달

그림 8-4(a)의 매질 1은 입사파와 반사파를 포함하고 있으며, 표 8-1의 식 (8.11a)와 (8.12a)의 전계 $\widetilde{\mathbf{E}}_1(z)$와 $\widetilde{\mathbf{H}}_1(z)$는 입사파와 반사파 항으로 구성되어 있다. 식 (6.158)을 이용하면 매질 1에서의 총 평균전력밀도는

$$\begin{aligned} \mathbf{S}_{av_1}(z) &= \tfrac{1}{2}\mathfrak{Re}[\widetilde{\mathbf{E}}_1(z) \times \widetilde{\mathbf{H}}_1^*(z)] \\ &= \tfrac{1}{2}\mathfrak{Re}\left[\hat{\mathbf{x}}E_0^i(e^{-jk_1z} + \Gamma e^{jk_1z}) \times \hat{\mathbf{y}}\frac{E_0^{i*}}{\eta_1}(e^{jk_1z} - \Gamma^* e^{-jk_1z})\right] \\ &= \hat{\mathbf{z}}\frac{|E_0^i|^2}{2\eta_1}(1 - |\Gamma|^2), \end{aligned} \tag{8.18}$$

이다. 이것은 무손실 전송선로의 경우에 대한 식 (7.84)와 유사하다. 식 (8.18)의 첫 번째 항은 입사파의 평균전력밀도, $|\Gamma|^2$에 비례하는 두 번째 항은 반사파의 평균전력밀도를 나타낸다. 그러므로

$$\mathbf{S}_{av_1} = \mathbf{S}_{av}^i + \mathbf{S}_{av}^r, \tag{8.19a}$$

이고, 여기서

$$\mathbf{S}_{av}^i = \hat{\mathbf{z}}\frac{|E_0^i|^2}{2\eta_1}, \tag{8.19b}$$

$$\mathbf{S}_{av}^r = -\hat{\mathbf{z}}|\Gamma|^2\frac{|E_0^i|^2}{2\eta_1} = -|\Gamma|^2\mathbf{S}_{av}^i. \tag{8.19c}$$

이다. 두 매질이 모두 무손실 유전체일 때 Γ는 순실수이지만, 복소수로서 취급하기로 한다면 매질 2가 도체일 때도 식 (8.19c)는 성립된다.

매질 2에서 투과파의 평균전력밀도는

$$\begin{aligned} \mathbf{S}_{av_2}(z) &= \tfrac{1}{2}\mathfrak{Re}[\widetilde{\mathbf{E}}_2(z) \times \widetilde{\mathbf{H}}_2^*(z)] \\ &= \tfrac{1}{2}\mathfrak{Re}\left[\hat{\mathbf{x}}\tau E_0^i e^{-jk_2z} \times \hat{\mathbf{y}}\tau^*\frac{E_0^{i*}}{\eta_2}e^{jk_2z}\right] \\ &= \hat{\mathbf{z}}|\tau|^2\frac{|E_0^i|^2}{2\eta_2}. \end{aligned} \tag{8.20}$$

이다. 이 식은 두 매질이 무손실이거나 매질 1은 도체이고 매질 2만 무손실일 때에도 적용할 수 있다.

식 (8.8a)와 (8.8b)를 이용하면, 무손실매질(Γ와 τ가 실수)에서

$$\frac{\tau^2}{\eta_2} = \frac{1 - \Gamma^2}{\eta_1} \quad \text{(무손실 매질)}, \tag{8.21}$$

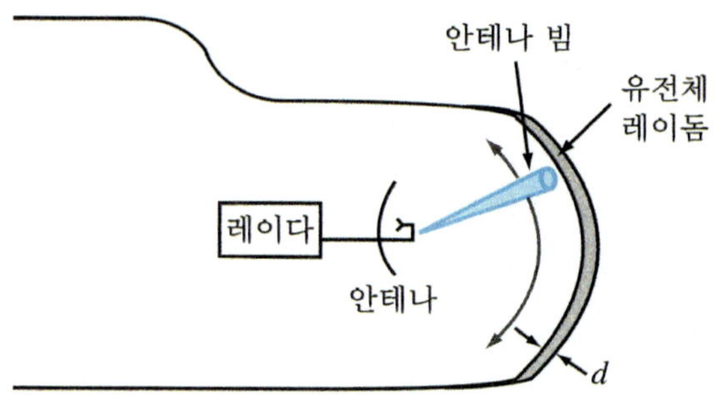

그림 8-5 두께 d인 전투기의 레이돔을 통해 바라보는 안테나 빔(예제 8-1)

이고, 따라서 $\mathbf{S}_{av_1} = \mathbf{S}_{av_2}$임을 쉽게 증명할 수 있다. 이것은 전력보존의 법칙으로부터 예상되는 결과이다.

예제 8-1 레이더 레이돔(Radar Radome)의 설계

10GHz 항공기 레이더는 그림 8-5에 도시한 바와 같이 유전체 레이돔 내부에 있는 수평장치(gimbals) 위에 올려 놓은 펜슬 빔 스캐닝 안테나를 사용한다. 레이돔은 평면판은 아니지만 레이더 빔의 좁은 범위에서는 근사적으로 평면판이다. 레이돔 재질이 $\mu_r = 1$이고 $\varepsilon_r = 9$인 무손실 유전체일 경우, 레이돔이 레이더 빔을 반사하지 않도록 레이돔의 두께 d를 선정하라. 단, d는 2.3cm보다 커야 한다.

풀이 전파 문제를 그림 8-6(a)와 같이 확대하여 생각해 보자. 입사파는 고유 임피던스 η_0인 매질 1인 공기 중에 전파하는 평면파로 보고, 매질 2인 레이돔은 두께가 d이고 고유 임피던스는 η_r이며, 매질 3은 고유 임피던스가 η_0인 반무한 자유공간이다. 그림 8-6(b)는 $z = 0$를 레이돔 외표면으로 하고, 부하 $Z_L = \eta_0$이기 때문에 $Z_{in} = \eta_0$이면 $z = -d$에서 반사가 일어나지 않는다. 10GHz에서 공기 중의 파장 $\lambda_0 = c/f = 3$cm이고, 레이돔 재질에서의 파장은

$$\lambda_2 = \frac{\lambda_0}{\sqrt{\varepsilon_r}} = \frac{3\text{ cm}}{3} = 1\text{ cm}.$$

이다. 따라서, 레이돔의 두께 d를 $d = 5\lambda_2/2 = 2.5$cm로 선정할 경우, 반사는 일어나지 않으며 기계적 요구조건 또한 만족하게 된다. ♣

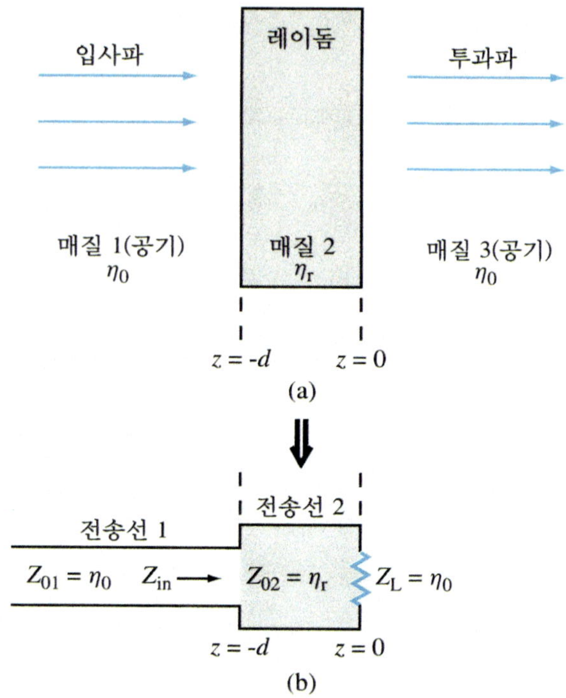

그림 8-6 (a) 그림 8-5의 레이돔을 확대한 평면구조, (b) 이것의 등가 전송선로 모델(예제 8-1)

예제 8-2 유리 표면에 입사한 황색광

파장이 0.6μm인 황색광의 빔이 공기에서 유리 표면으

로 수직입사한다. 유리 표면은 평면 $z=0$에 위치하고, 유리의 비유전율은 2.25이다.

(a) 매질 1(공기)에서 전계가 최대가 되는 위치

(b) 정재파 비

(c) 유리매질로 투과되는 입사전력의 투과계수

풀이

(a) η_1, η_2와 Γ의 값을 먼저 구한다.

$$\eta_1 = \sqrt{\frac{\mu_1}{\varepsilon_1}} = \sqrt{\frac{\mu_0}{\varepsilon_0}} \simeq 120\pi \ (\Omega),$$

$$\eta_2 = \sqrt{\frac{\mu_2}{\varepsilon_2}} = \sqrt{\frac{\mu_0}{\varepsilon_0}} \cdot \frac{1}{\sqrt{\varepsilon_r}} \simeq \frac{120\pi}{\sqrt{2.25}} = 80\pi \ (\Omega),$$

$$\Gamma = \frac{\eta_2 - \eta_1}{\eta_2 + \eta_1} = \frac{80\pi - 120\pi}{80\pi + 120\pi} = -0.2.$$

그러므로, $|\Gamma| = 0.2$이고 $\theta_r = \pi$이다. 식 (8.16)으로부터, 전계크기는

$$l_{max} = \frac{\theta_r \lambda_1}{4\pi} + n\frac{\lambda_1}{2}$$

$$= \frac{\lambda_1}{4} + n\frac{\lambda_1}{2} \qquad (n = 0, 1, 2, \ldots)$$

에서 최대가 된다. 이 때, $\lambda_1 = 0.6\mu$m이다.

(b)

$$S = \frac{1 + |\Gamma|}{1 - |\Gamma|} = \frac{1 + 0.2}{1 - 0.2} = 1.5.$$

(c) 유리매질로 투과되는 입사전력의 투과계수는 식 (8.20)에 주어진 투과전력밀도와 입사전력밀도 $S^i_{av} = |E^i_0|^2/2\eta_1$와의 비와 같다.

$$\frac{S_{av_2}}{S^i_{av}} = \tau^2 \frac{|E^i_0|^2}{2\eta_2} \Big/ \left[\frac{|E^i_0|^2}{2\eta_1}\right] = \tau^2 \frac{\eta_1}{\eta_2}.$$

식 (8.21)에 의해

$$\frac{S_{av_2}}{S^i_{av}} = 1 - |\Gamma|^2 = 1 - (0.2)^2 = 0.96 \text{ 또는 } 96\%.$$

즉 96%이다. ♣

M8.4-8.5

8-1.4 손실매질 간의 경계

8-1.1절에서 서로 다른 무손실매질 간의 평면 경계면에 수직으로 입사하는 평면파에 대해 고찰했다. 이제 손실매질에 대해 이들 식을 일반화해 보자. 매질상수가 ε, μ, σ인 매질에서 전파 파라미터는 전파정수 $\gamma = \alpha + j\beta$와 복소 고유 임피던스 η_c이다. α, β, η_c에 대한 일반식은 각각 식 (6.121a), (6.121b), (6.125)로 주어져 있다. 특별한 경우인 저손실매질과 양도체매질에 대해서는 표 6-2에 근사식이 주어져 있다. 그림 8-7에 도시한 바와 같이 매질 1이 ε_1, μ_1, σ_1, 매질 2가 ε_2, μ_2, σ_2인 특성을 가진 경우에는 매질 1과 매질 2에서 전계와 자계에 대한 식은 표 8-1의 식 (8.11a)로부터 (8.14a)까지의 식에 jk 대신에 γ로, η 대신에 η_c로 대치함으로써 구할 수 있다. 그러므로

매질 1

$$\widetilde{\mathbf{E}}_1(z) = \hat{\mathbf{x}} E^i_0 (e^{-\gamma_1 z} + \Gamma e^{\gamma_1 z}), \tag{8.22a}$$

$$\widetilde{\mathbf{H}}_1(z) = \hat{\mathbf{y}} \frac{E^i_0}{\eta_{c_1}} (e^{-\gamma_1 z} - \Gamma e^{\gamma_1 z}), \tag{8.22b}$$

매질 2

$$\widetilde{\mathbf{E}}_2(z) = \hat{\mathbf{x}} \tau E^i_0 e^{-\gamma_2 z}, \tag{8.23a}$$

$$\widetilde{\mathbf{H}}_2(z) = \hat{\mathbf{y}} \tau \frac{E^i_0}{\eta_{c_2}} e^{-\gamma_2 z}, \tag{8.23b}$$

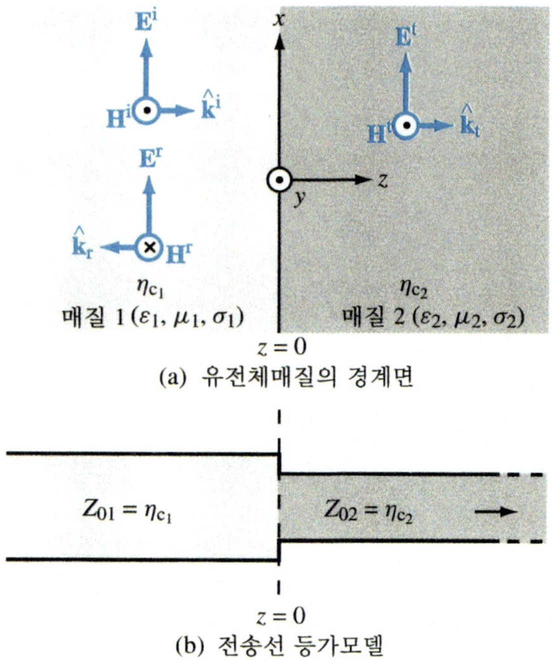

그림 8-7 두 손실매질 간의 평면 경계에 수직으로 입사하는 파

이다. 여기서 $\gamma_1 = \alpha_1 + j\beta_1$, $\gamma_2 = \alpha_2 + j\beta_2$이고, Γ와 τ는

$$\Gamma = \frac{\eta_{c_2} - \eta_{c_1}}{\eta_{c_2} + \eta_{c_1}}, \qquad (8.24a)$$

$$\tau = 1 + \Gamma = \frac{2\eta_{c_2}}{\eta_{c_2} + \eta_{c_1}}. \qquad (8.24b)$$

이다. η_{c_1}과 η_{c_2}는 일반적으로 복소수이기 때문에 또한 Γ와 τ도 복소수일 수 있다.

예제 8-3 금속 표면으로의 수직입사

$+z$방향으로 진행하는 주파수가 1GHz인 x편파의 TEM파가 공기 중에서 $z=0$에 있는 x-y평면과 일치하는 금속 표면에 입사한다. 입사파의 전계크기가 12(mV/m)이고, 금속 표면은 $\mu_1 = 1$, $\varepsilon_r = 1$, $\sigma = 5.8 \times 10^7$(S/m)인 구리로 되어 있는 경우, 공기에서의 순시 전계와 자계에 대한 식을 구하라.

풀이 매질 1(공기)에서 $\alpha = 0$이므로

$$\beta = k_1 = \frac{\omega}{c} = \frac{2\pi \times 10^9}{3 \times 10^8} = \frac{20\pi}{3} \qquad \text{(rad/m)},$$

$$\eta_1 = \eta_0 = 377\ (\Omega), \qquad \lambda = \frac{2\pi}{k_1} = 0.3\ \text{m}.$$

$f = $1GHz에서

$$\frac{\varepsilon''}{\varepsilon'} = \frac{\sigma}{\omega\varepsilon_r\varepsilon_0} = \frac{5.8 \times 10^7}{2\pi \times 10^9 \times (10^{-9}/36\pi)} = 1 \times 10^9 \gg 1.$$

이기 때문에 구리는 양도체이다. 식 (6.132c)를 이용하면

$$\eta_{c_2} = (1+j)\sqrt{\frac{\pi f \mu}{\sigma}}$$
$$= (1+j)\left[\frac{\pi \times 10^9 \times 4\pi \times 10^{-7}}{5.8 \times 10^7}\right]^{1/2}$$
$$= 8.25(1+j) \qquad (\text{m}\Omega).$$

이 된다. η_{c_2}는 $\eta_0 = 377(\Omega)$에 비해 아주 작으므로, 구리 표면은 단락회로와 같이 동작한다. 그러므로

$$\Gamma = \frac{\eta_{c_2} - \eta_0}{\eta_{c_2} + \eta_0} \simeq -1.$$

표 8-1의 식 (8.11a)와 (8.12a)에서 $\Gamma = -1$로 둠으로써

$$\widetilde{\mathbf{E}}_1(z) = \hat{\mathbf{x}} E_0^{\text{i}} (e^{-jk_1 z} - e^{jk_1 z})$$
$$= -\hat{\mathbf{x}} j2E_0^{\text{i}} \sin k_1 z, \qquad (8.25a)$$

$$\widetilde{\mathbf{H}}_1(z) = \hat{\mathbf{y}} \frac{E_0^{\text{i}}}{\eta_1} (e^{-jk_1 z} + e^{jk_1 z})$$
$$= \hat{\mathbf{y}} 2 \frac{E_0^{\text{i}}}{\eta_1} \cos k_1 z. \qquad (8.25b)$$

가 된다. E_0^i는 12(mV/m)이므로, 이들 페이저에 해당하는 순시 전계와 자계는

$$\begin{aligned}\mathbf{E}_1(z,t) &= \mathfrak{Re}[\widetilde{\mathbf{E}}_1(z)\,e^{j\omega t}] \\ &= \hat{\mathbf{x}}\,2E_0^i \sin k_1 z \sin \omega t \\ &= \hat{\mathbf{x}}\,24 \sin(20\pi z/3)\sin(2\pi \times 10^9 t) \quad \text{(mV/m)}, \\ \mathbf{H}_1(z,t) &= \mathfrak{Re}[\widetilde{\mathbf{H}}_1(z)\,e^{j\omega t}] \\ &= \hat{\mathbf{y}}\,2\frac{E_0^i}{\eta_1}\cos k_1 z \cos \omega t \\ &= \hat{\mathbf{y}}\,64\cos(20\pi z/3)\cos(2\pi \times 10^9 t) \quad (\mu\text{A/m}).\end{aligned}$$

이다. $\mathbf{E}_1(z, t)$와 $\mathbf{H}_1(z, t)$의 진폭을 여러 가지 ωt값에 대해 $-z$의 함수로 그림 8-8에 나타냈다. 정재파의 반복주기는 $\lambda/2$로 나타나고, E와 H는 공간적, 시간적으로 90°의 위상차를 갖는다. 이와 같은 특성은 단락 전송선로 상의 전압과 전류에 대한 정재파 패턴의 특성과 동일하다. ♣

연습문제 8.1 반사파를 없애기 위해 두께가 d이고 비유전율이 ε_{r_2}인 유전체 슬라브를 $\varepsilon_{r_1} = 1$과 $\varepsilon_{r_3} = 16$인 두 개의 반무한 매질 사이에 삽입하고자 한다. 3GHz에서의 수직입사파의 경우와 $\lambda/4$ 변환기를 이용하여 d와 ε_{r_2}를 정하라

[답] $\varepsilon_{r_2} = 4$이고, $d = (1.24 + 2.5n)$(cm)로, n은 0, 1, 2, …의 정수이다. (●)

연습문제 8.2 비자성체인 두 도체 사이의 경계면에서 수직입사 반사계수를 복소 유전율로 표시하라.

[답] 매질 1에서 매질 2로 입사하는 경우, (●)

$$\Gamma = \frac{\sqrt{\varepsilon_{c_1}} - \sqrt{\varepsilon_{c_2}}}{\sqrt{\varepsilon_{c_1}} + \sqrt{\varepsilon_{c_2}}},$$

$\varepsilon_{c_1} = (\varepsilon_1 - j\sigma_1/\omega)$ 이고 $\varepsilon_{c_2} = (\varepsilon_2 - j\sigma_2/\omega)$ 이다.

연습문제 8.3 식 (8.22a)에서 식 (8.23b)까지의 전자계에 대하여, 매질 1과 2에서 평균전력밀도의 식을 구하라. 단, 매질 1의 η_{c_1}은 근사적으로 실수이며, 약간의 손실이 있다고 가정한다.

[답] (●)

$$\mathbf{S}_{av_1} = \hat{\mathbf{z}}\frac{|E_0^i|^2}{2\eta_{c_1}}\left(e^{-2\alpha_1 z} - |\Gamma|^2 e^{2\alpha_1 z}\right),$$

$$\mathbf{S}_{av_2} = \hat{\mathbf{z}}|\tau|^2\frac{|E_0^i|^2}{2}\,e^{-2\alpha_2 z}\,\mathfrak{Re}\left(\frac{1}{\eta_{c_2}^*}\right).$$

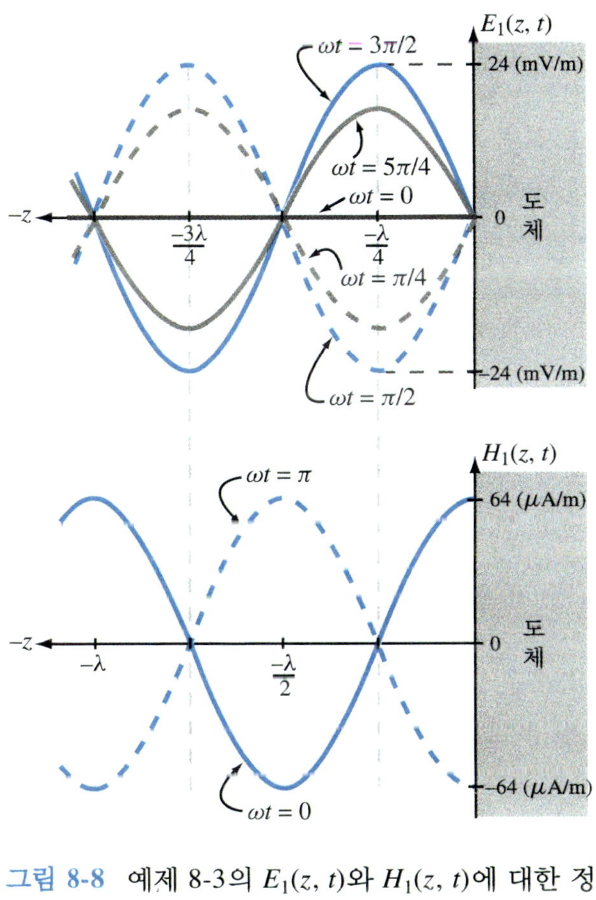

그림 8-8 예제 8-3의 $E_1(z, t)$와 $H_1(z, t)$에 대한 정재파 패턴

8-2 스넬의 법칙

앞 절에서 다른 두 매질간 평면 경계면에 수직으로 입사할 때, 평면파의 반사특성과 투과특성을 검토했다. 이 절에서는 그림 8-9에 표시된 경사입사의 경우에 대해 고찰한다. $z=0$평면은 매질 $1(\varepsilon_1, \mu_1)$과 매질 $2(\varepsilon_2, \mu_2)$인 두 유전체매질 사이의 경계이다. 방향이 $\hat{\mathbf{k}}_i$인 두 선은 입사파의 파면에 대해 수직으로 그려진 광선(ray)를 나타내며, $\hat{\mathbf{k}}_r$과 $\hat{\mathbf{k}}_t$는 각각 반사파와 투과파에 대한 광선이다. 즉, $\hat{\mathbf{k}}_i$는 입사파 방향, $\hat{\mathbf{k}}_r$는 반사파 방향, $\hat{\mathbf{k}}_t$는 투과파 방향을 가리킨다. 그리고, 경계면의 법선방향인 z축과 이들 $\hat{\mathbf{k}}_i$, $\hat{\mathbf{k}}_r$, $\hat{\mathbf{k}}_t$가 각각 이루는 각은 θ_i(**입사각**: angles of incidence), θ_r(**반사각**: angles of reflection) 그리고 θ_t(**투과각 또는 굴절각**: angles of transmission or refraction)이다. 이들 각은 **스넬의 법칙**(Snell's laws)에 의해 구할 수 있으며, 스넬의 법칙은 세 가지파의 파면의 전파를 고려하여 유도된다. 입사파는 경계면 O와 O'에 입사된다. 그림 8-9에서 보는 바와 같이 입사파의 위상이 일정한 파면(등위상면)은 A_iO이고 반사파와 투과파의 등위상면은 각각 A_rO'와 A_tO'이다. 입사파와 반사파는 매질 1에서 동일한 위상속도 $u_{p_1}=1/\sqrt{\mu_1\varepsilon_1}$로 전파하고, 매질 2에서 투과파는 속도 $u_{p_2}=1/\sqrt{\mu_2\varepsilon_2}$로 전파한다. 입사파가 A_i에서 O'까지 진행하는 데 걸리는 시간은 반사파가 O에서 A_r까지, 투과파가 O에서 A_t까지 전파하는 데 걸리는 시간과 같다. 거리를 속도로 나눈 값이 시간이므로

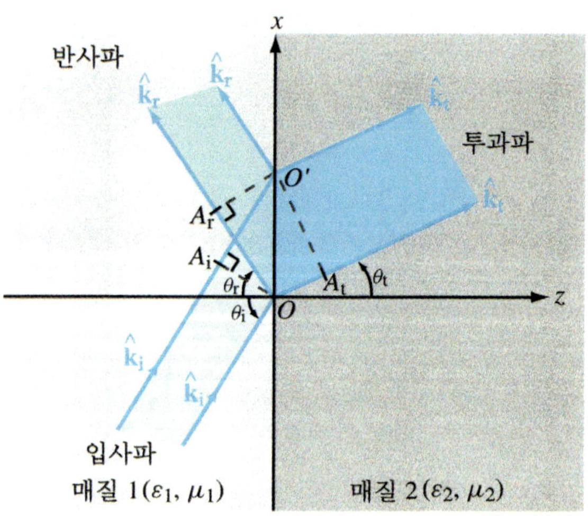

그림 8-9 이종(異種) 매질 간 평면 경계에서의 파의 반사와 굴절

$$\frac{\overline{A_iO'}}{u_{p_1}}=\frac{\overline{OA_r}}{u_{p_1}}=\frac{\overline{OA_t}}{u_{p_2}}. \quad (8.26)$$

이 된다. 그림 8-9로부터

$$\overline{A_iO'}=\overline{OO'}\sin\theta_i, \quad (8.27a)$$
$$\overline{OA_r}=\overline{OO'}\sin\theta_r, \quad (8.27b)$$
$$\overline{OA_t}=\overline{OO'}\sin\theta_t. \quad (8.27c)$$

이 되고, 식 (8.26)에 이들 식을 이용하면

$$\theta_i=\theta_r \quad \text{(반사에 대한 스넬의 법칙)}, \quad (8.28a)$$
$$\frac{\sin\theta_t}{\sin\theta_i}=\frac{u_{p_2}}{u_{p_1}}=\sqrt{\frac{\mu_1\varepsilon_1}{\mu_2\varepsilon_2}} \quad \text{(굴절에 대한 스넬의 법칙)}. \quad (8.28b)$$

이 된다. **스넬의 반사법칙**(Snell's law of reflection)은 반사각이 입사각과 같다는 것이고, **스넬의 굴절법칙**(law of reflection)은 $\sin\theta_t$와 $\sin\theta_i$의 관계를 위상속도의 비로 표시할 수 있음을 의미한다.

어떤 매질의 **굴절률**(index of refraction) n은 매질의 위상속도에 대한 자유공간에서의 위상속도(빛의 속도 c)의 비이다. 그러므로

$$n=\frac{c}{u_p}=\sqrt{\frac{\mu\varepsilon}{\mu_0\varepsilon_0}}=\sqrt{\mu_r\varepsilon_r}. \quad (8.29)$$

이다. 식 (8.29)에 의해 식 (8.28b)는

$$\frac{\sin\theta_t}{\sin\theta_i} = \frac{n_1}{n_2} = \sqrt{\frac{\mu_{r_1}\varepsilon_{r_1}}{\mu_{r_2}\varepsilon_{r_2}}}. \tag{8.30}$$

으로 쓸 수 있다. 비자성매질에서 $\mu_{r_1} = \mu_{r_2} = 1$이므로, 이 경우에는

$$\frac{\sin\theta_t}{\sin\theta_i} = \frac{n_1}{n_2} = \sqrt{\frac{\varepsilon_{r_1}}{\varepsilon_{r_2}}} = \frac{\eta_2}{\eta_1} \quad (\text{for } \mu_1 = \mu_2), \tag{8.31}$$

으로 된다. 여기서 $\eta = \sqrt{\mu/\varepsilon}$는 유전체매질의 고유 임피던스이다. 통상적으로 밀도가 높은 매질일수록 유전율이 더 높다. $\mu_r = \varepsilon_r = 1$인 공기는 굴절률 $\eta_0 = 1$이다. 비자성매질은 $n = \sqrt{\varepsilon_r}$이기 때문에, 첫번째 매질의 굴절률이 두 번째 매질의 굴절률보다 큰 경우에는 첫 번째 매질이 두 번째 매질보다 밀도가 크다고 말한다.

수직입사($\theta_i = 0$)인 경우, 식 (8.31)에서 $\theta_t = 0$이 되고, 경사입사인 경우, $n_2 > n_1$일 때는 $\theta_t < \theta_i$이고, $n_2 < n_1$일 때는 $\theta_t > \theta_i$이다. 즉, 그림 8-10(a)에서와 같이, 매질 1의 파가 밀도가 큰 매질로 입사할 경우, 투과파는 z축을 향하여 안쪽으로 굴절하고, 그림 8-10(b)에서와 같이 밀도가 작은 매질로 입사할 경우는 그 반대가 된다. 그림 8-10(c)에서와 같이 $\theta_t = \pi/2$일 때는 굴절파가 표면을 따라 진행하여 매질 2로 에너지가 전송되지 않는다. $\theta_t = \pi/2$에 해당하는 입사각 θ_i를 **임계각**(critical angle) θ_c라 하며, 식 (8.30)으로부터 구할 수 있다.

$$\sin\theta_c = \frac{n_2}{n_1}\sin\theta_t\Big|_{\theta_t=\pi/2} = \frac{n_2}{n_1} \tag{8.32a}$$

$$= \sqrt{\frac{\varepsilon_{r_2}}{\varepsilon_{r_1}}} \quad (\text{for } \mu_1 = \mu_2). \tag{8.32b}$$

$\theta_i > \theta_c$일 경우, 입사파는 전반사되고, 굴절파는 두 매질 사이의 경계를 따라 진행하는 **비균일 표면파**(surface wave)가 된다. 이러한 파의 특성을 **내부 전반사**(total internal reflection)라 한다.

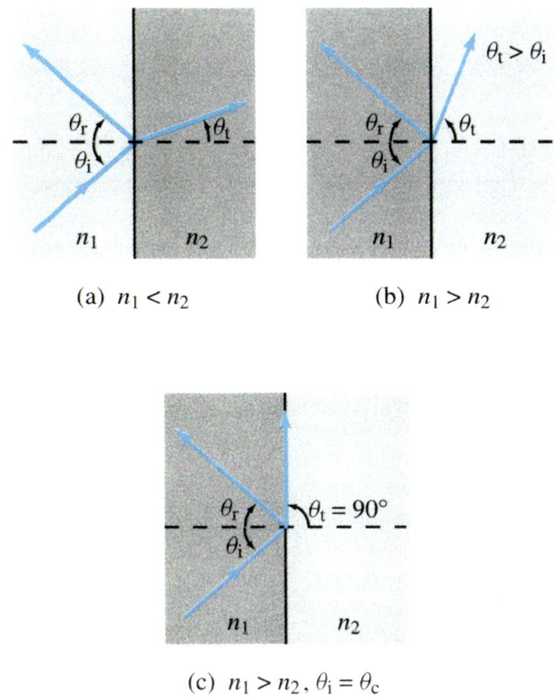

그림 8-10 스넬의 법칙에 의하면 $\theta_r = \theta_i$이고 $\theta_t = (n_1/n_2)\sin\theta_i$이다. 이 때 굴절률이 (a) $n_1 < n_2$이면 굴절파는 안쪽으로 향하고, (b) $n_1 > n_2$이면 바깥쪽으로 향하며, (c) $n_1 > n_2$이고 θ_i가 임계각 $\theta_c = \sin^{-1}(n_2/n_1)$보다 크거나 같으면 굴절각은 90° 이다.

예제 8-4 유전체 슬라브를 통과하는 광의 빔

그림 8-11과 같이 굴절률 η_1인 두 매질 사이에 있다. $\theta_i < \theta_c$일 경우, 나오는 빔은 입사 빔과 평행임을 밝혀라.

풀이 유전체 슬라브의 윗면에서 스넬의 법칙은

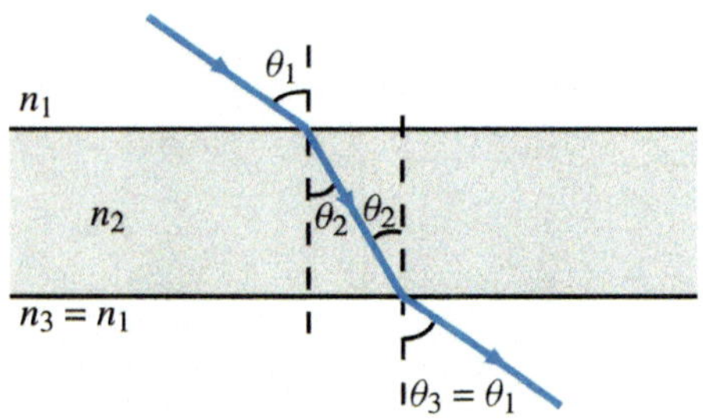

그림 8-11 유전체 슬라브가 양쪽에 평행 경계면을 갖고, 양쪽 면이 모두 동일한 굴절률을 가지고 있다면, 유전체를 통과하여 나가는 각 θ_3는 입사각 θ_1과 동일하다(예제 8-4).

$$\sin\theta_2 = \frac{n_1}{n_2}\sin\theta_1 \tag{8.33}$$

이고, 아랫면에서는

$$\sin\theta_3 = \frac{n_2}{n_3}\sin\theta_2 = \frac{n_2}{n_1}\sin\theta_2. \tag{8.34}$$

이다. 식 (8.33)을 (8.34)에 대입하면

$$\sin\theta_3 = \left(\frac{n_2}{n_1}\right)\left(\frac{n_1}{n_2}\right)\sin\theta_1 = \sin\theta_1.$$

이므로 $\theta_3 = \theta_1$이다. 유전체 슬라브는 빔의 위치를 옮겨 놓지만 빔의 방향을 변화시키지는 않는다. ♣

연습문제 8.4 전자파 스펙트럼의 가시광선 영역에서 물의 굴절률은 1.33이다. 수중의 광원에서 발생된 광파에 대한 임계각은 얼마인가?

[답] $\theta_c = 48.8°$. (●)

연습문제 8.5 연습문제 8.4의 광원이 수면 아래 1m 깊이에 있는 등방성 빔일 경우, 바로 위에서 관측했을 때 빔은 얼마만큼의 원을 조광할 수 있는가?

[답] 원지름 = 2.28m. (●)

8-3 광섬유광학

그림 8-12(a)에 표시된 바와 같이, 연속적인 내부 전반사에 의하여 **광섬유**(optical fiber)로 알려진 유리나 투명 플라스틱으로 된 가느다란 유전체봉을 통해 광이 도파될 수 있다. 광은 유전체봉(광섬유) 안으로만 진행하도록 제한되어 있기 때문에, 광섬유에서의 전력손실은 광섬유 송수신 양단에서 반사손실과 광섬유 재료가 완전 유전체가 아니므로 생기는 유전체손실 두 가지 뿐이다. 광섬유는 광대역 신호의 전송과 다양한 영상기술 분야에 이용되고 있다.

그림 8-12(b)에서 보는 바와 같이 광섬유는 보통 중심에 굴절률 n_f인 원통형 파이버 **코어**(fiber core)를 두고 코어 둘레를 **클래딩**(cladding)이라 불리는 n_f보다 낮은 굴절률 n_c을 갖는 유전체 층이 둘러싸고 있다. 클래딩 층은 수많은 파이버를 다발로 묶을 때 인접 파이버를 광학적으로 분리시키는 역할을 하여 파이버 간의 광 누설을 방지한다. 내부 전반사 조건을 만족하기 위하여 파가 파이버 매질(n_f)에서 클래딩 매질(n_c)로 입사할 경우, 파이버 코어에서 입사각 θ_3는 임계각 θ_c와 같거나 커야 한다. 식 (8.32a)로부터

$$\sin\theta_c = \frac{n_c}{n_f}\,. \tag{8.35}$$

이다. 전반사 조건 $\theta_3 \geq \theta_c$을 만족하기 위하여, $\sin\theta_3 \geq n_c/n_f$가 되어야 한다. θ_2는 θ_3의 여각이므로, $\cos\theta_2 = \sin\theta_3$이다. 그러므로, 전반사의 필요조건은

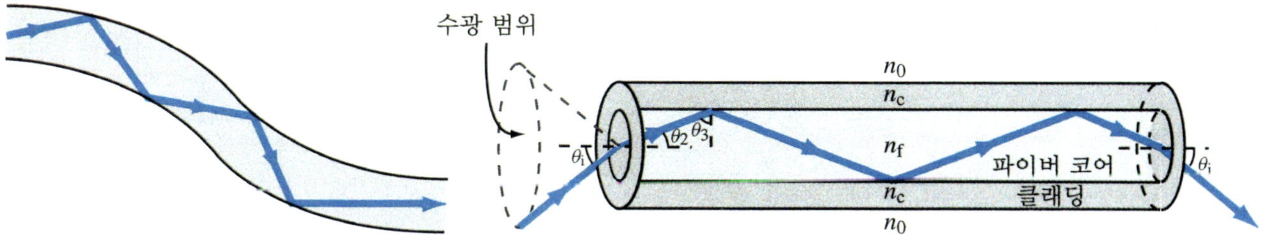

(a) 광섬유 (b) 연속적인 전반사

그림 8-12 광섬유 내부에서 전반사가 일어나기 위해서는 반사각이 임계각보다 커야 하고, 이 경우에 한해 파가 광섬유를 따라 도파할 수 있다.

$$\cos\theta_2 \geq \frac{n_c}{n_f}. \tag{8.36}$$

으로 쓸 수 있다. 또한, 스넬의 법칙에 의하여 θ_2와 파이버 단면에의 입사각(θ_i)과의 관계는

$$\sin\theta_2 = \frac{n_0}{n_f}\sin\theta_i, \tag{8.37}$$

이다. 여기서 n_0는 파이버를 둘러싸고 있는 매질의 굴절률이다. (매질이 공기일 때 $n_0 = 1$이고, 파이버가 물속에 있을 때는 $n_0 = 1.33$이다) 또는,

$$\cos\theta_2 = \left[1 - \left(\frac{n_0}{n_f}\right)^2 \sin^2\theta_i\right]^{1/2}. \tag{8.38}$$

이다. 식 (8.36)의 좌변에 식 (8.38)을 이용하여 $\sin\theta_i$를 구하면

$$\sin\theta_i \leq \frac{1}{n_0}(n_f^2 - n_c^2)^{1/2}. \tag{8.39}$$

이 된다. **수광각**(acceptance angle) θ_a는 전반사 조건을 만족하는 최대 입사각(θ_i의 최대치)으로 정의된다. 즉,

$$\sin\theta_a = \frac{1}{n_0}(n_f^2 - n_c^2)^{1/2}. \tag{8.40}$$

이다. 수광각 θ_a는 파이버의 수광 원뿔각(그림 8-12b)의 반이다. 수광 원뿔각 이내의 입사각으로 코어의 단면에 입사한 모든 광선은 코어를 따라 전파될 수 있다. 이는 수많은 광선경로를 가질 수 있다는 의미로, 여러 **모드**(modes)에 의하여 광에너지를 코어로 진행시킬 수 있다. 그림 8-13에 도시된 세 개의 모드에서 보는 바와 같이, 큰 각으로 입사한 광은 파이버의 축을 따라 진행하는 광보다 더 긴 경로로 진행한다. 결과적으로, 모드가 다르면 파이버 양단 간의 광 전송시간이 다르다. 광섬유의 이러한 특성을 **모드 분산**(modal dispersion)이라 하며, 광섬유의 모드 분산 특성 때문에 디지털 데이터의 전송에 사용되는 펄스가 찌그러지는 바람직하지 못한 현상이 일어난다. 구형 광 펄스가 파이버 단면에 입사한 경우, 이는 여러 가지 모드로 코어를 따라 진행하게 된다. 각 모드마다 진행경로가 다르므로 파이버의 다른 끝 부분(출력단)에 도달할 때, 시간차가 발생하여 펄스의 모양과 길이에 왜곡(distortion)이 나타난다. 그림 8-13

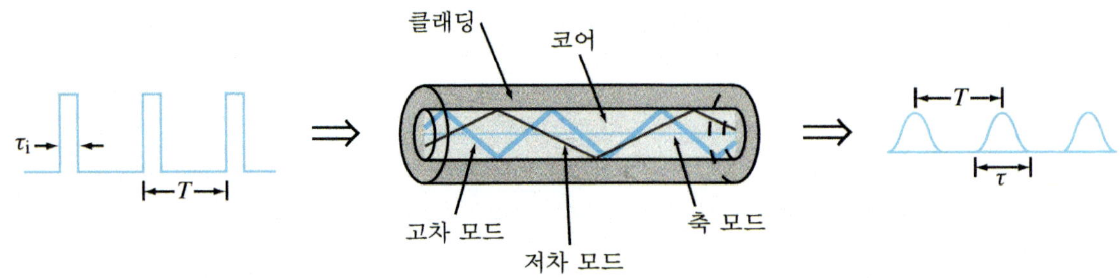

그림 8-13 광섬유에서 모드 분산에 의한 구형 펄스의 왜곡

의 예에서, 광섬유의 입력측에 주기가 T이고 폭이 τ_i인 좁은 구형 펄스가 파이버 코어를 통해 진행하고 나면 모드 분산에 의해 펄스가 파이버 코어를 진행하고 나면 모드 분산에 의해 펄스가 폭 τ로 퍼진 파로 출력에 나타나게 된다. 만약 출력 펄스가 퍼져서 $\tau > T$가 되면, 출력신호는 손상되어 전송된 메시지를 해독할 수 없게 된다. 전송된 펄스가 파이버의 출력단에서 구별될 수 있도록 하기 위하여, τ가 T보다는 짧아야 하며, 일반적으로 안전여유도(출력 펄스를 안전하게 해독하는 데 필요한 조건)로서 $T \geq 2\tau$가 요구된다.

광섬유의 출력 펄스의 퍼짐폭 τ는 가장 늦은 광선과 가장 빠른 광선의 도착 시간차인 지연시간 Δt와 같다. 가장 늦게 전송된 광선은 가장 긴 거리를 진행한 것으로 수광각 θ_a로 파이버의 단면에 입사한 광선에 해당한다. 그림 8-12(b)의 구조와 식 (8.36)으로부터, 이 광선은 $\cos\theta_2 > n_c/n_f$에 해당한다. 광섬유의 길이가 l인 경우, 이 파가 진행한 가장 긴 경로길이는

$$l_{\max} = \frac{l}{\cos\theta_2} = l\frac{n_f}{n_c}, \tag{8.41}$$

이고, 속도 $u_p = c/n_f$로 파이버를 통과하는 데 걸린 가장 긴 시간은

$$t_{\max} = \frac{l_{\max}}{u_p} = \frac{ln_f^2}{cn_c}. \tag{8.42}$$

이며, 축방향 광선의 진행시간이 가장 짧으며, 그 시간은

$$t_{\min} = \frac{l}{u_p} = \frac{l}{c}n_f. \tag{8.43}$$

으로 주어진다. 그러므로, 총 지연시간은

$$\tau = \Delta t = t_{\max} - t_{\min} = \frac{ln_f}{c}\left(\frac{n_f}{n_c} - 1\right) \quad \text{(s)}. \tag{8.44}$$

이다. 앞에서도 언급했지만, 전송신호가 가지는 정보를 복원시키기 위하여, 입력 펄스의 주기 T가 2τ보다 더 짧아서는 안된다. 그러므로, 파이버를 통해 전송될 수 있는 데이터율(data rate: 단위는 bps) 또는 1초당 펄스 수는 다음과 같다.

$$f_p = \frac{1}{T} = \frac{1}{2\tau} = \frac{cn_c}{2ln_f(n_f - n_c)} \quad \text{(bits/s)}. \tag{8.45}$$

예제 8-5 광섬유에 대한 전송 데이터율

공기 중에서 길이 1km인 광섬유는 파이버 코어의 굴절

률이 1.52이고 클래딩의 굴절률이 1.49이다.
(a) 수광각 θ_a, (b) 파이버를 통해 전송될 수 있는 최대 데이터율을 구하라.

풀이

(a) 식 (8.40)으로부터

$$\sin\theta_a = \frac{1}{n_0}(n_f^2 - n_c^2)^{1/2} = [(1.52)^2 - (1.49)^2]^{1/2} = 0.3,$$

이므로, $\theta_a = 17.5°$ 이다.

(b) 식 (8.45)로부터

$$f_p = \frac{cn_c}{2ln_f(n_f - n_c)} = \frac{3\times10^8\times1.49}{2\times10^3\times1.52(1.52-1.49)} = 4.9\ \text{(Mb/s)}.$$

이다. ♣

연습문제 8.6 예제 8-5에서 클래딩 재질의 굴절률이 1.50일 때, 최대 데이터율은 얼마가 되는가?

[답] 7.4(Mb/s) (◉)

8-4 경사입사에 대한 파의 반사와 투과

수직입사의 경우, 다른 두 매질의 경계면에서의 반사계수 Γ와 투과계수 τ는 입사파의 편파와는 무관하다. 왜냐하면 수직입사 평면파의 전계와 자계는 파의 편파와 관계없이 경계면에 대해 항상 접선이기 때문이다. 그러나, $\theta_i \neq 0$인 경사입사의 경우는 그렇지 않다. 임의의 편파를 갖는 파는 두 개의 직교편파의 중첩으로 표시할 수 있다. 하나는 전계가 입사면에 평행한 경우로 **평행편파**(parallel polarization)라 하며, 또 다른 하나는 전계가 입사면에 수직한 경우로 **수직편파**(perpendicular polar-

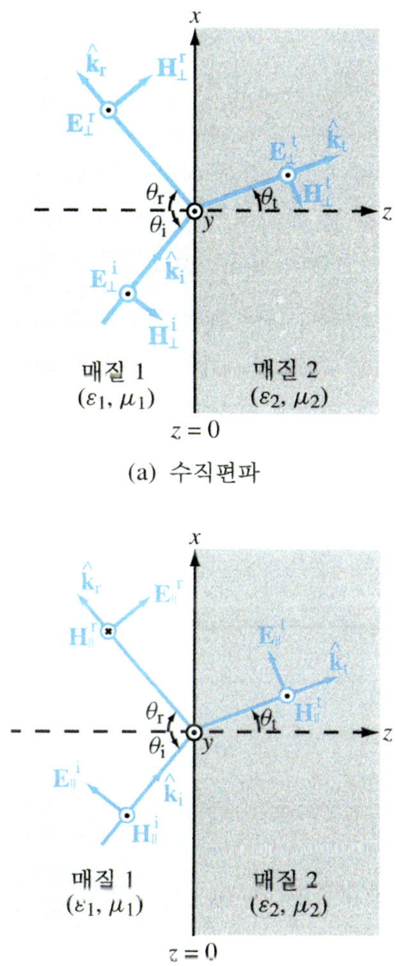

(a) 수직편파

(b) 수평편파

그림 8-14 입사면은 파가 진행하는 방향 $\hat{\mathbf{k}}$와 경계면에 법선방향인 변을 포함하는 평면이다. 이 경우에는 종이면이 입사면이다. (a) 입사면에 대하여 전계 **E**가 수직일 때 파는 수직편파되고, (b) **E**가 입사면에 평행하게 놓여 있을 경우 파는 평행편파된다.

ization)라 한다. **입사면**(plane of incidence)이란 경계면의 법선방향과 입사파의 전파방향으로 이루어지는 평면으로 정의된다. 이들 두 편파의 구조를 그림 8-14에 도시했는데, 여기서 입사면은 x-z평면이다. 입사면에 수직인 전계 **E**를 갖는 편파는 전계 **E**가 입사면에 수직이기 때문에 TE(transverse electric)편파라 하며, 입사면에 평행인 전계 **E**를 갖는 편파는 자계가 입사면에 수직이기 때문에 TM(transverse magnetic)편파라 한다.

임의의 편파를 갖는 파의 반사와 투과에 대한 문제는, 입사파 $(\mathbf{E}^{\mathrm{i}}, \mathbf{H}^{\mathrm{i}})$를 수직편파 성분 $(\mathbf{E}^{\mathrm{i}}_{\perp}, \mathbf{H}^{\mathrm{i}}_{\perp})$과 평행편파 성분 $(\mathbf{E}^{\mathrm{i}}_{\parallel}, \mathbf{H}^{\mathrm{i}}_{\parallel})$으로 먼저 분해하는 것이 훨씬 편리하다. 그 다음에 두 입사성분에 의한 반사파 $(\mathbf{E}^{\mathrm{r}}_{\perp}, \mathbf{H}^{\mathrm{r}}_{\perp})$과 $(\mathbf{E}^{\mathrm{r}}_{\parallel}, \mathbf{H}^{\mathrm{r}}_{\parallel})$을 결정하면 전체 반사파는 두 값의 합이 된다. 투과파 또한 같은 방법으로 구할 수 있다.

8-4.1 수직편파

그림 8-15에 유전체 매질 1에서 x_{i}방향으로 전파하는 수직편파의 입사 평면파를 도시했다. 전계 페이저 $\widetilde{\mathbf{E}}^{\mathrm{i}}_{\perp}$는 y 방향이고, 자계 페이저 $\widetilde{\mathbf{H}}^{\mathrm{i}}_{\perp}$는 y_{i}축 방향이다. $\widetilde{\mathbf{E}}^{\mathrm{i}}_{\perp}$와 $\widetilde{\mathbf{H}}^{\mathrm{i}}_{\perp}$의 방향은 $\widetilde{\mathbf{E}}^{\mathrm{i}}_{\perp} \times \widetilde{\mathbf{H}}^{\mathrm{i}}_{\perp}$가 전파방향 $\hat{\mathbf{x}}_{\mathrm{i}}$가 되도록 정한다. 그러므로 입사 평면파의 전계와 자계는

$$\widetilde{\mathbf{E}}^{\mathrm{i}}_{\perp} = \hat{\mathbf{y}} E^{\mathrm{i}}_{\perp 0} e^{-jk_1 x_{\mathrm{i}}}, \tag{8.46a}$$

$$\widetilde{\mathbf{H}}^{\mathrm{i}}_{\perp} = \hat{\mathbf{y}}_{\mathrm{i}} \frac{E^{\mathrm{i}}_{\perp 0}}{\eta_1} e^{-jk_1 x_{\mathrm{i}}}, \tag{8.46b}$$

로 주어진다. 여기서 $E^{\mathrm{i}}_{\perp 0}$는 $x_{\mathrm{i}} = 0$에서 전계 페이저의 진폭이고, $k_1 = \omega\sqrt{\mu_1 \varepsilon_1}$은 파수, $\eta_1 = \sqrt{\mu_1/\varepsilon_1}$은 매질 1에서의 고유 임피던스이다. 그림 8-15으로부터, 거리 x_{i}와 단위벡터 $\hat{\mathbf{y}}_{\mathrm{i}}$를 (x, y, z) 공간좌표계로 다음과 같이

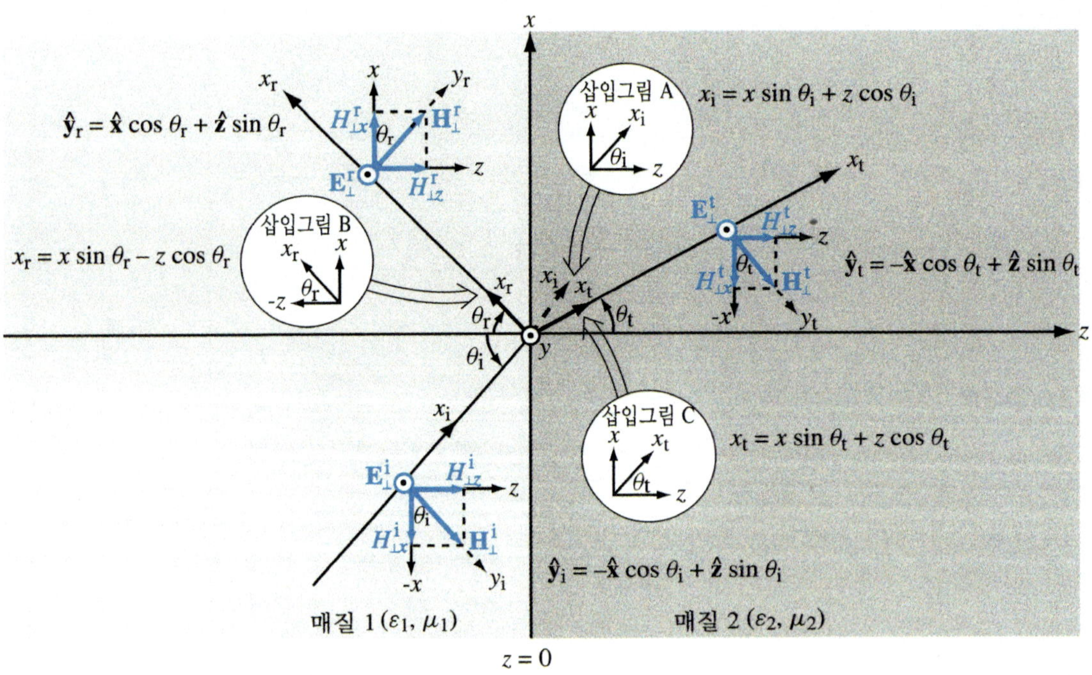

그림 8-15 경계면에 각 θ_{i}으로 입사하는 수직편파된 평면파

나타낼 수 있다.

$$x_i = x\sin\theta_i + z\cos\theta_i, \quad (8.47a)$$

$$\hat{\mathbf{y}}_i = -\hat{\mathbf{x}}\cos\theta_i + \hat{\mathbf{z}}\sin\theta_i. \quad (8.47b)$$

식 (8.47a)와 (8.47b)를 식 (8.46a)와 (8.46b)에 대입하면

입사파(Incident Wave)

$$\widetilde{\mathbf{E}}^i_\perp = \hat{\mathbf{y}}E^i_{\perp 0}e^{-jk_1(x\sin\theta_i+z\cos\theta_i)}, \quad (8.48a)$$

$$\widetilde{\mathbf{H}}^i_\perp = (-\hat{\mathbf{x}}\cos\theta_i + \hat{\mathbf{z}}\sin\theta_i) \times \frac{E^i_{\perp 0}}{\eta_1}\, e^{-jk_1(x\sin\theta_i+z\cos\theta_i)}. \quad (8.48b)$$

로 주어진다. 같은 방법에 의해,

반사파(Reflected Wave)

$$\widetilde{\mathbf{E}}^r_\perp = \hat{\mathbf{y}}E^r_{\perp 0}e^{-jk_1x_r} = \hat{\mathbf{y}}E^r_{\perp 0}e^{-jk_1(x\sin\theta_r-z\cos\theta_r)}, \quad (8.49a)$$

$$\widetilde{\mathbf{H}}^r_\perp = \hat{\mathbf{y}}_r\frac{E^r_{\perp 0}}{\eta_1}\, e^{-jk_1x_r} = (\hat{\mathbf{x}}\cos\theta_r + \hat{\mathbf{z}}\sin\theta_r) \times \frac{E^r_{\perp 0}}{\eta_1}e^{-jk_1(x\sin\theta_r-z\cos\theta_r)}, \quad (8.49b)$$

투과파(Transmitted Wave)

$$\widetilde{\mathbf{E}}^t_\perp = \hat{\mathbf{y}}E^t_{\perp 0}e^{-jk_2x_t} = \hat{\mathbf{y}}E^t_{\perp 0}e^{-jk_2(x\sin\theta_t+z\cos\theta_t)}, \quad (8.49c)$$

$$\widetilde{\mathbf{H}}^t_\perp = \hat{\mathbf{y}}_t\frac{E^t_{\perp 0}}{\eta_2}\, e^{-jk_2x_t} = (-\hat{\mathbf{x}}\cos\theta_t + \hat{\mathbf{z}}\sin\theta_t) \times \frac{E^t_{\perp 0}}{\eta_2}\, e^{-jk_2(x\sin\theta_t+z\cos\theta_t)}, \quad (8.49d)$$

으로 주어진다. 여기서, θ_r과 θ_t는 그림 8-15에 도시된 반사각과 투과각이며, k_2와 η_2는 매질 2의 파수와 고유 임피던스이다. 이제 반사파와 투과파를 입사각 θ_i와 진폭 $E^i_{\perp 0}$ 같은 입사파의 파라미터로 표시하고자 한다. 식 (8.49)에는 4개의 미지량($E^i_{\perp 0}$, $E^r_{\perp 0}$, θ_r, θ_t)이 있다.

각 θ_r과 θ_t는 스넬의 법칙인 식 (8.28a)와 (8.28b)에 의하여 θ_i로 나타낼 수 있지만, $z=0$에서의 계의 경계조건을 적용하여 스넬의 법칙을 유도하기 위하여 당분간 미지수로 취급하기로 한다. 매질 1에서 전체 전계는 입사전계와 반사전계의 합으로 $\widetilde{\mathbf{E}}^1_\perp = \widetilde{\mathbf{E}}^i_\perp + \widetilde{\mathbf{E}}^r_\perp$이고, 전체 자계는 $\widetilde{\mathbf{H}}^1_\perp = \widetilde{\mathbf{H}}^i_\perp + \widetilde{\mathbf{H}}^r_\perp$이다. 경계조건에 의하면 두 매질 사이의 경계면에서 $\widetilde{\mathbf{E}}$와 $\widetilde{\mathbf{H}}$의 접선성분은 연속이어야 한다. 경계면에 대한 전자계의 접선성분은 $\hat{\mathbf{x}}$와 $\hat{\mathbf{y}}$성분이다. 매질 1과 2의 전계에는 $\hat{\mathbf{y}}$성분만 있으므로, $\widetilde{\mathbf{E}}$에 대한 경계조건은

$$(\widetilde{E}^i_{\perp y} + \widetilde{E}^r_{\perp y})\big|_{z=0} = \widetilde{E}^t_{\perp y}\big|_{z=0}. \quad (8.50)$$

이다. 식 (8.48a), (8.49a)와 (8.49c)에 $z=0$를 대입하여 (8.50)의 관계를 적용하면

$$E^i_{\perp 0}e^{-jk_1x\sin\theta_i} + E^r_{\perp 0}e^{-jk_1x\sin\theta_r} = E^t_{\perp 0}e^{-jk_2x\sin\theta_t}. \quad (8.51)$$

이 된다. 자계의 접선성분(x성분)에 대한 경계조건은

$$(\widetilde{H}^i_{\perp x} + \widetilde{H}^r_{\perp x})\big|_{z=0} = \widetilde{H}^t_{\perp x}\big|_{z=0}, \quad (8.52)$$

또는

$$-\frac{E^i_{\perp 0}}{\eta_1}\cos\theta_i\, e^{-jk_1x\sin\theta_i} + \frac{E^r_{\perp 0}}{\eta_1}\cos\theta_r\, e^{-jk_1x\sin\theta_r} = -\frac{E^t_{\perp 0}}{\eta_2}\cos\theta_t\, e^{-jk_2x\sin\theta_t}. \quad (8.53)$$

이다. x의 모든 값에 대해(경계면에서) 식 (8.51)과 (8.53)를 만족하기 위해서는, 세 개의 지수항의 값이 동일해야 한다. 즉,

$$k_1 \sin\theta_i = k_1 \sin\theta_r = k_2 \sin\theta_t, \qquad (8.54)$$

이며, 이것을 **위상정합 조건**(phase matching condition)이라 한다. 식 (8.54)의 첫 번째 등식은

$$\theta_r = \theta_i \qquad \text{(반사에 대한 스넬의 법칙)}, \qquad (8.55)$$

가 되고 두번째 등식은

$$\frac{\sin\theta_t}{\sin\theta_i} = \frac{k_1}{k_2} = \frac{\omega\sqrt{\mu_1\varepsilon_1}}{\omega\sqrt{\mu_2\varepsilon_2}} = \frac{n_1}{n_2} \qquad \text{(굴절에 대한 스넬의 법칙)}. \qquad (8.56)$$

이 된다. 식 (8.55)와 (8.56)의 결과는 8-2절에서 광선이 통과하는 입사파면, 반사파면, 투과파면을 고려하여 유도된 것과 동일하다. 식 (8.54)로부터 식 (8.51)과 (8.53)에 주어진 경계조건은

$$E^i_{\perp 0} + E^r_{\perp 0} = E^t_{\perp 0}, \qquad (8.57a)$$

$$\frac{\cos\theta_i}{\eta_1}(-E^i_{\perp 0} + E^r_{\perp 0}) = -\frac{\cos\theta_t}{\eta_2} E^t_{\perp 0}. \qquad (8.57b)$$

로 간단하게 된다. 이 두 식을 연립해서 풀면, 수직편파의 경우에 반사계수와 투과계수를 구할 수 있다.

$$\Gamma_\perp = \frac{E^r_{\perp 0}}{E^i_{\perp 0}} = \frac{\eta_2\cos\theta_i - \eta_1\cos\theta_t}{\eta_2\cos\theta_i + \eta_1\cos\theta_t}, \qquad (8.58a)$$

$$\tau_\perp = \frac{E^t_{\perp 0}}{E^i_{\perp 0}} = \frac{2\eta_2\cos\theta_i}{\eta_2\cos\theta_i + \eta_1\cos\theta_t}. \qquad (8.58b)$$

수직편파에 대한 **프레넬 반사계수**(Fresnel reflection coefficient)와 **투과계수**(transmission coefficient)로 알려진 이들 두 계수는

$$\tau_\perp = 1 + \Gamma_\perp. \qquad (8.59)$$

의 관계에 있다. 매질 2가 완전도체($\eta_2 = 0$)일 경우, 식 (8.58a)와 (8.58b)는 각각 $\Gamma_\perp = -1$과 $\tau_\perp = 0$으로 된다. 이것은 입사파가 도체매질에 의해 전반사된다는 의미이다.

$\mu_1 = \mu_2 = \mu_0$인 비자성 유전체에서 식 (8.56)을 이용하면 $\Gamma_\perp$에 대한 식은

$$\Gamma_\perp = \frac{\cos\theta_i - \sqrt{(\varepsilon_2/\varepsilon_1) - \sin^2\theta_i}}{\cos\theta_i + \sqrt{(\varepsilon_2/\varepsilon_1) - \sin^2\theta_i}} \qquad (\mu_1 = \mu_2). \qquad (8.60)$$

으로 쓸 수 있다. 여기서 $(\varepsilon_2/\varepsilon_1) = (n_2/n_1)^2$이므로, 식 (8.60)은 굴절률 n_1과 n_2로도 표현할 수 있다.

예제 8-6 지표면에서의 경사입사파

그림 8-15의 좌표계를 사용하여,안테나에서 방사되는 평면파가 공기 중에서 $z=0$인 평면으로 된 지표면으로 입사한다. 입사파의 전계가

$$\mathbf{E}^i = \hat{\mathbf{y}}100\cos(\omega t - \pi x - 1.73\pi z) \quad \text{(V/m)}, \qquad (8.61)$$

이고, 대지의 비유전율이 4인 무손실 유전체로 간주한다.

(a) k_1, k_2와 입사각 θ_1

(b) 공기와 대지에서의 전체 전계에 대한 식

(c) 대지에서 진행하는 파의 평균전력밀도를 구하라.

풀이

(a) 식 (8.61)을 식 (8.46a)과 유사한 페이저 형태로 변환하면

$$\begin{aligned}\widetilde{\mathbf{E}}^i &= \hat{\mathbf{y}}100e^{-j\pi x - j1.73\pi z}\\ &= \hat{\mathbf{y}}100e^{-jk_1x_i} \quad \text{(V/m)},\end{aligned} \qquad (8.62)$$

여기서 x_i는 파가 진행하고 있는 축이다. 그리고

$$k_1 x_i = \pi x + 1.73\pi z. \tag{8.63}$$

이 된다. 식 (8.47a)를 이용하면

$$k_1 x_i = k_1 x \sin\theta_i + k_1 z \cos\theta_i. \tag{8.64}$$

이 되므로

$$k_1 \sin\theta_i = \pi,$$
$$k_1 \cos\theta_i = 1.73\pi,$$

이고

$$k_1 = \sqrt{\pi^2 + (1.73\pi)^2} = 2\pi \qquad \text{(rad/m)},$$
$$\theta_i = \tan^{-1}\left(\frac{\pi}{1.73\pi}\right) = 30°.$$

이다. 매질 1(공기)에서의 파장은

$$\lambda_1 = \frac{2\pi}{k_1} = 1 \text{ m},$$

이고, 매질 2(대지)에서의 파장은

$$\lambda_2 = \frac{\lambda_1}{\sqrt{\varepsilon_{r_2}}} = \frac{1}{\sqrt{4}} = 0.5 \text{ m}.$$

이다. 매질 2에서 파수는

$$k_2 = \frac{2\pi}{\lambda_2} = 4\pi \qquad \text{(rad/m)}.$$

이다. $\widetilde{\mathbf{E}}^i$는 $\hat{\mathbf{y}}$방향이기 때문에 수직으로 편파되어 있다 ($\hat{\mathbf{y}}$는 법선 $\hat{\mathbf{z}}$, 전파방향 $\hat{\mathbf{x}}_i$를 포함한 입사면에 수직이다.)

(b) $\theta_i = 30°$에서 해당하는 투과각 θ_t는 식 (8.56)에 의해 구할 수 있다.

$$\sin\theta_t = \frac{k_1}{k_2}\sin\theta_i = \frac{2\pi}{4\pi}\sin 30° = 0.25$$

이므로

$$\theta_t = 14.5°.$$

이다. $\varepsilon_1 = \varepsilon_0$, $\varepsilon_2 = \varepsilon_{r_2}\varepsilon_0 = 4\varepsilon_0$인 경우이므로, 수직편파에 대한 반사계수와 투과계수는 식 (8.59)와 (8.60)에 의해 구할 수 있다.

$$\Gamma_\perp = \frac{\cos\theta_i - \sqrt{(\varepsilon_2/\varepsilon_1) - \sin^2\theta_i}}{\cos\theta_i + \sqrt{(\varepsilon_2/\varepsilon_1) - \sin^2\theta_i}} = -0.38,$$
$$\tau_\perp = 1 + \Gamma_\perp = 0.62.$$

$E^i_{\perp 0} = 100$(V/m)이고 $\theta_i = \theta_r$인 경우, 식 (8.48a)와 (8.49a)를 이용하면 매질 1에서의 전체 전계 페이저는

$$\begin{aligned}\widetilde{\mathbf{E}}^1_\perp &= \widetilde{\mathbf{E}}^i_\perp + \widetilde{\mathbf{E}}^r_\perp \\ &= \hat{\mathbf{y}} E^i_{\perp 0} e^{-jk_1(x\sin\theta_i + z\cos\theta_i)} \\ &\quad + \hat{\mathbf{y}}\Gamma E^i_{\perp 0} e^{-jk_1(x\sin\theta_i - z\cos\theta_i)} \\ &= \hat{\mathbf{y}}100 e^{-j(\pi x + 1.73\pi z)} - \hat{\mathbf{y}}38 e^{-j(\pi x - 1.73\pi z)},\end{aligned}$$

이고, 매질 1에서의 순시전계는

$$\begin{aligned}\mathbf{E}^1_\perp(x, z, t) &= \mathfrak{Re}\left[\widetilde{\mathbf{E}}^1_\perp e^{j\omega t}\right] \\ &= \hat{\mathbf{y}}[100\cos(\omega t - \pi x - 1.73\pi z) \\ &\quad - 38\cos(\omega t - \pi x + 1.73\pi z)] \qquad \text{(V/m)}.\end{aligned}$$

이다. 매질 2에서 $E^t_{\perp 0} = \tau_\perp E^i_{\perp 0}$이므로, 식 (8.49c)를 이용하면

$$\begin{aligned}\widetilde{\mathbf{E}}^t_\perp &= \hat{\mathbf{y}}\tau E^i_{\perp 0} e^{-jk_2(x\sin\theta_t + z\cos\theta_t)} \\ &= \hat{\mathbf{y}}62 e^{-j(\pi x + 3.87\pi z)}\end{aligned}$$

이 되고, 결과적으로

$$\begin{aligned}\mathbf{E}^t_\perp(x, z, t) &= \mathfrak{Re}\left[\widetilde{\mathbf{E}}^t_\perp e^{j\omega t}\right] \\ &= \hat{\mathbf{y}}62\cos(\omega t - \pi x - 3.87\pi z) \qquad \text{(V/m)}.\end{aligned}$$

이다.

(c) 매질 2에서, $\eta_2 = \eta_0/\sqrt{\varepsilon_{r_2}} \simeq 120\pi/\sqrt{4} = 60\pi$ (Ω)이고, 평균전력밀도는

$$S_{\rm av}^{\rm t} = \frac{|E_{\perp 0}^{\rm t}|^2}{2\eta_2} = \frac{(62)^2}{2 \times 60\pi} = 10.2 \qquad ({\rm W/m^2}).$$

이다. ♣

8-4.2 평행편파

입사파, 반사파, 투과파의 전파방향에 대한 **E**와 **H**의 관계로부터 앞에서 다룬 수직편파에 관한 그림 8-15에서 **E**와 **H**를 서로 바꾸면, 그림 8-16에 도시한 평행편파에 대한 그림이 된다. 전계가 입사면 상에 있고, 이에 따른 자계는 입사면에 수직이다. 그림 8-16에 표시된 방향을 기준으로 할 때 입사파, 반사파, 투과파의 계는 다음과 같이 된다.

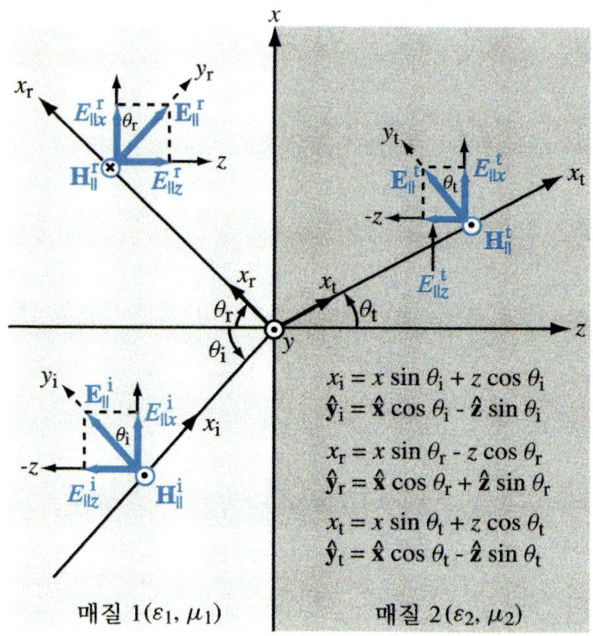

그림 8-16 경계면에 각 $\theta_{\rm i}$으로 입사하는 평행편파된 평면파

입사파(Incident Wave)

$$\widetilde{\mathbf{E}}_\parallel^{\rm i} = \hat{\mathbf{y}}_{\rm i} E_{\parallel 0}^{\rm i} e^{-jk_1 x_{\rm i}}$$
$$= (\hat{\mathbf{x}} \cos\theta_{\rm i} - \hat{\mathbf{z}} \sin\theta_{\rm i}) E_{\parallel 0}^{\rm i} e^{-jk_1(x \sin\theta_{\rm i} + z \cos\theta_{\rm i})}, \quad (8.65\text{a})$$

$$\widetilde{\mathbf{H}}_\parallel^{\rm i} = \hat{\mathbf{y}} \frac{E_{\parallel 0}^{\rm i}}{\eta_1} e^{-jk_1 x_{\rm i}} = \hat{\mathbf{y}} \frac{E_{\parallel 0}^{\rm i}}{\eta_1} e^{-jk_1(x \sin\theta_{\rm i} + z \cos\theta_{\rm i})}, \quad (8.65\text{b})$$

반사파(Reflected Wave)

$$\widetilde{\mathbf{E}}_\parallel^{\rm r} = \hat{\mathbf{y}}_{\rm r} E_{\parallel 0}^{\rm r} e^{-jk_1 x_{\rm r}}$$
$$= (\hat{\mathbf{x}} \cos\theta_{\rm r} + \hat{\mathbf{z}} \sin\theta_{\rm r}) E_{\parallel 0}^{\rm r} e^{-jk_1(x \sin\theta_{\rm r} - z \cos\theta_{\rm r})}, \quad (8.65\text{c})$$

$$\widetilde{\mathbf{H}}_\parallel^{\rm r} = -\hat{\mathbf{y}} \frac{E_{\parallel 0}^{\rm r}}{\eta_1} e^{-jk_1 x_{\rm r}}$$
$$= -\hat{\mathbf{y}} \frac{E_{\parallel 0}^{\rm r}}{\eta_1} e^{-jk_1(x \sin\theta_{\rm r} - z \cos\theta_{\rm r})}, \quad (8.65\text{d})$$

투과파(Transmitted Wave)

$$\widetilde{\mathbf{E}}_\parallel^{\rm t} = \hat{\mathbf{y}}_{\rm t} E_{\parallel 0}^{\rm t} e^{-jk_2 x_{\rm t}}$$
$$= (\hat{\mathbf{x}} \cos\theta_{\rm t} - \hat{\mathbf{z}} \sin\theta_{\rm t}) E_{\parallel 0}^{\rm t} e^{-jk_2(x \sin\theta_{\rm t} + z \cos\theta_{\rm t})}, \quad (8.65\text{e})$$

$$\widetilde{\mathbf{H}}_\parallel^{\rm t} = \hat{\mathbf{y}} \frac{E_{\parallel 0}^{\rm t}}{\eta_2} e^{-jk_2 x_{\rm t}} = \hat{\mathbf{y}} \frac{E_{\parallel 0}^{\rm t}}{\eta_2} e^{-jk_2(x \sin\theta_{\rm t} + z \cos\theta_{\rm t})}. \quad (8.65\text{f})$$

$z=0$에서 두 매질 내의 $\widetilde{\mathbf{E}}$와 $\widetilde{\mathbf{H}}$의 접선성분을 정합시킴으로써(같게 놓으면) 수직편파에서와 같이 스넬의 법칙을 유도할 수 있고, 평행편파에 대한 프레넬 반사계수와 투과계수에 대한 식을 구하면

$$\Gamma_\parallel = \frac{E_{\parallel 0}^{\rm r}}{E_{\parallel 0}^{\rm i}} = \frac{\eta_2 \cos\theta_{\rm t} - \eta_1 \cos\theta_{\rm i}}{\eta_2 \cos\theta_{\rm t} + \eta_1 \cos\theta_{\rm i}}, \quad (8.66\text{a})$$

$$\tau_\parallel = \frac{E_{\parallel 0}^{\rm t}}{E_{\parallel 0}^{\rm i}} = \frac{2\eta_2 \cos\theta_{\rm i}}{\eta_2 \cos\theta_{\rm t} + \eta_1 \cos\theta_{\rm i}}. \quad (8.66\text{b})$$

이 된다. 식 (8.66)으로부터 다음의 관계가 성립된다.

$$\tau_{\parallel} = (1 + \Gamma_{\parallel})\frac{\cos\theta_i}{\cos\theta_t}. \qquad (8.67)$$

두 번째 매질이 $\eta_2 = 0$인 완전도체일 때, 입사파가 경계에서 전반사된다는 것은 수직편파에서와 마찬가지로 평행편파에 대해서도 성립한다. 그 이유는 식 (8.66a)와 (8.66b)에서 $\eta_2 = 0$로 놓으면, $\Gamma_{\parallel} = -1$, $\tau_{\parallel} = 0$이기 때문이다.

비자성체의 경우, 식 (8.66a)는

$$\Gamma_{\parallel} = \frac{-(\varepsilon_2/\varepsilon_1)\cos\theta_i + \sqrt{(\varepsilon_2/\varepsilon_1) - \sin^2\theta_i}}{(\varepsilon_2/\varepsilon_1)\cos\theta_i + \sqrt{(\varepsilon_2/\varepsilon_1) - \sin^2\theta_i}} \quad (\mu_1 = \mu_2). \qquad (8.68)$$

이 된다. 입사각에 대한 $\Gamma_\perp$와 $\Gamma_\parallel$의 크기 변화를 설명하기 위하여, 공기에서 세 종류의 다른 유전체면, 즉 건토($\varepsilon_r = 3$), 습토($\varepsilon_r = 25$), 물 ($\varepsilon_r = 81$)로 입사하는 파에 대해 그림 8-17에 도시했다. 각 표면에 있어서, (1) 수직입사($\theta_i = 0^\circ$)에서는, $|\Gamma_\perp| = |\Gamma_\parallel|$ (2) 수평입사(grazing incidence) $\theta_i = 90^\circ$에서는 $|\Gamma_\perp| = |\Gamma_\parallel| = 1$이고, (3) 그림 8-17에 θ_B로 표시된 **브루스터 각**(Brewster angle)으로 불리는 각에서는 $\Gamma_\parallel$가 영(zero)이 된다. 비자성체에서는 브루스터 각이 평행편파에서만 존재하며 그 값은 식 (8.72)에서 곧 알게 되겠지만 $\varepsilon_2/\varepsilon_1$비에 의해 결정된다. 브루스터 각에서, 입사파의 평행편파된 성분은 모두 매질 2로 투과된다.

8-4.3 브루스터 각

브루스터 각 θ_B은 프레넬 반사계수 $\Gamma = 0$이 되는 입사각 θ_i을 말한다.

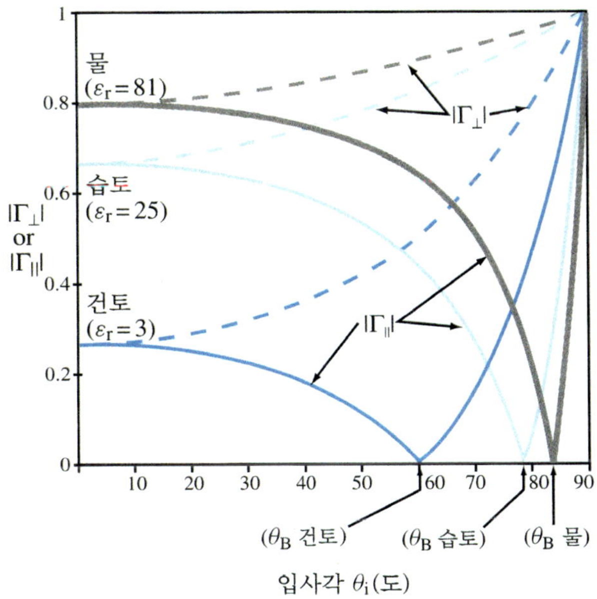

그림 8-17 마른 흙과 젖은 흙 표면과 수면에 대한 의 함수로서의 $|\Gamma_\perp|$과 $|\Gamma_\parallel|$에 대한 그림. 각 표면에 대한 부루스터 각에서 $|\Gamma_\parallel| = 0$이다.

수직편파

수직편파에서, 브루스터 각 $\theta_{B\perp}$는 식 (8.58a)에 주어진 $\Gamma_\perp$에 대한 식의 분자를 0으로 놓음으로써, 즉 다음 식으로부터 구할 수 있다

$$\eta_2 \cos\theta_i = \eta_1 \cos\theta_t. \qquad (8.69)$$

식 (8.69)의 양변을 제곱한 다음, 식 (8.56)을 이용하여 θ_t를 구하고 θ_i를 $\theta_{B\perp}$로 표시하면

$$\sin\theta_{B\perp} = \sqrt{\frac{1 - (\mu_1\varepsilon_2/\mu_2\varepsilon_1)}{1 - (\mu_1/\mu_2)^2}}. \qquad (8.70)$$

이 된다. 식 (8.70)의 분모는 $\mu_1 = \mu_2$일 때 0이 되기 때문

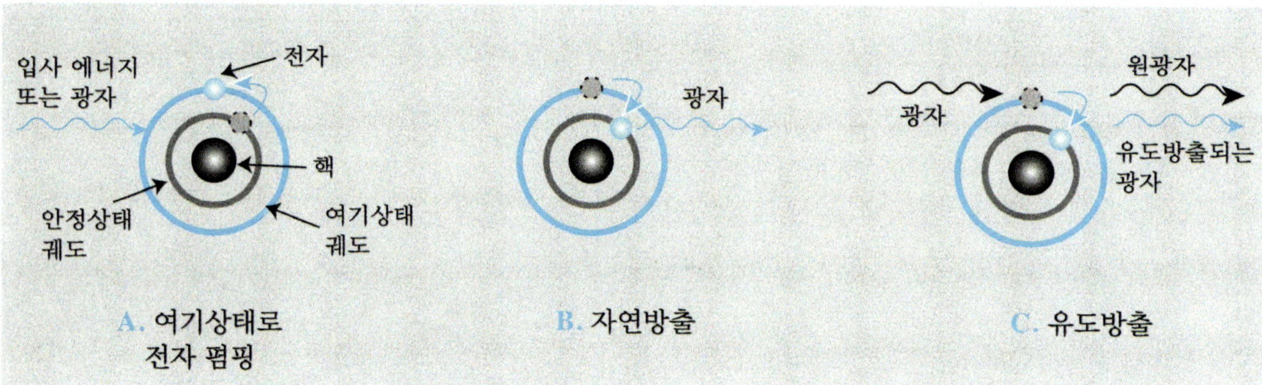

레이저

레이저는 CD나 DVD 플레이어, 바코드 리더기, 안과 수술 등 다양한 시스템과 응용 분야에 사용된다. 레이저는 '유도방출에 의한 빛의 증폭'이라는 동작 원리로부터 그 명칭이 유래되었으며, 태양이나 전구와 달리 단색이고, 집속성이 있으며, 폭이 좁은 광을 제공하는 광원이다. 마이크로웨이브를 발생시키는 레이저를 MASER라 하며, 이것은 1953년에 Charles Townes이 처음으로 구현하였다. 최초의 레이저는 Theodore Maiman이 1960년에 처음 개발하였다.

기본 원리

양자역학적인 복잡한 구조에도 불구하고, 원자는 양성자와 중성자로 구성된 핵과 그 주위에 분포하는 전자운으로 모델링할 수 있다. 모드 물질의 원자나 분자는 전자들이 점유할 수 있는 특정의 양자화된(discrete) 에너지 상태(orbit)를 가지고 있다. 외부의 에지원을 이용하여 열이나 빛의 형태로 물질에 에너지를 공급하면 하위 에너지 준위에 있던 전자들은 상위 에너지 준위로 옮겨갈 수 있으며, 이 상태를 여기된(excited) 상태라고 한다. 그림 (A)에 보인 바와 같이 원자를 여기시키는 것을 펌핑이라고 하는데, 이것은 상위 에너지 준위에 전자의 밀도를 증가시키기 때문이다. 광자의 자연방출은 그림 (B)에서와 같이 여기된 전자가 하위 에너지 준위로 떨어질 때 일어난다. 반면, 유도방출은 그림 (C)에 보인 바와 같이 방출된 광자가 다른 원자의 여기된 전자가 하위 에너지 준위로 떨어지도록 유도할 때 발생되며, 이 때 방출되는 두 번째 광자는 유도방출을 초래한 광자와 동일한 에너지, 파장 그리고 위상을 갖는다.

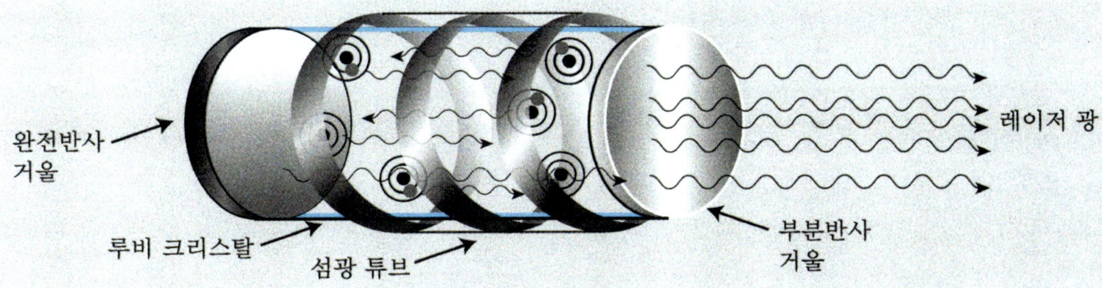

D. 동작원리

동작 원리

매우 크게 증폭된 유도방출을 레이저 발진(lasing)이라 부르며, 레이저 발진은 고체나 액체 그리고 가스에서도 발생될 수 있다. 그림 (D)에 보인 바와 같은 루비 크리스탈이 카메라 플래시와 섬광 튜브에 싸여 있을 경우 레이저 동작이 가능하다. 크리스탈의 한 단면에는 완전 반사 거울이 위치하고, 다른 단면에는 부분 반사 거울이 위치한다. 섬광 튜브에서 발생된 빛은 원자를 여기시키고, 이를 통해 먼저 광자의 자연방출이 일어난다. 자연방출을 통해 방출된 광자는 유도방출을 일으키고, 방출된 광자들은 크리스탈의 축을 따라 움직이면서 거울에 반사되어 왕복운동을 하면서 새로운 유도방출을 일으킨다. 이 과정에서 빛의 증폭이 일어나며, 증폭된 빛은 부분 반사 거울을 통해 밖으로 출력된다. 유도방출된 모든 광자는 동일하기 때문에 레이저에 의해 생성된 광파의 파장은 단일 파장이다.

출력 빛의 파장(색)

모든 물질의 원자들은 고유의 에너지 상태를 가지고 있다. 여기된 상위 에너지 준위와 안정된 하위 에너지 준위 사이의 에너지 차이는 방출되는 광사, 즉 전자파의 파장을 결정한다. 적절한 레이저 발진 물질을 선택함으로써 자외선, 가시광선, 적외선 또는 마이크로파 대역의 파장을 가진 단색파를 생성할 수 있다.

에, 비자성체에 $\theta_{B\perp}$는 존재하지 않는다.

평행편파

식 (8.66a)의 분자를 0으로 놓으면, $\Gamma_{\parallel}=0$이 되는 θ_i를 구할 수 있으며, 이 때의 θ_i는 $\theta_{B\parallel}$로 표시한다. 그 결과는 식 (8.70)과 동일하지만, μ 대신 ε을 대입한 형태가 된다. 즉,

$$\sin\theta_{B\parallel} = \sqrt{\frac{1-(\varepsilon_1\mu_2/\varepsilon_2\mu_1)}{1-(\varepsilon_1/\varepsilon_2)^2}}\,. \tag{8.71}$$

이다. 비자성체에서는

$$\theta_{B\parallel} = \sin^{-1}\sqrt{\frac{1}{1+(\varepsilon_1/\varepsilon_2)}} = \tan^{-1}\sqrt{\frac{\varepsilon_2}{\varepsilon_1}} \qquad (\text{for } \mu_1=\mu_2). \tag{8.72}$$

가 된다. 브루스터 각은 **편파분리각**(polarizing angle) 또는 분파각이라고도 한다. 그 이유는 수직편파와 평행편파 성분으로 구성되어 있는 파가 브루스터 각 $\theta_{B\parallel}$으로 비자성체 표면에 입사할 경우에 평행편파 성분은 전부 두 번째 매질로 투과되고, 수직편파 성분만 표면에서 반사되기 때문이다. 태양광과 같은 자연광과 대부분의 인공광은 광파의 전계방향이 전파방향에 수직인 평면에서 불규칙적으로 변하기 때문에 편파되지 않은 것으로 간주한다. 그래서 자연광 세기의 절반은 수직편파이고, 나머지 절반은 평행편파이다. 이러한 무편파광이 브루스터 각으로 표면에 입사할 때 반사파는 수직편파만 남는다.

연습문제 8.7 공기 중에 있는 파가 $\varepsilon_r=4$, $\mu_r=1$인 대지의 평평한 경계로 $\theta_i=50°$로 입사한다. $\Gamma_\perp$, $\tau_\perp$, $\Gamma_\parallel$와 $\tau_\parallel$를 구하라.

[답] $\Gamma_\perp=-0.48$, $\tau_\perp=0.52$, $\Gamma_\parallel=-0.16$, $\tau_\parallel=0.58$.

연습문제 8.8 연습문제 8.7의 경계에서 브루스터 각을 구하라.

[답] $\theta_B=63.4°$.

연습문제 8.9 식 (8.65a)에서 (8.65f)까지의 모든 식에 주어진 입사, 반사, 투과 전계와 자계의 지수적 위상함수가 x방향으로 모두 같음을 증명하라.

[답] 식 (8.55)와 (8.56)에 의해서, 6개의 모든 계는 $e^{-jk_1x\sin\theta_i}$로 변화함을 알 수 있다.

D8.4-8.6

8-5 반사율과 투과율

반사계수와 투과계수는 입사파의 진폭에 대한 반사전계와 투과전계의 진폭비로 표시한다. 이제 전계비 대신 전력의 비를 살펴보고, 수직편파의 반사율과 투과율을 먼저 구한다. 그림 8-18은 인접하는 두 무손실 매질 간의 경계면에 입사하는 원형 빔의 전자계 에너지를 나타낸다. 빔에 의해 조사되는 면적은 A이고, 입사, 반사, 투과 빔의 전계 진폭이 각각 $E^i_{\perp 0}$, $E^r_{\perp 0}$와 $E^t_{\perp 0}$이다. 입사, 반사, 투과 빔의 평균전력밀도는

$$S^i_\perp = \frac{|E^i_{\perp 0}|^2}{2\eta_1}, \tag{8.73a}$$

$$S^r_\perp = \frac{|E^r_{\perp 0}|^2}{2\eta_1}, \tag{8.73b}$$

$$S^t_\perp = \frac{|E^t_{\perp 0}|^2}{2\eta_2}, \tag{8.73c}$$

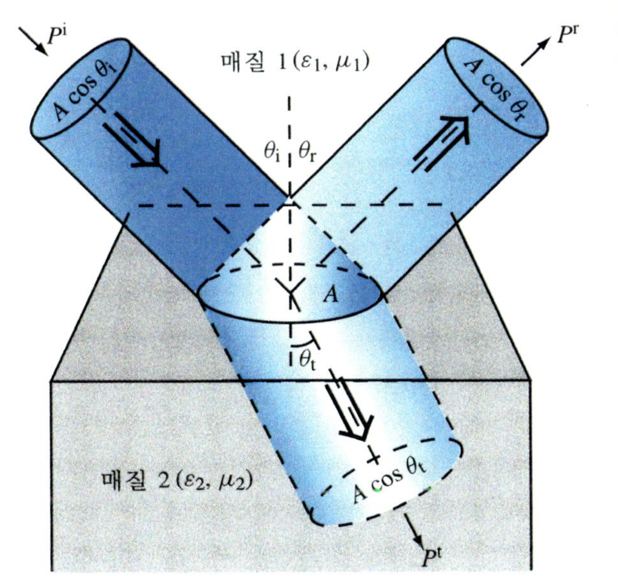

그림 8-18 경계면의 면적 A를 비추는 입사 원형 빔의 반사와 투과

이다. 여기서 η_1과 η_2는 각각 매질 1과 매질 2의 고유 임피던스이다. 입사, 반사, 투과 빔의 단면적은

$$A_{\mathrm{i}} = A\cos\theta_{\mathrm{i}}, \tag{8.74a}$$

$$A_{\mathrm{r}} = A\cos\theta_{\mathrm{r}}, \tag{8.74b}$$

$$A_{\mathrm{t}} = A\cos\theta_{\mathrm{t}}, \tag{8.74c}$$

이고, 빔의 평균전력은

$$P_{\perp}^{\mathrm{i}} = S_{\perp}^{\mathrm{i}} A_{\mathrm{i}} = \frac{|E_{\perp 0}^{\mathrm{i}}|^2}{2\eta_1} A\cos\theta_{\mathrm{i}}, \tag{8.75a}$$

$$P_{\perp}^{\mathrm{r}} = S_{\perp}^{\mathrm{r}} A_{\mathrm{r}} = \frac{|E_{\perp 0}^{\mathrm{r}}|^2}{2\eta_1} A\cos\theta_{\mathrm{r}}, \tag{8.75b}$$

$$P_{\perp}^{\mathrm{t}} = S_{\perp}^{\mathrm{t}} A_{\mathrm{t}} = \frac{|E_{\perp 0}^{\mathrm{t}}|^2}{2\eta_2} A\cos\theta_{\mathrm{t}}. \tag{8.75c}$$

이다. **반사율**(reflectivity) R(광학에서는 reflectance라 한다)은 입사전력에 대한 반사전력의 비로 정의된다. 수직편파에 대한 반사율은 아래와 같다

$$R_{\perp} = \frac{P_{\perp}^{\mathrm{r}}}{P_{\perp}^{\mathrm{i}}} = \frac{|E_{\perp 0}^{\mathrm{r}}|^2 \cos\theta_{\mathrm{r}}}{|E_{\perp 0}^{\mathrm{i}}|^2 \cos\theta_{\mathrm{i}}} = \left|\frac{E_{\perp 0}^{\mathrm{r}}}{E_{\perp 0}^{\mathrm{i}}}\right|^2, \tag{8.76}$$

여기서, 스넬의 반사법칙에 의해 $\theta_{\mathrm{r}} = \theta_{\mathrm{i}}$를 이용하였다. 입사전계의 진폭에 대한 반사전계의 진폭비는 $|E_{\perp 0}^{\mathrm{r}}/E_{\perp 0}^{\mathrm{i}}|$는 반사계수 $\Gamma_{\perp}$이다. 그러므로

$$R_{\perp} = |\Gamma_{\perp}|^2, \tag{8.77}$$

이 된다. 동일한 방법에 의하여 수평편파에서는

$$R_{\parallel} = \frac{P_{\parallel}^{\mathrm{r}}}{P_{\parallel}^{\mathrm{i}}} = |\Gamma_{\parallel}|^2. \tag{8.78}$$

이 된다. **투과율**(transmissivity) T(또는 transmittance라 한다)는 입사전력에 대한 투과전력의 비로 정의된다.

$$T_{\perp} = \frac{P_{\perp}^{\mathrm{t}}}{P_{\perp}^{\mathrm{i}}} = \frac{|E_{\perp 0}^{\mathrm{t}}|^2}{|E_{\perp 0}^{\mathrm{i}}|^2} \frac{\eta_1}{\eta_2} \frac{A\cos\theta_{\mathrm{t}}}{A\cos\theta_{\mathrm{i}}} = |\tau_{\perp}|^2 \left(\frac{\eta_1 \cos\theta_{\mathrm{t}}}{\eta_2 \cos\theta_{\mathrm{i}}}\right), \tag{8.79a}$$

$$T_{\parallel} = \frac{P_{\parallel}^{\mathrm{t}}}{P_{\parallel}^{\mathrm{i}}} = |\tau_{\parallel}|^2 \left(\frac{\eta_1 \cos\theta_{\mathrm{t}}}{\eta_2 \cos\theta_{\mathrm{i}}}\right). \tag{8.79b}$$

입사파, 반사파, 투과파는 전계, 자계, 혹은 전력밀도의 보존법칙(law of conservation)은 따르지 않아도 되지만, 전력보전의 법칙은 따라야 한다. 실제로 많은 경우에 투과전계가 입사전계보다 더 큰 경우가 있다. 전력보존의 법칙에서 입사전력은 반사전력의 합과 같아야 한다. 수직편파인 경우를 예로 들면

$$P_{\perp}^{\mathrm{i}} = P_{\perp}^{\mathrm{r}} + P_{\perp}^{\mathrm{t}}, \tag{8.80}$$

또는

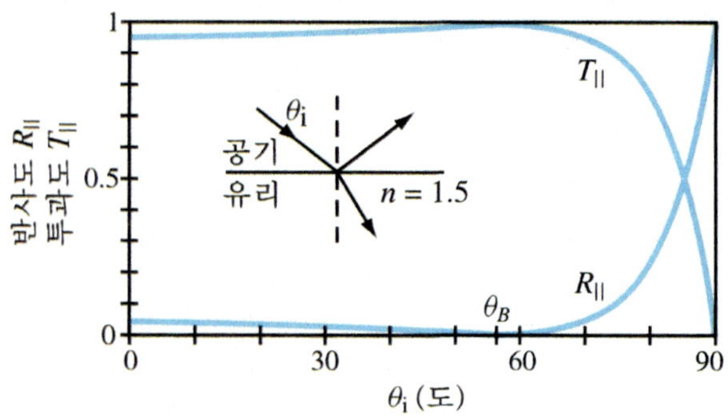

그림 8-19 공기-유리의 경계면에서 입사각 θ_i의 변화에 따른 $(R_{\|}, T_{\|})$의 변화

$$\frac{|E^i_{\perp 0}|^2}{2\eta_1} A\cos\theta_i = \frac{|E^r_{\perp 0}|^2}{2\eta_1} A\cos\theta_r + \frac{|E^t_{\perp 0}|^2}{2\eta_2} A\cos\theta_t. \tag{8.81}$$

이다. 식 (8.76), (8.79a)와 (8.79b)를 이용하면

$$R_\perp + T_\perp = 1, \tag{8.82a}$$

$$R_{\|} + T_{\|} = 1, \tag{8.82b}$$

또는

$$|\Gamma_\perp|^2 + |\tau_\perp|^2 \left(\frac{\eta_1\cos\theta_t}{\eta_2\cos\theta_i}\right) = 1, \tag{8.83a}$$

$$|\Gamma_{\|}|^2 + |\tau_{\|}|^2 \left(\frac{\eta_1\cos\theta_t}{\eta_2\cos\theta_i}\right) = 1. \tag{8.83b}$$

가 된다. 그림 8-19는 공기와 유리의 경계면에서 θ_i에 대한 $(R_{\|}, T_{\|})$의 함수 관계를 표시한 것이다. 식 (8.82b)에서 보는 바와 같이 $R_{\|}$와 $T_{\|}$의 합은 항상 1이며, 브루스터 각 θ_B에서 $R_{\|}=0$이고, $T_{\|}=1$임을 알 수 있다.

수직입사와 경사입사에 대한 Γ, τ, R과 T의 일반식들이 표 8-2에 수록되어 있다.

예제 8-7 광 빔

원형 단면을 갖는 5W 광 빔이 공기에서 굴절률 5인 유전체 매질의 평면 경계면에 입사한다. 입사각이 60°이고 입사파가 평행편파인 경우, 투과각을 계산하고 반사 빔과 투과 빔의 전력도 구하라.

풀이 식 (8.56)으로부터

$$\sin\theta_t = \frac{n_1}{n_2}\sin\theta_i = \frac{1}{5}\sin 60^\circ = 0.17$$

즉,

$$\theta_t = 10^\circ.$$

이다. $\varepsilon_2/\varepsilon_1 = n_2^2/n_1^2 = (5)^2 = 25$이므로, 평행편판에 대한 반사계수는 식 (8.68)을 적용하여 계산하면

$$\Gamma_{\|} = \frac{-(\varepsilon_2/\varepsilon_1)\cos\theta_i + \sqrt{(\varepsilon_2/\varepsilon_1) - \sin^2\theta_i}}{(\varepsilon_2/\varepsilon_1)\cos\theta_i + \sqrt{(\varepsilon_2/\varepsilon_1) - \sin^2\theta_i}} = \frac{-25\cos 60^\circ + \sqrt{25 - \sin^2 60^\circ}}{25\cos 60^\circ + \sqrt{25 - \sin^2 60^\circ}} = -0.435.$$

이 된다. 반사전력과 투과전력은

$$P^r_{\|} = P^i_{\|}|\Gamma_{\|}|^2 = 5(0.435)^2 = 0.95 \text{ W},$$

$$P^t_{\|} = P^i_{\|} - P^r_{\|} = 5 - 0.95 = 4.05 \text{ W}.$$

이 된다. ♣

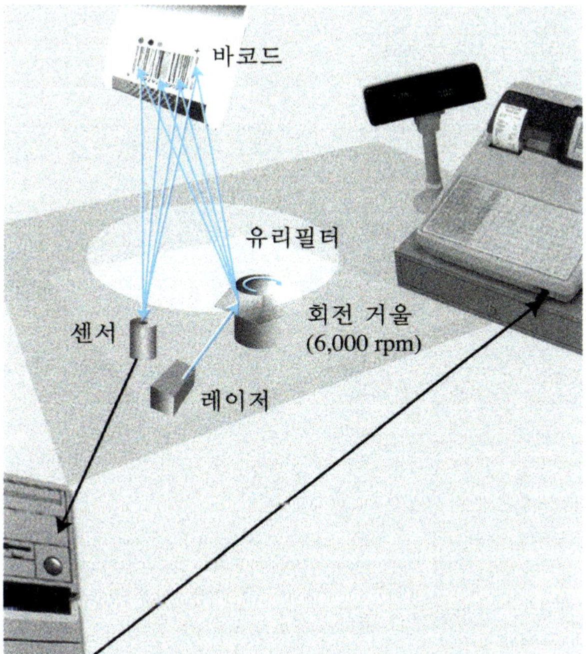

A. 바코드 리더기의 구성요소

B. 반사된 레이저 빔에 포함되는 바코드

바코드 리더기

바코드는 백색의 배경 위에 검은색으로 평행하게 인쇄된 여러 개의 막대(bar) 표시들의 조합으로 구성되며, 제품과 생산자의 정보를 표시하는 특수한 2진 코드를 표시한다. 레이저 스캐너는 이러한 정보를 읽어서 컴퓨터나 현금계산기 그리고 디스플레이 소자에 전달할 수 있다. 식료품 가게의 계산대에 설치된 스캐너와 소지가 가능하며 총과 비슷한 모양으로 생겨 바코드기가 인쇄된 물체에 조준하여 스캔할 수 있는 소지형 리더기의 기본적인 동작원리는 동일하다.

기본 동작원리

스캐너는 여러 개의 표면을 가지며, 분당 약 6000번 회전하는 회전 거울에 조준된 레이저를 사용한다. 회전거울은 팬 광선(fan beam)을 생성하며, 이 팬 광선은 물체의 바코드에 조사된다(그림 A). 이 때 회전거울의 여러 표면에 레이저 빔이 쬐임으로써 광선은 여러 방향으로 굴절되며, 바코드 리더기가 스캔할 수 있는 물체의 위치 영역을 넓혀 준다. 이처럼 여러 방향으로 빛을 굴절되게 하여 바코드에 조사한 후, 특정 방향의 빛이 바코드에서 반사된 후 감광기(sensor)에 집광되도록 하면 된다. 바코드의 백색부분은 빛을 반사시키고, 흑색부분은 빛을 흡수하므로 이러한 과정을 통해 코드 조합을 읽을 수 있으며, 그것을 감광기를 통해 ‘0’과 ‘1’로 표현되는 2진 코드로 변환할 수 있다. 바코드를 읽는 과정에서 주변광에 의한 간섭을 방지하기 위해, 그림 A에 나타낸 바와 같이, 필터를 사용하여 레이저 출력 대역을 제외한 다른 파장의 빛이 감광기로 입사되는 것을 막게 된다.

표 8-2 고유 임피던스 η_1를 가진 매질로부터 고유 임피던스가 η_2인 매질로 입사하는 파의 Γ, τ, R, T에 대한 표현식. 각 θ_i와 각 θ_t는 각각 입사각과 투과각이다.

특성	수직입사 $\theta_i = \theta_t = 0$	수직편파	수평편파
반사계수	$\Gamma = \dfrac{\eta_2 - \eta_1}{\eta_2 + \eta_1}$	$\Gamma_\perp = \dfrac{\eta_2 \cos\theta_i - \eta_1 \cos\theta_t}{\eta_2 \cos\theta_i + \eta_1 \cos\theta_t}$	$\Gamma_\parallel = \dfrac{\eta_2 \cos\theta_t - \eta_1 \cos\theta_i}{\eta_2 \cos\theta_t + \eta_1 \cos\theta_i}$
투과계수	$\tau = \dfrac{2\eta_2}{\eta_2 + \eta_1}$	$\tau_\perp = \dfrac{2\eta_2 \cos\theta_i}{\eta_2 \cos\theta_i + \eta_1 \cos\theta_t}$	$\tau_\parallel = \dfrac{2\eta_2 \cos\theta_i}{\eta_2 \cos\theta_t + \eta_1 \cos\theta_i}$
Γ와 τ의 관계	$\tau = 1 + \Gamma$	$\tau_\perp = 1 + \Gamma_\perp$	$\tau_\parallel = (1 + \Gamma_\parallel)\dfrac{\cos\theta_i}{\cos\theta_t}$
반사도	$R = \lvert\Gamma\rvert^2$	$R_\perp = \lvert\Gamma_\perp\rvert^2$	$R_\parallel = \lvert\Gamma_\parallel\rvert^2$
투과도	$T = \lvert\tau\rvert^2 \left(\dfrac{\eta_1}{\eta_2}\right)$	$T_\perp = \lvert\tau_\perp\rvert^2 \dfrac{\eta_1 \cos\theta_t}{\eta_2 \cos\theta_i}$	$T_\parallel = \lvert\tau_\parallel\rvert^2 \dfrac{\eta_1 \cos\theta_t}{\eta_2 \cos\theta_i}$
R과 T의 관계	$T = 1 - R$	$T_\perp = 1 - R_\perp$	$T_\parallel = 1 - R_\parallel$

노트: (1) $\sin\theta_t = \sqrt{\mu_1\varepsilon_1/\mu_2\varepsilon_2}\sin\theta_i$; (2) $\eta_1 = \sqrt{\mu_1/\varepsilon_1}$; (3) $\eta_2 = \sqrt{\mu_2/\varepsilon_2}$; (4) 비자성체 $\eta_2/\eta_1 = n_1/n_2$.

문제

8-1절: 수직입사에 대한 파의 반사와 투과

8.1* 공기 중에서 전계크기가 10V/m인 평면파가 $\varepsilon_r = 25$인 무손실 비자성체의 표면에 수직으로 입사한다. 다음을 구하라.

(a) 반사계수와 투과계수

(b) 정재파 비

(c) 입사파, 반사파와 투과파의 평균밀도

*해답은 부록 D에 있음.

표시는 'Solution available in CD-ROM' 을 나타냄.

8.2 $\varepsilon_{r_1} = 2.25$인 매질 1 내에 전파하는 평면파가 $\varepsilon_{r_2} = 4$인 매질 2에 수직 입사한다. 두 매질 모두가 비자성, 비도전체이다. 입사파 전계가

$$\mathbf{E}^i = \hat{\mathbf{y}} 4\cos(6\pi \times 10^9 t - 30\pi x) \qquad \text{(V/m)}$$

일 때, 다음을 구하라.

(a) 각 매질 내에서 전계와 자계에 관한 시간영역 식

(b) 입사파, 반사파, 그리고 투과파의 평균전력밀도

8.3 $\varepsilon_{r_1} = 9$인 매질 내에 전파하는 평면파가 $\varepsilon_{r_2} = 4$인 제2 매질에 수직입사한다. 두 매질은 모두 비자성, 비도전체이다. 입사평면파의 자계가

$$\mathbf{H}^i = \hat{\mathbf{z}} 2\cos(2\pi \times 10^9 t - ky) \qquad \text{(A/m)}$$

일 때, 다음을 구하라.

(a) 각 매질 내에서 전계와 자계에 관한 시간영역 식

(b) 입사파, 반사파, 그리고 투과파의 평균전력밀도

8.4 200MHz에서 전계크기가 10V/m인, 좌선회원 편파된 평면파가 공기에서 $\varepsilon_r = 4$이고, $z \geq 0$에 있는 유전체 매질로 수직입사한다.

(a) $z=0$, $t=0$에서 계가 양의 최대값을 가질 때, 전계 페이저에 대한 식을 써라.

(b) 반사계수와 투과계수를 계산하라.

(c) $z \leq 0$에서 반사파, 투과파와 전체 계의 전계 페이저에 대한 식을 써라.

(d) 경계면에서 입사 평균전력에 대한 반사파의 평균전력과 투과파의 평균전력의 비율(%)을 구하라.

8.5* $\varepsilon_r = 2.25$, $\mu_r = 1$, $\sigma = 10^{-4}$S/m인 불량도체로 유전체 매질을 바꾼 다음, 문제 8.4를 반복하라.

8.6 전계 크기가 30V/m이고 주파수가 50MHz인 평면파가 공기 중에서 $\varepsilon_r = 36$인 반무한 완전유전체에 수직으로 입사한다. 다음을 구하라.

(a) Γ

(b) 입사파와 반사파의 평균전력밀도

(c) 공기 중에서 전계상노 $|E|$가 최소가 되는 경계로부터 가장 가까운 지점까지의 거리

8.7* 그림 8-20에 도시된 세 영역은 완전유전체로 되어 있다. 매질 1에 있는 파는 $z = -d$인 경계에서 수직으로 입사한다. ε_{r_2}와 d를 어떻게 설정하면 반사가 없겠는가? ε_{r_1}, ε_{r_3}와 주파수 f를 사용하여 표시하라.

8.8 그림 8-20과 같은 구조에서 전송선로 방정식(또는 스미스 도표)를 이용하여 $z = -d$에서의 반사계수를 계산하라. 단 $\varepsilon_{r_1} = 1$, $\varepsilon_{r_2} = 9$, $\varepsilon_{r_3} = 4$, $d = 1.2$m, $f =$ 50MHz이다. 또, 입사 평균전력 밀도에 대한 반사 평균전력의 비를 계산하라. 단, 모든 매질은 무손실 비자성체라고 가정한다.

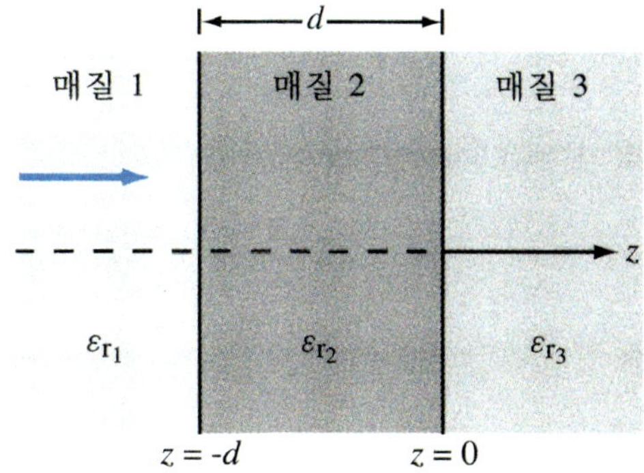

그림 8-20 문제 8.7 ~ 8.9에서의 유전체층 구조

8.9* ε_{r_1}과 ε_{r_3}를 서로 교환하여 문제 8.8을 반복하라.

8.10 파장이 0.61μm인 오렌지색 광이 공기 중에서 $\varepsilon_r = 2.25$인 유리벽으로 입사한다. 유리에 설치한 센서(sensor)에는 무슨 색깔이 나타나는가? 색깔에 대한 파장의 범위는 보라색(0.39~0.45μm), 푸른색(0.45~0.49μm), 녹색(0.49~0.58μm), 노란색(0.58~0.60μm), 오렌지색(0.60~0.62μm), 붉은색(0.62~0.78μm)이다.

8.11* 미지 주파수의 평면파가 공기 중에서 완전도체 표면에 수직입사한다. 전계 강도계를 사용하여, 도체 표면으로부터 2.5m 거리에서 측정된 공기 중의 총 전계가 0임을 알 수 있다. 또한, 이와 같은 널(null)은 이보다 더 가까운 도체 표면으로부터 거리에서도 나타남이 관측되

었다. 입사파 주파수는?

8.12 진공 중에서 $\lambda = 0.6\mu$m인 황색 광선이 조사된 공기 중에 있는 비누 박막을 생각해 보자. 비누 박막을 양면이 공기로 접한 $\varepsilon_r = 1.72$인 평면 유전체 슬라브로 간주할 때, 수직입사시 황색광선의 반사가 크게 일어나는 유전체 박막의 두께는?

8.13* 전계 크기가 20(V/m)인 5MHz 평면파가 공기 중에서 $\varepsilon_r = 4$, $\mu_r = 1$, $\sigma = 100$(S/m)인 반무한 도체 평면에 수직입사한다. 도체 표면으로부터 2mm 깊이에 침투된 단위 단면적당 평균 손실전력을 구하라.

8.14 해면 상공을 비행하는 항공기에 탑재된 0.5MHz 안테나는 전계의 크기가 3000(V/m)인 수직입사 평면파 형태로 해면에 접근하는 파를 발생시킨다. 바닷물은 $\varepsilon_r = 72$, $\mu_r = 1$, 그리고 $\sigma = 4$(S/m)이다. 항공기가 바닷속 d에 잠수된 잠수함에 메시지를 전하려고 한다. 잠수함 수신기가 수신 가능한 최소 신호의 크기가 0.1(μV/m)이라면, 통신이 가능한 잠수함의 최대깊이 d는 얼마인가?

8-2, 8-3절: 스넬의 법칙과 광섬유광학

8.15* 그림 8-21에 도시한 바와 같이 공기 중에 있는 프리즘에 각 θ로 광선이 입사한다. 광선은 첫 번째 면에서 굴절되고, 다시 두 번째 면에서도 굴절된다. 광선이 다른 면에서 들어올 경우, 가장 작은 θ값을 프리즘의 꼭지각 ϕ와 굴절률 n으로 나타내어라. $n = 1.5$, $\phi = 60°$일 때 θ의 최소치 θ_{min}을 구하라.

8.16 어떤 종류의 유리는 굴절률이 파장에 의해 변한다. 굴절률이

$$n = 1.71 - \frac{4}{30}\lambda_0, \quad (\lambda_0\text{의 단위는 }\mu\text{m})$$

인 재료로 만들어진 프리즘을 그림 8.22에서와 같이 백색광을 분산하는 데 이용했다.(여기서 λ_0는 진공 중의 파장이고 단위는 μm이다.) 백색광은 50°로 입사하며, 적색의 파장 λ_0는 0.7μm이고, 보라색의 파장은 0.4μm이다. 각 분산(angular dispersion)을 각도로 표시하라.

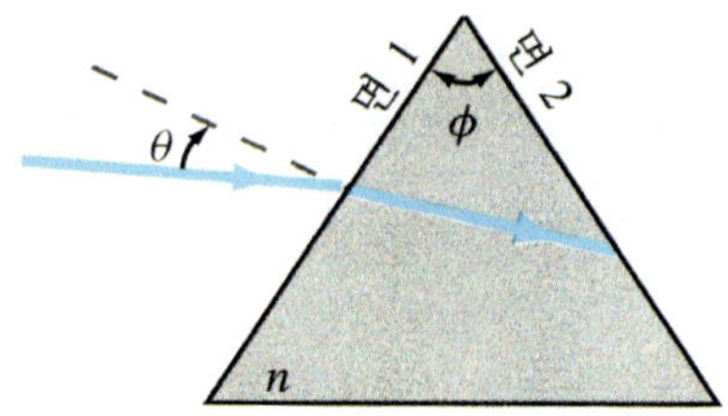

그림 8-21 문제 8.15에서의 프리즘

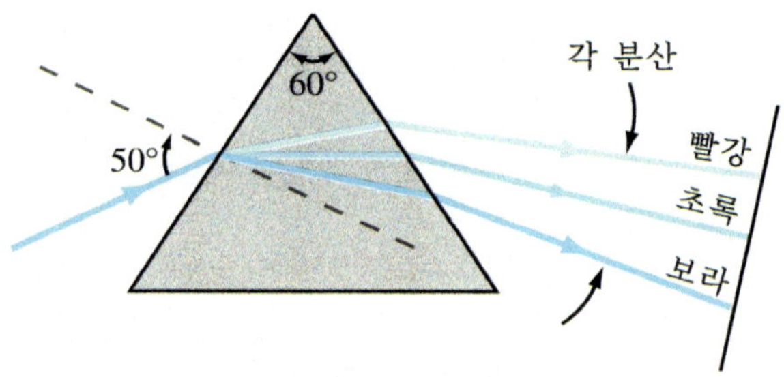

그림 8-22 문제 8.16에서의 프리즘

8.17* 그림 8-23에 있는 두 개의 프리즘은 $n = 1.52$인 유리로 만들었다. 위에 있는 프리즘에 입사하여 아래의

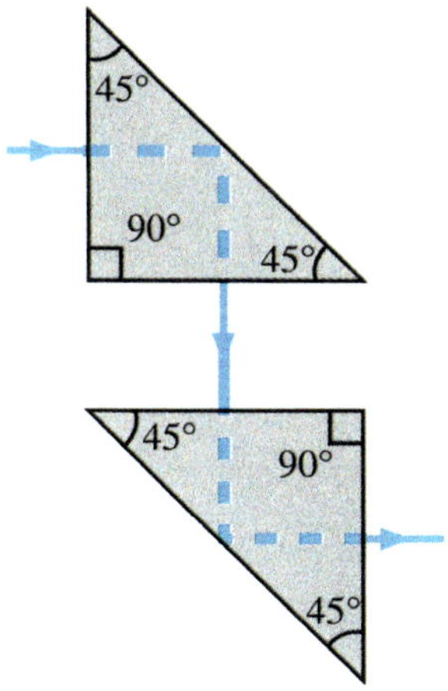

그림 8-23 분제 8.17에서의 잠망경 프리즘

프리즘으로 나오는 광선의 전력밀도와 입사전력의 비는 얼마인가? 단, 다중 내부반사는 무시한다.

8.18 그림 8-24에 표시된 굴절률과 두께를 가진 두 개의 유전체를 통하여 45° 로 입사하는 광선이 통과하고 있다. 광선이 높이 2cm에서 첫 번째 유전체 표면에 입사될 때, 스크린에 닿는 광선의 위치(높이)는?

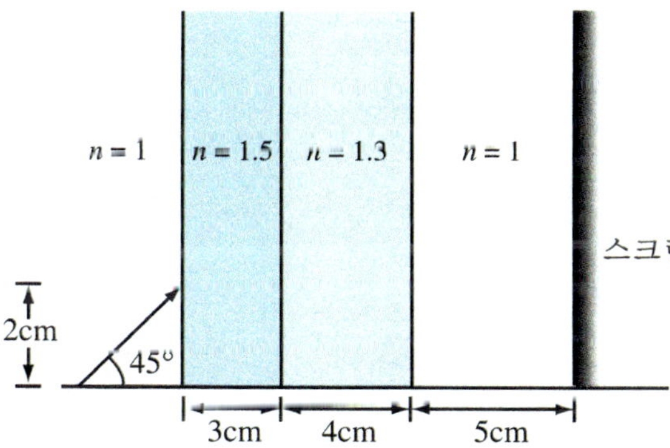

그림 8-24 다층 유전체 판을 통과하여 스크린에 입사되는 광선(문제 8.18)

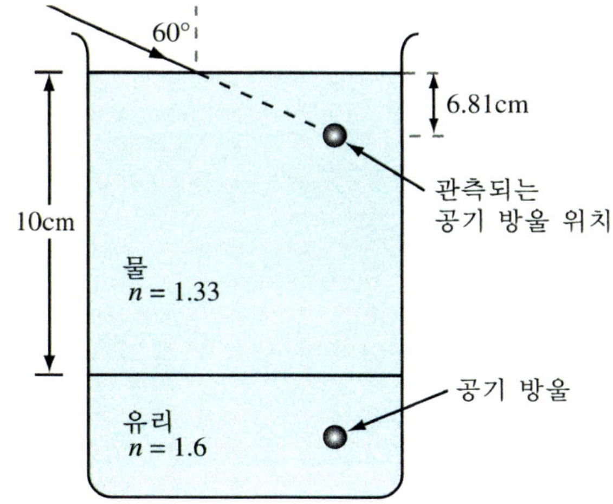

그림 8-25 기포의 겉보기 위치(문제 8.19)

8.19* 그림 8-25는 비이커의 밑바닥에 유리블록이 있고 그 위에 물이 채워진 것을 나타낸 것이다. 유리 블록 내에는 미지 깊이에 작은 기포가 있다. 수면 위 60° 방향에서 볼 때 기포는 6.81cm 깊이에 있는 것처럼 보인다. 기포의 실제 깊이는?

8.20 그림 8-26에서와 같이, $n = 1.5$인 빈원통 유리가 그 개구면이 수평면이 되도록 놓여 있고, 그 개구면은 그림에서와 같이 기름 방울로 덮여 있다. 광선이 기름을 향해 방사상으로 입사하는 경우, θ가 60°를 넘으면, 전반사가 일어난다. 기름의 굴절률은?

8.21* 동전이 깊이 30cm인 우물속 바닥에 있다. 동전 바로 위 수면 위에 원형 종이 조각을 띄웠을 때, 동전을 완전히 가리게 되는 종이의 직경을 구하라. 동전은

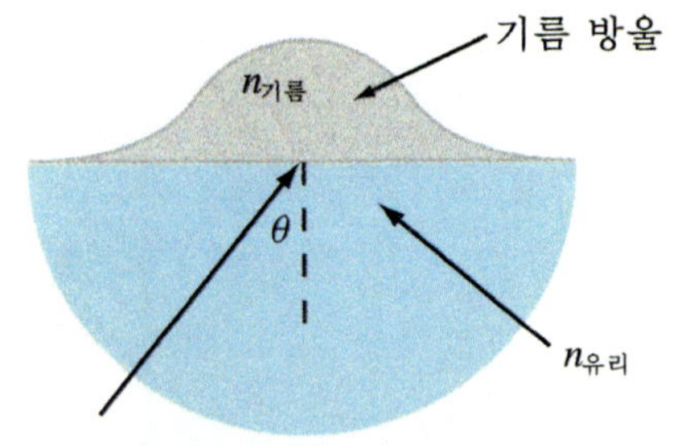

그림 8-26 반원통 개구면 상의 기름 방울(문제 8.20)

점으로 간주하고 물의 굴절률은 1.33이라 한다.

8.22 예제 8-5의 광섬유가 공기 대신에 $n = 1.33$인 물 속에 있을 경우 θ_a와 f_p를 구하여라.

8.23* 식 (8.45)는 광섬유의 송신단에서 광이 그림 8-12b에서와 같이 전체 수광 원뿔각 이내로 입사되는 경우에 유도한 것이다. 입사광선의 입사범위(수직입사와 θ'사이의 각 $\theta' < \theta_a$)는 좁다.

(a) 최대 데이터 전송 f_p를 θ'에 관한 식으로 유도하라.

(b) $\theta' = 3°$ 일 때, 예제 8-5의 광섬유의 f_p를 구하라.

8-4, 8-5절: 경사입사에 대한 파의 반사와 투과

8.24 공기 중에서 전계가

$$\widetilde{\mathbf{E}}^{i} = \hat{\mathbf{y}}\, 10e^{-j(3x+4z)} \qquad \text{(V/m)}$$

인 평면파가 $z \geq 0$인 공간을 점유하는 $\varepsilon_r = 4$인 유전체 표면(평면)에 입사한다. 다음을 구하라.

(a) 입사파의 전파

(b) 입사각

(c) 반사파 전계와 자계의 시간영역 식

(d) 투과파 전계와 자계의 시간영역 식

(e) 유전체 내의 전자파 평균전력밀도를 구하라.

8.25 자연광선은 편파가 불규칙하며, 이것은 평균적으로, 광에너지의 절반은 임의의 방향(전파(傳播)방향에 직각인 면 내에서)으로 편파되고, 나머지 절반은 이와 작교되는 방향으로 편파된다. 따라서, 자연광선이 평면 경계에 입사하면, 광에너지의 절반은 평행편파되고, 나머지 절반은 수직편파된다. 자연광선이 70° 방향에서 조사(입사)될 때, $n = 1.5$인 유리면(평면)에서 반사계수(입사전력에 대한 반사전력의 비)를 구하라.

8.26 공기 중에서 수직편파된 파가 입사각 30° 로 평면유리-공기 경계면에 경사입사한다. 파의 주파수는 600THz로 녹색광에 해당한다. 유리의 굴절률은 1.6이고 입사파의 전계의 크기가 50V/m일 경우 다음을 구하라.

(a) 반사계수와 투과계수

(b) 유리매질에서 **E**와 **H**에 대한 순시식

8.27 반사계수 $\Gamma_\perp$을

$$\Gamma_\perp = \frac{\sin(\theta_t - \theta_i)}{\sin(\theta_t + \theta_i)}$$

의 형태로 쓸 수 있음을 증명하라.

8.28 비자성 매질에서, 반사계수 $\Gamma_\parallel$ 가

$$\Gamma_\parallel = \frac{\tan(\theta_t - \theta_i)}{\tan(\theta_t + \theta_i)}$$

임을 증명하라.

8.29* 전계크기가 20V/m인 평행편파된 광 빔이 공기에서 $u_r = 1$, $\varepsilon_r = 2.6$인 폴리스틸렌으로 입사한다. 공기-

폴리스티렌 평면경계에서의 입사각이 50° 일 경우, 다음을 구하라.

(a) 반사율과 투과율

(b) 입사빔이 조광해야 할 경계면의 면적이 1m^2일 경우 입사, 반사, 투과 빔에 의해 운반되는 전력

8.30~8.33 추가적인 문제들— CD-ROM에 풀이되어 있음.

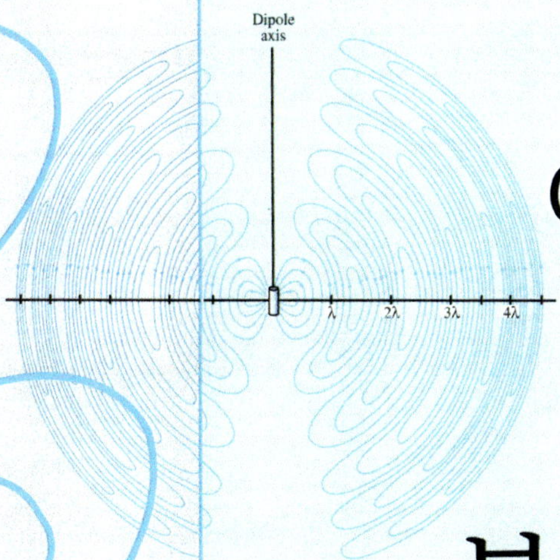

CHAPTER 9

복사와 안테나

개요

개요

안테나는 전송선로에서 무한매질(보통 자유공간)로 또는 자유공간에서 전송선로로 전자파를 전달하는 변환기로서 정의할 수 있다. 그림 9-1은 도파관과 자유공간 사이에 변환부가 되는 혼 안테나가 전파를 어떻게 복사하는가를 나타낸 것이다. 어떤 도체 또는 유전체 구조는 안테나 작용을 할 수 있지만, 안테나는 목적에 맞는 방향과 편파 특성을 가지는 전자파 에너지를 송 · 수신하도록 설계된다. 또한 전송선로와 안테나 접속부에서 반사를 최소화하기 위해 안테나 임피던스를 구하는 것과 이 안테나 임피던스를 전송선로 임피던스와 정합시키는 것이 중요하다.

안테나는 그 모양과 크기가 다양하고(그림 9-2) 라디오, TV 방송 및 수신, 무선통신 시스템, 이동 전화, 레이더, 자동차 충돌방지센스 등에 사용된다. 안테나의 복사와 임피던스 특성은 안테나의 모양과 크기 그리고 안테나의 재질에 따라 결정된다. 안테나의 크기는 보통 사용 파장으로 나타낸다. 예를 들어 2m 파장에서 동작하는 1m 길이의 다이폴 안테나와 $\lambda = 2$cm에서 동작하는 1cm 길이의 다이폴 안테나는 같은 특성을 가진다. 따라서, 이 장에서 안테나의 크기는 파장 단위로 나타낸다.

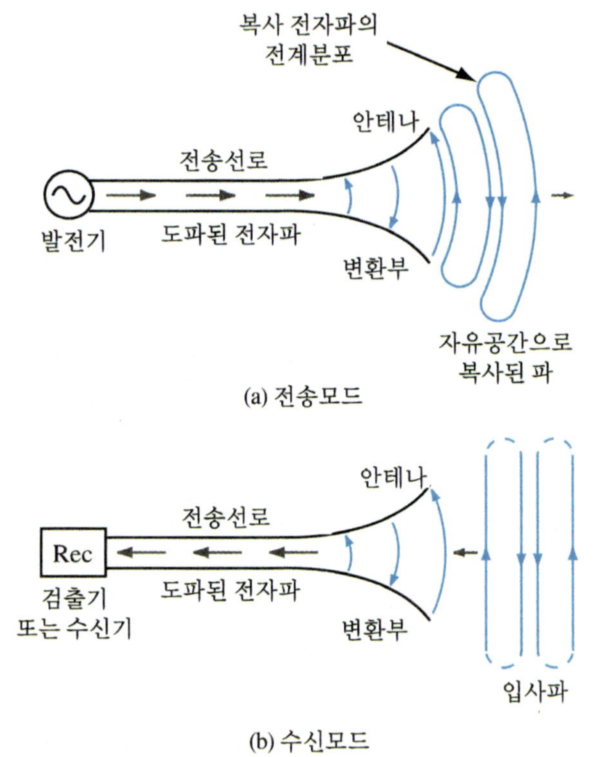

그림 9-1 송 · 수신을 위해 도파된 전자파와 자유공간파 간의 변환기로서의 안테나

가역성

안테나에 의해 복사되는 전력의 상대적 분포를 나타내는 방향성 함수를 **안테나 복사 패턴**(antenna radiation pattern) 또는 간단히 **안테나 패턴**(antenna pattern)이라고 한다. **무지향성**(isotropic) 안테나는 모든 방향으로 똑같은 전력을 복사하는 가상의 안테나로, 실제 안테나의 복사 특성을 나타낼 때 표준 안테나로 사용된다. 대부분의 안테나는 송 · 수신 복사 패턴이 같은 **가역성**(reciprocal) 소자이다. 가역성이란, 송신할 때 안테나가 B방향보다 A방향으로 100배의 전력을 송신한다면, 수신할 때 B방향보다 A방향으로 100배 더 민감하게 수신함을 의미한다. 그림 9-2의 모든 안테나는 가역성을 가지지만 모든 안테나가 가역성 소자인 것은 아니다. 비선형 반도체나 페라이트로 된 안테나는 가역성이 성립되지 않는다. 이와 같은 비가역성 안테나는 이 장에서는 다루지 않을 것이다. 따라서 모든 안테나는 가역성 안테나로 가정할 것이다. 가역성은 안테나가 수신 안테나로 사용될 경우에도 송신 안테나의 복사 패턴을 계산할 수 있어 매우 편리하다.

안테나 성능은 두 가지 측면, 즉 안테나의 복사 특성

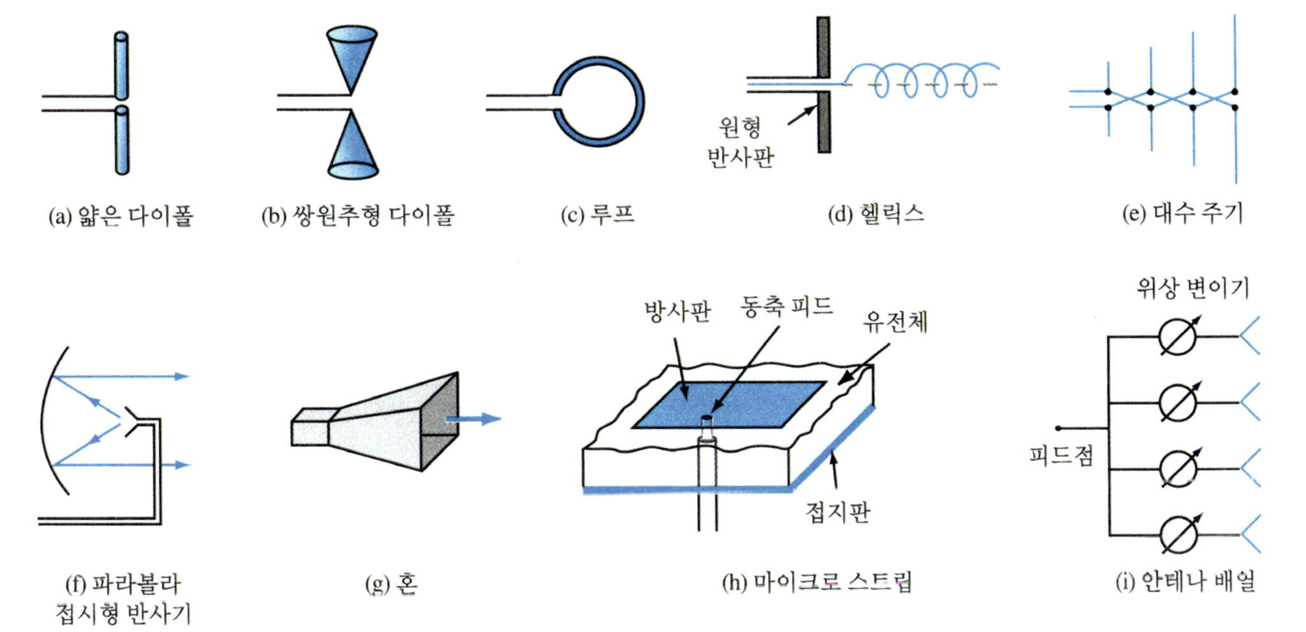

그림 9-2 다양한 형태의 안테나

과 임피던스로 나누어 볼 수 있다. 복사 특성에는 방향성 복사 패턴과 송신 안테나로 복사되는 전파의 편파 상태가 있다. 이 편파 상태를 **안테나 편파**(antenna polarization)라고 한다. 안테나는 가역성 소자이므로 수신 안테나로 동작할 때 수신 전파 중 편파방향과 같은 전계성분만 수신할 수 있다. 두 번째로 **안테나 임피던스**(antenna impedance)는 안테나가 송신기로 사용될 때 발전기로부터 안테나까지의 전력 전달 또는 안테나가 수신기로 사용될 때 안테나로부터 부하까지의 전력 전달과 관련이 있다. 이것에 대해서는 9-5절에서 자세히 다룰 것이다. 이 장에서는 안테나가 전송선로에 잘 정합되어 반사가 없는 것으로 가정하고 설명한다.

복사원(Radiation Sources)

복사원에는 전류와 개구 전자계(aperture fields) 두 가지가 있다. 다이폴 안테나와 루프 안테나[그림 9-2(a)와 (c)]는 도선에 흐르는 시변 전류가 전자파를 발생시키는 복사원의 예이다. 혼 안테나[그림 9-2(g)]는 혼의 개구면에 분포된 전자계가 복사원이 된다. 개구 전자계도 혼의 벽에 흐르는 시변 표면전류로 인해 발생되므로 결국 모든 전자파 복사는 시변 전류로 인하여 발생하는 것이다.

원계영역(Far-Field Region)

점원(point source)으로부터 복사되는 파는 그 파면(wavefront)이 위상속도 u_p(자유공간에서는 c)로 퍼져 나가는 구면파이다. 그림 9-3에서와 같이 점원으로부터 전파가 복사될 때 송신 안테나와 수신 안테나 간의 거리 R이 충분히 커서 수신 개구면의 파면을 평면으로 간주할 수 있을 때, 수신 개구면은 송신 안테나인 점원으

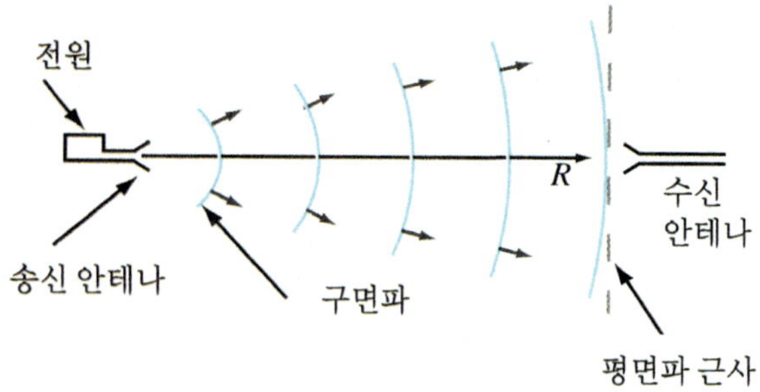

그림 9-3 구면파에 대한 원거리 근사

로부터 **원계영역**(far-field 또는 far-zone)에 있다고 한다. 대부분의 경우 안테나 복사계 측정은 원계영역에서 행한다. 원계영역의 전파를 평면파로 간주하면, 복사계 계산을 간단히 하는 수학적 근사법의 적용이 가능하다. 역으로 원하는 복사 패턴에 적합한 안테나 구조를 설계할 때도 편리하다.

안테나 배열

그림 9-2(i)와 같이 안테나를 여러 개 배열한 것을 **안테나 배열**(antenna array)이라 하며, 안테나 배열 전체를 묶어서 하나의 안테나 역할을 하는 것으로 볼 수 있다. 각 안테나의 급전 전류의 크기와 위상을 조절함으로써 원하는 모양의 복사 패턴을 얻을 수 있고 빔의 방향과 폭을 전자적으로 변화시킬 수 있다.

9-1 지연 포텐셜

그림 9-4에서 좌표계의 원점에 중심을 둔 체적 υ'에 전하밀도 ρ_v가 분포되어 있고, 그 주위에는 유전율 ε의 완전유전체가 있다고 하자. 식 (3.48a)로부터 위치벡터 $\mathbf{R}$인 관측점의 전위 $V(\mathbf{R})$는 다음과 같이 구할 수 있다.

$$V(\mathbf{R}) = \frac{1}{4\pi\varepsilon}\int_{\nu'} \frac{\rho_v(\mathbf{R}_i)}{R'}\, d\nu', \tag{9.1}$$

여기서, $\mathbf{R}_i$는 전하밀도 ρ_v를 포함하고 있는 체적소 $\Delta\upsilon'$의 위치벡터이고, $R' = |\mathbf{R} - \mathbf{R}_i|$는 $\Delta\upsilon'$와 관찰점 사이의 거리이다. 전하분포가 시변(time varying) 함수이면 식 (9.1)은

$$V(\mathbf{R}, t) = \frac{1}{4\pi\varepsilon}\int_{\nu'} \frac{\rho_v(\mathbf{R}_i, t)}{R'}\, d\nu', \tag{9.2}$$

로 쓸 수 있으나 여기에는 전자계원이 발생되어 관측점에 전자계를 발생하는 데 소용되는 시간(reaction time)이 고려되지 않았다. V_1이 ρ_1에 의한 전위이고 ρ_1이 ρ_2로 급변할 때, 거리 R'에서 전위가 V_1에서 V_2로 변하는 데에는 시간이 소요된다. 달리 말하면, $V(\mathbf{R}, t)$는 순간적으로 변할 수가 없다는 것이다. V_1에서 V_2로 변하는 데 소요되는 시간은 $t' = R'/u_p$이다. 여기서 u_p는 전하분포와 관찰점 사이에 있는 매질에서의 전파의 전파속도이다. 따라서, 시간 t에서 $V(\mathbf{R}, t)$는 보다 이른 시간(즉, $t - t'$)의 전하밀도 ρ_v에 의한 전위이다. 그러므로 식 (9.2)

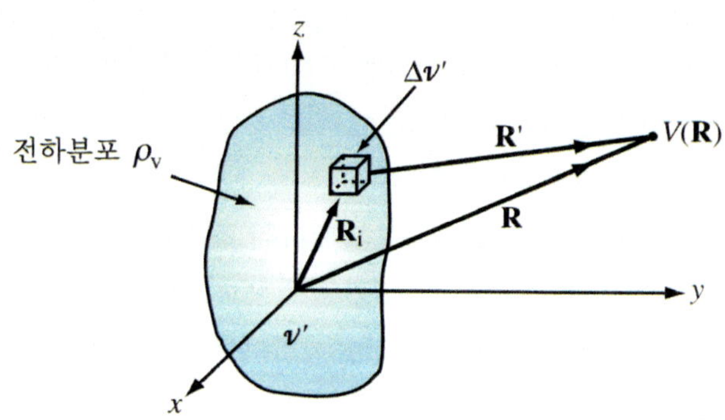

그림 9-4 체적 υ'에 분포되어 있는 ρ_v에 의한 전위 포텐셜 $V(\mathbf{R})$

는 다음과 같이 고쳐 써야 한다.

$$V(\mathbf{R}, t) = \frac{1}{4\pi\varepsilon} \int_{\mathcal{V}'} \frac{\rho_v(\mathbf{R}_i,\ t - R'/u_p)}{R'}\, d\mathcal{V}' \qquad \text{(V)}, \tag{9.3}$$

이 $V(\mathbf{R}, t)$를 **지연 스칼라 포텐셜**(retarded scalar potential)이라 한다. 만약 전파매질이 진공이라면, u_p는 빛의 속도 c가 된다.

마찬가지로, **지연 벡터 자위**(retarded vector potential) $A(\mathbf{R}, t)$는 전류밀도 $\mathbf{J}$와 다음의 관계에 있다.

$$\mathbf{A}(\mathbf{R}, t) = \frac{\mu}{4\pi} \int_{\mathcal{V}'} \frac{\mathbf{J}(\mathbf{R}_i,\ t - R'/u_p)}{R'}\, d\mathcal{V}' \qquad \text{(Wb/m)}. \tag{9.4}$$

이 표현식은 식 (4.65)의 정자계 벡터 포텐셜 $A(\mathbf{R})$에 관한 식을 시변 전자계로 확대한 것이다.

9-1.1 시변 포텐셜

지연 스칼라 포텐셜과 벡터 포텐셜에 관한 식 (9.3)과 (9.4)는 정적인 전자계와 시변 전자계에서 성립되고, ρ_v와 $\mathbf{J}$가 정적인 경우와 시변의 경우 모두에서 성립된다. 시변의 경우 ρ_v와 $\mathbf{J}$는 전하 연속방정식[식 (5.54)]의 관계를 가진다. 따라서 $\rho_v(t)$와 $\mathbf{J}(t)$가 시간 t에 따라 변하면 포텐셜 V와 $\mathbf{A}$, 전자계 $\mathbf{E}$, $\mathbf{D}$, $\mathbf{B}$, $\mathbf{H}$도 시간에 따라 변한다. V와 $\mathbf{A}$가 ρ_v와 $\mathbf{J}$에 선형 비례 관계이고 $\mathbf{E}$와 $\mathbf{B}$도 V와 $\mathbf{A}$에 선형 관계에 있으므로 이들 모든 값들은 선형 시스템 관계를 따른다. 선형 시스템에서 임의의 시간 함수에 따른 입력(source)에 대한 출력(response)을 구할 때 사인함수를 이용할 수 있는 장점이 있다.

이 절에서 시변 지연 스칼라 포텐셜과 지연 벡터 포텐셜의 시정현(time-harmonic) 응답에 관해 살펴볼 것이다. $\rho_v(\mathbf{R}_i, t)$는 각속도 ω의 정현파 함수로 가정하자. $\rho_v(\mathbf{R}_i, t)$를 페이저로 표현하면

$$\rho_v(\mathbf{R}_i, t) = \mathfrak{Re}\left[\tilde{\rho}_v(\mathbf{R}_i)\, e^{j\omega t}\right], \tag{9.5}$$

이다. 여기서 $\tilde{\rho}_v(\mathbf{R}_i)$는 시간함수 $\rho_v(\mathbf{R}_i, t)$의 페이저 함수이다.

시간에 의존하는 모든 양에 대해 페이저 표현을 적용하면, 스칼라 포텐셜과 벡터 포텐셜의 페이저 영역 표현식은

$$\widetilde{V}(\mathbf{R}) = \frac{1}{4\pi\varepsilon} \int_{\mathcal{V}'} \frac{\tilde{\rho}_v(\mathbf{R}_i)\, e^{-jkR'}}{R'}\, d\mathcal{V}' \qquad \text{(V)}. \tag{9.6}$$

이고,

$$\widetilde{\mathbf{A}}(\mathbf{R}) = \frac{\mu}{4\pi} \int_{\mathcal{V}'} \frac{\widetilde{\mathbf{J}}(\mathbf{R}_i)\, e^{-jkR'}}{R'}\, d\mathcal{V}', \tag{9.7}$$

이다. 여기서,

$$k = \frac{\omega}{u_p} \tag{9.8}$$

로서, **파수**(wavenumber) 또는 전파매질에서의 위상정수(phase constant)라고 한다.

$\widetilde{\mathbf{A}}$에 대한 자계의 페이저 $\widetilde{\mathbf{H}}$의 표현식은

$$\widetilde{\mathbf{H}} = \frac{1}{\mu} \nabla \times \widetilde{\mathbf{A}}. \tag{9.9}$$

이다. $\mathbf{J} = 0$인 비전도성 매질에서, 시간영역에서의 미분은 페이저 영역에 $j\omega$를 곱한 것과 같으므로 식 (9.4)의 암페어 법칙은

$$\nabla \times \widetilde{\mathbf{H}} = j\omega\varepsilon\widetilde{\mathbf{E}} \quad \text{or} \quad \widetilde{\mathbf{E}} = \frac{1}{j\omega\varepsilon} \nabla \times \widetilde{\mathbf{H}}. \tag{9.10}$$

이 된다. 페이저 $\widetilde{\mathbf{E}}$와 $\widetilde{\mathbf{H}}$는 패러데이 법칙에 의해 다음과 같이 쓸 수 있다.

$$\nabla \times \widetilde{\mathbf{E}} = -j\omega\mu\widetilde{\mathbf{H}} \quad \text{or} \quad \widetilde{\mathbf{H}} = -\frac{1}{j\omega\mu}\nabla \times \widetilde{\mathbf{E}}. \tag{9.11}$$

9-2 미소 다이폴

미소 다이폴 안테나는 길이가 파장에 비해 대단히 짧고 전류분포가 일정한 안테나를 말한다. 선형 안테나는 수많은 미소 다이폴 안테나가 직렬로 배열된 것으로 간주할 수 있으므로, 선형 안테나의 복사 패턴은 이들 미소 다이폴 안테나의 급전 전류의 크기와 위상을 고려하여 계산된 전자계를 적분하여 구할 수 있다. 우선 미소 다이폴 안테나의 복사 특성을 설명하고, 이 결과를 9-4절에서 표준 안테나로 많이 사용되는 반파장 다이폴 안테나의 복사계를 구하는 데 적용한다.

미소 다이폴 안테나는 **헤르츠 다이폴**(Hertzian dipole) 안테나라 하며, 굵기가 가늘며 안테나 상에 전류분포가 균일한 안테나로 길이는 파장에 비해 대단히 짧다($\lambda/50$ 이내). 그림 9-5와 같이 z방향으로 놓인 도선에 흐르는 전류는

$$i(t) = I_0 \cos\omega t = \mathfrak{Re}[I_0 e^{j\omega t}] \qquad \text{(A)}, \tag{9.12}$$

이고, 여기서 I_0는 전류진폭이다. 식 (9.12)에서 페이저 전류 $\widetilde{I} = I_0$이다. 전류는 다이폴 양끝에서 0이 되어야 하지만 다이폴 전 길이에 걸쳐 전류는 일정한 것으로 본다.

그림 9-5에서 도선에 흐르는 전류에 의한 점 Q의 복사 전자계는 일반적으로 지연 벡터 포텐셜 **A**를 이용하여 구한다. 식 (9.7)로부터 전류분포 $\widetilde{\mathbf{J}}$를 포함하는 체

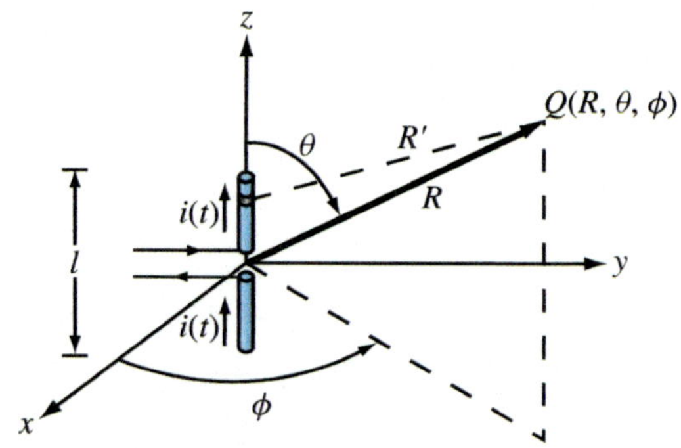

그림 9-5 구좌표계의 원점에 위치한 미소 다이폴 안테나.

적 v'로부터 거리가 **R**되는 점의 지연 벡터 포텐셜 $\widetilde{\mathbf{A}}(R)$은

$$\widetilde{\mathbf{A}}(\mathbf{R}) = \frac{\mu_0}{4\pi}\int_{v'} \frac{\widetilde{\mathbf{J}}e^{-jkR'}}{R'}\,dv', \tag{9.13}$$

이다. 여기서 μ_0는 자유공간의 투자율이고, $k = \omega/c = 2\pi/\lambda$는 파수(wavenumber)이다. 다이폴에서 전류밀도는 $\widetilde{\mathbf{J}} = \hat{\mathbf{z}}(I_0/s)$, s는 다이폴의 단면적, $dv' = s\,dz$, 그리고 적분구간은 $z = -l/2$에서 $z = l/2$이다. 그림 9-5에서 다이폴 상의 한 점(source point)과 관측점(observation point) 간의 거리 R'은 좌표 상의 원점과 관측점 간의 거리 R과 다르긴 하지만 미소 다이폴의 경우는 $R' \simeq R$로 놓을 수 있다. 따라서,

$$\begin{aligned}\widetilde{\mathbf{A}} &= \frac{\mu_0}{4\pi}\frac{e^{-jkR}}{R}\int_{-l/2}^{l/2}\hat{\mathbf{z}}I_0\,dz \\ &= \hat{\mathbf{z}}\frac{\mu_0}{4\pi}I_0 l\left(\frac{e^{-jkR}}{R}\right),\end{aligned} \tag{9.14}$$

이다. 함수 (e^{-jkR}/R)는 **구면 전파계수**(spherical propagation factor)라 하며 거리에 따라 크기는 $1/R$로 감소하

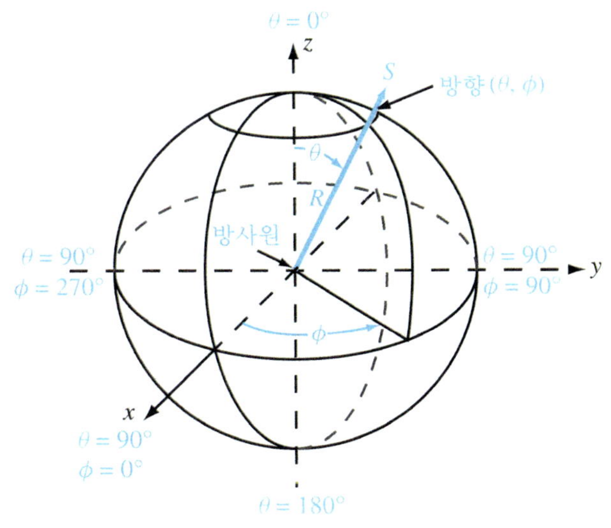

그림 9-6 구좌표계

고 위상은 e^{-jkR}로 변함을 의미한다. $\tilde{\mathbf{A}}$의 방향은 전류의 방향(z방향)과 같다.

안테나로부터 거리 R인 곳의 복사 전력과 복사 패턴을 구하기 위해 그림 9-6의 구좌표계를 사용한다. 구좌표계에서 R, θ, ϕ는 각각 **거리**(range), **천정각**(zenith angle), **방위각**(azimuth angle)이다. 구좌표계와 직각좌표계의 관계식 (2.65c)를 이용하면

$$\hat{\mathbf{z}} = \hat{\mathbf{R}}\cos\theta - \hat{\boldsymbol{\theta}}\sin\theta. \tag{9.15}$$

이다. 식 (9.15)를 식 (9.14)에 대입하면

$$\begin{aligned}\tilde{\mathbf{A}} &= (\hat{\mathbf{R}}\cos\theta - \hat{\boldsymbol{\theta}}\sin\theta)\frac{\mu_0 I_0 l}{4\pi}\left(\frac{e^{-jkR}}{R}\right) \\ &= \hat{\mathbf{R}}\tilde{A}_R + \hat{\boldsymbol{\theta}}\tilde{A}_\theta + \hat{\boldsymbol{\phi}}\tilde{A}_\phi,\end{aligned} \tag{9.16}$$

이 된다. 따라서

$$\tilde{A}_R = \frac{\mu_0 I_0 l}{4\pi}\cos\theta\left(\frac{e^{-jkR}}{R}\right), \tag{9.17a}$$

$$\tilde{A}_\theta = -\frac{\mu_0 I_0 l}{4\pi}\sin\theta\left(\frac{e^{-jkR}}{R}\right), \tag{9.17b}$$

$$\tilde{A}_\phi = 0.$$

이다.

$\tilde{\mathbf{A}}$의 구좌표 성분들을 알게 되면 식 (9.9)와 (9.10)으로부터

$$\tilde{\mathbf{H}} = \frac{1}{\mu_0}\nabla\times\tilde{\mathbf{A}}, \tag{9.18a}$$

$$\tilde{\mathbf{E}} = \frac{1}{j\omega\varepsilon_0}\nabla\times\tilde{\mathbf{H}}, \tag{9.18b}$$

의 식들을 적용하여 다음과 같이 복사 전자계를 구할 수 있다.

$$\tilde{H}_\phi = \frac{I_0 l k^2}{4\pi}e^{-jkR}\left[\frac{j}{kR} + \frac{1}{(kR)^2}\right]\sin\theta \tag{9.19a}$$

$$\tilde{E}_R = \frac{2I_0 l k^2}{4\pi}\eta_0 e^{-jkR}\left[\frac{1}{(kR)^2} - \frac{j}{(kR)^3}\right]\cos\theta \tag{9.19b}$$

$$\tilde{E}_\theta = \frac{I_0 l k^2}{4\pi}\eta_0 e^{-jkR}\left[\frac{j}{kR} + \frac{1}{(kR)^2} - \frac{j}{(kR)^3}\right]\sin\theta, \tag{9.19c}$$

여기서, $\eta_0 = \sqrt{\mu_0/\varepsilon_0} \cong 120\pi\,(\Omega)$은 자유공간의 고유 임피던스이다. 나머지 성분 $\tilde{H}_R$, $\tilde{H}_\theta$, $\tilde{E}_\phi$는 0이다. 그림 9-7은 미소 다이폴 안테나에서 복사되는 파의 전기력선을 나타낸 것이다.

9-2.1 원계근사식

앞에서 언급한 바와 같이 대부분의 경우 우리의 주요 관심사는 안테나로부터 먼 거리에 있는 곳의 안테나 복사 패턴이다. 먼 거리에서는 $R \gg \lambda$이면 $kR = 2\pi R/\lambda \gg 1$이므로, 식 (9.19)에서 $1/(kR)^2$과 $1/(kR)^3$을 무시하면

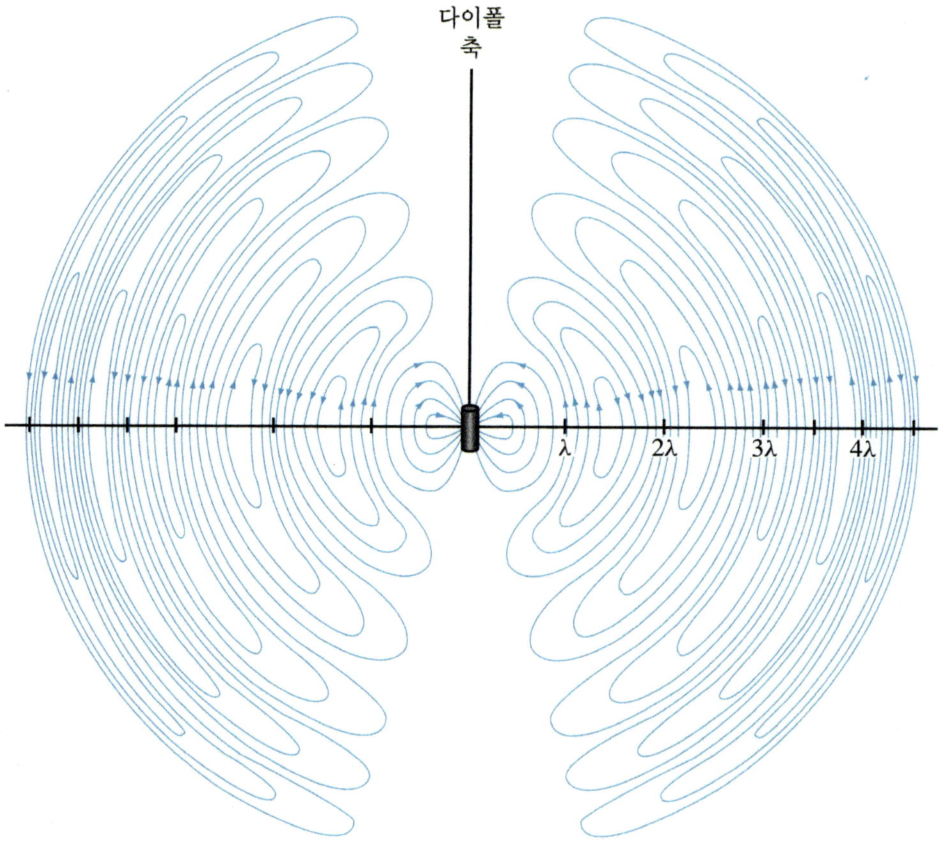

그림 9-7 발진하는 다이폴을 둘러싸고 있는 전기력선

$$\widetilde{E}_\theta = \frac{jI_0 lk\eta_0}{4\pi}\left(\frac{e^{-jkR}}{R}\right)\sin\theta \quad \text{(V/m)}, \qquad (9.20a)$$

$$\widetilde{H}_\phi = \frac{\widetilde{E}_\theta}{\eta_0} \quad \text{(A/m)}, \qquad (9.20b)$$

이고, $\widetilde{E}_R$은 무시할 수 있다. 그림 9-5의 관측점 Q에서, 전자파는 전계와 자계가 동위상이고, 전계와 자계의 비가 매질의 고유 임피던스 η_0이 되며, 전계와 자계는 서로 직각인 동시에 전파방향 $\hat{\mathbf{R}}$에도 직각인 균일 평면파로 근사적으로 간주할 수 있다. $\widetilde{E}_\theta$와 $\widetilde{H}_\phi$가 모두 $\sin\theta$에 비례하며 ϕ에 무관(대칭성)함을 알 수 있다.

9-2.2 전력밀도

페이저로 주어진 $\widetilde{\mathbf{E}}$와 $\widetilde{\mathbf{H}}$에 대해 복사파의 **전력밀도**(power density)인 **시평균 포인팅 벡터**(time-average pointing vector)는 식 (6.158)로부터 다음과 같이 쓸 수 있다.

$$\mathbf{S}_{av} = \frac{1}{2}\mathfrak{Re}\left(\widetilde{\mathbf{E}} \times \widetilde{\mathbf{H}}^*\right) \qquad (\text{W/m}^2). \qquad (9.21)$$

미소 다이폴의 경우 식 (9.20)으로부터

$$\mathbf{S}_{av} = \hat{\mathbf{R}}\, S(R, \theta), \qquad (9.22)$$

이다. 여기서,

$$S(R, \theta) = \left(\frac{\eta_0 k^2 I_0^2 l^2}{32\pi^2 R^2}\right) \sin^2\theta$$
$$= S_0 \sin^2\theta \qquad (\text{W/m}^2). \qquad (9.23)$$

모든 안테나의 시향성 패턴은 거리 R에서 복사전력밀도 $S(R, \theta, \phi)$를 최대치 S_{max}로 **정규화한 복사세기**(normalized radiation intensity)로 정의되며

$$F(\theta, \phi) = \frac{S(R, \theta, \phi)}{S_{max}} \qquad (\text{무차원}). \qquad (9.24)$$

로 쓸 수 있다. 헤르츠 다이폴 안테나의 경우 $S(R, \theta, \phi)$는 $\sin^2\theta$에 비례하며 $\theta = \pi/2$, 즉 수평면에서 최대가 되므로

$$S_{max} = S_0 = \frac{\eta_0 k^2 I_0^2 l^2}{32\pi^2 R^2}$$
$$= \frac{15\pi I_0^2}{R^2}\left(\frac{l}{\lambda}\right)^2 \qquad (\text{W/m}^2), \qquad (9.25)$$

가 된다. 여기서, $k = 2\pi/\lambda$, $\eta_0 \simeq 120\pi$이다. S_{max}는 I_0^2과 l^2에 비례하고 R^2에 반비례함을 알 수 있다.

식 (9.24)로 정의된 정규화된 복사세기는

(9.26)

이다. 이것의 수직면(θ면)과 수평면(ϕ)의 복사 패턴은 그림 9-8과 같다. 다이폴의 축방향으로는 전자파 에너지가 복사되지 않으며 다이폴 축에 수직방향으로 최대복사($F = 1$)가 일어난다. $F(\theta)$는 ϕ에 무관하므로 복사 패턴은 도넛(doughnut)형이 된다.

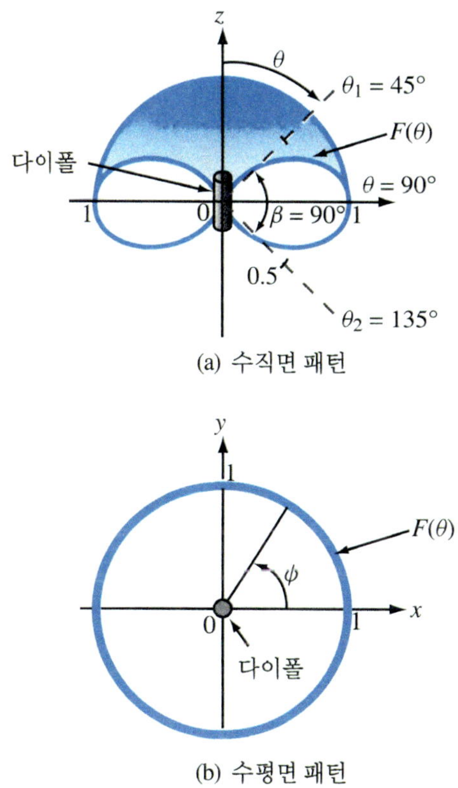

그림 9-8 미소 다이폴의 복사 패턴

M9.1

연습문제 9.1 길이가 1m인 다이폴 안테나를 크기가 5A이고 주파수가 5MHz인 전류로 급전한다. 2km 거리에서 다이폴 축에 수직방향의 복사전력밀도는 얼마인가?

[답] $S_0 = 8.2 \times 10^{-8}$ W/m². ( )

9-3 안테나 복사 특성

안테나 패턴(antenna pattern)은 안테나로부터 일정거리에서 측정된 안테나의 지향 특성을 나타낸다. 일반적으로 안테나 패턴은 천정각(zenith angle) θ와 방위각(azimuth angle) ϕ에 따라 3차원으로 표현된다. 가역정리에 의하여 표현하면, 수신 안테나의 복사 패턴은 송신 안테나의 복사 패턴과 같음을 알 수 있다.

그림 9-9와 같이 송신 안테나가 원점에 있다고 가정하자. 미소 면적 dA를 통하여 안테나로부터 복사되는 전력은

$$dP_{\text{rad}} = \mathbf{S}_{\text{av}} \cdot d\mathbf{A} = \mathbf{S}_{\text{av}} \cdot \hat{\mathbf{R}}\, dA = S\, dA \quad \text{(W)}, \quad (9.27)$$

이다. 여기서 S는 시평균 포인팅 벡터 $\mathbf{S}_{\text{av}}$의 $\hat{\mathbf{R}}$방향 성분이다. 모든 안테나의 원계영역에서 $\mathbf{S}_{\text{av}}$는 항상 $\hat{\mathbf{R}}$방향이다. 구좌표계에서

$$dA = R^2 \sin\theta\, d\theta\, d\phi, \quad (9.28)$$

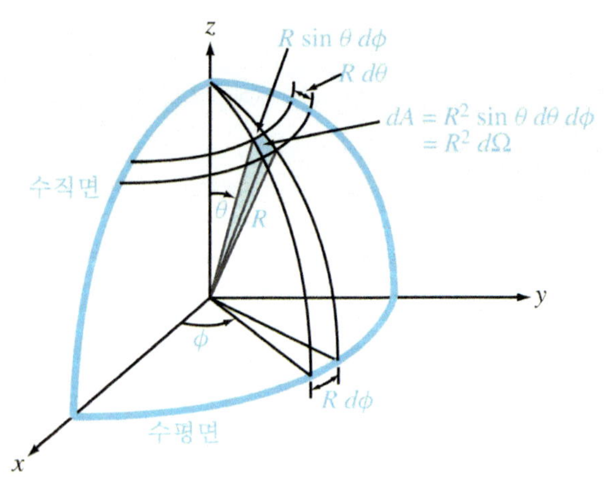

그림 9-9 입체각 $d\Omega = \sin\theta\, d\theta\, d\phi$의 정의

이고, 대응되는(subtended) 면적(dA)을 R^2으로 나누는 것으로 정의되는 **입체각**(solid angle) $d\Omega$는

$$d\Omega = \frac{dA}{R^2} = \sin\theta\, d\theta\, d\phi \quad \text{(sr)}. \quad (9.29)$$

이다. 평면각(planar angle)은 단위가 라디안(radian)이며 원 둘레에 대한 각으로 2π이고, 입체각(solid angle)은 구 표면에 대한 각으로 단위는 steradian(sr로 표시)이며, 구 표면에 대한 입체각 $\Omega = (4\pi R^2)/R^2 = 4\pi$(sr)이다. 반구에 대한 입체각은 2π이다.

$dA = R^2 d\Omega$를 이용하면 dP_{rad}는

$$dP_{\text{rad}} = R^2 S(R, \theta, \phi)\, d\Omega. \quad (9.30)$$

로 쓸 수 있다.

안테나로부터 반경 R의 구 표면을 통과하는 총 복사전력은

$$\begin{aligned} P_{\text{rad}} &= R^2 \int_{\phi=0}^{2\pi} \int_{\theta=0}^{\pi} S(R, \theta, \phi) \sin\theta\, d\theta\, d\phi \\ &= R^2 S_{\max} \int_{\phi=0}^{2\pi} \int_{\theta=0}^{\pi} F(\theta, \phi) \sin\theta\, d\theta\, d\phi \\ &= R^2 S_{\max} \iint_{4\pi} F(\theta, \phi)\, d\Omega \quad \text{(W)}, \end{aligned} \quad (9.30)$$

이다. 여기서 $F(\theta, \phi)$는 식 (9.24)에서 정의한 정규화된 복사세기이다. 적분 부호에 4를 표기한 것은 구 표면에 대한 θ와 ϕ의 전 구간을 의미한다. 즉, 구면에 대한 입체각의 적분을 의미한다. P_{rad}는 **총 복사전력**(total radiated power)이라 한다.

9-3.1 안테나 패턴

그림 9-9의 구좌표계에서는 천정각(zenith angle) θ와 방위각(azimuth angle) ϕ의 조합으로 방향이 정해진다.

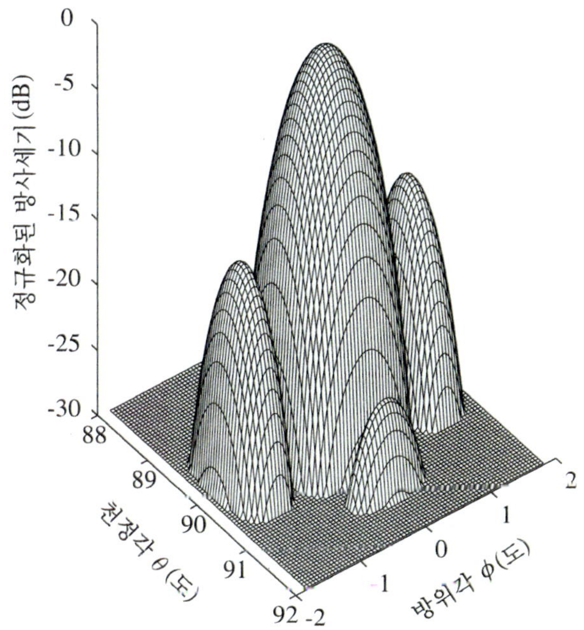

그림 9-10 협빔폭 안테나의 3차원 패턴

정규화된 복사세기 $F(\theta, \phi)$는 (θ, ϕ)방향의 복사세기를 나타내며, $F(\theta, \phi)$를 θ와 ϕ의 함수로 도시하면 그림 9-10과 같은 3차원 패턴이 된다.

구좌표계의 특정한 면에서는 $F(\theta, \phi)$의 2차원 패턴을 나타낼 수 있으며, 가장 많이 사용되는 특정한 면으로 수직면과 수평면이 있다. **수직면**(elevation plane)은 θ면이라고도 하며, ϕ가 일정한 면이다. 예를 들면, 그림 9-9에서 $\phi=0°$인 면은 x-z면이고, $\phi=90°$인 면은 y-z면이며, 이 두 면은 수직면에 해당된다. $\phi=0°$면 또는 $\phi=90°$면에서 θ에 따른 $F(\theta, \phi)$를 도시하면, 수직면 내의 2차원 패턴이 된다. 그러나 모든 수직면에서 수직면 패턴이 같은 것은 아니다. **수평면**(azimuth plane)은 ϕ면이라고도 하며 $\theta=90°$이 되는 면으로 그림 9-9에서 x-y면이 된다. 수평면과 수직면은 구좌표계에서 두 개의 **기본면**(principle planes)이라 한다.

좁은 빔폭을 가지는 고지향성 안테나에서는 안테나 패턴을 dB눈금으로 도시하는 것이 편리하며 패턴함수 F는

$$F\ (\text{dB}) = 10 \log F.$$

로 나타낸다. 예를 들어 그림 9-11(a)에 나타낸 안테나 패턴은 거리에 따른 복사세기를 극좌표계에서 dB눈금으로 표시한 것이다(polar-log plot). 이와 같은 복사 패턴 도시법은 지향성을 쉽게 판별할 수 있게 해준다는 장점이 있다. 복사 패턴의 또 다른 도시법으로 9-11(b)와 같이 직각좌표계로 도시할 수 있다(rectangular-log plot). 이 방법은 ϕ에 관해 대칭인 복사 패턴의 경우 한 면($\phi=0$)에서 패턴 $F(\theta, \phi)$로 충분하지만 ϕ에 대칭이 아닌 경우 또 다른 ϕ면에서 패턴 $F(\theta, \phi)$가 필요하다.

엄밀히 말하면 θ는 0°($+z$축)에서 180°($-z$축)까지이지만 그림 9-11(b)에서 θ축은 (+)와 (−)값으로 되어 있다. 이것은 모순이 아니라 안테나 패턴을 도시하는 또 다른 형식으로 볼 수 있다. 그림 9-11(b)에서 내부 그림의 x-z면($\phi=$ 면)에서 시계방향으로 θ를 증가시킬 때 $F(\theta)dB$를 나타낸 것은 우반부 그림이고, $\phi=180$면에서 반시계 방향으로 θ를 증가시킬 때 $F(\theta)dB$를 나타낸 것이 좌반부 그림이다. 따라서 θ의 (−)값은 방향(θ, ϕ)이 x-z평면의 좌반부에 있음을 의미한다.

그림 9-11(a)의 패턴은 에너지의 대부분이 **주엽**(main lobe)이라고 하는 좁은 범위로 복사되는데, 이것은 지향성이 크다는 것을 의미한다. 주엽 이외에 여러 개의 **부엽**(side lobe)과 **후방엽**(back lobe)이 있다. 대부분의 경우 이들 부엽과 후방엽은 송신 안테나가 불필요한 에너지를 복사하게 하고, 수신 안테나의 경우 혼신을 초래하므로 바람직하지 않다.

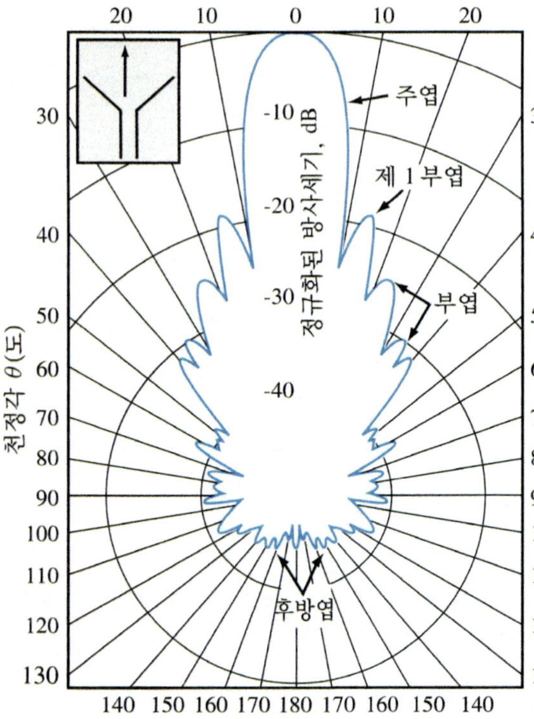

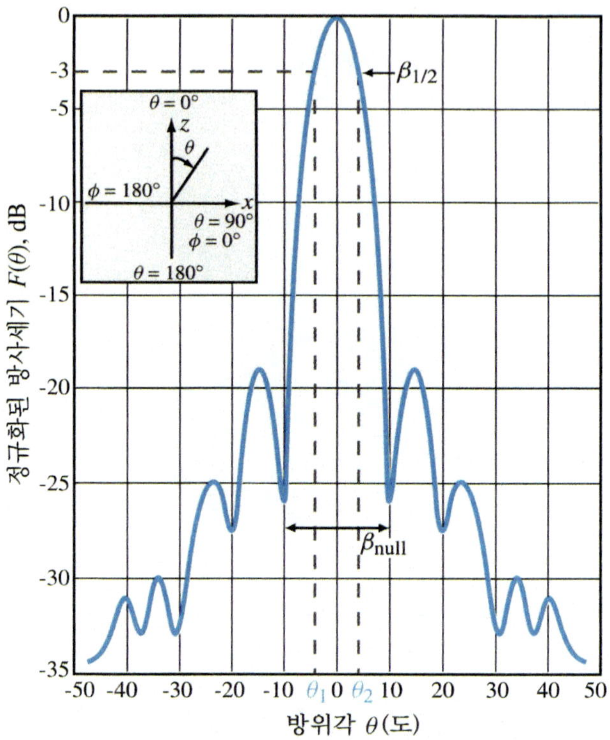

그림 9-11 (a) 극좌표 형태와 (b) 직각좌표 형태로 표현된 마이크로파 안테나의 정규화된 복사 패턴

9-3.2 안테나 빔

그림 9-12(a)의 실제 안테나 패턴은 그림 9-12(b)와 같이 단일 로브(lobe)로 된 등가 빔 패턴으로 놓을 수 있으며, 이것을 **패턴 입체각**(pattern solid angle) Ω_p라 한다. 패턴 입체각 Ω_p는

$$\Omega_p = \iint_{4\pi} F(\theta, \phi)\, d\Omega \qquad \text{(sr)}. \qquad (9.32)$$

이며, $F(\theta, \phi)$인 무지향성 안테나의 경우 $\Omega_p = 4\pi$(sr)이다.

패턴 입체각은 3차원 복사 패턴의 지향성을 나타내며 메인 로브(main lobe)의 폭을 **빔폭**(beamwidth)이라 한다. **반전력 빔폭**(half-power beamwidth) β는 메인 로브의 최대치 전력의 절반, 즉 -3dB 되는 폭을 의미한다. 예를 들어, 그림 9-11(b)에서 β는

$$\beta = \theta_2 - \theta_1, \qquad (9.33)$$

이며, $F(\theta, 0) = 0.5$가 되는 θ는 θ_1과 $\theta_2(\theta_2 > \theta_1)$의 반치각이다. 패턴이 대칭이면 $F(\theta, \phi)$는 $\theta = 0$에서 최대치를 가지며 $\beta = 2\theta_2$ 이다. 그림 9-8(a)의 미소 다이폴 안테나 패턴에서 $F(\theta)$는 $\theta = 90°$ 에서 최대이고, $\theta_2 = 135°$, $\theta_1 = 45°$ 이므로 빔폭은 $\beta = 135° - 45° = 90°$ 이다. 이 때

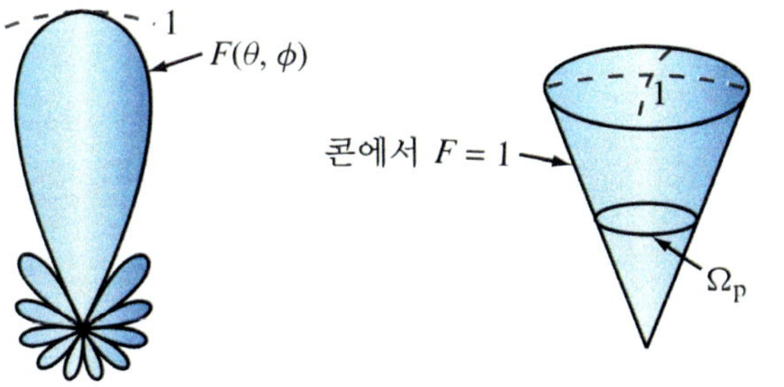

(a) 실제 패턴 (b) 등가 입체각

그림 9-12 패턴 입체각 Ω_p는 실제 안테나의 복사 패턴이 실제 패턴의 최대값과 같은 동일한 세기로 전 영역에 걸쳐서 응집되어 있는 등가 원뿔로 정의된다.

의 빔폭 β를 **3-dB 빔폭**이라고도 한다. 이 밖에 그림 9-11(b)의 β_{null}과 같이 메인 로브 양쪽의 첫 번째 널(null) 간의 폭을 빔폭으로 정하는 널 빔폭(null beamwidth)을 빔폭으로 사용하는 경우도 있다.

9-3.3 안테나 지향성

안테나의 **지향성**(directivity) D는 공간 4π에 걸쳐 $F(\theta, \phi)$의 평균값에 대한 정규화된 최대복사세기 F_{max}(이 경우 1)의 비로 정의된다.

$$D = \frac{F_{max}}{F_{av}} = \frac{1}{\dfrac{1}{4\pi}\displaystyle\iint_{4\pi} F(\theta, \phi)\, d\Omega} = \frac{4\pi}{\Omega_p} \quad \text{(무차원)}, \tag{9.34}$$

여기서, Ω_p는 식 (9.32)에서 정의한 패턴 입체각이다. Ω_p가 작을수록 안테나 지향성 D가 커진다. 무지향성 안테나는 $\Omega_p = 4\pi$이며, 지향성은 $D_{iso} = 1$이다.

식 (9.31)을 식 (9.34)에 대입하면

$$D = \frac{4\pi R^2 S_{max}}{P_{rad}} = \frac{S_{max}}{S_{av}}, \tag{9.35}$$

여기서, $S_{av} = P_{rad}/(4\pi R^2)$는 평균복사 전력밀도로서, 안테나 총 복사전력 P_{rad}을 반경이 R인 구 표면적으로 나눈 것과 같다. 무지향성 안테나의 경우 $S_{av} = S_{iso}$(S_{iso}는 무지향성 안테나의 복사전력밀도)이므로 D는 동일한 거리 R, 동일한 입력전력의 상태에서 측정된 등방성 안테나(기준 안테나)의 복사전력밀도와 지향성 안테나(피측정 안테나)의 복사전력밀도의 비를 나타내며, 단위는 dB, 즉 $D(\text{dB}) = 10\log D$이다. D는 지향성 이득이라고 한다.

그림 9-13과 같이 z방향으로 메인 로브를 가진 안테나에서 Ω_p는 반전력 빔폭 β_{xz}와 β_{yz}[단위는 (rad)]의 곱으로 근사화할 수 있으므로

$$\Omega_p \simeq \beta_{xz}\beta_{yz}, \tag{9.36}$$

이고, 따라서

$$D = \frac{4\pi}{\Omega_p} \simeq \frac{4\pi}{\beta_{xz}\beta_{yz}}. \tag{9.37}$$

이다. 이 식은 근사식이지만 메인 로브의 축을 포함하는 두 직교면에서 안테나 빔폭을 측정하여 안테나 지향성을 평가하는 데 유용하게 사용된다.

예제 9-1 **안테나 복사 특성**

상반구(upper hemisphere)로만 복사되고 정규화된 복사세기가 $F(\theta, \phi) = \cos^2\theta$인 안테나의 경우, (a) 최대 복사방향, (b) 패턴 입체각, (c) 지향성 D, (d) y-z평면의 반

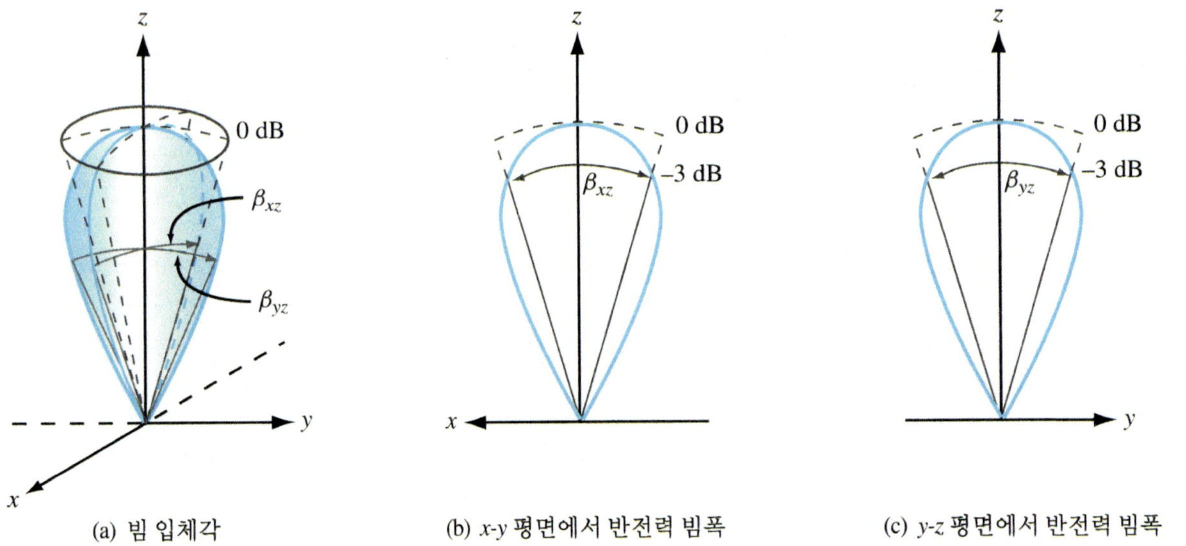

그림 9-13 단방향 복사 패턴의 입체각은 두 개 주 평면의 반치 빔폭을 곱한 것과 근사적으로 같다. 즉, $\Omega_p \simeq \beta_{xz}\beta_{yz}$.

전력 빔폭을 구하라.

풀이 상반구로만 복사되므로

$$F(\theta,\phi) = F(\theta) = \begin{cases} \cos^2\theta, & 0 \le \theta \le \pi/2 \\ & \text{와 } 0 \le \phi \le 2\pi, \\ 0, & \text{(그 밖의 영역)}. \end{cases}$$

(a) $F(\theta) = \cos^2\theta$는 ϕ에 무관하고 $\theta = 0$에서 최대이며, 그림 9-14와 같다.

(b) 식 (9.32)로부터, 패턴 입체각 Ω_p는

$$\begin{aligned} \Omega_p &= \iint_{4\pi} F(\theta,\phi)\, d\Omega \\ &= \int_{\phi=0}^{2\pi} \left[\int_{\theta=0}^{\pi/2} \cos^2\theta \sin\theta\, d\theta \right] d\phi \\ &= \int_{\phi=0}^{2\pi} \left[-\frac{\cos^3\theta}{3} \right]_0^{\pi/2} d\phi \\ &= \int_0^{2\pi} \frac{1}{3}\, d\phi = \frac{2\pi}{3} \qquad \text{(sr)}. \end{aligned}$$

이다.

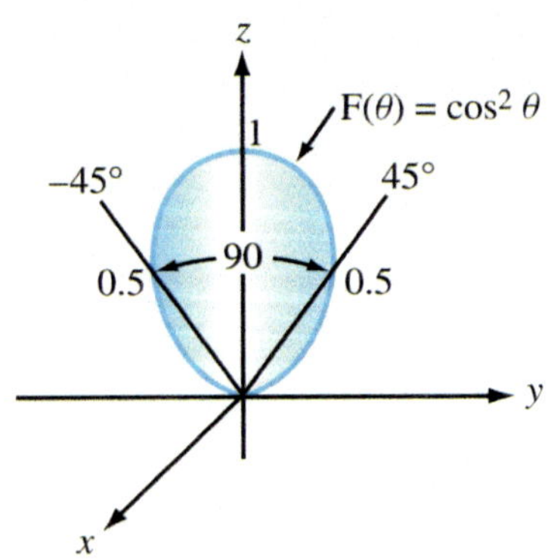

그림 9-14 $F(\theta) = \cos^2\theta$의 극좌표 표현

(c) 식 (9.34)로부터

$$D = \frac{4\pi}{\Omega_p} = 4\pi\left(\frac{3}{2\pi}\right) = 6,$$

이며, $D(\mathrm{dB}) = 10\log 6 = 7.78(\mathrm{dB})$이다.

(d) 반전력 빔폭 β는 $F(\theta) = 0.5$가 되는 θ값으로부터 구한다. 즉,

$$F(\theta) = \cos^2\theta = 0.5,$$

를 만족하는 θ값은 $\theta_1 = -45°$, $\theta_2 = 45°$ 이므로

$$\beta = \theta_2 - \theta_1 = 90°.$$

이다. ♣

예제 9-2 **헤르츠 다이폴의 지향성**

헤르츠 다이폴의 지향성 D를 계산하여라.

풀이 $F(\theta, \phi) = \sin^2\theta$ [식 (9.34)에서]를 식 (9.26)에 대입하면

$$D = \frac{4\pi}{\iint_{4\pi} F(\theta, \phi) \sin\theta \, d\theta \, d\phi} = \frac{4\pi}{\int_{\phi=0}^{2\pi}\int_{\theta=0}^{\pi} \sin^3\theta \, d\theta \, d\phi} = \frac{4\pi}{8\pi/3} = 1.5$$

이며, $D_{\mathrm{dB}} = 10\log 1.5 = 1.76\mathrm{dB}$이다. ♣

9-3.4 안테나 이득

안테나에 공급되는 총 전력(송신전력) P_t는 자유공간으로 복사되는 복사전력 P_{rad}와 안테나에서 열로 소비되는 손실전력 P_{loss}로 구성된다. **복사효율**(radiation efficiency) ξ는 P_{rad}와 P_t의 비

$$\xi = \frac{P_{rad}}{P_t} \qquad (\text{무차원}) \qquad (9.38)$$

로 정의되며, 안테나의 **이득**은

$$G = \frac{4\pi R^2 S_{max}}{P_t}, \qquad (9.39)$$

로 정의된다. 이 식을 식 (9.35)의 지향성 D의 정의식과 비교해 보면 분모가 P_{rad} 대신 P_t로 되어 있음을 알 수 있다. 식 (9.38)로 보아 안테나 이득 G와 지향성 D 사이에는

$$G = \xi D \qquad (\text{무차원}) \qquad (9.40)$$

의 관계가 있다. 안테나 이득에는 안테나 손실이 고려되지만 지향성에서는 안테나 손실을 고려하지 않는다. 무손실 안테나의 복사효율 ξ는 1이다.

9-3.5 복사저항

전송선로에 연결된 안테나는 전송선로에서 볼 때 하나의 임피던스에 해당된다. 전송선로가 안테나 임피던스에 정합되면 송신기로부터 안테나에 공급된 전력(P_t)의 대부분은 자유공간으로 복사되고 일부는 안테나에서 열로 소비된다. 안테나 임피던스의 저항성분은 **복사저항**(radiation resistance) R_{rad}와 **손실저항**(loss resistance) R_{loss}로 구성된다. 평균 복사전력 R_{rad}와 손실전력 R_{loss}는

$$P_{rad} = \frac{1}{2} I_0^2 R_{rad}, \qquad (9.41a)$$

$$P_{loss} = \frac{1}{2} I_0^2 R_{loss}, \qquad (9.41b)$$

이며 I_0는 안테나 급전전류의 진폭이다. 복사효율은

$$\xi = \frac{P_{rad}}{P_t} = \frac{P_{rad}}{P_{rad} + P_{loss}} = \frac{R_{rad}}{R_{rad} + R_{loss}}. \quad (9.42)$$

이다. 식 (9.41a)에서 복사저항 R_{rad}를 구하려면 P_{rad}를 계산해야 한다.

예제 9-3 복사저항과 헤르츠 다이폴의 복사효율

75MHz에서 길이가 4cm인 중앙급전 다이폴이 있다. 안테나는 반경 a가 0.4mm인 구리선으로 되어 있고, 식 (6.147a)와 (6.149)로부터, 길이가 l인 원형 도선의 손실저항은

$$R_{loss} = \frac{l}{2\pi a}\sqrt{\frac{\pi f \mu_c}{\sigma_c}}, \quad (9.43)$$

로 주어진다. 여기서 μ_c와 σ_c는 각각 도선의 투자율과 도전율을 말한다. 이 때 다이폴 안테나의 복사저항과 복사효율을 계산하라.

풀이 75MHz에서

$$\lambda = \frac{c}{f} = \frac{3 \times 10^8}{7.5 \times 10^7} = 4 \text{ m}.$$

파장 대비 안테나 길이는 $l/\lambda = 4\text{cm}/4\text{m} = 10^{-2}$이다. 따라서 이 안테나는 미소 다이폴이다. 식 (9.35)로부터 P_{rad}는 다음과 같이 주어진다.

$$P_{rad} = \frac{4\pi R^2}{D} S_{max}. \quad (9.44)$$

헤르츠 다이폴의 S_{max}는 식 (9.25)에 주어지고 예제 9-2에서 $D = 1.5$이므로

$$P_{rad} = \frac{4\pi R^2}{1.5} \times \frac{15\pi I_0^2}{R^2}\left(\frac{l}{\lambda}\right)^2$$

$$= 40\pi^2 I_0^2 \left(\frac{l}{\lambda}\right)^2. \quad (9.45)$$

이다. 식 (9.41a)로부터 복사저항 R_{rad}는

$$R_{rad} = 80\pi^2 (l/\lambda)^2 \quad (\Omega). \quad (9.46)$$

이므로, $l/\lambda = 10^{-2}$이면 $R_{rad} = 0.08\,\Omega$이 된다.

다음으로 손실저항 R_{loss}를 구해 보자. 부록 B로부터 동선의 투자율 $\mu_c = \mu_0 = 4\pi \times 10^{-7}$H/m이고, 도전율은 $\sigma_c = 5.8 \times 10^7$S/m이므로

$$\begin{aligned} R_{loss} &= \frac{l}{2\pi a}\sqrt{\frac{\pi f \mu_c}{\sigma_c}} \\ &= \frac{4 \times 10^{-2}}{2\pi \times 4 \times 10^{-4}}\left[\frac{\pi \times 75 \times 10^6 \times 4\pi \times 10^{-7}}{5.8 \times 10^7}\right]^{1/2} \\ &= 0.036\ \Omega, \end{aligned}$$

따라서 복사효율은

$$\xi = \frac{R_{rad}}{R_{rad} + R_{loss}} = \frac{0.08}{0.08 + 0.036} = 0.69,$$

혹은 69%이다. ♣

연습문제 9.2 안테나는 콘형 복사 패턴(conical radiation pattern)을 가지는 안테나의 정규화된 복사세기 $F(\theta)$는

$$F(\theta) = \begin{cases} 1 & (0^\circ \le \theta \le 45^\circ) \\ 0 & (45^\circ \le \theta \le 180^\circ) \end{cases}$$

이며, 방위각 ϕ와는 무관하다.

(a) 입체각 **(b)** 지향성 D을 구하라.

[답] (a) $\Omega_p = 1.84$sr, (b) $D = 6.83$ 혹은 8.3dB.

연습문제 9.3 미소 다이폴에 의해서 1km 떨어진 최대 전력밀도는 60(nW/m^2)이다. 만약 I_0가 10A라면, 복사저항은 얼마인가?

[답] $R_{\text{rad}} = 10\text{m}\Omega$

9-4 반파장 다이폴 안테나

9-2절에서 길이가 파장에 비해 대단히 짧은 미소 다이폴에 의한 복사 전자계에 관한 식을 유도하였다. 이 식을 이용하여 길이가 반파장($l = \lambda/2$)인 반파장 다이폴 안테나의 복사계에 관한 식을 유도해 본다. 그림 9-15에 보이는 것과 같이, 송신기에서 전송선로를 통해 안테나 중심에 연결된, 굵기가 가는 반파장 다이폴 안테나에서 전류분포는 대칭이며 양쪽 끝에서 0이 될 때, 안테나에 흐르는 전류 $i(t)$는

$$i(t) = I_0 \cos \omega t \cos kz = \Re\mathfrak{e}\left[I_0 \cos kz\, e^{j\omega t}\right], \quad (9.47)$$

이며 전류 페이저는

$$\widetilde{I}(z) = I_0 \cos kz, \qquad \frac{-\lambda}{4} \le z \le \frac{\lambda}{4}, \quad (9.48)$$

이다. 여기에서 $k = 2\pi/\lambda$이다.

식 (9.20a)는 길이가 l인 미소 다이폴 안테나에 I_0의 전류가 여기될 때, 거리 R(far field)에서의 복사전계 $\widetilde{E}_\theta$에 관한 식이다. 이 식을 그림 9-15(b)에서와 같이 전류 $\widetilde{I}(z)$, 길이 dz, 관측점 Q에서 거리 s에 위치한 미소 다이폴 안테나에 적용하면

$$d\widetilde{E}_\theta(z) = \frac{jk\eta_0}{4\pi}\widetilde{I}(z)\,dz\left(\frac{e^{-jks}}{s}\right)\sin\theta_s, \quad (9.49a)$$

그리고 복사자계는

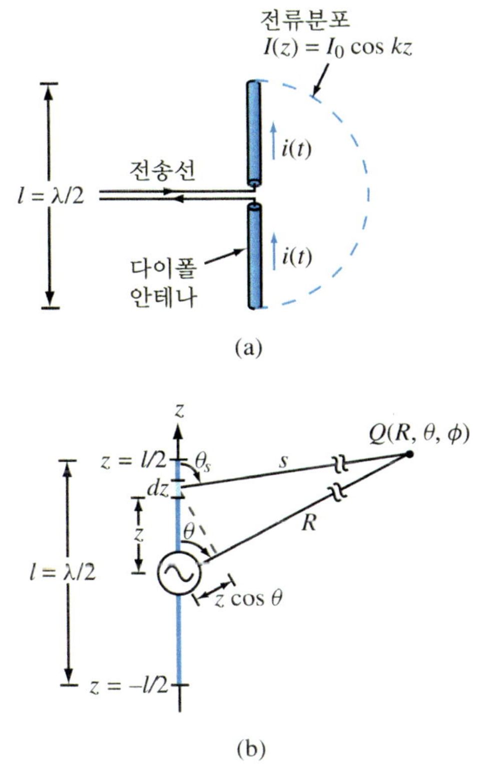

그림 9-15 중앙 급전 반파장 다이폴 안테나

$$d\widetilde{H}_\phi(z) = \frac{d\widetilde{E}_\theta(z)}{\eta_0}. \quad (9.49b)$$

이다. 이 미소 다이폴이 여러 개 모여 반파장 다이폴 안테나가 이루어진다고 볼 때 반파장 다이폴 안테나의 복사전계는

$$\widetilde{E}_\theta = \int_{z=-\lambda/4}^{\lambda/4} d\widetilde{E}_\theta, \quad (9.50)$$

이다. 이 적분을 하기 위해서 두 가지 근사화가 필요하다. 첫 번째 근사화는 구면 전파계수의 크기 $1/s$에 관한 것이다. 그림 9-15(b)에서 전류소(current element)와 관

측점 Q 간의 거리는 다이폴이 길이보다 훨씬 먼 거리이므로 s와 R 간의 차이가 구면 전파계수 크기의 $1/s$에 미치는 영향은 무시할 수 있다. 즉, $1/s \simeq 1/R$로 놓을 수 있으며, 같은 가정으로부터 $\theta_s \simeq \theta$로 놓는다. s와 R 사의 오차 Δ는 관측점이 z축에 있을 때 가장 크며, 이 때 오차가 $\lambda/4$(반파장 다이폴 길이의 반)이다. 만약 안테나에서 $R \gg \lambda$라면, 이 오차가 $1/s$에 미치는 영향은 무시할 수 있다. 그러나 위상계수 e^{-jks}에서 거리오차가 위상오차에 미치는 영향은 관측점이 z축 상에 있을 때 $k\Delta = (2\pi/\lambda)(\lambda/4)\pi/2$이며, 일반적으로 $\pi/8$ 이상의 위상오차는 $\widetilde{E}_\theta$의 계산치에 상당한 오차를 일으키므로 무시할 수 없다. 따라서 $s \simeq R$ 근사화는 위상계수에서 오차가 크기 때문에 사용할 수 없다. 따라서 그림 9-15(b)에 나타낸 바와 같이

$$s \simeq R - z\cos\theta, \tag{9.51}$$

로 주어지는 평행광선 근사법(The parallel-ray approximation)을 적용한다.

식 (9.49a)에서 위상계수의 s를 식 (9.51)로 대치하고 분모(진포계수) s를 R, 그리고 θ_s는 θ로 대치하면

$$d\widetilde{E}_\theta = \frac{jk\eta_0}{4\pi}\,\widetilde{I}(z)\,dz\left(\frac{e^{-jkR}}{R}\right)\sin\theta\; e^{jkz\cos\theta}. \tag{9.52}$$

이 된다. 식 (9.52)를 식 (9.50)에 대입하고, 식 (9.48)의 $\widetilde{I}(z)$를 대입하여 적분하면 다음과 같다.

$$\widetilde{E}_\theta = j\,60I_0\left[\frac{\cos[(\pi/2)\cos\theta]}{\sin\theta}\right]\left(\frac{e^{-jkR}}{R}\right), \tag{9.53a}$$

$$\widetilde{H}_\phi = \frac{\widetilde{E}_\theta}{\eta_0}, \tag{9.53b}$$

그리고 평균 복사전력밀도는

$$\begin{aligned} S(R,\theta) &= \frac{|\widetilde{E}_\theta|^2}{2\eta_0} \\ &= \frac{15I_0^2}{\pi R^2}\left[\frac{\cos^2[(\pi/2)\cos\theta]}{\sin^2\theta}\right], \\ &= S_0\left[\frac{\cos^2[(\pi/2)\cos\theta]}{\sin^2\theta}\right] \quad (\text{W/m}^2). \end{aligned} \tag{9.54}$$

이다. 식 (9.54)에서 $S(R,\theta)$는 $\theta = \pi/2$일 때 최대가 되며, 그 값은

$$S_{\max} = S_0 = \frac{15I_0^2}{(\pi R^2)}.$$

이다. 따라서, 정규화된 복사세기는

$$F(\theta) = \frac{S(R,\theta)}{S_0} = \left[\frac{\cos[(\pi/2)\cos\theta]}{\sin\theta}\right]^2. \tag{9.55}$$

이다. 반파장 다이폴의 복사 패턴은 그림 9-8의 미소 다이폴과 같이 도넛형이고, 지향성 D는 미소 다이폴의 $D = 1.5$보다 약간 큰 1.64이다. 그러나 복사저항은 73Ω(9-4.2절에서 언급)으로 미소 다이폴의 복사저항보다 상당히 큼을 알 수 있다.

9-4.1 다이폴의 지향성

반파장 다이폴의 지향성 D와 복사저항 R_{rad}를 구하기 위해 식 (9.31)을 적용하여 총 복사전력 P_{rad}을 구하면 다음과 같다.

$$\begin{aligned} P_{\text{rad}} &= R^2 \iint_{4\pi} S(R,\theta)\,d\Omega \\ &= \frac{15I_0^2}{\pi}\int_0^{2\pi}\int_0^{\pi}\left[\frac{\cos[(\pi/2)\cos\theta]}{\sin\theta}\right]^2 \sin\theta\,d\theta\,d\phi. \end{aligned} \tag{9.56}$$

ϕ에 대한 적분은 2π이고 θ에 대한 수치적분을 한 값은 1.22이다. 결과적으로 총 복사전력 P_{rad}는

$$P_{\mathrm{rad}} = 36.6\, I_0^2 \qquad \text{(W)}. \tag{9.57}$$

이다.

식 (9.54)로부터 $S_{\max} = 15I_0^2/(\pi R^2)$이므로 식 (9.35)로부터 반파장 다이폴의 지향성 D를 구하면

$$D = \frac{4\pi R^2 S_{\max}}{P_{\mathrm{rad}}} = \frac{4\pi R^2}{36.6 I_0^2}\left(\frac{15 I_0^2}{\pi R^2}\right) = 1.64 \tag{9.58}$$

혹은 2.15dB이다.

9-4.2 λ\2 다이폴의 복사저항

식 (9.41a)로부터 복사저항 R_{rad}는

$$R_{\mathrm{rad}} = \frac{2P_{\mathrm{rad}}}{I_0^2} = \frac{2 \times 36.6 I_0^2}{I_0^2} \simeq 73\ \Omega. \tag{9.59}$$

이다. 예제 9-3에서 미소 다이폴의 복사저항은 손실저항 R_{loss}보다 별로 크지 않기 때문에 복사효율이 아주 작다. 예제 9-3에서 주파수 75MHz에서 길이 4cm인 다이폴의 복사저항은 $R_{\mathrm{rad}} = 0.08\Omega$, 손실저항은 $R_{\mathrm{loss}} = 0.036\Omega$이다. 주파수를 75MHz로 유지하고 안테나 길이를 2m($f = 75$MHz, $\lambda = 4$m)로 증가시키면 복사저항은 $R_{\mathrm{rad}} = 1.8\Omega$으로 증가되므로 복사효율은 69%에서 98%로 증가한다.

더욱 중요한 사실은 전송선로를 저항 0.1Ω인 안테나에 정합시키는 것은 불가능하지만, 안테나 복사저항 73Ω에 정합시키는 것은 아주 유용하다는 것이다.

9-4.3 모노폴 안테나

그림 9-16(a)와 같이 접지면에 놓인 $\lambda/4$ 모노폴 안테나가 그 하부에서 급전되면 영상이론[3-12절]에 의해 자유공간의 반파장 안테나와 동일한 복사 패턴을 접지면 위의 공간에 나타낸다[그림 9-16(b)].

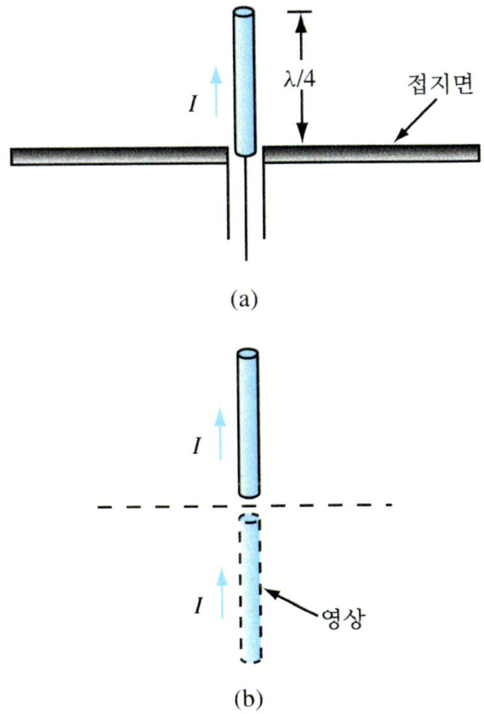

그림 9-16 도체면 위에 놓인 $\lambda/4$ 모노폴 안테나는 자유공간에 놓인 반파장 다이폴 안테나와 동일하다.

따라서, $\lambda/4$ 모노폴의 복사전계는 식 (9.53a)와 같고 정규화된 복사세기는 식 (9.55)에 의해 구해진다. 그러나, 복사영역은 $0 \le \theta \le \pi/2$로 정해지는 상반부만 해당되기 때문에 모노폴의 복사전력은 다이폴의 절반밖에 되지 않는다. 결국 $\lambda/4$ 모토폴의 복사전력은 $P_{\mathrm{rad}} = 18.3 I_0^2$이고 그것의 복사저항은 $R_{\mathrm{rad}} = 36.5\Omega$이다.

$\lambda/4$ 모노폴에 관한 이러한 설명은 접지면 위에 있는 헤르츠 모노폴을 포함하여 모든 수직 안테나에 적용된다.

연습문제 9.4 반파장 다이폴의 수직면(다이폴 축을 포함하는 면)에서 반전력 빔폭을 구하라.

A. 레이더 활용분야

레이더 센서

레이더(radar)는 radio detection and ranging의 약자이며, 현시대에는 신호를 전달하는 의미만으로는 레이더의 특징을 설명할 수 없다. 역사적으로, 초기의 레이더는 마이크로파 대역을 포함한 고주파대역에서만 사용하였지만, 오늘날에는 광 영역(optical wavelength)에서 사용되는 광 레이더(lidars or light radar)까지 사용한다. 게다가 전파를 어떤 공간으로 방사하여 목표물인 반사체로부터 반사파를 감지하고, 레이더에서 전송된 펄스의 시간 지연을 측정하여 목표물의 거리를 탐지하는 것 이외에 레이더를 이용하여 목표물의 위치(방향)와 속도를 측정하는 것도 가능해졌다.

이동체의 라디얼 속도(radial velocity: 이동체의 속도와 방향)는 이동체에서 발생되는 도플러 주파수 편이(Doppler frequency shift)를 측정하여 구한다.

레이더는 항공 교통관제, 항공기 운항, 레이더 속도 측정기(law enforcement), 무기 시스템의 제어 및 유도, 지구 환경의 원격탐사, 기상관측, 우주관측, 자동차 충돌방지장치 등 군사용 및 상용으로 널리 이용된다.

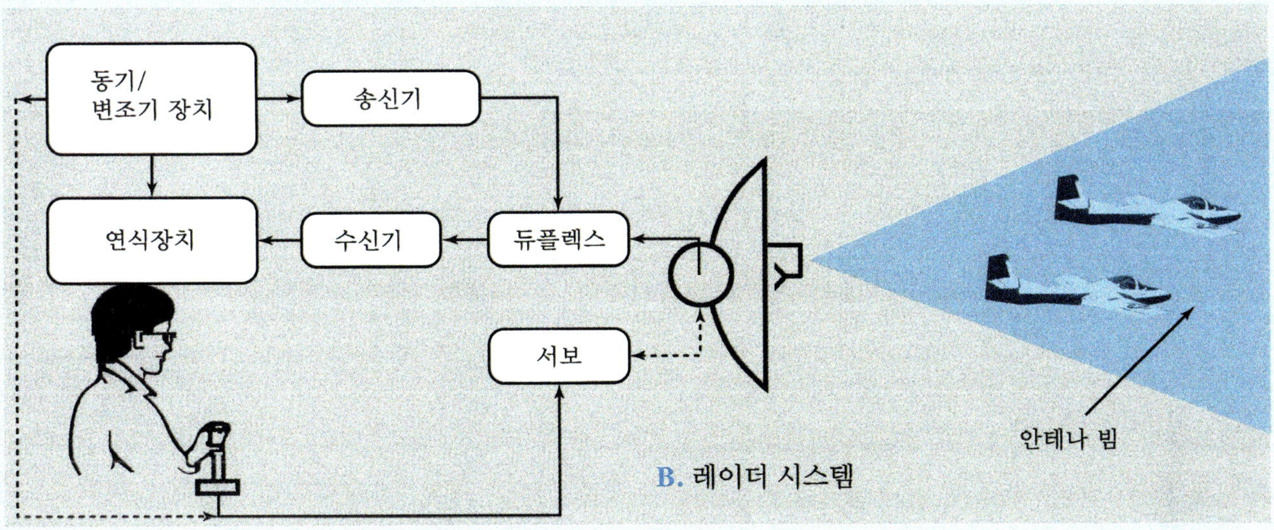

B. 레이더 시스템

동기/변조기 장치는 (B) 직류 펄스열(direct-current narrow-duration)에 의해 송신기와 인식 장치(video processor-display unit)에 동시에 가해진다.

기본 동작

송신기에는 동기/변조기 장치에서 공급된 펄스로 개·폐 제어전압을 발생시키는 고출력 RF 발전기가 포함되어 있다. 송신기에서 발생된 펄스는 듀플렉서(duplexer)를 통해 안테나에 공급되며, 듀플렉서는 하나의 안테나를 송신기와 수신기를 공동으로 사용하도록 해준다. 이 듀플렉스를 T/R(transmitter/receiver switch)이라고도 하며, 펄스 지속시간 동안 안테나를 송신기에 연결시키고 다음 펄스가 시작되기 전까지의 나머지 주기 동안은 안테나를 수신기에 연결시키는 역할을 한다.

송신 안테나로부터 송신된 신호는 목표물(target)에 부딪혀 반사되고, 수신기에서는 이 신호(reradiated signal)를 처리하여 목표물의 존재, 위치, 속도 등에 관한 정보를 추출한다.

서보 장치(servo unit)는 안테나 빔 방향을 제어신호에 따라 조정하는 역할을 한다. 이 제어신호는 오퍼레이터나, 미리 정해진 구조 또는 다른 시스템의 명령을 받아 제어된다. 예를 들면, 항공 관제 레이더의 제어장치는 연속적으로 수평방향인(In azimuth continuously) 안테나를 회전시키는 서보를 실행시킨다. 이와는 대조적으로, 비행기 앞에 위치한 레이더 안테나는 특정한 각도 내에서만 앞뒤를 스캐닝하도록 제어된다.

[답] $\beta = 78°$. (◉)

연습문제 9.5 거리 1Km에서 반파장 다이폴의 최대 복사전력밀도가 $50\mu W/m^2$일 때 전류의 크기는 얼마인가?

[답] $I_0 = 6.48$ A. (◉)

9-5 수신 안테나의 실효면적

지금까지 송신기로부터 에너지를 받아 전파를 복사하는 송신 안테나의 복사 특성을 주로 설명하였다. 이제부터는 수신 안테나가 어떻게 전파를 수신하여 부하에 에너지를 전달하는가를 생각해 보자.

수신 안테나에 입사된 전파의 전력밀도 $S_i(W/m^2)$와 수신기에 **흡수된 전력**(intercepted power) $P_{int}(W)$의 비인 **실효면적**(effective area) A_e는

$$A_e = \frac{P_{int}}{S_i} \quad (m^2). \qquad (9.60)$$

로 나타낼 수 있다. 실효면적 A_e는 **실효 개구면**(effective aperture), 또는 **수신 단면적**(receiving cross section)이라고도 한다. 안테나 전파의 수신과정은 그림 9-17과 같이 테브닌(Thevenin) 등가회로로 나타낼 수 있으며, 여기서 $\tilde{V}_{oc}$는 입사전파에 의해 유도된 수신 안테나 전압이고 Z_{in}은 안테나 임피던스, Z_L은 부하 임피던스(수신기 입력 임피던스)이다.

일반적으로 Z_{in}과 Z_L은 다음과 같은 형태의 복소수이고

$$Z_{in} = R_{rad} + jX_{in}, \qquad (9.61a)$$

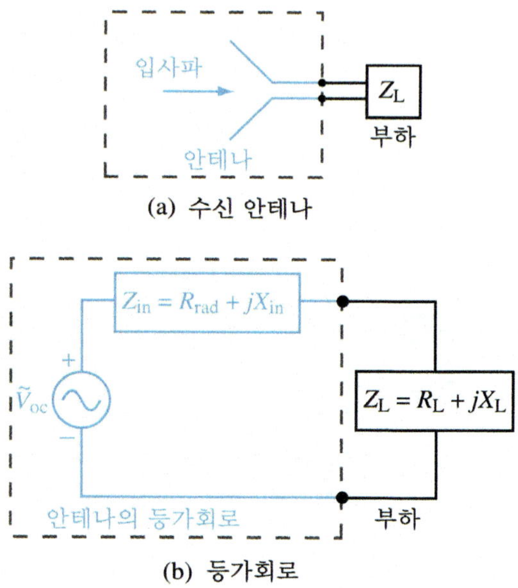

그림 9-17 등가회로로 표현된 수신 안테나

$$Z_L = R_L + jX_L, \qquad (9.61b)$$

여기에서 R_{rad}는 안테나의 복사저항이고, 손실저항은 R_{rad}보다는 매우 작아서 무시할 수 있다고 가정한다. 최대 전력 전달을 하기 위해 부하 임피던스는 $Z_L = Z_{in}^*$(또는 $R_L = R_{rad}$이고, $X_L = -X_{in}$)이여야 하고, 등가회로는 전압원 $\tilde{V}_{oc}$에 저항 $2R_{rad}$가 연결된 것으로 된다. $\tilde{V}_{oc}$는 정현파 전압 페이저이므로, 부하에 전달되는 평균전력은 다음과 같다.

$$\begin{aligned} P_L &= \frac{1}{2}|\tilde{I}_L|^2 R_{rad} \\ &= \frac{1}{2}\left[\frac{|\tilde{V}_{oc}|}{2R_{rad}}\right]^2 R_{rad} \\ &= \frac{|\tilde{V}_{oc}|^2}{8R_{rad}}, \end{aligned} \qquad (9.62)$$

여기에서 $\tilde{I}_L = \tilde{V}_{oc}/(2R_{rad})$는 회로에 흐르는 페이저 전

류이다. 수신 안테나가 무손실이면 안테나에 수신된 전력 P_{int}는 모든 부하(R_L)에 전달되므로

$$P_{int} = P_L = \frac{|\widetilde{V}_{oc}|^2}{8R_{rad}}. \tag{9.63}$$

입사파 전계 $\widetilde{E}_i$가 안테나 편파방향에 평행인 경우 입사전도밀도는 S_i는

$$S_i = \frac{|\widetilde{E}_i|^2}{2\eta_0} = \frac{|\widetilde{E}_i|^2}{240\pi}. \tag{9.64}$$

이고, 실효면적 A_e는 식 (9.63)과 (9.64)로부터

$$A_e = \frac{P_{int}}{S_i} = \frac{30\pi|\widetilde{V}_{oc}|^2}{R_{rad}|\widetilde{E}_i|^2}. \tag{9.65}$$

수신 안테나로부터 유도되는 개방회로 전압 $\widetilde{V}_{oc}$는 입사전계 $\widetilde{E}_i$에 의한 것이고, 이 둘의 관계는 아래의 조건에서 쉽게 설명할 수 있다.

미소 다이폴의 안테나의 경우(9-2절) 길이 l이 파장 λ에 비해 매우 작으므로 입사전계에 의해 유도된 안테나 상의 전류는 전 길이에 걸쳐 일정하며, 개방회로 전압은 $\widetilde{V}_{oc} = \widetilde{E}_i l$이 된다. 미소 다이폴의 $R_{rad} = 80\pi^2(l/\lambda)^2$[식 (9.46)]이고, $\widetilde{V}_{oc} = \widetilde{E}_i l$의 관계를 이용하여 식 (9.65)에 대입하여 나타내면,

$$A_e = \frac{3\lambda^2}{8\pi} \quad (\text{m}^2) \quad (\text{미소 다이폴}). \tag{9.66}$$

이 된다.

예제 10-2에서 미소 다이폴의 지향성 $D = 1.5$이므로 이것을 식 (966)에 대입하면

$$A_e = \frac{\lambda^2 D}{4\pi} \quad (\text{m}^2) \quad (\text{모든 안테나}). \tag{9.67}$$

로 고쳐 쓸 수 있다. 식 (9.67)은 미소 다이폴의 경우에 유도된 식이지만, 임피던스 정합 상태에서는 모든 안테나에 적용 가능하다.

연습문제 9.6 안테나의 실효면적이 6m^2이다. 3GHz에서 지향성은 몇 dB인가?

[답] $D = 38.77$ dB. (◉)

연습문제 9.7 100MHz 안테나의 패턴 입체각이 1.3sr일 때, (a) 지향성 D (b) 실효면적 A_e를 구하라.

[답] (a) $D = 9.67$, (b) $A_e = 6.92\ \text{m}^2$. (◉)

9-6 Friis 전달공식

그림 9-18은 자유공간에서 거리 R(원거리)만큼 떨어져서 통신링크를 구성하고 있는 두 개의 안테나를 보여주고 있다. 송 · 수신 안테나는 각각 실효면적 A_t와 A_r, 복사효율 ξ_t와 ξ_r를 가지고 있다. 이 때 송신 안테나에서의 송신전력과 수신 안테나에서의 수신전력의 관계를 알아보자.

여기에서 우리는 송 · 수신 안테나의 임피던스는 전송선로 임피던스에 정합되었고, 두 안테나는 서로 최대 복사방향으로 놓여 있다고 가정한다.

송신 안테나가 손실 없이 등방성으로 복사된다고 가정할 때 거리 R에 있는 수신 입사 전력밀도는 송신전력을 거리 R인 구의 표면적으로 나눈 값과 같다.

$$S_{iso} = \frac{P_t}{4\pi R^2}. \tag{9.68}$$

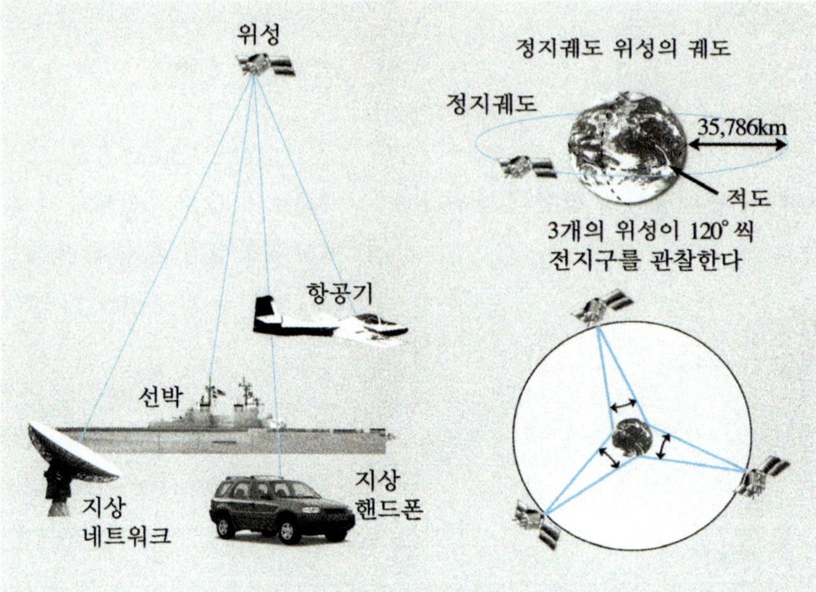

A. 위성통신망 구성 요소 B. 정지궤도 위성의 궤도

위성 통신

위성 통신의 역사는 1950년대 말 미 해군이 달을 수동 반사기(passive reflector)로 이용하여 워싱턴 D.C와 하와이 사이에 저속 데이터 통신을 중계한 것으로 시작된다.

초기의 급속한 발전은 1957년 10월 소련이 인공위성 스푸트니크 1호(Sputnik I)를 최초로 발사하여 21일 동안 단방향 원거리 정보전송을 할 때부터이다. 그 후 1958년 12월에는 스코어(Score) 통신위성이 발사되어 아이젠하워 대통령의 성탄절 연설 중계용으로 사용되었는데 이것이 최초로 위성을 이용한 양방향 음성통신이다.

오늘날 세계는 수많은 고정국과 이동국이 그림 A와 같이 서로 연결되어 음성, 데이터, 영상 서비스 등 다양한 서비스를 제공하는 광대한 통신망으로 구성되어 있다. 또한 지표면에 넓은 지역을 담당하는 중계국과 궤도위성의 이용으로 지구 전 세계를 실시간으로 통신할 수 있는 생동감 있는 네트워크가 가능하게 되었다.

적도 상공 35,786km의 정지궤도에 있는 하나의 위성의 도달 범위는 지표면의 1/3에 달하고, 위성 3개로 어떠한 위치에 있든 통신이 가능하다.

정지궤도

위성이 지구 적도면과 같은 면에 있고, 지구의 자전주기와 같은 궤도주기를 가지는 높이에 있을 때, 위성이 정지궤도(geostationary orbit)에 위치하고 있다고 말한다. 지구 둘레의 원형 궤도에서 위성은 중력 F_g와 원심력 F_c의 두 종류의 힘을 받게 된다. 위성이 궤도에 계속 머물기 위해서는 위의 두 가지 힘은 같은 크기여야 한다. 지구에서 봤을 때 위성이 정지한 것으로 보이기 위해서 위성 각 속도는 지구의 각 속도와 같아야 한다. 이와 같은 조건으로부터 지표면으로부터 위성의 높이는 35,758km가 필요하고, 위성의 속도는 11,070km/hr, 혹은 2mile/sec가 필요함을 유도할 수 있다.

하지만 모든 위성 통신 시스템이 정지궤도 위성을 사용하는 것은 아니다. 송신전력의 한계성과 그 밖의 몇 가지 이유 때문에 위성을 보다 낮은 고도에 둘 필요성도 있다. 이 경우 위성은 케플러의 법칙(Kepler' s law)을 만족시키기 위해 타원형 궤도에 위치하게 되며, 타원형 궤도의 근지점(perigee) 부근에서는 지구에서 위성까지 거리가 수백 km 정도밖에 되지 않는다. 이러한 이유로 정지궤도에서는 단지 3개의 정지위성이 지표면 전체를 포함하지만, 타원형 궤도에서는 훨씬 많은 위성이 필요하다.

안테나 빔

대부분의 지구국 안테나는 간섭 효과를 피하기 이해 고지향 빔을 사용하지만, 위성 안테나는 위성이 담당하는 지역에 맞춰 조정해야 한다. 전 지구를 담당하는 세 개 위성의 각 안테나(global coverage) 빔폭은 17.4°가 요구된다. 반대로 좁은 지역을 담당하는 위성 안테나에는 1° 또는 그 이하의 빔폭이 필요하다(그림 C).

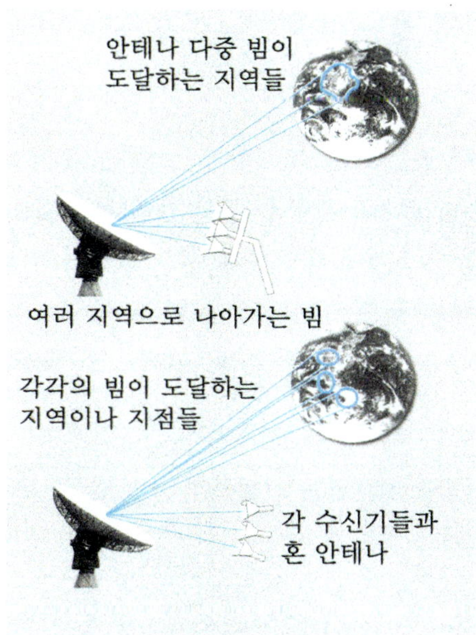

C. 빔 도달 범위에 따른 위성 안테나 시스템

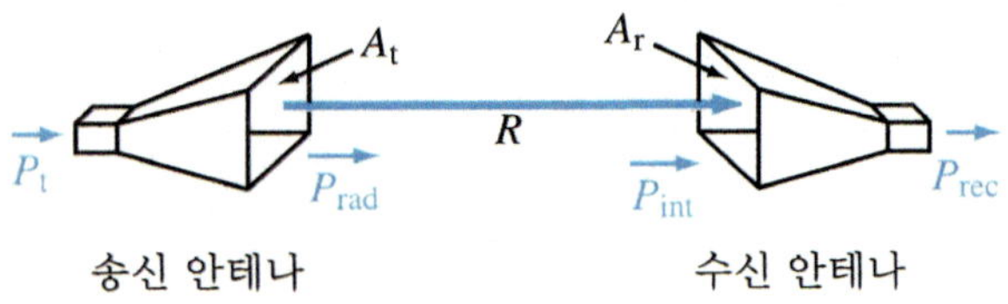

그림 9-18 송 · 수신 안테나의 구성

실제 안테나는 손실이 없을 수 없고 등방성도 아니므로, 실제 안테나의 전력밀도 S_r은 다음과 같다.

$$S_r = G_t S_{iso} = \xi_t D_t S_{iso} = \frac{\xi_t D_t P_t}{4\pi R^2}, \qquad (9.69)$$

여기에서, $G_t = \xi_t D_t$이다. ξ_t는 안테나에 공급된 전력의 일부만 자유공간으로 복사함을 고려한 복사효율이며, D_t는 송신 안테나의 지향성(수신 안테나 방향으로)이다. 식 (9.67)을 (9.69)에 대입하면 송신 안테나의 실효면적 A_t을 포함하는 식으로 나타낼 수 있다.

$$S_r = \frac{\xi_t A_t P_t}{\lambda^2 R^2}. \qquad (9.70)$$

수신 안테나에 포착되는 전력은

$$P_{int} = S_r A_r = \frac{\xi_t A_t A_r P_t}{\lambda^2 R^2}. \qquad (9.71)$$

수신기에 전달되는 수신전력 P_{rec}은 P_{int}에 수신 안테나의 복사효율 ξ_r를 곱한 것과 같다. 즉, $P_{rec} = \xi_r P_{int}$이므로,

$$\frac{P_{rec}}{P_t} = \frac{\xi_t \xi_r A_t A_r}{\lambda^2 R^2} = G_t G_r \left(\frac{\lambda}{4\pi R}\right)^2. \qquad (9.72)$$

이 된다. 이 관계식을 Friis **전달공식**(Friis transmission formula)이라 하고, P_{rec}/P_t를 **전력 전달률**(power transfer ratio)이라 한다. 여기서, $\xi_t A_t = \xi_t D_t \lambda^2/4\pi = G_t \lambda^2/4\pi$의 관계식을 이용하여 G_t, G_r를 포함하는 Friis 공식을 유도할 수 있다.

두 안테나가 최대 전력 전달 방향으로 놓이지 않은 경우에 식 (9.72)는 다음과 같이 다시 쓸 수 있다.

$$\frac{P_{rec}}{P_t} = G_t G_r \left(\frac{\lambda}{4\pi R}\right)^2 F_t(\theta_t, \phi_t)\, F_r(\theta_r, \phi_r), \qquad (9.73)$$

여기에서 $F_t(\theta_t, \phi_t)$는 (θ_t, ϕ_t)방향(수신 안테나의 방향)에서 송신 안테나의 정규화된 복사강도이고, $F_r(\theta_r, \phi_r)$은 (θ_r, ϕ_r)방향(송신 안테나의 방향)에서 수신 안테나의 복사세기를 나타낸다.

예제 9-4 위성 통신 시스템

지상 약 40,000km 상공의 거리로부터 직경 2m의 파라볼라 접시형 안테나를 통해 100W를 송신하는 6GHz DBS(Direct Broadcast System) TV 시스템의 각 TV채널 대역폭이 5MHz이다. 안테나와 수신기에서 발생된 잡음 때문에 지상 TV수신기의 잡음전력은 다음과 같다.

$$P_n = K T_{sys} B \qquad (\text{W}), \qquad (9.74)$$

여기에서 T_{sys}는 켈빈(K: Kelvin)온도의 단위로, 안테나를 포함한 수신기의 잡음 발생정도를 나타내는 **수신기 잡음 온도**(system noise temperature)이고, K는 볼츠만 상수로 1.38×10^{-23}(J/K), B(단위: Hz)는 수신기의 대역폭를 말한다.

신호 대 잡음비(signal-to-noise ratio) S_n(이를 전력밀도 S와 혼동하면 안된다.)는 잡음전력 P_n에 대한 신호 수신전력(송신기로 부터)의 비로 나타낼 수 있다.

$$S_n = P_{rec}/P_n \qquad (\text{무차원}) \qquad (9.75)$$

수신기의 잡음온도가 $T_{sys} = 580\text{K}$일 때, $S_n = 40\text{dB}$로 고회상의 TV를 수신할 때 요구되는 파라볼라 접시 안테나

의 최소 지름은 얼마인가? 단, 위성 안테나와 지상의 수신 안테나는 무손실이고 실효면적은 실제면적과 같다고 가정한다.

풀이 문제에서 주어진 값은 다음과 같다.

$$P_t = 100\ \text{W},\quad f = 6\ \text{GHz} = 6\times10^9\ \text{Hz},\quad S_n = 10^4,$$

$$\text{송신 안테나의 지름 } d_t = 2\text{m},$$

$$T_{sys} = 580\ \text{K},$$
$$R = 40,000\ \text{km} = 4\times10^7\ \text{m},$$
$$B = 5\ \text{MHz} = 5\times10^6\ \text{Hz}.$$

파장은 $\lambda = c/f = 5\times10^{-2}$m, 그리고 송신 안테나(위성 안테나)의 실효면적은 $A_t = (\pi d_t^2/4) = \pi(\text{m}^2)$이다. 식 (9.74)로부터 수신 잡음전력은

$$P_n = KT_{sys}B = 1.38\times10^{-23}\times580\times5\times10^6$$
$$= 4\times10^{-14}\ \text{W}.$$

이다. 식 (9.72)로부터 송 · 수신 안테나는 무손실 안테나($\xi_t = \xi_r = 1$)이므로 신호 수신전력은

$$P_{rec} = \frac{P_t A_t A_r}{\lambda^2 R^2} = \frac{100\pi A_r}{(5\times10^{-2})^2(4\times10^7)^2}$$
$$= 7.85\times10^{-11}A_r.$$

수신 안테나의 실효면적 A_r은 $P_{rec}/P_n = S_n = 10^4$로부터 구할 수 있다.

$$10^4 = \frac{7.85\times10^{-11}A_r}{4\times10^{-14}},$$

에서 $A_r = 5.1\text{m}^2$이므로 수신 안테나의 직경은 $d_r = \sqrt{4A_r/\pi} = 2.55$m임을 계산할 수 있다. ♣

M9 2 9 3

연습문제 9.8 예제 10-4의 통신 시스템에서 주파수를 12GHz로 했을 때, 수신 TV 안테나에 요구되는 파라볼라 접시 안테나의 최소 지름은 얼마인가?

[답] $d_r = 1.27$ m. ( )

연습문제 9.9 3GHz 마이크로파 통신링크에 사용된 송 · 수신 안테나는 동일하고 이득이 각각 30dB이다. 송신출력이 1kW이고 두 안테나가 10km 떨어진 경우 수신전력은?

[답] $P_{rec} = 6.33\times10^{-4}$ W. ( )

연습문제 9.10 파라볼라 접시형 안테나의 실효면적이 실제면적과 거의 같다. 만약 지향성(D)이 10GHz에서 30dB이라면, 이 안테나의 실효면적은? 또 만약 주파수가 30GHz일 때 지향성 D'는?

[답] $A_e = 0.07\ \text{m}^2$, $D' = 39.54$ dB. ( )

문제

9-2, 9-3절: 미소 다이폴과 복사 특성

9.1* 중앙급전 다이폴의 급전 전류 $I_0 = 10$A이다. 다이폴이 길이가 $\lambda/50$일 때 1km 떨어진 점의 최대 복사전력밀도는?

9.2 1m 길이의 다이폴이 1MHz, 12A로 급전된다. 다이폴 축에서 30° 방향으로 5km되는 점의 평균 복사전

*해답은 부록 D에 있음.

표시는 'Solution available in CD-ROM'을 나타냄.

력밀도는?

9.3* 정규화된 복사세기 $F(\theta, \phi)$가

$$F(\theta,\phi)=\begin{cases}1, & 0\le\theta\le 60°\text{와 } 0\le\phi\le 2\pi\\ 0, & \text{그 외.}\end{cases}$$

인 안테나에서 다음을 구하라.

(a) 최대 복사방향

(b) 지향성

(c) 빔 입체각

(d) 평면의 반전력 빔폭

힌트 : 값을 계산하기 전에 패턴을 그려 보라.

9.4

$$F(\theta,\phi)=\begin{cases}\sin^2\theta\cos^2\phi & 0\le\theta\le\pi\\ & \text{와 } -\pi/2\le\phi\le\pi/2\\ 0 & \text{그 외}\end{cases}$$

인 안테나에서 문제 9.3을 반복하라.

9.5* 길이가 2m인 중앙급전 다이폴 안테나가 AM방송대역의 1MHz에 동작한다. 다이폴은 반경 1mm의 구리선으로 되어 있다. 다음을 구하라.

(a) 안테나 복사 효율

(b) 안테나 이득(dB)

(c) 복사전력이 20W가 되는 안테나 전류와 안테나에 공급되는 전력

9.6 복사효율이 90%인 안테나가 6.7dB의 지향성을 가진다. 이득은 몇 dB인가?.

9.7* 원형 파라볼라 반사기 안테나는 반전력 빔폭이 2° 인 주엽(main lobe)과 몇 개의 부엽(side lobe)으로 구성된 복사 패턴을 가진다. 부엽을 무시할 때 안테나 지향성(dB)을 구하라.

9.8 어떤 안테나의 정규화된 복사세기가

$$F(\theta)=\exp(-20\theta^2) \qquad 0\le\theta\le\pi$$

이고, 여기서 θ의 단위는 라디안(radian)이다. 다음을 구하라.

(a) 반전력 빔폭

(b) 패턴 입체각

(c) 안테나의 지향성

9-4절: 다이폴 안테나

9.9* FM/TV 방송대역의 150MHz에서 동작하는 1m 길이 반파장 다이폴의 경우에 대해 문제 9.5를 반복하라.

9.10 반파장 다이폴 안테나의 손실저항은 무시할 수 있는 정도이고, 안테나 임피던스의 리액턴스 성분은 무시한다고 가정한다. 이 안테나를 60Ω 전송선로에 연결했을 때 정재파 비(standing-wave ratio)를 구하라.

9.11* 길이 $l \ll \lambda$인 미소 다이폴에서 전류 $\widetilde{I}(z)$가 9-2절에서와 같이 다이폴 상에서 일정하다고 하는 대신, 그림 9-19와 같이 전류분포가

$$\widetilde{I}(z)=\begin{cases}I_0(1-2z/l), & 0\le z\le l/2\\ I_0(1+2z/l), & -l/2\le z\le 0\end{cases}$$

일 때 다음을 구하라.

(a) 파 필드(far field) 복사전계 $\widetilde{\mathbf{E}}(R,\theta,\phi)$

(b) 복사 전력밀도 $S(R,\theta,\phi)$

(c) 지향성 D

(d) 복사저항 R_{rad}

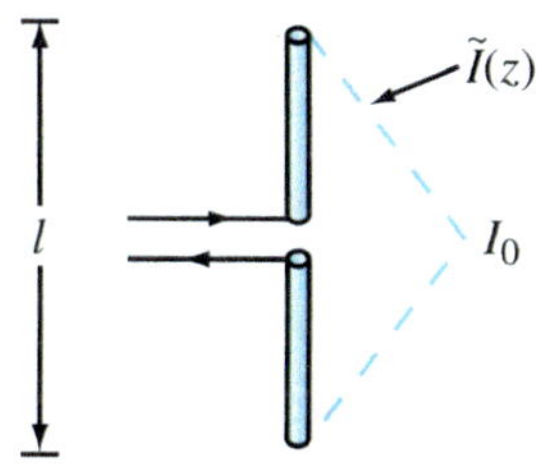

그림 9-19 미소 다이폴의 전류분포(문제 9.11)

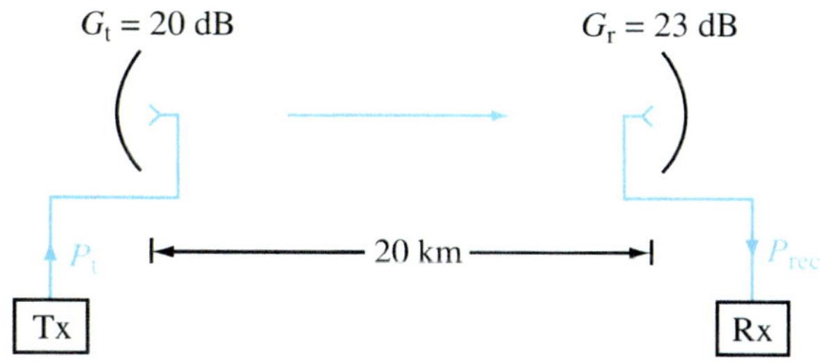

그림 9-20 통신 시스템(문제 9.17)

9.12* 자동차 안테나는 도체면 상의 수직 모노폴이다. 1MHz에서 동작하는 길이 1m의 자동차 안테나에서 문제 9.5를 반복하라. 단, 안테나 도선은 $\mu_c = \mu_0$, $\sigma_c = 3.5 \times 10^7$(S/m)이고 직경 1cm의 알류미늄이다.

9-5, 9-6절: 실효면적과 Friis 공식

9.13 100MHz에서 반파장 다이폴의 실효면적은? 이것을 직경 1cm인 반파장 다이폴의 실제 단면적과 비교해 보라.

9.14* 3GHz 가시거리 마이크로파 통신 링크의 양쪽에 직경 1m의 무손실 파라볼라 접시형 안테나가 사용된다. 두 안테나의 거리는 40km이고 최상의 수신조건(방향과 편파일치, 임피던스 정합, 공간손실 무시)에서 수신전력이 1nW가 되려면 송신전력은 얼마가 되어야 하는가?

9.15 반파장 다이폴 TV 방송 안테나가 50MHz에서 1kW를 방출한다. 30km 거리에서 이득 13dB인 가정용 TV 안테나의 수신전력은?

9.16* 거리 2km의 150MHz 통신 링크의 양쪽에 수직 반파장 다이폴 안테나가 사용된다. 안테나는 무손실이고 신호 대역폭은 3MHz, 수신기 잡음온도는 600K이고, 원하는 신호대 잡음비는 20dB이다. 이에 필요한 송신전력은?

9.17 그림 9-20의 통신 시스템에서 모든 부품이 잘 정합되어 있고, $P_t = 10$W, $f = 6$GHz이다.

(a) 안테나 방향이 잘 일치할 때 수신 안테나에서 전력 밀도는?

(b) 수신전력은?

(c) $T_{sys} = 1{,}000$K이고, 수신기 대역폭이 10MHz일 때 신호 대 잡음비(dB)는?

9.18-9.20 추가적인 문제들— CD-ROM에 풀이되어 있음.

부록 A

마크, 양, 단위

마크	양을 나타내는 기호	SI단위	약어
$\mathbf{A}$	자계 포텐셜(벡터)	weber/meter	Wb/m
B	서셉턴스	siemens	S
$\mathbf{B}$	자력선 밀도	tesla or weber/meter^2	T or W/m^2
C	커패시턴스	farad	F
D	지향성(안테나)	(dimensionless)	—
$\mathbf{E}$	전장 세기	volt/meter	V/m
$\mathbf{D}$	전력선 밀도	coulomb/meter^2	C/m^2
F	방사세기(정규화)	(dimensionless)	—
$\mathbf{F}$	힘	newton	N
f	주파수	hertz	Hz
G	콘덕턴스	siemens	S
G	이득	(dimensionless)	—
$\mathbf{H}$	자장세기	ampere/meter	A/m
I	전류	ampere	A
$\mathbf{J}$	전류밀도(체적)	ampere/meter^2	A/m^2
$\mathbf{J}_s$	전류밀도(표면)	ampere/meter	A/m
k	파수	radian/meter	rad/m
L	인덕턴스	henry	H
l	길이	meter	m
M, m	질량	kilogram	kg
$\mathbf{M}$	자화벡터	ampere/meter	A/m
$\mathbf{m}$	자계 다이폴 모멘트	ampere-meter^2	A·m^2
n	굴절률	(dimensionless)	—
P	힘	watt	W
$\mathbf{P}$	전계 편파 벡터	coulomb/meter^2	C/m^2
p	압력	newton/meter^2	N/m^2
$\mathbf{p}$	전계 다이폴 모멘트	coulomb-meter	C·m
Q, q	선하	coulomb	C
R	반사력(반사)	(dimensionless)	—
R	저항	ohm	Ω
S	성재파 비	(dimensionless)	—
$\mathbf{S}$	포인팅 베터	watt/meter^2	W/m^2
$\mathbf{S}_{av}$	전력밀도	watt/meter^2	W/m^2
T	온도	kelvin	K

마크	양을 나타내는 기호	SI단위	약어
T	토크(회전력)	newton-meter	N·m
T	투과율	(dimensionless)	—
t	시간	second	s
$\mathbf{u}$	속도	meter/second	m/s
V	전위	volt	V
V	전압	volt	V
V_{emf}	기전력	volt	V
W	에너지(일)	joule	J
w	에너지 밀도	joule/meter^3	J/m^3
X	리액턴스, 유도 저항	ohm	Ω
Y	어드미턴스	siemens	S
Z	임피던스	ohm	Ω
α	감쇠정수	neper/meter	Np/m
β	위상정수	radian/meter	rad/m
Γ	반사계수	(dimensionless)	—
γ	전파정수	meter^{-1}	m^{-1}
δ_s	표면 두께	meter	m
$\varepsilon, \varepsilon_0$	유전율	farad/meter	F/m
ε_r	상대 유전율	(dimensionless)	—
η	임피던스	ohm	Ω
λ	파장	meter	m
μ, μ_0	투자율	henry/meter	H/m
μ_r	상대 투자율	(dimensionless)	—
μ_e, μ_h	이동도(전자, 정공)	meter^2/volt·second	m^2/V·s
ρ_l	전하밀도(선)	coulomb/meter	C/m
ρ_s	전하밀도(면)	coulomb/meter^2	C/m^2
ρ_v	전하밀도(부피)	coulomb/meter^3	C/m^3
σ	도전율	siemens/meter	S/m
τ	전송계수	(dimensionless)	—
τ	펄스길이	seconds	s
Φ	자속	weber	Wb
$\boldsymbol{\psi}$	중력장	newton/kilogram	N/kg
χ_e	감수율	(dimensionless)	—
χ_m	자화율	(dimensionless)	—
Ω	입체각	steradian	sr
ω	각 주파수	radian/second	rad/s

부록 B

일반적인 물질의 물질상수

표 B-1 일반적인 물질의 상대 유전율[a] ε_r

$\varepsilon = \varepsilon_r \varepsilon_0$, $\varepsilon_0 = 8.854 \times 10^{-12}$ F/m.

물질	상대 유전율 ε_r	물질	상대 유전율 ε_r
진공	1	마른 토양	2.5–3.5
공기(해수면에서)	1.0006	플렉시 유리	3.4
스티로폼	1.03	유리	4.5–10
테프로	2.1	석영	3.8–5
중유	2.1	베이클라이즈	5
나무(마른)	1.5–4	도자기	5.7
파라핀	2.2	포마이카	6
폴리에틸렌	2.25	운모	5.4–6
폴리스티렌	2.6	암모니아	22
종이	2–4	바닷물	72–80
고무	2.2–4.1	증류수	81

[a]실내 온도에서 저주파 값들이다(20°C).

노트 : 대부분 금속들의 경우 $\varepsilon_r \simeq 1$

표 B-2 일반적인 물질의 도전율[a] σ

물질	도전율 σ (S/m)	물질	도전율 σ (S/m)
도체		**반도체**	
은	6.2×10^7	순수 게르마늄	2.2
구리	5.8×10^7	순수 실리콘	4.4×10^{-4}
금	4.1×10^7	**절연체**	
알루미늄	3.5×10^7	젖은 토양	$\sim 10^{-2}$
텅스텐	1.8×10^7	맑은 물	$\sim 10^{-3}$
아연	1.7×10^7	증류수	$\sim 10^{-4}$
황동	1.5×10^7	마른 토양	$\sim 10^{-4}$
쇠	10^7	유리	10^{-12}
청동	10^7	경질고무	10^{-15}
주석	9×10^6	파라핀	10^{-15}
납	5×10^6	운모	10^{-15}
수은	10^6	투명 석영	10^{-17}
탄소	3×10^4	초	10^{-17}
해수	4		
동물체(평균)	0.3 (불량도체.)		

[a]실내 온도에서 저주파 값들이다(20°C).

표 B-3 일반적인 물질의 비투자율[a] μ_r

$\mu = \mu_r\mu_0$, $\mu_0 = 4\pi \times 10^{-7}$ H/m.

매질	비투자율 μ_r
반자성체	
창연	$0.99983 \simeq 1$
금	$0.99996 \simeq 1$
수은	$0.99997 \simeq 1$
은	$0.99998 \simeq 1$
구리	$0.99999 \simeq 1$
물	$0.99999 \simeq 1$
상자성체	
공기	$1.000004 \simeq 1$
알루미늄	$1.00002 \simeq 1$
텅스텐	$1.00008 \simeq 1$
티타늄	$1.0002 \simeq 1$
백금	$1.0003 \simeq 1$
강자성체(비선형)	
코발트	250
니켈	600
연강	2,000
순철	4,000–5,000
규소강	7,000
뮤메탈	~ 100, 000
제련강	~ 200, 000

[a]전형적인 값이고, 실제값은 매질의 변화에 많이 좌우한다.

노트 : 강자성체를 제외하고 모든 유전체와 도체에 대해 $\mu_r \simeq 1$ 로 적용할 수 있다.

부록 C
수식

삼각함수 관계식

$$\sin(x \pm y) = \sin x \cos y \pm \cos x \sin y$$
$$\cos(x \pm y) = \cos x \cos y \mp \sin x \sin y$$
$$2 \sin x \sin y = \cos(x - y) - \cos(x + y)$$
$$2 \sin x \cos y = \sin(x + y) + \sin(x - y)$$
$$2 \cos x \cos y = \cos(x + y) + \cos(x - y)$$
$$\sin 2x = 2 \sin x \cos x$$
$$\cos 2x = 1 - 2 \sin^2 x$$
$$\sin x + \sin y = 2 \sin\left(\frac{x+y}{2}\right) \cos\left(\frac{x-y}{2}\right)$$
$$\sin x - \sin y = 2 \cos\left(\frac{x+y}{2}\right) \sin\left(\frac{x-y}{2}\right)$$
$$\cos x + \cos y = 2 \cos\left(\frac{x+y}{2}\right) \cos\left(\frac{x-y}{2}\right)$$
$$\cos x - \cos y = -2 \sin\left(\frac{x+y}{2}\right) \sin\left(\frac{x-y}{2}\right)$$
$$\cos(x \pm 90^\circ) = \mp \sin x$$
$$\cos(-x) = \cos x$$
$$\sin(x \pm 90^\circ) = \pm \cos x$$
$$\sin(-x) = -\sin x$$
$$e^{jx} = \cos x + j \sin x \qquad \text{(오일러 항등식)}$$
$$\sin x = \frac{e^{jx} - e^{-jx}}{2j}$$
$$\cos x = \frac{e^{jx} + e^{-jx}}{2}$$

미소변수에서 식의 근사

For $|x| \ll 1$,

$$(1 \pm x)^n \simeq 1 \pm nx$$
$$(1 \pm x)^2 \simeq 1 \pm 2x$$
$$\sqrt{1 \pm x} \simeq 1 \pm \frac{x}{2}$$
$$\frac{1}{\sqrt{1 \pm x}} \simeq 1 \mp \frac{x}{2}$$
$$e^x = 1 + x + \frac{x^2}{2!} + \cdots \simeq 1 + x$$
$$\ln(1 + x) \simeq x$$
$$\sin x = x - \frac{x^3}{3!} + \frac{x^5}{5!} + \cdots \simeq x$$
$$\cos x = 1 - \frac{x^2}{2!} + \frac{x^4}{4!} + \cdots \simeq 1 - \frac{x^2}{2}$$
$$\lim_{x \to 0} \frac{\sin x}{x} = 1$$

부록 D

문제의 해답

Chapter 2

2.1 $\hat{\mathbf{a}} = \hat{\mathbf{x}}\,0.45 + \hat{\mathbf{z}}\,0.89$

2.4 (a) $A = \sqrt{14}$; $\hat{\mathbf{a}}_A = (\hat{\mathbf{x}} + \hat{\mathbf{y}}2 - \hat{\mathbf{z}}3)/\sqrt{14}$
(b) $-12/5$
(c) $\theta_{AC} = 15.8°$
(d) $\mathbf{A} \times \mathbf{C} = \hat{\mathbf{x}} + \hat{\mathbf{y}}4 + \hat{\mathbf{z}}3$
(e) $\mathbf{A} \cdot (\mathbf{B} \times \mathbf{C}) = 13$
(f) $\mathbf{A} \times (\mathbf{B} \times \mathbf{C}) = \hat{\mathbf{x}}54 - \hat{\mathbf{y}}57 - \hat{\mathbf{z}}20$
(g) $\hat{\mathbf{x}} \times \mathbf{B} = -\hat{\mathbf{z}}4$
(h) $(\mathbf{A} \times \hat{\mathbf{y}}) \cdot \hat{\mathbf{z}} = 1$

2.6 $\dfrac{\mathbf{A}(1, -1, 2)}{|\mathbf{A}(1, -1, 2)|} = -\hat{\mathbf{x}}0.17 - \hat{\mathbf{y}}0.70 + \hat{\mathbf{z}}0.70$

2.7 $\hat{\mathbf{a}} = -(\hat{\mathbf{x}} + \hat{\mathbf{y}}\,y + \hat{\mathbf{z}}\,2)/(5 + y^2)^{1/2}$

2.9 $\hat{\mathbf{a}} = (\hat{\mathbf{x}}\,2 + \hat{\mathbf{z}}\,4)/\sqrt{20}$

2.12 $\hat{\mathbf{c}} = \hat{\mathbf{x}}\,0.37 + \hat{\mathbf{y}}\,0.56 + \hat{\mathbf{z}}\,0.74$

2.15 (a) $P_1 = (2.24, 63.4°, 0)$ in cylindrical;
$P_1 = (2.24, 90°, 63.4°)$ in spherical
(b) $P_2 = (0, 0°, 3)$ in cylindrical;
$P_2 = (3, 0°, 0°)$ in spherical
(c) $P_3 = (1.41, 45°, 2)$ in cylindrical;
$P_3 = (2.45, 35.3°, 45°)$ in spherical
(d) $P_4 = (4.24, 135°, -3)$ in cylindrical;
$P_4 = (5.2, 125.3°, 135°)$ in spherical

2.16 (a) $P_1(0, 0, 5)$
(b) $P_2(0, \pi, 5)$
(c) $P_3(3, \pi, 0)$

2.18 (a) $V = 21\pi/2$
(b) $V = 125\pi/3$

2.20 (a) $\mathbf{E}_n = -\hat{\mathbf{r}}\,4$
(b) $\mathbf{E}_t = \hat{\mathbf{z}}\,4$

2.22 (a) $\theta_{AB} = 90°$
(b) $\pm(\hat{\mathbf{r}}\,0.487 + \hat{\boldsymbol{\phi}}\,0.228 + \hat{\mathbf{z}}\,0.843)$

2.25 (a) $\mathbf{A}(P_1) = \hat{\mathbf{R}}2.856 - \hat{\boldsymbol{\theta}}2.888 + \hat{\boldsymbol{\phi}}2.123$
(b) $\mathbf{B}(P_2) = -\hat{\mathbf{R}}0.896 + \hat{\boldsymbol{\theta}}0.449 - \hat{\boldsymbol{\phi}}5$
(c) $\mathbf{C}(P_3) = \hat{\mathbf{R}}0.854 + \hat{\boldsymbol{\theta}}0.146 - \hat{\boldsymbol{\phi}}0.707$
(d) $\mathbf{D}(P_4) = \hat{\mathbf{R}}3.67 - \hat{\boldsymbol{\theta}}1.73 - \hat{\boldsymbol{\phi}}0.707$

2.27 $T(z) = 10 + (1 - e^{-2z})/2$

2.30 $dU/dl = -3.125 \times 10^{-2}$

2.32 (a) $\oint \mathbf{E} \cdot d\mathbf{s} = -8/3$
(b) $\iiint \nabla \cdot \mathbf{E}\, d\mathcal{V} = -8/3$

2.33 (a) $\oint \mathbf{D} \cdot d\mathbf{s} = 150\pi$
(b) $\iiint \nabla \cdot \mathbf{D}\, d\mathcal{V} = 150\pi$

2.35 (a) $\oint E \cdot d\mathbf{l} = -1$
(b) $\iint \nabla \times \mathbf{E} \cdot d\mathbf{s} = -1$

2.37 (a) $\oint_C \mathbf{B} \cdot d\mathbf{l} = 8$
(b) $\int_S (\nabla \times \mathbf{B}) \cdot d\mathbf{s} = 8$

2.39 (a) **A** is solenoidal, but not conservative.
(b) **B** is conservative, but not solenoidal.
(c) **C** is neither solenoidal nor conservative.
(d) **D** is conservative, but not solenoidal.
(e) **E** is conservative, but not solenoidal.
(f) **F** is neither conservative nor solenoidal.
(g) **G** is neither conservative nor solenoidal.
(h) **H** is conservative, but not solenoidal.

Chapter 3

3.1 $Q = 2.62$ (mC)

3.3 $Q = 0.173$ C

3.4 (a) $Q = 0$
(b) $Q = \pi a^2 \rho_{s0}/2$
(c) $Q = 2\pi \rho_{s0}[1 - e^{-a}(1 + a)]$
(d) $Q = \pi \rho_{s0}[1 - e^{-a}(1 + a)]$

3.6 $I = 1,570.8$ A

3.9 $q_2 = -63.13$ (μC)

3.11 (a) $\mathbf{E}(0, 0, 0) = -\hat{\mathbf{x}}1.6 - \hat{\mathbf{y}}0.66$ (MV/m)
(b) $\mathbf{E}(0, 0, 5\text{ cm}) = -\hat{\mathbf{x}}81.4 - \hat{\mathbf{y}}33.7 + \hat{\mathbf{z}}226$ (kV/m)
(c) $\mathbf{E}(0, 0, -5\text{ cm}) = -\hat{\mathbf{x}}81.4 - \hat{\mathbf{y}}33.7 - \hat{\mathbf{z}}226$ (kV/m)

3.13 $\mathbf{E} = \hat{\mathbf{z}}\,(\rho_{s0}h/2\varepsilon_0)[\sqrt{a^2+h^2} + h^2/\sqrt{a^2+h^2} - 2h]$

3.15 $\mathbf{E} = 0$

3.19 $Q = 4\pi\rho_0 a^3$ (C)

3.21 $\mathbf{D} = \hat{\mathbf{r}}\,\rho_{v0}(r^2 - 1)/2r$, for $1 \le r \le 3$ m
$\mathbf{D} = \hat{\mathbf{r}}\,4\rho_{v0}/r$, for $r \ge 3$ m

3.24 (b) $\mathbf{E} = \hat{\mathbf{z}}(\rho_l a/2\varepsilon_0)[z/(a^2 + z^2)^{3/2}]$ (V/m)

3.26 $V(b) = (\rho_l/4\pi\varepsilon)$
$\times \ln[(l + \sqrt{l^2 + 4b^2})/(-l + \sqrt{l^2 + 4b^2})]$ (V)

3.28 $V_{AB} = -78.06$ V

3.30 (a) $\sigma = 4.32 \times 10^{-4}$ (S/m)
(b) $I = 542.9$ (nA)
(c) $\mathbf{u}_\text{e} = -13\mathbf{E}/|\mathbf{E}|$ (m/s); $\mathbf{u}_\text{h} = 5\mathbf{E}/|\mathbf{E}|$ (m/s)
(d) $R = 9.21$ (MΩ)
(e) $P = 2.7(\mu$W)

3.34 $R = 2.1$ (mΩ)

3.36 $\theta = 42°$

3.38 $\mathbf{E}_1 = \hat{\mathbf{R}}9\cos\theta - \hat{\boldsymbol{\theta}}3\sin\theta$ (V/m);
$\mathbf{D}_1 = \varepsilon_0(\hat{\mathbf{R}}27\cos\theta - \hat{\boldsymbol{\theta}}9\sin\theta)$ (C/m^2)

3.40 (a) $|E|$ is maximum at $r = a$.
(b) Breakdown voltage for the capacitor is $V = 1.39$ (MV).

3.42 $W_\text{e} = 4.62 \times 10^{-9}$ (J)

3.44 (a) $C = 3.1$ pF
(b) $C = 0.5$ pF
(c) $C = 0.31$ pF

Chapter 4

4.1 $\mathbf{a} = -\hat{\mathbf{y}}2.1 \times 10^{18}$ (m/s^2)

4.3 $|\mathbf{B}| = 410$ (mT)

4.5 (a) $\mathbf{F} = 0$
(b) $W = 0$
(c) $\psi = 0$

4.7 $\mathbf{B} = -\hat{\mathbf{z}}0.3$ (mT)

4.9 $\mathbf{H} = \hat{\mathbf{z}}\dfrac{I\theta(b-a)}{4\pi ab}$, with $\hat{\mathbf{z}}$ being out of the page

4.10 $I_2 = 0.8$ A; direction is clockwise, as seen from above.

4.13 $\mathbf{F} = -\hat{\mathbf{x}}0.1$ (mN), where $\hat{\mathbf{x}}$ is the direction away from the wire, in the plane of the loop. Thus, the force is pulling the loop toward the wire.

4.15 (a) $\mathbf{H}(0, 0, h) = -\hat{\mathbf{x}}\frac{I}{\pi w}\tan^{-1}\left(\frac{w}{2h}\right)$ (A/m)
(b) $\mathbf{F}'_{\text{m}} = \hat{\mathbf{z}}\frac{I^2\mu_0}{\pi w}\tan^{-1}\left(\frac{w}{2h}\right)$ (N)
Force is repulsive.

4.17 $\mathbf{F} = \hat{\mathbf{y}}4 \times 10^{-5}$ N

4.19 (a) $\mathbf{H}_1 = \hat{\boldsymbol{\phi}}J_0$ for $0 \leq r \leq a$
(b) $\mathbf{H}_2 = \hat{\boldsymbol{\phi}}J_0(a/r)$ for $r \geq a$

4.20 $\mathbf{J} = \hat{\mathbf{z}}\,16e^{-2r}$ A/m^2

4.22 (a) $\mathbf{B} = \hat{\mathbf{z}}5\pi\sin\pi y - \hat{\mathbf{y}}\pi\cos\pi x$ (T)
(b) $\Phi = 0$
(c) $\Phi = 0$

4.24 (a) $\mathbf{A} = \hat{\mathbf{z}}\,\mu_0 IL/(4\pi R)$
(b) $\mathbf{H} = (IL/4\pi)[(-\hat{\mathbf{x}}\,y + \hat{\mathbf{y}}\,x)/(x^2 + y^2 + z^2)^{3/2}]$

4.27 $\mathbf{H}_2 = \hat{\mathbf{z}}\,4$

4.31 $L = (\mu l/\pi)\ln[(d - a)/a]$ (H)

4.33 $W_{\text{m}} = 139I^2$ (nJ)

Chapter 5

5.1 At $t = 0$, current in top loop is momentarily clockwise. At $t = t_1$, current in top loop is momentarily counterclockwise.

5.3 (a) $V_{\text{emf}} = 125e^{-2t}$ (V)
(b) $V_{\text{emf}} = 62.3\sin 10^3 t$ (kV)
(c) $V_{\text{emf}} = 0$

5.6 $I_{\text{ind}} = 37.7\sin(200\pi t)$ mA

5.9 $V_{12} = -3.77$ V

5.11 $V = \omega B_0 a^2/2$

5.12 $I = 1.63\cos(120\pi t)$ (μA)

5.15 $\rho_{\text{v}} = (6y/\omega)\sin\omega t + C_0$, where C_0 is a constant of integration.

Chapter 6

6.1 $p(x, t) = 24\cos(8\pi \times 10^3 t - 24.24\pi x + 42°)$ (N/m^2)

6.4 $u_{\text{p}} = 0.83$ (m/s); $\lambda = 10.47$ m

6.9 $y_2(t)$ lags $y_1(t)$ by 60°.

6.11 $\alpha = 5 \times 10^{-3}$ (Np/m)

6.13 (a) $z_1 = 3.6e^{-j33.7°}$; $z_2 = 4.5e^{j153.4°}$
(b) $|z_1| = 3.60$
(c) $z_1 z_2 = 16.2e^{j119.7°}$
(d) $z_1/z_2 = 0.80e^{-j187.1°}$
(e) $z_1^3 = 46.66e^{-j101.1°}$

6.15 (a) $t = 3.16\,e^{j18.43°}$; $s = 5.10\,e^{j78.69°}$
(b) $t = 2.83\,e^{-j45°}$; $s = 2.83\,e^{j45°}$
(c) $t = 5.2$; $s = 3\,e^{j90°}$
(d) $t = 0$; $s = 6\,e^{j30°}$

6.17 $\ln(z) = 1.61 - j0.93$

6.19 $v_{\text{c}}(t) = 8.5\cos(2\pi \times 10^3 t - 62.1°)$ V

6.21 (a) $v(t) = 3\cos(\omega t - 2\pi/3)$ V
(b) $v(t) = 6\cos(\omega t + 3\pi/4)$ V
(c) $i(t) = 5\cos(\omega t + 53.1°)$ A
(d) $i(t) = 3.61\cos(\omega t + 146.31°)$ A
(e) $i(t) = -\sin\omega t$ A
(f) $i(t) = 2\cos(\omega t + 3\pi/4)$ A

6.23 (a) Positive y-direction
(b) $u_p = 2 \times 10^8$ m/s
(c) $\lambda = 1.26$ m
(d) $\varepsilon_r = 2.25$
(e) $\widetilde{\mathbf{E}} = -\hat{\mathbf{x}}12.57e^{-j5y}$ (V/m)

6.25 (a) $\lambda = 31.42$ m
(b) $f = 4.77$ MHz
(c) $\varepsilon_r = 1.67$
(d) $\mathbf{H}(z,t) = \hat{\mathbf{x}}22.13\cos(9.54\pi \times 10^6 t + 0.2z)$ (mA/m)

6.27 $\varepsilon_r = 4$

6.28 $\mathbf{E} = \hat{\mathbf{x}}\sqrt{2}\cos(\pi \times 10^{10}t + 104.72\,z) - \hat{\mathbf{y}}\sqrt{2}\sin(\pi \times 10^{10}t + 104.72\,z)$ (V/m)

6.30 $|\mathbf{E}| = 20$; $\psi(t=0) = 0$; $\psi(t = 5 \text{ ns}) = -45°$; $\psi(t = 10 \text{ ns}) = -90°$

6.31 (a) $\gamma = 65.5°$ and $\chi = -11.79°$
(b) Right-hand elliptically polarized

6.37 $u_p = 6.28 \times 10^4$ (m/s)

6.39 $\mathbf{H} = -\hat{\mathbf{y}}\,0.16\,e^{-30x}\cos(2\pi \times 10^9 t - 40x - 36.85°)$ (A/m)

6.41 $(R_{ac}/R_{dc}) = 143.55$

6.44 (a) $\mathbf{S}_{av} = \hat{\mathbf{z}}500e^{-0.4z}$ (W/m^2)
(b) $A = -1.74z$ (dB)
(c) $z = 23.03$ m

Chapter 7

7.1 (a) $l/\lambda = 6.67 \times 10^{-6}$; transmission line may be ignored.
(b) $l/\lambda = 0.01$; borderline.
(c) $l/\lambda = 0.2$; transmission line effects should be included.
(d) $l/\lambda = 0.33$; transmission line effects should be included.

7.3 $R' = 1.0$ (Ω/m); $L' = 167$ (nH/m); $G' = 0$; $C' = 172$ (pF/m)

7.6 $R' = 2$ (Ω/m); $L' = 200$ (nH/m); $G' = 800$ (μS/m); $C' = 80$ (pF/m); $\lambda = 1$ m

7.8 $R' = 0.8$ Ω/m; $L' = 38.2$ nH/m; $G' = 0.5$ mS/m; $C' = 23.9$ pF/m

7.11 $Z_L = (90 - j120)$ Ω

7.13 $Z_0 = 55.9$ Ω

7.17 (a) $\Gamma = 0.62e^{-j29.7°}$
(b) $Z_{in} = (12.5 - j12.7)$ Ω
(c) $\widetilde{V}_i = 1.40e^{-j34.0°}$ (V); $\widetilde{I}_i = 78.4e^{-j11.5°}$ (mA)

7.19 (a) $Z_{in_1} = (35.20 - j8.62)$ Ω
(b) $Z_L' = (17.6 - j4.31)$ Ω
(c) $Z_{in} = (107.57 - j56.7)$ Ω

7.22 $Z_{in} = 240$ Ω

7.24 $l = 0.29\lambda$

7.26 (a) $Z_{in} = (41.25 - j16.35)\ \Omega$
(b) $\widetilde{I}_i = 1.08\, e^{j10.16^\circ}$ A; $\widetilde{V}_i = 47.86\, e^{-j11.46^\circ}$ V
(c) $P_{in} = 24$ W
(d) $\widetilde{V}_L = 60e^{-j54^\circ}$ V; $\widetilde{I}_L = 0.8\, e^{-j54^\circ}$ A;
$P_L = P_{in} = 24$ W
(e) $P_{Z_g} = 29.15$ W; $P_g = 53.15$ W

7.28 $P^i_{av} = 10.0$ mW; $P^r_{av} = -1.1$ mW; $P^t_{av} = 8.9$ mW

7.29 (a) $\Gamma = 0.5$
(b) $\Gamma = 0.62\angle{-29.7^\circ}$
(c) $\Gamma = 1.0\angle{-53.1^\circ}$
(d) $\Gamma = 1.0\angle{180^\circ}$

7.31 $Z_{01} = 40\ \Omega$; $Z_{02} = 250\ \Omega$

7.33 (a) $Z_{in} = -j154\ \Omega$
(b) $0.074\lambda + (n\lambda/2),\ n = 0, 1, 2, \ldots$

7.35 (a) $Z_L = j95\ \Omega$
(b) $l = 0.246\lambda$

7.37 $Z_L = (41 - j19.5)\ \Omega$

7.38 $Z_{in} = (95 - j70)\ \Omega$

7.41 $Z_{in} = 100\ \Omega$

7.45 $V_g = 19.2$ V; $R_g = 30\ \Omega$; $l = 525$ m

Chapter 8

8.1 (a) $\Gamma = -0.67$; $\tau = 0.33$
(b) $S = 5$
(c) $S^i_{av} = 0.13$ (W/m^2); $S^r_{av} = 0.06$ (W/m^2);
$S^t_{av} = 0.07$ (W/m^2)

8.5 (a) $\widetilde{\mathbf{E}}^i = 10(\hat{\mathbf{x}} + j\hat{\mathbf{y}})e^{-j4\pi z/3}$ (V/m)
(b) $\Gamma = -0.2$; $\tau = 0.8$
(c) $\widetilde{\mathbf{E}}^r = -2(\hat{\mathbf{x}} + j\hat{\mathbf{y}})e^{j4\pi z/3}$ (V/m);
$\widetilde{\mathbf{E}}^t = 8(\hat{\mathbf{x}} + j\hat{\mathbf{y}})e^{-1.26\times10^{-2}z}e^{-j2\pi z}$ (V/m);
$\widetilde{\mathbf{E}}_1 = 10(\hat{\mathbf{x}} + j\hat{\mathbf{y}})[e^{-j4\pi z/3} - 0.2e^{j4\pi z/3}]$ (V/m)
(d) % of reflected power = 4%;
% of transmitted power = 96%

8.7 $\varepsilon_{r_2} = \sqrt{\varepsilon_{r_1}\varepsilon_{r_3}}$; $d = c/[4f(\varepsilon_{r_1}\varepsilon_{r_3})^{1/4}]$

8.9 $Z_{in} \simeq (100 - j127)\ \Omega$; reflected fraction of incident power = 0.24

8.11 $f = 60$ MHz

8.13 $P' = 4.04 \times 10^{-4}$ W/m^2

8.15 $\theta_{min} = 27.92^\circ$

8.17 $\dfrac{S^t}{S^i} = 0.835$

8.19 $d = 15$ cm

8.21 $d = 68.42$ cm

8.23 $f_p = 166.33$ (Mb/s)

8.29 (a) $R = 6.4 \times 10^{-3}$; $T = 0.9936$
(b) $P^i = 0.34$ W; $P^r = 2.2 \times 10^{-3}$ W;
$P^t = 0.338$ W

Chapter 9

9.1 $S_{max} = 1.9$ (μW/m^2)

9.3 (a) Direction of maximum radiation is a circular cone 120° wide, centered around the $+z$-axis.
(b) $D = 4 = 6$ dB
(c) $\Omega_p = \pi$ (sr) $= 3.14$ (sr)
(d) $\beta = 120^\circ$

9.5 (a) $\xi = 29.7\%$
(b) $G = 0.44 = -3.5$ dB
(c) $I_0 = 33.8$ A; $P_t = 67.3$ W

9.7 $D = 40.13$ dB

9.9 (a) $\xi = 99.3\%$
(b) $G = 1.63 = 2.1$ dB
(c) $I_0 = 0.74$ A; $P_t = 20.1$ W

9.11 (a) $\widetilde{\mathbf{E}}(R,\theta,\phi) = \hat{\boldsymbol{\theta}}\widetilde{E}_\theta = \hat{\boldsymbol{\theta}}\, j\frac{I_0 l k \eta_0}{8\pi}\left(\frac{e^{-jkR}}{R}\right)\sin\theta$ (V/m)
(b) $S(R,\theta) = \left(\frac{\eta_0 k^2 I_0^2 l^2}{128\pi^2 R^2}\right)\sin^2\theta$ (W/m^2)
(c) $D = 1.5$
(d) $R_{rad} = 20\pi^2(l/\lambda)^2$ (Ω)

9.12 (a) $\xi = 62\%$
(b) $G = 0.93 = -0.3$ dB
(c) $I_0 = 47.5$ A; $P_t = 32.3$ W

9.14 $P_t = 25.9$ (mW)

9.16 $P_t = 0.15$ (mW)

참고문헌

Electromagnetics

Balanis, C.A., *Advanced Engineering Electromagnetics,* John Wiley & Sons, New York, 1989.

Cheng, D.K., *Fundamentals of Engineering Electromagnetics,* Addison-Wesley, Reading, MA, 1993.

Crowley, J.M., *Fundamentals of Applied Electrostatics,* John Wiley & Sons, New York, 1986.

DuBroff, R.E., S.V. Marshall, and G.G. Skitek, *Electromagnetic Concepts and Applications,* 4th ed., Prentice Hall, Upper Saddle River, New Jersey, 1996.

Hayt, W.H., Jr. and J.A. Buck, *Engineering Electromagnetics,* 6th ed., McGraw-Hill, New York, 2001.

Iskander, M.F., *Electromagnetic Fields & Waves*, Prentice Hall, Upper Saddle River, NJ, 1992.

Johnk, C.T.A., *Engineering Electromagnetic Fields and Waves,* 2d ed., John Wiley & Sons, New York, 1988.

King, R.W.P. and S. Prasad, *Fundamental Electromagnetic Theory and Applications,* Prentice Hall, Englewood Cliffs, New Jersey, 1986.

Kraus, J.D., *Electromagnetics,* 4th ed., McGraw-Hill, New York, 1992.

Paul, C.R. and S.A. Nasar, *Introduction to Electromagnetic Fields,* McGraw-Hill, New York, 1987.

Ramo, S., J.R. Whinnery, and T. Van Duzer, *Fields and Waves in Communication Electronics,* 3rd ed., John Wiley & Sons, New York, 1994.

Rao, N.N., *Elements of Engineering Electromagnetics*, 2d ed., Prentice Hall, Englewood Cliffs, New Jersey, 1987.

Shen, L.C. and J.A. Kong, *Applied Electromagnetism,* 2d ed., PWS Engineering, Boston, Mass., 1987.

Taylor, D.M. and P.E. Secker, *Industrial Electrostatics: Fundamentals and Measurements,* John Wiley & Sons, New York, 1994.

Antennas and Radiowave Propagation

Balanis, C.A., *Antenna Theory: Analysis and Design,* Harper & Row, New York, 1982.

Collin, R.E., *Antennas and Radiowave Propagation,* McGraw-Hill, New York, 1985.

Ishimaru, A., *Electromagnetic Wave Propagation, Radiation, and Scattering,* Prentice Hall, Englewood Cliffs, New Jersey, 1991.

Kraus, J.D., *Antennas,* 2d ed., McGraw-Hill, New York, 1988.

Microwave Engineering

Freeman, J.C., *Fundamentals of Microwave Transmission Lines,* John Wiley & Sons, New York, 1996.

Pozar, D.M., *Microwave Engineering,* Addison-Wesley, Reading, Mass., 1990.

Richharia, M., *Satellite Communication Systems Design Principles,* McGraw-Hill, New York, 1995.

찾아보기

역자 약력

조영기
한국과학기술연구원 공학박사
경북대학교 전자전기컴퓨터공학부 교수

김채영
한국과학기술연구원 공학박사
경북대학교 전자전기컴퓨터공학부 교수

최현철
한국과학기술연구원 공학박사
경북대학교 전자전기컴퓨터공학부 교수

김강욱
UCLA 공학박사
경북대학교 전자전기컴퓨터공학부 부교수

김현덕
한국과학기술연구원 공학박사
경북대학교 전자전기컴퓨터공학부 조교수

응용전자기학

2007년 1월 27일 초판 발행

역　자 : 조영기 · 김채영 · 최현철 · 김강욱 · 김현덕
발행자 : 최 봉 조
발행처 : 진샘미디어
주　소 : 서울시 은평구 신사1동 2-25
전　화 : (02)353-4421
팩　스 : (02)353-4431

역자와의 협의하에 인지생략

신고번호 제311-2005-000025호
ISBN : 89-957070-3-8
ISBN : 978-89-957070-3-6

값 23,000원